September 1995

Liebe Charli!

Alles Gute zum runden (?)
Geburtstag

und viel Freude mit
dem Garten!

AF853667

... wünschen Dir

Gitta, Fabian,
Matthias G. u. Rainer

Helmut Jantra

DER GARTEN

FALKEN

Vorwort

Drei Überlegungen standen bei der Entstehung dieses Buchs im Vordergrund: so aktuell wie möglich über alle gärtnerischen Probleme zu berichten, was nicht zuletzt bei den Sortenempfehlungen zu berücksichtigen war; unbeeinflußt von modischen Strömungen und Philosophien zu informieren; und schließlich eigene Erfahrungen wie Erkenntnisse engagierter Hobbygärtner auch dann aufzuzeichnen, wenn sie herkömmlichen Ansichten zu widersprechen scheinen.
Nun gilt für den Garten wie für alle anderen Bereiche des Lebens, daß es die „absolute Wahrheit" nicht gibt. Gerade im Umgang mit dem Lebendigen, das einem steten Wandel unterworfen ist, das so oder auch ganz anders auf äußere Einflüsse reagieren kann, stehen uns endgültige Urteile und Beurteilungen nicht zu. Toleranz ist angesagt, auch dem gärtnernden Nachbarn gegenüber, der manches vielleicht anders sieht.
Ich habe versucht, Trends aufzuzeigen, die in die Zukunft weisen könnten, und ich habe Althergebrachtes wieder in Erinnerung gerufen, weil Erinnerung Wissen bedeutet. Man sollte dieses Wissen so wenig einer vorgeblichen Modernität opfern wie Neues nur deshalb ablehnen, weil es ungewohnt ist. Dies gilt für die tägliche Gärtnerpraxis ebenso wie für die verschiedenen Gemüse, Blumen und Gehölze.
Das Buch bemüht sich also, den neuesten Wissensstand in Einklang mit erprobter und bewährter Gartenpraxis zu bringen. Bei den Sortenempfehlungen wurde den von unabhängigen Gremien geprüften und für gut empfundenen Neuzüchtungen der Vorrang eingeräumt, Altbekanntes und Beliebtes jedoch ebenfalls aufgeführt.

Dem Hobbygärtner von heute sollen alle hier gegebenen Ratschläge und Tips zu einem Garten verhelfen, an dem er auch morgen noch Freude hat.

Neuried-Altenheim/Baden — Helmut Jantra

Inhalt

DAS LEBEN DER PFLANZEN

△ Schwebfliegen helfen bei der Bestäubung.

△ Früchte entstehen nur bei ausreichender Befruchtung.

◁ Keimung der Gurke

Der Boden

Wenn wir in unserem Garten Radieschen säen oder Gurken pflanzen, dann sind es von der Scholle, auf der wir stehen, bis zum Erdmittelpunkt etwa 6000 km. Dieser Mittelpunkt besteht wahrscheinlich aus einem festen Kern, der von einer flüssigen Schale umgeben ist. Der weitaus größte Teil dieser 6000 km langen Strecke ist für die Existenz der Gewächse dieser Erde bedeutungslos. Alles Leben spielt sich in und auf einem hauchdünnen „Parkett" von etwa 1 m Dicke ab, und selbst hier sind es eigentlich nur die oberen 60 cm, die dem Gärtner, dem Acker- und dem Weidebauern, dem fleischerzeugenden Farmer, dem Forstwirt und dem Obstproduzenten Ernte und Ertrag sichern. 60 cm von 6000 km machen also die Welt aus, die uns ernährt. Annähernd 6 Mrd. t Feldfrüchte, an erster Stelle Weizen, Reis, Mais und Kartoffeln, werden Jahr für Jahr geerntet, 140 Mio. t Fleisch erzeugt, über 5 Mrd. m^3 Holz jedes Jahr weltweit geschlagen. Gewiß, die Wurzeln der Bäume reichen im Ertragsalter tiefer als 60 cm ins Erdreich hinein, aber um so weit zu kommen, müssen die Gehölze zunächst als Jungpflanzen den Kraftquell Nahrung der Humusschicht angezapft haben. Nur dann kann es mit dem Wachsen vorangehen.

Wenn wir vom Boden der Gemüsebeete sprechen, von Fruchtbarkeit, von Humus, wenn es um das Für und Wider des Umgrabens geht, um Bodenbearbeitung, um Gießen und Düngen – stets ist diese im Vergleich hauchdünne Schicht unter unseren Füßen gemeint. Was sich dort abspielt, ist in der Tat erstaunlich, wenn auch keineswegs mehr geheimnisvoll. Hier beweisen sich die perfekt aufeinander abgestimmten Abläufe im Bereich des Lebendigen, zeigt sich die notwendige Wechselwirkung zwischen belebter und unbelebter Materie. Obgleich neuerdings namhafte Naturwissenschaftler bezweifeln, daß es wirklich „unbelebte" Materie überhaupt gibt. Unter diesen „Neognostikern", die, in den 70er Jahren von Princeton und Pasadena, USA, ausgehend, der herrschenden Lehrmeinung ein anderes Gedankenmodell entgegenstellen, ist in Deutschland vor allem der französische Physiker und Philosoph Jean Charon bekannt geworden. An einem ganz entfernten Punkt berühren sich hier die Vorstellungen vom „Geist der Materie" dieser modernen Physiker, Astronomen, Ärzte und Biologen mit den Ideen Rudolf Steiners, des Begründers der Anthroposophie und des „biologisch-dynamischen Landbaus".

Intensiv befaßt mit dem Boden und dem Zusammenspiel der in ihm wirkenden Organismen haben sich ab Anfang diese Jahrhunderts der Engländer Sir Albert Howard und der in Wien geborene Raoul Francé, deren Bücher „Mein landwirtschaftliches Testament" und „Das Leben im Ackerboden" zu ihrer Zeit Bestseller waren. In Deutschland machte Ende der 50er Jahre der Landschaftsarchitekt Professor Alwin Seifert eine schnell wachsende Lesergemeinde mit seinem Longseller „Gärtnern, Ackern – ohne Gift" auf die Zusammenhänge zwischen Bodenleben und Fruchtbarkeit aufmerksam. Das Buch ist mittlerweile zu einer Art Bibel des biologischen Pflanzenbaus geworden.

Was hat es nun mit dem Boden wirklich auf sich, woher kommt die nahezu unerschöpfliche Kraft dieser 60 cm, die wie ein feuchter Film auf den Landmassen liegen? Um das zu verstehen, muß diese Schicht noch einmal in 3 „Horizonte" oder „Etagen" aufgeteilt werden: die nur wenige Zentimeter starke Rotte- oder Abbauschicht, die Humus- oder Aufbauschicht und die Mineralschicht, die, je nach Bodenbeschaffenheit, ober- oder unterhalb der entscheidenden 60 cm beginnen kann. Eine andere Schematisierung greift weiter und teilt das gesamte Profil in 3 große Etagen ein: den fruchtbaren Oberboden (bis 60 cm), bestehend aus dem 20 cm dicken, obenauf liegenden Mutterboden und einer darunter befindlichen, ebenfalls humosen, 40 cm starken Übergangsschicht. Dann folgt der weitgehend mineralische Unterboden von 60 – 80 cm Dicke, der schließlich auf dem steinigen Untergrund (teilweise bereits Muttergestein oder Fels) mit dem Grundwasser ruht.

Wenn wir eine Handvoll Erde aus dem Gemüsebeet oder der Blumenrabatte holen, zerkrümelt buchstäblich ein Mikrokosmos zwischen unseren Fingern. In diesem Häufchen Erde leben, vermehren sich und sterben Milliarden von Mikroorganismen, von denen man die kleinsten nur unter dem Elektronenmikroskop identifizieren kann. Es wurde ausgerechnet, daß in einem 1 m^2 großen und 20 cm tiefen Stück Wiesenboden 650 g tierische Organismen leben. Umgerechnet auf 1 ha (Hektar) haben diese Insekten, Würmer, Ameisen, Spinnen, Raupen, Larven und Kleinstlebewesen ein Gewicht von 6,5 t, soviel wie 13 Kühe (nach v. Heinitz/ Mertens).

Nach dem Gesetz fressen und gefressen werden unterliegt diese Masse lebender Zellverbände einem stetigen Umwandlungsprozeß. Würde man sich den geschilderten 1 m^2 Wiesenboden als ein geschlossenes biologisches System vorstellen, wie es ein Mensch, ein Tier und natürlich auch eine Pflanze darstellen, wäre der hier stattfindende Stoffwechsel so einfach zu verstehen wie der Umsetzungsprozeß

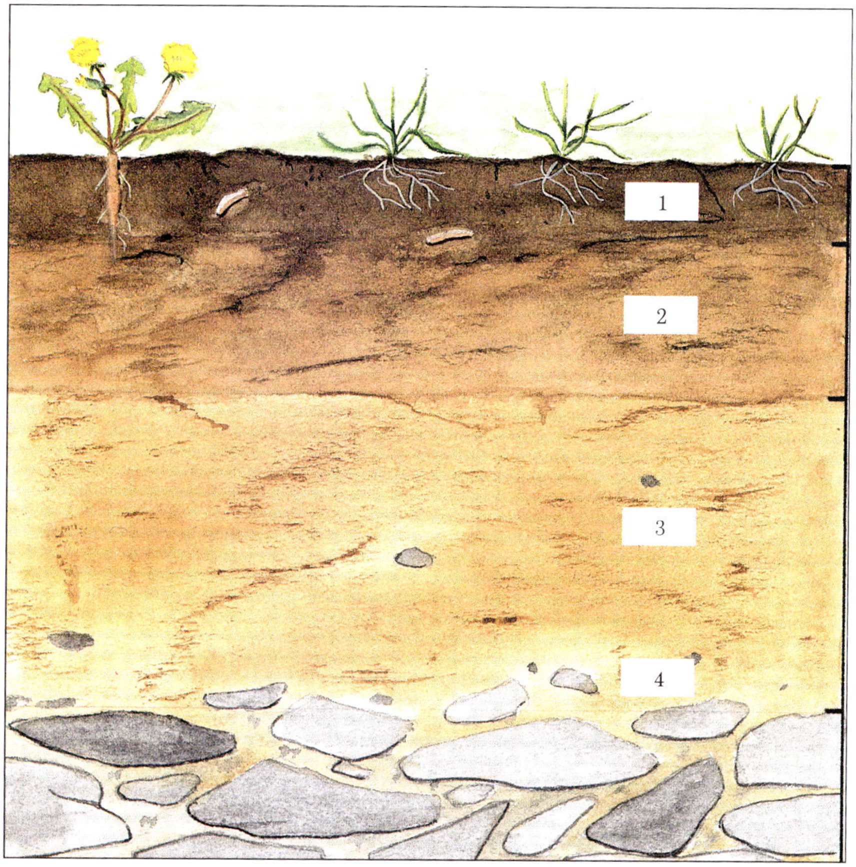

Eine mögliche Schematisierung des Bodenprofils: Das Bodenprofil kann man in 3 Horizonte einteilen. Ganz oben befindet sich der bis 60 cm dicke Oberboden, der aus dem obenauf liegenden, zirka 20 cm dicken Mutterboden (1) und der darunter befindlichen, humosen, zirka 40 cm starken Übergangsschicht (2) besteht. Dann folgt der weitgehend anorganische Unterboden von 60-80 cm Dicke (3). Daran schließt sich der steinige Untergrund an (4).

der menschlichen Mittagsmahlzeit aus Schnitzel mit grünen Bohnen in Baustoffe des Körpers. Was wir zu uns nehmen, wird verwandelt, in kleinste Teile zerlegt, die jedes für sich wiederum „Brennstoffe" für die Körperfunktionen liefern, Bausteine, mit denen nach den fest in den Genen verankerten Plänen bis zu unserem Tod gearbeitet und geformt wird.

Nichts anderes spielt sich im Grunde genommen in den Milliarden von Lebewesen ab, die unsere Handvoll Gartenerde bevölkern. Weil vielleicht auch ein Regenwurm darunter ist, kann man an diesem vergleichsweise großen, in jedem Fall für uns im Gegensatz zu den Mikroben „faßbaren" Organismus gut demonstrieren, was sich dort stündlich, ja in jeder Minute und Sekunde abspielt.

Auch der Regenwurm muß, um leben zu können, Nahrung zu sich nehmen. Das kann beispielsweise das Blatt einer Hortensie sein, die in einer sonnigen Gartenecke wächst. Der Regenwurm zieht ein angewelktes Blatt in seine Erdröhre hinein und frißt es. Im Darm des Wurms werden die Blattbestandteile zerlegt und chemisch so verändert, wie sie der Organismus des Tiers benötigt. Andere Stoffe gelangen über die Ausscheidung wieder in den Boden zurück. Wir finden diese Stoffwechselprodukte als kleine Erdhäufchen auf unserem gepflegten Rasen wieder und ärgern uns darüber. Vom ursprünglichen Hortensienblatt ist natürlich nichts mehr zu erkennen, aber was in ihm enthalten war, präsentiert sich durch die erfolgte Umwandlung, Aufspaltung und Anreicherung im Darm des Wurms als eine Kombination von Stoffen, die den Pflanzen für ihre Ernährung sehr willkommen sind. Nachdem zuerst die Gärtner, und hier vor allem die biologisch arbeitenden, die positive Wirkung der Regenwürmer auf die Bodenbeschaffenheit, Fruchtbarkeit und Pflanzenernährung erkannt hatten, begann sich auch die Wissenschaft mit diesem unscheinbaren, aber allgegenwärtigen Nützling zu beschäftigen. In Untersuchungen stellte man fest, daß der Wurmkot ein Vielfaches mehr an Phosphat, Kalk, Stickstoff und verschiedenen Spurenelementen enthielt als die ihn umgebende Erde. Und dies alles in Verbindungen, die direkt von den Pflanzenwurzeln aufgenommen werden können.

Stirbt der Wurm, wird er seinerseits von Bakterien, Pilzen und anderen Mikroorganismen zersetzt und umgewandelt. Aus der abgestorbenen Materie entstehen Stoffe und Verbindungen, werden Elemente freigesetzt, die wiederum Lebensgrundlage für Pflanzen und andere Organismen sind. Dieser Kreislauf besteht, seitdem es tierisches und pflanzliches Leben auf der Erde gibt. Aber zum Funktionieren braucht er Antriebskräfte, die ihn in Schwung halten.

Diese Antriebskräfte sind Licht, Luft,

Wasser und Wärme, die gleichen Energieträger, ohne die unsere fruchtbaren Böden gar nicht hätten entstehen können. Denn das Erdreich, auf dem seit undenklichen Zeiten Pflanzen wachsen, ist in seinem Grundbestandteil nichts weiter als im Lauf der Zeit zu feinem Sand vermahlenes Urgestein. In Jahrmillionen haben Hitze und Kälte den Fels gespalten, haben Stürme, Sintfluten, Eis und Gletscher die Gesteinsteile weiter zerkleinert und vor sich her geschoben. Die Humusbildung begann mit der Ansiedlung von Algen, Flechten und schließlich von Moosen.

Nur im ausgewogenen Zusammenspiel von Licht, Luft, Wasser und Wärme können das Leben und mithin auch der Boden Bestand haben. Wohl kennt man heute Mikroorganismen, die extreme Hitze und Kälte ebenso überstehen wie mit Mineralsalzen überfrachtete Flüssigkeiten. Aber das Edaphon, wie man die Kleinlebewelt des Bodens, von der Mikrobe bis zur Pflanzenwurzel, bezeichnet, reagiert auf ein Zuwenig ebenso empfindlich wie auf ein Zuviel, und so ist auch im Garten Ausgewogenheit das Maß aller Dinge. Das betrifft nicht zuletzt die Bodenart, die für die Pflanzenentwicklung von ausschlaggebender Bedeutung ist.

Man kann den Boden in 4 Bodentypen einteilen: Sandböden, Lehmböden, Tonböden und Moorböden. Um festzustellen, welche Beschaffenheit die Erde im eigenen Garten hat, braucht man kein Labor. Das läßt sich recht zuverlässig mit einer Handprobe erkennen.

Sandboden ist leicht, feinkörnig und wenig fruchtbar. Wasser rinnt durch ihn hindurch wie durch ein Sieb und nimmt die wenigen vorhandenen Nährstoffe beim ersten Regen gleich mit in den Untergrund. Derartige Böden erwärmen sich ebenso leicht, wie sie wieder abkühlen. In die Hand genommen, verrinnt Sandboden zwischen den Fingern.

Sandboden rinnt durch die Finger.

Lehmboden hat eine gute Krümelstruktur.

Tonboden läßt sich zu Figuren formen.

Drückt man Moorboden zusammen, fühlt er sich elastisch an wie ein Schwamm. Wasser läßt sich herauspressen.

Lehmboden ist eigentlich das für den Garten ideale Substrat. Viele Hobbygärtner stufen ihn falsch ein, weil sie ihn mit dem Tonboden verwechseln. Ein lehmiger Boden mit – meist vorhandenem – Sandanteil speichert Nährstoffe und Wasser, ohne daß unbedingt die Gefahr von Staunässe besteht. Aufgenommene Wärme wird nur allmählich wieder abgegeben. Ist ein derartiges Erdreich zu sehr verdichtet (zusammengeklebt), läßt sich das durch Zugabe von Sand oder Kompost relativ schnell korrigieren. In die Hand genommen, hat Lehmboden eine gute Krümelstruktur.

Tonboden läßt sich dagegen nicht so ohne weiteres verbessern. Er ist schwer, in starkem Maße wasserundurchlässig, verdichtet und birgt akute Staunässegefahr. Das ist für empfindliche Wurzeln besonders kritisch, da sich eine Erde dieser Art noch dazu nur schwer erwärmt. Mit der Hand lassen sich aus Tonboden mühelos Figuren formen.

Moorboden kommt in unseren Gärten kaum vor, es handelt sich dabei um Torferden mit einem hohen Anteil an organischem Material, also abgestorbenen und verrotteten Pflanzenresten, aber nur wenig Nährstoffen. Die Bodenreaktion ist sauer, was von unseren Gartenpflanzen nur einigen wenigen, zum Beispiel Heidekrautgewächsen und Azaleen (Rhododendren) gut bekommt. Beim Zusammendrücken fühlt sich Moorboden elastisch wie ein Schwamm an.

Das Wasser

Wie alle Organismen haben sich auch die Pflanzen den jeweils gegebenen Umweltverhältnissen angepaßt und dabei teilweise erstaunliche Techniken entwickelt. Wir sehen das bei vielen Kakteen und anderen Sukkulenten, die dem Wassermangel ihrer Standorte durch die Speicherfähigkeit von Flüssigkeit im Gewebe begegnen.

Der beeindruckendste Überlebenskünstler in dieser Beziehung ist wohl Anastatica hierochuntica, die 'Rose von Jericho' oder 'Auferstehungspflanze'. Dieser Kreuzblütler der Wüstengebiete Marokkos und des Iran verliert in der Trockenzeit, wenn die Früchte heranreifen, alle Blätter, die dürr gewordenen Zweige biegen sich nach innen, und es entsteht ein kugeliges Gebilde. Der Wind treibt diesen nun federleichten Ball durch die Wüste, bis er an einer feuchten Stelle liegenbleibt oder von der Regenzeit eingeholt wird. Hier beginnt die einjährige Pflanze wieder zu wachsen und samt aus.

Ein weiteres Beispiel für Mechanismen, die von Pflanzen in lebensfeindlicher Umgebung entwickelt werden, liefert der Affenbrotbaum oder Baobab Zentralafrikas. Es handelt sich um den wohl interessantesten Vertreter der Flaschenbäume, der mit seinem an der Basis breitrunden und nach oben hin sich verjüngenden Stamm tatsächlich einer überdimensionalen Flasche ähnelt. Während das Gehölz insgesamt nicht höher als 20 m wird, kann der birnenförmige Stamm einen Umfang von 40 m erreichen. Das weiche, poröse Holz speichert ungeheure Mengen Wasser, mit dessen Hilfe der Baum ein halbes Jahr völliger Trockenheit überstehen kann.

Der Wasserhaushalt der Pflanze ist ein fein abgestimmtes System. Dazu gehört auch die Guttation, das tröpfchenweise Ausscheiden von Wasser bei hoher Luftfeuchte.

Das andere Extrem sind Pflanzen, die ganz oder teilweise im Wasser leben. Viele davon kennen wir aus unserem Gartenteich, allen voran die Seerose. Andere, wie die Wasserlinse, sind Schwimmpflanzen. Sie benötigen nicht einmal Bodenkontakt für die Wurzeln. Die Wasserpest wiederum ist ein Vertreter der Unterwasserpflanzen. Diese Pflanze gedeiht in einer Wassertiefe von 20 – 50 cm.

Ob mehr oder weniger – Wasser ist eine der Voraussetzungen jeglichen tierischen und pflanzlichen Lebens. Die meisten Gewächse bestehen zu mehr als 90 % aus Wasser. Um 1 kg pflanzliche Trockenmasse zu produzieren, werden bis zu 800 l Wasser verbraucht. Diese Flüssigkeit wird dem Gewebe durch die Wurzeln zugeführt. Ein Teil verdunstet wieder durch die Spaltöffnungen der Blätter. Dabei spielen sich ziemlich komplizierte Prozesse im Innern der Pflanzenzelle ab.

Für den Gärtner sind diese Details nicht weiter interessant. Er weiß, daß sein Gemüse und seine Stauden eine ausreichende Wasserversorgung brauchen, und weil Bodenfeuchtigkeit und Niederschläge allein das nicht schaffen, muß mit Schlauch und Gießkanne für Nachschub gesorgt werden. Hier kommen auch wieder der Boden und die Bodenbearbeitung ins Spiel. Aus einem fruchtbaren Erdreich mit guter Wasserversorgung – das bedeutet Speicherung ohne Staunässe – können sich die Gewächse natürlich besser selber versorgen als aus einem Boden, durch den die Nässe schnell durchläuft.

Im Zusammenhang mit der richtigen Pflanzenpflege werden heute die Begriffe „Säuregrad“ des Bodens, „Bodenreaktion“ oder einfach der „pH-Wert“ und die Wasserhärte in jede Diskussion eingeführt.

Der pH-Wert ist eine Maßzahl für die in Lösungen enthaltene Konzentration an Wasserstoffionen, praktisch bedeutet ein pH-Wert unter 7 eine saure Reaktion, einer von 7 eine neutrale und einer von mehr als 7 eine alkalische. Die meisten Pflanzen gedeihen gut bei einem pH-Wert von 5,5 – 7. Die Wasserhärte ist vom Gehalt der im Wasser gelösten Kalzium- und Magnesiumsalze abhängig. Je mehr Salze enthalten sind, desto härter ist das Wasser.

Es wird immer wieder empfohlen, in Spezialinstituten oder von Landwirtschaftsschulen den Säuregrad des Bodens untersuchen zu lassen, um die Reaktionen gegebenenfalls zur einen oder anderen Seite hin zu verändern. Natürlich ist auch unser Leitungswasser je nach Herkunft mehr sauer oder mehr kalkhaltig. Bei der Pflege der Zimmerpflanzen, deren Wurzeln in enge Töpfe eingezwängt sind und wo durch das regelmäßige Gießen bald schon eine Konzentration unerwünschter Salze auftreten kann, spielt die Wasserhärte zweifellos eine wichtige Rolle. Das umso mehr, als es sich hier häufig um Gewächse aus weit entfernten, tropischen oder subtropischen Gegenden handelt, die oft sehr empfindlich auf zu hohe Salzkonzentrationen reagieren. Im Garten sollte man die Frage, ob das Gießwasser 'hart' oder 'weich', also kalkhaltig beziehungsweise mehr sauer ist, nicht überbewerten. Nur bei den schon erwähnten Heidekrautgewächsen und Rhododendren muß in der Tat darauf geachtet werden, daß Erde und Wasser einen niedrigen pH-Wert haben, also kalkarm sind.

Die meisten Pflanzen werden in der Regel auch mit relativ hohen Härtegraden fertig, ohne daß man Schäden oder geringere Erträge befürchten muß. Mit Sicherheit ist das in einem normal strukturierten, humosen Gartenboden der Fall.

Das Licht

Jeder, der mit Pflanzen zu tun hat, weiß um die Bedeutung des Lichtes für das Leben der Gewächse. Sät man im Frühjahr in der lichtarmen Zeit zu früh die ersten Gemüse oder Sommerblumen am Zimmerfenster aus, gehen die Samen zwar auf, aber sie wachsen auf „hohen Beinen" eilig den spärlichen Sonnenstrahlen entgegen und kippen schließlich um.

Lichtmangel ist auch der Grund dafür, daß sich unsere Kübelpflanzen so schwer mit der Überwinterung tun. Denn die meisten von ihnen stammen aus wärmeren Klimaten, wo sie keine direkte Ruhezeit mit Blattfall kennen und daher das ganze Jahr über mit Hilfe des Lichts ihre „chemischen Fabriken" in Gang halten.

Diese Fabrikationsstätten befinden sich in den Blättern. Dort werden in einem komplizierten chemischen Prozeß aus dem Wasser, das über die Wurzeln in die Blätter gelangt, und aus dem Kohlendioxid der Luft mit Hilfe des Sonnenlichts als Energiequelle Kohlehydrate hergestellt. Motor bei der Umwandlung ist das Blattgrün oder Chlorophyll. So entstehen im Blatt neben Zucker und Eiweißstoffen auch Stärke und Zellulose. Stärke wird von der Pflanze als Reserve eingelagert und bei Bedarf wieder in Zucker zurückverwandelt. Zellulose braucht die Pflanze zur Bildung von Zellen, sie ist Stabilisator. Holz zum Beispiel besitzt einen Zelluloseanteil bis zu 50 %.

Diese Umwandlung von Wasser und Kohlendioxid in Kohlehydrate mit Hilfe von Sonnenlicht und Chlorophyll bezeichnen wir als Photosynthese. Sie befähigt alle grünen Gewächse, die für sie wichtigsten Stoffe gleichsam aus dem Nichts, aus eigener Kraft und mit eigenen Mitteln aufzubauen.

Die Nahrung

Wie jedes andere Lebewesen auch, benötigt die Pflanze zum Leben Nährstoffe, die wir unseren Kulturgewächsen durch Dünger zur Verfügung stellen. Frei in der Natur beheimatete Pflanzen brauchen das nicht, weil sie durch den schon geschilderten Kreislauf von Vergehen und wieder neu Aufbauen genügend Reserven im Boden vorfinden, die sich ständig ergänzen. Kulturböden verfügen wegen der intensiven Nutzung in der Regel nicht über derart „unerschöpfliche Vorräte"; der Bedarf der hier angebauten Gewächse unterscheidet sich jedoch in nichts von dem der Wildpflanzen.

Die Hauptnährstoffe der Pflanzen sind Stickstoff, Phosphor und Kalium. Jeder dieser Nährstoffe hat für die einzelnen Funktionen der Pflanze eine ganz spezielle Bedeutung, auf die ab S. 34 noch näher eingegangen wird. Deshalb ist auch eine Unterversorgung zum Beispiel mit Stickstoff nicht durch eine entsprechend höhere Dosis Phosphor oder Kalium auszugleichen – und umgekehrt. Der Chemiker Justus von Liebig hat das schon vor mehr als 100 Jahren in seinem berühmten „Gesetz vom Minimum" erkannt und schriftlich festgehalten. Dieses Gesetz besagt nichts anderes als: mögen auch – bis auf einen – alle für das Pflanzenleben notwendigen Nährstoffe im Überfluß vorhanden sein – das Fehlen dieser einen Komponente wird zum Verkümmern des Gewächses führen. Diese Feststellung bestärkt: im Garten kommt es vor allem auf Ausgewogenheit in allen Dingen an.

Neben den 3 genannten Hauptnährstoffen brauchen Pflanzen, wenn auch in geringerer Menge, Kalzium, Magnesium und Eisen. Der Mangel an Magnesium, einem wichtigen Be-

Das berühmte Gesetz vom Minimum: mögen auch – bis auf einen – alle für das Pflanzenleben notwendigen Nährstoffe im Überfluß vorhanden sein, das Fehlen dieser einen Komponente führt zum Verkümmern der Pflanze.

standteil des Chlorophylls, hat sich in den letzten Jahren in den Hausgärten immer stärker bemerkbar gemacht. Vor allem an Immergrünen wie Rhododendron beobachtet man zunehmend Blattvergilbungen, sogenannte Chlorosen, die oft auf eine akute Unterversorgung mit Magnesium hindeuten. Man weiß bis heute nicht genau, worauf dieser Magnesiumschwund in unseren Gartenböden zurückzuführen ist, denn früher war die Erscheinung unbekannt.
Spurenelemente benötigen die Pflanzen nur in geringsten Mengen, in Spuren eben. Hierzu zählen unter anderen Zinn, Zink, Mangan, Bor und Kupfer. Die meisten der hier aufgeführten Nährstoffe können nur über die Wurzeln in die einzelnen Pflanzenteile gelangen, wohin sie mit dem Saftstrom transportiert werden. Verfügbar sind sie allein in anorganischer, also mineralisierter Form.
In der Natur wird diese Umwandlung von organischer in anorganische Materie durch die Bodenlebewesen vollzogen. Damit das funktioniert, damit auch die für die Aufnahme zuständigen feinen Wurzelhärchen und Saugwurzeln ihre Aufgabe wahrnehmen können, muß der Boden feucht und sauerstoffhaltig, also locker sein. Das gilt auch für die Aufnahme von Mineraldüngern, die industriell so aufgeschlossen werden, daß es einer Umsetzung durch die Bodenorganismen nicht mehr bedarf. Die Pflanzenwurzeln säßen andernfalls sozusagen vor „vollen Fleischtöpfen“, aus denen sie sich aber nicht bedienen können, weil nur über das Wasser als Transportmittel die lebenswichtigen Nährstoffe an ihren Bestimmungsort gelangen können. Auch Mineraldünger wird also erst dann voll wirksam, wenn Bodenbeschaffenheit und Wasserführung stimmen.
Hier schließt sich also der Kreis. Und dabei sollte deutlich werden, daß der teilweise leidenschaftlich ausgetragene Streit um herkömmlichen oder biologischen Gartenbau in dieser Schärfe gar nicht geführt werden muß. Um die Bedeutung eines gesunden, fruchtbaren Gartenbodens weiß jedermann. Ein vernünftiger Einsatz mineralischer Düngemittel steht dem keineswegs entgegen, denn sie sind nicht „künstlicher“ als die Stoffe, die die Kleinlebewesen aus organischer Materie produzieren. Das Endprodukt, auf das allein es den Pflanzen ankommt, ist in jedem Fall identisch. Ein guter Mittelweg ist, wie in so vielen Dingen, der richtige.
Wenn man festzustellen glaubt, daß „biologisch“ gezogenes Obst und Gemüse besser schmeckt als anderes, wenn Laboruntersuchungen derartiger Produkte mehr Inhaltsstoffe und Vitamine zutage förderten, so hat das mit der Düngemethode unmittelbar sicher nichts zu tun. Es dürfte vielmehr auf die Ausgewogenheit der gesamten Lebensumwelt der natürlich betreuten Gewächse zurückzuführen sein, auf eine intensive Pflege, auf die Praktizie-

Erdbeeren, mit Stroh gemulcht

rung von Misch- statt Monokultur und eben auf eine behutsame und sorgfältige Bearbeitung des Bodens, was eben oft vernachlässigt wird.

Wer die Erde in seinem Garten regelmäßig mit organischem Material anreichert, Kompost- und Gründüngungswirtschaft betreibt, abgeerntete Beete sofort wieder neu bestellt, um Austrocknung, Auswaschung und Verarmung zu vermeiden Mulchdecken aufbringt und Monokulturen meidet, wird getrost auch mineralisch düngen können, ohne daß Ertrag und Fruchtqualität darunter leiden. Nur werden diese zusätzlichen Nährstoffe im biologischen Gemüsegarten nicht mehr zum Einsatz kommen. Nicht, weil sie schädlich, sondern weil sie hier überflüssig sind, weil die Arbeit in den chemischen Fabriken des Menschen durch die Arbeit in den chemischen Fabriken der Bodenlebewesen vorweggenommen worden ist.

Der Komplex Pflanzenschutz wurde in diesem Zusammenhang bewußt ausgespart. Von ihm wird noch an anderen Stellen ausführlich die Rede sein.

Wetter und Klima

Wirkliche „Wettermacher" sind wir nur im mit technischen Hilfsmitteln bis hin zur Elektronik vollgestopften Kleingewächshaus, und auf das Klima haben wir ohnedies keinen Einfluß. Jedenfalls nicht auf das sogenannte „Großklima". Zur Schaffung eines für die Gartenpflanzen günstigen „Kleinklimas" gibt es viele Empfehlungen, die aber oft graue Theorie bleiben müssen.

Gewiß, man kann durch die Anpflanzung von Hecken in der entsprechenden Richtung die kalten Nordostwinde etwas abhalten, durch Vorpflanzung von Immergrünen vor Rosen die gefährlichen Strahlen der Frühlingssonne mildern, eine passende Gemüsegartenecke mit einer niedrigen Mauer umgeben, damit Melonen, Paprika und Auberginen hier windgeschützt und warm heranreifen. Aber wer wird schon, zumal bei unseren immer kleiner bemessenen Grundstücken, nach belieben eine Hecke irgendwo hinsetzen, wer will im Sommer nach seinen voll erblühten Rosen hinter Ilex-Sträuchern suchen müssen, und ein Mäuerchen im Gemüsegarten ist auch leichter erdacht als errichtet.

Freilich sollte der zukünftige Hausbesitzer, der noch die Möglichkeit hat, in seinem Gartenplan die spätere Bepflanzung zu berücksichtigen, diese Chance, soweit es die Umstände zulassen, wahrnehmen. Schließlich weiß man schon vorher, aus welcher Richtung die kalten Winde wehen.

Aber weiß man zu diesem Zeitpunkt ebenso exakt, an welche Stelle genau später das Gurkenbeet kommt, wo Gewürze wachsen sollen und wo man Aristolochia, die schattenliebende Pfeifenwinde, ranken lassen wird? Selbst wenn man, was selten ist, auch derartige Details schon bedacht zu haben glaubt, sieht es am Ende fast immer anders aus. Ein Garten kann zwar auf einem Blatt Papier geplant werden, die Praxis des Wachsens und Formens entwickelt später meist ein Eigenleben.

Viel eher wird der Gartenbesitzer mit den Unbilden des Klimas, den Tücken der Lage fertig, wenn er sich über die Wünsche, Eigenschaften und Empfindlichkeiten der anzupflanzenden grünen Begleiter schon im vorhinein informiert und danach die entsprechenden Plätze bestimmt. Wer zum Beispiel 1 oder 2 Obstgehölze in seinen Garten setzen möchte, sollte sie nicht in eine isolierte Ecke mit Windruhe pflanzen, sie brauchen Licht und Luft. Gemüse gehört grundsätzlich an einen möglichst sonnigen Platz. Der Nutzgarten, aus optischen Gründen schamhaft im Schatten des Hauses verborgen, ist ein Unding.

Auch die meisten Sommerblumen und Stauden wollen lieber etwas zu sonnig als lichtarm stehen, für Rosen gilt das allemal. Rhododendron dagegen gehört in den Schatten oder Halbschatten, die Kletterhortensie liebt ebenfalls keine volle Sonne. Fuchsien an lichtdurchfluteten Plätzen kommen dort mit der Blüte erst auf Touren, wenn das Jahr alt geworden ist und die Tage kürzer sind. Im übrigen weiß jedermann, was er vom Klima vor Ort zu halten hat, ob die Winter kalt und in der Regel schneearm sind, der Herbst mit ersten Frösten schon früh Einzug hält, zu welchen Extremen der Sommer neigt. In Gebieten mit Weinbauklima wird man anders gärtnern können als in der norddeutschen Tiefebene. Trauben reifen in Mainz, doch in Lüneburg nicht mehr, und während Tomaten in Frankfurt so problemlos wie Radieschen wachsen, zieht man den Stöcken in Hamburg besser eine Plastikhaube über.

Im Kleingewächshaus ist der Gärtner mehr oder minder „Wettermacher".

◁ *Man kann zwar durch überlegte Pflanzung ein für die Pflanzen günstiges Kleinklima schaffen, auf das Großklima haben wir jedoch letztendlich keinen Einfluß.*

Wenn man also schon mit dem jeweiligen Klima leben muß, so kann man durchaus etwas Gutes aus dieser natürlichen Zwangslage machen. Und was das Wetter anbelangt: nichts wird so schnell vergessen wie die Wetterlage, und nichts so unterschiedlich beurteilt. Ein verregneter Urlaub genügt, und in der Erinnerung ist der ganze Sommer mies gewesen – mag das metereologische Mittel an Sonnentagen auch weit über den Werten anderer Jahre liegen. Das darf man nicht vergessen, wenn es darum geht, das Wetter im nachhinein zu beurteilen.

Manche Hobbygärtner führen sehr genau ein sogenanntes Gartentagebuch, in dem auch die in der Bierfalle ertrunkenen Schnecken aufgelistet sind. Das mag ruhig tun, wer Spaß daran und genug Zeit dafür hat. Auch die Großwetterlage das Jahr über irgendwo schriftlich festzuhalten, ist gewiß nicht verkehrt – und wenn man beim Zurückblättern nur daran erinnert wird, daß Spätfröste schon einmal die jungen Pflänzchen im Frühbeet attackierten und man vorsichtshalber Abdeckmaterial für die Fenster bereit halten sollte.

DER PRAKTISCHE GÄRTNER

△ *Durch richtige Anzucht und Pflege unter Glas und Folie kann man das Gartenjahr verlängern.*

△ *Viele Gartenpflanzen (hier Gazanien) lassen sich einfach durch Samen vermehren.*

◁ *Nur gute, qualitativ hochwertige Gartengeräte halten auf Dauer die hohe Beanspruchung aus.*

Gartengeräte

Wer einen Garten hat und Freude daran haben will, muß ihn pflegen. Da genügt es nicht, im Sommer einmal in der Woche den Rasen zu mähen. Da muß gegossen, Unkraut entfernt, der Boden gelockert und gedüngt und die Hecke geschnitten werden. Zu all dem braucht man Werkzeug – gutes, zweckmäßiges Werkzeug.

Einen Gartenneuling könnte beinahe der Mut verlassen. Da möchte er darangehen, aus der Wüstenei rings ums schmucke, neue Haus ein kleines Paradies zu gestalten. Und nun öffnet der gartenerfahrene Nachbar von nebenan seinen Schuppen und präsentiert stolz eine Vielzahl verschiedenster Geräte, deren Zweck ein Laie nur zum Teil erraten kann. Doch davon sollte sich weder der Anfänger noch ein weniger gut bestückter Gartenbesitzer entmutigen lassen.

Zur Pflege der blitzsauberen Bauerngärten früherer Tage genügten meist Spaten, Hacke und Rechen, um die Gemüsepflanzen in Reih und Glied und die bunten Blumenrabatten von Unkraut frei zu halten. Mit diesen 3 Geräten und außerdem Schaufel und Schubkarren kommt jeder Gartenbesitzer auch heute für den Anfang aus.

2 Dinge sollten bei der Anschaffung der Gartengeräte beachtet werden: niemals blind drauflos kaufen und sich etwas aufschwatzen lassen, dessen Funktion nicht einleuchtend ist. Und was die Qualität betrifft, nicht am falschen Ende sparen. Das kommt teuer.

Die meisten Gartengeräte werden härtesten Beanspruchungen ausgesetzt, fast das ganze Jahr über; sie haben mehr auszuhalten, als ein Küchenmesser oder ein Fahrrad. Wer mit der genannten Grundausstattung die ersten Arbeiten beginnt, stellt bald schon von selbst fest, was ihm fehlt, womit er seine Kräfte schont und was ihm gleichzeitig nützt. Bei dem Riesenangebot technischer Heinzelmännchen fällt es nicht schwer, nach und nach das zu kaufen, was wirklich gebraucht wird. Die zunehmende Erfahrung hilft bei der richtigen Auswahl, die auch eine Qual werden kann. Denn je vielfältiger die Bepflanzung im Lauf der Jahre wird, desto mehr Geräte sind notwendig.

Am Anfang, wenn die Hecken noch klein und niedrig, die Gehölze licht sind, kann man sich Schere und Astsäge sparen. Zum Ausheben der Pflanzlöcher genügt der Spaten, zum Abtragen des Aushubs reichen Schubkarre und Schaufel.

Da alle Gewächse zum Leben Wasser brauchen, werden sich allerdings bald Gießkanne und Gartenschlauch hinzugesellen. Eine Kanne aus Metall ist langlebiger als eine aus Kunststoff, aber auch schwerer.

Kunststoffschläuche sind am billigsten. Sie werden jedoch bei kaltem Wetter leicht starr, bei Frost brüchig. Gummischläuche neigen dazu, unter hohem Druck an heißen Sommertagen zu platzen. Besser – und natürlich teurer – sind Gummischläuche mit Gewebeeinlage. Das sind 2 Beispiele nur dafür, wie schwierig es ist, ohne Kenntnisse das Richtige zu kaufen.

Sehen wir uns nun die wichtigsten Geräte etwas genauer an.

Spaten

Der Spaten wird bei der Gartenarbeit zweifellos stark beansprucht und muß vor allem in schwerem Boden, beim Umpflanzen von großen Gewächsen höchsten Anforderungen genügen. Dabei zeigen sich immer wieder 2 Schwachstellen: der Stiel, der unter

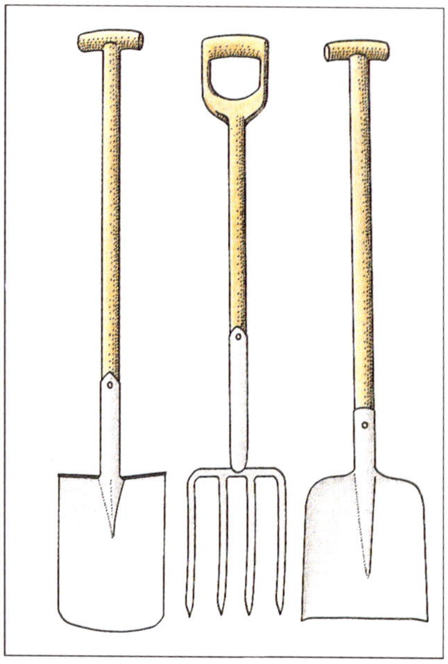

Links: Spaten mit T-Griff, Mitte: Grabgabel mit D-Griff, rechts: Schaufel

Oben: breite Holzharke, Mitte: schmalere Eisenharke, unten: Fächerbesen

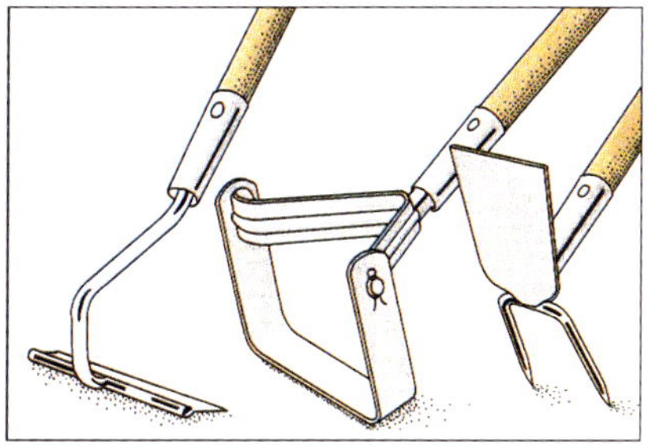

Links: gewöhnliche Hacke, Mitte: Pendelhacke, rechts: zweiteilige Hacke, auf der einen Seite mit dem Hackenblatt und auf der anderen mit Zinken versehen

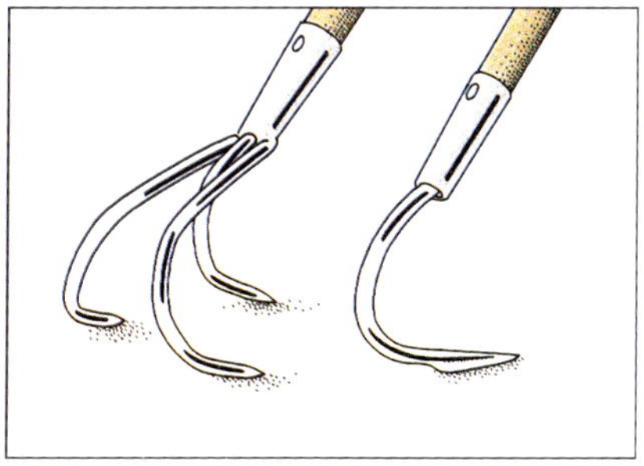

Links: Grubber mit 3 Zinken, rechts: Sauzahn

der Hebelwirkung brechen oder splittern kann, und die Verbindung von Stiel und Blatt.
Bewährt haben sich für den Stiel Eschen- oder Buchenholz. Der Tüllenhals des Blattes, in dem der Stiel steckt, muß stabil und kompakt, das Spatenblatt aus gut gehärtetem Stahl sein. Blätter aus Chrom-Nickel-Stahl sehen zwar elegant aus, lohnen den Aufwand aber nicht.
Der dritte wichtige Punkt ist der Griff. 3 Formen sind üblich: T-Griff, D-Griff und Knopf-Griff. Die beiden ersten dürften mit gutem Recht die gebräuchlichsten sein, nur muß man darauf achten, daß die Öffnung des D-Griffs groß genug ist, damit man mit der ganzen Hand hineingreifen kann. Der Knopf-Griff ist nicht so gut geeignet, weil er zu wenig Halt bietet.

Grabgabel

Die Grabgabel wird heute häufig anstelle des Spatens verwendet, vor allem im biologischen Garten zur Bodenlockerung, weil hier tiefgründiges Umgraben verpönt ist. Für dieses Gerät gelten die gleichen Kriterien wie für den Spaten. Zum Ernten von Wurzelgemüse ist die Grabgabel in jedem Fall viel besser geeignet als der Spaten, sollte diesem also vorgezogen werden.

Schaufel

Die Schaufel wird, wenn man sich zunächst auch mit dem Spaten behelfen kann, spätestens mit Beginn der ersten eigenen „Bauarbeiten“ im Garten unentbehrlich. Bei allen Arbeiten mit Sand kann sie der Spaten kaum ersetzen. Treppenstufen, Plattenwege, Mauern – mit einer Schaufel läßt sich jedes lockere Krümelmaterial leichter und in größeren Mengen bewegen als mit einem Spaten.

Harke

Die Harke sollte man immer in 2 Größen haben, eine breite, um zum Beispiel Beete für die Saat vorzubereiten oder grobes Material am Kompostplatz zusammenzurechen, und eine schmale, die auch noch sonst unzugängliche Stellen wie den schmalen Streifen zwischen den Pflanzenreihen erreicht.
Der Holzrechen wurde inzwischen durch die Eisenharke verdrängt, tut aber immer noch gute Dienste, wenn langer, trockener Rasenschnitt oder Laub beseitigt werden müssen. Auch das Schnittgut einer Blumenwiese, die nur zweimal im Jahr gemäht wird, läßt sich mit einem Holzrechen besser erfassen als mit irgendeinem anderen Gerät.
Zum Sauberhalten von Wegen und Plätzen und Abrechen des normalen Rasenschnittguts eignet sich am besten ein Fächerbesen oder Fächerrechen.

Hacke

Die Hacke sollte man ebenfalls in verschiedenen Breiten zur Hand haben. man lockert damit den Boden auf den Gemüsebeeten, zwischen den Reihen, unter Sträuchern und in der Blumenrabatte (Vorsicht, Gefahr von Wurzelschäden!).
Unter den Hacken gibt es Spezialausführungen, sogenannte Pendelhacken, die man ziehend besonders zum Entfernen von Unkraut einsetzen kann und deren Hakenblatt deshalb beweglich ist.
Manche Hacken sind zweiteilig, mit dem Hackenblatt auf der einen Seite und Zinken auf der anderen versehen.

Grubber und Sauzahn

Grubber und Sauzahn lockern den Boden schonend. Der Grubber sieht aus wie eine Harke mit 3 oder 4 langen Rundzinken. Der Sauzahn ist nur einzinkig (das Gerät ist auch unter anderen Bezeichnungen im Handel) mit breitem, spitz zulaufendem, gebogenem Blatthaken. Er ist das Gerät, das dem Biogärtner neben der Grabgabel den Spaten ersetzt.

Gartenfit

Gartenfit ist ein Vielzweckgerät mit 7 verschiedenen Funktionen. Mit Hilfe der drehbaren Arbeitsscheibe kann man, je nachdem welche Seite und Stellung gewählt wurde, hacken, Rillen ziehen, Unkraut jäten, den Boden über den Saatrillen festdrücken, krümeln, häufeln und glätten.
Die großen Gerätehersteller haben darüber hinaus Systeme entwickelt, die es erlauben, für alle Gartengeräte ihrer Produktion ein und denselben Stiel zu verwenden. Da es diese Stiele in verschiedenen Längen gibt, kann man sie je nach zu verrichtender Arbeit und Körpergröße mit einem Griff wechseln.

Schere

Scheren, mit denen man Blumen, dünnere Äste und verholzte Stengel entfernen kann, sind im Garten unentbehrlich. Angeboten werden einschenklige, sogenannte Amboßscheren, bei denen nur das Obermesser beweglich ist, und zweischenklige Scheren, bei denen sich beide Schenkel bewegen. Letztere sind schon immer für die verschiedensten Gartenarbeiten werwendet worden. Wichtig sind erstklassige Qualität und – möglichst auswechselbare – rostfreie Messer aus Edelstahl. Bei Scheren sollte man deshalb auf jeden Fall Markenfabrikate kaufen, auch wenn sie etwas teurer sind.
Eine langschenkelige Astschere wird man sich eines Tages zulegen, wenn in einem größeren Garten mit vielen Gehölzen das Auslichten unumgänglich geworden ist. Damit läßt sich auch stärkeres Holz mühelos beseitigen. Die verschiedenen Ausführungen von Baumsägen sind nur im Obstanbau von Bedeutung.

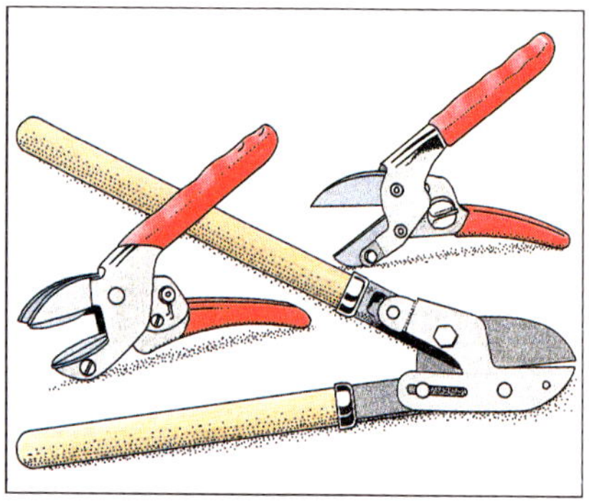

Links oben: spezielle Rosenschere, rechts oben: gewöhnliche Gartenschere, unten: langschenkelige Astschere

Oben: Handheckenschere, unten: Motorheckenschere

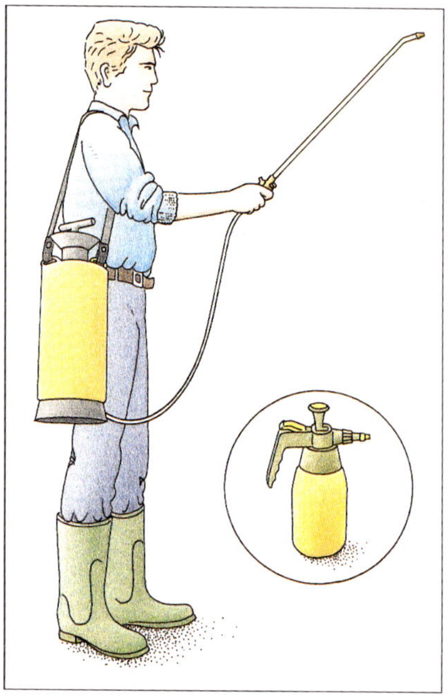

Links: Kleinspritzgerät mit Pumpe und Tragevorrichtung, rechts: gewöhnliche Blumenspritze (Zerstäuber)

Gießkanne und Wasserschlauch gehören zur Grundausstattung jedes Gärtners.

Heckenschere

Wie bei allen Gartengeräten wird auch hier das Angebot ständig erweitert. Bei den Heckenscheren haben sich Geräte mit dem sogenannten Wellenschliff der Schneidblätter mittlerweile immer mehr durchgesetzt, weil mit ihnen das Wegrutschen des Schnittgutes kaum mehr möglich ist. Auch Klingen mit Einkerbungen werden angeboten und sind vor allem für hartes Holz bestimmt, das durch die Kerben besonders gut festgehalten wird.
Sehr praktisch ist ein in der Schere eingegliederter Astschneider für Zweigdurchmesser, die von der Schere nicht mehr bewältigt werden können. Das erspart einen Werkzeugwechsel während der Arbeit.

Einige Firmen haben sogenannte „Damenscheren" auf den Markt gebracht, die leichter als die Normalmodelle und mit weniger Kraftaufwand zu handhaben sind.

Ob man Hand- oder Motorscheren den Vorzug gibt, hängt letztlich von der Größe und der Art der zu pflegenden Hecke ab. 20 oder mehr Meter mit einem manuellen Gerät in Form zu bringen, erfordert einiges an Kraft und Geduld. Hier ist man mit einer Elektroschere zweifellos besser bedient. Allerdings sind sie teuer. Man muß also abwägen, ob sich eine derartige Investition wirklich lohnt.

Angeboten werden heute fast nur noch beidseitig schneidende Modelle, mit denen man an der Hecke in 2 Richtungen arbeiten kann. Unter 400 W sollte die Motorstärke nur bei dünnästigen Hecken liegen, denn nichts verärgert mehr als ein Gerät, das immerzu „stekkenbleibt", weil die Leistung zu gering ist. Die Länge der Schneidmesser variiert bei den einzelnen Modellen, bewegt sich im Hobbybereich jedoch meist zwischen 40 und 60 cm.

Gerade bei elektrischen Heckenscheren sollte man wegen der Verletzungsgefahr auf höchste Sicherheit achten. Empfehlenswert sind Geräte mit einem „Blitzstopp" der Messer. Scheren mit Benzinmotor kommen für den Hausgebrauch kaum in Betracht.

Gartenspritze

Ganz ohne Spritzgerät kommt wohl kein Gartenbesitzer aus – nicht einmal der überzeugte Biogärtner. Auch er muß schließlich seine ungiftigen Pflanzenpflegemittel möglichst gleichmäßig und fein über den Gartengewächsen versprühen.

Die Handsprühflaschen oder schlicht Blumenspritzen sind jedem Zimmergärtner bekannt. Auch im Garten leisten sie gute Dienste, wenn man nur einige wenige Pflanzen gezielt einnebeln will. Die einfachsten Modelle funktionieren nach dem Pumpsystem, bei dem bei Fingerdruck auf einen gefederten Bügel Flüssigkeit aus der Düse sprüht.

Druckpumpen, die es sowohl im Kleinformat wie auch als größere Geräte mit mehreren Litern Fassungsvermögen gibt, arbeiten nach dem System des Überdrucks durch in den Zylinder gepreßte Luft. Ist der Überdruck hergestellt, kann so lange gespritzt oder gesprüht werden, bis die Druckleistung nachläßt und der Pumpvorgang wiederholt werden muß.

Alle größeren Spritzgeräte haben Verlängerungsrohre, mit denen sich auch höher gelegene Gehölzpartien erreichen lassen.

Recht praktisch sind batteriebetriebene Kleinspritzgeräte mit Doppelkammer. Hier befördert eine elektrische Minipumpe die Spritzflüssigkeit aus der verstellbaren Düse. Die in das Gerät eingegliederten Doppelkammern mit einem Füllinhalt von jeweils 2,5 l nehmen getrennt Flüssigkeiten auf, zum Beispiel ein Fungizid und ein Insektizid. Durch Umlegen eines Hebels kann man wahlweise die eine oder andere Kammer des Geräts aktivieren, ohne daß der Inhalt vor jedem Vorgang ausgewechselt werden muß.

Alle größeren Gartenspritzen werden an Tragevorrichtungen entweder über der Schulter oder als Rückenpumpe getragen. Das erleichtert die Arbeit, vor allem aber hat man beide Hände für das Zuleitungsrohr mit der Düse frei und kann die Sprühflüssigkeit gezielt dort zum Einsatz bringen, wo sie erforderlich ist. Es muß also nicht ein ganzes Gehölz tropfnaß gespritzt werden, wenn nur ein einzelner Ast eine derartige Maßnahme erfordert.

Wasserzapfstelle im Garten

Gießkanne und Wasserschlauch

Gießkanne und Wasserschlauch gehören heute in jedem Garten zum Inventar, ebenso wie verschiedene Geräte zur Rasenpflege, die in einem gesonderten Kapitel beschrieben sind (siehe S. 145). Hier werden heutzutage neben den verschiedenen Wassersprengern oft motorisierte Helfer eingesetzt. Motorbetriebene Mehrzweckgeräte werden zwar im Fachhandel angeboten, haben sich aber wegen des hohen Preises nicht recht durchsetzen können. Bei diesen Kombinationen gibt es für ein einziges Antriebsaggregat eine Reihe von Arbeitsgeräten, vom Rasenmäher und Vertikutierer über Heckenschere, Häcksler, Bodenfräse bis hin zu Wasserpumpe, Kompressor und Schneeräumer.

Schubkarren, Kleingeräte und andere Hilfsmittel

Schubkarre

Die Schubkarre darf man bei der Geräteausstattung nicht vergessen. Sie wird heute als Leichtgewicht auf Ballonreifen präsentiert und ihre Unentbehrlichkeit stellt man erst fest, wenn man sie einmal besitzt. Es gibt die verschiedensten Modelle, die nicht alle gleich gut sind. Vor allem die Verbindung zwischen der Wanne und dem Untergestell ist bei Verschraubung durch Rost gefährdet, bei Vernietung oft instabil.

Sonstige Hilfmittel

Kleine Handgeräte und sonstige Hilfseinrichtungen wie Pflanzschaufeln, Hacken, Mini-Kultivatoren, Pflanzhölzer, Blumenzwiebelpflanzer, Siebe, Etiketten, Bindedraht und -schnur und vieles mehr brauchen hier nicht im einzelnen genau erläutert zu werden.
Aber zwei auf den ersten Blick nebensächliche Dinge verdienen doch, weil sie so wichtig sind, eine Extraerwähnung: wer selber mit dem Garten zu tun hat, weiß, daß man gar nicht genug Eimer, Körbe und sonstige transportable Behältnisse in Reserve haben kann. Daran sollte also kein Mangel herrschen. Ganz entscheidend für zügiges Arbeiten und doch oft vergessen wird: ein Haufen Erde und ein Haufen Sand in einer nicht einsehbaren Gartenecke. Beides wird ständig benötigt und sollte immer zur Hand sein.
Und noch eines: wurden im Zuge einer Umgestaltung irgendwo Rasensoden abgestochen, dann haben sich diese Platten, mit den Halmen nach unten gestapelt, nach kurzer Zeit zwar nicht in Kompost, aber in brauchbare Erde für alle möglichen Zwecke verwandelt.

Vermehrung der Pflanzen

Pflanzen lassen sich auf 2 Arten vermehren: generativ durch Samen oder vegetativ, indem man bestimmte Pflanzenteile abtrennt und bewurzeln läßt, so daß sie zu neuen Exemplaren heranwachsen. Im Gemüsegarten verwendet man ausschließlich aus Samen herangezogene Gewächse; das meiste werden wir selber aussäen, einiges als Jungpflanzen vom Gärtner dazukaufen, weil die Anzucht zu lange dauern würde oder die Möglichkeiten einer richtigen, erfolgversprechenden, rentablen Vorkultur fehlen.

Generative Vermehrung

Samen entsteht, wenn die weibliche Blüte vom Pollen einer männlichen befruchtet wurde. Der sich dann langsam aufbauende Samen ist stets von einer mehr oder weniger dicken Schutzhülle umgeben. Erst Wärme und Feuchtigkeit lassen diese Ummantelung aufquellen und geben dem Kern den Weg frei, um sich auszudehnen und zu wachsen.
Nun klappt es mit der Befruchtung der Blüten leider nicht immer so, wie der Gärtner das wünscht. Wachsen männliche und weibliche Blüten zusammen an einer Pflanze, dann stößt die Übertragung des Pollens (männlich) auf die Narbe (weiblich) meist auf keine Schwierigkeiten. Insekten, und hier vor allem die Bienen, aber auch der Wind sind zuverlässige Befruchter, wenn sie nur kurze Wege zu bewältigen haben.
Im Gewächshaus allerdings, wo kaum Luftzug herrscht und auch die Insekten nicht immer anwesend sind, muß der Mensch nachhelfen. Deshalb ist es wichtig, die Tomaten immer wieder

leicht zu schütteln, damit der Blütenstaub aufgewirbelt wird und den Weg zur Narbe findet. Bei Gurken, sofern sie nicht rein weiblich sind und deshalb keine Befruchtung benötigen, und Melonen mit ihren tieferen Kelchblüten, sollte man sogar besser einen Pinsel aus dem Malkasten der Kinder nehmen und damit von Hand bestäuben. Dasselbe gilt übrigens auch für Kalebassen, die Flaschenfrüchte, an denen immer mehr Hobbygärtner Gefallen finden. Obgleich diese Kürbisgewächse im Freien kultiviert werden, klappt hier die Befruchtung oft nicht. Das hat einen einfachen Grund: Kalebassen sind Nachtblüher, öffnen ihre Blüten also zu einer Zeit, zu der bei uns kaum mehr Insekten unterwegs sind, und auf den Wind ist oft kein Verlaß.

Pflanzen mit sowohl männlichen als auch weiblichen Blüten bezeichnet man als „einhäusig", weil beide Partner in „einem Haus", nämlich an ein und demselben Gewächs blühen. Viel schwieriger um den Partner ist es bei den sogenannten „Zweihäusigen" bestellt, bei denen die eine Pflanze nur weibliche, die andere ausschließlich männliche Blüten trägt. Hierzu gehören zum Beispiel der Sanddorn und auch die Kiwis, die man nur als Pärchen pflanzen darf, wenn man Früchte ernten will.

Ist die Befruchtung geglückt, der Samen ausgereift, dann beginnt er im Boden bei günstigen Bedingungen zu keimen. Dabei werden bereits Wurzeln und Blätter im Miniformat ausgebildet, die freilich mit dem bloßen Auge noch nicht zu erkennen sind. Der Botaniker leitet bereits im Frühstadium des Pflanzenlebens eine Bestimmung ab, indem er die Gewächse nach der Zahl ihrer Keimblätter klassifiziert. So wird zwischen Einkeimblättrigen, dazu gehören zum Beispiel alle Gräser und Palmen, und Zweikeimblättrigen unterschieden. Unsere Gemüsepflanzen, Sommerblumen und Stauden besitzen fast alle 2 Keimblätter.

Bienen, aber auch andere Insekten und der Wind bestäuben Zier- und Nutzpflanzen.

Nun wurde gesagt, daß zum Keimen genügend Wärme und Feuchtigkeit erforderlich sind. In den meisten Fällen trifft das auch zu, aber es ist nicht die Regel. Vielmehr gibt es Gewächse, deren Samen nur zum Leben erweckt werden, wenn sie vor der Keimung tüchtig durchgefroren sind (Frostkeimer), andere wollen es anfangs ganz dunkel (Dunkelkeimer), wieder andere sehr hell (Lichtkeimer) haben. Dunkel- und Lichtkeimer können zugleich Frostkeimer sein.

Zu den Frostkeimern gehören eine ganze Reihe beliebter Gartengewächse. Viele davon sind ursprünglich im Gebirge beheimatet, und für sie waren Frost und Schnee gewissermaßen Voraussetzung fürs Überleben. Denn wo die Samen im Spätsommer oder Herbst auf den Boden fielen, mußten sie zwangsläufig den früh hereinbrechenden Winter überstehen, damit sie im Frühjahr keimen konnten. Diese Eigenart haben sich derartige Gewächse auch als Kulturpflanzen bewahrt und müssen deshalb, will man sie aus Samen ziehen, entsprechend behandelt werden, nämlich ein gewisses Maß an Kälte abbekommen. Man sät deshalb im Spätherbst in Töpfe oder Schalen aus und stellt die Gefäße den Winter über ins Freie, damit Frost und Schnee auf die Samen einwirken können. Heute spricht man übrigens korrekter von Kaltkeimern, da bei Keimhemmung der Samen nicht allein durch einige Frostgrade, sondern vor allem durch Wechseltemperaturen zwischen wenigen Minus- und wenigen Plusgraden aufgehoben wird.

Frostkeimer

DEUTSCHER NAME	BOTANISCHER NAME
Adonisröschen	Adonis vernalis
Aster	Aster
Bergenie	Bergenia
Christrose	Helleborus
Eisenhut	Aconitum
Enzian	Gentiana
Glockenblume	Campanula
Lupine	Lupinus
Phlox	Phlox
Steinbrech	Saxifraga
Steppenkerze	Eremurus
Tränendes Herz	Dicentra spectabilis
Trollblume	Trollius
Waldrebe	Clematis
Zierlauch	Allium

Dunkelkeimer

DEUTSCHER NAME	BOTANISCHER NAME
Christrose	Helleborus
Enzian	Gentiana
Lupine	Lupinus
Rittersporn	Delphinium
Schleierkraut	Gypsophila
Silberling	Lunaria
Stiefmütterchen	Viola-Wittrocki-ana-Hybriden
Veilchen	Viola
Vergißmeinnicht	Myosotis

Lichtkeimer

DEUTSCHER NAME	BOTANISCHER NAME
Alant	Inula
Alpenmohn	Papaver burseri
Fingerhut	Digitalis
Fleißiges Lieschen	Impatiens
Glockenblume	Campanula
Grasnelke	Armeria
Hornveilchen	Viola cornuta
Königskerze	Verbascum
Kokardenblume	Gaillardia
Lichtnelke	Lychnis
Nelke	Dianthus
Nelkenwurz	Geum
Prachtscharte	Liatris
Rudbeckie	Rudbeckia

Zu den Dunkelkeimern, die am häufigsten selbst herangezogen werden und bei denen es dann prompt zu Mißerfolgen kommt, gehört das Stiefmütterchen. Man mag sich noch so sehr anstrengen, den Boden sorgfältig immer leicht feucht halten, es tut sich nichts, wenn die Samen nicht im Dunkeln keimen können. Die Saatgefäße müssen mit feuchtem Sackleinen oder einem anderen porösen Material abgedeckt werden, wobei das Substrat selbst während der Keimphase nur ganz wenig befeuchtet werden darf. Erst beim Aufgehen der Pflänzchen wird die Abdeckung entfernt und das Saatgefäß heller, nicht sonnig gestellt.

Auch für Lichtkeimer gibt es ein gutes Beispiel: unser Fleißiges Lieschen, das durch neue Züchtungen wieder zu Ehren gekommen ist. Den feinen Samen dieser Pflanze deckt man am besten überhaupt nicht mit Erde ab, allenfalls kann eine hauchdünne Schicht über die feinen Körnchen gesiebt werden. Bei wiederholten Mißerfolgen wird dann meist dem Samenzüchter die Schuld gegeben. Das ist allerdings nur berechtigt, wenn auf dem Tütchen der Hinweis fehlte, wie das Saatgut zu behandeln ist.

Wer Gemüse und Blumen weitgehend selber heranzieht, für den gibt es noch eine weitere Ursache möglicher Mißerfolge. Meist hat man noch Samentüten vom Vorjahr übrig, vielleicht auch noch ältere, wer weiß das schon so genau. Da Samen aber nur eine begrenzte Zeit keimfähig bleiben, die Keimkraft zudem noch durch unsachgemäße Lagerung beeinträchtigt werden kann, gibt es häufig böse Überraschungen, wenn nur vereinzelt Pflänzchen aufgehen.

Wenn sich das Saatgut noch in verschlossenen „Keimschutzpackungen" befindet, ist die Lebensfähigkeit gemäß dem aufgedruckten Verfallsdatum gesichert. Aufgebrochene Tütchen schützen ihren Inhalt natürlich nicht mehr. Um Enttäuschungen auszuschließen und eine ärgerliche Zeitverzögerung durch Zweitaussaat zu vermeiden, sollte in Zweifelsfällen eine sogenannte „Keimprobe" vorgenommen werden.

Eine derartige Probeaussaat zeigt ziemlich zuverlässig, ob die Verwendung eines bestimmten Saatguts noch lohnt oder ob man besser neues kauft. Von großen Samenkörnern wie Bohnen, Gurken oder Erbsen werden 10 Stück abgezählt und in einem Gefäß ausgesät, bei kleineren Samen zum Beispiel Tomaten und Radieschen

Die Aster ist ein Frostkeimer; hier Aster alpinus, die Alpenaster.

Vergißmeinnicht sind Dunkelkeimer; hier Myosotis palustris.

Kokardenblumen (Gaillardia) sind Lichtkeimer; hier eine Gaillardia-Hybride.

nimmt man 25 Stück, von ganz feinen, beispielsweise von Möhren und Salat, 50 Stück und legt sie in ein feuchtes Torf-Sand-Gemisch oder auf feuchtes Fließpapier in einen Teller. Eine Klarsichtfolie oder Glasscheibe schützt vor Austrocknung. Aus der Zählung der aufgegangenen Keime ergibt sich die Güte des Saatguts.

Sind 75 % der Samen gekeimt, ist der Inhalt des Tütchens in Ordnung und kann noch verwendet werden. Bei 50 % Keimfähigkeit muß in jedem Fall dichter als vorgeschrieben gesät werden, 25 % bedeutet Ausschuß, eine Weiterverwendung des Samens lohnt sich nicht.

Die in zahlreichen Untersuchungen ermittelte Zeitspanne, in der Gemüsesamen keimfähig bleibt, kann dem Hobbygärtner nur Annäherungswerte an die Hand geben. Voraussetzung ist nicht nur eine dunkle und trockene Lagerung, es gibt darüberhinaus bei den modernen Hochzüchtungssorten von Fall zu Fall Empfindlichkeiten, die kaum exakt festzuhalten sind. Im Mittel kann man dennoch davon ausgehen, daß die meisten Gemüsesamen, wie übrigens auch die von Sommerblumen, 4 Jahre lang keimfähig bleiben. Aber man kann ja, wie gesagt, im Zweifelsfall eine Keimprobe machen.

Entsprechende Werte für Stauden sind noch unsicherer und allenfalls für den Erwerbsgärtner von Interesse, der ohnedies über die optimalen Anzuchttechniken verfügt.

Etwas aus der Mode gekommen ist das Beizen des Saatguts (Behandlung der Samen mit einem speziellen Mittel, damit sie nicht von tierischen oder pflanzlichen Schädlingen befallen werden). Das mag einmal daran liegen, daß die Anwendung chemischer Präparate im Gartenbereich zunehmend auch von Nicht-Biogärtnern abgelehnt wird, zum anderen an der Tatsache, daß vielen Samentütchen der Hinweis auf qualitativ einwandfreies Saatgut aufgedruckt ist. Was andererseits nicht bedeutet, daß es bereits vom Erzeuger gebeizt wurde. Jedenfalls ist kein Samenkorn gegen den Befall mit Bodenpilzen gefeit, und eine 100 %ige Garantie dafür, daß sich Pilzsporen nicht bereits am gekauften oder selbst geernteten Samen befinden, gibt es nicht.

Pilztötende Beizmittel kann man im Samenfachhandel oder im Gartencenter kaufen. Am sparsamsten ist die sogenannte Überschußbeizung. Dazu schüttet man den Inhalt einer Samentüte in ein Blech- oder Kunststoffgefäß mit Deckel, gibt 2 Messerspitzen eines Beizmittels dazu und schüttelt das Gemisch mehrmals durch. Anschließend wird das Beizpulver abgesiebt und kann erneut verwendet werden. Jedes Samenkorn ist nun mit einer hauchdünnen Fungizidschicht überzogen.

Diese Vorsorge gegen Ausfälle empfiehlt sich besonders bei teurem Saatgut wie den Samen von sogenannten

Keimdauer und -fähigkeit von Gemüsesamen

DEUTSCHER NAME	KEIMDAUER IN TAGEN	KEIMFÄHIGKEIT IN JAHREN
Blumenkohl	6 – 8	3 – 4
Buschbohnen	4 – 12	3 – 4
Chicorée	5 – 12	2 – 3
Chinakohl	3 – 10	3 – 5
Endivien	6 – 10	4 – 5
Erbsen	6 – 14	2 – 3
Feldsalat	8 – 14	3 – 5
Gurken	5 – 10	6 – 8
Kohlrabi	5 – 6	3 – 4
Kopfsalat	5 – 14	3
Möhre	15 – 30	3 – 4
Porree	12 – 18	2 – 3
Radieschen	5 – 8	4 – 5
Rettich	4 – 10	4 – 5
Rosenkohl	5 – 8	4 – 5
Rote Bete	9 – 14	4 – 6
Schnittsalat	5 – 14	3 – 4
Sellerie	15 – 25	2 – 3
Spinat	5 – 14	1 – 2
Stangenbohnen	4 – 12	3
Tomaten	6 – 14	4 – 5
Wirsing	6 – 8	4 – 5
Zwiebel	10 – 21	1 – 2

F1-Hybriden. Es handelt sich dabei um den reinrassigen Samen besonders ausgesuchter Elternpaare, die man in langwierigen Kreuzungen herangezüchtet hat. Samen von F1-Hybriden (F1 = 1. Filial- oder Nachkommengeneration) müssen immer wieder nach dem gleichen Schema neu gewonnen werden.

Erntete der Hobbygärtner von Pflanzen aus F1-Saatgut seinerseits wieder Samen, so würden die Nachkommen in ihren Eigenschaften bereits nicht mehr der hohen Qualität der Elternpflanzen entsprechen. Der Züchter spricht dann davon, daß der Samen nicht mehr „treu ausfällt" beziehungsweise daß er „aufspaltet".

Das ist auch der Grund dafür, daß man von besonders schönen Stauden oder auch Einjahresblumen durch eigene Samengewinnung nicht unbedingt wieder gleich attraktive Pflanzen erwarten darf. Besonders bei den hochgezüchteten Sorten schlagen in den nachfolgenden Generationen die Eigenschaften der verschiedenen Vorfahren durch, und das herrlich leuchtendrote Fleißige Lieschen bringt mit einem Mal blaßrosa oder gar schmutziglila Blüten hervor.

Gerade unter den Stauden gibt es andererseits Sorten, die so „durchgezüchtet" sind, daß die verschiedenen charakterlichen Merkmale der Vorfahren nicht mehr zum Vorschein kommen. Aber wer, außer dem Fachmann, weiß das schon im vorhinein? In jedem Fall ist die vegetative Vermehrung durch Ableger oder Stecklinge, wenn diese möglich ist, sicherer, weil man dann Gewächse erhält, die mit der Mutterpflanze absolut identisch sind. Auf die vielen Möglichkeiten der vegetativen, also ungeschlechtlichen Vermehrung wird noch ausführlich eingegangen.

Um die Aussaat im Freiland noch leichter zu machen, bietet der Samenhandel seit längerer Zeit sogenannten „Pillensamen" an, der gerade bei geringer Korngröße durchaus seine Vorteile hat. Hierbei wurde jedes Samenkorn durch eine Umhüllung künstlich vergrößert, so daß sich beispielsweise Möhren oder Salat besser legen lassen. Eine unregelmäßige Aussaat wird durch diese Maßnahme vermieden.

Die Ummantelung besteht aus einem löslichen Material, dem zum Schutz

Links: gewöhnliches Saatgut, Mitte: pillierter Samen, rechts: Samenband

Gazania-Hybriden, Gazanien, gibt es durch Züchtung in Blütenfarben von Weiß bis zu verschiedenen Gelb- und Orangetönen.

des Korns meist auch noch ein Beizmittel und als Starthilfe geringe Mengen an Nährstoffen beigemischt wurden. Pilliertes Saatgut hat seinen Preis. Wer ihn nicht bezahlen möchte, greift auf die alte, bewährte Methode zurück und vermischt seinen Möhrensamen vor dem Auslegen mit feinem Sand.

Noch einfacher geht es mit den sogenannten „Saatbändern". Hier liegt Samen für Samen einzeln bereits im richtigen Abstand in einem Band und es braucht nicht mehr vereinzelt zu werden. Versagt ein Korn, dann gibt es natürlich Lücken. Das aufgerollte Band kann auf die gewünschte Beetlänge zugeschnitten werden und verrottet schon bald im Boden. Angeboten werden einzelne Gemüsearten, aber auch verschiedene Kombinationen, bei denen die Mischkultur also bereits fix und fertig vorprogrammiert ist. Auch Sommerblumensamen sind als Band, separat oder in Mischungen, im Handel erhältlich.

Schließlich gibt es noch den „Samenteppich", der nach demselben Prinzip wie das Saatband funktioniert, nur daß die Körner hier nicht in einer Reihe, sondern flächig in das verrottbare und mit Nährstoffen versehene Material eingearbeitet sind. Angeboten werden Mischungen von Heil- und Gewürzkräutern, verschiedene Salate in Kombinationen und ein „Kindergärtlein". Der Saatteppich ist vor allem für ein kleines Gartenbeet der Kinder interessant. Im „richtigen" Hausgarten ist er mehr eine Spielerei der immer experimentierfreudigen Hobbygärtner.

Das gilt auch für die „Quick-Sticks" getauften Stäbchen mit je einem Samenkorn am Ende. Die richtige Saattiefe ist auf dem Träger markiert oder ergibt sich aus seiner Länge. Eine Erfindung für vielbeschäftigte Gelegenheitsgärtner, die sich vermutlich nicht durchsetzen wird.

*Vermehrung durch Steckholz;
1. man gewinnt etwa 20 cm lange Steckhölzer im Winter von der Mutterpflanze.*

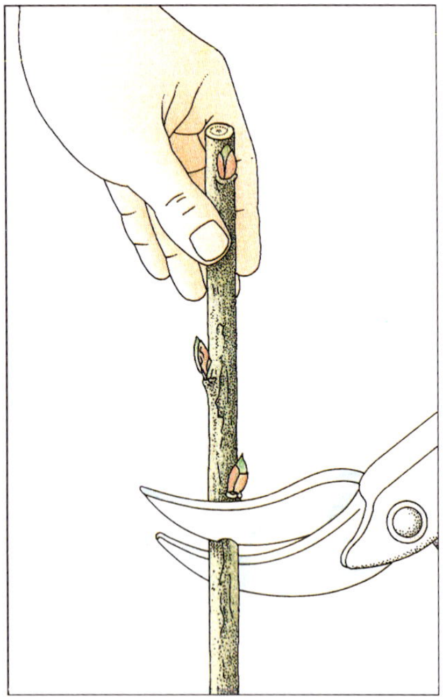

2. Aus ihnen werden relativ nahe an einer Knospe Einzelstücke geschnitten.

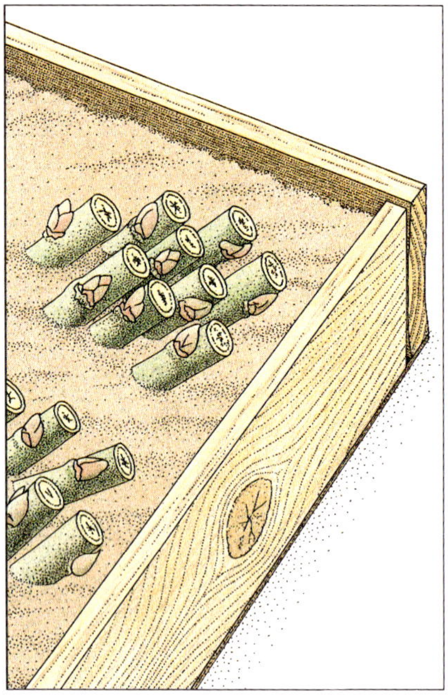

3. Während des Winters schlägt man die Hölzer bis zur obersten Knospe eingegraben ein.

4. Im Frühjahr werden sie mit etwa 10-15 cm Abstand in Gräben gestellt. Die oberste Knospe muß über dem Bodenniveau liegen.

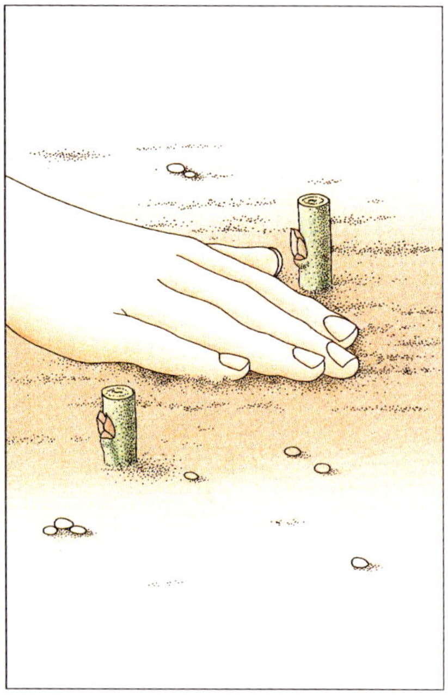

5. Dann schließt man die Gräben.

6. Wenn die Hölzer bewurzelt sind, nimmt man sie heraus und pflanzt sie an ihren Standort.

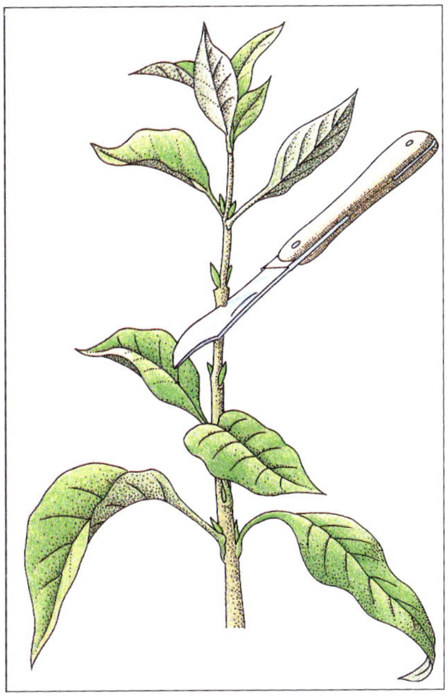

Vermehrung durch Kopfstecklinge; 1. man schneidet etwa 10 cm lange Stecklinge.

2. Diese taucht man in ein im Fachhandel erhältliches Bewurzelungshormon.

3. In einem Torf-Sand-Gemisch bewurzelt man die Stecklinge.

Vegetative Vermehrung

STECKLINGE

Die Vermehrung durch Stecklinge ist die vom Laien wohl am häufigsten angewandte Methode, um neue Pflanzen zu ziehen. Meist verwendet man krautige Kopfstecklinge oder Teilstecklinge, weil man dann, vom Winter abgesehen, an keine Jahreszeit gebunden ist. Die eigene Erfahrung wird lehren, bei welchen Gewächsen welcher Schnittermin am günstigsten ist, denn auch hier gibt es, wie überall sonst auch, Unterschiede.

Als Kopfsteckling bezeichnet man die Spitze eines voll entwickelten Triebs, Teilstecklinge sind untere Triebteile. Grundstecklinge werden nur im Frühjahr geschnitten, weil man dazu einen jungen, gerade aus dem Boden gewachsenen Neutrieb verwendet. Es gibt einige Stauden wie Margerite und Tränendes Herz, bei denen Grundstecklinge leichter bewurzeln als Kopfstecklinge. Krautig schließlich nennt man Triebe, die noch nicht verholzt sind. Verholzte Triebe, sogenannte Steckhölzer, verwendet man in erster Linie bei der Vermehrung von Bäumen und Sträuchern, zum Beispiel bei der Johannisbeere. Man schneidet sie im Winter. Sie überdauern die kalte Jahreszeit bis zur obersten Knospe eingegraben im Einschlag an einer geschützten Gartenstelle und werden dann im Frühjahr gepflanzt.

Die Bewurzelung krautiger Kopfstecklinge kann meist in einem Glas mit Wasser erfolgen, aber ein Gemisch aus Torf und Sand zu gleichen Teilen ist vorzuziehen. In Wasser getriebene Wurzeln sind sehr zart und empfindlich und können beim Einpflanzen leicht abbrechen.

Heute ist die Stecklingsvermehrung wie so vieles andere im Garten um einiges leichter geworden, weil die Wurzelbildung beschleunigt werden kann, indem man die Schnittstellen der Triebe vor dem Stecken mit einem überall im Fachhandel erhältlichen Bewurzelungshormon behandelt.

Die Länge der Stecklinge spielt meist keine Rolle, aber schon aus praktischen Gründen wird man sich mit etwa 10 cm langen begnügen. Damit die Bewurzelung schneller vorangeht, beläßt man dem Trieb einige Blätter, weil sie die einzigen Teile sind, die jetzt noch assimilieren, das heißt, die für die Wurzelbildung wichtigen Stoffe aufbauen. Da diese Blätter dabei Feuchtigkeit verdunsten, die wegen fehlender Wurzeln nicht ergänzt werden kann, stellt man den Behälter mit den Stecklingen unter eine Plastikhaube. Dadurch wird die Verdunstungsfeuchtigkeit aufgefangen und als Wasser wieder an den Boden zurückgegeben. In dieser gespannten Luft verdunsten die Blätter viel weniger Wasser als normal.

Der Stand soll warm, etwa 18-20° C, aber auf keinen Fall sonnig sein.
Für die Zeitdauer des Bewurzelungsvorgangs können keine feststehenden Werte angegeben werden. Das hängt von der Jahreszeit, den äußeren Bedingungen und der Wuchsfreudigkeit der jeweiligen Pflanze ab.
100 % ige Erfolge wird man mit der vielbegehrten Engelstrompete, Datura suaveolens, in Wasser erzielen. Schneidet man im Herbst vor dem Einräumen einige Stecklinge, dann rührt sich den ganzen Winter über in der Regel zwar nichts, aber mit Beginn des Frühjahrs kommen wider Erwarten die ersten Würzelchen zum Vorschein, im Mai kann man eintopfen, und im selben Jahr gibt es bereits Blüten. Natürlich zeigt sich die Datura auch zu jeder anderen Jahreszeit so entgegenkommend.
Auch für die Vermehrung mit Steckhölzern oder Stammstecklingen gibt es ein gutes Beispiel, auch in diesem Fall bei einer Kübelpflanze: diese Methode sei jedermann zur Nachahmung empfohlen, dem seine Palmlilie oder Yucca über den Kopf wächst.
Man schneidet zuerst mit der Säge die Krone der Yucca ab, aber so, daß unten noch ein Stück Stamm zum Stecken verbleibt. Den restlichen Mitteltrieb kann man nun in mehrere Teile zerlegen, je nachdem, wie weit gekürzt werden soll. Kronenstück und Stammelemente, jedes etwa 30 cm oder länger, kommen nun in ein Sand-Erde-Gemisch, das ständig leicht feucht zu halten ist. Schon nach 2–3 Wochen stoßen durch die Rinde der glatten Stämme die Spitzen neuer Blätter durch, und auch der Kronenteil zeigt durch gesundes Grün an, daß die Ernährung über neue Wurzeln eingesetzt hat. Aufpassen bei den Stammstecklingen: es muß immer die untere Schnittstelle in den Boden kommen.

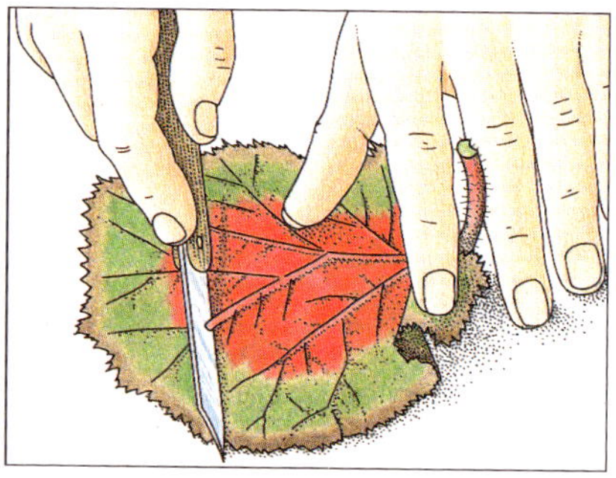

Blattstecklinge von Begonien;
1. an der Blattunterseite schneidet man die dicken Blattadern ein.

Vermehrung durch Teilung;
1. mit einem scharfen Spaten sticht man einen Teil der Pflanze mit Wurzelballen ab.

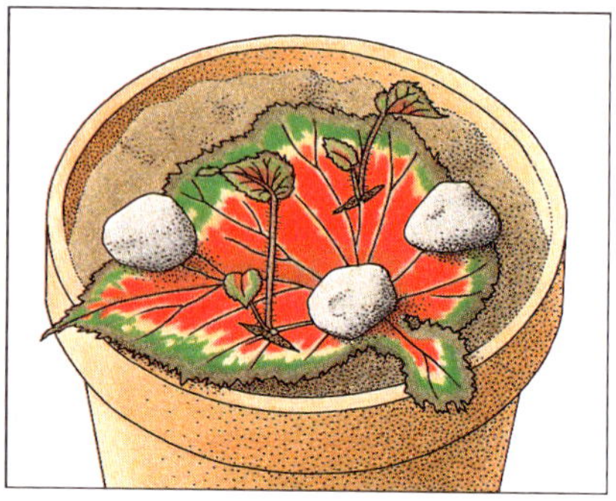

2. Das Blatt legt man mit der Unterseite nach unten auf ein Sand-Torf-Gemisch und beschwert es mit Steinchen. Nach einer Weile, wenn die Jungpflanzen Wurzeln gebildet haben, vereinzelt man sie.

2. Das abgetrennte Teilstück wird an anderer Stelle eingepflanzt und angegossen.

BLATTSTECKLINGE

Für die Vermehrung durch Blattstecklinge sind nur wenige Pflanzen, meist Zimmerpflanzen geeignet. Am besten geht es mit dem Usambaraveilchen, mit Peperomia, verschiedenen Begonienarten und der Wachsblume. Man nimmt ein einzelnes Blatt mit einem Stück Stiel und steckt es schräg in ein Sand-Torf-Gemisch. Das Gefäß deckt man mit einer Glasscheibe ab oder zieht einen Folienbeutel darüber. Bei Begonien kann man sogar aus einem einzigen Blatt mehrere Jungpflanzen heranziehen, indem man an dickeren Blattadern der Blattunterseite kleine Schnitte setzt, das Blatt mit der Oberseite nach oben flach auf das Sand-Torf-Gemisch legt und mit Steinchen beschwert.
Daß das Substrat bei dieser Vermehrungsmethode nicht austrocknen darf, versteht sich von selbst.

TEILUNG

Viele Stauden lassen sich durch Teilung vermehren und verjüngen, indem man einfach mit einem scharfen Spaten ganze Stücke vom verfilzten Wurzelballen absticht. Nicht zu große Pflanzen kann man auch ganz aus dem Boden nehmen und mit den Händen oder einem Messer Teile davon abtrennen. Wenn dabei einige Wurzeln in Mitleidenschaft gezogen werden oder abbrechen, ist das nicht schlimm. Sie sind rasch durch neue ersetzt. Die geteilten Pflanzen wachsen meist besser weiter als vorher und blühen reicher.

Bei kleineren Staudengräsern wird allgemein empfohlen, die abgetrennten Stücke nicht gleich wieder einzupflanzen, sondern sie zunächst in Töpfchen bis zum darauffolgenden Frühjahr weiter zu kultivieren, damit sich ein kräftiger Wurzelballen bilden kann.

Geteilt werden sollte möglichst nicht in der Zeit der vollen Vegetation. Bei Frühjahrs- und Frühsommerblühern unter den Stauden führt man diese Vermehrungsmethode nach der Blüte durch, bei allen anderen besser im Frühling als im Herbst.

VERMEHRUNG VON ZWIEBELN UND KNOLLEN

Die Vermehrung von Zwiebeln- und Knollenblühern ist ebenfalls einfach. Hier bilden sich nach einer gewissen Zeit an der Mutterpflanze sogenannte Brutzwiebeln oder -knollen, die man bis spätestens Juni vorsichtig ablösen und an anderer Stelle stecken kann. Die kleineren Brutzwiebeln blühen allerdings erst nach 2–3 Jahren, wenn sie groß genug geworden sind. Begonienknollen lassen sich vor dem Setzen im Frühjahr mit einem Messer zerteilen, wobei jedes Teilstück eine Triebknospe aufweisen muß. Die Schnittstellen sollten gegen Fäulnis und Krankheitserreger ausreichend mit Holzkohlenstaub eingepudert werden. Dahlien bilden nach und nach regelrechte „Knollenbüschel“, die man im Frühjahr vor dem Pflanzen in größere Stücke auseinanderschneiden kann. Auch hier ist darauf zu achten, daß jede Einzelknolle ein Triebauge besitzt.

Zwiebeln lassen sich außerdem noch durch ihre Schuppen vermehren, eine vor allem bei Lilien oft praktizierte Methode. Nach dem Abblühen der Pflanze kann man die Schuppen ablösen und sie, sofern ein Auge erkennbar ist, in mageres Erdreich pflanzen. Die Bodentemperatur muß dabei allerdings etwa 20° C betragen. Zu empfehlen ist deshalb eine Vorkultur im beheizten Vermehrungsbeet.

Zwiebelpflanzen werden durch Brutzwiebeln vermehrt, die man von der Mutterpflanze abtrennt.

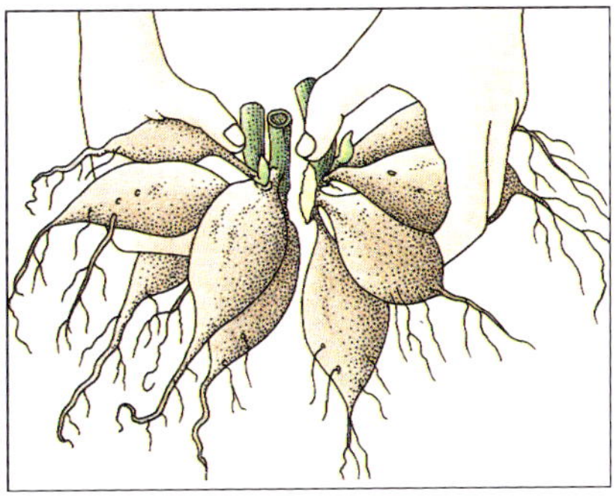

Will man Dahlien vermehren, schneidet man die „Knollenbüschel“ in Teilstücke, die mindestens ein Auge besitzen müssen.

Lilien lassen sich durch ihre Schuppen vermehren.

Vermehrung durch Absenken;
1. ein Trieb wird heruntergebogen. Die Mitte wird entblättert.

2. In ein etwa 6 cm tiefes Loch legt man den Trieb ein, hält ihn mit einem Haken fest und deckt ab.

3. Nach erfolgter Bewurzelung wird er abgetrennt und verpflanzt.

ABSENKER

Absenker lassen sich von vielen Gewächsen machen, die genügend lange Triebe haben oder deren unterste Zweige dicht über dem Erdboden wachsen. Man biegt einen derartigen

Vermehrung durch Ableger; bewurzelte Jungpflanzen werden von der Mutterpflanze abgetrennt.

Vermehrung durch Ausläufer; 1. bewurzelte Jungpflanzen werden von der Mutterpflanze abgestochen.

2. Dann werden sie eingetopft. Sind sie kräftig genug, pflanzt man sie an ihren endgültigen Standort.

Trieb soweit herunter, daß er den Boden berührt, macht bei dickeren an der dem Erdreich zugewandten Seite mit einem scharfen Messer einen Einschnitt, ohne den Zweig zu durchtrennen, und legt diese Stelle in ein vorbereitetes, mindestens 6 cm tiefes Loch. Dann wird mit Erde abgedeckt und der Trieb mit einer Astgabel oder einem Drahthaken in seiner Stellung festgehalten. Nach erfolgter Bewurzelung, die man bei vorsichtigem Wegkratzen der Erde erkennen kann, wird der Trieb mit einem Schnitt von der Mutterpflanze getrennt und bis zum endgültigen Auspflanzen in einem Blumentopf weiter kultiviert.

ABLEGER UND AUSLÄUFER

Die Vermehrung durch Ableger wird vor allem bei der Nachzucht von Erdbeeren praktiziert. Wir kennen alle die langen, runden Stränge, die von der Mutterpflanze ausgehen und an denen kleine Jungpflanzen heranwachsen.
Dasselbe spielt sich im Grunde bei Brombeeren, Himbeeren und einigen niedrigen Cotoneasterarten ab. Hier werden die Ausläufer lediglich abgestochen und die kleinen Pflänzchen, die schon Wurzeln erkennen lassen, eingetopft. Später kann man sie dann mit Ballen auspflanzen.

Düngung und Bodenverbesserung

Zum Leben brauchen alle Pflanzen eine Reihe von chemischen Elementen, die uns dem Namen nach aus dem Chemieunterricht in der Schule noch geläufig sind. 3 davon stellen die Hauptnährstoffe dar: Stickstoff (chemisches Zeichen N), Phosphor (P) und Kalium (K). In jedem Naturboden sind diese Stoffe enthalten und werden durch die Zersetzung organischen Materials laufend ergänzt. Ein durch Kulturpflanzen intensiv genutzter Boden, wie es in der Landwirtschaft und im Hausgarten der Fall ist, wäre bald ausgelaugt und nicht mehr im Stande, die Pflanzennährstoffe zur Verfügung zu stellen. Hier Abhilfe zu schaffen, dafür zu sorgen, daß die Erde stets genügend „Futter“ für die Gewächse bereithält, ist der Sinn des Düngens.
Um das zu erreichen, stehen uns grob unterteilt 2 Arten von Dünger zur Verfügung: mineralische und organische Düngemittel. Das Ziel, unsere Pflanzen mit Nahrung zu versorgen, wird mit beiden erreicht, nur die Wege dorthin unterscheiden sich voneinander. Wie das im einzelnen vor sich geht, wurde bereits auf S. 14 beschrieben. Hier nur ganz kurz zur Erinnerung: Mineraldünger enthält die für die Gewächse lebensnotwendigen Elemente in „reiner“ Form, sie sind soweit „aufgeschlossen“, daß sie von den Wurzeln sofort aufgenommen werden können, also bereits bald nach der Ausbringung Wirkung zeigen.
Bei organischen Düngern – früher waren das in erster Linie Stallmist und Jauche – dauert es länger. Hier müssen die Elemente Stickstoff, Phosphor, Kalium und auch andere Nährstoffe zunächst einmal freigesetzt, aus dem Trägermaterial herausgelöst werden. Das bewerkstelligen die Lebewesen des Bodens, vom Regenwurm bis zum mikroskopisch kleinen Einzeller. Erst nach diesem Zersetzungsprozeß können die Pflanzenwurzeln sich holen, was sie für die richtige Ernährung des Gewächses brauchen.

Die Hauptnährstoffe

Im Pflanzenkörper selbst fallen den Hauptnährstoffen verschiedene Aufgaben zu, jeder für sich ist für ganz unterschiedliche Lebens- und Wachstumsprozesse verantwortlich.

STICKSTOFF

Stickstoff ist in letzter Zeit etwas in Verruf geraten, weil er zur Bildung von Nitraten beiträgt, die wiederum im Körper in gesundheitsschädigende Nitrosamine umgewandelt werden. Dennoch ist gerade Stickstoff für jede Pflanze lebenswichtig, denn er fördert die Blattbildung, ist zum Aufbau der Eiweißverbindungen unerläßlich und regt das Wachstum an.

Diese letztgenannte Eigenschaft ist übrigens der Grund dafür, weshalb man Gehölze im Herbst nicht mehr mit stickstoffbetonten Düngern versorgen soll. Werden verholzte Gewächse vor dem Winter noch einmal zu weiterem Wachstum angeregt, kann das Holz nicht mehr ausreifen, die Bäume und Sträucher tragen eher Frostschäden davon.

Auch die ohnedies etwas umstrittene letzte Rasendüngung im Oktober sollte, wenn überhaupt, nur mit stickstoffarmen Nährstoffkombinationen vorgenommen werden.

Um eine übermäßige Nitratanreicherung vor allem bei Blattgemüse zu vermeiden, kann man bereits vorsorglich einiges tun: nicht zu eng säen oder pflanzen; etwa ab 2 Wochen vor der voraussichtlichen Ernte die Beete häufiger gießen und nicht mehr hacken; Gemüse voll ausgereift ernten, am besten nach einigen Sonnentagen; Treibgemüse ist in der Regel nitrathaltiger als solches vom Freilandbeet, deshalb die Kulturzeit unter Glas und Folie möglichst verkürzen und diese Hilfsmittel nur zur Jungpflanzenanzucht und für empfindliches Fruchtgemüse nutzen (Auberginen, Tomaten, Paprika und Melonen). Grundsätzlich sollte sorgsame Bodenpflege betrieben werden. Humoses, lockeres, fruchtbares Erdreich ist weniger nitratgefährdet, weil Stickstoff verhältnismäßig leicht ausgewaschen wird.

Pflanzen benötigen eine ausreichende und ausgewogene Ernährung, um gesund zu bleiben und Ertrag zu bringen.

PHOSPHOR

Phosphor ist bereits im Samenkorn enthalten, wo er zur Keimung benötigt wird. Außerdem fördert er die Blütenbildung und ist unerläßlich für die Photosynthese. Dünger für Blütenpflanzen enthalten deshalb mehr Phosphor als Stickstoff, während sein Anteil in den Mehrnährstoffdüngern nicht so hoch bemessen ist.

Unsere Gartenböden verfügen meist über soviel Phosphor, daß nur Verbrauchtes ersetzt, also nicht aufgedüngt werden muß.

KALIUM

Kalium kräftigt das Pflanzengewebe und ist entscheidend an der Bildung der Kohlehydrate beteiligt. Deshalb ist Kalium nach Stickstoff und Phosphor als dritte Komponente in allen Misch- oder Mehrnährstoffdüngern enthalten. Bei der Ausbringung spezieller Kalidünger muß man etwas vorsichtig sein, weil bei zuviel Kalium das Magnesium nicht mehr zum Zuge kommt und dadurch Mangelerscheinungen bei den Gartenpflanzen hervorgerufen werden können.

KALZIUM

Anders verhält es sich mit Kalzium (Kalk, Ca), das aber eigentlich kein Düngemittel im herkömmlichen Sinn ist. Doch ohne genügend Kalk gibt es keinen fruchtbaren Boden, weil Kalk Struktur, Säuregrad und Gare des Erdreichs entscheidend mit beeinflußt. Für Pflanzen schädliche Säuren werden durch Kalk gebunden, die Erde erhält eine gute Krümelstruktur, und schließlich stabilisiert und kräftigt er das pflanzliche Gewebe.

Eine sogenannte Erholungskalkung, bei der man den verbrauchten Kalkgehalt des Gartenbodens wieder ergänzt, kann jährlich mit 5 g/m^2 kohlensaurem Kalk vorgenommen werden.

Verschiedene Dünger

MEHRNÄHRSTOFFDÜNGER

Alle Düngemittel, die Stickstoff (N), Phosphor (P) und Kalium (K), allerdings in unterschiedlichen Mengen enthalten, werden heute als Mehrnährstoff- oder NPK-Dünger bezeichnet. Früher trugen sie das Etikett Misch- oder Volldünger.

Den meisten dieser modernen Mischungen sind außerdem noch geringe Mengen Magnesium (Mg) und Spurenelemente beigegeben. Zu ihnen gehören Eisen, Zink, Mangan, Bor und Kupfer. Die Pflanzen benötigen davon nur winzige Mengen, Mangelerscheinungen durch eine Unterversorgung mit diesen Stoffen fallen im Garten meist nicht ins Gewicht.

EINZELDÜNGER

Außer den Mehrnährstoffdüngern gibt es Einzeldünger, bei denen das Schwergewicht auf einem einzigen Nährstoff liegt. Es gibt zum Beispiel reine Stickstoffdünger wie Ammoniumsulfat oder -nitrat, Kalksalpeter oder schwefelsaures Ammoniak. Unter den Phosphordüngern sind Superphosphat und Thomasmehl zu nennen, letzteres mit gleichzeitig hohem Kalkanteil, bei den Kaliumdüngern Patentkali und Kaliumsulfat. Branntkalk, kohlensaurer Kalk und Löschkalk gehören zu den Kalkdüngern.

ORGANISCHE DÜNGER

Organische Dünger werden industriell aus tierischen Abfallprodukten (Blutmehl, Horn- und Knochenspäne beziehungsweise -mehl) und aus Tierexkrementen hergestellt (getrockneter Rinder- Hühner- und Pferdemist, Peru-Guano aus dem Kot von Seevögeln). Sie enthalten meist viel Stickstoff und Phosphor, sind aber kaliumarm. Um diesen Mangel auszugleichen, werden organischen Düngemitteln Kaliumsalze beigemischt. Sie gelangen dann als organisch-mineralische Dünger in den Handel.

Organische Nährstoffe haben den Vorteil, daß eine Überdüngung mit ihnen kaum möglich, eine Versalzung des Bodens also ausgeschlossen ist. Organische Dünger tragen wesentlich zur Bodenfruchtbarkeit bei, weil sie die Mikroorganismen aktivieren.

Neben allen diesen Kombinationen – organische und organisch-mineralische sowie mineralische Handelsdünger – gibt es noch die Wirtschaftsdünger, wie Stallmist, die heute allerdings im Hausgarten kaum mehr eine Rolle spielen.

Gesundes Obst durch richtige Ernährung

Nährstoffe organischer Düngemittel in %

Dünger	N	P	K	Ca	Mg
Blutmehl	10–14	1,5	0,8	1,0	–
Hornmehl	10–12	5,0	–	6,0	–
Knochenmehl	6	20	0,3	29,0	–
Peru-Guano	6	12	2	–	–
Hühnermist (getrocknet)	5	5	1	–	0,2
Rindermist (frisch)	0,6	0,2	0,4	0,4	0,2
Pferdemist (frisch)	0,5	0,2	0,4	–	–

Grund- und Kopfdüngung

Die Düngemittel kann man den Pflanzen auf 2 Wegen zukommen lassen: in Form der Grunddüngung oder als Kopfdüngung. Die Grund- und Vorratsdüngung wird in den Boden eingearbeitet, bevor ausgesät oder gepflanzt wird. Da eine Grunddüngung die Kulturen möglichst über die ganze Vegetationszeit hinweg kontinuierlich mit Nährstoffen versorgen soll, sind organische, langsam wirkende Dünger dafür besonders gut geeignet. Bei mineralischen Mehrnährstoffkombinationen muß man sich vor einer Überdosierung in acht nehmen, weil eine zu hohe Salzkonzentration im Boden die Pflanzen rasch schädigt.

Leider verführt die Vorstellung, der Dünger müsse das ganze Jahr über reichen, nur zu leicht zu Fehleinschätzungen. Als Faustregel kann gelten: 50 g/m^2 Mineraldünger nicht überschreiten. Dieser Wert kann nach oben oder unten variieren, je nachdem, ob man es mit Stark- oder mit Schwachzehrern zu tun hat.

Eine Grunddüngung mit Einzeldünger sollte nur vorgenommen werden, nachdem durch eine Bodenuntersuchung exakt ermittelt wurde, woran tatsächlich akuter Mangel herrscht. Bei einer kontinuierlichen Versorgung mit organischen oder mineralischen Volldüngern wird eine Einzeldüngung kaum notwendig sein.

Eine zweite Möglichkeit, die Pflanzen zu ernähren, ist die sogenannte Kopfdüngung. Sie wird gezielt während der Vegetationszeit dort gegeben, wo die Nährstoffe der Grunddüngung allein nicht mehr ausreichen. Gurken und Zucchini zum Beispiel sollen immer wieder nachgedüngt werden, damit es keine Unterbrechung bei der Fruchtausbildung gibt.

Torf

Rindenmulch

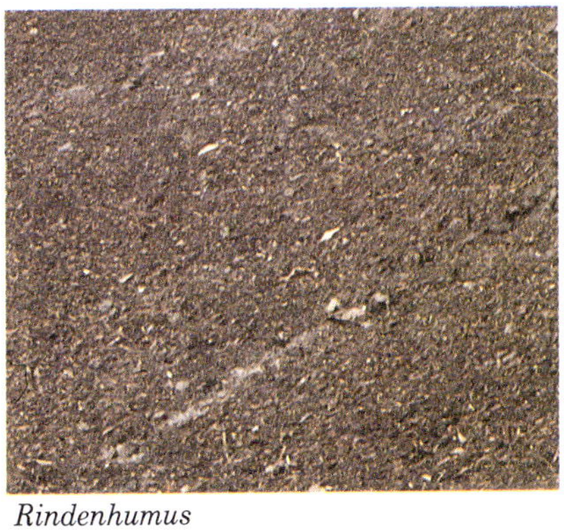

Rindenhumus

Für eine derartige Düngung sind in Wasser aufgelöste mineralische Nährstoffe am praktischsten. Wird der Dünger trocken ausgestreut, muß sofort nachgewässert werden, damit keine Ätzschäden auf den Blättern auftreten. Grundsätzlich werden bei der Kopfdüngung nur geringe Gaben beziehungsweise schwache Konzentrationen verabreicht, um eine schädliche Überversorgung zu vermeiden.

Torf

Obgleich Torf kein Dünger ist, gehört er als Bodenverbesserungsmittel zum Gesamtkomplex Pflanzenernährung. Seine wasserhaltenden, auflockernden Eigenschaften sind jedem Gartenbesitzer bekannt. Torf besteht zu fast 100 % aus pflanzlichen Stoffen, die in den Mooren im Lauf von Jahrtausenden verrotteten und unter Luftabschluß zusammengepreßt wurden.

In den Boden eingebracht, fördert Torf die Humusbildung und bindet Kalk. Wo kalkfliehende Gewächse wie Rhododendron oder Freilandazaleen wachsen sollen, wird man die Erde mit Torf anreichern und damit „saurer" machen.

Daß der fast nährstofflose Torfmull unter der Bezeichnung „Düngetorf" im Handel ist, sollte niemanden irreführen, er enthält tatsächlich keinen zugesetzten Dünger. Anders verhält es sich mit den Torfmischdüngern, bei denen dem Weißtorf organische oder mineralische Nährstoffe und Spurenelemente zugefügt wurden.

Rindenprodukte

Zunehmend wird heute von Seiten der Naturschützer vor der Verwendung von Torf im Garten gewarnt, weil man

durch den stürmischen Abbau um den Bestand unserer Moore fürchtet. Als umweltfreundliche Alternative zum Torf gewinnen daher Rindenprodukte auch im Hausgarten immer mehr an Bedeutung. In Frage kommen Rindenmulch (als Mulchdecke) und Rindenhumus. Rindenmulch verfügt aufgrund besonderer Inhaltsstoffe über keimhemmende Eigenschaften, drängt also Unkrautwuchs zurück und macht die Anwendung von Herbiziden (Unkrautvernichtungsmitteln) überflüssig – die freilich im Hausgarten ohnedies nichts zu suchen haben sollten. Wie jede Mulchdecke schützt auch das Rindenprodukt den Boden vor Austrocknung, verbessert seinen Wärmehaushalt und unterbindet Verschlämmungen.
Rindenhumus, der wie Kompost flach in die Erde eingearbeitet wird, aktiviert die Kleinstlebewesen, erhöht dadurch die Fruchtbarkeit und unterstützt auf diese Weise das Wachstum der Pflanzen. Es handelt sich hier also nicht um einen Dünger, sondern um ein Substrat, das die Bodenbeschaffenheit günstig beeinflußt.
Die keimhemmenden Substanzen, die beim Rindenmulch zu erwünschten Nebenwirkungen führen, wurden im Rindenhumus durch Kompostierung und eine Spezialbehandlung abgebaut.

Hygromull

Kunststoffe

Während Torf und Rindensubstrate rein organischer Herkunft sind, handelt es sich bei 2 anderen Produkten zur Bodenverbesserung um rein chemische Erzeugnisse. Dennoch sollte das Reizwort Chemie in diesem Fall niemanden davon abhalten, je nach Bedarf Styromull oder Hygromull in den Boden einzuarbeiten, denn diese beiden Substanzen haben durchaus ihre Vorteile.

Styromull wird aus aufgeschäumtem Polystyrol hergestellt, einem weißen Kunststoff, wie er auch in der Verpackungsindustrie in ähnlicher Form Verwendung findet. Styromull nimmt keinerlei Wasser auf, enhält aber fast 98 % Luft. Das Material ist in Kugel- oder Flockenform im Handel, lockert schwere Böden auf, sorgt damit für Erwärmung, bessere Durchlüftung und begünstigt die Wasserführung. Es besitzt also eine Dränagewirkung.

Styromull

„Natürliche“ Mulchdecke aus halbverrotteten Blättern

Mit Stroh gemulchte Erdbeeren

Das genaue Gegenteil bewirken Hygromull-Flocken aus Formaldehyd und Harnstoff. Die offenen Poren des porösen Materials saugen wie ein Schwamm bis zu 70 % ihres eigenen Volumens an Feuchtigkeit auf und geben sie nach und nach an die Pflanzen ab. Hygromull ist also vor allem für leichte, sandige Böden ein geeignetes Mittel, schnell abfließendes Wasser festzuhalten und dadurch eine Austrocknung zu verhindern. Das kommt nicht nur den Gewächsen direkt zugute, sondern fördert auch das Bodenleben und damit die Fruchtbarkeit, die gerade in leichten Böden oft zu wünschen übrig läßt.

Beide Materialien werden in der Erde nur langsam abgebaut, Hygromull etwas rascher als Styromull.

Gründüngung und Mulchen

2 Möglichkeiten, Nährstoffe in den Boden zu bringen beziehungsweise das Leben der Mikroorganismen positiv zu beeinflussen, sollen hier nur der Vollständigkeit halber kurz vorweg genommen werden: Gründüngung und Mulchen. Beides sind Methoden des Bio-Gärtners, aber nicht ihm allein vorbehalten.

Unter Gründüngung versteht man die Aussaat dafür besonders geeigneter Gewächse auf frei gewordenem Land. Diese Pflanzen wachsen dort heran, werden vor der Samenbildung abgeschnitten oder abgemäht und führen durch ihre Verrottung dem Boden wertvolle Nährstoffe zu.

Beim Mulchen wird die oberste Bodenschicht mit organischem Material abgedeckt, unter dem die Erde feucht und locker bleibt, Unkraut nicht so schnell hochkommt und durch die Verrottung ein oberflächiges Nährstoffpotential aufgebaut wird. Als Mulchmaterial kommen unter anderen in Frage: Grasschnitt, bei der Ernte oder beim Säubern anfallende Pflanzenteile, Stroh, Kompost, Stallmist oder Torf.

Auf Gründüngung und Mulchen wird im Kapitel „Der biologische Anbau“ ausführlich eingegangen.

GARTENFORMEN

△ *Apfelblüten*

△ *Ein schöner Garten erfreut Auge und Sinn.*

◁ *Obstbäume in einer Rasenfläche, die von Blumen eingefaßt ist*

Der Vorgarten

Der Vorgarten ist die grüne Visitenkarte des Hausbesitzers. Das wird bei der Planung und späteren Gestaltung meist auch bedacht. Aber gerade weil dieses Entree besonders schön, besonders gekonnt und vor allem anders, attraktiver als das des Nachbarn sein soll, geht dann manches daneben.

Da kein Vorgarten, kein Garten überhaupt „von der Stange" zu haben ist, gibt es auch kein einheitliches Schema, keine Modelle, nach denen man sich richten könnte wie nach einem Schnittmusterbogen. Schon die unterschiedliche Lage und Größe lassen die Anlehnung an etwaige Vorbilder nur bedingt zu. Dennoch gibt es bestimmte Regeln, die überall mehr oder weniger gelten, und Fehler, die man nicht begehen muß.

Leider bietet gerade der Vorgarten sehr oft nicht die optimalen Voraussetzungen für eine Gestaltung mit Pflanzen. Er bleibt bei der Planung zwangsläufig als Aschenbrödel im wahrsten Sinn des Wortes vor der Tür, weil die Sonnenseiten des Hauses für Terrasse, Balkon und Wohnzimmer reserviert sind. Vorgärten müssen meist mit der Nord-und Ostseite vorlieb nehmen, wo viel Schatten herrscht und kühle Winde häufig zu Gast sind. Schon die richtige Pflanzenauswahl ist in einem ungünstig gelegenen Vorgarten also nicht immer ganz einfach.

Sträucher wie beispielsweise Buchsbaum, Johanniskraut, Mahonie, Kirschlorbeer oder der Schneeball gedeihen auch noch im Schatten. In jedem Fall sollte man, ob nun Laub- oder Nadelgehölze gewählt werden, auf niedrige Baumformen zurückgreifen. Hochwachsende Laubbäume und mächtige Koniferen sind im kleinen Gartenraum fehl am Platze. Und da ist noch ein Problem, das von gärtnerischen Laien im Überschwung der Planung und des Einrichtens nur zu häufig übersehen wird: Pflanzen wachsen, werden größer, breiter und verändern sich und ihre Umgebung.

Wer sich eine Hemlocktanne oder eine Serbische Fichte als Jungpflanze vor das Haus setzt, wird später im Dunkeln sitzen, wenn der mächtig gewordene Baum vor einem Fenster steht. Und die wunderhübsche Aralia elata (A. mandshurica) wird zwar nicht übermäßig hoch, geht aber so in die Breite, daß in ihrer Nähe nichts anderes mehr Platz findet. Deshalb muß man auch vorsichtig mit dem sogenannten „Hausbaum" sein, für den heute wieder im Zuge der Nostalgie hier und da plädiert wird. Die alte „Linde vor der Eltern Haus" lebt in der Erinnerung derer, die sie noch gekannt haben, sicherlich als Inbegriff von Heimat und Geborgenheit weiter. Man soll sie dort belassen. Unsere Einfamilienhäuser sind nicht für die Nachbarschaft von Baumriesen ge-

Vorgärten sind oft sehr klein, so daß sie meist mit Sommerblumen und Stauden sowie, wenn überhaupt, mit niedrigen Gehölzen bepflanzt werden.

◁ *Ein größerer Vorgarten kann auch einen höheren Baum beherbergen. Verschiedene Bodendecker daruntergepflanzt verwandeln den „Gartenfleck" in eine blühende Augenweide.*

macht, der Hausbaum gehört unwiderruflich der Vergangenheit an.

Wer Stauden und Sommerblumen in seinen Vorgarten pflanzt – wogegen überhaupt nichts einzuwenden ist – sollte berücksichtigen, daß sie nicht schlagartig alle an einem Tag verblüht sind, sondern daß sich die Blütenpracht über das ganze Jahr hinzieht. Nichts sieht liederlicher aus, als vergilbende Blütenpflanzen.

Wichtig ist außerdem die Überlegung, welchen Pflegeaufwand man betreiben möchte. Das betrifft ebenso die nicht bepflanzten Vorgartenpartien. Wenn sie nicht zu groß sind, sollte man niedrige Bodendecker wie kriechenden Cotoneaster oder Efeu dem Rasen eventuell vorziehen. Dies gilt vor allem auch für die Randbereiche.

Ein weiterer Punkt ist die Art der Abgrenzung zur Straße. Dabei sollte in erster Linie die Größe des Vorgartens berücksichtigt werden. Um ein kleines Vorgartengeviert oder -rechteck wird wohl niemand einen hohen Zaun ziehen. Hier tut es möglicherweise schon eine niedrige Mauer mit kleinbleibenden Rosen oder Rhododendron dahinter oder eine nicht zu hohe Hecke.

Auch wenn es schwerfällt, sollte man sich bei der Wahl der Straßenabgrenzung ein bißchen an den Nachbarn orientieren. In der Straßenflucht einer Neubausiedlung tut man sich selber keinen Gefallen, wenn man neben die schlichte Laubhecke von nebenan einen wuchtigen Zaun aus getriebenen Eisenprofilen setzt. Was wiederum nicht heißt, dem Einerlei der Jägerzäune ein weiteres hinzuzufügen.

Der größte Feind eines Vorgartens ist seine Überfrachtung, sei es bei der Bepflanzung, sei es durch allerlei Beiwerk, dem man einen repräsentativen Zierwert zuschreibt. Ein riesiger Findling hat im kleinen Garten ebensowenig etwas zu suchen wie ein mehrere Meter hohes Ziergras. Mit Blumen bepflanzte Schubkarren, große Terrakottavasen, Skulpturen oder ein Springbrunnen stoßen freilich an die Grenze zwischen Gartengestaltung und Geschmack. Und über Geschmack soll man bekanntlich nicht streiten.

Der Ziergarten

Der Trend geht heute zur Vielfalt. Hier ein Gartenteich mit verschiedensten Pflanzen, die die Nähe des Wassers lieben.

Im weitesten Sinn gehört zum Ziergarten alles, was nicht Nutzgarten ist. Auch der Vorgarten dient dem Schmuck, nur daß er seinen eigenen Platz an der Straßenseite des Hauses gefunden hat.

Die Liebhabereien und Neigungen des Hobbygärtners können im Bereich Ziergarten am ehesten ihren Ausdruck finden. Dem Staudenfreund wird es vor allem auf Blumenrabatten ankommen. Wer Rosen liebt, hat hier ein weites, wem die Vielfalt der Blütengehölze ans Herz gewachsen ist in einem Garten normaler Größe leider nur ein begrenztes Betätigungsfeld. Meist wird man von allem etwas anpflanzen wollen.

Der Trend führt heute wieder weg vom gepflegten Rasen als Mittelpunkt, mit einigen Sträuchern, Rosen und Blumen drumherum. Eine Aufteilung dieser Art bedarf keiner großen Überlegungen und Kenntnisse, kann andererseits bar jeder Höhepunkte und auf die Dauer für das Auge des Beschauers langweilig sein. Langeweile jedoch bedeutet den Tod jeden Gartens, der gerade durch die Vielfalt der in ihm beheimateten Gewächse seinen Reiz erhält.

Vielfalt heißt nicht zügellose Unordnung. Man braucht kein Gartenarchitekt zu sein, um eine der elementarsten Regeln jeder Gruppenpflanzung zu begreifen: Höheres gehört in den Hintergrund, niedriger Wachsendes nach vorne.

Dieser Grundsatz kann durchbrochen werden, wenn es darum geht, einem besonders attraktiven Gehölz optisch mehr Geltung zu verschaffen. In einem großen Garten ist es auch durchaus möglich, eine kleine Baum- oder Strauchgruppe in den Vordergrund zu rücken, sie zum Mittelpunkt der Anlage zu machen. Aber dabei bleibt immer zu bedenken, daß zum Beispiel mehrere, in ihren Blütenfarben aufeinander abgestimmte Rhododendren im Frühjahr zwar wie eine Symphonie in Rot, Orange und Gelb auf den entzückten Betrachter wirken, die übrige Zeit des Jahres aber ziemlich langweilig aussehen. Sie müßten dann schon durch blühende Begleitpflanzen abgelöst werden, damit auf kurze Freude nicht Tristesse folgt.

Dieses Beispiel soll nur deutlich machen, daß man sich bei der Gartenplanung und -gestaltung stets die Wandelbarkeit all dessen vor Augen halten muß, was da wächst und blüht. Und damit ist gleich ein weiteres Problem angesprochen, vor das sich jeder Gartenbesitzer früher oder später gestellt sieht und das auch durch noch so überlegte Planung nicht ganz aus der Welt zu schaffen ist: das Auslichten. In jedem Ziergarten ist es eines Tages so weit, daß Gehölze gerodet werden müssen, weil sie einander Licht und Luft nehmen, zu beherrschend werden oder einfach nicht mehr schön aussehen. Dann muß man zu Säge und Spaten greifen, um Platz zu schaffen. Einerseits tut das weh, weil man schließlich mit dem betroffenen Gewächs lange Zeit gelebt und sich an ihm erfreut hat, andererseits entspricht es der Natur, die in einem stetigen Wandel begriffen ist, und schließlich kommt es dem Wunsch des Hobbygärtners wiederum entgegen, der sich etwas Neues ersehnt. In jedem Fall ist Sentimentalität hier fehl am Platz und ginge auf Kosten des optischen Gesamtbildes.

Freilich steht auch der kluge und kenntnisreiche Gärtner, der einen Ziergarten neu anlegen soll, vor einem gewissen Dilemma: folgt er der Vernunft und Erfahrung, wird er Bäume und Sträucher nur sparsam setzen, weil es dann später weniger auszulichten gibt. Andererseits muß er in diesem Fall mehrere Jahre mit einem „lückigen“ Garten leben, in dem die einzelnen Gehölze verlassen herumstehen, als sei alles noch nicht fertig. Außerdem sind die Nachbarn dann beim Kaffeetrinken ungebetene Zuschauer. Deshalb Mut, und einen neuen Gar-

Blühende Rosen, hier Kletter-, Beet- und Edelrosen

Haus in lebendigem Grün

Ein mit alpinen Gewächsen bepflanzter Tuffstein erfreut Auge und Sinn.

ten reichlich und dicht bepflanzen! Schließlich will man sich von Anfang an und nicht erst nach 5 Jahren wohl fühlen. Dann wird man das spätere Auslichten nicht als Katastrophe, sondern als notwendigen Tribut an die Lebensfreude verstehen.

Während die gelegentliche Rodung und Wegnahme von Gehölzen ein notwendiges Übel ist, läßt sich der Charakter eines Ziergartens auch durch nachträgliche Hinzufügungen verändern. Eine langweilig gewordene Rasenfläche kann man zum Beispiel wirkungsvoll auflockern, neue Räume schaffen, indem hohe Staudengräser gepflanzt werden, die sehr großen und mächtigen Arten wie das Riesenchinaschilf oder der Bambus in Einzelstellung, andere als Gruppenpflanzung.

Wo der Rasen direkt an eine Hecke oder andere Abgrenzungen heranreicht, läßt sich eine schmale Staudenrabatte einrichten; ein sonniger, warmer Platz in Terrassennähe wartet darauf, als Steingarten genutzt zu werden; oder man errichtet an passender Stelle für anspruchslose Gewächse eine kleine Trockenmauer.

Auch ein originelles Gewürzgärtlein gliedert sich bruchlos in den Ziergarten ein, wenn man nicht flächig pflanzt, sondern einen „Kräuterhügel" aufschichtet und ihn unregelmäßig mit 2 höchstens 3 Lagen aus Natursteinen umgibt. Hierfür lassen sich sehr gut Rasensoden verwenden, die wegen einer Umgestaltung an anderer Stelle abgestochen wurden. Mit der grünen Seite nach unten zu einem sanften Hügel aufgetürmt, kann in die zum Schluß darübergeschaufelte Deckerde sofort gesät oder gepflanzt werden.

Etwas vernachlässigt werden im Ziergarten und am Haus die zahlreichen Schling- und Kletterpflanzen, die sich für alle möglichen Zwecke verwenden lassen. Allerdings erlebt die Hausbegrünung zur Zeit eine Renaissance, seitdem man dem Ausverkauf der Natur in Städten und Gemeinden etwas entgegenzusetzen versucht. Wilder Wein und Efeu kommen zu neuen Ehren, Geißblatt und Wisterie dürfen wieder ranken. Aber auch im Garten selbst sollte man dieser Pflanzengruppe die Chance geben zu zeigen, was sie kann. Es gibt fast überall Mauern, kahle Garagenwände, Zäune oder andere Einfassungen, die sich auf diese Weise charmant begrünen lassen. Ein flaches Gerüst ist, wo notwendig, schnell gezimmert.

Auf die besonderen Möglichkeiten, sich seinen ganz individuellen Ziergarten einzurichten, kann hier nicht näher eingegangen werden. Doch Beispiele seien genannt: der immergüne Garten, der Gehölzgarten, der Rosengarten, der Nur-Stauden-Garten und der Ziergarten, der gänzlich auf eine einzige Farbe hin ausgelegt ist, die dominiert und der sich alles andere komplementär unterzuordnen hat. Das sind Gestaltungsspezialitäten, die viele Kenntnisse, viel Geschmack und einen hohen Einsatz an Pflege und Unterhaltung erfordern. Beim schon erwähnten Steingarten, aber auch beim Wassergarten oder Gartenteich handelt es sich fast immer um Teilbereiche des Ziergartens, die in gesonderten Kapiteln behandelt werden.

Der Wohngarten

Dieser feststehende Begriff läßt sich heute bei den immer kleiner werdenden Gärten kaum mehr auf einen bestimmten, in sich abgeschlossenen Bereich anwenden. Mehr oder weniger ist jeder Ziergarten auch ein Wohngarten, nur die Intensität der Nutzung schwankt. Garten- oder Rasenenthusiasten werden es ablehnen, ihre gepflegte Anlage als Wohngarten bezeichnen zu lassen. Gärten dieser Art dürfen allenfalls von der Terrasse aus betrachtet und nur auf vorgeschriebenen Wegen betreten werden. Wo dagegen Kindern erlaubt ist, auf dem Rasen Purzelbäume zu schlagen, wo unter einem schattenspendenden Gehölz Stühle zum Sitzen einladen, Würstchen auf dem Gartengrill brutzeln und in einer Rasenecke das Meerschweinchen äsen darf, dort haben wir einen Wohngarten vor uns.

Eigentlich beginnt er schon auf der Terrasse, die den Sommer über die Fortsetzung des Hauses ins Freie ist. Hier wird gegessen, gefeiert, gespielt oder ausgeruht.

Mit richtigem Spielgerät für die Kinder im Garten ist es heute meist schlecht bestellt. Wo auch sollten Schaukel, Sandhaufen, Planschbecken oder gar Klettergerüst untergebracht werden? Die Gemeinden haben dem Rechnung getragen und Spielplätze eingerichtet. Ein weniger aufwendiger Ruheplatz für die Erwachsenen sollte freilich im Garten zu finden sein, ein schattiges Ausweichquartier, wenn es auf der von der ganzen Familie „bewohnten“ Terrasse zu turbulent wird. Ein ruhiges Eckchen, in dem man an warmen Sommerabenden etwas abgelegen vom Haus die nächtliche Frische des umgebenden Grüns und den Duft der Blumen atmen kann.

Eine kleine Bank lädt zum Sitzen ein.

Von der Terrasse hat man einen direkten Blick auf den vielfältig bepflanzten Gartenteich.

Der Nutzgarten

Es bedarf keiner Gemüseplantage hinter dem Haus, um frisches Grünzeug für die Küche ernten zu können. Je nach vorhandenem Platz, Familiengröße und Neigung tun es auch 2 Tomatenstöcke, 1 Reihe Salat, ein bißchen Dill, Petersilie und Schnittlauch. Das alles läßt sich sogar auf der Terrasse oder dem Balkon in Kästen oder Blumentöpfen unterbringen.

Die Auswahl der anzubauenden Gemüse richtet sich also nach dem verfügbaren Platz und dem Geschmack. Doch ganz gleich, was nun gesät oder gepflanzt wird, stets sollte das Gemüse so viel Sonne wie möglich abbekommen, sonst bleiben Wachstum und Ertrag unbefriedigend. Neben den Gemüsebeeten wird man hier, vielleicht als willkommene Abgrenzung zum Ziergartenbereich, auch einige Beerensträucher anpflanzen können, Baumobst in niedrig bleibenden Büschen paßt möglicherweise in wenigen Exemplaren noch in eine Ecke des Ziergartens.

Wer sein Gemüse in Mischkultur anbaut, geht sparsamer mit dem Platz um und tut außerdem noch etwas für die Abwehr von Schädlingen und Krankheiten. Auch Hügelbeete bieten sich an. Ihre Anlage ist zwar arbeitsaufwendig, dafür halten sie dann aber ungefähr 6 Jahre und versprechen aufgrund ihrer Fruchtbarkeit und den durch Verrottungsprozesse im Innern erwärmten Boden gute Ernten.

Nicht soviel Platz für Pflanzen bietet das Hochbeet, weil auf den durch Bretter oder andere Materialien eigefaßten Seiten nichts angebaut werden kann. Dafür sind Hochbeete das Sauberste, was es gibt, und wer sich nicht bücken mag oder kann, ist mit ihnen erst recht gut bedient.

Gemüsebeete in Mischkultur

Beim Einsatz von Folien oder Folientunneln benutzt man schon vorhandene Beete. Beide werden über die heranwachsenden Kulturen gestülpt und schützen sie vor Frühfrösten im Herbst oder Spätfrösten im Nachwinter. Wer sich ein Frühbeet hinstellt, muß Platz opfern, dafür sind die Nutzungsmöglichkeiten groß, von der Jungpflanzenanzucht über die Kultur empfindlicher Gewächse wie Gurken und Melonen bis hin zum Gemüseeinschlag im Winter. Noch interessanter ist ein Kleingewächshaus. Es wird in einem späteren Kapitel ausführlich gesondert behandelt.

Leider benötigt auch der Komposthaufen, der in keinem Garten fehlen sollte, mehr Platz, als der Anfänger glaubt. Wo es zu eng wird, empfiehlt sich die Anschaffung einer vorgefertigten Kompostlege. Sie ist bequemer zu beschicken und man trampelt nicht ständig auf irgendwelchen Abfällen herum.

Auch eine kleine Kräuterecke sollte stets irgendwo Platz finden. Wenn das nicht möglich ist, können die Gewürze an den äußersten Rand der Gemüsebeete gesetzt werden. Einige, wie der blaublühende Borretsch oder Zitronenmelisse lassen sich sogar im Staudenbeet unterbringen, ohne daß sie dort als „Gemüse“ unangenehm auffallen. Küchenkräuter gedeihen am besten in voller Sonne. Nur dann kommen auch die Aromastoffe ganz zur Entfaltung.

Wenn der Gemüsegarten so liegt, daß er vom Ziergarten her eingesehen werden kann, keine Obststräucher oder Ziergehölze als Abgrenzung angepflanzt wurden, gibt es andere Möglichkeiten, die Gartenteile optisch voneinander zu trennen. Der Handel bietet Flechtzäune und andere Fertigelemente an, die mit geringem handwerklichem Geschick selber montiert werden können.

Notfalls tut es in diesem Fall auch der etwas verpönte, weil bis zum Überdruß verwendete Jägerzaun. Da er eine ideale Rankhilfe für Kletterpflanzen darstellt, kann man ihn mit derartigen Gewächsen begrünen lassen. Dann ist er schon bald unter einem gnädigen Laubmantel verschwunden.

Das Angenehme mit dem Zweckmäßigen verbindet eine Brombeerhecke. Die modernen, dornenlosen Züchtungen bilden kein undurchdringliches, stachelbewehrtes Gestrüpp, wenn man sie sachgemäß auslichtet, geben Sichtschutz und liefern außerdem noch reichlich schmackhafte Beeren.

Kiwis und Reben brauchen ebenfalls keinen Extraplatz im Nutzgarten. Beide wachsen an einer sonnigen Hauswand empor, wobei für Kiwis die reine Südseite gemieden werden sollte. Auch Himbeeren müssen nicht in den Nutzgarten verbannt werden. Eine einreihige Pflanzung, bei der abgetragene Triebe regelmäßig herausgeschnitten werden, ist anderswo im Garten genausogut unterzubringen, ohne daß das unangenehm ins Auge fällt.

DER ZIERGARTEN

△ *Lilium auratum, Goldbandlilie*

△ *Beetrose 'Montana'*

◁ *Für Sommerblumen, kleine Stauden und Zwiebel- beziehungsweise Knollenpflanzen findet sich immer ein Plätzchen im Garten.*

Schöne Sommerblumen

Sommerblumen sind Blüten- und Blattpflanzen, deren Lebenszyklus von der Aussaat bis zur Samenreife höchstens ein Jahr dauert. Danach sterben sie ab.

Man unterscheidet Einjahrsblumen (Annuelle) und Zweijahrsblumen (Bienne). Erstere werden im zeitigen Frühjahr vorgezogen beziehungsweise ab April direkt ins Freiland gesät und blühen im gleichen Jahr. Die Zweijahrsblumen werden im Frühsommer und Sommer des einen Jahres ausgesät, wachsen heran, überwintern und blühen dann im darauffolgenden Jahr.

Sommerblumen unterscheiden sich also von der anderen großen Pflanzengruppe unserer Gärten, den ausdauernden Stauden, durch ihre begrenzte Lebenszeit.

Für Garten, Balkon und Terrasse sind diese Blütengewächse unverzichtbar. Denken wir nur an so beliebte Vertreter wie Löwenmäulchen, Leberbalsam, Lobelien, Fleißige Lieschen oder Petunien, an Goldmohn, Studenten- und Ringelblumen, das bekannte zweijährige Stiefmütterchen darf man nicht vergessen.

Viele der Einjahrsblumen kann man schon ab April direkt ins Freiland aussäen, die Frühjahrskälte tut ihnen nichts. Andere werden im Gewächshaus oder am Fensterbrett vorgezogen, weil sie erst nach den letzten Frösten in den Garten dürfen, die verbleibende Zeit bei Direktsaat jedoch zu knapp wäre. Oft ist es praktischer, auf eine doch immer etwas unsichere Vorkultur zu verzichten und gleich Jungpflanzen beim Gärtner zu kaufen.

Man muß sich aber vor einer zu frühen Anzucht am Zimmerfenster hüten. Bisweilen wird empfohlen, bei

Calendula, Ringelblume

Cosmos, Schmuckkörbchen

Coreopsis, Mädchenauge

Sommerblumen sind unverzichtbar für Garten, Balkon und Terrasse. ▷

Impatiens walleriana, Fleißiges Lieschen

Helianthus, Sonnenblume

bestimmten Pflanzen bereits im Januar oder Februar damit zu beginnen. Ohne Zusatzbeleuchtung hat das meist keinen Erfolg, weil die Sämlinge bei Lichtmangel vergeilen, das heißt, sehr lange, wenig standfeste Stengel bilden, und schließlich eingehen. Nimmt man die Aussaat dagegen im März/April vor, ist in dieser Beziehung nichts zu befürchten, sofern der Platz am Fensterbrett hell genug ist.

Direkte Besonnung muß man freilich meiden. Die Zeit für eine schöne Blüte im Sommer reicht dann auf jeden Fall noch aus.

Sommerblumen sind durchweg Sonnenpflanzen, die sich nur an möglichst sonnigen Standorten wirklich voll entfalten können. Einige der wenigen Ausnahmen ist das Fleißige Lieschen, das besser im Halbschatten bis Schatten wächst, obwohl neue Züchtungen auch sonnige Standorte vertragen. Der Silberling (Lunaria) akzeptiert ebenfalls Halbschatten.

Alle Sommerblumen brauchen einen guten, humosen und durchlässigen Boden, dürfen nicht austrocknen und müssen regelmäßig mit Dünger versorgt werden. Viele, wie einjähriger Rittersporn, Ringelblume, Löwenmaul, Studentenblume oder Mädchenauge, sind hübsche und lang haltende Schnittblumen für bunte Sommersträuße, andere, zum Beispiel Lobelien, kann man mit ihren Blütenteppichen als Polsterpflanzen verwenden. Am höchsten hinaus will die Sonnenblume, die ihre leuchtenden Blütenräder meterhoch in den Himmel schickt.

Das Leben der Zweijährigen verläuft etwas stockender, sie brauchen einen längeren Anlauf, bis sie ihre Blüten entfalten. Ausgesät wird im Sommer in Saatkistchen oder Schalen im Freien. Auch ein leerstehendes Frühbeet ist geeignet. Wenn die Pflänzchen erscheinen, kann man sie vereinzeln und weiter wachsen lassen, bis man sie im Spätsommer am endgültigen Standort auspflanzt.

Man kann die Sämlinge auch vor dem Auspflanzen noch auf ein spezielles Anzuchtbeet setzen, in dem sie sich bis zum Herbst kräftig entwickeln können. Auch hier muß darauf geachtet werden, daß der Endplatz sonnig liegt und ein sehr guter, humoser Boden vorhanden ist.

Die wichtigsten Einjahresblumen

DEUTSCHER NAME	BOTANISCHER NAME	AUSSAAT-MONAT	BLÜTE-MONAT	ANZUCHT	DIREKTSAAT
Aschenblume	Senecio bicolor	III	–	X	
Bechermalve	Lavatera trimestris	IV	VII–IX		X
Duftsteinrich	Lobularia	III	VII–VIII		X
Fleißiges Lieschen	Impatiens walleriana	III–IV	V–X	X	
Gauklerblume	Mimulus	III	VI–X	X	
Gazanie	Gazania	III	VI–X	X	
Goldmohn	Eschscholzia	IV	VI–X		X
Jungfer im Grünen, Schwarzkümmel	Nigella	IV	VI–IX		X
Kokardenblume	Gaillardia	IV	VI–X	X	
Leberbalsam	Ageratum	III	VI–IX	X	
Lobelie	Lobelia	III	V–X	X	
Löwenmaul	Antirrhinum	III	VI–IX	X	
Mädchenauge	Coreopsis	IV	VI–IX		X
Pantoffelblume	Calceolaria	III	VII–IX	X	
Petunie	Petunia	III	VI–X	X	
Phlox (Einjahrs-)	Phlox	III	VI–IX	X	
Portulak	Portulaca	V	VII–X		X
Ricinus, Palma Christi, Wunderbaum	Ricinus	III	VIII–X	X	

Gazanie, Gazania

Jungfer im Grünen, Nigella

Löwenmaul, Antirrhinum

Die wichtigsten Einjahresblumen

DEUTSCHER NAME	BOTANISCHER NAME	AUSSAAT-MONAT	BLÜTE-MONAT	ANZUCHT	DIREKTSAAT
Ringelblume	Calendula	IV	VI–VII		X
Rittersporn	Delphinium	III	VI–X		X
Salvie	Salvia	III	V–X	X	
Skabiose	Scabiosa	III	VII–X	X	
Schleierkraut	Gypsophila	IV	VI–VIII		X
Schleifenblume	Iberis	IV	VI–VIII		X
Schmuckkörbchen, Kosmee	Cosmos	IV	VII–X		X
Silberling, Mondviole	Lunaria	IV	VI–VII		X
Sommeraster	Callistephus	III	VI–IX	X	
Sonnenblume	Helianthus	IV	VII–IX		X
Sonnenhut	Rudbeckia	III	VII–X	X	
Spinnenpflanze	Cleome	III	VII–X	X	
Studentenblume	Tagetes	III	VI–X	X	
Verbene, Eisenkraut	Verbena	III	VII–X	X	
Wucherblume, Chrysantheme	Chrysanthemum	IV	VI–IX		X
Ziertabak	Nicotiana	III	VI–X	X	
Zinnie	Zinnia	III	VII–X	X	

Zinnie, Zinnia

Portulak, Portulaca

Goldmohn, Eschscholzia

Die wichtigsten Zweijahresblumen

DEUTSCHER NAME	BOTANISCHER NAME	AUSSAATMONAT	BLÜTEMONAT
Bartnelke	Dianthus barbatus	V	VI–VII
Fingerhut	Digitalis	V–VI	IV–VI
Gänseblümchen	Bellis perennis	VI–VII	IV–VI
Gartennelke	Dianthus caryophyllus	IV–V	VI–X
Goldlack	Cheiranthus	V–VI	IV–V
Stiefmütterchen	Viola-Wittrockiana-Hybriden	VII–VIII	Frühjahr bis Sommer, Herbst
Stockrose	Alcea	V–VI	VI–IX
Vergißmeinnicht	Myosotis	VI–VII	V–VI

Stiefmütterchen

Gänseblümchen, Bellis perennis

Bartnelke, Dianthus barbatus

Vergißmeinnicht, Myosotis (vorn)

Einjährige Ziergräser

Man sieht diese kurzlebigen Vertreter der großen Gräserfamilie relativ selten in unseren Gärten. Sie sind meist auch recht unscheinbar und fallen erst auf, wenn die Halme sich mit verschiedengestaltigen Ähren schmücken.

Bekannt ist das Zittergras, Briza maxima, mit Blütenständen, die an kleine Herzen erinnern, oder Hordeum jubatum, die Mähnengerste. Ihre Ähren mit den langen silberweißen Grannen hängen zierlich herab und sind ein aparter Schmuck im sommerlichen Garten.

Auch als dekoratives Beiwerk für Blumensträuße eignen sich viele dieser Einjahresgräser, vor allem aber für Trockenblumengestecke sind die grazilen Halme und Blütenstände gefragt.

Ausgesät wird ab Mitte Mai ins Freiland, am besten an einen gesonderten Platz. Von dort holt man die jungen Pflänzchen dann an die vorgesehenen Stellen, zum Beispiel an den Rand einer Staudenrabatte oder in ein Sommerblumenbeet zur Auflockerung.

Einjährige Ziergräser

DEUTSCHER NAME	BOTANISCHER NAME	HÖHE IN CM
Bluthirse	Digitaria sanguinalis	80
Goldbronzegras	Lamarckia aurea	30
Hasenschwanzgras, Sammetgras	Lagurus ovatus	40
Hiobstränengras	Coix lacryma-jobi	100
Hirse	Panicum capillare	60
Kolbenhirse	Setaria italica	100
Mähnengerste	Hordeum jubatum	70
Nebelgras	Agrostis nebulosa	40
Purpur-Federborstengras	Pennisetum setaceum	100
Schleiergras	Aira elegantissima	30
Tauber Hafer	Avena sterilis	20
Taube Trespe	Bromus sterilis	80
Trespe	Bromus briziformis	50
Wolliges Federborstengras	Pennisetum villosum	60
Zittergras	Briza maxima	40

Mähnengerste, Hordeum jubatum

Wolliges Federborstengras

Kolbenhirse, Setaria italica

Hasenschwanzgras, Lagurus ovatus

Zittergras, Briza maxima

Stauden

Stauden sind ausdauernde Gewächse, das heißt, einmal gepflanzt, sollen sie viele Jahre an ihrem Platz bleiben und allenfalls gelegentlich geteilt werden, falls die Horste zu mächtig geworden sind. Wenn nach einiger Zeit die Blühfreudigkeit nachläßt, kann man viele Stauden verjüngen, indem ein Teil ihres Wurzelballens abgestochen und an eine andere Stelle gepflanzt wird. Besonders bei teppichbildenden Polsterstauden wie Steinkraut, Blaukissen oder Moossteinbrech ist eine gelegentliche Teilung günstig. Die anderen Angehörigen dieser großen Pflanzenfamilie bleiben jedoch dort, wo sie einmal Platz gefunden haben.

Daher muß der Boden besonders sorgfältig vorbereitet werden. Denn während im Gemüsebeet oder in der Sommerblumenrabatte die Flächen im Herbst zwangsläufig frei werden und hinsichtlich der Bodenbeschaffenheit und -struktur Korrekturen ohne weiteres möglich sind, lassen sich derartige Eingriffe im Staudenquartier kaum mehr durchführen. Oder man nimmt in Kauf, daß die Pflanzen nachhaltig gestört werden und muß mit Ausfällen rechnen.

Man muß das Staudenbeet also vor der Bepflanzung tiefgründig lockern, im Fall eines verhärteten oder verdichteten Bodens bis zu 2 Spaten tief. Bei einem neu angelegten Garten wird das wahrscheinlich immer notwendig sein, in schon bestehenden Anlagen mit humosem, fruchtbarem Erdreich kann man sich diese Arbeit natürlich sparen. Außerdem hängt die Bodenvorbereitung von der Art der zu pflanzenden Gewächse ab. Pracht- oder Beetstauden, also höher und hochwachsende, große Pflanzen brauchen das schon beschriebene tiefgründige Beet, bei Polster- und Zwergstauden genügt es, wenn sie 20 – 30 cm guten, lockeren Boden unter den Wurzeln haben.

Ebenso wichtig ist es, von Anfang an Unkrautwuchs so gut es geht auszuschalten. Später ist es ungemein schwierig, diese unliebsamen Gäste, die mit ihren Wurzeln die Ballen der Stauden durchwachsen, wieder loszuwerden. Unter der Erdoberfläche hat, wenn man unaufmerksam war, schon nach 2 Jahren eine derart innige Vermengung von Stauden und Unkraut stattgefunden, daß Abhilfe schier unmöglich ist. Und über eines muß sich jedermann im klaren sein: eine chemische Unkrautbeseitigung verbietet sich im Staudenbeet von selbst. Un-

Stauden sind ausdauernde Pflanzen und sollten in keinem Garten fehlen.

kräuter müssen mit der Hand entfernt werden.
Unter Gehölzen kann man den Einsatz milder Spezialherbizide noch riskieren, in Staudenpflanzungen nicht. Bei der ohnedies notwendigen Bodenbearbeitung bedeutet das: jede Wurzel, jedes Wurzelstückchen einer Unkrautpflanze ist herauszusammeln.

Neben der Auflockerung des Erdreiches sollte man den Boden, wenn nötig, verbessern: Schwerem Boden mischt man Sand und Torf bei, eventuell auch das bereits erwähnte Lockerungssubstrat Styromull aus Kunststoffflocken. Leichte Böden erhalten ebenfalls Torf zur Förderung der Humusbildung und, wenn möglich, guten Mutterboden. Bei extremer Durchlässigkeit kann wasserspeicherndes Hygromull, gleichfalls ein Kunststoffprodukt, eingearbeitet werden. Kompost kann man in jedem Fall obenauf streuen und flach einarbeiten, außerdem einen Humusdünger und/oder Hornspäne beziehungsweise Knochenmehl.
Die Frage, welche Stauden nun gepflanzt werden sollen, läßt sich nicht generell beantworten. Auf keinen Fall darf ein zufälliges Durcheinander von niedrigen und hohen, breitwüchsigen und grazilen, von Wildstauden und Kultursorten herrschen, denn bescheidene Pflanzen mit Wildblumencharakter passen nicht zu edlen Hochzüchtungen. Außerdem spielt auch die Farbzusammenstellung eine wichtige Rolle. Das gilt natürlich auch dann, wenn ein und dieselbe Staudenart im Beet dominiert.
Der Umgang mit diesen Gewächsen ist keineswegs eine Geheimwissenschaft für erfahrene Gärtner, aber man sollte beim Jungpflanzenkauf oder bei der eigenen Samenanzucht wissen, was später wann und wo in welcher Farbe und Größe blüht und gedeiht. Hierfür bedarf es keiner botanischen Vorkenntnisse, denn die notwendigen Informationen erhält man beim Kauf, oder sie stehen auf den Samentütchen.
Je größer die Staudenrabatte ist, desto mehr Sorgfalt ist bei der Zusammenstellung notwendig, desto mehr Möglichkeiten für eine überlegte Vielfalt bieten sich an. Es muß noch ein weiterer Gesichtspunkt beachtet werden, der eigentlich für den gesamten Ziergarten Gültigkeit haben sollte: die Blütezeiten.
Kaum jemand würde auf den Gedanken verfallen, ausschließlich frühlingsblühende Zwiebelblumen in seinen Garten zu pflanzen. Das gäbe zwar eine kurzzeitige Farbexplosion, aber danach wäre alles dahin. Der Grundsatz des „Durchblühens", wie der große Staudengärtner Karl Foerster das nannte, gilt besonders für das Staudenbeet. Denn es soll schließlich zu allen Jahreszeiten schön und farbig sein.
Ein Mangel an geeigneten Pflanzen, die vom Frühling bis in den Herbst hinein ihre Blüten öffnen, herrscht im Riesensortiment der Stauden wahrlich nicht. Das Angebot des Fachhandels und erst recht der Staudengärtnereien ist so umfangreich, daß kein Wunsch unerfüllt bleiben muß. Die Möglichkeiten sind fast unerschöpflich. Zu den vielen Neuzüchtungen altbekannter Formen, die immer schöner, reichblütiger und robuster werden, holen sich heute die Gärtner weniger bekannte Pflanzengruppen wie Gräser, Farne und aus Wildlingen entwickelte Kleinstauden in den Garten.
Oder denken wir an die Flora rings um den Gartenteich. Pflanzen, die man sich vor noch nicht allzu langer Zeit mühselig in der freien Natur zusammensuchen mußte – was damals nur in besonderen Fällen nicht erlaubt war, heute ist es meist verboten(!). Ähnlich verhält es sich mit den Winzlingen des Steingartens – Stauden wohin man blickt und für jeden Zweck.
Im Gegensatz zu Sommerblumen erschließen uns Stauden Bepflanzungsbereiche, die zu den Problempartien eines jeden Gartens gehören: die Schattenplätze. Es gibt eine Vielzahl ausdauernder Pflanzen, die Lichtarmut nicht nur tolerieren, sondern für die Schatten oder Halbschatten Vor-

aussetzung des Gedeihens ist. Viele sind ursprünglich Gewächse des Waldes, manche kann man in ihren reinen Arten auch heute noch dort finden. Die nicht immer ganz zutreffende Klassifizierung „Wildstaude" erinnert an die Herkunft aus Baum- und Unterholzschatten.

Doch auch im Reich der Stauden dominieren die Sonnenanbeter. Ein Beispiel ist die große Gruppe der Astern oder Rittersporne, die als besonders beliebte Gartenpflanzen gesondert behandelt werden. Sie alle sind mit wenigen Ausnahmen ebenso bescheiden wie die meisten Schattenbewohner und leuchten gewissermaßen mit der Sonne um die Wette. Wer den „Paukenschlag" liebt, wieder ein Ausdruck von Karl Foerster, kommt um das vollbesonnte Staudenbeet nicht herum.

Die wichtigsten Stauden werden hier vorgestellt. Informationen über ausgefallene Arten erhält man beim Kauf im Gartenfachhandel.

Bei den aufgeführten Sorten wurden diejenigen bevorzugt, die der „Arbeitskreis Staudensichtung" an der Fachhochschule Weihenstephan geprüft und als besonders geeignet bewertet hat.

Einige Pflanzen werden in den Katalogen der Staudengärtnereien noch unter ihren alten botanischen Namen geführt. Diese sind in Klammern gesetzt, damit man sie identifizieren kann. Die Artbezeichnungen entsprechen der neuesten botanischen Nomenklatur.

Stauden für sonnige Standorte

Im folgenden werden die wichtigsten Stauden für besonnte Plätze dargestellt. Unter Arten und Sorten findet man zuerst die Art, dann, wenn nötig, die Sorte in „einfachen Anführungen", dann die Wuchshöhe in cm, dann in römischen Ziffern die Monate der Blütezeit und schließlich die Blütenfarbe.

Achillea
Schafgarbe

Diese anspruchslose Blütenpflanze blüht, je nach Art und Sorte, von Mai bis September. Der Standort sollte in voller Sonne liegen und relativ trocken sein. Die Schafgarbe ist eine gute Schnittblume, zusammen mit anderen für dekorative Sommerblumensträuße geeignet und lange haltbar.

Arten und Sorten: A. conjuncta: 15 cm, V-VI, weiß; A. filipendulina 'Coronation Gold': 70 cm, VI-IX, goldgelb; A. f. 'Parker': 120 cm, VI-IX, goldgelb; A. millefolium 'Sammetriese': 80 cm, VI-IX, tiefrot; A. tomentosa: 15 cm, V-VI, goldgelb

Alcea
Stockrose

Früher gehörte die Stockrose zur Gattung Althaea. Eine Pflanze der Bauerngärten, die daher besser in den naturnahen, als in den herausgeputzten Ziergarten paßt. Dort braucht sie einen nahrhaften, humosen Boden und sollte von Zeit zu Zeit flüssig gedüngt werden. Dem gefürchteten Malvenrost, dessen Sporen im Boden überwintern und dann sofort die jungen Triebe befallen, kann man begegnen, indem man die Neutriebe der Stockrosen unmittelbar nach Erscheinen bis zum Boden zurückschneidet und vernichtet. Was dann wieder austreibt, ist frei von Pilzbefall.

Sie blüht von Juli bis September.

Arten und Sorten: A. ficifolia: 200 cm, gelb; A. rosea 'Pleniflora' ('Flora Plena'): 200 cm, blau, gelb, karmin, kirsch, lachs, lila, scharlach, weiß

Aquilegia
Akelei

Die Pflanzen mit den aparten Blüten bewegen sich in der Größe zwischen 15 und 70 cm, wobei die niedrigen Arten vor allem für den Steingarten geeignet sind.

Sie nehmen mit jedem normalen Gartenboden vorlieb und gedeihen auch im Halbschatten. Dort bisweilen sogar besser als in praller Sonne. Die Blütezeit ist im Mai/Juni.

Sorten der A.-Caerulea-Hybriden: 'Blue Star': 60 cm, hellblau mit weiß; 'Crimson Star': 60 cm, weiß, äußere Blütenblätter tiefrot; 'Olympia Blau-Weiß': 70 cm, weiß, äußere Blütenblätter blau; 'Olympia Rot-Gold': 70 cm, goldgelb, äußere Blütenblätter scharlachrot

Campanula
Glockenblume

Auch bei Campanula eignen sich unter den vielen Arten die niedrigen besonders gut für den Steingarten, die hohen kann man in die Staudenrabatte pflanzen oder für sich in Gruppen. Das Angebot der Staudengärtnereien ist so riesig, daß hier nur einige wenige Züchtungen herausgegriffen werden können.

Niedrige Arten und Sorten: Blütezeit Juni bis August: C. carpatica 'Blaue Clips': 20 cm, himmelblau; 'Karpatenkrone': 20 cm, silberblau; 'Weiße Clips': 20 cm, weiß

Achillea tomentosa, Schafgarbe

Aquilegia, Akelei

Centaurea dealbata 'Steenbergii'

Alcea, Stockrose

Campanula persicifolia, Glockenblume

Centaurea macrocephala, Flockenblume

Hohe Arten und Sorten: C. glomerata 'Darhurica': 60 cm, VII-VIII, dunkelblau; 'Joan Elliott': 40 cm, VII-VIII, tiefviolett; C. persicifolia: 70 cm, V-VI, hellblau

Centaurea
Flockenblume

Der bekannteste Vertreter dieser Gattung ist die einjährige Kornblume. Auch die Flockenblume hat in ihren Sorten noch Wildpflanzencharakter und paßt daher gut in den Naturgarten oder den Gehölzbereich. Trockenheit wird gut vertragen, volle Sonne ist erwünscht. Besondere Bodenansprüche stellt diese hübsche Staude nicht.
Arten und Sorten: C. dealbata 'Steenbergii': 60 cm, VI-VII, purpurrot; C. macrocephala: 150 cm, VII-IX, gelb; C. montana 'Grandiflora': 40 cm, V-VI, leuchtend blau

Chrysanthemum coccineum 'Eileen May Robinson' (rosa) und 'Brenda' (rot)

Dianthus gratianopolitanus, Pfingstnelke

Digitalis, Fingerhut

Chrysanthemum

Gartenchrysantheme, Margerite

Chrysanthemum ist eine artenreiche Gattung mit vielen hervorragenden, hohen und niedrig bleibenden Sorten und Blütezeiten vom Frühjahr bis zum Herbst.

Alle Chrysanthemen wollen einen guten, durchlässigen Gartenboden und sollten von Zeit zu Zeit gedüngt werden. Bei vielen empfiehlt sich, wenn die Blütenfülle wegen Überalterung nachläßt, Teilung oder Nachkauf neuer Pflanzen.

In schneearmen Wintern ist etwas Reisigschutz ratsam.

Sorten von C. coccineum (Bunte Margerite): Blüte Mai/Juni: 'Alfred': 60 cm, dunkelrot, gefüllt; 'Eileen May Robinson': 80 cm, reinrosa; 'Queen Mary': 70 cm, reinrosa, gefüllt; 'Regent': 80 cm, rot; 'Robinson's Rosa': 90 cm, rosa; 'Robinson's Rot': 90 cm, dunkelkarmesin

Sorten von C.-Indicum-Hybriden (Gartenchrysantheme): in Staudenkatalogen häufig als C. x hortorum, Blüte August bis Oktober: 'Citrus': 80 cm, zitronengelb, halbgefüllt; 'Clara Curtis': 60 cm, leuchtend rosa; 'Edelweiß': 60 cm, reinweiß, halbgefüllt; 'Fellbacher Wein': 60 cm, weinrot, halbgefüllt; 'Goldmarianne': 80 cm, tiefgelb; 'Ordensstern': 80 cm, goldbraun, gefüllt; 'Schwabenstolz': 60 cm, dunkelbraunrot, gefüllt

Sorten von C. leucanthemum (Frühlingsmargerite): Blüte Mai/Juni: 'Hofenkrone': 50 cm, weiß, gefüllt; 'Maistern': 60 cm, weiß; diese Margeriten sollten in Gruppen gepflanzt werden. Sie sind gute Schnittblumen.

Sorten von C. maximum (Sommermargerite): Blüte Juli bis September: 'Beethoven': 80 cm, reinweiß; 'Christine Hagemann': 90 cm, reinweiß, lokker gefüllt; 'Gruppenstolz': 60 cm, weiß; 'Julischnee': 80 cm, weiß, halbgefüllt; 'Silberprinzeßchen': 30 cm, weiß

Dianthus

Nelke

Nelken sind besonders für den Steingarten geeignet, finden aber auch an anderen, vollsonnigen und trockenen Gartenplätzen Verwendung. Am weitesten verbreitet im Garten ist die Pfingstnelke, D. gratianopolitanus, eine reich blühende, dichte Polster bildende Art.

Sorten von D. gratianopolitanus (Pfingstnelke): Blüte Mai/Juni: 'Blauigel': 10 cm, hellpurpurrot; 'Feuerhexe': 15 cm, leuchtend purpurrot; 'Nordstjernen': 15 cm, rosarot

Sorten von D. plumarius (Federnelke): ebenfalls eine dichte Polster bildende Art, die stark duftet und auch zum Schnitt geeignet ist, Blütezeit Mai/Juni: 'Altrosa': 20 cm, rosa, gefüllt': 'Diamant': 30 cm, weiß, gefüllt; 'Heide': 20 cm, dunkelrot, gefüllt

Doronicum, Gemswurz

Digitalis

Fingerhut

Diese Waldstaude für den Naturgarten ist meist nicht sehr langlebig und wächst bei uns häufig nur zweijährig, wenn man sie nicht sofort nach der Blüte zurückschneidet.
Fingerhut gedeiht in Sonne wie in Halbschatten und sollte wegen seiner schmalen, hohen Blütenstände stets in Gruppen gepflanzt werden. Kalkarmer, humoser Boden wird bevorzugt.
Die Pflanzen sind hochgiftig.
Arten und Sorten: D. ferruginea 'Gigantea': 180 cm, V-VIII, gelb; D. purpurea 'Gloxiniaeflora': 150 cm, VI-VII, rot; 'Gloxiniaeflora Alba': 150 cm, VI-VII, weiß

Doronicum

Gemswurz

Die schon sehr früh im Jahr erscheinenden gelben, margeritenähnlichen Blüten dieser robusten Staude sind auch für die Vase geeignet.
Halbschattiger Standort wird gut vertragen, feuchter Boden ist erwünscht. Blütezeit ist April/Mai.
Arten und Sorten: D. orientale 'Frühlingspracht': 40 cm, goldgelb, gefüllt; 'Riedels Goldkranz': 25 cm, goldgelb; D. plantagineum 'Excelsum': 80 cm, goldgelb

Echinops ritro, Kugeldistel

Echinops

Kugeldistel

Die Herkunft aus der Distelfamilie kann Echinops nicht verleugnen: Vollsonniger Platz, Trockenheit und karger, sogar steiniger Boden sind dieser aparten Pflanze mit den kugeligen Blütenständen gerade recht. Dennoch paßt die Staude ihrer Erscheinung nach durchaus auch in die Nähe des Gartenteichs.
Die stacheligen blauen bis weißlichen Blütenbälle sind als Beiwerk für Sommerblumensträuße sowie Trockengestecke hervorragend geeignet. Blütezeit ist von Juli bis September.
Arten und Sorten: E. bannaticus 'Taplow Blue': 100 cm, intensiv blau; E. ritro 'Veitch's Blue': 100 cm, leuchtend stahlblau; E. sphaerocephalus 'Niveaus': 120 cm, reinweiß

Eremurus stenophyllus

Eremurus

Steppenkerze

Die Staude braucht einen nahrhaften, humosen und durchlässigen Boden und darf nicht tiefer als 15 cm gepflanzt werden. Unter die Wurzeln sollte eine 4 cm dicke Sandschicht kommen, schwerer, verdichteter Boden ist zu dränieren. Verpflanzt wird nur von Sommer bis Herbst.
Steppenkerzen gehören zu den interessantesten Gartenstauden in vollsonnigen Lagen.
Arten: E. himalaicus: 120 cm, VI, reinweiß; E. robustus: 200 cm, VI-VII, zartrosa; E. stenophyllus: (früher E. bungei), 180 cm, VI-VIII, reingelb
Bei uns schwer erhältlich sind neue Sorten von E. x isabellinus: 'Feuerfakkel': orangerot; 'Rosalind': strahlend rosa; 'White Beauty': reinweiß. Das gleiche gilt für E. x isabellinus 'Ruiters Hybriden': 'Kleopatra': orange; 'Image': reingelb; 'Obelisk': reinweiß; 'Parade': reinrosa

Erigeron-Hybriden, Berufkraut

Gypsophila paniculata,

Helianthus atrorubens, Sonnenblume

Gaillardia aristata Kokardenblume

Helenium-Hybride 'Kanaria', Sonnenbraut

Heliopsis helianthoides, Sonnenauge

Hemerocallis-Hybride, Taglilie

Hemerocallis-Hybride 'Shooting Star'

Erigeron
Berufkraut, Feinstrahl

Diese Pflanze ist eine reichverzweigte buschige Staude mit asterähnlichen Blüten für vollsonnige Standorte und ohne besondere Bodenansprüche. Die Blüten sind zum Schnitt gut geeignet. Blütezeit ist von Juni bis August.
Sorten der E.-Hybriden: 'Adria': 60 cm, dunkelblau; 'Dunkelste Aller': 60 cm, violettblau; 'Rotes Meer': 60 cm, dunkelrot; 'Schwarzes Meer': 60 cm, dunkelviolett; 'Sommerneuschnee': 60 cm, weiß und rosa

Gaillardia
Kokardenblume

Blüht den ganzen Sommer über sehr reichlich, wenn alles Verblühte entfernt wird. Kokardenblumen sind leider nicht sehr ausdauernd, und ältere Exemplare müssen immer wieder durch neue ersetzt werden.
Leichter Reisigschutz im Winter empfiehlt sich. Blütezeit ist von Juli bis September.
Kokardenblumen können leicht durch Aussaat vermehrt werden. Überalterte Stöcke werden im Herbst geteilt.
Art und Sorten: G. aristata (früher G. grandiflora) 'Bremen': 70 cm, dunkelrot; 'Burgunder': 50 cm, tiefrot; 'Kobold': 20 cm, rot mit gelb

Gypsophila
Schleierkraut

Unermüdlich blühende buschige Staude für warme, sonnige und trokkene Lagen. Braucht durchlässigen, eher sandigen Gartenboden und ist kalkliebend. Schleierkraut ist begehrtes Beiwerk für Sträuße aller Art.
Arten und Sorten: G. cerastioides: 15 cm, V-VI, weiß mit rosa Aderung; G. paniculata (Riesenschleierkraut) 'Bristol Fayry': 100 cm, VII-VIII, weiß; 'Flamingo': 120 cm, VII-VIII, rosa, gefüllt; G. repens 'Rosenschleier': 30 cm, VI-VIII, rosa; 'Rosa Schönheit': 15 cm, V-IX, leuchtend rosarot

Helenium
Sonnenbraut

Diese reich blühende hohe Sommerstaude ist für Beete und Rabatten geeignet. Sie liebt volle Sonne und ist gut zum Schnitt verwendbar. Die Blüten halten lange, Verblühtes sollte regelmäßig entfernt werden.
Gruppenpflanzungen sind zu bevorzugen. Blütezeit ist von Juli bis September.
Sorten der H.-Hybriden: 'Baudirektor Linne': 100 cm, rot mit brauner Mitte; 'Kanaria': 120 cm, goldgelb; 'Königstiger': 180 cm, goldgelb; 'Moerheimer Beauty': 80 cm, VI-VII, leuchtend braunrot; 'Waltraud': 100 cm, goldbraun

Helianthus
Sonnenblume

Neben den bekannten einjährigen Arten gibt es auch Staudensonnenblumen, die im Sommer und Spätsommer blühen. Sie wünschen nährstoffreichen und etwas kalkhaltigen Boden in voller Sonnenlage.
Weil ihre Blüen kleiner als die der einjährigen sind, wird Gruppenpflanzung empfohlen. Man muß freilich etwas aufpassen, weil diese Staudensonnenblumen zum Wuchern neigen. Entsprechend einfach ist die Vermehrung durch Teilung.
Sie ist eine gute Schnittblume.
Arten und Sorten: H. atrorubens 'Gullick's Variety': 180 cm, VII-IX, goldgelb; H. decapetalus 'Capenock Star': 120 cm, VIII-IX, zitronengelb; 'Soleil d'Or': 150 cm, VII-VIII, goldgelb

Heliopsis
Sonnenauge

Diese dankbare Rabatten- und Beetstaude liebt sonnige Lagen. Sie verträgt auch Trockenheit und ist als Schnittblume geeignet, weil sie sehr lange hält. Blütezeit ist von Juli bis September.
Art und Sorten: H. helianthoides var. scabra 'Goldgefieder': 120 cm, goldgelb; 'Karat': 120 cm, leuchtend gelb; 'Spitzentänzerin': 130 cm, leuchtend gelb, halbgefüllt

Hemerocallis
Taglilie

Geeignet ist nicht zu trockener, nahrhafter Gartenboden in sonniger bis leicht beschatteter Lage. Das Angebot der Staudengärtnereien ist ungemein reichhaltig, aus den USA kommen fortlaufend Neuzüchtungen hinzu. Verwendet wird sie im Garten sowohl in Gruppen wie in Einzelstellung. Bei den hier aufgeführten Sorten handelt es sich um an der Fachhochschule Weihenstephan geprüfte, amerikanische Hybriden. Blütezeit ist von Juni bis August.
Sorten der H.-Hybriden: 'Crimson Glory': 100 cm, rot; 'Crimson Pirate': 70 cm, leuchtend rot mit orangefarbenem Schlund; 'Luxury Lace': 80 cm, lavendelrosa mit grünem Schlund; 'Shooting Star': 100 cm, grünlichgelb; 'Pink Damask': 90 cm, rosa; 'Sammy Russell': 70 cm, ziegelrot mit orangefarbenem Schlund

Iris; 'Frenchi' (vorn), 'Fleißiges Liesl' (hinten)

Kniphofia-Hybride, Fackellilie

Iris

Hohe Bartiris

(Barbata-Elatior-Gruppe)

Mittelhohe Bartiris

(Barbata-Media-Gruppe)

Zwergiris

(Barbata-Nana-Gruppe)

Selbst engagierte Laien finden sich im Systematik-Wirrwarr der Iris kaum mehr zurecht; doch den Hobbygärtner betrifft das gottlob nur wenig. Bei der für den Hausgarten interessanten Hohen Bartiris kommt aber leider auch noch eine so große Sortenvielfalt hinzu, daß informative Empfehlungen fast unmöglich sind. Außerdem liegen die Farbvariationen und -kombinationen so weit außerhalb des mit wenigen Worten Beschreibbaren, daß die tatsächliche optische Wirkung kaum anschaulich darzustellen ist. Hier hilft also nur eigener Augenschein vor Ort in einer Staudengärtnerei zur Zeit der Irisblüte im Mai/Juni oder die Farbfotografie.

Neben der Hohen Bartiris mit über 70 cm langen Stengeln gibt es die Barbata-Media-Gruppe, das sind mittelhohe, 40-50 cm hohe Pflanzen, und die Zwergiris in der Barbata-Nana-Gruppe, die nicht höher als 25 cm wird.

Ganz so anspruchslos sind diese Hochzüchtungen der Staudeniris nicht, vor allem dort nicht, wo das Klima rauher ist. Man sollte für sie den wärmsten und sonnigsten Platz im Garten aussuchen und nur in durchlässigen, humosen Boden pflanzen. Gelegentliche, nicht stickstoffbetonte Düngung ist empfehlenswert. Pflanzzeit ist von Juli bis Oktober.

Die Gruppe der Zwiebeliris wird im Kapitel über Zwiebel- und Knollengewächse ab S. 80 gesondert behandelt.

Kniphofia

Fackellilie

Diese sehr dekorativen, exotisch wirkenden Stauden sollten nur als Solitärpflanzen verwendet werden. Verlangt werden mäßig feuchter Boden und sonnige Lage.

Gepflanzt wird im Frühjahr, im Winter muß ein Schutz durch eine 30 cm hohe Laub- oder Torfschicht gegeben werden, die losen, schilfartigen Blätter bindet man zusammen.

Als Schnittblume hält sich die Fackellilie lange in der Vase. Aus verschiedenen Arten wurden viele reizvolle Gartenformen entwickelt.

Sorten: 'Bressingham Flame': 70 cm, VII-IX, orangerot; 'Expreß': 80 cm, VII-IX, lachs-und karminrot; 'Royal Standard': 100 cm, VI-VII, gelb mit scharlach

Liatris
Prachtscharte

Geeignet ist jeder gute Gartenboden, der aber im Winter nicht vernässen darf. Die Blütenstände öffnen sich nach und nach von oben nach unten und sind für den Schnitt geeignet.
Leider stellen die knolligen Wurzeln einen Leckerbissen für Wühlmäuse dar.
Art und Sorten: L. spicata: 80 cm, VII-X, leuchtend purpurlila; L. spicata 'Floristan Violett': 90 cm, VII-X, leuchtend violett; 'Floristan Weiß': 90 cm, VII-X, reinweiß; 'Kobold': 40 cm, VI-X, violett

Liatris spicata, Prachtscharte

Monarda, Indianernessel, 'Croftway Pink'

Lupinus
Lupine

Durch Züchtungen und Auslesen entstanden Sorten, die in fast allen Regenbogenfarben ihre spitz zulaufenden Blütentürme über das Blattwerk emporschieben. Die Pflanze stellt keine besonderen Ansprüche, möchte aber möglichst sonnig stehen.
Vor allem in England entstanden zahlreiche wertvolle Sorten, die alle zwischen 80 und 100 cm groß werden und zwischen Mai und Juli blühen.
Sorten: 'Fräulein': cremeweiß bis weiß; 'Kastellan': blaue Farbtöne; 'Kronleuchter': gelbe Farbtöne; 'Mein Schloß': ziegelrot; 'Schloßfrau': rosa

Lupinus, Lupine

Paeonia-Lactiflora-Hybride, Pfingstrose

Monarda
Indianernessel

Die lange blühenden, attraktiven Stauden nehmen mit jedem guten Gartenboden vorlieb und können sowohl in der Rabatte als auch zur Unterpflanzung von Gehölzen verwendet werden. Die Blüten eignen sich zum Schnitt.
Aus verschiedenen Hybriden unbekannter Herkunft entstanden eine Reihe ansprechender Gartensorten. Blütezeit ist von Juli bis September.
Sorten: 'Croftway Pink': 120 cm, lachsrot; 'Donnerwolke': 100 cm, purpurrot; 'Morgenröte': 100 cm, leuchtend lachsrot; 'Präriebrand': 150 cm, tieflachsrot

Paeonia
Pfingstrose

Pfingstrosen sind im Frühsommer die absoluten Stars eines jeden Gartens. Sie wollen nahrhaften, humosen, leicht sauren Boden und einen Platz in voller Sonne.
Vorsicht vor zu tiefem Pflanzen!
Die Augen der Wurzelstöcke sollen nur mit 3 cm Erde bedeckt werden. Und Geduld mit der Blüte (!). Ihre volle Pracht entfalten Pfingstrosen erst nach 3-4 Jahren. Es gibt so viele hervorragende Sorten, daß hier nur einige wenige, vom „Arbeitskreis Staudensichtung" als besonders geeignet eingestufte herausgegriffen werden können.
Pfingstrosen blühen im Mai/Juni und werden zwischen 60 und 100 cm groß.
Sorten der gefüllten P.-Lactiflora-Hybriden: 'Avalanche': weiß; 'Inspecteur Lavergne': rot; 'Felix Crousse': weinrot; 'Karl Rosenfeld': karminrot; 'Noemie Demay': zartrosa

Papaver

Mohn

Diese anspruchslose Staude stellt keine besonderen Wünsche an den Boden, verlangt aber einen vollsonnigen Stand. Die niedrigen Arten sind dankbare Steingartenpflanzen, die hohen können in der Rabatte zwischen anderen Stauden wachsen und passen besonders gut zu blauen Rittersporen. Für den Garten sind 2 Gruppen interessant: P. nudicaule, der niedrig bleibende Islandmohn, und P. orientale, der Türkenmohn, großblütig und höherwachsend.
Arten und Sorten: P. nudicaule, Blüte Juni bis August: 'Gartenzwerg': 20 cm, in gelb, rot und weiß erhältlich; 'Giganteum Matador': 50 cm, scharlachrot; 'Golden Monarch': 30 cm, gelb; P. orientale, Blüte Mai bis Juli: 'Beauty of Livermere': 100 cm, glühend dunkelrot; 'Catharina': 80 cm, lachsrosa; 'Feuerriese': 80 cm, ziegelrot; 'Sturmfackel': 50 cm, V-VI, feuerrot

Phlox

Phlox

Hier unterscheidet man zwischen hohen und niedrigen Arten, und es ist auch die einzige Möglichkeit, sich in dieser im Lauf der Jahre zu einem Riesensortiment angewachsenen Pflanzengattung überhaupt noch zurechtzufinden.
Die Pflanzung im Garten wird kaum Probleme aufwerfen, da der Phlox mit jedem normalen Boden zufrieden ist, wenn der Platz nur genügend Sonne abbekommt.
Sorten: niedrige, P.-Douglasii-Hybriden, Blüte Mai/Juni: 'Crackerjack': 5 cm, leuchtend karminrot; 'Georg Arends': 5 cm, rosalila; 'May Snow': 5 cm, reinweiß; 'Red Admiral': 5 cm, karminrot; hohe, P.-Paniculata-Hybriden, Blüte Juni bis September: 'Aida': 80 cm, rotviolett; 'Bornimer Nachsommer': 90 cm, lachsrosa; 'Landhochzeit': 120 cm, frischrosa, dunkles Auge; 'Orange': 80 cm, orangerot; 'Sommerfreude': 80 cm, warmrosa; 'Starfire': 90 cm, leuchtendrot; 'Württembergia': 60 cm, karminrosa

Potentilla

Fingerkraut

Die umfangreiche Gattung umfaßt über 300 Arten niedriger, kriechender und mittelhoher Gewächse. Im Garten wollen sie alle sonnig stehen, wobei die aufrecht wachsenden jeden guten Gartenboden akzeptieren, die niedrig bleibenden magere Erde und Trockenheit bevorzugen.
Arten und Sorten: P. alba; 20 cm, V-VI, weiß; P. atrosanguinea 'Gibson Scarlet': 40 cm, VI-VII, scharlachrot; P. aurea: 10 cm, V-VI, goldgelb; P. nepalensis 'Miss Willmott': 50 cm, VII-VIII, karminrosa; P. nitida: 5 cm, VII-VIII, zartrosa

Rudbeckia

Sonnenhut

Es handelt sich hier um einen reich blühenden, anspruchslosen Sommer- und Spätsommerblüher, der in keinem Garten fehlen sollte. Rudbeckia hält in der Vase lange.
Diese Pflanze paßt in die Rabatte ebenso wie an den Teich und zählt zu den dankbarsten und ergiebigsten Gartenstauden.
Arten und Sorten: R. fulgida var. speciosa: 60 cm, VII-X, goldgelb; R. fulgida var. sullivantii 'Goldsturm': 60 cm, VIII-X, goldgelb; R. nitida 'Herbstsonne': 200 cm, VII-IX, goldgelb; 'Juligold': 200 cm, VI-VIII, goldgelb

Salvia

Salbei

Liebt volle Sonne und kalkhaltigen Boden und ist für einen naturnahen Garten besonders gut geeignet. Aber auch in ein Staudenbeet läßt sich Salbei gut eingliedern, sofern der Boden nicht zu sauer ist. Salbei kann trocken stehen.
Arten und Sorten: S. x superba 'Blauhügel': 30 cm, VII-X, mittelblau; 'Mainacht': 40 cm, V-X, nachtblau; 'Ostfriesland': 50 cm, VII-X, dunkelviolett; S. officinalis 'Purpurascens': 50 cm, VII-VIII, violettpurpur

Scabiosa

Skabiose

Diese lange blühenden Rabattenstauden nehmen kaum etwas übel, höchstens ein Übermaß an winterlicher Nässe im Boden, und liefern willig den ganzen Sommer über Blüten für die Vase. Die Blütezeit dauert von Juni bis Oktober.
Art und Sorten: S. caucasica 'Blauer Atlas': 70 cm, tiefblauviolett; 'Clive Greaves': 80 cm, himmelblau; 'Miss E. Willmott': 80 cm, rahmweiß; 'Nachtfalter': 80 cm, dunkelviolett

Verbascum

Königskerze

Diese großen Wildstauden mit ihren schönen Blattrosetten und dekorativen Blütenständen sind für trockene Standorte in Natur- und Heidegärten geeignet. Der Boden sollte durchlässig sein. Es gibt einige schöne Hybrid-Sorten. Blütezeit ist von Juni bis August.
Sorten: 'Cotswold Queen': 150 cm, bernsteinfarben; 'Densiflorum': 120 cm, zitronengelb mit dunkler Mitte; 'Pink Domino': 200 cm, purpurrosa

Papaver nudicaule, Islandmohn

Potentilla nepalensis, Fingerkraut

Salvia, Salbei

Scabiosa caucasica, Skabiose

Phlox-Paniculata-Hybride, Phlox

Rudbeckia fulgida, Sonnenhut

Verbascum, Königskerze

Stauden für schattige Standorte

So wie es unter den volle Sonne liebenden Stauden durchaus auch solche gibt, die leichten Schatten gut vertragen, ist die Grenze zwischen licht und dunkel auch bei den sogenannten Schattenstauden fließend. Genaugenommen wird mit diesem Begriff nur angedeutet, daß die Gewächse nicht in voller Sonne stehen sollten, weil ihnen Schatten besser bekommt. Einige freilich tendieren gänzlich zum halbschattigen bis schattigen Bereich.

Kulturpflanzen, die in den Staudenkatalogen als reine Schattenbewohner ausgewiesen sind, kann man an den Fingern einer Hand abzählen. Dazu gehören zum Beispiel das Goldsiegel, Uvularia, Arten des Lungenkrauts, Pulmonaria, und des Salomonssiegels., Polygonatum, und das Bingelkraut, Mercurialis, ein Bodenbewohner schattiger Laubwälder.

Schon Viola odorata, unser Duftveilchen, das sich unter Bäumen und Sträuchern am wohlsten fühlt, ist für etwas Sonne durchaus dankbar.

Epimedium, die Elfenblume, entfaltet ihre rosa, gelben oder kupferfarbenen gespornten Blüten ebenfalls im Halbschatten, während Bergenien, meist

immergrüne Stauden mit ledrigen Blättern, volle Sonne ebenso akzeptieren wie vollen Schatten, wobei ihr Optimum genau in der Mitte liegt.
Bei Dicentra, dem Tränenden Herz, ist dagegen die Tendenz zum sonnenarmen Halbschatten eindeutig. Es gibt heute einige hübsche Sorten dieser anspruchslosen mittelhohen Staude, die lediglich sehr trockenen Boden ablehnt. Das sind D. formosa spp. oregana 'Bountiful', tiefdunkelrot oder D. spectabilis 'Alba', reinweiß. Beide blühen im Frühsommer und Sommer.
Einen feuchten, nährstoffreichen und humosen Boden in Halbschatten bis Schatten braucht die Prachtspiere oder Astilbe. Unter den A.-Arendsii-Hybriden, benannt nach dem Staudengärtner und Züchter Georg Arends, gibt es eine Vielzahl Sorten, die von Juli bis September blühen und zwischen 60 und 100 cm hoch werden. Blütenfarben sind Weiß, Rosa und verschiedene Rotvarianten.
Aconitum, der prachtvolle, leider auch sehr giftige, bis 150 cm hochwachsende Eisenhut, zählt gleichfalls zu den Schattenstauden. Eisenhut blüht in verschiedenen Blautönen den Sommer über, teilweise bis in den Herbst hinein. Empfehlenswerte Sorten sind von A. x cammarum: 'Bicolor', von A. napellus ssp. pyramidale: 'Newry Blue' und von A. henryi: 'Spark'.
Ungefähr 40 Arten zählt die aus Japan und China stammende, halbschattige und schattige Plätze bevorzugende Hosta (Funkie). Wegen ihrer dekorativen, teilweise weiß gemusterten Blätter findet diese Pflanze in den Gärten schon lange Verwendung, und die Züchter haben sich bemüht, immer neue Formen zu entwickeln. Empfehlenswert sind neben vielen anderen Sorten einige von H. fortunei, die alle 50 bis 60 cm groß werden. Es sind: 'Aurea' (Blätter anfangs goldgelb, später vergrünend), 'Aureomaculata' (Blätter im Austrieb gelb mit dunkelgrünem Rand), 'Aureomarginata' (auch 'Obscura Marginata'; Blätter mit gelbem Rand, Mitte dunkelgrün bereift), 'Hyacintina' (Blätter oben grau, unten weißlich) und 'Margina-Alba' (sehr große, weiß gerandete Blätter).
Helleborus niger, die Christ- oder Schneerose, ist ursprünglich reinweiß. Mittlerweile gibt es eine Vielzahl von andersfarbigen Züchtungen, die man mit etwas Glück in dieser oder jener Staudengärtnerei findet. Christrosen blühen je nach Art von November bis in den April hinein, wenn der Boden lehmig-humos, nahrhaft und feucht ist. Vor allem während der Blütezeit dürfen die Pflanzen nicht trocken stehen. Die schattenliebende Staude braucht leicht kalkhaltiges Erdreich.

Schattenstauden

BOTANISCHER NAME	DEUTSCHER NAME	HÖHE IN CM
Aconitum	Eisenhut	100-150
Alchemilla	Frauenmantel	10- 30
Anemone	Herbstanemone, Buschwindröschen	60-120 10- 20
Aruncus	Geisbart	20-200
Astilbe	Prachtspiere	30-150
Bergenia	Bergenie	30- 50
Cimicifuga	Silberkerze	140-200
Corydalis	Lerchensporn	20- 50
Dicentra	Tränendes Herz	80
Epimedium	Elfenblume	15- 45
Geranium	Storchschnabel	20- 60
Geum	Nelkenwurz	10- 50
Helleborus	Christrose	20- 50
Hepatica	Leberblümchen	10- 50
Heuchera	Purpurglöckchen	30- 70
Hosta	Hosta, Funkie	40- 90
Polygonatum	Salomonssiegel	40-200
Primula	Primel	10- 80
Trillium	Dreiblatt, Waldlilie	20- 40
Vinca	Immergrün	10- 20
Viola	Veilchen	15

Bergenia, Bergenie

Cimicifuga, Silberkerze

Dicentra, Tränendes Herz

Helleborus, Christrose

Hosta, Funkie

Trillium, Dreiblatt

Viola, Veilchen

Vinca, Immergrün

Riesenstauden

Auch unter den nicht zu den Gräsern gehörenden ausdauernden Gewächsen gibt es einige, die durch ihren Riesenwuchs alle anderen in den Schatten stellen. Sie sind wegen ihrer Dominanz für kleine Gärten meist nicht so geeignet, können in einer großen Anlage jedoch alle Blicke auf sich ziehen und dadurch zu einem wichtigen gestalterischen Element werden.

Crambe cordifolia
Riesenschleierkraut

Diese imponierende Staude mit den großen Blättern wird bis zu 200 cm hoch. Die weitverzweigten, duftenden weißen Blütenstände üben eine magische Anziehungskraft auf Bienen und andere Pollenträger aus und erscheinen im Juni.

Der Boden für diese Pflanze sollte durchlässig, humos und nährstoffhaltig sein, ihr Standort am vorteilhaftesten vor einem dunklen Hintergrund, zum Beispiel vor einer Baumgruppe oder einem hohen Strauch, gewählt werden.

Crambe cordifolia, Riesenschleierkraut

Heracleum montegazzianum

Gunnera, Mammutblatt

Helianthus, Weidenblättrige Sonnenblume

Heracleum montegazzianum
Herkulesstaude

Bei uns ist diese auch unter dem Namen Bärenklau bekannte Art zweijährig, das heißt, sie wächst im ersten Jahr heran, blüht im zweiten und stirbt danach ab. Allerdings hat sie dann, wenn man die Blüten nicht rechtzeitig wegschneidet, so viele Samen verstreut, daß Heracleum zum unerwünschten Unkraut werden kann.

Von dieser Unart abgesehen, ist der Bärenklau mit seinen 300 cm Höhe, den 100 cm langen, tief eingeschnittenen Blättern und den gewaltigen weißen Blütenschirmen im Juli/August ein einmaliger Anblick im Garten.

Weil alles an dieser Pflanze riesig ist, sollte sie stets in den Hintergrund gesetzt werden. Daß sie dort übersehen werden könnte, braucht man nicht zu befürchten.

Die trockenen Samenstände sind dekorativer Schmuck hoher Bodenvasen, aus den kantigen, verholzten Stengelstücken läßt sich allerlei Schmuckwerk wie originelle Kerzenhalter und ähnliches basteln.

Die Berührung der Stengel- und Blattstielhaare ruft bei manchen Menschen einen brennenden Hautausschlag hervor, besonders wenn der Kontakt bei Sonnenlicht stattfindet. Das ist unangenehm, aber ebensowenig bedrohlich wie die Reizung durch Brennesseln.

Gunnera
Mammutblatt

Diese Pflanze ist gemäß ihrer Herkuft aus tropischen Regionen Asiens, Südamerikas und Afrikas bei uns nicht winterhart. Sie kann aber dennoch im Boden bleiben, wenn für Schutz durch eine dicke Laubabdeckung, einer darüber gestülpten Kiste und erneuter Laubschicht gesorgt wird. Aus zusätzlicher Vorsorge und um ein Verwehen der Schutzschicht zu unterbinden, sollte dann noch ein Mantel aus Gartenerde über das Ganze gedeckt werden. Die Blätter muß man vorher abschneiden.

Wegen des Blattwerks ist die Gunnera bei vielen Hobbygärtnern so beliebt. Jedes einzelne von ihnen, an langen Stielen sitzend, ist bis zu 200 cm lang und breit, so daß sich die Staude wie ein mächtiger grüner Hügel ausnimmt. Die dekorative Wirkung einer einzelnen Gunnera ist dementsprechend ins Auge fallend, wenn sie im Hintergrund eines Gartenteiches oder solitär in oder an einer großen Rasenfläche steht.

Die Pflanze braucht feuchten Boden und reichlich organische Nährstoffe wie Kompost oder Stallmist. Den Sommer über muß man ausreichend wässern und von Zeit zu Zeit auch mit flüssigem Mineraldünger nachhelfen, damit die Blätter sich zu ihrer vollen Größe entwickeln können.

Helianthus salicifolius
Weidenblättrige Sonnenblume

Aus den Prärien Nordamerikas ist diese große Staudensonnenblume in unsere Gärten gekommen, freilich als seltener Gast. Die im Vergleich zu der 250 cm hohen Pflanze kleinen, gelben Blüten, die sich im September und Oktober öffnen, sind für den Zierwert der Staude weniger ausschlaggebend als die langen, schmalen Blätter längs des gesamten Stiels. Dieses fremdartige, leicht nach unten hängende, beim leisesten Windhauch sich bewegende Laub unterscheidet H. salicifolius von allen anderen Stauden ähnlicher Größe und macht ihren eigentlichen Reiz aus.

Macleaya cordata, Federmohn

Auch hier wie bei Gunnera bietet sich als am besten geeigneter Platz die Nähe des Gartenteichs an. Dennoch wird trockener, kalkhaltiger Boden bevorzugt. Vermehrung durch Teilung ist einfach. Starke Winde im Spätsommer können die ausgewachsenen Pflanzen leider leicht auseinanderdrücken.

Macleaya cordata
Federmohn

Bis zu 300 cm hoch wird diese asiatische Staude mit den großen, blaugrau bereiften, gelappten Blättern und den langen, weißen bis rosa Blütenrispen, die im Juli und August die Blätter weit überragen.
Daß Federmohn durch die Bildung zahlloser Ausläufer zum Wuchern neigt, hat nicht nur den Nachteil unerwünschter Ausbreitung. Gleichzeitig wird auch die Mutterpflanze dadurch so geschwächt, daß sie ihr dekoratives Aussehen einbüßt. Die Schößlinge selber bleiben klein und haben keinen Zierwert. Es ist daher besser, die Pflanzgrube vorher mit Dachpappe oder dicker Teichfolie auszukleiden, um das Wurzelwachstum einzuschränken, oder man setzt die Pflanze in einen versenkten Betonring.
Im Frühjahr sollte man alles bis auf ein halbes Dutzend kräftiger Triebe direkt über dem Boden abschneiden.

Aster novae-angliae, Rauhblattaster, verschiedene Sorten

Astern

Von den etwa 600 Asternarten, darunter auch ein- und zweijährige, sind für den Garten vor allem die Hochsommer- und Herbstblüher wichtig. Das sind Bergastern, Myrtenastern, Kissenastern, Rauh- und Glattblattastern. Während Berg- und Myrtenastern kaum Ansprüche an den Boden stellen und auch Trockenheit vertragen, wollen die anderen vor allem in regenarmen Wochen hin und wieder gewässert werden und sind auch für gelegentliche Düngergaben dankbar.
Astern lassen sich je nach Art und Größe in alle Partien eines Ziergartens eingliedern, vom Steinbeet bis zur Staudenrabatte oder, zum Beispiel bei den hohen Büschen der Rauhblattastern, als Einzelgruppe herausstellen. Bei der schon im Mai/Juni blühenden Alpenaster empfiehlt sich gelegentliche Teilung ebenso wie bei der Bergaster. Auch die Kissenastern sollten

Herbstastern

von Zeit zu Zeit ausgelichtet und dabei mit einem Mehrnährstoffdünger oder Komposterde versorgt werden.
Alle Astern brauchen einen sonnigen, allenfalls halbschattigen Platz und sind dankbare Schnittblumen.
Die nachfolgenden Listen, geordnet nach Blütezeiten, zeigen einen kleinen Ausschnitt aus dem reichhaltigen Sortiment mit besonders geeigneten Sorten.

Aster tongolensis 'Wartburgstern'

Frühlingsastern, Blüte Mai/Juni		
ART/SORTE	HÖHE IN CM	BLÜTENFARBE
A. alpinus, Alpenaster		
'Albus'	20	weiß
'Dunkle Schöne'	20	tiefviolett
'Happy End'	25	rosa
A. tongolensis		
'Berggarten'	50	lilablau, gelbe Mitte
'Leuchtenburg'	50	violettblau
'Wartburgstern'	50	violett, gelbe Mitte

Aster dumosus 'Nesthäkchen'

Sommerastern, Blüte Juli bis September		
ART/SORTE	HÖHE IN CM	BLÜTENFARBE
A. amellus, Bergaster		
'Blütendecke'	50	silberblau
'Breslau'	40	blauviolett
'Dr. Otto Petschek'	60	lavendelblau
'Lady Hindlip'	60	rosa
'Sternkugel'	40	lavendelfarben
'Veilchenkönigin'	40	dunkelblau
A. frikartii		
'Wunder von Stäfa'	60	blau, gelbe Mitte

Herbstastern, Blüte September/Oktober		
ART/SORTE	HÖHE IN CM	BLÜTENFARBE
A. dumosus, Kissenaster		
'Heinz Richard'	20	leuchtend rosa
'Herbstgruß vom Bresserhof'	50	leuchtend rosa
'Kassel'	40	karminrot
'Lady in Blue'	25	blau

Herbstastern, Blüte September/Oktober

ART/SORTE	HÖHE IN CM	BLÜTENFARBE
'Mittelmeer'	30	reinblau
'Nesthäkchen'	25	dunkelrosa
'Prof. A. Kippenberg'	40	lavendelblau
'Schneekissen'	30	reinweiß
'Silberblaukissen'	40	blausilbrig
'Wachsenburg'	50	rosa
A. ericoides, Myrtenaster		
'Erlkönig'	120	hellviolett
'Golden Spray'	80	weiß mit gelb
'Schneetanne'	120	weiß
A. novae-angliae, Rauhblattaster		
'Alma Pötschke'	100	lachsrot
'Andenken an Paul Gerber'	140	karminrot
'Barr's Blue'	150	tiefblau
'Rubinschatz'	120	rubinrot
'Rudelsburg'	120	lachsrosa
A. novi-belgii, Glattblattaster		
'Blandie'	120	weiß
'Crimson Brocade'	80	rosarot
'Dauerblau'	150	dunkellilablau
'Fellowship'	90	rosa
'Freda Ballard'	80	leuchtend rot
'Gayborder Splendour'	80	cyclamenrosa
'Lady Frances'	90	tiefrosa
'Marie Ballard'	120	hellblau
'Royal Blue'	120	tiefblau
'Schöne von Dietlikon'	100	dunkelblau

Aster dumosus 'Wachsenburg'

Aster novae-angliae 'Rudelsburg'

Rittersporne

Unter den blaublühenden großen Gartenstauden ist wohl an erster Stelle der Rittersporn, Delphinium, zu nennen. Neben einigen Wildformen für Natur- und Steingärten sind es vor allem die Sorten des Edelrittersporns, die im Garten auffallen und eine ganze Staudenrabatte prägen können.

Bei richtiger Behandlung belohnt uns der Gartenrittersporn mit 2 Blütenschüben. Werden die Stengel im Sommer nach der ersten Blüte auf etwa 10 cm über dem Boden zurückgeschnitten und die Pflanzen mit einer Handvoll Mehrnährstoffdünger versorgt, kommt es im Spätsommer zu einem zweiten Flor, der dem ersten unter günstigen Bedingungen nur wenig nachsteht. Zu diesen Voraussetzungen gehört auch durchdringendes Wässern bei Trockenheit.

Obgleich die hohen blauen oder weißen Blütenpyramiden ein dekorativer Vasenschmuck sind, halten sie dort nicht lange, weil die einzelnen Blütenblätter schon bald zu rieseln beginnen. Da helfen auch keine Frischhaltemittel.

Auf dem Beet kann der Rittersporn aus einem anderen Grund in seiner Schönheit beeinträchtigt werden: wenn Wind oder Schlagregen die hohen und nicht sehr stabilen Blütenstände umknikken. Man sollte den Stauden daher vorsorglich mit unauffällig beigesteckten Stützhilfen Halt geben.

Rittersporn braucht vollsonnige Lagen, besonders wenn es mit der zweiten Blüte klappen soll.

Delphinium-Belladonna-Hybride 'Völkerfrieden'

Delphinium-Elatum-Hybride 'Finsteraarhorn'

Rittersporn bevorzugt sonnige Lagen ▷

Delphinium-Belladonna-Hybriden, Blütezeit Juni/Juli und September

SORTE	HÖHE IN CM	BLÜTENFARBE
'Capri'	140	hellblau, weißes Auge
'Kleine Nachtmusik'	80	dunkellila
'Moerheimii'	120	reinweiß
'Piccolo'	80	strahlend blau
'Völkerfrieden'	100	ultramarinblau

Delphinium-Elatum-Hybride 'Ouvertüre'

Delphinium-Pacific-Hybride

Delphinium-Elatum-Hybriden, Blütezeit Juni/Juli und September/Oktober

SORTE	HÖHE IN CM	BLÜTENFARBE
'Ariel'	150	hellblau
'Berghimmel'	180	himmelblau, weißes Auge
'Blauwal'	200	dunkelblau
'Fernzünder'	140	blau, weißes Auge
'Finsteraarhorn'	170	tiefenzianblau
'Jubelruf'	200	strahlend blau
'Lanzenträger'	200	enzianblau, weißes Auge
'Ouvertüre'	160	blau/rosa, schwarzes Auge
'Perlmutterbaum'	180	hellblau
'Schildknappe'	150	enzianblau
'Sommernachtstraum'	150	enzianblau
'Waldenburg'	150	dunkelblau, schwarzes Auge

Delphinium-Pacific-Hybriden, Blütezeit August bis Oktober

SORTE	HÖHE IN CM	BLÜTENFARBE
'Black Knight'	160	dunkelviolett
'Blue Bird'	160	blau, weißes Auge
'Galahad'	160	reinweiß
'Guinivere'	160	rosiglavendel
'Summer Skies'	170	hellblau

Hystrix patula, Flaschenbürstengras

Carex grayi, Morgensternsegge

Cortaderia selloana, Pampasgras

Gräser

Staudengräser fristen im Ziergarten immer noch eine Art Mauerblümchendasein, obwohl dieser Vergleich zu den oft meterhohen, imposanten Pflanzengestalten nicht so recht passen will. Angesichts der Vielzahl von Arten und Sorten, die zur Verfügung stehen, ist der Mangel an Gräsern im privaten Grün in der Tat verwunderlich.
Einzig das eindrucksvolle Pampasgras macht hier eine Ausnahme – solange die Fröste nicht zu streng sind beziehungsweise die Pflanzen im Herbst sachgemäß geschützt wurden. Nach den beiden harten Wintern 1984/85 und 1985/86 sind denn auch die Pampasgräser fast schlagartig aus den Gärten verschwunden, die wenigen, die den Kälteeinbruch überstanden, fallen schon wieder auf.
Nun ist diese Empfindlichkeit bei den Staudengräsern keineswegs die Regel. Nur noch wenige Bambusarten und vor allem das mächtige Pfahlrohr, Arundo donax, sind ähnlichen Gefahren ausgesetzt. Fast alles andere aus dieser großen Familie ist hart im Nehmen und wird mit nahezu jeder Gartensituation fertig.
Hier ist nicht der Platz, die Staudengräser im einzelnen und ausführlich vorzustellen. Hier nur eine kurzgefaßte, kleine Auswahl dieser umfangreichen Pflanzengruppe (im Falken-Verlag ist auch ein Buch „Ziergräser" erschienen).

Carex grayi
Morgensternsegge

Unter den Seggen ist besonders die Morgensternsegge mit ihren stacheligen Fruchtständen hervorzuheben. Das Gras wird bis zu 70 cm hoch und gibt eine gute Begleitpflanze für Teichränder ab, obgleich auch Trockenheit und Schatten vertragen werden.

Cortaderia selloana
Pampasgras

Das schon erwähnte Pampasgras kann bis zu 300 cm hoch werden mit 50 cm langen weißen oder rosafarbenen Blütenfahnen. Dieses eindrucksvolle Gras sollte immer für sich allein stehen – wegen seiner Höhe und weil es von Jahr zu Jahr mehr in die Breite wächst.
Leider ist Cortaderia selloana nicht zuverlässig winterhart. Deshalb sollten die Halme im Herbst zu einem Schopf zusammengebunden werden, weil dann der Regen nicht so leicht in den Horst eindringen kann. Eine ringsum aufgeschüttete Laubdecke ist von Vorteil.
Das Gras sollte in voller Sonne stehen.

Eriophorum latifolium
Breitblättriges Wollgras

Eriophorum latifolium, das als Sumpfpflanze in das Moorbeet oder den flachen Teil des Gartenteichs gehört, wird etwa 60 cm hoch. Hier entwickelt es die schneeweißen, wolligen Blütenbüschel, die gerne in Trockensträußen verwendet werden.

Miscanthus sinensis, Chinaschilf

Miscanthus floridulus, Riesenmiscanthus

Australisches Lampenputzergras

Festuca cinerea
Blauschwingel

Von den Schwingelgräsern steht Festuca cinerea ganz oben in der Gunst der Gartenbesitzer. Mit nur 20 cm hohen, halbkugeligen Horsten besiedelt es am liebsten sonnige Standorte, läßt sich also gut am Rand oder im Hintergrund eines Steinbeets unterbringen.

Festuca scoparia
Bärenfellschwingel

Etwas schwieriger ist ein naher Verwandter des Blauschwingels, der Bärenfellschwingel, Festuca scoparia. Er mag nämlich weder pralle Sonne, noch Trockenheit und beides kombiniert schon gar nicht.
Am zusagenden Standort kann man die nur 10 cm hohen Horste, die allerdings zur Zeit der Blüte weit von den Ährenhalmen überragt werden, gut in einen Steintrog pflanzen. Oder man läßt sie am Weg entlangpolstern.

Hystrix patula
Flaschenbürstengras

Das Flaschenbürstengras will sonnig stehen. Ab Juni erscheinen die bürstenartigen Blütenstände, die sich bis zu 100 cm hoch über dem schmalen Laub erheben und lange halten.

Miscanthus floridulus
Riesenmiscanthus

Miscanthus floridulus ist eine imposante Pflanzengestalt, die mit 300 oder sogar 400 cm hohen Halmen bis zu 2 m^2 Fläche in Sonne oder Schatten für sich beanspruchen kann. Dieser Gast aus Japan und Nordchina ist also nichts für schmale Handtuchgärten.

Miscanthus sinensis
Chinaschilf

Das Chinaschilf ist mit 200 cm Höhe auch nicht gerade ein Zwerg. Besonderen Schmuckwert hat die Sorte 'Silberfeder' durch ihre großen, silbrig weißen Blütenfahnen. Ein sonniger Gartenplatz ist für Miscanthus sinensis empfehlenswert.

Pennisetum alopecuroides
Australisches Lampenputzergras

Ab September blüht das Australische Lampenputzergras in möglichst sonniger Lage. Die lilabräunlichen, borstigen, fingerdicken Ähren sehen im spätsommerlichen Garten wunderhübsch aus und eignen sich auch gut als Beiwerk für Blumensträuße. Die Höhe des Grases ist etwa 100 cm.

Stipa barbata
Reiherfedergras

Wegen seiner langen silberweißen Blütenähren, die ihre Spitzen graziös zu Boden biegen, kommt dem Reiherfedergras kaum ein anderes Staudengras gleich. Es blüht im Juli/August desto schöner, je sonniger und geschützter der Standort liegt. Die Halme werden etwa 100 cm lang.

Farne

Schon Ziergräser trifft man, wie gesagt, in unseren Gärten nicht allzu häufig an, Farne aber sind eine Seltenheit. Nun lassen sich diese Urweltpflanzen in der Tat nicht so ohne weiteres in eine Staudenrabatte oder ein anderes Blumenbeet wie Margeriten oder Phlox eingliedern. Schließlich sind es keine Blütenschönheiten, und auch die meist gefiederten Wedel passen nicht in jede Nachbarschaft. Dennoch verdienten Farne, vor allem in Gärten mit Bäumen und Sträuchern, mehr Beachtung.

Sie alle lieben schattige Plätze, und ein Dach aus dichten Blättern ist genau das Richtige. Als Bewohner lichter Wälder vertragen sich Farne gut mit Blütenpflanzen des leichten Schattens, die sich den Wildblumencharakter noch bewahrt haben. Das sind Akelei, Anemone, Veilchen und Immergrün, und im Frühling könnte man Maiglöckchen unter ihren Wedeln läuten lassen.

Farne, die sich nicht durch Samen, sondern mittels Sporen und über eine daraus hervorgehende Zwischenform (Vorkeime oder Prothallien) vermehren, wünschen gemäß ihrer Naturstandorte humosen, durchlässigen, feuchten Boden. Wer vor dem Pflanzen im Farnbett noch eine Portion Laub verrotten lassen kann, ist gut dran. In jedem Fall gehören Torf und, wenn vorhanden, Kompost in den Boden, damit die Humusbildung gefördert wird.

Für den Garten geeignete Farne, die meistens um 50 cm hoch wachsen, kann man heute in Staudengärtnereien kaufen, einige wenige gibt es sogar im Pflanzenversand per Katalog. Auch in die Züchtung haben sie Eingang gefunden, so daß es von verschiedenen Arten weiterentwickelte Sorten gibt.

Farne wünschen humosen, durchlässigen und feuchten Boden.

Adiantum pedatum

Frauenhaarfarn

40-50 cm lange, gefiederte Wedel bringt Adiantum pedatum hervor, dessen früher Austrieb manchmal mit Spätfrösten zu kämpfen hat.

Die Sorte A. pedatum 'Imbricatum' ist mit 20 cm noch kleiner und zierlicher. Um diese Farne herum können im feuchten Gehölzzschatten sehr gut Frühlingszwiebelblumen blühen.

Asplenium trichomanes

Streifenfarn, Steinfeder

Nur etwa 10 cm messen die Blätter von Asplenium trichomanes. Die kleine Pflanze macht sich gut im Alpinum im Schatten größerer Steine oder als Bewohner eines Troggärtleins.

Athyrium filix-femina

Frauenfarn

Athyrium filix-femina tritt mit einer Vielzahl verschiedener Gartenformen auf. Die Sorte 'Minutissima', der Kleine Frauenfarn, wird 20-40 cm groß und läßt sich, will man ihn vermehren, gut teilen. Mit seinen hellgrünen, fein gefiederten Wedeln paßt 'Minutissima' gut zu klein bleibenden Wildstauden an einem absonnigen Platz.

Blechnum

Rippenfarn

Leichter Schutz durch Fichtenzweige wird in schneearmen Wintern für den Rippenfarn empfohlen. Er braucht sauren, feuchten Boden. Die horstbildende Pflanze ist meist wintergrün.

Blechnum, Rippenfarn

Phyllitis, Hirschzungenfarn

Staudengärtnereien bieten die Sorte 'Spicant' an, deren Wedel eine Länge von 40 cm erreichen.

Osmunda regalis, Königsfarn

Polystichum, Schildfarn

Osmunda
Königsfarn

Alle überragt der Königsfarn, der sich, wenn ihm Boden und Standort behagen, zu einer gewaltigen Pflanze von 200 cm Höhe und 300 cm Breite auswachsen kann. Wo genügend Platz vorhanden ist, läßt sich dieser Farn gut in die Nähe des Gartenteichs setzen. Die Sorte O. regalis 'Purpurascens' dehnt sich weniger stark aus, wird nur 120 cm hoch und wesentlich schmäler als die Art.

Phyllitis scolopendrium
Hirschzungenfarn

Vom Hirschzungenfarn gibt es eine ganze Reihe empfehlenswerter Sorten. Mit seinen länglichen, ungefiederten, 30-60 cm messenden, dunkelgrünen Blättern gehört Phyllitis zu den wichtigsten Gartenfarnen.
Am hübschesten ist wohl P. scolopendrium 'Angustifolia', der Schmale Hirschzungenfarn, 40 cm groß mit nur 3 cm breiten, am Rand gebuchteten Wedeln.

Polystichum
Schildfarn

Polystichum ist absolut winterhart. P. aculeatum, der Glanzschildfarn, entwickelt 80 cm lange, gefiederte Wedel, die ihre glänzend grüne Farbe bis weit in das Frühjahr hinein behalten. Der Farn ist deshalb ein reizvoller Begleiter für Christrosen, Krokusse und andere zeitige Frühjahrsblüher.

Zwiebel- und Knollenpflanzen

Bei Zwiebelblumen fällt uns als erstes der Frühling ein, weil sich diese bunten Boten der neuen Saison dem Gedächtnis besonders einprägen. Schneeglöckchen, Krokusse, Tulpen, Narzissen und Hyazinthen – die beiden zuerst genannten lassen sich nicht einmal von den letzten Schneeplacken vom Blühen abhalten.

Im Sommer sind es dann vor allem Iris und Lilien, Dahlien und Gladiolen neben im Schatten wachsenden Knollenbegonien, die bis in den Oktober hinein mit ihrer Farbenpracht wetteifern. Als letzte fleckt Colchicum autumnale, die blaßlila Herbstzeitlose, Beete und Rabatten, von der es jetzt auch weiße, rosafarbene und gefüllte Gartenformen gibt.

Ob Zwiebel oder Knolle, für den Laien zählt das gleichviel, obwohl es zwischen beiden botanisch gesehen gravierende Unterschiede gibt. In der Zwiebel ist die fertige Pflanze gewissermaßen schon vorproduziert und bis auf die Wurzel mit fast allen Teilen vorhanden: Blätter, Stengel, Blüten und Samenanlagen liegen im Kern bereit, geschützt durch die in mehreren Lagen sie umhüllenden, fleischigen Schalen. Mit dem bloßen Auge kann man dies alles freilich nicht erkennen. Die Schalen sind neben Schutzhüllen vor allem Speicherorgane, in die alle im Laub durch Assimilation gebildeten Stoffe zurückfließen und als Reserve für die nächstjährige Blüte bereitstehen. Wer sich diese vereinfachte Darstellung vor Augen hält, wird die wichtigsten Kulturregeln für Zwiebelblumen besser verstehen.

Der Aufbau der Knollen ist weniger kompliziert. Es handelt sich bei ihnen ausschließlich um Speicherorgane, in

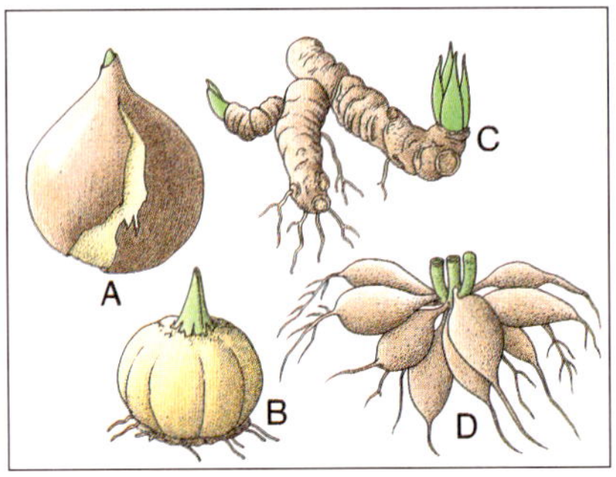

Verschiedene Speicherorgane; A Zwiebel (Beispiel Tulpe), B Sproßknolle (Beispiel Krokus), C verdickte Wurzeln (Rhizom, Beispiel Schwertlilie) und D Wurzelknolle (Beispiel Dahlie)

denen das meiste von dem enthalten ist, was die Pflanze zum Leben benötigt. Der eßbare unterirdische Teil von roten Beten beispielsweise ist nichts anderes als eine Wurzelknolle. Und das, was wir am Kohlrabi so schätzen, ist ebenfalls seine Knolle, die sich in diesem Fall freilich nicht im Boden, sondern darüber befindet (Sproßknolle).

Im Gegensatz zu den Knollenpflanzen handelt es sich bei dem größten Teil der im Garten verwendeten Zwiebelblumen um Frühjahrsblüher. Ihre Pflege ergibt sich aus dem Lebensrhythmus und den beschriebenen botanischen Vorgängen innerhalb der Zwiebel.

Alle Kulturmaßnahmen müssen darauf hinauslaufen, diese Zwiebel zu stärken, damit die Blüte des nächsten Jahres ebenso gewährleistet ist wie die Ausbildung sogenannter Brutzwiebeln. Diese dienen der vegetativen Vermehrung. Die Nachfolge ist bei diesen Gewächsen also auf zweierlei Weise gesichert, denn es werden auch Samen ausgebildet wie bei allen anderen Blütenpflanzen (generative Vermehrung). Damit die Zwiebel die in den Blättern sich bildenden Nähr- und sonstigen Substanzen in ausreichender Menge erhält, darf das Laub nach dem Verblü-

Alles Verblühte muß man entfernen.

hen nicht abgeschnitten werden, bevor es von selbst vergilbt. Dieses Welken nennen die Gärtner „einziehen". Die Pflanze zeigt damit an, daß die Blätter ihre Aufgabe erfüllt haben, die Zwiebel prall mit Vorräten für die nächste Saison gefüllt ist und die Ruhezeit beginnen kann. Meist ist das im Juni/Juli der Fall.

Der Kräftigung der Zwiebel gilt übrigens auch eine andere Maßnahme, die bei Zwiebel- wie Knollengewächsen strikt durchgeführt werden sollte: alles Verblühte ist sofort zu entfernen: die Kraft, die von der Pflanze für die Samenbildung aufgewendet werden muß, geht Zwiebel und Knolle verloren. Entsprechend spärlich wird die nächstjährige Blüte ausfallen.

Die Notwendigkeit, den frühlingsblühenden Zwiebelpflanzen die Blätter lassen zu müssen, macht es so schwer, diese beliebten Gewächse im Rasen anzusiedeln. Denn ein Zierrasen muß nun einmal gemäht werden, man kann

Frühlingsblütenpracht auf der Insel Mainau

damit nicht bis zum Sommer warten, wenn die Blätter von Tulpen, Hyazinthen, Narzissen und anderen Zwiebelgewächsen einziehen.
Auch die Empfehlung, das Gras rings um die in Tuffs ausgelegten Zwiebeln stehenzulassen, ist keine Alternative. Denn solche Inseln mit kniehohen Halmen sehen auch nicht gerade schön aus. Es bleibt also nur, alle paar Jahre, wenn die Blühkraft der Blumenzwiebeln deutlich nachläßt, neue zu legen.
Weit verbreitet ist der Irrtum, Blumenzwiebeln brauchten keinen Dünger, sie würden sich aus sich selbst ernähren. Wozu das führen muß, wurde aus dem Vorhergesagten deutlich.
Die Nährstoffe können im Frühjahr gegeben werden, weil dann die volle Vegetation der Zwiebel- und Knollenpflanzen beginnt, selten im Herbst, wenn die Ruhezeit beendet ist und die Pflanzen sich bereits auf die nächste Blühperiode vorzubereiten beginnen. Verwenden kann man hierfür einen organischen Dünger oder mineralische Nährstoffkombinationen. Lange Zeit als milde Nahrungsquelle fließende Horn- und Knochenprodukte sind zusätzlich ebenso willkommen wie ein guter Kompost.
Nach der Blüte sollte jede Düngung unterbleiben, weil Zwiebeln und Knollen dann vor allem Ruhe brauchen und durch Aufnahme von Nahrungsstoffen nicht zu ungesunden Aktivitäten gezwungen werden sollten.
Einiges für die Nährstoffversorgung des Bodens sollte schon vor der Pflanzung getan werden, indem organische Dünger oder Kompost flach in das Zwiebelblumenbeet eingearbeitet werden.
Da diese Gewächse ständige Feuchtigkeit um ihre Speicherorgane nicht wünschen, schon gar nicht Staunässe, und Lilien gar bei Vernässung eingehen können, muß man die Bodenstruktur vor der Pflanzung prüfen und eventuell korrigieren. Schweres Erdreich, in dem der nässeempfindliche Zwiebelboden faulen könnte, muß man auflockern, in extremen Fällen dränieren. Meist aber wird eine Untermischung von Sand, gegebenenfalls Styromull ausreichend sein. In sehr leichten Böden muß mit Torf und Kompost die Humusbildung gefördert werden.
Noch ein Letztes zur Düngung: mineralische Nährstoffe, zumal im Herbst gegeben, erreichen die Zwiebeln nur zu geringen Teilen, weil nicht unerhebliche Mengen durch Regen oder später Schneewasser in den Untergrund gespült oder weggeschwemmt werden. Gerade für die Frühjahrsblüher hat eine Herbstdüngung nur dann Sinn, wenn die Stoffe als Vorrat im Boden erhalten bleiben. Denn bei den Zwiebeln selber können sie zu diesem Zeitpunkt nicht mehr viel ausrichten, da die Blüte für das nächste Jahr ohnedies fertig produziert in ihrem Schalenbett ruht und auf das Frühjahr wartet, ob nun gedüngt wird oder nicht.
Für die Pflanztiefe beim Legen gibt es eine Faustregel, nach der man sich ruhig richten sollte: 2-3 mal so tief pflanzen, wie Zwiebeln oder Knollen dick sind. In leichten Böden kann man etwas tiefer gehen, in schweren bleibt man weiter oben.
Bei einer Herbstpflanzung entfällt das sonst übliche Angießen, da die Erde zu dieser Jahreszeit feucht genug ist und ein Zuviel nur Fäulnisgefahr mit sich brächte.
Jede Neupflanzung sollte unbedingt im ersten Winter eine leichte Abdeckung aus Fichtenreisig erhalten. Später erübrigt sich das, und die empfindlichen Gewächse wie Lilienschopf (Eucomis) müssen sowieso einen besonderen Schutz erhalten.
Die Pflanzzeit der Zwiebel- und Knollengewächse variiert analog zu ihrem Lebensrhythmus. Alle Frühjahrsblüher kommen im Spätsommer, also im

September/Oktober in den Boden. Man sollte diesen Zeitpunkt nicht zu weit hinausschieben; denn je eher gepflanzt wird, desto eher können die unterirdischen Organe die noch angenehmen Bodentemperaturen zur Wurzelbildung und zum Anwachsen nutzen.
Sommerblüher, zum Beispiel Dahlien, Begonien oder Gladiolen, die im Keller als Knollen überwinterten, werden im Frühjahr etwa ab Mitte Mai gepflanzt. Spätblüher wie Herbstzeitlose oder Madonnenlilie kommen im August in den Boden.
Wo es übrigens von den einzelnen Arten Sorten mit verschiedenen Blütezeiten gibt, sollte man durch geschickte Wahl und Pflanzung versuchen, die Blühphase möglichst lange auszudehnen.
Wie die Mehrzahl der anderen Gartengewächse fühlen sich die meisten Zwiebel- und Knollenpflanzen an sonnigen Standorten am wohlsten. Aber es gibt auch unter ihnen solche, denen etwas Schatten durchaus lieb ist. In den folgenden Einzeldarstellungen wird auf diese Ausnahmen extra hingewiesen.

Winterharte Zwiebel- und Knollengewächse

Allium
Lauch

Allium ist eine artenreiche Gattung, die auch die große Gruppe der Gemüsezwiebeln umfaßt. Sie alle sind neben unzähligen anderen Gewächsen wiederum Angehörige einer der artenreichsten Familien, die es im Pflanzenbereich gibt, der Liliaceae oder Liliengewächse mit weit über 200 verschiedenen Gattungen.
Alle anderen Lauchgewächse überragt mit 250 cm Höhe Allium giganteum, der Riesenlauch. Seine Kugelblüten haben einen Durchmesser von 15 cm und öffnen sich im September/Oktober.
Als eine der schönsten Zierlaucharten gilt A. moly, wegen seiner goldgelben Blüten auch Goldlauch genannt.
Alle Laucharten sind recht anspruchslos, stehen am besten an sonnigen Plätzen, obgleich meist auch Halbschatten akzeptiert wird, möchten aber keinen ständig feuchten Boden.

Anemone
Anemone, Windröschen

Neben Arten mit gewöhnlichem Wurzelwerk gibt es knollig wachsende Anemonen, hier vor allem A. coronaria mit züchterisch weiterentwickelten Sorten. Man hat diese Sorten, die alle im April und Mai blühen, in die einfach blühende 'De Caen'- und die halbgefüllte 'St. Brigid'-Gruppe eingeteilt.
Auch von den gleichfalls frühen A. apennina und A. blanda gibt es sehr gute Gartenformen.
Zu den im Sommer und Herbst blühenden Anemonen gehören A. hupehensis mit vielen geprüften und empfohlenen Sorten, vor allem aber die als Japan-Anemonen bekannten Japonica-Hybriden. Sie haben allerdings wie unser bekanntes Buschwindröschen, A. nemorosa, keine Knollen, sondern wachsen mit Rhizomen.
Anemonen wollen gemäß ihren meist waldreichen Heimatstandorten einen guten, lockeren Boden mit stets leichter Feuchtigkeit und etwas Schatten. Dort breiten sie sich dann willig aus und wachsen zu kleinen Teppichen zusammen.

Chionodoxa
Schneestolz

Die himmelblauen Blüten dieser reizvollen kleinen Zwiebelblume leuchten bereits im März zwischen letzten Schneeresten hervor. Für den Garten wichtig sind die Sorten der Art C. luciliae, die nicht nur blaue, sondern auch rosa und weiße Blüten öffnen.
Chionodoxa ist völlig anspruchslos und gedeiht in jedem normalen Gartenboden an sonnigen wie leicht beschatteten Plätzen.

Colchicum
Herbstzeitlose

Zwar gibt es bei der Zeitlose auch sehr hübsche, kleine Frühjahrsblüher für den Steingarten, aber ihre Kultur ist schwierig und sollte dem versierten Gartenliebhaber vorbehalten bleiben.
Die Art C. autumnale selber, wie sie blaßviolett in den Herbstwiesen blüht, ist für eine Kultur im Garten ungeeignet, dafür gibt es jedoch empfehlenswerte Sorten in Blau, Reinweiß und Rosa, einfach und gefüllt blühend. Die länglichen Kelche öffnen sich auf blattlosen Stengeln von September bis zum November.
Der Boden sollte nicht zu trocken sein, der Platz kann in voller Sonne oder im Halbschatten liegen. Pflanzzeit ist der Sommer (August).
Die Herbstzeitlosen gehören zu den Giftpflanzen.

Crocus
Krokus

Am bekanntesten und am weitesten verbreitet sind die im Vorfrühling blühenden Arten, sie stehen gleichsam stellvertretend für die gesamte Gattung. Die nicht minder attraktiven Herbstkrokusse sind weniger populär.

Allium giganteum, Riesenlauch

Anemone coronaria 'De Caen'-Gruppe

Anemone blanda

Chionodoxa luciliae, Schneestolz

Colchicum, Herbstzeitlose

Verschiedene Krokusse

Crocus tommasinianus

Bei den Frühlingskrokussen mit einer kaum mehr überschaubaren Sortenvielfalt bestechen die leuchtendblauen, gelben und weißen Vertreter, deren Wirkung durch einen anders getönten Blütengrund gesteigert wird. Viele der großen Gartenkrokusse gehen auf C. vernus ssp. vernus zurück, aber auch aus C. sieberi und C. tommasinianus wurden verschiedene Gartenformen entwickelt. An hervorragender Stelle der Kreuzungen steht C. chrysanthus mit Sorten, die zu den schönsten des Sortiments zählen.

C. banaticus und C. speciosus mögen stellvertretend für die Arten stehen, denen wir besonders schöne Herbstblüher verdanken. Von den Herbstkrokussen blühen einige, wenn nicht Frühfröste allem ein Ende bereiten, noch im Dezember, weil geringe Kältegrade durchaus vertragen werden.

Pflanzzeit für den Frühlingskrokus ist der Herbst, Herbstkrokusse kommen im Sommer in den Boden. Alle Krokusse schätzen nährstoffreiches, humoses Erdreich, wie wir es in der Regel auf unseren Blumenbeeten und Rabatten ohnehin vorfinden, und einen sonnigen Platz. Je geschützter er ist, desto früher erscheinen die Blüten im Vorfrühling, und desto länger halten sie im Spätherbst.

Cyclamen, Alpenveilchen

Eranthis, Winterling

Eucomis, Schopflilie

Fritillaria imperialis, Kaiserkrone

Cyclamen
Alpenveilchen

Von dem bekannten, großblumigen Zimmeralpenveilchen, C. persicum, unterscheiden sich die Gartenformen durch ihren niederen Wuchs von 10-20 cm und ihre teilweise Winterhärte. Man unterteilt die Gruppe in Frühlings- und Sommer- bis Herbstblüher. Alle wollen einen humusreichen, nahrhaften, eher trockenen als feuchten, kalkhaltigen Boden. Als Waldpflanzen oder Bewohner steiniger, doch absonniger Hänge sollen sie auch im Garten einen leicht beschatteten Platz erhalten.

Neben den Blüten in den verschiedensten Variationen von rot und rosa haben beim Wildalpenveilchen auch die Blätter mit ihren interessanten Zeichnungen, Rändern und Panaschierungen hohen Schmuckwert.

Außer den zuverlässig winterharten C. coum, C. hederifolium und C. purpurascens sollten Alpenveilchen vor Frostbeginn vorsichtshalber Reisigschutz erhalten.

Manche Zyklamen haben duftende Blüten, am intensivsten bei C. purpurascens aus den Alpen, das von Juni bis September blüht.

Eranthis
Winterling

Zusammen mit Schneeglöckchen ist Eranthis einer der ersten Blüher des Jahres, oft schon Anfang Februar. In Kultur sind nur 3 Arten und 1 Hybride, aus der 2 Sorten hervorgingen.

Die dankbare kleine Pflanze mit den gelben Blüten möchte halbschattig stehen und paßt gut an eine etwas absonnige Stelle im Steingarten. Zu empfehlen ist Gruppenpflanzung, eine Ausbreitung durch Samen ist wahrscheinlich.

Eucomis
Schopflilie

Diese Zwiebelpflanzen aus dem südlichen Afrika sind zwar meist nicht winterhart, können aber, besonders in klimagünstigen Weinbaugebieten, im Boden bleiben, wenn die Zwiebeln etwa 20 cm tief gelegt und im Herbst zusätzlich mit einer dicken Laubschicht geschützt werden. Für die Blütenentwicklung ist dies allemal besser als die frostfreie Überwinterung im Haus.

Die grünlichen Blütentrauben sind oben von einem Blattschopf gekrönt und erscheinen im Juni oder Juli, die Blüte kann bis zum Frosteintritt anhalten. Wenn die Pflanzen draußen überwintern, brauchen sie einen sonnigen, warmen und windgeschützten Platz in normalem Gartenboden.

Fritillaria imperialis
Kaiserkrone

Besonders gegen Nässe ist die Zwiebel der Kaiserkrone empfindlich. Das bedeutet, daß schwerer Boden vor der Pflanzung verbessert und durchlässig gemacht werden muß und die Zwiebel beim Legen auf ein dickes Sandbett gesetzt wird. Pflanzzeit ist August bis September.

Auf dem bis 120, meist aber nur 80 cm hohen, oben blattlosen Blütenschaft entfaltet sich im April bis Mai ein Kranz von 6-8 Blütenglocken in roten, orangefarbenen oder gelben Tönen. Darüber sitzt eine Krause von mehreren spitzen, nach oben gerichteten Blättern.

Die besten Blühergebnisse werden in sonniger Lage erzielt, besonders, wenn hin und wieder mit organischen oder mineralischen Nährstoffen gedüngt wird. Ansonsten sollte man Kaiserkronen, einmal gepflanzt, völlig in Ruhe lassen.

Fritillaria meleagris
Schachbrettblume

Die Schachbrettblume gehört zu derselben Gattung wie die vorhergehende, sie wird aber nur etwa 30 cm hoch. Die glockig herabhängenden Blüten in rosa und violetten Tönen bis hin zu reinem Weiß haben ein auffallendes Karomuster.
Schachbrettblumen brauchen einen sonnigen Standort in nicht zu trokkenem, nahrhaftem Boden. Als Gewächse feuchter Wiesen und Weiden passen sie gut an den Gartenteich und in den Naturgarten. Pflanzzeit ist der Spätsommer, damit die Blüte im April/Mai sicher erscheint.

Galanthus
Schneeglöckchen

Das schlichte Schneeglöckchen hat es mittlerweile zu einer großen Zahl von Kultursorten gebracht, teilweise mit gefüllten Blüten. Weiß sind sie alle nach wie vor, nur hat man manchen Gartenformen grüne Flecken auf die Blütenblätter gezüchtet.
Gepflanzt wird im August/September in normalen Gartenboden an sonniger oder leicht beschatteter Stelle und am besten immer in Horsten. Unter günstigen Bedingungen breiten sich die Schneeglöckchen in den folgenden Jahren von selber immer weiter aus.
Düngung ist nicht notwendig, sollte sogar unterbleiben, weil dadurch nur der Blattwuchs auf Kosten der Blütenbildung gefördert wird.

Hyacinthus
Hyazinthe

Mit ihrer Blütezeit von April bis Mai ist die duftende Hyazinthe sozusagen eine „Vollfrühlingsblume". Auf 15-30 cm hohen Stielen blühen gefüllte oder ungefüllte Sorten in Weiß, Gelb, Rosa, Rot und Blau.
Der Boden soll nahrhaft, humos und trocken sein, der Standort vollsonnig. Weil die Zwiebeln wie die der Kaiserkrone empfindlich gegen Nässe sind, legt man sie bei der Pflanzung im Spätsommer besser auf ein Sandbett.
In der Erwerbsgärtnerei hat die Hyazinthe vor allem als Treibpflanze Bedeutung, die um Weihnachten blühend angeboten wird. Diese Zwiebeltreiberei in Erde oder Wasser kann man auch selber probieren.

Fritillaria meleagris, Schachbrettblume

Galanthus, Schneeglöckchen

Hyacinthus, Hyazinthe, 'Pink Pearl'

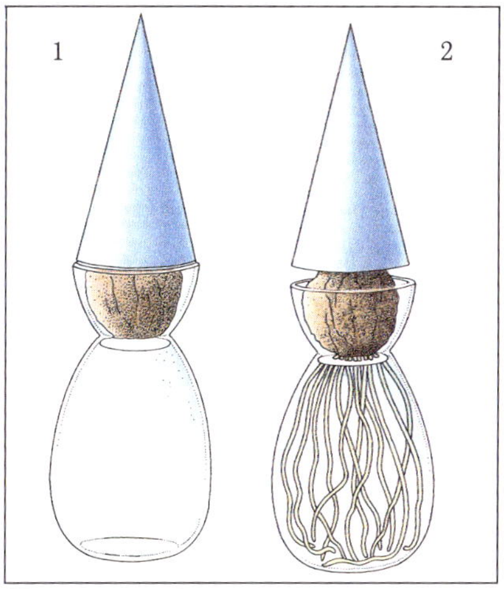

Hyazinthentreiberei;
1. ab September werden die Zwiebeln auf die Hyazinthengläser aufgesetzt. Es ist ganz wichtig, daß zwischen Wasser und Zwiebelboden 0,5 cm Luft bleibt.
2. Jede Zwiebel bekommt ein Hyazinthenhütchen. Die Gläser werden dann kühl gestellt, zum Beispiel in den Keller. Von Zeit zu Zeit muß in den nächsten 8 Wochen Wasser nachgefüllt werden. Dann haben sich genügend Wurzeln gebildet und das Triebwachstum ist zu sehen. Nun beginnt die Treiberei. Man stellt das Glas zunächst 2 Tage ins kühlere Schlafzimmer und dann in volle Wärme.

3. Wenn der Trieb 7-8 cm hoch ist, nimmt man das Hütchen ab. Zirka 25 Tage nach Treibbeginn blüht die Hyazinthe bei einer Zimmertemperatur von 22-25° C.

Iris reticulata, Schwertlilie

Leucojum vernum, Märzbecher

Lilium auratum, Goldbandlilie

Iris
Schwertlilie

Die artenreiche Gattung mit den bizarr geformten großen Blüten läßt keine Farbkombination aus, und so ist es verständlich, daß gerade Iris in vielen Hausgärten anzutreffen sind.
Die Zwiebeliris wird in 3 Gruppen unterteilt: Xiphium-Gruppe, Reticulata-Gruppe und Juno-Gruppe. Für alle gilt: sonniger Standort, nicht zu schwerer, gut durchlässiger Boden und Pflanzung im Spätsommer bis Herbst. Iris erreichen je nach Art 10-80 cm Höhe, können mit ihren Zwergformen also auch gut in den Steingarten gesetzt werden. Einige aus der Juno-Gruppe brauchen Winterschutz, andere der kleinbleibenden Arten sind reine Kalthauspflanzen.
Bei Zwiebeliris handelt es sich um Frühjahrs- wie Sommerblüher.

Leucojum vernum
Märzbecher

Die weißen Blüten des Märzbechers sind größer als die des sehr ähnlichen Schneeglöckchens, die Blütenstengel können bis zu 30 cm hoch werden. Auch dieser Frühlingsblüher sollte im August/September in Tuffs gepflanzt werden und breitet sich dann von selber weiter aus. Leucojum vernum verlangt einen nahrhaften, feuchten Boden und einen Standort im Halbschatten bis Schatten.

Lilium
Lilie

Lilien wollen vor allem einen gut durchlässigen Boden. Am besten legt man die Zwiebeln auf eine Schicht Sand, damit die Nässe abgehalten wird. Als günstig hat sich eine Unterpflanzung mit anderen, kleinbleibenden Stauden oder Sommerblumen erwiesen, denn Lilien wollen gleich der Waldrebe, Clematis, zwar einen sonnigen Platz, aber „kühle Füße".
Bei gelegentlicher Düngung sind organische Nährstoffe zu bevorzugen. Grundsätzlich sollte der Boden eher sauer als alkalisch sein, obgleich es einige Lilien gibt, die einen leichten Kalkgehalt nicht nur tolerieren, sondern sogar wünschen.
Bis auf die Madonnenlilie, Lilium candidum, die im August gepflanzt wird und nur 3 cm tief in den Boden kommt, ist die Pflanzzeit für Lilien im Oktober/November oder im Frühjahr. Zwiebeln, die so spät im Jahr eintreffen, daß sie nicht mehr gelegt werden können, überdauern den Winter schadlos in mit Torf gefüllten Plastikbeuteln in einem kühlen, frostfreien Keller. Da es innerhalb der verschiedenen Hybriden eine

Lilium candidum, Madonnenlilie

Muscari armeniacum, Traubenhyazinthe

ähnlich riesige Sortenvielfalt wie bei der Iris gibt, sind spezielle Empfehlungen an dieser Stelle unmöglich. Allein diese als Gartenschmuckstaude besonders attraktiven Hybriden mußte man ihren verschiedenen Herkünften gemäß in 8 Hybrid-Sektionen einteilen. Und ob diese Einteilung Bestand haben wird, ist angesichts der Arten- und ständig zunehmenden Sortenvielfalt der Gattung Lilium keineswegs sicher.

Für den Gartenbesitzer sind folgende Arten interessant, von denen es wiederum eine Vielzahl von Sorten gibt: L. auratum, Goldbandlilie, L. candidum, Madonnenlilie, L. lancifolium, Tigerlilie, L. martagon, Türkenbundlilie und L. regale, Königslilie.

Trompetennarzisse

Muscari

Traubenhyazinthe

Diese kleine, zwischen 10 und 40 cm hoch werdende Zwiebelblume sollte nur in Gruppen gepflanzt werden. In Sonne oder Halbschatten verbreitet sie sich dann aus Samen oder Brutzwiebeln rasch von selber. Pflanzzeit sind der Spätsommer und Herbst.

Von der Art M. armeniacum gibt es einige hübsche Sorten.

Der Flor der duftenden Blumen fällt in den April und Mai. Die beiden Sorten der Art M. comosum, 'Monstrosum' und 'Plumosum' blühen etwas später, nämlich im Mai und Juni.

Narcissus

Narzisse

Auch für Narzissen gilt: keine Staunässe und humoser, durchlässiger Boden.

Die Gartennarzissen warten mit einer Fülle verschiedener Formen auf und sind auch in der Kombination der weißen, gelben bis orangefarbenen und roten Blüten und Blütenkronen außerordentlich variabel. Im Garten sieht man häufig die als Osterglocken bekannten Trompetennarzissen. Außerdem gibt es eine Reihe von kleinbleibenden Wildformen mit Hybriden, einige werden nicht höher als 10 cm.

Dichternarzisse

Scilla, Blaustern

Beste Pflanzzeit der im Frühjahr blühenden Gartennarzissen ist der September. Der Standort sollte, wenn möglich, sonnig oder in lichtem Schatten sein.

Scilla

Blaustern

Schon im Februar können sich die ersten Blüten dieser 20-30 cm großen Zwiebelpflanze öffnen, die mit ihren blauen Farben dann in reizvollen Kontrast zum Weiß der Schneeglöckchen treten.

Scilla will es als Waldblume nicht zu sonnig haben, und auch leicht feuchter, humoser Boden wird dankbar quittiert. Meist breiten sich die Pflanzen an ihnen zusagenden Plätzen durch Selbstaussaat ohne unser Zutun aus. Gekaufte Zwiebeln vertrocknen, wenn sie länger liegenbleiben.

Darwin-Hybride 'Apeldoorn's Elite'

Rembrandt-Tulpen

Verschiedene Knollenbegonien

Triumph-Hybride 'Lustige Witwe'

Papagei-Tulpe 'Extella Rijnveld'

Tulipa

Tulpe

Etwa 130 verschiedene Arten zählt diese wohl prominenteste Frühlingszwiebelblume unserer Gärten. Die letzte systematische Einteilung in vorerst 15 Klassen erfolgte 1981. Es gibt sehr früh blühende darunter und andere, die erst im Juni erscheinen. Die Wuchshöhe bewegt sich zwischen 10 und 80 cm.

Wenn man im Garten einen sonnigen Platz wählt, kann man nichts falsch machen, aber auch Halbschatten wird durchaus vertragen. Tulpen wachsen in jedem guten Gartenboden, sofern er nicht zu mager und nicht zu naß ist. Gelegentliche Düngung mit organischen oder mineralischen Nährstoffen fördert die Blühfreudigkeit.

Unter den früh blühenden Tulpen gibt es einfache und gefüllte Sorten auf 20-40 cm hohen Stielen. Bei den mittelfrühen werden vor allem die Triumph-Tulpen und die Darwin-Hybriden mit zahlreichen, bis zu 70 cm hohen Sorten unterschieden. Unter den spät blühenden Tulpen finden sich so bekannte wie die Rembrandt-Tulpen mit zweifarbigen Blüten, und die gekrausten oder gefransten, vielfarbigen Papageien-Tulpen. Für den Garten wichtig sind schließlich die Kaufmanniana-Tulpen mit ihren vielen attraktiven Hybriden.

Nicht winterharte Knollengewächse

Begonia

Knollenbegonie

Knollenbegonien gehören zu den wenigen Blütenpflanzen, die am liebsten im Halbschatten bis Schatten stehen und nur dort ihre ganze Farbenpracht entfalten. Es sind also ideale Blumen für Kästen und Schalen an der Nord- oder Ostseite des Hauses, wo sich oft der Eingang befindet, oder für Rabatten in sonnenarmer Lage.

Abgesehen von Blau warten die Blüten der klein-, mittel- oder großblumigen Klassen mit allen Farben vom reinen Weiß über Gelb, Creme und Orange bis zu tiefen Rottönen auf. Die Höhe schwankt je nach Art zwischen 20 und 50 cm, wobei man die Hängebegonien gut in Ampeln unterbringen kann.

In humosem, nahrhaftem Gartenboden und bei genügender Feuchtigkeit blühen Begonien den ganzen Sommer über bis zum Frostbeginn, müssen aber wöchentlich mit flüssigem Blumendünger versorgt werden.

Da die Knollen frostempfindlich sind, werden sie im Herbst, wenn ihr Laub

Überwinterung der Knollenbegonien; 1. vor dem ersten Frost, wenn das Laub verwelkt ist, nimmt man die Knollen aus dem Boden und säubert sie von Erde und Pflanzenresten. Dann werden sie in trokkenem Sand oder Torf gelagert.

Canna, Indisches Blumenrohr

Dahlienüberwinterung; 1. vor dem ersten Frost schneidet man alle Stengel zurück. Die Knollen werden aus der Erde genommen. Dann hängt man die Stengelreste mit den Knollen einige Tage verkehrt herum auf und läßt sie trocknen.

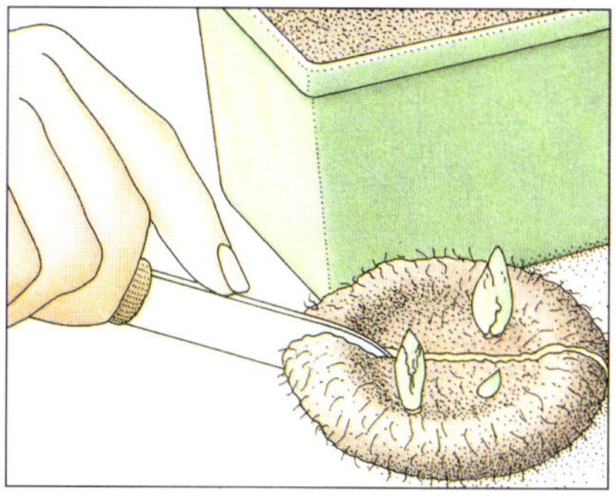

2. Bevor sie nach den Eisheiligen ausgepflanzt werden, kann man große Knollen teilen. Dabei muß jedes Teilstück eine Triebknospe besitzen.

verwelkt, aus dem Boden genommen, nach dem Abtrocknen von Erde und Pflanzenresten gesäubert und auf trockenem Torf oder Sand in einem frostfreien Raum gelagert. Nach den Eisheiligen Mitte Mai wird wieder ausgepflanzt, oder man treibt die Knollen ab Februar/März in einem feuchten Torf-Sand-Gemisch bei etwa 20° C an einem hellen Platz an und kann dann bereits voll entwickelte Pflanzen ins Beet setzen.

Canna

Indisches Blumenrohr

Selten in Weiß, meist in Tiefrot blüht die mitunter fast mannshoch aufragende Canna von Juni bis Oktober als weithin leuchtende Prachtstaude. Auch gelbe und rosa Töne kommen vor.

Im Garten ist dieses nicht winterharte Gewächs aus Mittel- und Südamerika nicht ganz so bescheiden wie viele andere Knollenblüher.

Die Canna will einen feuchten, nahrhaften Boden und einen geschützten Platz in voller Sonne. Besonders gut kommt diese stattliche Pflanze zur Wirkung, wenn man sie zu mehreren in einer Reihe vor eine Hausmauer oder an einen Zaun setzt. Schmuckwert haben auch die großen grünen bis bronzefarbenen Blätter, die an langen Stielen sitzen.

Im Spätherbst schneidet man das Laub eine Handbreit über dem Boden ab und läßt die ausgegrabenen Knollen einige Zeit abtrocknen. Frostfrei können sie dann in trockenem Sand oder Torf überwintern. Bei höheren Temperaturen sollte der Einschlag leicht feucht sein, damit die Knollen nicht vertrocknen.

2. Überwintert werden die Dahlien in einem kühlen und frostfreien Raum. Dort kommen sie in Sand, Torf oder einige Lagen Zeitungspapier.

Dahlia

Dahlie

Diese Knollenpflanze blüht das ganze Jahr bis zum Frostbeginn. Dahlien werden 50-180 cm hoch.

An einem sonnigen Platz wollen diese Pflanzen in nahrhaftem, lockerem und etwas feuchtem Boden stehen. Während der Wachstumszeit muß man gelegentlich düngen und bei Trockenheit wässern. Bis auf die niedrigen Arten müssen sie an Stäben aufgebunden werden, weil sonst ein Auseinanderfallen der Stöcke unvermeidlich ist. Alles Verblühte muß man laufend ent-

Verschiedene anemonenblütige Dahlien

fernen, haben sich Samenkapseln entwickelt, müssen sie ebenfalls abgeschnitten werden.

Außer reinem Blau lassen Dahlienblüten keine Farbvariante aus, wir kennen die unglaubliche Vielfalt des Flors aus den Gärten. Wer erleben will, was Dahlien wirklich können, sollte im Spätsommer unbedingt die große Dahlienschau auf der Bodenseeinsel Mainau besuchen.

Vor dem ersten Frost schneidet man alle Stengel bis auf eine Handbreit über dem Boden zurück, nimmt die Knollen mit der Grabegabel aus der Erde und läßt sie, Stengelreste nach unten, einige Tage im Freien abtrocknen. Überwintert wird in einem frostfreien, kühlen Raum. Dort kommen die Knollen nebeneinander auf trockenen Sand beziehungsweise Torf oder einige Lagen Zeitungspapier.

Um etwas Ordnung in das umfangreiche Dahlienangebot zu bringen, wurden die Pflanzen in Gruppen eingeteilt: Cactus-Dahlien, Zwerg-Dahlien, Mignon-Dahlien, Paeonien-, Anemonen- und Orchideenblütige Dahlien, Pompon-Dahlien, Semicactus-Dahlien, Ball-Dahlien und Halskrausen-Dahlien.

Dahliensorte 'Alstergruß'

Dahliensorte 'Glorie von Heemstede'

Pompon-Dahlie

Cactus-Dahlie, Sorte 'Match'

Verschiedene Mignon-Dahlien

Gladiolensorte 'Nova Lux'

Gladiolus

Gladiole

Die Blütezeit der Gladiolen deckt sich mit dem Dahlienflor, ebenso ihre Ansprüche. Nur mit ihrer Wuchshöhe von 150 cm kommen sie nicht ganz an die Dahlien heran.

Gladiolen sind die wohl wichtigsten Schnittblumen des Sommers, und damit es mit dieser Vasenpracht nicht ein vorzeitiges Ende nimmt, ist hier Verblühtes regelmäßig zu entfernen.

Um die Standfestigkeit zu erhöhen, sollte nicht zu flach gepflanzt werden, besonders in leichten Böden nicht unter 15 cm. Überwintert werden diese Pflanzen wie Dahlien.

Gleich Dahlien ist das Sortenangebot bei Gladiolen außerordentlich umfangreich, und es kommen ständig neue Züchtungen und Farbvarianten auf den Markt. Alle nur denkbaren Blütenfarben sind vertreten.

Gladiolenüberwinterung;
1. wenn die Blätter gelb geworden sind, nimmt man die Knolle aus dem Boden.

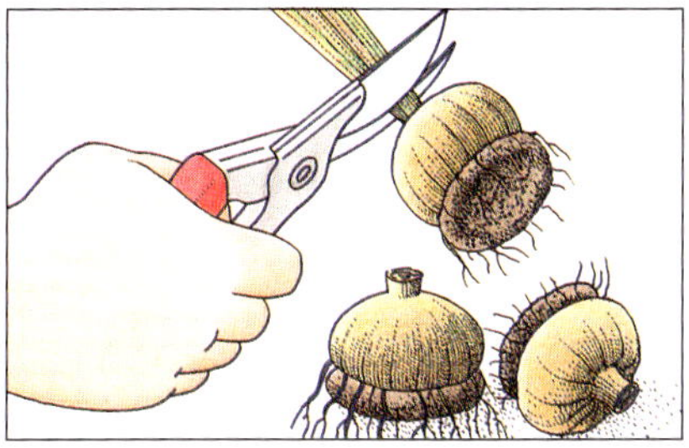

2. Dann werden die Stiele direkt über der Knolle abgeschnitten.

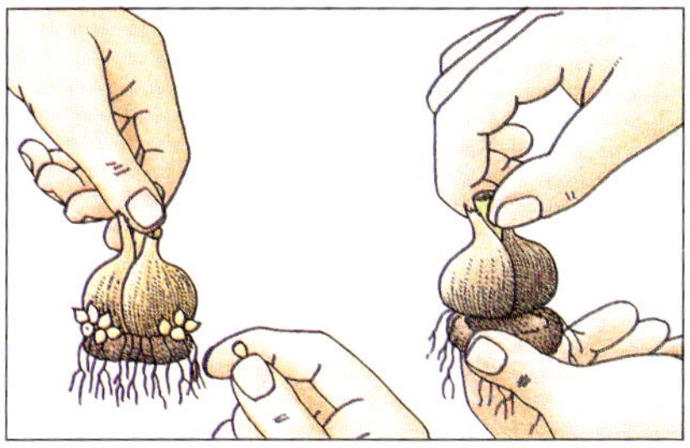

3. Falls Brutknöllchen vorhanden sind (links), entfernt man diese, ebenso wie die alte, eingeschrumpfte Knolle (rechts).

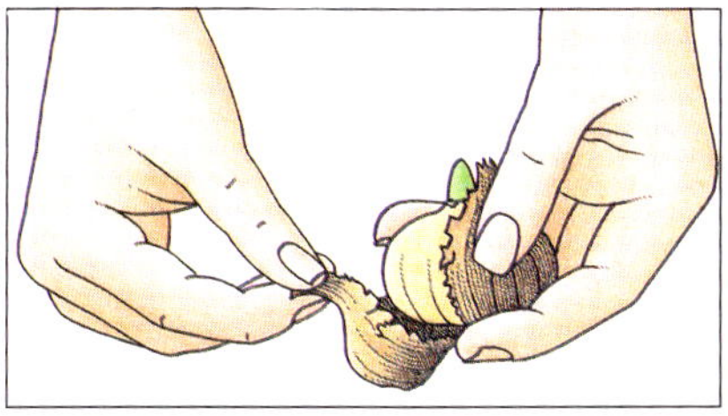

4. Die äußerste Haut pflückt man ab. Die Knollen werden dann in Sand, Torf oder einigen Lagen Zeitungspapier in einem kühlen, frostfreien Raum überwintert.

Ausdauernde Kletterpflanzen

Von den Kletter- und Schlingpflanzen sind nur einige wenige wie Geißblatt (Lonicera) oder Waldrebe (Clematis) in der nördlichen Hemisphäre beheimatet. Die überwiegende Zahl stammt aus den Tropen und hier wieder aus den Regenwäldern Südamerikas oder Ozeaniens. Während sich die großen Bäume dieser Regionen mit ihren dikken Stämmen und breiten Kronen den Platz an der Sonne in selbstbewußter Manier erkämpfen, müssen die schlanken, biegsamen Lianen auf andere Weise den Weg nach oben finden. So schlingen und schieben sie sich empor, immer auf andere Gewächse als Halt angewiesen, machen Klimmzüge oder krallen sich mit Ranken und Haftwurzeln an ihren unfreiwilligen Helfern fest. Und weil diese Überlebenskünstler möglichst rasch aus dem dichten Unterholz heraus müssen, sind viele von ihnen gerade in ihrer Jugend so schnellwüchsig.

Das kommt uns zugute, nachdem die Kletterpflanzen in den Gärten heimisch wurden und die Züchter sich mit ihnen befaßten. Neuerdings sind sie auch der Stadtplaner liebstes Kind geworden. Ob diese öffentliche Euphorie von Dauer ist, wird sich zeigen. Neue und sehr eingehende Untersuchungen von Dipl.-Ing. Christoph Althaus, Weihenstephan, haben nämlich gezeigt, daß Kletterpflanzen an Mauerwerk und Verputz keineswegs so harmlos sind, wie man bisher annahm. Gerade die am häufigsten zur Hausbegrünung verwendeten, Efeu und Wilder Wein, können im Lauf der Zeit auch intakte Wände schädigen.

Wenn hier das Thema „Hausbegrünung“ ins Gespräch kommt, dann soll nicht der Parole „mehr Grün in die Städte“ das Wort geredet werden, sondern es geht schlicht um die Frage: wozu sind Kletterpflanzen im Garten gut, was können, was bewirken sie?

Um aus den Niederungen des bodennahen Pflanzenlebens empor zum Licht zu gelangen, haben sich bei den Kletterpflanzen im Lauf der Evolution verschiedenartige Techniken herauskristallisiert.

Es gibt die Spreizklimmer, mit deren akrobatischen Künsten es nicht so weit her ist. Eigentlich sind es überhaupt keine Kletterpflanzen, sondern Gewächse mit besonders langen peitschenförmigen, biegsamen Trieben. Sind die Zweige mit Stacheln oder Dornen bewehrt, wie bei der Kletterrose oder Brombeere, sichert diese Armierung zusätzlichen Halt. In der Natur profitieren diese Möchtegernklimmer – auch Winterjasmin und Feuerdorn gehören dazu – von der Unordnung, die sie selber schaffen. Das immer undurchdringlicher werdende Gewirr eigener und fremder Triebe trägt sie stetig weiter nach oben, und mit Hilfe der Dornen wird ein Abrutschen verhindert. Im Garten oder am Haus brauchen diese Pflanzen ein Gerüst, an dem sie emporranken können. Mit der Schere muß man sie in Form halten.

Die sogenannten Wurzelkletterer setzen speziell für das Weiterkommen entwickelte Organe ein, nämlich Haftwurzeln. Sie bewältigen ihren Weg nach oben ohne Kletterhilfen aus eigener Kraft, und es bedarf schon einiger Anstrengungen, um sie von der einmal eroberten Unterlage wieder weg zu bekommen. An erster Stelle der Wurzelkletterer steht der Efeu. Der kletternde Spindelbusch und die Kletterhortensie gehören ebenfalls dazu.

Rankpflanzen haben Sproßachsen oder Blätter zu Ranken umgewandelt, zu dünnen, beweglichen Spezialkon-

Begrünte Häuser tragen in der Stadt sehr zur Luftverbesserung bei.

struktionen mit einer äußerst empfindlichen Spitze, die langsam oder schneller, in Rechts- oder Linksdrehung, nach einem festen Halt suchend rotiert. Mit Zeitraffer fotografiert, werden diese tastenden Eigenbewegungen der Ranken zum Beispiel von Clematis oder Wildem Wein so eindrucksvoll demonstriert, daß man um seine Erbsen und Duftwicken, ebenfalls Ranker, am liebsten einen Bogen machen möchte. Bei diesen Pflanzen müssen wir mit einem Gerüst, mit dünnen Stäben, Schnüren oder einem Drahtgitter die Kletterübungen unterstützen.

Zu den Schlingpflanzen zählen so bekannte Kletterer wie Knöterich, Wistarie, Pfeifenwinde oder Geißblatt. Mit Hilfe ihrer Triebe winden sie sich um senkrecht stehende Stützen, meist entgegengesetzt dem Uhrzeigersinn, um sich auf diese Weise langsam emporzuarbeiten. Ab einer gewissen Höhe wachsen sie durchaus auch in der Waagerechten, wenn es anders nicht mehr weitergeht. Wistarien haben auf diese Weise schon so manche Regenrinne zerstört. Schlingpflanzen brauchen wie die Rankpflanzen eine Kletterhilfe.

Wohin nun mit diesem grünen Turnverein im Garten? Ganz gewiß sollte man nicht an den erstbesten Platz das Erstbeste pflanzen und auf dessen Vitalität vertrauen. Zum einen sind die Kletterpflanzen keine fest umrissene Gattung wie Rosen oder Rittersporn, sondern Angehörige der unterschiedlichsten Herkünfte; die Bezeichnung wurde von uns erfunden wie die Begriffe Bodendecker oder Bonsai. Sie haben jeweils ihre ganz speziellen Ansprüche hinsichtlich Boden, Standort und Pflege. Zum anderen sind sie ein Gestaltungselement in unserem Garten, und ihre Plazierung will daher gut bedacht sein.

Die Begrünung von Mauern, zum Beispiel einer Garagenwand oder eines Kellerabgangs, scheitert oftmals daran, daß kein Grundbeet zur Verfügung steht. Plattenbelag oder feste Bodendecken aus anderen Materialien reichen bis unmittelbar an die Gebäudefassade heran. Diese Decken kann oder will man nicht aufbrechen. Hier läßt sich durch Kübelpflanzung recht gut Abhilfe schaffen, wenn man seine Ansprüche nicht zu hoch schraubt. Die großflächige Fassade eines zweistöckigen Hauses ist aus einem beengten Wurzelquartier heraus natürlich nicht zu begrünen. Aber für kleinere Flächen,

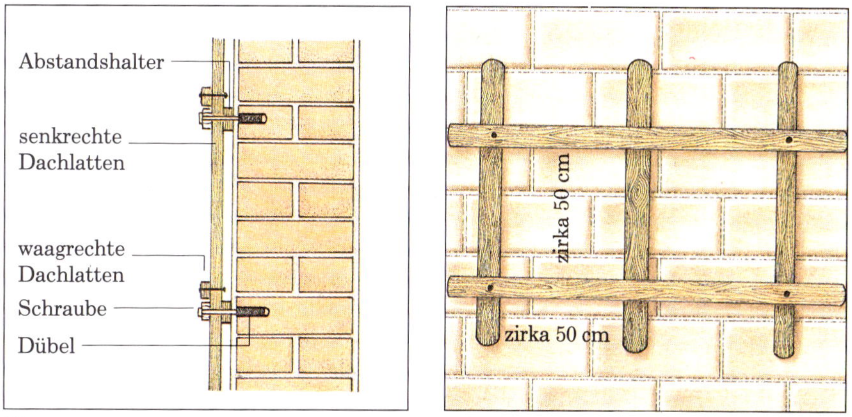

Klettergerüst für ausdauernde Kletterpflanzen; links Schnitt, rechts Draufsicht

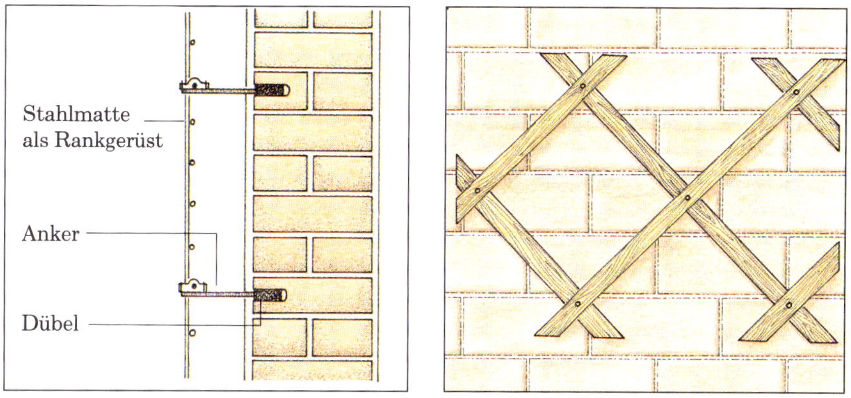

Andere Gerüste für Kletterpflanzen

◁ *Häuser in grünen Mänteln sieht man immer häufiger.*

für Mauerabsätze oder Torbögen reicht es allemal. Dabei muß das Pflanzenbett nicht unbedingt aus Holz bestehen. Auch 2 Karlsruher Gartensteine, mit den Schenkeln gegeneinander geschoben, reichen für eine Kletterhortensie oder ein Geißblatt ohne weiteres aus, ebenso Betonringe aus dem Baustoffhandel oder Halbrundelemente gleichen Inhalts, mit denen die Ecken von Blumenbeeten und Rabatten abgegrenzt werden.

Wer sich sein Beet für die Klettergewächse selber aus Klinkern oder Natursteinen mauert, dem Charakter der Umgebung angepaßt, ist nicht gebunden an die festgelegten Ausmaße vorgefertigter Materialien. In diesem Fall sollte man das Ganze vor dem Einfüllen der Erde mit Plastikfolie ausschlagen, damit keine pflanzenfeindlichen Stoffe aus dem Bindemittel an die Wurzeln gelangen können. Und man muß, was immer für ein Material Verwendung findet, für Wasserabzugsmöglichkeiten sorgen. Dazu kann die Bodendecke mit einem Steinbohrer an einigen Stellen durchstoßen werden, oder man läßt das Wasser ganz unten seitlich abfließen.

Im Gartenbereich selber ist das alles viel einfacher, weil hier ja offener Boden zur Verfügung steht. Zäune, Stützpfosten, eine Pergola – überall finden Kletterpflanzen Möglichkeiten hochzuwachsen. Wo es notwendig wird, lassen sich für Ranker kleine Gerüste installieren oder einfach Drähte anbringen. Sehr hübsch macht sich zum Beispiel eine Trompetenblume, Campsis, wenn man sie an schrägen Spanndrähten zur Terrassenüberdachung hinaufleitet.

Im großen Garten, in dem bestimmte Partien von anderen abgegrenzt werden sollen, bilden mit Kletterpflanzen bewachsene Holzkonstruktionen ideale Raumteiler. Geschickt arrangierte Flechtzaunelemente, die sonst als Fremdkörper wirken würden, können gleich grünen Wänden den Sitzplatz umgeben oder den Blick in den Gemüsegarten verstellen.
Bei Balkonen und Terrassen in Westlage wird das Angenehme mit dem Nützlichen verbunden, wenn hier Kiwis ihre großen, rundlichen Blätter ausbreiten. Wer nicht nur vom Laubschatten profitieren, sondern im Oktober auch Früchte ernten will, muß freilich stets ein Pärchen der 'Chinesischen Stachelbeere' pflanzen, denn weibliche Kiwis brauch einen männlichen Pollenspender, um zu fruchten.
Favoriten bei der Begrünung weitflächiger Hausfassaden sind nach wie vor Efeu und Wilder Wein. Efeu wächst etwas langsamer, ist dafür aber immergrün. Wilder Wein ist unübertroffen in seiner gelben und leuchtend roten Herbstfärbung. Beide kommen ohne Kletterhilfen aus, beim Wein ist am Anfang eventuell eine kleine Unterstützung nötig, später schaffen es die Haftschalen seiner Ranken aus eigener Kraft. Wenn die zu begrünende Wand im Schatten liegt, sollte in jedem Fall der lichtscheue Efeu bevorzugt werden, für sehr sonnige Lagen eignet sich Wilder Wein besser. Im Halbschatten tun beide ihre Pflicht.
Wieweit die Wohnqualität durch begrünte Hauswände tatsächlich erhöht wird, bleibe dahingestellt. Dichtes Blattwerk hält in heißen Sommern die Sonne ab, sorgt im Hausinnern für Kühlung, schützt die Fassade, weil Regen den Laubmantel nicht zu durchdringen vermag, und wirkt im Winter als eine Art wärmedämmende Isolierschicht (was allenfalls beim immergrünen Efeu zutrifft) – alle diese Argumente sollten für die Bepflanzung mit flächendeckenden Kletterern nicht ausschlaggebend sein. Wichtig allein ist, ob einem Blätter und Blüten, die in den Himmel wachsen, gefallen.
Wer das mag, den wird es auch nicht stören, daß vor den wein- und efeuumrankten Fenstern im Sommer Vögel sich ein Stelldichein geben und dort ihre Schlafplätze suchen. Sie sorgen andererseits für die Dezimierung zahlreicher Insekten, die im grünen, dichten Blattgewirr ebenfalls Unterschlupf finden. Wer's mit der Ökologie hält, braucht grüne Wände jedenfalls nicht zu schmähen.

Actinidia
Strahlengriffel, Kiwi

Die auch „Chinesische Stachelbeere" genannte Schlingpflanze wartet gleich mit 3 Attraktionen auf: schönes, sattgrünes breitblättriges Laub, 4 cm große weiße Blüten im Mai/Juni und, wenn männliche und weibliche Pflanzen vorhanden sind, wohlschmeckende, vitaminreiche, hühnereigroße Kiwifrüchte im Oktober. Allerdings wird es zu lohnenden Erträgen nur in Gegenden mit Weinbauklima kommen und dort nur an warmen, geschützten Plätzen. Kiwis, die auch in Norddeutschland zufriedenstellend fruchten, bestätigen als Ausnahme diese Regel. Sie haben dann einen exzellenten Standort gefunden, an dem das rauhere Klima nicht zum Zuge kommt. Trotz dieses Wärmebedürfnisses sollte nicht an reine Südseiten gepflanzt werden.
In günstiger Lage, bei reichlichem Wässern und gelegentlichen Düngergaben können Kiwis die gesamte Front eines großen Wohnhauses mit ihrem dichten grünen Pelz überziehen. Actinidia muß an Gerüsten oder Drähten hochgebunden werden.

Aristolochia
Pfeifenwinde

Aristolochia ist eine der wenigen Kletterpflanzen, die ihre übergroßen, herzförmigen Blätter am besten in Schattenlagen entwickelt. Wenn sie viel Sonne abbekommt, muß man das durch reichliches Gießen ausgleichen. Die Pfeifenwinde ist eine Schlingpflanze und hervorragend zur Begrünung von Pergolen geeignet, die völlig vom schuppenartig überlappenden Laub bedeckt werden. Sie ist einer der aktivsten Laubschlinger. Wenn man Spaß an Kletterpflanzen hat, lohnt es sich, einmal diese Pflanze zu kultivieren.

Campsis
Trompetenblume

Zweifellos das Schönste an der Nordamerikanerin sind die großen, 8 cm langen, rötlichgelben bis fast dunkelroten Blüten, die ab Juli erscheinen. Je nach Witterung öffnen sich bis September immer neue Kelche, während die Fruchtschoten wie kleine grüne Bananen an den dünnen Trieben hängen. Die fiederteiligen Blätter sind schmal, am Rand gezähnt und sitzen dicht beieinander.
Als Wurzelkletterer hangelt sich die Trompetenblume allein in die Höhe, eventuell muß man die langen Peitschentriebe gelegentlich festbinden, wenn sie sich selbständig machen und herunterhängen. Weil die Pflanze am jungen Holz blüht, kann man die letztjährigen Seitentriebe stark zurückschneiden.
Reichlich Wasser und gelegentliche Düngergaben fördern Wachstum und Blühfreudigkeit.

Actinidia, Strahlengriffel, Kiwi

Campsis, Trompetenblume

Celastrus
Baumwürger

Junge Bäume sollte man diesem Schlinger aus China und Japan besser nicht als Klettergerüst anbieten, dann könnte er durch das üppige Wachstum seinem Namen alle Ehre machen.
Die Pflanze ist völlig anspruchslos, sie will lediglich nicht in allzu trockenem Boden stehen und muß einen andersgeschlechtlichen Partner haben, wenn man Wert auf die leuchtendroten Beeren legt. Zur Fruchtbildung ist ein sonniger Platz besser als ein schattiger.
Bei einem Längenzuwachs von 100 cm pro Jahr zeigt der Baumwürger eine beachtliche Wuchsfreudigkeit.

Clematis, Waldrebe

Clematis
Waldrebe

Sie gilt zu Recht als die schönste Kletterpflanze und wartet mit einer Vielzahl von großblumigen Zuchtformen auf. Die Blütenfülle kann so groß sein, daß das Laub völlig darunter verschwindet.
Als Rankpflanze benötigt Clematis eine Kletterhilfe, einen guten, nahrhaften Boden und möglichst viel Sonne. Allerdings nicht im Wurzelbereich, dort ist ein „kühler Fuß" eine absolute Notwendigkeit. Deshalb setzt man unter die Clematis andere, kleinbleibende Gewächse oder sorgt zumindest mit einem großen Stein für Schatten an der Stammbasis.
Beim Pflanzen ist zu beachten: Rückschnitt auf nur wenige Augen, Veredelungsstelle 5 cm unter die Erde, Pflanzung an einem zum Klettergerüst schräg hinführenden Stab. Man darf die Waldrebe nie unmittelbar an eine Mauer setzen, um eine Tropfwasserbenetzung zu vermeiden. Und noch eines: das gefürchtete „Clematissterben" ist möglicherweise auf Wassermangel im Sommer zurückzuführen. Die ebenfalls sehr reizvollen kleinblütigen Wildformen sind weniger empfindlich. Blütezeit ist je nach Art und Sorte von Mai/Juni bis September.

Celastrus, Baumwürger

Euonymus, Spindelstrauch

Euonymus
Spindelstrauch

Die Art E. fortunei ist ein Wurzelkletterer, er ist also selbstklimmend und wirkt vor allem durch sein bunt gezeichnetes Blattwerk.
Die Pflanze wächst sehr langsam und ist immergrün. Der Standort kann sonnig bis schattig sein, die Formen mit weiß gerandeten Blättern stehen besser in voller Sonne oder im Halbschatten.
Ansonsten ist Euonymus anspruchslos, braucht aber einige Jahre, bis sie wirklich etwas hergibt.

Fallopia, Knöterich

Hedera, Efeu

Fallopia
Schlingknöterich

Der Knöterich ist auch heute noch besser unter seinem alten Namen Polygonum bekannt. Er ist ebenfalls ein Asiat wie der Baumwürger, und er wächst noch schneller: mit 300 cm Zuwachs pro Jahr zeigt diese Schlingpflanze Sprinterqualitäten; man weiß nicht so recht, was ihr wichtiger ist, sich nach oben oder nach den Seiten auszubreiten.
Während des Sommers ist der Knöterich über und über mit kleinen weißen Blüten an losen Rispen überschüttet, so daß man von weitem glaubt, einen riesigen Federflausch vor sich zu haben. An Boden und Lichtverhältnisse werden keine besonderen Ansprüche gestellt, und man könnte meinen, Ausbreitung sei der einzige Lebenszweck dieser fröhlichen Pflanze. Der deswegen etwas erschrockene Gartenbesitzer sollte daher in der Nähe seines Knöterichs stets eine Schere griffbereit haben, um gelegentlich die Notbremse ziehen zu können. Fallopia verträgt einen Schnitt sehr gut.

Hedera
Efeu

Ebenfalls ein Alleskönner mit einigen Arten und unzähligen Sorten und Varietäten ist der Efeu. Man sollte nicht glauben, daß es Züchter gibt, die sich ausschließlich mit dem beim flüchtigen Hinschauen doch eher bescheidenen Efeu abgeben. So gehört zum Beispiel der deutsche Benediktinerpater Bruder Ingobert Heieck in der Abtei Neuburg bei Heidelberg zu den international renommiertesten Hedera-Spezialisten.
Der immergrüne Efeu ist ein Wurzelkletterer, also selbstklimmend, nicht besonders flink, aber solide. Und wo er nicht in die Senkrechte wachsen kann, breitet er sich eben flach am Boden aus. Vor öffentlichen Gebäuden, wo die Rasenpflege zu aufwendig oder zu teuer wurde, ist man in letzter Zeit immer öfter auf Efeu als Bodendecker ausgewichen.
Bei uns als Kletterpflanze am häufigsten verwendet wird Hedera helix. Kletterhilfen sind nicht notwendig, nur den Jungpflanzen muß man manchmal erst beibringen, was von ihnen erwartet wird, indem man die Triebe an der vorgesehenen Wand mit Textilband festklebt.

Hydrangea
Kletterhortensie

H. anomala ssp. petiolaris ist die genaue botanische Bezeichnung für die Kletterhortensie, die unter den großen eine der schönsten und attraktivsten kletternden Blütenpflanzen überhaupt ist. Wenn sich im Juni/Juli zum erstenmal die ansehnlichen weißen Blütendolden entfalten, hat man vergessen, daß sich bis zu diesem Zeitpunkt wenig rührte. Die Pflanze wächst nämlich nicht nur langsam, sie braucht auch einige Jahre, bevor die ersten Blüten erscheinen.
Im Winter ist die Kletterhortensie ebenfalls nicht ohne Reiz, weil sich die Rinde ihrer mit dicken, spitzen Knospen besetzten Triebe rot färbt und besonders im Kontrast zu hellem Mauerwerk und umgebendem Schnee recht ansprechend aussieht.
An den Boden stellt dieser Wurzelkletterer keine besonderen Ansprüche, nur sollte die Erde stets etwas feucht sein. Gelegentliches Düngen ist erwünscht. Schatten wird besser vertragen als Sonne, also eine ideale und schöne Pflanze für Nord- und Ostseiten, wo sie ohne Kletterhilfen wächst.

Jasminum
Winterjasmin

Winterjasmin, Jasminum nudiflorum, gehört zu den Spreizklimmern und braucht ein Spalier.
Dieser Strauch ist deshalb so wertvoll, weil es sich um einen Vorfrühlingsblüher handelt, der seine gelben Sternblüten bereits im Februar öffnet. Die ersten Blühversuche im Dezember scheitern meist an den beginnenden Frösten, doch wenn man ab dem Weihnachtsmonat knospige Zweige schneidet, kann man damit bis zum März die Vasen füllen.

Der Standort dieser Pflanze mit den bogig herabhängenden Trieben sollte sonnig sein, am besten an einer Süd- oder Westwand, und etwas geschützt. Die Bodenansprüche sind gering, ein gelegentlicher Rückschnitt älterer Triebe empfiehlt sich im Frühling nach der Blüte.

Lonicera

Geißblatt, Heckenkirsche

Lonicera ist eine sehr artenreiche Gattung, zu der auch einige Schlinger wie unser bekanntes Jelängerjelieber (L. caprifolium) gehören.
Die teilweise duftenden, weißen, gelblichen bis rötlichen Blüten erscheinen im Mai/Juni und werden von Insekten und Schmetterlingen umlagert. Die Pflanzen entwickeln ein dichtes Blattwerk, mit dem sie Pergolen und andere Gerüste schon bald völlig bedecken.
Zwar wird auch Sonne vertragen, aber Halbschatten ist Lonicera lieber. Jeder normale Gartenboden ist geeignet, nur austrocknen sollte er nicht. Die schwarzen oder roten Beeren sind giftig!

Parthenocissus

Wilder Wein

Er gehört zu den bekanntesten und dankbarsten Rankpflanzen und wird vor allem im Herbst in seiner prachtvollen gelben bis flammendroten Färbung der Blätter von keiner anderen übertroffen.
Aufgrund der ungezügelten Wuchsfreudigkeit scheinen dem Parthenocissus nach oben hin keine Grenzen gesetzt zu sein. Das bedeutet, daß man bei Einfamilienhäusern zur Schere greifen muß, wenn die Triebe sich in der Regenrinne breitmachen.
Weder hinsichtlich des Bodens noch der Lage liegen besondere Wünsche vor, allerdings ist die Herbstfärbung an sonnigen Plätzen stärker ausgeprägt als im Schatten. Wässern bei Trockenheit empfiehlt sich ebenso wie gelegentliches Düngen.
Die kleinen schwarzen Beeren, die sich im Spätsommer aus den unscheinbaren Blüten entwickeln, sind bei den Vögeln hochbegehrt.
Eine dicht mit Wildem Wein bewachsene Hauswand ähnelt manchmal mehr einer Voliere, und das Picken der Schnäbel ist im dahinter liegenden Wohnraum deutlich zu hören. Wer bereits eine mit Geißblatt überwachsene Pergola im Garten hat, sollte Parthenocissus dazwischen pflanzen. Es ist hinreißend, im Oktober zu erleben, wie plötzlich einzelne Partien von Parthenocissus flammend rot zwischen dem Grün von Lonicera aufleuchten.

Lonicera, Geißblatt

Herbstfärbung eines mit Wildem Wein begrünten Hauses

Rosa, Kletterrosen

Rosa

Kletterrose

Man sollte beim Kauf darauf achten, möglichst eine mehrfach blühende Sorte zu erwerben, so schön die anderen auch sein mögen. Denn da Rosen stets an gut einsehbare, auffällige Plätze gepflanzt werden, ist eine Dauerblüte hier besonders vorteilhaft. Über die Sorten gibt am besten ein Rosenkatalog Auskunft oder man erkundigt sich direkt in der Baumschule, denn das Angebot ist riesengroß. (Siehe dazu auch Tabelle auf Seite 114-115.)
Als Spreizklimmer brauchen Kletterrosen in jedem Fall einen Halt in Form eines separaten Gerüsts, oder man läßt sie an einer Pergola, einem Hausaufgang oder einem Torbogen emporranken. Die langen Triebe wird man immer wieder anbinden müssen.
Alle Rosen sollen einen nahrhaften, durchlässigen Boden und sonnige Plätze erhalten. Wässern ist nach dem dritten Standjahr nur bei extremer Trockenheit notwendig, dafür sollte jedoch im Mai oder Juni gedüngt werden. Ab August darf man keine Nährstoffe mehr geben, damit die Triebe vor dem Winter ausreifen können.
Der Schnitt der Kletterrosen be-

Kletterrose 'New Dawn'

schränkt sich auf das Entfernen alter, vertrockneter Triebe und in der Blüte nachlassender Seitentriebe oder auf ein Auslichten, wenn der Stock zu sehr in die Breite geht. Vor dem Winter muß man rings um den Stamm gut anhäufeln, eventuell zusätzlich noch Fichtenzweige über die Aufschüttung legen.

Wisteria

Wistarie, Glyzine, Blauregen

Der deutsche Name Blauregen meint die Blütenform dieser attraktiven Pflanze, die im April/Mai ihre 50 cm langen bläulichen Blütenstände wie riesige Trauben in dichter Fülle herabhängen läßt. Leider dauert es meist 2-3 Jahre, bis die Jungpflanzen zum erstenmal und dann auch erst recht spärlich blühen.

Wichtig ist, im Sommer reichlich zu wässern und hin und wieder Dünger zu geben. Der Boden sollte locker und nährstoffreich, die Lage möglichst sonnig sein.

Man kann die Pflanze zum Beispiel an einer Hausecke hochziehen und dann oben am Gebäude waagerecht weiterwachsen lassen. Die Stützvorrichtung für diesen Schlinger muß stabil sein, da sie nicht nur den Windungen des Holzes zu widerstehen hat, sondern auch das im Lauf der Zeit beträchtlich zunehmende Gewicht der mächtig werdenden Glyzine tragen muß.

Wisteria, Glyzine, Blauregen

Ausdauernde Kletterpflanzen

BOTANISCHER NAME	DEUTSCHER NAME	WUCHS-HÖHE IN M	X = KLETTERHILFE	STANDORT
Actinidia	Strahlengriffel	5-10	X	geschützt, keine Südseite
Aristolochia	Pfeifenwinde	5-10	X	schattig
Campsis	Trompetenblume	4- 8		vollsonnig
Celastrus	Baumwürger	6-12	X	sonnig bis halbschattig
Clematis	Waldrebe	3-10	X	sonnig, beschattete Wurzel
Euonymus	Spindelstrauch	3- 5		sonnig bis schattig
Fallopia	Knöterich	4-10	X	sonnig bis schattig
Hedera	Efeu	5-30		halbschattig bis schattig
Hydrangea	Kletterhortensie	6-10		halbschattig bis schattig
Jasminum	Winterjasmin	2- 5	X	sonnig
Lonicera	Geißblatt, Heckenkirsche	4- 6	X	sonnig bis halbschattig
Parthenocissus	Wilder Wein	8-15	(X)	sonnig bis halbschattig
Rosa	Kletterrose	2-6	X	sonnig
Wisteria	Wistarie, Glyzine, Blauregen	8-15	X	sonnig bis halbschattig

Bodendecker

Bodendecker in sonniger Lage

Selbst wenn immer wieder das Gegenteil behauptet wird: bodenbedeckende Pflanzen sind kein Rasenersatz für den Hausgarten. Was ein Bodendecker eigentlich ist, definiert sich ausschließlich nach seinem Verwendungszweck. Der Efeu beispielsweise wird erst zum bodenbedeckenden Gehölz, wenn man ihn flach kriechen läßt. Geht er steil an einer Mauer hoch, handelt es sich eindeutig um eine Kletterpflanze.

Am ehesten noch wird man alle niedrigen, sich dicht an der Erde ausbreitenden oder große Polster bildende Pflanzen Bodendecker nennen können. Ob es sich um Stauden oder Gehölze handelt, spielt dabei keine Rolle. Nur die Ein- und Zweijahrsblumen lassen wir hier ganz außer acht. Zwar sind viele von ihnen durchaus in der Lage, bestimmte Gartenpartien den Sommer über flächig zu bedecken – das Fleißige Lieschen (Impatiens) zum Beispiel –, doch da sie im Winter absterben, haben sie für eine Dauerbegrünung keine Bedeutung.

Andererseits kennen wir Gehölze, die 100 cm und höher werden und dennoch in den Listen der Bodendecker auftauchen. Dazu gehören beispielsweise Sorten des Feuerdorn (Pyracantha), einige Geißblätter (Lonicera), Skimmia-Arten und die Zierquitte (Choenomeles). Der Dendrologe Andreas Bärtels definiert bodenbedeckende Gehölze folgendermaßen: „Soll ein Gehölz als Bodendecker geeignet sein, muß es bestimmte Voraussetzungen erfüllen. Es muß sich in möglichst großen Flächen pflanzen lassen, denn Bodendekker wirken nur in geschlossenen, großflächigen Pflanzungen. Das Gehölz soll von gleichmäßig hohem Wuchs sein, mit kriechenden, in Bögen abwärts wachsenden oder mit zahlreichen dicht und aufrecht stehenden Trieben die zur Verfügung stehende Fläche schnell begrünen. Ideal sind Gehölze mit unterirdischen Wurzelausläufern. Immergrüne Gehölze werden den laubabwerfenden in der Regel vorgezogen. Die zulässige Höhe eines Bodendekkers richtet sich nach der Größe der Fläche und nach der Höhe der zu unterpflanzenden Gehölze. Je größer die zu bepflanzende Fläche, desto größer dürfen die Pflanzen werden. Je kleiner die Fläche und die auf ihr stehenden Gehölze, desto niedriger muß ein Bodendecker sein." (Bärtels: Gartengehölze, Ulmer 1981).

Sofern Bodendecker nicht durch Ausläufer Teppiche und Polster bilden, sollen sie zumindest durch liegenden Wuchs, durch flach nach den Seiten sich ausbreitende Äste, Zweige oder Triebe, durch breitbuschigen Habitus oder kriechende Eigenschaften den ihnen zugedachten Zweck erfüllen. Dem werden auch eine ganze Reihe von Rosen gerecht (siehe S. 115).

Generell erwartet man von Bodendekkern, ob hoch oder niedrig wachsend, daß unter ihnen Unkrautwuchs weitgehend zum Erliegen kommt, daß sie selber anspruchslos sind, daß es unter ihnen auch solche gibt, die im Schatten gut gedeihen, daß sie Ausdauer zeigen und ohne besondere Pflegemaßnahmen viele Jahre an ihrem Platz bleiben können.

Man wird Bodendecker im Garten vor allem zur Unterpflanzung von Gehölzen verwenden, die polsterbildenden an Rabattenränder und höhere mit breit ausladendem Wuchs, wie zum Beispiel Picea abies 'Procumbens', an einen Terrassenhang oder als breite Solitärpflanze in den Vorgarten setzen. Lavendel paßt gut vor oder, bei weitem Stand, unter und zwischen Rosen;

Heide kann für sich allein an einem sonnigen Platz und in kalkarmem Boden eine größere Fläche bedecken; Efeu breitet sich im Schatten von Rhododendren aus und hält den Boden dort unkrautfrei.
Besonders erwünscht sind natürlich immergrüne Bodendecker wie die Goldnessel (Lamiastrum), Efeu (Hedera) oder Johanniskraut (Hypericum). Zu warnen ist vor dem Immergrün (Vinca). Zwar sehen die blauen und weißen Blütenteppiche sehr ansprechend aus, zwar wächst die Pflanze in Sonne wie in Schatten, aber ihr Hang zu starker Vermehrung kann sich bald schon als mehr lästig denn nützlich erweisen. Zumindest das Große Immergrün, Vinca major, sollte man meiden. Seine kleinere Ausgabe, Vinca minor, mag noch angehen.
Die Bodenbearbeitung ist schon vor der Anpflanzung bei allen flächendeckenden Gewächsen der entscheidende Punkt. Sind die Pflanzen erst einmal fest eingewurzelt und ist der Bestand dicht geworden, läßt sich kaum noch etwas korrigieren. Der Platz muß also tiefgründig gelockert und sämtliches Unkraut mitsamt Wurzelresten entfernt werden. Heidekräuter brauchen reichlich Torf im Pflanzbeet, für alle Gewächse ist eine Grunddüngung mit Horn- oder Knochenprodukten oder anderen organischen Nährstoffen von Vorteil, weil dadurch der Humusanteil wächst. Später kann, wenn notwendig, im Frühjahr mit einem flüssigen Volldünger für Nachschub gesorgt werden.
Mehr noch als in der Staudenrabatte kommt es bei den Bodendeckern also darauf an, optimale Startbedingungen zu schaffen und die Pflanzung in der Phase des Zusammenwachsens genau zu beobachten, solange Eingriffe und Korrekturen noch möglich sind.

Pflanzung der Bodendecker;
1. vor der Pflanzung muß man den Boden von Unkraut und Steinen befreien.

2. Dann lockert man tiefgründig. Es ist vorteilhaft, organische Dünger einzubringen.

3. Anschließend wird gepflanzt. Den Pflanzabstand muß jeder selbst bestimmen. Je enger man setzt, desto teurer ist es, aber desto schneller ist der Platz begrünt.

Was den Pflanzenabstand betrifft, sind hier vor allem der Faktor Zeit und, damit zusammenhängend, die zur Verfügung stehenden finanziellen Mittel maßgebend. Beides wiederum hängt von der Wuchsfreudigkeit der verwendeten Gewächse und der Größe der zu bepflanzenden Fläche ab. Wer es nicht eilig hat, wird weiter auseinanderpflanzen und dadurch Geld sparen, weil die Stückzahl des Pflanzenmaterials geringer ist. Je enger man setzt, desto teurer wird die ganze Angelegenheit, desto schneller ist aber auch der Platz begrünt.
Alles dies gilt natürlich nur für eine Flächenpflanzung. Bei größeren Gehölzen, die lediglich dank ihrer breit ausladenden Wuchseigenschaften zur Bedeckung des Bodens verwendet werden, entfällt das Argument der großen Zahl ebenso wie die genaue Bodenvorbereitung. Sie wurden deshalb in der folgenden Pflanzenliste kleinbleibender Bodendecker auch nicht berücksichtigt, ausgenommen die in allen Gartensituationen in dieser Funktion unübertroffene Zwergmispel, Cotoneaster dammeri. Von dieser immergrünen Allroundpflanze gibt es einige empfehlenswerte Sorten mit leuchtendroten Früchten im Herbst: 'Coral Carpet', 'Major', 'Coral Beauty', 'Eichholz' und natürlich die bekannte 'Skogholm', die über 100 cm hoch werden kann. Alle Cotoneaster wachsen in Sonne wie Schatten gleich gut und stellen keinerlei Bodenansprüche. Für eine gute Entwicklung der Beeren ist ein heller Platz günstig.

Bodendeckende Pflanzen

BOTANISCHER NAME	DEUTSCHER NAME	HÖHE IN CM	BLÜTEN-SCHMUCK	PFLANZ-WEITE IN CM	IMMER-GRÜN	SCHATTEN-VERTRÄG-LICHKEIT
Acaena novae-zelandiae	Stachelnüßchen	10	X	40	X	
Ajuga reptans	Kriechender Günsel	10		30	X	X
Alchemilla mollis	Frauenmantel	15	X	40		
Alyssum	Steinkraut	25	X	40		
Antennaria dioica	Katzenpfötchen	5	X	25		
Arabis caucasica	Gänsekresse	15	X	20		
Arctostaphylos	Bärentraube	15	X	40	X	X
Artemisia stelleriana	Beifuß	30	X	45		
Asarum europaeum	Haselwurz	10		20	X	X
Aubrieta-Hybriden	Blaukissen	10	X	30		
Bergenia-Hybriden	Bergenie	20	X	40		
Brunnera macrophylla	Kaukasusvergißmeinnicht	30	X	40		X
Calluna vulgaris	Heidekraut	30	X	30	X	
Campanula portenschlagiana	Glockenblume	10	X	30		X
Centaurea bella	Flockenblume	15	X	30		
Cerastium tomentosum	Hornkraut	15	X	40		
Convallaria	Maiglöckchen	25	X	30		X
Cotoneaster dammeri var. radicans	Zwergmispel	10		50	X	X
Dianthus, viele Arten	Nelke	20	X	30		
Duchesnea indica	Indische Erdbeere	10	X	40		X
Epimedium	Elfenblume	30	X	30		X
Geranium, viele Arten	Storchschnabel	30-90	X	40		X
Hedera	Efeu	30		90	X	X
Helianthemum-Hybriden	Sonnenröschen	20	X	40	X	
Hosta, viele Arten	Hosta, Funkie	45	X	50		X
Hypericum calycinum	Johanniskraut	45	X	50	X	
Iberis sempervirens	Schleifenblume	30	X	40	X	

Bodendeckende Pflanzen

BOTANISCHER NAME	DEUTSCHER NAME	HÖHE IN CM	BLÜTEN-SCHMUCK	PFLANZ-WEITE IN CM	IMMER-GRÜN	SCHATTEN-VERTRÄG-LICHKEIT
Lamiastrum galeobdolon	Goldnessel	20		30	X	X
Lamium maculatum	Gefleckte Taubnessel	10	X	30		X
Liriope muscari	Liriope	25	X	30	X	
Luzula sylvatica	Waldmarbel	30	X	30	X	X
Lysimachia nummularia	Pfennigkraut	5	X	20		X
Maianthemum	Schattenblume	10	X	30		X
Muehlenbeckia	Muehlenbeckia	20		40		
Nepeta x faassenii	Blauminze	25	X	30		
Omphalodes	Gedenkemein	15	X	30		X
Origanum	Dost	20	X	30		X
Oxalis	Sauerklee	15	X	20		X
Phlox, viele Arten	Flammenblume	4-40	X	20		
Polygonum affine	Schneckenknöterich	8	X	25		X
Potentilla alba	Weißes Fingerkraut	20	X	20		X
Prunella grandiflora	Braunelle	10	X	30		X
Pulmonaria	Lungenkraut	20	X	30		X
Saxifraga, viele Arten	Steinbrech	ab 3	X	20		X
Sedum spurium	Teppichsedum	8	X	20		
Stachys byzantina	Wollziest	10	X	20		
Symphytum grandiflorum	Beinwell	20	X	30		X
Thymus serpyllum	Feldthymian	10	X	20	X	
Tiarella cordifolia	Schaumblüte	25	X	30		X
Vaccinium vitis-idaea	Preiselbeere	15	X	20	X	X
Veronica prostata	Ehrenpreis	5	X	25		
Vinca minor	Kleines Immergrün	15	X	40	X	X
Viola, viele Arten	Veilchen	10	X	25		X
Waldsteinia	Golderdbeere	10	X	25		

Ajuga reptans, Kriechender Günsel

Arctostaphylos, Bärentraube

Convallaria, Maiglöckchen

Dianthus, Nelken

Hedera helix, Efeu

Oxalis, Sauerklee

Thymus serpyllum, Feldthymian

Viola-Cornuta-Hybride, Hornveilchen

Königin Rose

Dichter aller Epochen haben sie besungen, Bildhauer modellierten sie in Stein und Marmor, Maler verewigten sie mit Pinsel und Farbe: die Rose, Symbol der Schönheit und des Erhabenen schlechthin.

Rosen sind aber auch Mittelpunkt gärtnerischer Bemühungen und Interessen. Wenn die große Rosenkennerin Alma de l'Aigle in ihrem 1957 erschienenen Buch „Begegnung mit Rosen" noch klagt, die auf dem deutschen Markt befindlichen Bücher über Rosen könne sie an den Fingern einer Hand abzählen, so hat sich das in der Zwischenzeit gründlich geändert. Die Rosenliteratur im deutschen Sprachraum kann sich heute sehen lassen, international füllt sie Regale vieler Büchereien.

Gibt es auch neue Erkenntnisse über die Königin des Gartens? Natürlich ist im Lauf der Jahre vieles ausprobiert worden, viele Versuche, die Kultur zu vervollkommnen, wurden unternommen. Wer sich Bücher vornimmt, in denen die Pflege ausführlich beschrieben ist, dem kann die Lust auf Rosen im eigenen Garten freilich gründlich vergehen. Zu umständlich scheint der Umgang mit ihnen zu sein. Doch allmählich findet man wieder auf den Boden der rosenalltäglichen Tatsachen zurück und stellt nachdenklich fest, daß genaugenommen alles beim alten geblieben ist. Man lese nur in den beiden deutschen Standardwerken über Rosen nach: im Buch „Der Rosen-Garten", verfaßt vom Herzoglich Sachsen-Altenburgischen Hofgärtner Wilhelm Döll aus dem Jahr 1855, und im Klassiker des Königlichen Hofgärtners in Potsdam, Th. Nietner, „Die Rose – Ihre Geschichte, Arten, Kultur und Verwendung", erschienen 1880.

Beetrose 'Lilli Marleen'

Edelrose 'Pariser Charme'

Etwas von der achtungsvollen Scheu mag sich verlieren, wenn man die Rose einmal aller sie umrankenden Enthusiasmen, aller poetischen Verklärungen entkleidet und sie als das betrachtet, was sie tatsächlich ist: ein sehr schönes, äußerst dankbares, hartes und vielgestaltiges Blütengehölz. Die wirklich namhaften, kompetenten Rosenzüchter und -gärtner, die sich aus beruflichen Gründen oder aus Neigung ein Leben lang mit dieser Pflanzengruppe beschäftigt haben, sind nüchterne Leute. Wilhelm Kordes, der große alte Mann der deutschen Rosenzüchtung, meinte in einer wohl nicht ganz wörtlich zu nehmenden Nebenbemerkung, Rosen würden wie Unkraut wachsen. Und auf die bohrende Frage nach den Finessen der Schnittkunst soll er wegwerfend geantwortet haben, er schneide seine Rosen überhaupt nicht.

Oskar Scheerer, der 1971 verstorbene Rosenpraktiker von hohen Graden und langjähriger Direktor des berühmten Rosengartens der Stadt Zweibrücken, meint in seinem Buch „Rosen in unserem Garten": „Der Schnitt der Rosen erfordert keineswegs höchstes gärtnerisches Geschick und Können. Er ist wirklich unproblematisch und für jeden Anfänger bald zu beherrschen, wenn man seine Rosen ein wenig beobachtet." Weil es gerade der vermeintlich so komplizierte Schnitt ist, der manchen Neuling zögern läßt, sich überhaupt Rosen in den Garten zu holen, sei hier als letzter Karl Heinz Hanisch zitiert, gelernter Gärtner, Journalist, Schriftsteller und erfahren im jahrzehntelangen Umgang mit Rosen: „Geschnitten wird nicht mit den Händen, sondern mit dem Kopf."

Neben dem Schnitt ist es die Klassifizierung, die dem Nichteingeweihten undurchschaubar erscheinen muß. Da wird er mit Begriffen wie Polyantharosen, Polyantha-Hybriden, Zwergpolyantha, Floribundarosen, Edelrosen, Teehybriden, mit Buschrosen, Beetrosen, Strauchrosen, Parkrosen, Kletterrosen, Duftrosen, Trauerrosen, Hecken- und Hochstammrosen, mit Moos-, Wild- und Alten Rosen konfrontiert. Wagt man sich noch weiter in die Verästelungen dieses Labyrinths hinein, wird es vollends unerträglich, und wer Rosen nur schön findet und sonst nichts, kehrt reuevoll zu Rittersporn und Rudbeckia zurück.

Wir machen uns hier den Vorschlag des Vereins Deutscher Rosenfreunde (VDR) zu eigen, der die Gartenrosen in 6 übersichtliche Gruppen einteilt. Hochstamm- und Trauerrosen werden gesondert behandelt. Damit findet man sich auch in den Katalogen unserer großen Rosenschulen zurecht.

Beetrosen

Hierunter sind alle diejenigen Rosen zusammengefaßt, die im Wuchs so kompkakt bleiben oder sich durch Schnitt dazu zwingen lassen, daß man sie als Gruppe auf einen Pflanzplatz setzen kann. Die Blüten wachsen zu mehreren in Dolden und Rispen und sind einfach, halb oder ganz gefüllt. Auch duftende Sorten gibt es in dieser wie in fast jeder anderen Gruppe.

Strauchrose 'Schneewittchen'

Zwergrose 'Zwergkönigin 82'

Kletterrose 'Goldstern'

◁ *Rosen, Symbol für Schönheit und Erhabenheit*

Edelrosen

Sie sind auch als Teehybriden bekannt und unterscheiden sich von den Beetrosen durch edel geformte Blüten, meist einzeln auf langen Stielen sitzend und häufig duftend. Mit ihrem berühmten Satz: „Eine Rose ist eine Rose ist eine Rose", der auch durch häufiges Zitieren nicht besser wird, hat die Dichterin Gertrude Stein zweifellos die Edelrose gemeint.

Strauchrosen

Strauchrosen sind größer als Beetrosen, wenn man sie wachsen läßt. Sie können 300 cm und höher werden. Es gibt einmal und mehrfach blühende Formen, im Katalog der Rosenschule Wilhelm Kordes' Söhne werden die zuletzt genannten als „dauerblühende Zierstrauchrosen" geführt, die man wie blühende Ziersträucher anderer Gattungen anpflanzen kann.

Kletterrosen

Wir sind ihnen schon einmal im Kapitel über Kletterpflanzen (siehe S. 97) kurz begegnet. Sie gehören zu den Spreizklimmern, besitzen also keine eigenen Rankorgane und brauchen deshalb eine Kletterhilfe in Form eines Gerüsts. Es sind die Pflanzen, die auf alten Bildern Toreinfahrten und Rosenbögen umranken. Dabei unterstützt sie die Länge ihrer Triebe, die über 600 cm betragen kann. Auch hier unterscheiden wir einmal und mehrfach blühende Sorten.

Zwergrosen

Auch als Topfrosen sind diese kleinbleibenden, oft nur 30 cm hohen Züchtungen in letzter Zeit wieder gefragt. Der schon erwähnte Hofgärtner Döll widmet 2 dicht beschriebene Seiten seines 1855 erschienenen Rosenbuchs ausschließlich der Aufzählung der damals für Topfkultur geeigneten Arten und Sorten und ein 18seitiges Kapitel ihrer Kultur. Also auch nichts Neues. Diese kleinen Rosen wollen zwar nicht hoch hinaus, können dafür aber mit beachtlichen Verzweigungen aufwarten. Sie duften meist nicht.

Bodendeckende Rose 'The Fairy'

Bodenbedeckende Rosen

Bei diesen flach, oft bogig wachsenden Rosen gibt es ebenfalls duftende, einfache, halbgefüllte und gefüllte Blüten. Die Pflanzen werden meist nicht wesentlich höher als 80 cm, können aber Triebe von 200 cm Länge und mehr entwickeln.

Einen interessanten und notwendigen Hinweis stellt die renommierte Rosenschule Tantau, Uetersen, ihrem Katalogsortiment bodenbedeckender Rosen voran: „Unter dem Begriff 'Bodendecker' wird inzwischen eine Vielzahl von Rosensorten angeboten, die bei einer fachlichen Beurteilung und der eigentlichen Bedeutung des Wortes 'bodenbedeckend' nicht als 'Bodendecker' eingestuft werden können."

Hochstammrosen und Trauerrosen

Diese beiden werden in der Klassifizierung des VDR nicht als eigenständige Gruppe genannt. Hierbei handelt es sich um eine, durch Veredelung auf Stämme erzielte Wuchsform von Beet- oder Edelrosen beziehungsweise bei Trauerrosen von langtriebigen Kletterrosen, die bis zu 1,20 m hoch werden können.

Standort

Alle Rosen wollen Sonne, soviel wie möglich. Sie möchten nicht an einem Platz stehen, über den der Wind hinwegpfeift, aber auch wiederum nicht so behütet, daß sich in ihrer Umgebung kein Luftzug regt. Das klingt in seiner Widersprüchlichkeit derart verworren, daß man bereits wieder verzagen könnte. Es besagt aber eigentlich nichts anderes als: Rosen gedeihen in jedem Gartenteil, der nicht gerade im Schatten liegt.

Auch hinsichtlich der Bodenbeschaffenheit ist die Rose recht bescheiden. Lehmige Erde müßte sie haben, so heißt es. Mag sein. Auch wir hätten gerne ein dick gepolstertes Bankkonto, kommen aber auch ohne dies ganz gut zurecht. Jede Rose fühlt sich in einem ganz normalen, gut durchlüfteten Gartenboden pudelwohl, wenn nur in seiner Tiefe nicht eine Stein- oder Tonschicht die nach unten strebenden Rosenwurzeln an ihrem Weiterkommen hindert. Denn Rosen sind Tiefwurzler, gottlob, sonst kämen wir im Sommer vom Wasserschlauch gar nicht mehr los. Sind sie einmal gepflanzt, sollte man darauf achten, daß auch der Oberboden sich nicht verdichtet, verkrustet und undurchlässig wird.

Rosenpflanzung

Man kann Rosen im Herbst, im Oktober/November pflanzen, oder im Frühjahr, im März/April. Im allgemeinen ist eine Herbstpflanzung vorzuziehen, wenn sie nicht zu spät erfolgt. Dann ist der Boden noch erwärmt, die Pflanzen sind in der Lage, vor dem Winter einen Teil ihrer neuen Wurzeln auszubilden, und können anwachsen. Kommen bestellte Rosen zu spät an und erscheint eine Pflanzung im selben Jahr wegen zu nassem und zu kaltem Boden riskant, werden die Stöcke an einem schattigen Gartenplatz so tief eingegraben, daß die ganze Pflanze etwa 20 cm tief in die Erde kommt. In diesem Fall wird dann im Frühjahr gepflanzt.

Das vorgesehene Rosenbeet oder die einzelne Pflanzstelle sollen vor dem Setzen tiefgründig gelockert werden. Wie tief, hängt vom jeweiligen Gartenboden ab. Wenn das Erdreich krümelig, also normal ist, gräbt man gerade einen Spaten tief um und lockert den Grund des Pflanzlochs zusätzlich auf, damit die Wurzeln später wirklich unbehindert nach unten wachsen können. Man darf die Fläche weder frisch düngen noch Dünger direkt in die Pflanzgrube geben. Empfehlenswert ist es dagegen, den Aushub vor dem Einfüllen mit organischem Material wie Hornspänen oder Knochenmehl, mit getrocknetem Rindermist oder Kompost zu vermischen.

Es heißt immer, vor dem Pflanzen müssen Rosen einige Stunden im Wasser stehen. Das kann man natürlich tun, den Rosen schadet es nicht. Man kann es aber genausogut lassen, sofern man im Herbst pflanzt und dabei nach der Pflanzung gut wässert. Das ist ohnedies unerläßlich.

Viel wichtiger ist das Einkürzen der Wurzeln, bevor sie im Pflanzloch Platz nehmen. Das geschieht aus 2 Gründen: einmal entstehen an den Schnittstellen relativ bald feine Faserwürzelchen, die Wasser und Nährstoffe aus dem Boden aufnehmen und der Rose damit im Frühjahr zu einem schnellen Start verhelfen. Zum anderen braucht man dann die Pflanzgrube nicht so tief auszuheben, daß auch alles lange Wurzelwerk ohne zu knicken hineinpaßt. Man kürzt also die zu langen Wurzeln vor dem eigentlichen Pflanzvorgang um ungefähr 20 cm ein.

Pflanzung der Rosen: 1. eine Pflanzgrube wird ausgehoben und der Grund mit einer Grabegabel gelockert. Es ist empfehlenswert, den Aushub mit organischen Düngern zu vermischen, denn das lieben die Rosen.

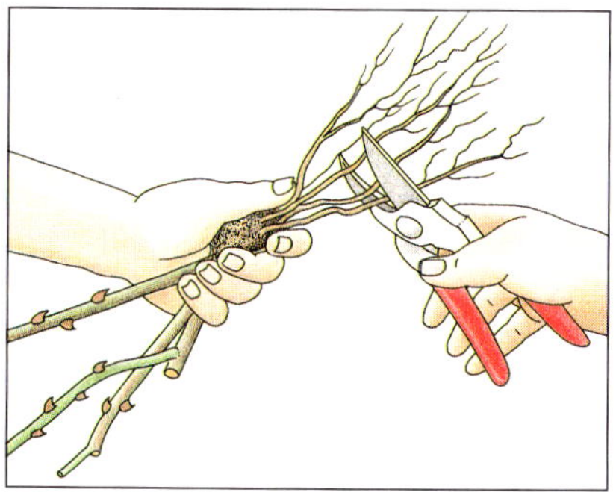

2. Die Wurzeln werden vor dem Pflanzen um zirka 20 cm eingekürzt.

Da die Veredelungsstelle – das ist der Knubbel dicht oberhalb der Wurzel – etwa 3 Finger breit in die Erde kommen soll, um vor Frost geschützt zu sein, brauchen wir uns über die richtige Pflanztiefe nicht weiter den Kopf zu zerbrechen. Sie ergibt sich zwangsläufig aus dem Maß „3 Finger breit", das sind 3-5 cm. Der Durchmesser der Grube sollte so bemessen sein, daß die Wurzeln bequem hineinpassen und nicht abknicken.

Während des Pflanzens wird nach und nach die ausgehobene und eventuell etwas verbesserte Erde wieder eingefüllt, zwischendurch wässert man, damit sich die Krumen zwischen die

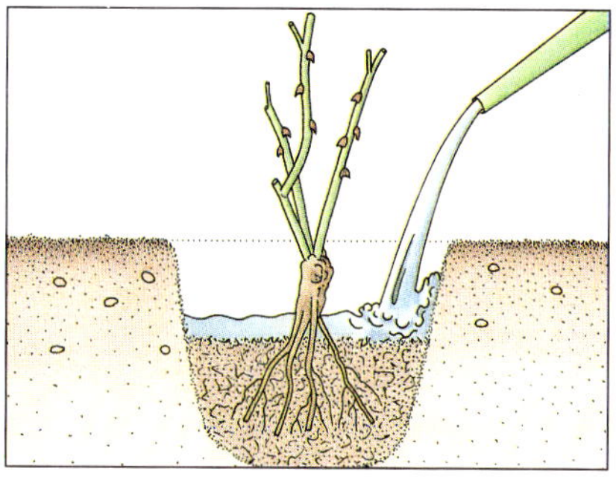

3. Man setzt die Rose so tief, daß die Veredelungsstelle mit etwa 3–5 cm Erde bedeckt ist. Damit sich die Erde setzt, wird zwischendurch gegossen.

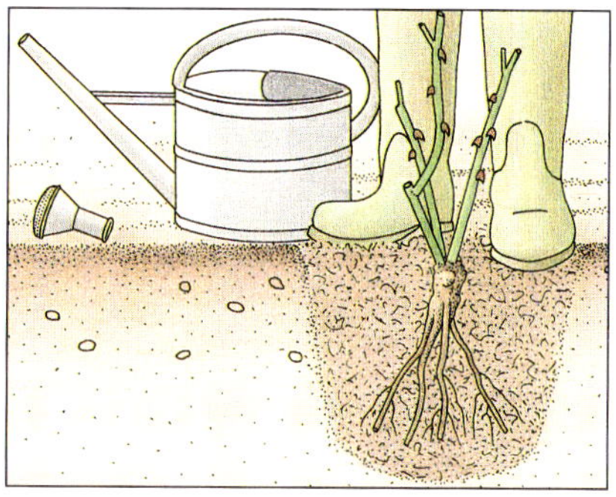

4. Ist das Pflanzloch vollständig geschlossen, drückt man die Erde kräftig an und wässert reichlich.

Wurzeln setzen und keine Hohlräume entstehen. Ist das Loch vollständig geschlossen, drückt man die Erde kräftig rings um den Wurzelhals an, läßt noch einmal reichlich Wasser versikkern und häufelt an. Dieser kleine Erdhügel soll der jungen Pflanze im Winter Wurzelschutz geben und wird im Frühjahr bei beginnendem Austrieb wieder eingeebnet.

In Lagen, die von der Februar- und Märzsonne voll beschienen werden, ist eine zusätzliche Abdeckung mit Fichtenreisig empfehlenswert, um Tag-und Nacht-Temperaturdifferenzen auszugleichen.

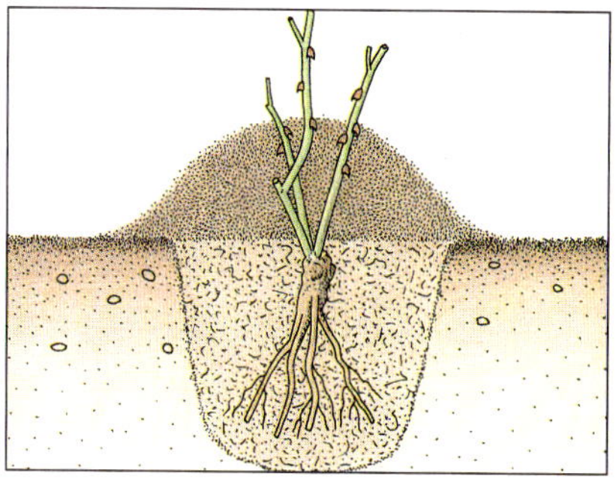

5. Nun wird angehäufelt, um der jungen Pflanze Winterschutz zu geben.

Bodenpflege und Düngung

Die weitere Pflege der Rosen in den Folgejahren besteht im Lockerhalten des Bodens und Düngen.

Bewährt hat es sich, unter den Stöcken für eine Mulchdecke zu sorgen (Grasschnitt, halb verrotteter Kompost, anderer Pflanzenabfall oder Rindenmulch). Andernfalls wird von Zeit zu Zeit vorsichtig aufgehackt, damit Luft in den Boden eindringen und an die oberen Wurzeln gelangen kann. Für das gute Gedeihen der Rosen ist das außerordentlich wichtig.

Um eine ausreichende Nähstoffversorgung sicherzustellen, müssen die Rosen regelmäßig eine Portion Dünger erhalten. Bester Zeitpunkt: einmal im März etwa 1 Handvoll eines chloridfreien (blauen) mineralischen Volldüngers pro m^2, ein zweitesmal Anfang Juni, wenn die Blütezeit beginnt, die gleiche Menge. Besteht die Möglichkeit, im Herbst verrotteten Stallmist oder Kompost unter die Rosen zu geben, ist das günstig, enthebt uns aber nicht der Notwendigkeit einer weiteren Düngung in der beschriebenen Weise. Denn bei allen Vorzügen organischer Verbindungen: sie lassen sich nicht genau dosieren, brauchen Zeit, bis sie

zu wirken beginnen, man weiß nie, wie lange ihre Düngekraft anhält.
Wer etwas mehr Geld ausgeben möchte und sichergehen will, alles richtig zu machen, verwendet am besten einen speziellen Rosendünger.

So werden Rosen gegossen

Um das Wässern der Rosen braucht man sich nur während der ersten 3 Jahre zu kümmern. Hier gilt gleichfalls, was schon in anderem Zusammenhang gesagt wurde: wer auch nach Ablauf dieser Zeit sein Rosenbeet im Sommer gießen will, wird den Pflanzen damit nicht schaden, aber auch kaum nutzen, außer in extrem lange anhaltenden Hitzeperioden, die den Stöcken zwar nicht den Garaus machen, jedoch einen zeitweiligen Wachstumsstop auslösen können.
Die früher überall zu hörende Anweisung, Rosen im Sommer „durchdringend einzuschlämmen", hat sich längst durch jahrelange Versuche des „Schweizer Rosenvaters" Dietrich Woessner als gegenstandslos erwiesen. Die Gefahr, daß man seine Rosen durch falsches Gießen überhaupt erst krank macht, ist viel größer als das verschwindend geringe Risiko, sie könnten wegen Wassermangels Schaden leiden. Werden nämlich die Blätter vom Strahl aus dem Schlauch getroffen, ist der Befall durch Sternrußtau praktisch besiegelt, und man hat für den Rest des Jahres nichts als Ärger. Deshalb auch Finger weg vom Rasensprenger, wenn sein Sprühnebel danebenstehende Rosen treffen könnte.

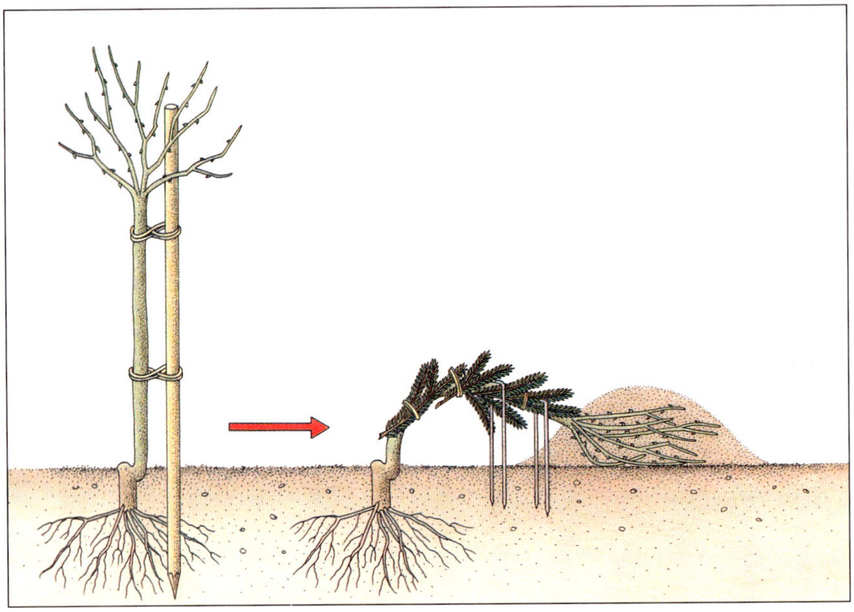

Hochstammrosen werden vor dem Winter heruntergebogen, mit Drahtbügeln am Boden festgehalten und dann mit Erde bedeckt.

Einwintern der Rosen

Einen nicht zu unterschätzenden Dienst in der Abwehr von Frost haben wir den Rosen bereits durch die richtige Pflanztiefe und durch das Abdekken der Veredelungsstelle mit Erde erwiesen. Frieren die oberirdischen Triebe wirklich einmal stark zurück, treibt die Rose von unten her neu aus. Dennoch ist das Anhäufeln im Spätherbst keine überflüssige Vorsorgemaßnahme. Ebensowenig übrigens wie das Einstellen jeder Düngung ab Ende Juli. Wenn das Holz, angespornt durch stetigen Nährstoffzufluß, nicht zur Ruhe kommt, geht es „unreif" in den Winter und hat der Kälte nichts entgegenzusetzen. Mehr ist im Spätherbst bei ausgewachsenen Rosen nicht zu tun. Die Winterhärte ist übrigens auch sortenbedingt.
Hochstammrosen werden vor dem Winter entblättert – falls sie ihr Laub nicht von selber abgeworfen haben – und heruntergebogen. Die Krone wird mit Drahtbügeln am Boden festgehalten und dann mit Erde bedeckt; eine Methode von Anno dazumal und immer noch die sicherste. Man darf auf keinen Fall einen Plastikbeutel über die Rose stülpen, auch nicht, wenn er perforiert ist. Der Hitzestau, der bei Sonnenwärme unter der Hülle dennoch auftritt, kann für die Pflanze tödlich sein.

Rosenschnitt

So merkwürdig es klingt: die wichtigste, am längsten anhaltende und einfachste Schnittmaßnahme wird im Sommer durchgeführt. Einen ausdauernden Flor mit immer neuen Blüten erreicht man nämlich nur, wenn ständig alles Verwelkte entfernt wird. Das gilt auch für die einmal blühenden Formen, die dadurch freilich nicht zu Dauerblühern werden. Geschnitten

Die wichtigste und am längsten anhaltende Schnittmaßnahme ist der Wegschnitt des Verblühten. Dabei werden die beiden Blätter unterhalb der Blüte mit entfernt.

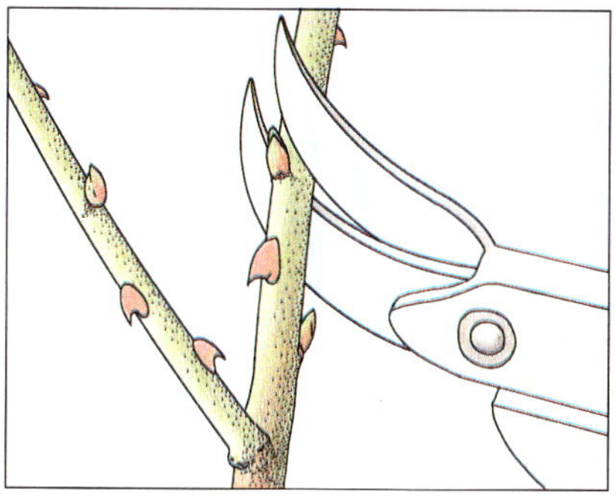

5 Grundregeln des Rosenschnitts; 1. es wird immer über einem Auge geschnitten.

2. Totes Holz wird entfernt.

3. Zu dicht stehende Zweige müssen weggeschnitten werden.

4. Schwach wachsende Sorten und dünne Triebe schneidet man stärker zurück, denn je stärker der Rückschnitt, um so kräftiger ist der Neuaustrieb.

5. Bei schwachem Rückschnitt ist der Neuaustrieb nicht so stark.

wird so, daß 2 Blätter unterhalb der Blüte der Schere mit zum Opfer fallen. Der „richtige" Rosenschnitt, also das Entfernen von Ästen und Trieben, findet im Frühjahr (März/April) statt. Mit einigen Bemerkungen zu diesem so gefürchteten Thema wurden Experten schon zu Beginn dieses Kapitels zitiert. Generell muß man wissen, daß Rosen am jungen Holz blühen, das heißt an den Trieben, die im Frühjahr aus den Knospen hervorsprießen. Die dicksten Knospen, die ganz oben an den Zweigen des Vorjahrs sitzen, werden als erste lebendig und bilden das neue Grün. Dort öffnen sich später dann die Blüten. Die weiter unten befindlichen Knospen regen sich erst etwas später. Wer also im Frühjahr die Spitzen der alten Zweige wegschneidet, muß länger auf den Flor warten. Je mehr er wegnimmt, desto mehr Zeit vergeht bis zum Blühbeginn. Denn wie gesagt, die Triebentwicklung verläuft von oben nach unten.

Man wird bei seinen Rosen also vor allem das vertrocknete oder erfrorene Holz entfernen, auch Zweige, die so nach innen wachsen, daß sie andere Triebe beim Weiterkommen behindern, ihnen Licht und Luft nehmen. Natürlich ist bei sehr dicht stehenden Beetrosen mehr herauszuschneiden als bei Stöcken mit weitem Stand, selbst wenn man weiß, daß dadurch der Blütenflor verringert wird. Im Endeffekt sieht es dann aber doch anders aus, denn bei einem Gewirr von schattenwerfenden Zweigen mit dichtem Blattwerk ist es mit der Blühfreudigkeit nicht weit her.

Obwohl es für den Schnitt der Rosen in der Tat ziemlich verzwickte Empfehlungen gibt und obwohl man selber bei genügend Erfahrung und unter Berücksichtigung von Sorte, Wuchsform und Stand diese oder jene Schnittvariante ausfindig machen wird, mag eine Faustregel unbeschadet der Richtigkeit spezieller Feinheiten für den Hausgarten Gültigkeit haben: lieber zurückhaltend schneiden als radikal mit der Schere herumfuhrwerken, den Strauch licht und luftig, aber nicht unbedingt kurz halten, altes, vertrocknetes Holz ohne Zögern entfernen, und bei jungen Trieben erst abwägen, dann abschneiden.

Bei Kletterrosen, die an ein und demselben Trieb mehrere Jahre lang blühen, werden nur die wirklich alten Ranken direkt am Boden abgeschnitten, um das Nachwachsen neuer Blütentriebe zu fördern. Die blütentragenden Seitentriebe sollten nicht älter als 4 Jahre werden, weil dann der Flor nachläßt.

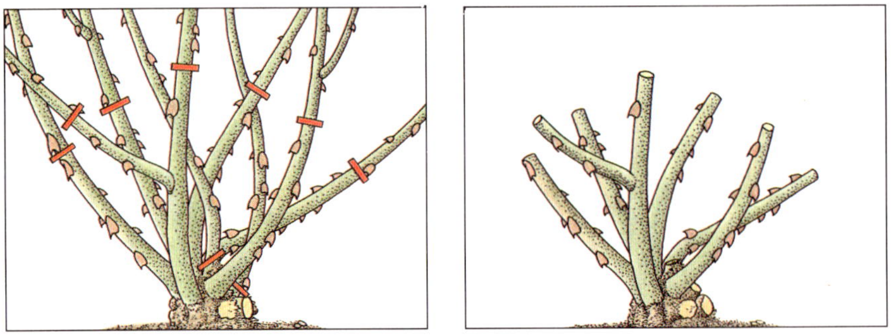

Edelrosenschnitt; links: vor dem Schnitt, rechts: danach

Strauchrosenschnitt; links: vor dem Schnitt, rechts: danach

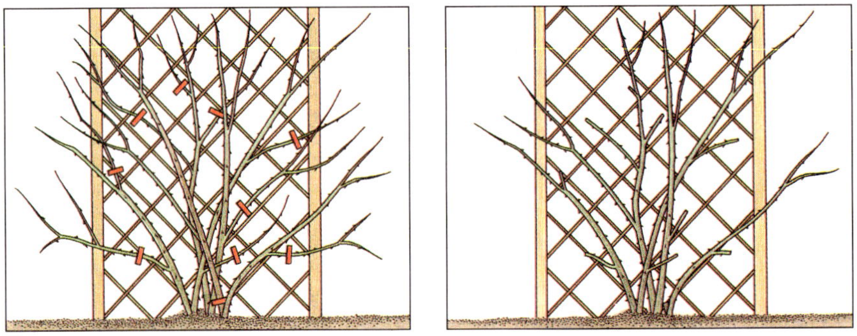

Kletterrosenschnitt; links: vor dem Schnitt, rechts: danach

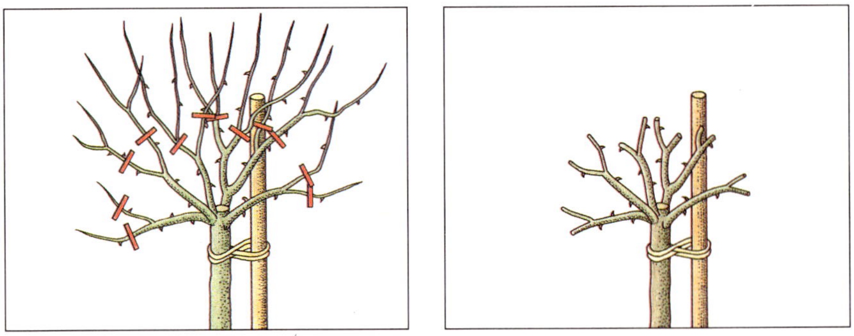

Hochstammrosenschnitt; links: vor dem Schnitt, rechts: danach

Krankheiten und Schädlinge

Rosen sind gegen den Befall durch pilzliche oder tierische Schädiger genausowenig gefeit wie andere Gewächse im Garten. Und auch für sie gilt der bekannte Grundsatz: je gesünder und robuster eine Pflanze ist, desto eher kann sie aus eigener Kraft mit Schadorganismen fertig werden beziehungsweise wird erst gar nicht von diesen heimgesucht.

Am Anfang jeder Schadensabwehr, noch ehe ein Befall akut wird, steht also die optimale, der jeweiligen Pflanzengruppe entsprechende Pflege. Das beginnt bei der Wahl des Standorts, der Bodenvorbereitung und der richtigen Pflanzung. Speziell für Rosen heißt das noch einmal zusammengefaßt: sonnige, warme Lage, durchlässiger, luftiger, tiefgründiger Boden mit guter Wasserführung und nicht zu dichter Stand, damit ein Hitzestau mit schwülwarmem Kleinklima vermieden wird. Luft soll zwischen den Stöcken hindurch-

Rosenrost

Echter Rosenmehltau

Larvenfraß der Rosenblattwespe

Sternrußtau

Blattläuse

Schaden durch die Rosenblattrollwespe

streichen können, doch Sturm soll sie nicht zausen.

Damit hat man 2 wichtigen pilzlichen Erkrankungen schon weitgehend den Boden entzogen: dem Rosenrost und vor allem dem Sternrußtau. Denn beide werden in erster Linie dann aktiv, wenn Rosen an einem feuchten Platz in humusarmer und verdichteter Erde stehen.

Der Echte Rosenmehltau dagegen ist ein sogenannter „Schönwetterpilz", der immer dann auftritt, wenn auf eine Regenperiode oder auf Nächte mit viel Tau, also auf hohe Luftfeuchtigkeit, warme, sonnige Tage folgen. Da dieser Witterungsablauf in unseren Sommern die Regel ist, gehört Echter Mehltau zu den häufigsten Krankheitserscheinungen an Rosen.

Wer nicht ab Anfang Mai und dann den ganzen Sommer über die Spritze betätigen will, setzt ein speziell gegen diesen Pilz zugelassenes Fungizid sofort beim ersten Befall ein und behandelt dann mehrmals im Abstand von 1 Woche. Einige dieser Präparate wirken gleichzeitig auch gegen Rosenrost und Sternrußtau.

Der Hobbygärtner sollte sich beim Kauf von Rosen nicht allzusehr auf sogenannte „pilzresistente" Sorten verlassen und meinen, bei richtiger Wahl gegen alle Krankheiten gefeit zu sein. Denn Rosen, die völlig immun gegen Pilzbefall sind, gibt es nicht, und so wird man einen derartigen Hinweis in den Katalogen seriöser Rosenschulen auch vergeblich suchen.

Es gibt allerdings anfällige und weniger anfällige Züchtungen. Auch das freilich ist relativ, und eine Sorte, die in Berlin allen Anforderungen gerecht wurde, kann einen Rosenfreund in Bayreuth zur Verzweiflung bringen. So widerfuhr es der bekannten und robusten Kordes-Züchtung 'Schneewittchen'. In einem Garten im nördlichen Elsaß wurde diese reinweiße, beliebte Strauchrose so vehement und andauernd vom Mehltau heimgesucht, daß der Besitzer sie, trotz, wie er meinte, optimaler Wuchsbedingungen, entfernen mußte. Im wenige Kilometer östlich gelegenen Baden-Baden wuchs sie makellos und gesund. Eine Garantie für Vollkommenheit gibt es also auch bei Rosen nicht.

Tierische Schädiger wie Blattläuse, Rosenzikaden oder Blattwespen lassen sich in der Regel einfacher bekämpfen, weil der Befallsherd meist begrenzt ist und sich bei etwas Aufmerksamkeit frühzeitig lokalisieren läßt. Oft ist es schon ausreichend, mit einem Insektizid aus der Spraydose gezielt vorzugehen oder wie im Fall der Rosenblattrollwespe die zusammengedrehten Blätter abzusammeln und zu vernichten. Im Zweifelsfall wende man sich an die örtlichen Pflanzenschutzdienste in den Landratsämtern oder beim Regierungspräsidenten, die kostenlos Ratschläge erteilen.

Was sind ADR-Rosen?

In Katalogen wie auf den Etiketten der Baumschulen findet sich oft der Hinweis „ADR-Rose“. Die 3 Buchstaben bedeuten „Anerkannte Deutsche Rose“, was wiederum heißt, daß diese Rose den Test der „All-Deutschen-Rosenneuheiten-Prüfung“ erfolgreich bestanden hat. Sie ist an den verschiedensten Standorten bei unterschiedlichem Klima einer Härteprüfung unterzogen worden, und man kann davon ausgehen, daß diese Rose sich als gesund, widerstandsfähig und reichblühend erwiesen hat und damit für den Garten besonders geeignet ist.
In der nachfolgenden Zusammenstellung einiger bekannter und bewährter Sorten wurde deshalb auch den ADR-Rosen der Vorzug gegeben.

Beetrosen (ADR)

SORTE	BLÜTENFARBE	DUFT
‘Amsterdam’	scharlachrot	
‘Andalusien’	leuchtend rot	
‘Bonica’	rosa	
‘Chorus’	zinnoberrot	
‘Dalli Dalli’	blutrot	
‘Dolly’	karminrosa	X
‘Escapade’	lilarosa	X
‘Friesia’	leuchtend goldgelb	XX
‘Goldtopas’	bernsteinbraun	X
‘Gruß an Bayern’	leuchtend blutrot	
‘Insel Mainau’	reinblutrot	
‘Lagerfeuer’	blutrot	
‘La Sevillana’	scharlachrot	
‘Lilli Marleen’	dunkelrot	
‘Ludwigshafen am Rhein’	karminrosa	XX
‘Marlena’	dunkelrot/orange	
‘Molde’	blutorange	
‘Montana’	blutorange	
‘Neues Europa’	rotorange	
‘Prominent’	reinorange	XX
‘Ponderosa’	leuchtend orange	
‘Pussta’	dunkelrot	
‘Schloß Mannheim’	blutorange	
‘Schweizer Gruß’	samtdunkelrot	
‘Taora’	scharlachrot	
‘Tornado’	blutrot	
‘Travemünde’	dunkelrot	
‘Yesterday’	rosa	

X = schwach XX = gut XXX = stark

Beetrose 'Amsterdam'

Beetrose 'Montana'

Beetrose 'Tornado'

Edelrosen (ADR)

SORTE	BLÜTENFARBE	DUFT
'Aachener Dom'	silbrig rosa	
'Alec's Red'	kirschrot	XXX
'Alexander'	zinnoberrot	X
'Alexandra'	kupfergelb	X
'Berolina'	zitronengelb	XX
'Carina'	rosa	X
'Duftwolke'	korallenrot	XXX
'Erotika'	dunkelrot	XXX
'Florentina'	dunkelblutrot	
'Freude'	lachsfarben/gelb	XX
'Herzog von Windsor'	lachsrot	XXX
'Königin der Rosen'	lachsorange/hellgelb	XX
'Lolita'	leuchtend kupferfarben	X
'Mainauperle'	dunkelrot	XX
'Mainzer Fastnacht'	hellila	XXX
'Melina'	blutrot	
'Mildred Scheel'	tiefdunkelrot	XX
'Neue Revue'	goldgelb/rot	XX
'Pariser Charme'	reinrosa	XX
'Rebecca'	hellrot/gelb	
'Sylvia'	dunkelrosa	

X = schwach XX = gut XXX = stark

Edelrose 'Carina'

Edelrose 'Duftwolke'

Strauchrose 'Dirigent'

Strauchrose 'Feuerwerk'

Kletterrose 'New Dawn'

Strauchrosen, öfter blühend

SORTE	BLÜTENFARBE	DUFT
'Angela' (ADR)	reinrosa	
'Benvenuto' (ADR)	blutrot	
'Bischofsstadt Paderborn'	leuchtend zinnoberrot	
'Bonanza' (ADR)	leuchtend gelb	
'Dirigent' (ADR)	blutrot	
'Elmshorn' (ADR)	lachsrosa	
'Feuerwerk'	lachsrosa	
'Fontaine' (ADR)	samtig dunkelrot	
'Freudentanz'	lachsrot	XXX
'Grandhotel' (ADR)	samtig blutrot	
'Ilse Haberland'	karminrosa	XXX
'Lichtkönigin Lucia'	zitronengelb	X
'Lydia'	leuchtend orange	X
'Mannheim'	kirschrot	
'Robuste' (ADR)	leuchtend rot	
'Romanze'	dunkelrosa	X
'Schneewittchen' (ADR)	schneeweiß	X
'Stadt Rosenheim' (ADR)	lachsorange	
'Westerland' (ADR)	gelborange	XXX

X = schwach XX = gut XXX = stark

Kletterrosen

SORTE	BLÜTENFARBE	DUFT
'Compassion' (ADR)	lachsrosa	XXX
'Coral Dawn'	korallenrosa	XX
'Dortmund' (ADR)	leuchtend rot	X
'Flammentanz' (ADR)	blutrot	
'Goldstern'	tiefgoldgelb	
'Gruß an Heidelberg' (ADR)	feurigrot	X

Kletterrosen

SORTE	BLÜTENFARBE	DUFT
'Harlekin'	cremeweiß/rot	X
'Lawinia'	reinrosa	XXX
'New Dawn'	weißlichrosa	X
'Paul's Scarlet Climber'	blutrot	
'Schwanensee'	reinweiß	X
'Sympathie' (ADR)	samtig dunkelrot	XX
X = schwach XX = gut XXX = stark		

Kletterrosen 'Paul's Scarlet Climber' (rot) und 'Chaplins Pink Climber' (rosa)

Bodendeckende Rosen

SORTE	BLÜTENFARBE	DUFT
'Bonica 82'	hellrosa	
'Dagmar Hastrup'	pastellrosa	X
'Fairy Dance'	rot	
'Fiona'	leuchtend rot	
'Heidekönigin'	reinrosa	
'Heideröslein Nozomi'	perlmuttrosa	X
'Heidesommer'	reinweiß	X
'Immensee'	perlmuttrosa	XXX
'Max Graf'	leuchtend rosa	
'Moja Hammarberg'	violettrosa	XXX
'Pink Spray'	kräftig rosa	
'Roseromantic'	leuchtend rosa	
'Rotelfe'	leuchtend blutrot	
'Roter Max Graf'	leuchtend rot	
'Smarty'	gelblichweiß	
'Snow Ballet'	reinweiß	
'Swany'	reinweiß	
'Weiße Max Graf'	leuchtend weiß	X
X = schwach XX = gut XXX = stark		

Bodendeckende Rose 'Heideröslein Nozomi'

Bodendeckende Rose 'Max Graf'

Zwergrosen (nicht duftend)	
SORTE	BLÜTENFARBE
‘Alberich’	karminrot
‘Baby Maskerade’	leuchtend goldgelb
‘Bubikopf’	mandarinenrot
‘Guletta’	zitronengelb
‘Orange Meillandina’	orangerot
‘Scarletta’	scharlachrot
‘Sonnenkind’	tiefgoldgelb
‘Starina’ (ADR)	lachsrot
‘Zwergenfee’	blutrot
‘Zwergkönig 78’	leuchtend blutrot
‘Zwergkönigin 82’	reinrosa

Zwergrose ‘Zwergkönig 78’

Edelrose ‘Super Star’

Edelrose ‘Gloria Dei’

Edelrose ‘King’s Ramson’

Rosen für Anfänger

Als der Verein Deutscher Rosenfreunde (VDR) sich entschloß, ein „Rosensortiment für Anfänger“ zusammenzustellen, begab er sich damit auf schwankenden Boden – und wußte das auch. Nach vielen Anläufen gelang das Vorhaben schließlich, als man einen unserer bedeutendsten Rosenexperten, Prof. Dr. Josef Sieber von der Fachhochschule Weihenstephan-Freising, dafür gewinnen konnte, eine solche – kurzgefaßte – Liste zu erarbeiten.

Abweichend von den durch den VDR festgelegten 6 Gruppen, wurden hier Duft- und Schnittrosen separat aufgeführt, weil für den Anfänger auch diese Eigenschaften bei der Kaufentscheidung eine Rolle spielen können. Die in der Liste genannten Sorten sind nach Farben geordnet.

Alle die Rose betreffenden Fragen werden übrigens vom VDR gerne und sachkundig beantwortet. Anschrift: Verein Deutscher Rosenfreunde, Geschäftsstelle, Waldseestr. 14, 7570 Baden-Baden.

VDR-Rosensortiment für Anfänger

FARBGRUPPE	BEETROSEN mit Blütenbüscheln für größere Rosenbeete	EDELROSEN mit großen, edlen Blüten auf langen Stielen	STRAUCHROSEN	KLETTERROSEN
blutrot bis karminrot	'Gruß an Bayern' (ADR) 'Olala' (ADR)	'Erotika' (ADR) 'Alec's Red' (ADR)	'Dirigent' (ADR) R. gallica 'Scharlachglut' (einmal blühend)	'Sympathie' (ADR) 'Paul's Scarlet Climber' (einmal blühend)
leuchtend rot bis lachsrot	'Sarabande' 'Montana' (ADR)	'Herzog v. Windsor' (ADR) 'Alexander' (ADR)	'Bischofsstadt Paderborn' (ADR) 'Feuerwerk'	
rosa	'Märchenland' 'Queen Elizabeth'	'Silver Jubilee' 'Carina' (ADR)	'Ilse Haberland' 'Marguerite Hilling'	'New Dawn' 'Coral Dawn'
gelb bis kupfrig	'Friesia' (ADR) 'Goldbeet'	'Gloria Dei' 'King's Ranson'	'Lichtkönigin Lucia' (ADR) 'Maigold' (einmal blühend) 'Westerland' (ADR)	'Goldstern' 'Golden Showers'
weiß	'Edelweiß' (ADR) 'Margaret Merill'		'Schneewittchen' (ADR)	'Ilse Krohn Superior' 'White Cockade'
violett („blau")		'Mainzer Fastnacht' (ADR)		

FARBGRUPPE	DUFTROSEN	SCHNITTROSEN	ZWERGROSEN	BODENDECKERROSEN
blutrot bis karminrot	'Alec's Red' (ADR) 'Duftbella'	'Erotika' (ADR) 'Florentina' (ADR)	'Starina' (ADR) 'Zwergkönig 78'	'Fiona' 'Fairy Dance'
leuchtend rot bis lachsrot	'Duftwolke' (ADR) 'Duftstern'	'Prominent' (ADR) 'Super Star'	'Orange' 'Meillandina'	
rosa	'Esmeralda' 'Compassion' (ADR, Kletterrose)	'Carina' 'Carlita'	'Eleanor' 'Fresh Pink'	'Candy Rose' 'Max Graf'
gelb bis kupfrig	'Sutter's Gold' 'Lolita' (ADR)	'King's Ransom' 'Sutter's Gold'	'Guletta' 'Bit O'Sunshine'	
weiß	'Margaret Merill' 'Evening Star'	'Pacali' 'Evening Star'	'White Gem'	'Snow Ballet' 'Swany'
violett („blau")	'Shoking Blue' 'Mainzer Fastnacht' (ADR)	'Mainzer Fastnacht' (ADR) 'Silver Star'		

Aus: Die Rosenfibel von Karl Heinz Hanisch, Herausgeber: Verein Deutscher Rosenfreunde, Baden-Baden 1984

Laub- und Nadelgehölze

Gehölze sind ausdauernde Gewächse, bei denen aber im Gegensatz zu den Stauden die oberirdischen Teile im Winter nicht absterben. Sofern sie nicht zu den Immergrünen gehören, verlieren Bäume und Sträucher im Herbst lediglich ihr Laub, während die Lebenszyklen im Innern des Pflanzenkörpers weiterlaufen, durch die erzwungene winterliche Ruhezeit allerdings mehr oder minder gebremst.

Zu den Gehölzen zählen eine ganze Reihe so niedrig bleibender Pflanzen wie Heidekrautgewächse, Preißelbeere oder das Immergrün, die wir gefühlsmäßig eher dem Staudenreich zuordnen würden. Während man sich bei diesen kleinen Sträuchern in der Platzwahl im Garten schon einmal vertun kann, weil sie ohne übermäßigen Aufwand umzusetzen oder auszuwechseln sind, hat die Pflanzung von großen Ziersträuchern oder gar Bäumen schon etwas Endgültiges an sich und muß deshalb bereits vorher gut überlegt sein.

Wie der Rahmen ein Bild umschließt, wird man Bäume und Sträucher stets an die seitlichen Begrenzungen des Gartens setzen. Eine Ausnahme bilden großräumige Landschaftsgärten und Parks, in denen Baum- und Strauchgruppen den Fluß der freien Fläche unterbrechen. Im Hausgarten ist für derartige Großzügigkeiten kein Platz, meistens reicht es nicht einmal für sehr breitwüchsige Sträucher oder hohe Bäume.

Es ist daher kein Zufall, daß sich das Augenmerk der Züchter auf kleinformatige Gehölze richtet, auf Bäume, die eher strauchartig wachsen. Bei Walnuß und Kastanie ist einiges in

Gehölze sind ausdauernde Gewächse.

Bewegung geraten, und auch im Koniferensortiment stehen Zwergformen ganz obenan.

Von Anhängern des Naturgartens ist in letzter Zeit der sogenannte „Hausbaum“ ebenso wieder ins Gespräch gebracht worden wie man „fremdländischen“ Gehölzen und Koniferen den Zugang zum Garten am liebsten ganz verwehren würde. Beide Bestrebungen orientieren sich genau betrachtet an den falschen Objekten, wenn auch die Argumentation auf den ersten Blick schlüssig scheint. Was nach Nostalgie klingt, ist heute gefragt, und wird gar der Gedanke des Natur- und Artenschutzes ins Spiel gebracht, kämpft die Vernunft auf verlorenem Posten.

Vom Hausbaum war an anderer Stelle schon die Rede, aber im Zusammenhang mit diesem Kapitel muß er ein weiteres Mal in Frage gestellt werden. Für Linden, Eichen, große Ahorne und Walnußriesen ist heute einfach kein Platz mehr vorhanden, weder in den Wohnsiedlungen der Stadtrandgebiete

Zaunkönig auf einem Feuerdorn

Sanddorn, ein heimisches Wildgehölz

mit ihren Mini-Vorgärten noch im nach hinten hinaus gelegenen Garten selbst, den man sich nicht auch noch durch dichte Baumkronen schattieren lassen möchte. Und: ökologisch ist ein einzelner großer Baum ziemlich bedeutungslos und allenfalls ein Paradies für streunende Katzen.

Auch die Frage, ob Nadelbäume im Garten stehen sollten oder nicht, läßt sich nur vom Geschmack her beantworten. Und über den soll man bekanntlich nicht streiten. Wer Vögel und anderes Getier in seiner Nähe haben möchte, wird das Haus ohnehin nicht hinter einem Fichtenwald verstecken, sondern statt dessen Laubgehölze und -hecken als Sichtschutz anpflanzen.

Wer von Taxus, Edeltanne und Tränenkiefer nicht lassen kann, dem soll man diese Zuneigung nicht streitig machen. Auch Koniferen haben ein Recht, geliebt zu werden.

Vollends emotional überfrachtet sind die lautstarken Bestrebungen nach „Entrümpelung" der Gärten von allen fremdländischen Gehölzen und die Propagierung der einheimischen Wildflora. Weg also mit dem Rhododendron, der Forsythie, dem Perückenstrauch und dem Wilden Wein. Dafür sollen Sanddorn, Haselnuß und Holunder unsere Sinne erfreuen. Auch die Buddleja, die nicht nur Schmetterlingsstrauch heißt, sondern auch einer ist, müßte diesen neuen Prioritäten weichen.

Es ist sicher wenig dagegen vorzubringen, unseren heimischen Wildgehölzen wieder mehr Platz im Garten einzuräumen, und daß der Zaunkönig mit einem Pfaffenhütchen mehr anfangen kann, als mit einer Edelrose, sei unbestritten. Doch so wenig man dem Naturschutz wegen seiner Bemühungen Unredlichkeit anlasten wird, so wenig sollen die Naturschützer den Gartenbesitzer schmähen, der sich im Mai an seiner Magnolia cordata erfreut.

Ganz ohne Gehölze kann man sich einen Garten eigentlich nicht vorstellen. Neben dem Zweiggerüst mit mehr oder weniger dichter Belaubung sind es 3 Merkmale, die vor allem die Bedeutung von Sträuchern für den Garten ausmachen: die Blüten, die Herbstfärbung und der Schmuck ihrer zierenden Früchte. Diese Eigenschaften muß man kennen, um das dazu passende Gehölz anzupflanzen.

Eine Gruppe für sich bilden die immergrünen Laub- und Nadelgehölze, die als Hecke vielfach geradezu unentbehrlich sind. Von den vorher genannten Eigenschaften leiten sich Verwendung und Standort im Garten ab. Attraktive Frühjahrsblüher wie Flieder, Forsythie oder Prunus-Arten (Zierkirsche, Blutpflaume, Mandelbäumchen) wird man nicht gerade im Hintergrund verstekken, ebensowenig wie solche, die im Herbst durch die flammende Färbung ihrer Blätter auffallen. Auch so reizvolle Gehölze wie die Felsenbirne (Alemanchier) mit weißen Blütentrauben im Frühling, prächtigem Herbstlaub und reichem Fruchtschmuck müssen für sich allein stehen, gleichfalls der seltsame Perückenstrauch (Cotinus) oder der sehr schöne, reichblühende Sommerflieder (Buddleja).

Richtige Pflanzzeit

Allgemein gilt der Herbst als beste Pflanzzeit für Gehölze. Das trifft zu, solange man mit der Arbeit nicht zu lange gewartet hat und man sicher sein kann, daß der Winter nicht ungewohnt früh einsetzt. In klimatisch ungünstigen Gebieten mit frühen Frösten ist daher eine Frühjahrsbepflanzung vorzuziehen, ebenso bei empfindlichen Gehölzen. Ansonsten können Sträucher und Bäume einer Herbstpflanzung gegenüber den im Frühjahr gesetzten mit einem gewissen Vorsprung aufwarten, da sie bis zum Frühjahr bereits halbwegs angewachsen sind und deshalb schneller vorankommen.

Immergrüne Laubgehölze und Koniferen, deren Vegetationsrhythmus durch den Winter nicht völlig zum Erliegen kommt, setzt man bereits im August/ September, um ihre Anwachschancen zu erhöhen.

Gehölzpflanzung

Bäume und Sträucher gedeihen in jedem guten Gartenboden. Nur Rhododendron, Preiselbeeren und teilweise die Heide brauchen ein leicht saures Erdreich, das man durch reichlich Beimischung von Torf auf den erforderlichen niedrigen pH-Wert von 4,5 – 5 bringen kann.

Gefährlich für alle Gehölze sind verdichtete Böden oder extrem hoher Grundwasserstand, weil in beiden Fällen die Wurzeln in eine nasse Stauschicht hineinwachsen und unweigerlich zu faulen beginnen. Hier hilft nur eine Dränage, die gleichzeitig allen anderen Gewächsen zugute kommt.

Der Durchmesser der Pflanzgrube muß so bemessen sein, daß die Wurzeln gut hineinpassen, ohne abzuknicken. Die Pflanztiefe hat derjenigen in der Baumschule zu entsprechen.

Ballen- und Containergewächse werden so gesetzt, daß beim Zuschütten der Grube gerade noch einige Zentimeter Erde obenauf zu liegen kommen. Die Ballenoberfläche befindet sich also auf fast gleichem Niveau mit dem Gartenboden. Das Ballentuch wird nicht entfernt, sondern nur der Knoten gelöst und das Tuch an den Ecken zurückgeschlagen, sonst kann es zu Stammabschnürungen kommen, da der dicke Knoten nur langsam verrottet. Man sollte sich allerdings unbedingt vergewissern, daß das Ballentuch, wie der „Bund Deutscher Baumschulen" vorschreibt, auch wirklich aus verrottbarem Gewebe besteht.

Vor dem eigentlichen Pflanzen schneidet man alle beschädigten, abgeknickten oder abgestorbenen Wurzeln weg. Da die verbleibenden das vorhandene Laub zunächst noch nicht ausreichend mit Wasser und Nährstoffen versorgen können, tut es nichts, auch an den Trieben etwas wegzunehmen; zumindest kann alles, was schwächlich aussieht oder beschädigt ist, der Schere zum Opfer fallen. Das ist kein unbedingtes Muß, hat sich in der Praxis jedoch bewährt. Wer sich das notwendige Fingerspitzengefühl nicht zutraut, riskiert besser keine schlaflosen Nächte und verzichtet auf den sogenannten Pflanzschnitt.

Da zum Pflanzen größerer Sträucher oder junger Bäume eigentlich 4 Hände benötigt werden, erledigt man diese Arbeit am besten zu zweit. Eine Person hält das Gehölz fest, so daß es senkrecht in der Grube steht, die andere füllt das Pflanzloch mit dem Aushub auf. Durch leichtes Rütteln während des Einfüllens rieselt die Erde zwischen die Wurzeln, und es gibt keine Hohlräume.

Ist die Grube geschlossen, wird das frisch gepflanzte Gehölz reichlich gewässert und, wenn notwendig, ein Stützpfahl in den Boden geschlagen, etwas vom Bäumchen entfernt und mit der Spitze schräg zu ihm hinzeigend, damit den Wurzeln nichts passieren kann. Beim Anbinden ist darauf zu achten, daß der Stamm sich nicht am Pfahl reibt.

Bei jungen Immergrünen, vor allem bei wertvollen Rhododendren, sollte man zusätzlich noch für eine leichte Schattierung sorgen, um Schäden durch Temperaturschwankungen und zu frühen Austrieb zu verhindern und gleich-

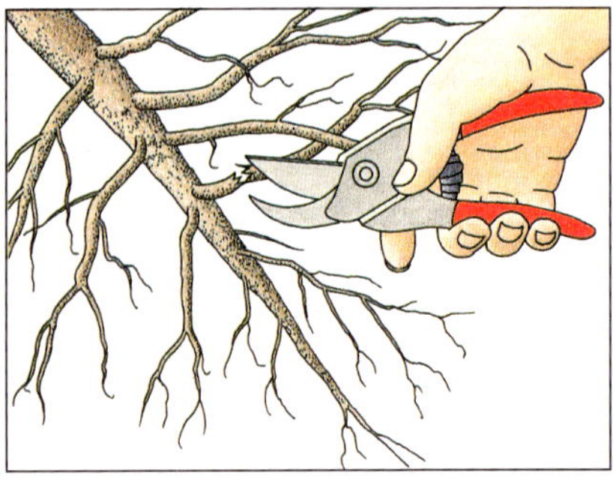

Pflanzung der Gehölze; 1. vor dem Pflanzen schneidet man alle beschädigten und abgestorbenen Wurzeln weg.

2. Nachdem die Grube nach den Ausmaßen der Wurzeln ausgehoben ist, stellt eine Person den Baum ein, die zweite füllt mit Erde auf. Wenn nötig, wird auch ein Stützpfahl gesetzt.

3. Wenn die Grube ganz geschlossen ist, tritt man leicht an und wässert reichlich.

4. Schwächliche und beschädigte Zweige werden nun abgeschnitten. Sehr lange Triebe kann man um ein Drittel zurücknehmen. Das muß allerdings nicht sein.

zeitig die Verdunstung herabzusetzen. Ist der Boden im Winter oder Frühjahr gefroren, während durch Sonnenschein und Wärme Feuchtigkeit verdunstet wird, kann dieser Verlust aus dem Erdreich nicht mehr ersetzt werden, und die Pflanze vertrocknet. Der Gärtner spricht dann von Frosttrocknis. Ein Schattiergerüst kann man sich selber aus ein paar Dachlatten zusammennageln, an die man Fichtenreisig hängt, oder man verwendet Schilfmatten beziehungsweise Schattiergewebe aus Kunststoff.

Pflege der Gehölze

Auch unter Gehölzen hat sich das Mulchen, also das Bedecken des Bodens mit organischem Material als außerordentlich günstig erwiesen. Diese Decke vermindert die Verdunstung, die Erde bleibt also länger feucht, behindert das Aufkommen von Unkraut und ist außerdem eine ständig fließende, milde Nährstoffquelle. Als Material ist alles geeignet, was mit der Zeit ohne Geruchsentwicklung verrottet: Grasschnitt, Rohkompost, Stallmist, Laub und Rindenmulch. Mit Sägemehl und Hobelspänen sollte man etwas zurückhaltend sein. Regelmäßig ausgebracht, führen sie zu einer gewissen Versauerung des Bodens, was von Moorbeetpflanzen wie dem Rhododendron zwar dankbar akzeptiert wird, einigen anderen Gehölzen auf die Dauer aber nicht bekommt.
Zur gezielten Nährstoffversorgung kann man organische wie chloridfreie (blaue) mineralische Volldünger verwenden. Sie werden zwischen Dezember und Februar ausgestreut, von Mineraldüngern etwa 1 Handvoll pro Gehölz, bei großen Sträuchern und ausgewachsenen Bäumen entsprechend mehr. Der Dünger kann ruhig auch bei

Der Schnitt beschränkt sich bei den meisten Ziersträuchern auf ein Auslichten zu dicht stehender oder abgestorbener Triebe.

Einige später im Jahr blühende Gehölze, wie Buddleja, werden im Frühjahr stark eingekürzt, weil sie an den jährlich sich neu bildenden Trieben blühen.

Schnee ausgebracht werden, weil er dann mit dem Schmelzwasser in den Boden gespült wird und den Gewächsen rechtzeitig bereits vor dem sichtbaren Austrieb zur Verfügung steht.
Eine weitere, geringere Düngergabe ist im Juni fällig, danach darf nicht mehr gedüngt werden, weil das den Triebabschluß hinauszögern und damit die Frosthärte mindern würde.
Alle immergrünen Laub- und Nadelgehölze erhalten zusätzlich im Oktober noch einige Handvoll Kieserit. Bei diesem nur schwerlöslichen, reinen Magnesiumdünger braucht man eine Überdosierung nicht zu befürchten, sollte aber auf ausreichende Mg-Versorgung der Immergrünen nicht verzichten, weil ein Mangel an diesem Element Blattvergilbungen und Nadelbräune zur Folge hat.
Der Schnitt beschränkt sich bei den meisten Ziersträuchern auf ein Auslichten zu dicht stehender oder abgestorbener Triebe. Daß Frühlingsblüher erst nach der Blüte auszulichten sind, versteht sich von selbst. Lediglich einige später im Jahr blühende Gehölze wie Schmetterlingsstrauch (Buddleja), Hortensie (Hydrangea), Johanniskraut (Hypericum) oder Säkkelblume (Ceanothus) werden im Frühjahr stark eingekürzt, weil sie an den jährlich sich neubildenden Trieben blühen.

Wässern und Winterschutz

Auch hinsichtlich der Wasserversorgung nehmen die Immergrünen eine Sonderstellung ein. Die bereits erwähnte Tatsache, daß sie durch ihre grünen Blätter auch im Winter Feuchtigkeit verdunsten, für die es bei gefrorenem Boden keinen Ersatz gibt, läßt durchdringendes Wässern im Spätherbst zu einer Überlebensnotwendigkeit werden. Ob Hecken, Solitärgewächse oder Rhododendren, sie alle müssen vor Frosteintritt soviel Wasser wie möglich erhalten. Trockenschäden, vor allem an Koniferen, machen sich erst im Frühjahr bemerkbar, und dann ist es in vielen Fällen bereits zu spät. Die Tatsache, daß bei Nadelbäumen 3-4 Monate vergehen, bevor braune Nadeln einen Pflegefehler der Vergangenheit anzeigen, hat schon manchem derartigen Gehölz das Leben gekostet.
Über den Feuchtigkeitsbedarf der anderen Bäume und Sträucher braucht nicht viel gesagt zu werden.

Ein einfach selbst herzustellendes Schattiergerüst für Immergrüne, besonders für die wertvollen Rhododendren.

Bei ausgewachsenen Gehölzen wird Wässern auch in Trockenperioden kaum nötig sein, junge Pflanzen sollten in niederschlagsarmen Sommern von Zeit zu Zeit gegossen werden.

In den kalten Januarwochen 1985 und 1986 haben auch Gehölze gelitten, denen man eigentlich mehr Frosthärte zugetraut hätte, wie zum Beispiel Feuerdorn und Sanddorn. Himalajazedern (Cedrus deodora) gingen gleich reihenweise selbst in den Vorgärten der vom Klima verwöhnten südbadischen Weindörfer ein.

Da man Sträucher und erst recht große Bäume kaum ausreichend vor Frost schützen kann, bleibt nur die Empfehlung, bei der Auswahl für den Garten auf zuverlässige Winterhärte zu achten. Abdecken des Wurzelbereiches mit einem dicken Polster aus Stallmist, Stroh, Laub oder Rohkompost ist zwar gut gemeint, bringt aber meist nicht viel. Auch das Darüberlegen oder Davorhängen von Fichtenreisig, bei wertvollen Immergrünen als Wind-und Sonnenschutz durchaus sinnvoll, kann strenge Fröste nicht abhalten.

Porträts der Laubgehölze

Acer japonicum

Japanischer Ahorn

Nicht so häufig in den Gärten zu finden wie der Fächerahorn, aber kaum weniger reizvoll sind die beiden Formen 'Aconotifolium' mit tief eingeschnittenen, grünen Blättern und roter Herbstfärbung und 'Aureum' mit gelbem Laub, das besonders intensiv während des Austriebs ist. Beide werden meist nicht höher als 3 m. 'Aureum' sollte nicht in voller Sonne stehen.

Acer palmatum

Fächerahorn

Dieser wohl prächtigste und am häufigsten verwendete Kleinahorn überhaupt wird bei uns selten über 3 m hoch. Einige Gartenformen haben den ganzen Sommer über fast dunkelrotes Laub, andere färben sich zum Herbst blutrot ein. Die tief geschlitzten Blätter geben dem Gehölz zusammen mit der breitflachen Wuchsform einen unverwechselbaren Charakter.

Acer palmatum möchte nicht vollsonnig stehen und paßt hervorragend an den Teichrand, wenn dort ein etwas schattiger Platz gewählt werden kann.

Amelanchier

Felsenbirne

Dieser sehr schöne Großstrauch wird bis 10 m hoch, ist anspruchslos, völlig winterhart und mit Sonne wie Schatten zufrieden. Die Fülle der weißen Blüten ist ebenso zierend wie die gelbrote Herbstfärbung. Die Früchte sind eßbar, aber nicht immer wohlschmekkend. Die Felsenbirne ist auch als Hecke geeignet.

Aralia

Aralie

Reizvoll sind die 'Variegata'-Formen von A. elata (jetzt A. mandshurica) mit weiß und gelblich gerandeten Blättern. Der Strauch, der 5 m hoch werden kann, meist aber kleiner bleibt, möchte in voller Sonne stehen. Der Stamm und die Äste sind spitz bedornt.

Jungpflanzen sind leider nicht mit Sicherheit winterhart. Sie können unter Umständen zurückfrieren. Meist erfolgt jedoch wieder ein neuer Austrieb aus der Wurzel.

Berberis

Berberitze

Die Berberitze ist mit vielen Formen, auch immergrünen, sehr zahlreich in den Gärten vertreten. Sie werden 1-4 m hoch und fallen sowohl durch goldgelben oder gelbroten Blütenschmuck im Frühling, als auch durch leuchtendrote, -blaue oder -schwarze Beeren im Herbst auf.

Besondere Ansprüche an Boden und Lage werden im allgemeinen nicht gestellt, doch ist ein sonniger Platz vorzuziehen. Die Winterhärte ist nicht bei allen Arten gleich zuverlässig und sollte beim Kauf erfragt werden.

Betula

Birke

Die Birke ist wohl der graziöseste unter den Großbäumen. Sie ist unempfindlich, mit ihrem hellgrünen Frühjahrsaustrieb der Frühlingsbaum schlechthin (Maibaum) und äußerst vielseitig in der Struktur und Farbe ihrer Rinde. Die Tönungen reichen von schneeweiß bis zu kupferbraun (B. nigra), von seidig glatt bis zu rauh oder abblätternd.

Eine der schönsten einheimischen

Arten ist B. pendula, die Sandbirke, mit mehreren Gartenformen. Außer einigen Strauchbirken, die nur wenige Meter hoch werden, ist Betula ein respektables Großgehölz von 15-25 m Höhe und daher für den Hausgarten nur bedingt geeignet. Als Flachwurzler entziehen Birken dem Boden so viele Nährstoffe, daß unter ihnen kaum etwas wächst. Ein Platz in voller Sonne wird bevorzugt.

Buddleja

Schmetterlingsstrauch, Sommerflieder

Die besonders aparte Art B. alternifolia aus Nordchina ist merkwürdigerweise in den Gärten nicht so häufig anzutreffen. Der Strauch, der eine Höhe von 4 m erreichen kann, öffnet im Juni lila Blüten, die dicht bei dicht an den langen, überhängenden Zweigen sitzen. Viel bekannter, als „Schmetterlingsstrauch" geradezu populär geworden, ist B. davidii mit einigen weiß, rosa, purpurrot oder dunkelviolett blühenden Gartenformen.
Buddleja will den sonnigsten und wärmsten Platz, wird aber dennoch häufig bis zum Boden zurückfrieren. Das ist nicht weiter schlimm, da die Pflanze nur an den diesjährigen Trieben blüht und man die vom Vorjahr ohnedies im Frühling radikal zurückschneidet. Dennoch kann ein Winterschutz nicht schaden.

Buxus

Buchsbaum

Dieses immergrüne Gehölz, bekannt vor allem von Beeteinfassungen alter Bauerngärten, hat wegen seiner Schnittverträglichkeit fast schon legendäre Berühmtheit erlangt. Buxus läßt sich in dieser Beziehung nahezu alles gefallen, und besonders aus englischen Anlagen kennen wir den Jux der Gärtner, Menschen, Tierfiguren oder Arabesken der verschiedensten Art aus Buchsbaum zurechtzuschneiden. Wer auf derartige Verstümmelungen keinen Wert legt, hat in diesem Gehölz einen hübschen immergrünen Strauch, der schattenliebend ist und eine vorzügliche Hecke abgibt.

Acer japonicum 'Aconitifolium'

Acer palmatum, Fächerahorn

Amelanchier, Felsenbirne

Aralia, Aralie

Buddleja davidii, Schmetterlingsstrauch

Buxus, Buchsbaum, als Beeteinfassung

Callicarpa

Schönfrucht, Liebesperlenstrauch

Der Strauch wird etwa 4 m hoch und fällt im Spätsommer und Herbst vor allem durch seine rötlichvioletten Beeren auf, die in kleinen, rundlichen Trauben auch dann noch an den Trieben hängenbleiben, wenn das Laub längst abgefallen ist.
Callicarpa will einen sonnigen, geschützten Platz. Dennoch ist das Erfrieren einiger Triebe nicht auszuschließen. Man schneidet diese Zweige dann im Frühjahr vorsichtig heraus, aber wirklich nur diejenigen, die es tatsächlich erwischt hat.

Calluna

Besenheide, Heidekraut

Dieser sonst völlig anspruchslose Kleinstrauch kann nur eines nicht vertragen: kalkreichen Boden. Wo Heide gepflanzt wird, muß man in den meisten Fällen die Erde auf einen pH-Wert von 4-5 herunterbringen. Das geschieht am besten mit Torf oder einem Spezialsubstrat, wie man es auch bei Rhododendronpflanzungen verwendet.
Calluna blüht von Juli bis September in den verschiedensten Varianten von rot, rosarot und violett und erreicht die größte Farbintensität, wenn flächig gepflanzt wird. Ein jährlicher, nicht zu scharfer Rückschnitt im Frühjahr fördert den Blütenreichtum.
Gedüngt werden sollte nur zurückhaltend und am besten mit organischen Nährstoffen, die im Frühjahr gegeben werden können, auf keinen Fall aber später als im Juni.

Callicarpa, Schönfrucht

Choenomeles

Zierquitte, Scheinquitte

Die prachtvollen Blütensträucher aus Ostasien werden meist 1-2 m hoch und entfalten ihre Blüten in allen Rottönen schon ab März. Weiße Blüten sind selten.
Zierquitten gedeihen in Sonne wie in Halbschatten in jedem guten Gartenboden und werden kaum 2 m hoch. Die Früchte sind eßbar und sehr gut für Gelee und Marmelade geeignet. Ein Schnitt ist nicht notwendig und würde die Blütenfülle mindern.

Cornus

Hartriegel

Diese hübschen Ziersträucher haben keine besonderen Ansprüche. Sie blühen im Frühling und Sommer und besitzen eine interessante Herbstfärbung. Besonders C. florida, der Blumenhartriegel, etwa 5 m hoch, wartet im Mai mit einem Meer weißer Scheinblüten auf, so daß kaum ein anderer Blütenstrauch mit diesem Nordamerikaner konkurrieren kann. C. florida sollte einen wenigstens teilbeschatteten Platz erhalten. Sehr schön ist auch seine rote bis fast violette Herbstfärbung. Die einheimische Kornelkirsche, C. mas, ist ein empfehlenswertes Wildgehölz und wird von den Vögeln als Zuflucht geschätzt.

Calluna, Besenheide

Cornus mas, Kornelkirsche

Cotinus, Perückenstrauch

Cotoneaster dammeri, Zwergmispel

Cytisus, Ginster

Daphne cneorum, Seidelbast

Erica herbacea, Schneeheide

Cotinus

Perückenstrauch

Voll zur Geltung kommt der Perückenstrauch, wenn er im Garten einen sonnigen, warmen Platz erhält. Die kleinen, grünlichgelben Blüten geben nicht viel her, desto beeindruckender sind im Juli die feinbehaarten Fruchtstände, die den 5 m hohen Strauch tatsächlich so aussehen lassen, als hätte man ihm eine flauschige Perücke übergestülpt. Es gibt besonders schöne Formen mit dunkel- bis schwarzroten Blättern und grünlaubige mit flammendroter Herbstfärbung.

Cotoneaster

Zwergmispel

Hiervon gibt es zwar auch hochwachsende Arten, begehrt sind jedoch vor allem die niedrigen, immergrünen Formen von Cotoneaster dammeri, die in nur wenigen Zentimetern Höhe mit langen Trieben über den Boden kriechen. Vielfach gibt es wunderschöne, leuchtendrote Beeren im Herbst.

Cytisus

Geißklee, Ginster

Auch hier kennen wir niedrige, flach am Boden aufliegende und bis 3 m hoch wachsende Arten. Alle wollen trockene, vollsonnige und warme Plätze und blühen weiß, gelb oder rot von Mai bis Juli. Im Garten wird oft der meist winterharte Elfenbeinginster, C. x praecox, mit mehreren Sorten verwendet. Vom heimischen Besenginster, C. scoparius, kennen wir vor allem in England entstandene Gartenformen. Diese Art kann bei trockenen Frösten zurückfrieren.
Edelginster sollte im Frühjahr eingekürzt und ausgelichtet werden.

Daphne

Seidelbast

Der knapp 0,50 m hoch wachsende Rosmarinseidelbast, D. cneorum, ist eine immergrüne Pflanze für den Steingarten oder einen sonnigen, trockenen Terrassenhang. Sie entfaltet im Mai rote oder rosa Blüten.
D. mezereum, der am häufigsten verwendete Seidelbast, auch Kellerhals genannt, blüht leuchtend rot und duftend im Vorfrühling. Er wird gerade 1 m hoch und legt sich später einen glänzendroten Beerenschmuck zu.
Der Strauch möchte nicht in voller Sonne stehen, die verlockenden Früchte sind hochgiftig.

Erica

Glockenheide

Einer der schönsten Massenblüher für den Winter ist E. carnea, die Schneeheide, mit vielen Sorten. Sie wird nur knapp 0,50 m hoch. Die Blüten öffnen sich ab Dezember je nach Sorte in Reinweiß, vielen Rosatönen oder Violett bis hin zu leuchtendem Rot.
Schneeheide ist nicht so kalkempfindlich wie andere Heidekrautgewächse, liebt volle Sonne und sollte immer flächig angepflanzt werden, damit die Blütenfülle im Winter besser zur Geltung kommt.

Euonymus fortunei, Spindelstrauch

Forsythia, Forsythie

Hamamelis, Zaubernuß

Euonymus
Spindelstrauch

E. fortunei, von dem es viele hervorragende Sorten gibt, ist ein immergrüner Zierstrauch. Diese Spindelsträucher werden selten höher als 3 m, haben teilweise weiß- oder gelbbuntes Laub und leuchtende, gelbe oder rote Herbstfarben.
Immergrüne Spindelsträucher gedeihen auch an schattigen Plätzen gut. Es gibt außerdem kletternde Formen (siehe S. 95).

Forsythia
Forsythie

Der wohl populärste Frühlingsblüher ist die Forsythie, die mit ihrer gelben Blütenfülle im noch unbelaubten Garten nicht zu übersehen ist. Ab Dezember kann man Zweige für die Vase schneiden, die dann den ganzen Winter über blühen.
Der Strauch ist völlig anspruchslos, er bevorzugt allerdings einen sonnigen Stand. Ein Auslichten nach der Blüte empfiehlt sich, da es der Verjüngung dient.
Es gibt zahlreiche Sorten, die in verschiedenen Gelbtönen blühen.

Hamamelis
Zaubernuß

Dieser Winterblüher erreicht eine Höhe zwischen 3 und 5 m und ist mit vielen Sorten im Handel. Die bizarr geformten Blüten in Gelb, Kupfer oder Dunkelrot verströmen häufig einen angenehmen Duft und öffnen sich bereits im Januar in Eis und Schnee. Fröste können ihnen nichts anhaben, der Stand sollte sonnig sein.
Hamamelis ist ein wertvolles, dabei recht anspruchsloses Blütengehölz mit einer schönen, gelbroten Herbstfärbung, das man dennoch nicht allzu häufig in unseren Gärten findet.

Hibiscus
Eibisch

H. syriacus, der Rosen- oder Straucheibisch, kann mit seinen bis zu 12 cm breiten Blüten, die im Spätsommer erscheinen, alles andere ringsum verblassen lassen. Die Blütenfarbe reicht von reinem Weiß über Lila und Blau bis zum Rot. Besonders apart sind die Farbkontraste zwischen Schlund und Blütenblättern.
Der Standort muß sonnig, warm und geschützt sein. Der 2 m hohe Strauch sollte im Herbst eine schützende Bodendecke erhalten, erfrorene Triebe sind im Frühjahr zu entfernen.

Bizarre Blüten der Zaubernuß

Hydrangea
Hortensie

Hydrangea ist ein imposanter Blütenstrauch mit großen Blütenständen für sonnige bis leicht schattige Lagen. Der Boden sollte humos und nahrhaft sein, in trockenen Sommern muß gewässert werden.
Es gibt weiße, rosa, rote und – in saurem oder künstlich gesäuertem Boden – blaue Blüten. Hortensien werden bei uns kaum höher als 3 m. Die Blütezeit ist von Juni bis August.

Ilex
Stechpalme

Dieses beliebte, immergrüne Gehölz sollte möglichst an schattiger Stelle stehen, etwas feuchten Boden um die Wurzeln haben und immer als Pärchen gepflanzt werden, wenn man auf die

Hydrangea, Hortensie

Ilex aquifolium, Stechpalme

Wirkung der leuchtendroten Beeren Wert legt. Es gibt zahlreiche Sorten mit verschieden geformten, glänzend grünen, teilweise gelb oder weiß gerandeten und mehr oder weniger bestachelten Blättern.

Bei ausreichender Feuchtigkeit und Beschattung im Winter sind die Gartenformen von Ilex in der Regel ausreichend frosthart. Die Wuchshöhe beträgt einen bis mehrere Meter.

Laburnum

Goldregen

Diese bis zu 8 m hohen Großsträucher besitzen im Mai/Juni gelbe, in Trauben herabhängende Blütenstände. Das Gehölz ist anspruchslos, winterhart und sonnenliebend.

Wegen seiner hohen Giftigkeit ist Goldregen nicht ganz unproblematisch, vor allem, wenn Kleinkinder im Haus sind.

Magnolia, Magnolie

Magnolia

Magnolie

Hohe Bäume und niedriger bleibende Sträucher sind in dieser Gattung aus Asien und Nordamerika gleichermaßen vertreten. Die cremefarbenen, purpurroten, gelben oder weißen Blüten im Mai/Juni können voll geöffnet bis zu 30 cm Durchmesser erreichen und stellen damit alles andere in den Schatten. Leider erweist sich die Winterhärte nicht als einheitlich zuverlässig. M. grandiflora 'Galissonieri' beispielsweise, mit glänzend immergrünen Blättern und mächtigen, cremeweißen, duftenden Blüten, ist bei uns in der Regel nur als Kübelpflanze zu halten, hat jedoch die extrem kalten Winter 1985 und 1986 im Südbadischen im Garten an einem geschützten Platz frei ausgepflanzt mit relativ geringen Schäden überstanden. Zur Blüte hat es nach dem zweiten Frostwinter allerdings nicht mehr gereicht. In jedem Fall sollte auch bei den anderen Formen im Herbst eine möglichst dicke Bodenbedeckung gegeben werden.

Leichter Schatten wird vertragen, Sonne ist besser. Der Wasserbedarf ist hoch, gelegentliches Düngen gut.

Malus, Zierapfel

Malus

Zierapfel

Ein fast unüberschaubares Formenangebot zeichnet diese Gattung aus, deren Blütezeit in den Mai fällt. Die 3-10 m hohen Gehölze bringen sich im Spätsommer und Herbst noch einmal mit roten und gelben Früchten angenehm in Erinnerung.

Die Blüten sind reinweiß, rosa und rot in allen Schattierungen. Die unterschiedlich großen Früchte sind eßbar, vor allem in Form von Marmelade und Gelee, aber nicht immer wohlschmekkend. Es gibt hier sehr große Unterschiede.

Alle bei uns angebotenen Gartenformen von Malus sind anspruchslos und winterhart und als Ziergehölze empfehlenswert. Man muß nur aufpassen, daß die Wuchsform der Gartengröße entspricht.

Philadelphus, Pfeifenstrauch

Blüten einer Zierkirsche

Pyracantha coccinea 'Orange Charmer'

Potentilla, Fingerkraut

Prunus cerasifera 'Nigra', Blutpflaume

Pyracantha coccinea 'Golden Charmer'

Philadelphus

Pfeifenstrauch, Falscher Jasmin, Sommerjasmin

Mit seinen großen weißen und meist stark duftenden Blüten im Juni/Juli, seiner Anspruchslosigkeit und Schattenverträglichkeit, gehört der Falsche Jasmin zu unseren beliebtesten und dankbarsten Ziersträuchern.
Die Pflanze wird kaum höher als 4 m, beläßt es aber, je nach Art und Sorte, auch bei 1 m.

Potentilla

Fingerkraut

Potentilla ist ein kleinbleibender, kaum höher als 1,50 m wachsender Strauch mit weißen, gelben und roten Blüten den ganzen Sommer über. Das Gehölz stellt keine besonderen Bodenansprüche und blüht an einem sonnigen Platz am reichsten.
Die nur 0,50 m hoch werdenden Sorten passen gut in den Steingarten und vertragen Trockenheit.

Prunus

Pflaume, Kirsche, Pfirsich, Mandel

Hierher gehören neben den vielen Formen der Japanischen Zierkirsche, P. serrulata, zwischen 4 und 10 m groß, die Lorbeerkirsche, P. laurocerasus, 2 m, schattenverträglich und im Mai weiß blühend, und die Blutpflaume, P. cerasifera 'Nigra', mit schwarzroten Blättern.
P. triloba, das Mandelbäumchen, öffnet im März und April eine Fülle rosafarbener Blüten und ist mit 2 m Höhe auch für den kleinen Garten geeignet, allerdings nur in klimatisch begünstigten Gegenden und Lagen (Bergstraße) über den Winter zu bringen.
Alle Prunusarten sind Frühlings- oder Frühsommerblüher mit weißen, rosa und roten Blütenfarben in allen Variationen.

Pyracantha

Feuerdorn

Unter den verschiedenen immergrünen Gartenformen kommen einige vor, die mit 5 m Höhe schon fast die Maße von Großsträuchern erreichen und wie Kletterpflanzen an Hauswänden hochgezogen werden können. Die meisten begnügen sich jedoch mit 2 m.
Der Beerenschmuck in leuchtendem Rot, Gelb oder Orange kann bis weit in den Winter hinein an den Zweigen hängenbleiben und macht Pyracantha zu einem wertvollen Ziergewächs. Leider sind die Pflanzen, die einen sonnigen, warmen Standort wünschen, nicht immer ausreichend winterhart.
Der Bund deutscher Baumschulen hat in seiner Sortenprüfung 1986 von 17 geprüften Formen nur 3 für – einschränkend – empfehlenswert befunden, die zwar ebenfalls nicht ganz frostsicher, dafür aber wenig krankheitsanfällig sind. Es handelt sich dabei um 'Golden Charmer', 'Orange Charmer' und die gelbfrüchtige 'Soleil d'Or'.

Wer mehrere, geschickt ausgewählte Rhododendren mit verschieden farbigen Blüten nebeneinandersetzt, den erwartet im Frühling und Frühsommer eine Farbharmonie, die ihresgleichen sucht.

Orangeblühende Strauchazalee

Robinia, Scheinakazie

Rhus, Sumach

Sambucus, Holunder

Rhododendron

Alpenrose

Hier ist nicht der Platz, einen Gesamtüberblick über diese arten- und formenreiche Gattung immergrüner Blütensträucher zu geben.

Alle Rhododendren brauchen einen sauren Boden und dürfen nicht in voller Sonne stehen. Der Pflanzplatz muß also sorgsam ausgewählt, der Boden mit Torf in den notwendigen sauren Zustand versetzt werden.

Sowohl Blüten- als auch Farbenreichtum sind so vielfältig, daß aus diesem etwas schwierigen Gehölz, nicht zuletzt dank fortlaufender Zuchtbemühungen, eine weitverbreitete Gartenpflanze geworden ist.

Rhus

Sumach, Essigbaum

Die beiden bei uns als Gartengehölze verwendeten Essigbäume sind R. glabra, der Scharlach-Sumach, mit leuchtendroter Herbstfärbung, und R. typhina, der Hirschkolbensumach, ebenfalls mit auffallendem gelbrotem Herbstlaub und den bekannten, aufrecht stehenden, großen roten Fruchtständen. Diese erscheinen aber nur an weiblichen Pflanzen, wenn ein männlicher Pollenspender in der Nähe steht. Essigbäume bilden breite, schirmartige Kronen, werden 4-5 m hoch, sind wegen ihrer Wurzelausläufer allerdings etwas lästig. Rhus ist völlig anspruchslos, trockenverträglich und winterhart.

Robinia

Robinie, Scheinakazie

Diese wertvollen, strauchartigen Bäume, die bis 4 m hoch werden können, besitzen im Juni weiße, rosa oder rötliche Blüten.

Robinien wollen viel Licht und Wärme, stellen kaum Ansprüche an die Bodenbeschaffenheit, sollten aber windgeschützt stehen. Das sehr brüchige Holz hält sonst keinem Sturm stand.

Sambucus

Holunder

Dieser altbekannte Bewohner von Bauerngärten wird für die in Mode kommenden Naturgärten wieder empfohlen. Er ist aber doch mit einigen unangenehmen Eigenschaften behaftet: erstens kann Sambucus mit 8 m Höhe und weit ausladenden Zweigen recht voluminös werden, zweitens ist sein Geruch nicht der angenehmste und drittens sind die eigentlich immer dick mit schwarzen Läusen besiedelten Zweige nicht das Appetitlichste.

Andererseits sehen die großen weißen Blütenteller im Juni/Juli sehr attraktiv aus und die schwarzen Beeren lassen sich gut zu Saft und Marmelade verarbeiten. Einige Gartenformen fallen durch aparte Blattzeichnungen auf.

Sorbus, Eberesche

Sorbus
Eberesche

Die bis 15 m hohen Bäume oder niedriger bleibenden, baumartigen Sträucher haben im Garten vor allem wegen der gelben bis gelbroten Herbstfärbung und der in dichten Trauben an den Zweigen sitzenden leuchtendroten Beeren Bedeutung. Auch die schmalen gefiederten oder glatten Blätter tragen zum Zierwert der Eberesche bei.
Die Früchte sind eßbar und ergeben einen hervorragenden, vitaminreichen Saft. Das Gehölz ist anspruchslos und winterhart.

Syringa
Flieder

Syringa ist eine arten- und sortenreiche Strauchgruppe für jeden guten, nahrhaften Gartenboden und sonnige bis halbschattige Lagen. Flieder sollte regelmäßig gedüngt werden.
Die Blüten sitzen an langen, aufrecht stehenden oder herabhängenden Rispen im Mai. Es sind alle Farben vertreten von Weiß über Rosa, Violett, Blau bis Rot. Die Blüten duften vielfach stark.
Da Syringa selten größer als 5 m wird und sich auch der Breitenwuchs in Grenzen hält, ist der Strauch eigentlich für jeden Garten geeignet. Welkende Blütenstände sind von der Pflanze unbedingt zu entfernen.

Viburnum
Schneeball

Viburnum sind sommer- wie immergrüne, bis 5 m hohe Sträucher mit rosaweißen und weißen Blüten im Frühling und Frühsommer.
V. farreri kann seine ersten duftenden weißen Blüten bereits im Dezember öffnen, muß dann allerdings vor dem Frost kapitulieren und setzt im März mit der Vollblüte ein. Die roten bis schwarzen Beeren und die leuchtende Herbstfärbung zum Beispiel vom Gemeinen Schneeball, V. opulus, machen den Strauch auch im Herbst sehenswert.
Alle Arten wachsen gut in normalem, durchlässigem Gartenboden und vertragen auch etwas Schatten.

Weigela
Weigelie

Diese hübschen Blütensträucher werden selten höher als 2 m. Sie sind anspruchslos, aber sonnenliebend.
Die weißen, gelben, roten oder rosa Blüten von beachtlicher Größe öffnen sich im Mai/Juni. Baumschulen führen eine Vielzahl von Sorten, so daß man die Auswahl zwischen allen Farbnuancen hat.

Syringa, Flieder

Viburnum opulus, Gemeiner Schneeball

Weigela, Weigelie

Laubgehölze

BOTANISCHER NAME	DEUTSCHER NAME	BLÜTEN-SCHMUCK	BLÜTE-ZEIT	HERBST-SCHMUCK	WUCHS-HÖHE IN M	IMMER-GRÜN
Acer japonicum	Japanischer Ahorn			X	1-3	
Acer palmatum	Fächerahorn			X	1-3	
Amelanchier	Felsenbirne	X	IV	X	10	
Aralia	Aralie	X	VI-VII		5	
Berberis	Berberitze	X	V-VI	X	1-4	X
Betula	Birke				15-25	
Buddleja	Schmetterlingsstrauch, Sommerflieder	X	VI-VIII		3-4	
Buxus	Buchsbaum				4-8	X
Callicarpus	Schönfrucht Liebesperlenstrauch			X	2-4	
Calluna	Besenheide, Heidekraut	X	VII-IX		0,40	
Choenomeles	Zierquitte, Scheinquitte	X	III-IV		1-2	
Cornus	Hartriegel	X	V-VI	X	4-5	
Cotinus	Perückenstrauch	X	VI-VII	X	4-5	
Cotoneaster	Zwergmispel			X	ab 0,10	X
Cytisus	Geißklee, Ginster	X	V-VII		0,10-3	
Daphne	Seidelbast	X	V	X	0,50-1	X
Erica	Glockenheide	X	ab XII		0,50	
Euonymus	Spindelstrauch			X	3	X
Forsythia	Forsythie	X	III-IV		2-3	
Hamamelis	Zaubernuß	X	I-III	X	3-5	
Hibiscus	Eibisch	X	VIII-IX		2-3	
Hydrangea	Hortensie	X	VI-VIII		1-3	
Ilex	Stechpalme			X	1-6	X
Laburnum	Goldregen	X	V-VI		5-8	
Magnolia	Magnolie	X	V-VI		2-6	
Malus	Zierapfel	X	V	X	3-10	
Philadelphus	Pfeifenstrauch	X	VI-VII		1-4	

Laubgehölze

BOTANISCHER NAME	DEUTSCHER NAME	BLÜTEN-SCHMUCK	BLÜTE-ZEIT	HERBST-SCHMUCK	WUCHS-HÖHE IN M	IMMER-GRÜN
Potentilla	Fingerkraut	X	VI-X		1-1,50	
Prunus	Pflaume, Kirsche, Pfirsich, Mandel	X	III-V		2-10	
Pyracantha	Feuerdorn			X	2-5	X
Rhododendron	Alpenrose	X	IV-VI		0,50-6	X
Rhus	Sumach, Essigbaum			X	4-5	
Robinia	Robinie, Scheinakazie	X	VI		1-4	
Sambucus	Holunder	X	VI-VII	X	5-8	
Sorbus	Eberesche	X		X	10-15	
Syringa	Flieder	X	V		3-5	
Viburnum	Schneeball	X	III-V	X	2-5	X
Weigela	Weigelie	X	V-VI		1-2	

Anmerkung: Es gibt zu den Gattungen einzelne Arten, die nicht immergrün sind. Darüber muß man sich beim Kauf informieren.

Porträts der Nadelgehölze

Abies
Tanne

Von diesen Großkoniferen, die auch bei uns eine Höhe von 50 m erreichen können, eignet sich am ehesten noch die Koreatanne, A. koreana, für den Hausgarten. Sie wird hier allenfalls 15 m hoch, bleibt jedoch meist wesentlich kleiner. Die zwergigen Formen der Edeltanne, A. procera, erreichen dagegen kaum 1 m. Hier seien A. procera 'Glauca prostata' oder 'Nobel' genannt.
Tannen wollen einen frischen, humosen Boden und brauchen keinen vollbesonnten Platz.

Cedrus
Zeder

Von C. deodora, der Himalajazeder, sind einige neuere Gartenformen im Handel, die aber harten Wintern meist nicht standhalten, unter ungünstigen Verhältnissen nicht einmal im Weinbauklima. Härter ist C. atlantica, die Atlaszeder, von der besonders die blaunadelige Form 'Glauca' erwähnenswert ist.
Immerhin kommen auch Zedern im Lauf der Jahre auf die stattliche Höhe von 20 m und mehr.

Chamaecyparis
Scheinzypresse

Es gibt viele Arten und Sorten, die zwischen 0,50 und 20 m groß werden.
Besonders reizvoll, aber nicht überall passend, sind die hohen Säulenformen der verschiedenen Sorten von C. lawsoniana. Die Konifere ist anspruchslos und schattenverträglich. Auch bei ihr reicht die Wuchsvielfalt von der 10 m hohen Pyramide ('Glauca Argentea') bis zum 1-m-Zwerg ('Forsteckensis').
Viele empfehlenswerte Sorten gibt es auch bei C. nootkatensis (Nutka-Scheinzypresse), C. obtusa (Hinoki-Scheinzypresse) und C. pisifera (Sawara-Scheinzypresse). Die Nadelfärbung ist je nach Art und Sorte grün, blaugrün, goldgelb, mit gelblichweißen Spitzen und Mischfarb-Varianten.

Abies koreana, Koreatanne

Cedrus deodora, Himalajazeder

Juniperus communis, Gemeiner Wacholder

Chamaecyparis lawsoniana

Larix, Lärche

Juniperus

Wacholder

Die Arten und Sorten, Farben und Formen füllen in den Baumschulkatalogen ganze Spalten. Erwähnenswert die 'Pfitzeriana'-Wacholder, die am häufigsten angepflanzt werden. Sie gehören zur Art J. chinensis, dem China-Wacholder, dem auch eine Vielzahl weiterer Sorten entstammen. Von J. communis, dem Gemeinen Wacholder, gibt es ebenfalls einige Gartenformen, teilweise mit zwergigem Wuchs von nur 0,50 m Höhe. Viele Wacholder bestechen durch ihre leuchtend-goldgelben Nadeln, wie zum Beispiel J. communis 'Nana Aurea' oder J. chinensis 'Plumosa Aurea'.

Juniperus ist recht anspruchslos, wünscht sich im allgemeinen leichten Boden – daher auch seine Eignung für Stein- und Heidegärten – und verträgt etwas Schatten.

Larix

Lärche

Die Lärche ist eine der wenigen Koniferen, die im Herbst ihr Nadelkleid verlieren.

Zu imposanter Größe und durchgehender Benadelung können sie nur im großen Garten kommen, wo sie frei und voll belichtet stehen. Dann fallen Lärchen durch die zartgrüne Farbe ihrer Nadeln beim Austrieb und die leuchtendgelbe Herbstfärbung auf. Bei zu wenig Platz verkahlen die Bäume, bei Beschattung durch nebenstehende Gehölze wird man der Wolläuse kaum mehr Herr.

Picea pungens, Blaufichte

Pinus wallichiana, Tränenkiefer

Thuja orientalis 'Conspicua'

Picea
Fichte

Ähnlich wie bei Abies, den Tannen, kommen auch hier die großen Formen für den Hausgarten nur bedingt in Frage. Dafür gibt es eine Reihe kleinbleibender, sehr hübscher Bäume mit unterschiedlichem Habitus und teilweise äußerst reizvoller Benadelung.

P. abies 'Compacta', die Kugelfichte beispielsweise, wird nur 2 m hoch und wächst, wie der Name sagt, gedrungen und kompakt. Sehr langsam wachsend ist die kegelige Form 'Ohlendorfii', eine Zwergfichte. 'Pygmaea' bleibt mit 1 m an der untersten Wuchsgrenze für Fichten. Es gibt noch viele weitere Sorten. Am häufigsten unter den Großbäumen sieht man in den Gärten die Serbische oder Omorikafichte, Picea omorika, die zwar auch eine Höhe von 20 m erreicht, wegen ihres säulenartigen, schmalen Wuchses jedoch am ehesten im Garten zu verwenden ist.

Die fälschlich als „Blautanne" bezeichnete Blaufichte, P. pungens, wird mit einer Vielzahl von Sorten angeboten, deren Wuchsformen vom kaum meterhohen Zwerg bis zum ausgewachsenen 20-m-Gehölz reichen.

Fichten, übrigens auch gut als Heckenpflanzen geeignet, stellen weder an den Boden noch an die Lage besondere Ansprüche.

Pinus
Kiefer

Die Kiefer ist die robusteste und genügsamste Konifere und mit ihrer Formenvielfalt für die unterschiedlichsten Gartenpartien geeignet. Es gibt Winzlinge, die selten höher als 0,50 m werden, wie zum Beispiel P. pumila, die Zwergkiefer, und 30 m hohe Bäume, zu denen auch die attraktive Tränenkiefer, P. wallichiana, gehört.

Sehr schön und mit 10 m Höhe auch für kleinere Gärten geeignet ist P. parviflora, die Mädchenhaarkiefer, mit vielen Sorten.

Variabel in der Größe präsentiert sich die Weymouthskiefer, P. strobus, die gerne im Hausgarten angepflanzt wird.

Taxus
Eibe

Taxus baccata, die Gemeine Eibe, kann man in den Baumschulen aus einem reichhaltigen Sortiment auswählen. Es gibt dicht am Boden liegende Zwergformen und Säuleneiben mit 5 m Höhe. Auch die Benadelung hat mit vielen grünen, gelben bis goldgelben Tönungen einiges zu bieten.

Eiben sind hinsichtlich des Bodens nicht sonderlich wählerisch. Sie lieben einen schattigen Platz.

Thuja
Lebensbaum

Gleich der Eibe ist der Lebensbaum eine völlig unempfindliche, vielgestaltige Konifere für Sonne und Schatten. Es gibt eine Riesenauswahl, vor allem bei T. occidentalis, dem Abendländischen Lebensbaum. Etwas zu Unrecht werden die vielen attraktiven Formen von den Gartenbesitzern wenig gewürdigt, während die eintönige Thujahecke zur Allerweltsumpflanzung geworden ist.

Tsuga canadensis 'Jeddeloh'

Tsuga
Hemlocktanne, Schierlingstanne

Die Hemlocktanne ist eine schattenliebende Konifere für jeden guten Gartenboden.
Von T. canadensis, der Kanadischen Hemlocktanne, werden eine Reihe von Gartenformen angeboten, darunter auch Zwerge wie die nur meterhohe 'Nana' oder 'Jeddeloh'. T. canadensis 'Pendula' ist eine äußerst interessante Form von etwa 4 m Höhe, deren Zweigspitzen bogig herunterhängen.
Die Berghemlocktanne, T. mertensiana, ist eine stattliche, 10 m hoch wachsende Konifere für Einzelstellung an einem schattigen Platz.

Hecken

Bei der Definition des Begriffs „Hecke" stößt man unversehens auf einige Schwierigkeiten. Gemeinhin versteht man darunter eine kompakte grüne Wand aus Gehölzen, die durch Schnitt in Form gebracht wurden. Schauen wir uns aber einschlägige Pflanzenlisten an, präsentiert sich die Hecke dort ganz anders. Miniböschungen aus Buchsbäumen, als Beeteinfassungen alter Bauerngärten bekannt, mögen unter dem Begriff Hecke noch akzeptabel sein, aber hohe, schnittunverträgliche Bäume – was haben diese respektablen Gehölze noch mit einer herkömmlichen Hecke zu tun?
Wir wollen uns deshalb hier auf diejenigen der kleinbleibenden beziehungsweise durch Schnitt niedrig zu haltenden Hecken beschränken, die unserer Vorstellung von einer derartigen Einfassung noch am ehesten entsprechen. Sie weisen damit auch die Befähigung auf, die wir von einer derartigen Baum- oder Strauchansammlung erwarten. Man muß sich dabei von der akademischen Definition der Garten- und Landschaftsarchitekten lösen, auch von den Katalogangeboten der Baumschulen. Hier geht es allein um den Hausgarten, der zugegebenermaßen immer kleiner wird, und deshalb um die Frage: was für eine Aufgabe hat die Hecke in diesem Bereich, was für Vorteile bietet sie, und welche Pflanzen kommen dafür in Frage?
Es gibt verschiedene Möglichkeiten, das Eigentum – den Garten, das Haus – nach außen hin abzugrenzen. Zäune beispielsweise, aus den unterschiedlichsten Materialien und in den verschiedensten Ausführungen, oder Mauern. So schirmte man sich früher ab, als es noch keine Bebauungsvorschriften gab, das Nachbarschaftsrecht durch einfache Grenzziehung festgelegt war. Heute sind die Abstände von Haus zu Haus, von Grundstück zu Grundstück geschrumpft, die Rechte und Pflichten reglementiert. Doch Distanz möchte man immer noch halten.
Grüne Zäune, Hecken also, hoch oder niedrig, bieten sich als Gartenelement auch aus anderen Gründen an. Hecken sind Sichtschutz, sie sind schön, besonders wenn es sich um Blütengehölze handelt, auch im Winter dicht, sofern man Immergrüne wählt, und sie gewähren allerlei Getier Schutz und Zuflucht, was kein Zaun leisten kann.
Weil unsere Gärten, wie gesagt, klein geworden sind, müssen auch Heckengehölze auf das Maß der Zweckmäßigkeit in diesem Bereich reduziert werden. Das heißt: sie müssen als Zaunersatz schmal sein, dürfen den Nachbarn nicht belästigen und so dem Zweck dienen, der ihnen von ihrem Besitzer zugedacht ist.
Wir können, grob gesehen, zwischen 3 Heckentypen wählen: der Blütenhecke, der immergrünen Hecke, der Schnitt- oder Formhecke. Sehen wir uns diese 3 Varianten nun etwas genauer an.
Für Blütenhecken werden Sträucher verwendet, die im Frühjahr oder Sommer ihren farbenfrohen Flor entfalten und, vom Auslichten abgesehen, keinen Schnitt brauchen.
Immergrüne Bäume und Sträucher werden in der Regel Form- oder Schnitthecken sein, die man mit Hilfe der Schere zu einer grünen Wand stutzt. Diese Gehölze sind also bereits mit der erwähnten dritten Variante, der Schnitthecke, identisch, die andererseits keineswegs immergrün sein muß. Auch Gehölze, die im Herbst ihr Laub abwerfen, kann man den Sommer über einem strengen Reglement durch die Schere unterziehen.

Thuja-occidentalis-Hecke

Genau genommen braucht der Gartenbesitzer also nur zwischen 2 Möglichkeiten zu wählen: der geschnittenen oder der ungeschnittenen Hecke. Die eine ist in der Regel Zaunersatz, die andere Blütenschmuck.

Die Auswahl richtet sich nicht nur nach dem jeweiligen Geschmack, sondern auch nach dem zur Verfügung stehenden Platz. Die Blütenhecke besteht aus mehr oder weniger dicht gepflanzten, weitverzweigten Gehölzen, die Platz für ihr Astwerk brauchen, die Formhecke hält man mit der Schere in den ihr zugedachten Grenzen. Empfehlungen können nicht gegeben werden, einige Einschränkungen, die beide Heckentypen betreffen, sind notwendig.

Theoretisch stimmt es, daß dichte Pflanzungen von Gehölzen herbstliche oder winterliche Winde brechen und den hinter diesem grünen Wall stehenden Gewächsen Schutz geben. Praktisch fällt das in unseren kleinen Gärten, in denen Hecken nicht als Klimaregulatoren, sondern als Sichtschutz und Zaunersatz angepflanzt werden, so gut wie nie ins Gewicht.

Theoretisch ist es richtig, daß hohe, dichte, immergrüne Hecken im Vorgarten die Abgase der Autos abhalten und sogar Lärm ein wenig dämmen. Praktisch müßte man, um diesen Effekt zu erzielen, die Gehölze zweireihig, also extrem dicht pflanzen und von der Gemeinde die Genehmigung erhalten.

Hecken haben im heutigen Hausgarten, es wurde schon angedeutet, eine viel simplere Funktion: sie sollen eine liebenswürdige, vielleicht sogar liebenswerte Begrenzung sein, freundliches Gestaltungselement und, erwünschter Nebeneffekt, Zuflucht für allerlei Kleingetier. Weil es sich hier um eine Ansammlung von mehr oder minder großen Gewächsen auf ziemlich engem Raum handelt, muß vor der eigentlichen Pflanzung einiges berücksichtigt werden.

Pflanzvorbereitung

Wenn man eine durchgehende, dicht wachsende Hecke anlegen will, ist es einfacher, nicht für jede Pflanze ein separates Loch, sondern gleich einen Graben auszuheben, etwa 1 Spatenstich tief und 1 Spatenblatt breit. Die Grabensohle wird zusätzlich mit der Grabegabel aufgelockert.
Den Aushub kann man, wenn der Boden zu wünschen übrig läßt, mit organischem Dünger oder Kompost vermischen. Auf den Grund des Pflanzgrabens bringt man eine Schicht Torf auf. Dann ist alles zum Setzen der Heckenpflanzen bereit.

Pflanzabstand

Für den Abstand, in dem die Heckenpflanzen gesetzt werden müssen, gibt es natürlich keine generell gültigen Vorschriften. Es hängt davon ab, um welche Gehölze es sich handelt und welchem Zweck die Hecke dienen soll. In der Regel wird man bei einer Wuchshöhe bis zu 2 m 3-4 Pflanzen pro m rechnen, bei kleinerbleibenden entsprechend mehr.

Pflanzzeit und Pflanzung

Die Pflanzzeit dagegen ist weitgehend festgelegt, und man sollte diese Termine berücksichtigen. Sommergrüne Hecken und Blütensträucher ohne Ballen und Container pflanzt man am besten im Oktober und November. Nur in sehr rauhen Lagen und bei besonders empfindlichen Gewächsen wartet man bis zum Frühjahr, etwa März/April.
Bei immergrünen Laub- und Nadelgehölzen kann man 2 Pflanztermine ins Auge fassen: Ende August oder Ende

Heckenpflanzung; 1. man hebt einen etwa 1 Spatenstich tiefen und 1 Spatenblatt breiten Graben aus. Die Sohle wird mit der Grabegabel aufgelockert.

2. Nun wird eine Schicht Torf auf den Gartenboden aufgebracht. Der Aushub kann mit organischem Dünger oder Kompost vermischt werden.

3. Die Pflanzen setzt man, 3–4 pro m, auf den Torf, löst bei den Immergrünen das Ballentuch und füllt den Graben bis zur Hälfte auf.

4. Jetzt muß man wässern.

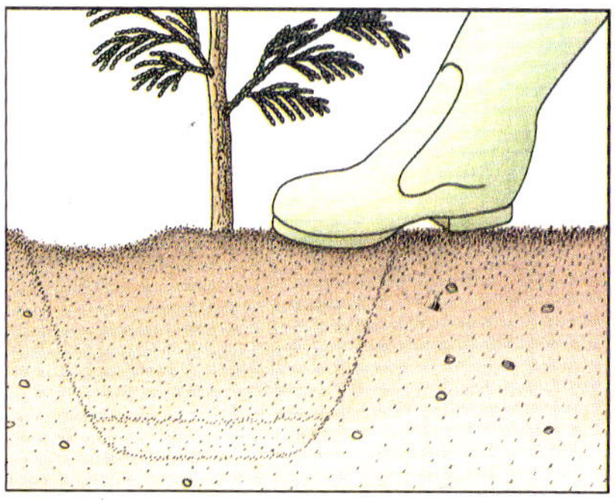

5. Danach füllt man auf und tritt kräftig an.

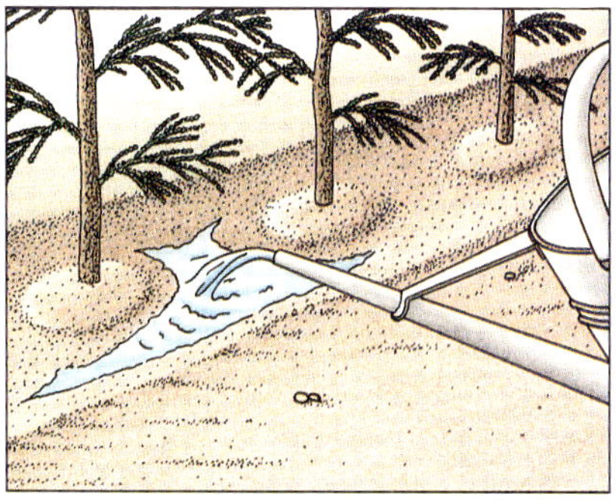

6. Nun muß gut gegossen werden.

7. Zum Schluß ist Mulchen ratsam.

April. Diese Gewächse werden wegen ihrer Empfindlichkeit immer als Ballenware verkauft, und auf etwas anderes sollte man sich auch wirklich nicht einlassen.
Ein Hinweis noch zum Ballentuch. Wie schon an anderer Stelle beschrieben, ist der Knoten oben am Stamm in jedem Fall zu lösen, die Ecken sollten so weit zurückgeschlagen werden, daß die Wurzeln später frei weiterwachsen können. Wer ganz sicher gehen will, zieht das gesamte Tuch vorsichtig unter den Wurzeln weg, nachdem die Pflanze im Pflanzloch oder im Graben steht.
Ganz schlimm wird es, wenn die Pflanzen mit sogenannten „Scheinballen" geliefert werden. In diesem Fall handelt es sich nicht um echte ballierte Ware, sondern frei ausgepflanzten Gehölzen wurde nachträglich ein Tuch um die Wurzeln geschlungen und diese Attrappe dann mit Erde aufgefüllt. Der Schwindel wird meist erst entdeckt, wenn die Heckenpflanzen am Eingehen sind. Man sollte sich auf nichts einlassen und den Kaufbetrag zurückfordern oder neue Ware verlangen. Übrigens wird so ein Mißgeschick nicht passieren, wenn man in einem anerkannten Betrieb oder einer Markenbaumschule kauft, die dem „Bund Deutscher Baumschulen" angeschlossen ist oder als „Gartenbaumschule" firmiert.
Nicht ballierte Gehölze sind vor dem Pflanzen eine Zeitlang in Wasser zu stellen, wird empfohlen. Ähnlich wie schon bei Rosen gesagt, ist das nicht unbedingt notwendig, wenn während des Setzens reichlich gewässert wird. Bevor es so weit ist, werden die Wurzeln auf Bruchstellen oder andere Beschädigungen überprüft, was nicht in Ordnung ist, wird weggeschnitten. Das Einkürzen der oberirdischen Teile um etwa ein Drittel nimmt man nur im Frühjahr vor, bei Frühjahrspflanzung also sofort, bei Herbstpflanzung erst im März/April des darauffolgenden Jahres. Nadelgehölze erhalten keinerlei Pflanzschnitt.
Das eigentliche Pflanzen vollzieht sich so: zuerst werden die Gehölze in den Graben gestellt, dieser zur Hälfte mit dem Aushub aufgefüllt, dann wird gründlich gewässert und danach die Grube ganz geschlossen. Nun tritt man fest und gibt noch einmal reichlich Wasser.
Wer organisches Material zur Verfügung hat – Torf, Grasschnitt, Kompost oder Rindenmulch –, deckt die Pflanzstelle damit noch zusätzlich ab. Das hält den Boden länger feucht und mindert Unkrautwuchs. Allerdings sollte man bereits beim Vorbereiten der Pflanzstelle so sorgfältig wie möglich Unkräuter, Steine und dergleichen entfernt haben.

Heckenpflege

Wir müssen uns, besonders bei Formhecken, immer darüber im klaren sein, daß hier viele Pflanzen auf engstem Raum zusammenstehen und sich gegenseitig Nährstoffe und Wasser streitig machen. Man muß also regelmäßig düngen. Man gibt im zeitigen Frühjahr etwa 50 g/m^2 eines mineralischen Volldüngers und die Hälfte dieser Menge noch einmal im Juni, aber nicht später als Ende Juni.
Als recht günstig hat es sich erwiesen, Mineraldünger und organischen Dünger im Jahresrhythmus abzuwechseln. Wer meint, daß seine Hecke es nötig hat, kann auch schon im Winter Dünger auf die Schneedecke streuen, der dann sehr frühzeitig mit dem Schmelzwasser an die Wurzeln gelangt. Darüberhinaus ist jede Hecke für eine ständige Mulchdecke dankbar, die aber die regelmäßige Düngung nicht ersetzt.
Bei Trockenheit müssen die Heckenpflanzen zusätzlich gewässert werden, die Immergrünen in jedem Fall im Spätherbst lange und ausgiebig, bevor der Boden gefroren ist. Auch während des Winters kann man an milden Tagen den Gartenschlauch in die immergrüne Hecke legen und das Wasser langsam herausrieseln lassen.

Heckenschnitt

Blütenhecken sollten ebenso behandelt werden wie die entsprechenden Einzelsträucher, das heißt, es wird in der Regel nur verjüngt, abgestorbenes Holz herausgeschnitten und ausgelichtet, wo der Wuchs zu dicht erscheint. Hier gilt die Regel: Frühlings- und Frühsommerblüher erst nach der Blüte schneiden, die anderen bei Bedarf im Herbst und Winter.
Form- oder Schnitthecken von sommergrünen Laubgehölzen bringt man im Juni in die gewünschte Fasson, bei neuen Anpflanzungen, ob sommer- oder immergrün, erst nach dem ersten Standjahr. Nisten Vögel in den Zweigen, kann man den Schnitt bis Ende Juli/Anfang August hinausschieben. Immergrüne und Nadelholzhecken sind etwa Mitte August dran oder im Frühjahr vor dem Austrieb.
Grundsätzlich soll beim Schnitt darauf geachtet werden, daß die Hecke eine trapezartige Form erhält, das heißt, daß sie oben schmäler ist als unten. Die Abweichung zwischen Basis und Oberkante soll nach einer Faustregel zirka 10 cm betragen, die Hecke soll also unten 10 cm breiter sein als oben.
In der folgenden Zusammenstellung gibt es Überschneidungen, weil sich die meisten schnittverträglichen Gehölze auch ungeschnitten verwenden lassen.

Heckenschnitt; 1. vor dem Schnitt

2. Nach dem Schnitt ist sie oben 10 cm schmaler als unten.

Laubgehölze für Schnitthecken (i = immergrün)

Berberitze:	Berberis buxifolia 'Nana' (i), B. gagnepainii (i), B. x ottawensis 'Superba', B. thunbergii,
Buchsbaum:	Buxus sempervirens (i)
Feuerdorn:	Pyracantha-Sorten (i)
Fingerkraut:	Potentilla fruticosa
Hainbuche:	Carpinus betulus
Hartriegel:	Cornus mas, C. sanguinea
Liguster:	Ligustrum ovalifolium (i), L. vulgare
Heckenkirsche, Geißblatt:	Lonicera nitida (i), L. tatarica, L. xylosteum
Lorbeerkirsche:	Prunus laurocerasus (i)
Mahonie:	Mahonia aquifolium (i)
Purpurweide:	Salix purpurea
Stechpalme:	Ilex aquifolium (i)
Spierstrauch:	Spiraea-Bumalda-Hybriden
Weißdorn:	Crataegus intricata
Zwergmispel:	Cotoneaster acutifolius, C. bullatus

Nadelgehölze für Schnitthecken

Eibe:	Taxus baccata in Sorten
Lebensbaum:	Thuja occidentalis in Sorten
Leyland-Zypresse:	x Cypressocyparis leylandii
Scheinzypresse:	Chamaecyparis-Lawsoniana-Sorten

Freiwachsende und Blütenhecken (i = immergrün)

Berberitze:	Berberis gagnepainii (i), B. hookeri (i), B. julianae (i), B. x ottavensis 'Superba'
Buchsbaum:	Buxus sempervirens (i)
Deutzie:	Deutzia
Eberesche:	Sorbus in verschiedenen Arten
Felsenbirne:	Amelanchier laevis, A. lamarckii
Forsythie:	Forsythia
Hainbuche:	Carpinus betulus
Hartriegel:	Cornus alba, C. mas, C. sanguinea
Heckenkirsche, Geißblatt:	Lonicera
Liguster:	Ligustrum
Pfeifenstrauch, Falscher Jasmin, Sommerjasmin:	Philadelphus
Pflaume, Kirsche, Pfirsich, Mandel:	Prunus
Rose:	Rosa
Schneeball:	Viburnum

Freiwachsende und Blütenhecken (i = immergrün)	
Spierstrauch:	Spiraea in verschiedenen Arten
Spindelstrauch, Pfaffenhütchen:	Euonymus europaeus
Stechpalme:	Ilex aquifolium (i)
Sumach, Essigbaum:	Rhus
Weide:	Salix in verschiedenen Arten
Weigelie:	Weigela in verschiedenen Arten
Weißdorn:	Crataegus
Zierjohannisbeere:	Ribes alpinum, R. sanguineum
Zierquitte:	Choenomeles
Zwergmispel:	Cotoneaster bullatus, C. dielsianus, C. divaricatus, C. multiflorus

Heckenreparatur; 1. verkahlende Schnitthecke

Der Spierstrauch als Schnitthecke

Immergrüne Feuerdornhecke

Blütenheckenpflanze Deutzie

Reparatur alter Schnitthecken

Leider kommt es bei alten Schnitthekken immer wieder vor, daß sie zu verkahlen beginnen und dann das meiste von ihrer Schönheit einbüßen. Hier hilft nur ein radikaler Rückschnitt bis ins alte Holz, wobei man dann unter Umständen 2 Jahre warten muß, ehe das junge Grün wieder nachgewachsen und dicht geworden ist.

Bei diesem Totaleingriff nimmt man die Gehölze um 2/3 zurück und kürzt die Seitentriebe auf nur wenige Augen ein. Was im ersten Jahr nach dem Schnitt nachgewachsen ist, bleibt unberührt, im zweiten Jahr werden vom Zuwachs noch einmal etwa 30 cm zurückgenommen, um das Dichtenwachstum erneut anzuregen.

Sind einzelne Pflanzen in der Heckenformation gänzlich ausgefallen, schafft nur ein Neukauf und Nachpflanzen Abhilfe. Hier muß man unter Umständen etwas tiefer in die Tasche greifen, je nachdem, wie hoch die Hecke gewachsen ist. Denn die Ersatzexemplare müssen in der Höhe und möglichst auch im Umfang dem vorhandenen Pflanzenmaterial entsprechen.

2. Im ersten Jahr muß man die Hecke radikal um zirka 2/3 zurückschneiden.

3. Im zweiten Jahr werden die Neutriebe um etwa 30 cm eingekürzt.

Der Rasen

Einen Hausgarten ohne ein Stück Rasen, und sei es noch so klein, wird man lange suchen müssen. Der grüne Teppich ist die einzige Möglichkeit, eine freie Fläche in der Mitte des Gartens einigermaßen ansehnlich auszustaffieren. Was auch sonst sollte da wachsen? Die oftzitierten, niedrig bleibenden Bodendecker, wie Efeu oder Cotoneaster dammeri, immer wieder als „Rasenersatz“ herausgestellt, sind nur in den seltensten Fällen und unter besonderen Umständen anstelle des Rasens zu verwenden.

Der Rasen hat also bei der Gartengestaltung ein gewichtiges Wort mitzureden, wobei ihm, im Gegensatz zu den verschiedenen Gehölzen, der Blumenrabatte oder dem Staudenbeet, sein Platz fast immer von vornherein zugewiesen ist. Denn kein Hausbesitzer würde Bäume und Sträucher in die Mitte seines Gartens pflanzen und den Rasen darum herum.

Für den Rasen als Mittelpunkt ist andererseits die Rahmengestaltung von entscheidender Bedeutung. Es gibt kaum etwas Langweiligeres als einen Garten, der außer der grünen Graslandschaft nichts zu bieten hat. Auch der kostbarste Teppich kann ein Zimmer nicht wohnlich machen, solange die Möblierung zu wünschen übrig läßt.

Bodenvorbereitung

In der Regel wird es sich beim Rasen um eine Dauerbepflanzung handeln, die allenfalls im Lauf der Jahre hier oder dort etwas verkleinert wird, weil man den Platz für ein neues Gehölz, die Erweiterung der Staudenrabatte oder irgend einen ähnlichen Zweck benötigt. Es kommt also schon vor der Einsaat darauf an, dem künftigen Rasen seine Bleibe so angenehm wie möglich einzurichten. Auf gut deutsch: der Boden muß stimmen, muß so beschaffen sein, daß sich die Hunderttausende von kleinen Graspflanzen hier wohl fühlen und Jahr um Jahr unermüdlich grünen.

Liest man hierzu die einschlägige Fachliteratur, kann einem bereits vor Beginn schwindelig werden. Da wird man belehrt, welche Struktur der Boden des Rasenbetts haben muß, welchen pH-Wert, wieviel Liter Wasser ein einziges Graspflänzchen während der Saison benötigt und wieviel das für so und soviel m^2 Fläche bedeutet, ob und wann Kalk nach einer natürlich regelmäßig vorzunehmenden Bodenanalyse zu geben ist und anderes mehr.

Wer das Pech hatte, ein englisches Rasenbuch unbearbeitet in deutscher Sprache zu erwischen, ist vollends arm dran. Dort kann er dann zusätzlich zu dem Verwirrspiel um das geliebte „green“ noch erfahren, daß er seine Gräser nach einer taureichen Nacht mit einem Spezialbesen abzufegen hat, damit den zarten Halmen nichts Arges widerfährt.

Wir können uns bei unserem gutmütigen, robusten Hausrasen derartige Extravaganzen getrost sparen. Als Boden genügt jede normale Erde, wie sie in der Mehrzahl der Gärten vorhanden ist oder bei Gartenneuanlagen in Form von Mutterboden herbeigeschafft wird. Der pH-Wert sollte zwischen 6 und 7 liegen.

Man muß die Fläche vor der Aussaat umgraben, von Unkräutern und Steinen befreien und glatt harken. Wer genügend Zeit hat, wartet mit dem Säen nach dieser ersten Bearbeitung noch 1 Monat und jätet dann ein zweitesmal durch.

Die Empfehlung, statt dem Jäten ein Herbizid auszubringen und mit Hilfe chemischer Substanzen die Unkräuter total zu vernichten, sollte nicht befolgt werden. Nur wer die „Formulierung“, das heißt die genaue chemische Zusammensetzung derartiger Präparate kennt, um ihre Wirkung und Gefahren weiß, kann einen derartigen Rundumschlag riskieren. Aus seinem künftigen Rasen zunächst einen Kartoffelacker zu machen, ist dagegen durchaus sinnvoll, weil das eine tiefgründige Bodenlockerung zur Folge hat, Luft ins Erdreich dringt und die Humusproduktion der Kleinstlebewesen ankurbelt. Dann muß man sich allerdings mit dem Auslegen des grünen Teppichs ein Jahr gedulden.

Aussaatzeit

Die besten Aussaattermine sind April/Mai und Mitte August/September. Bei Frühjahrsaussaat ist der Boden bereits leicht erwärmt und abgetrocknet, bei Saat im fortgeschrittenen Sommer sind die Hitzeperioden vorbei, die Gräser haben bis zum Winter noch genügend Zeit, dichtes Wurzelwerk zu bilden und fest einzuwachsen. Einer Aussaat im Hochsommer steht eigentlich nur die zu befürchtende Trockenheit entgegen, die zusammen mit der langen Tagesdauer den jungen, zarten Graspflanzen doppelt zu schaffen machen kann.

Die richtige Saatmischung

Beim Kauf des Saatguts ist dringend zu empfehlen, nicht auf die billigste Mischung zurückzugreifen. Das hat seinen guten Grund.

Es sind vor allem 4 Grasarten und hiervon wieder verschiedene Sorten, die in unterschiedlichem Verhältnis die Be-

standteile jeder Rasenmischung darstellen: Agrostis capillaris (Rotes Straußgras), Festuca rubra (Rotschwingel), Poa pratensis (Wiesenrispe) und Lolium perenne (Deutsches Weidelgras).
Diese Gräser unterscheiden sich durch einige Merkmale, die im Rasen alle ihr Für und Wider haben und durch das Mischungsverhältnis ausgeglichen werden. Wenn auch auf den Packungen der prozentuale Anteil der Grasarten meist angegeben wird, ist der Laie doch völlig überfordert, sollte er hieraus die Qualität des Produkts ableiten oder gar entscheiden, welche Samenmischung seinen individuellen Wünschen am ehesten entspricht. Man verlasse sich also entweder auf eine sachkundige Beratung im Fachgeschäft – was heutzutage leider nicht selbstverständlich ist – oder greife gleich zu einem Markenprodukt, das dann etwas teurer ist.
Nicht minder verwirrend ist die Vielzahl der verschiedenen Rasentypen: Teppichrasen, Zierrasen, Spielrasen, Wohnrasen, Exquisit-Rasen, Strapazierrasen, Gebrauchsrasen und Sportplatzrasen. Für den Hausgebrauch wird man je nach Beanspruchung Zierrasen oder Spielrasen wählen.
Spielrasen ist etwas härter im Nehmen, erlaubt das zeitweilige Herumtoben, trägt kaum etwas nach und ist das Richtige für eine Familie, die ihre Kinder nicht aus dem Garten auf den Spielplatz verbannt.
Zierrasen ist eine Idee „vornehmer“, kann natürlich ebenfalls betreten, will aber in erster Linie betrachtet werden. Was wiederum nicht bedeutet, Spielrasen sei unansehnlich.
Weil es aber für die genannten Rasentypen keine DIN-Normen gibt, hängt alles letztlich von der Qualität des Saatgutes ab. Deshalb noch einmal: Billigangebote müssen nicht schlechter als andere, können es aber sein.

Der grüne Teppich kleidet üblicherweise freie Gartenflächen.

Die Aussaat

Bei der Frage nach der Menge des auszubringenden Saatguts gibt es ebenfalls Schwierigkeiten. Eine Faustregel lautet: 25-30 g pro m^2.
Ist eine große Fläche einzusäen, kann in der Tat ein etwas umständliches Verfahren hilfreich sein. Dazu steckt man 1 m^2 Fläche probeweise ab, wiegt die erforderliche Saatmenge auf der Briefwaage ab und streut sie aus. Jetzt hat man ein Gefühl dafür, wie breitwürfig man in etwa säen muß.
Einfacher und gleichmäßiger geht es mit einem Säwagen, bei dem man die Saatdichte einstellen kann. Die exakteste Verteilung des Samens erreicht man, wenn dünn gesät und die Fläche einmal längs, einmal quer abgefahren wird. Die Anschaffung dieses kleinen Geräts lohnt sich auch deshalb, weil man es später genausogut zum Düngen verwenden kann.
Nach der Ausbringung wird der Grassamen eingeharkt, das heißt, nur leicht bedeckt. Das anschließende Walzen sorgt dafür, daß die einzelnen Samenkörner fest in den Boden gedrückt werden und die gesamte Fläche eine letzte, abschließende Glättung (Planierung) und Festigung erfährt.
Die Anschaffung einer speziellen Walze für diesen Zweck kann man sich sparen. Mit 2 einfachen Holzbrettern unter den Füßen wird derselbe Effekt erzielt. Wichtig in den nächsten 1-2 Wochen Keimdauer ist ein ständiges Feuchthalten der Rasensaat. Wird die Keimung durch Austrocknung einmal unterbrochen, stirbt das Samenkorn ab. Deshalb ist eine Neuanlage, wie schon gesagt, im Hochsommer sehr riskant.

Rasenneusaat: 1. die Fläche wird zuerst umgegraben, gesäubert und glattgeharkt.

3. Nach der Saat harkt man den Grassamen oberflächlich ein.

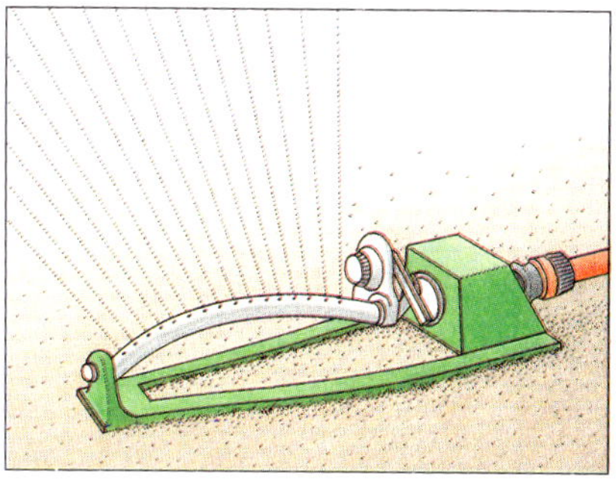

5. Es ist sehr wichtig, daß die Saat in den nächsten 1–2 Wochen nie austrocknet.

2. Die Aussaat kann man mit einem Säwagen vornehmen. Etwas umständlicher ist die Aussaat mit der Hand.

4. Anschließend muß man die Fläche mit einer Walze oder unter die Füße geschnallten Brettern festtreten.

Rasenmähen

Bis zum erstenmal der Mäher in Aktion tritt, können einige Wochen vergehen. Es hängt vom Wetter, also hauptsächlich von der Temperatur ab und davon, wie schnell die Gräser wachsen. Ist es im Frühjahr noch sehr kühl, der Spätsommer kalt und verregnet, brauchen die Graspflänzchen entsprechend mehr Zeit, ehe sie die für den ersten Schnitt erforderliche Höhe von 8-10 cm erreicht haben.

Die Empfehlung, dafür eine Sense zu benutzen, ist längst überholt. Die modernen Rasenmäher, gleich welchen Typs, sind in ihrer Arbeitsweise schonend genug. Nur stumpf dürfen die Messer nicht sein, darauf muß man achten.

Im Zusammenhang mit der weiteren Dauerpflege taucht unweigerlich die Frage auf: wie oft soll man mähen und kann man das Mähgut liegenlassen?

Gräser reagieren auf die Wegnahme der für sie lebensnotwendigen Blätter genauso wie Gehölze, nämlich mit erhöhter Produktion von Grünmasse, um das Verlorene zu ersetzen. Wer einen dichten, frischgrünen Rasen haben möchte, wird ihn also kurz halten. Schon aus optischen Gründen und praktischen Überlegungen ist das wünschenswert. Denn eine wild wuchernde Gräseransammlung paßt nicht in den Ziergarten, und sie kann auch nicht betreten werden, weil sich die hohen Halme nicht mehr aufrichten.

Um den Rasen kurz und gesund zu halten, hat sich das wöchentliche Mähen als völlig ausreichend erwiesen. Da diese notwendige Kosmetik sich meist auf die Sonnabende konzentriert, schwillt der Geräuschpegel in sonst stillen Wohngegenden am Wochende beträchtlich an – trotz gedrosselter Lautstärke, die den Herstellern von Rasenmähern vom Gesetzgeber auferlegt wurde.

Auch das Problem des abgeschnittenen Mähguts ist von der Technik gelöst worden. Es gibt heute praktisch keinen Motormäher mehr, der ohne Fangsack oder -box verkauft wird, selbst komfortablere Handmäher verfügen über diese nützliche Zusatzeinrichtung.

Wer noch mit einem alten Gerät ohne Grasfangkorb arbeitet, sollte das abgemähte Gras grundsätzlich zusammenrechen und entfernen. Nur bei extrem kurzem Rasen, also wenn man quasi zweimal wöchentlich mäht, kann man die winzigen Halmspitzen liegenlassen – sofern nicht Regen droht, bevor sie vertrocknet sind. Andernfalls bilden die Schnittrückstände im Lauf der Zeit eine verdichtete Schicht, die den Pflanzen das Licht raubt, der Luft den Zugang zum Boden und den Wurzeln der Graspflanzen versperrt.

Die Unterbringung des Schnittguts schafft keinerlei Probleme. Entweder gibt man es zum Kompost, oder es wird zur willkommenen Mulchdecke.

Wässerung

Trockenheit verträgt der Rasen länger, als man glaubt, und wen die allmählich zunehmende Gelb- oder Braunfärbung nicht stört, der braucht den Sprenger wirklich nur bei lange anhaltenden Trockenperioden im Hochsommer anzuschalten. Wenn mit dem Boden alles in Ordnung ist, erholen sich die Gräser nach dem ersten erfrischenden Regen erstaunlich schnell. Wem freilich an einer zu jeder Zeit makellosen Fläche gelegen ist, der wird es kaum so weit kommen lassen.

Beim Beregnen mit dem Sprenger sollte man berücksichtigen, was übrigens generell für das Wässern aller Gewächse im Garten gilt: nicht in der größten Mittagshitze und bei strahlendem Sonnenschein mit dem kühlen Naß herumhantieren und nicht öfter ein bißchen, sondern lieber in größeren Abständen, dann aber reichlich und durchdringend wässern. Beim Gießen in der Wärme verdunstet die Feuchtigkeit ebenso schnell, wie sie wieder entweicht, wenn sie nur die oberste Bodenschicht benetzt. Bis zu den Wurzeln dringt das benötigte Wasser gar nicht erst vor, während man selber meint, die Gewächse ausreichend versorgt zu haben. Wässern bei Sonnenschein kann außerdem Sonnenbrand auf den benetzten Blättern hervorrufen.

Rasenfläche mit Vogeltränke, im Hintergrund eine bepflanzte Trockenmauer

Düngung

Daß eine Massenansammlung kleiner Pflanzen, eine Monokultur wie aus dem Lehrbuch also, einen hohen Bedarf an Nährstoffen hat, leuchtet ein. Der Rasen muß folglich immer wieder gedüngt werden, damit Verbrauchtes ersetzt werden kann.

Am billigsten und einfachsten ist die Verwendung eines mineralischen Volldüngers, der in 3 Gaben von etwa 40 g/m^2 im Frühjahr nach dem ersten oder zweiten Schnitt, dann im Juli und schließlich noch einmal Anfang Oktober ausgestreut wird. Um die Humusbildung zu fördern, kann man zusätzlich im zeitigen Frühjahr, sobald sich der Boden zu erwärmen beginnt, einen organischen Torfmischdünger oder, falls vorhanden, Kompost ausbringen.

Wer es besonders genau nimmt, verwendet Spezial-Rasendünger, meist Markenfabrikate mit gezielt für den Bedarf von Gräsern zusammengestellten Nährstoffkomponenten und mit Langzeitwirkung. Die Menge des auszubringenden Konzentrats ist auf den Packungen angegeben.

Nicht ganz unproblematisch ist eine Spätherbstdüngung, zu der in letzter Zeit von einigen Experten geraten wird. Sie sollte besser auch wirklich Sache der Experten bleiben, die ihren Rasen ganzjährig nach einem geheimnisvollen Speiseplan gezielt mit Nährstoffen versorgen und genau abschätzen können, was ihm außerdem noch bekommt. Vertut man sich so spät im Jahr in der Menge oder gibt gar zuviel Stickstoff, legen die Gräser noch einmal los, werden „mastig" und haben den Frösten und anderen Winterunbilden nicht mehr viel entgegenzusetzen. Ein normal ernährter Rasen braucht eine derartige Herbstdüngung nicht, und für den zügigen Start im Frühjahr sind allemal genügend Nährstoffreserven im Boden enthalten.

Vertikutieren

Der Handel bietet neben technisch immer verfeinerten Mähern ein weiteres Gerät für den Rasen an, das keineswegs eine Spielerei, sondern ein äußerst nützlicher Gegenstand für die Pflege des grünen Teppichs ist: der Vertikutierer.

Unter Vertikutieren versteht man die Auflockerung des Rasenfilzes aus vertrockneten Halmen und Wurzeln und die Entfernung von Moos und Kleinunkräutern unmittelbar am Boden. Durch das Vertikutieren wird diese verdichtete Schicht aufgerissen und zer-

schnitten, so daß die Gräser wieder atmen und sich ausbreiten können und die Wurzeln Luft bekommen.
Wer die Ausgabe für einen motorbetriebenen „Messerschneider" scheut, kann sich auch eines preiswerteren Handgeräts bedienen, das Ähnlichkeit mit einer Harke hat. Das ist dann allerdings Knochenarbeit, denn die scharfen Blätter dieses Vertikutierrechens gleiten nicht wie ein Fächerbesen über die Halme hinweg, sondern müssen tief in den Rasenfilz hineingedrückt und hindurchgezogen werden.
Der beste Termin für eine derartige Säuberungsaktion ist das Frühjahr unmittelbar vor der ersten Düngung, die dann durch den aufgelockerten Boden automatisch auch näher an die Wurzeln gelangt.

Spindelmäher schneiden wie eine Schere (links und oben), Sichelmäher wie eine Sense (rechts und Mitte)

Der Rasen während des Urlaubs

Während der Urlaubszeit stellt der Rasen ein wesentlich geringeres Problem dar als etwa die pflegeabhängigeren Kübel- oder Balkonpflanzen. Man muß ihn natürlich unmittelbar vor Reiseantritt noch einmal mähen, extrem kurz jedoch nur dann, wenn man sicher sein kann, daß es bald darauf ausgiebig regnen wird. Da aber eine derartige Aussage meist unmöglich ist, schneidet man wie üblich, während anhaltender Hitze sogar eine Stufe höher als sonst. Längere Halme beschatten den Boden und setzen damit die Verdunstung herab. Nach wochenlanger Abwesenheit wird sich der Rasen als Wiese präsentieren, die man in 2 oder 3 Mähintervallen, beginnend mit der höchsten Schnittstufe, wieder auf „Gardemaß" trimmen muß. Daß bei Trockenheit anschließend auch der Regner in Betrieb genommen wird, versteht sich in diesem Fall von selbst.

Geräte für die Rasenpflege

Viele Geräte, die für die Rasenpflege notwendig sind oder zumindest die Arbeit erleichtern, sind uns bei der Schilderung der einzelnen Pflegemaßnahmen bereits begegnet. Hier sollen ihre Funktionen noch einmal kurz erläutert werden.

MÄHER
Das zweifellos wichtigste Requisit, das auch durch kein anderes ersetzt werden kann, ist der Rasenmäher. Auf dem Markt sind eine Vielzahl von Modellen in allen möglichen Ausführungen bis hin zu Geräten der Luxusklasse, auf die man getrost verzichten kann.
Bei der Auswahl des richtigen Mähers sollten allein 3 Faktoren ausschlaggebend sein: Rasenart (exquisiter Teppichrasen, üblicher Zierrasen oder Spielrasen), Flächengröße und Geländeart (zum Beispiel Hangrasen oder weitgehend ebener Rasen).
Früher wurde den Spindelmähern, bei uns für den Hobbygärtner lange Zeit nur als Handgerät erhältlich, die sanfteste und beste Schnittqualität nachgesagt. Bei diesem Mähertyp sitzen die geschwungenen Langmesser auf einer horizontalen Achse, drücken die Gräser gegen ein feststehendes Gegenmesser und rasieren sie dort ab. Heute gibt es diese Geräte auch für den Hausgarten mit Motorantrieb und Fangkorb. Für den kleinen Vorgarten mit einigen Quadratmetern Rasen ist der motorlose, einfach über die Fläche zu schiebende, vergleichsweise billige Spindelmäher immer noch das Praktischste, leicht zu handhaben, wendig und flach. Mit ihm kommt man auch unter überhängende oder dicht am Boden befindliche Gehölzzweige.
Am meisten Verwendung aber findet heute der mit Elektro- oder Benzinmotor angetriebene Sichelmäher, bei dem die Messer auf einem horizontalen Mäharm festgeschraubt sind, der um eine vertikale Achse rotiert. Die Geräte

gibt es, wie übrigens auch die Spindelmäher, in verschiedenen Schnittbreiten und mit oder ohne Radantrieb. Diese Selbstfahrer lohnen sich nur im großen Garten oder dort, wo man beim Mähen Höhenunterschiede bewältigen muß. Steigt der Rasen zum Beispiel hangartig zum Haus hin an, hat man bei dem selbstfahrenden Gerät wenig Mühe, die schwere Maschine bergauf zu bewegen.

Grasfangeinrichtungen sind, es wurde schon gesagt, heute bei allen diesen Mähern selbstverständlich, einige Modelle haben elektrische Startvorrichtungen, bei allen läßt sich die Schnitthöhe, teilweise mit Knopfdruckautomatik, einstellen.

Unter den Benzinmähern kann man zwischen Zwei- oder Viertaktmotoren wählen. Viertakter sind laufruhiger als Zweitakter, wegen höherer Produktionskosten allerdings auch etwas teurer. Für das Mähen großer Hangflächen ist ein Zweitakter empfehlenswerter, weil hier das Öl zum Schmieren des Motors bereits dem Benzin zugemischt wird, während es der Viertakter aus einer Ölwanne erhält, die bei starker Schrägstellung des Geräts unter Umständen nicht mehr sicher funktioniert.

Für nicht zu große Rasenflächen ist ein leiser und leichter Elektromäher in jedem Fall ausreichend. Allerdings hat man hier immer etwas Ärger mit dem Elektrokabel, das nicht unter die Räder geraten darf. Eine sogenannte „Aufrollautomatik" schaltet diese Gefahr zwar weitgehend aus, doch wenn auf dem Rasen verschiedene Hindernisse zu umfahren sind, ist die elektrische Zuleitungsschnur dennoch ständig im Weg.

Batteriemäher, die unabhängig von einer Steckdose arbeiten, sind zwar vereinzelt noch auf dem Markt, haben sich aber wegen der beschränkten Lebensdauer der Batterien, die nach relativ kurzer Laufzeit immer wieder aufgeladen werden müssen, nicht durchgesetzt.

Auch Luftkissenmähern, die statt auf Rädern zu rollen, von einem Polster aus gestauter Luft getragen werden und bei ihrem ersten Auftritt erhebliches Aufsehen erregten, ist der Durchbruch nicht gelungen. Das mag sowohl an der etwas umständlichen Schnitthöheneinstellung, als auch an der fehlenden Grasfangeinrichtung liegen. Diese Geräte gibt es mit Elektro- wie mit Benzinmotor.

Nur der Vollständigkeit halber seien hier noch 2 weitere Mähertypen erwähnt, die aber für den üblichen Zierrasen des Hausgartens nicht in Frage kommen: die Aufsitzmäher, mit denen man wie auf einem kleinen Traktor mähend über den Rasen fährt, und die Balkenmäher, bei denen ein langer, vor dem Motorblock montierter Messerbalken hochwachsendes Gras erfaßt und abschneidet. Dieses Gerät hat allenfalls noch für den Schnitt der Blumenwiese eine Bedeutung, die nur ein- oder zweimal jährlich gemäht wird und deren Gras entsprechend hoch und dicht wächst.

In den Bereich des Mähens im weitesten Sinn fällt auch das Schneiden der Rasenkanten. Wenn man sich dabei nicht einer speziellen Handschere bedienen will, die allerdings bei längerem Gebrauch schmerzende Gelenke zur Folge hat, kann man strombetriebene Geräte verwenden. Sie arbeiten entweder nach dem Scherprinzip, also ähnlich dem Balkenmäher, oder mit einem schnell rotierenden Nylonfaden, der die Gräser an allen schwer zugänglichen Stellen erfaßt.

REGNER

Sehr umfangreich ist das auf dem Markt befindliche Angebot an Rasensprengern, die man natürlich ebensogut für andere Bewässerungsbereiche einsetzen kann. Auch in diesem Fall sollte die Größe, Lage und Form der zu besprengenden Fläche bei der Anschaffung den Ausschlag geben.

In der Hauptsache sind es Viereck-, Kreis- und Impulsregner, zwischen denen man wählen kann. Bei den meisten Modellen läßt sich der zu versorgende Sektor mit einem Handgriff einstellen, so daß man zum Beispiel in einem schmalen Vorgarten nicht das Haus oder die halbe Straßenseite mit beregnet.

VERTIKUTIERER

Auf die Bedeutung des Vertikutierens wurde bereits hingewiesen. Motorbetriebene Vertikutierer, die diese mit einem Handgerät schweißtreibende Arbeit zu einem angenehmen Spaziergang über den Rasen machen, sind noch gar nicht so lange im Handel.

Äußerlich sehen sie aus wie ein Rasenmäher und haben auch ungefähr dieselbe Größe. Ihr Clou ist eine an der Unterseite befindliche horizontale Achse, die mit mehreren, sichelähnlich gebogenen, kleinen Messern besetzt ist. Diese Messer zerschneiden, wie schon beschrieben, Wurzelfilz und andere pflanzliche Verdichtungen, fördern dabei aber gleichzeitig Moos und andere Unkräuter zutage. Wer seinen Rasen zum ersten Mal einer derartigen Kur unterzieht, wird erstaunt vor den Bergen von Pflanzenresten stehen, die der Vertikutierer dem Rasenuntergrund entrissen hat.

Elektrovertikutierer sind kaum billiger als die entsprechenden Mäher, und so ist es verständlich, daß die Werbung einen wiederholten Einsatz des Vertikutierers während des Jahrs empfiehlt. Wer seinem Rasen dagegen nur einmal jährlich im Frühling durch Vertikutieren Luft verschafft, wird sich die Investition eines solchen Geräts in der Tat reiflich überlegen. Viele Gartencenter, der Gerätehandel und landwirtschaftliche Genossenschaften verleihen deshalb Vertikutierer.

Hexenringe im Rasen

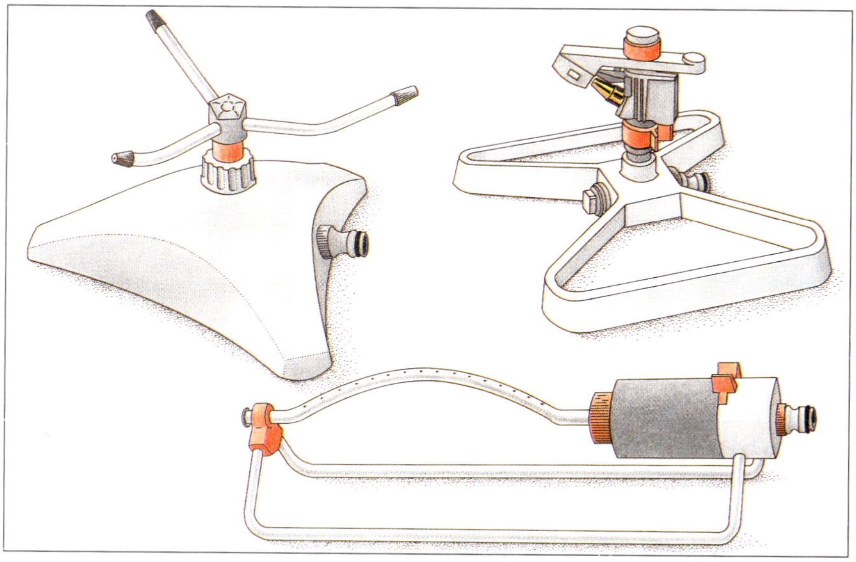

Oben links: Kreisregner, oben rechts: Impulsregner, unten: Viereckregner

Handvertikutierer (oben rechts und unten links) und ihr Funktionsprinzip (oben links), motorbetriebener Vertikutierer (unten rechts)

Krankheiten und Schäden

KRANKHEITEN DES RASENS

Leider ist es eine Tatsache, daß auch der Rasen von Krankheiten nicht verschont bleibt. Zu den bekanntesten, unliebsamen Erscheinungen gehören die sogenannten Hexenringe, kreisförmig wachsende Pilzansammlungen meist des eßbaren Wiesenschwindlings. Das allein wäre noch nicht so schlimm, schieden die Pilze nicht einen Stoff aus, der den Rasen absterben läßt. Wenn regelmäßig und ausgeglichen gedüngt und ausreichend gelüftet (vertikutiert) wird, hat man vorbeugend schon viel gegen das Auftreten von Hexenringen getan.

Erscheinen sie dennoch plötzlich, muß man ein Fungizid in der auf der Packung angegebenen Konzentration gießen. Gut bewährt hat sich hierbei das Rosenspritzmittel Saprol. Die Behandlung ist noch etwa 1 m über den Hexenring hinaus durchzuführen, da sich das Pilzmyzel unterirdisch weiter hinzieht, als die sichtbaren Pilzköpfe vermuten lassen.

Besonders nach Wintern, in denen der Rasen lange Zeit unter einer dichten Schneedecke lag, zeigen sich die Gräser im Frühjahr nicht im zarten Grün, sondern gelblichbraun verfärbt. Die Schuld an diesen Schadensmerkmalen trägt ebenfalls ein Pilz, der sogenannte Schneeschimmel. Wird im Frühjahr gedüngt und vertikutiert, schließen sich die entstandenen Lücken meist von selbst. Im schlimmsten Fall muß man die befallenen Stellen nachsäen.

Auch Rostpilze, die auf den Grashalmen braunrote Flecken hinterlassen und die befallenen Blätter zum Absterben bringen, verschwinden bei sorgsamer Pflege meist von selbst. Da hochwachsendes Gras häufiger befallen wird als kurz geschnittenes, ist allein

Schneeschimmel nach Winter mit dichter Schneedecke

Moos im Rasen ist ein Zeichen mangelnder Pflege.

Auch der hochgelobte Regenwurm kann durch seine Erdhäufchen einem Rasenliebhaber sehr zu schaffen machen.

Braunrote Flecken an Grashalmen durch Rostpilze

Schon ein einziger Maulwurf kann einen ganzen Rasen verwüsten.

schon das regelmäßige Mähen eine wirkungsvolle Vorbeugungsmaßnahme.

MOOS UND UNKRAUT IM RASEN

Moos im Rasen ist immer ein Zeichen mangelnder Pflege, das heißt meist unzureichende Versorgung des Bodens mit Dünger, und von Luftabschluß. Auch auf beschatteten Partien, zum Beispiel unter Bäumen, macht sich Moos schnell breit.

Soll also eine Vermoosung verhindert beziehungsweise ein bestehender Befall beseitigt werden, ist zunächst für eine gute Durchlüftung zu sorgen. Dafür bietet das bereits mehrfach beschriebene Vertikutieren die beste Handhabe mit der nachhaltigsten Wirkung. Ein Teil der Moospolster wird dabei bereits aus dem Boden gerissen. Anschließend kann man scharfen Sand über die ganze Fläche oder die befallenen Stellen streuen. Erst dann ist ein Düngung fällig, in diesem Fall mit einem Kombinationsnährstoff, dem gleichzeitig ein Moosvernichter (Eisen-II-Sulfat) beigemischt wurde. Diese Dünger gibt es im Fachhandel.

Unwirksam bleibt das Ausstreuen eines Anti-Moos-Präparats, wenn dem Moos nicht bereits vorher durch Pflegemaßnahmen der geschilderten Art die Lebensgrundlage entzogen wurde. Wenn man Unkraut im Rasen feststellt, sollte man es sofort manuell entfernen. Dabei muß die ganze Wurzel mit herausgezogen werden.

RASENSCHÄDEN DURCH TIERE

Unter den tierischen Rasenbewohnern ist es vor allem der Maulwurf, der zwar nicht direkt schädlich ist, aber mit seinen Erdhaufen doch mehr als lästig werden kann. Da diese unermüdlichen Wühler unter Artenschutz stehen, also nicht mit Fallen gefangen, geschweige denn durch Giftköder getötet werden dürfen, bleibt nur die Vertreibung.

Man kann es mit terpentingetränkten Lappen versuchen, die in die Gänge gestopft werden, oder mit anderen geruchsintensiven Substanzen. Unsere heute wieder so oft um Rat befragten Großmütter verwendeten Heringsköpfe – aber wo kommen im Binnenland heute noch Salzheringe auf den Tisch? Schließlich bietet der Gartenfachhandel sogenannte Vergrämungsmittel an, vor denen der Maulwurf Reißaus nehmen soll. Da diese Flucht

jedoch kaum woanders als in Nachbars Garten enden wird, erhebt sich die Frage, wer nachhaltiger vergrämt ist, der Maulwurf oder der Nachbar.
Ein anderer Erdbewohner, den vor allem eingeschworene Rasenenthusiasten gar nicht so gerne sehen, ist der hochgelobte Regenwurm. Über den Nutzen dieses den Boden regenerierende Ringlers braucht man nicht zu streiten. Und daß man ihn trotz aller Liebe zum Rasen nicht vergiften möchte, kann man voraussetzen.
Wer also die kleinen Erdhäufchen, die der Wurm im Rasen hinterläßt, nicht absammeln und als den besten Naturdünger von allen für seine Topfpflanzen oder Gemüseanzuchten nutzbringend verwenden will, entledige sich des Regenwurms auf humane Weise. Die geräusch- und erschütterungsempfindlichen Tiere erscheinen fast vollständig an der Oberfläche, wenn man im Befallsgebiet mit dem flachen Spatenblatt mehrmals auf den Boden klopft. Dann kann man sie einsammeln und im Komposthaufen oder Gemüsegarten ihre segensreiche Tätigkeit weiter verrichten lassen.

Die Wildblumenwiese

Als vor einigen Jahren von findigen Samenzüchtern die Idee einer Wildblumenwiese anstelle des üblichen Zierrasens publik gemacht und die fertige Wiesenblumenmischung auf den Markt gebracht wurde, kannte die Begeisterung der naturbeflissenen Gartenbesitzer keine Grenzen. Mittlerweile ist der erste Überschwang längst einer ruhigeren Betrachtungsweise gewichen, sind die Dinge wieder ins Lot gebracht. Denn inzwischen haben die Erfahrungen gezeigt: ganz so einfach ist die Sache mit der Wildwiese im Hausgarten nun doch nicht.
Zunächst einmal beginnt alles mit viel Geduld. Wildblumen wachsen nämlich oft nur auf nährstoffärmeren Böden. Für den Gartenbesitzer heißt das, daß die für die Wiese vorgesehene Fläche mindestens 1 Jahr lang keinen Krümel Dünger sehen darf. Der Boden muß „abmagern". Wo jahrelang ein Rasen intensiv gepflegt, also auch reichlich und regelmäßig mit Dünger versorgt wurde, dauert das seine Zeit.
Will man einen schon bestehenden Rasen zum Blühen bringen, also dort Wildblumen aus einer im Handel erhältlichen Mischung einsäen, wird man vom gewohnten Bild des kurz geschnittenen, gepflegten Zierrasens Abschied nehmen müssen. Zwar ist ein „Blumenrasen" nicht wie eine Wiese nur ein- oder zweimal im Jahr zu mähen, weil eben auch noch etwas Rasencharakter übrigbleiben soll. Doch hier liegt die Würze nicht in der Kürze. Man hat vielmehr weder einen richtigen grünen Teppich noch eine üppig blühende Wildblumenfläche am Haus, sondern – bestenfalls – von jedem etwas.
Wer das Risiko eingehen will und in Kauf nimmt, daß während des obligatorischen „Abmagerungsjahrs" sein grüner Rasen immer grauer und schütterer wird, muß nach Ablauf dieser Frist die Fläche mit einem Vertikutierer zunächst einmal gründlich lockern, die verfilzte Narbe bis in die oberste Bodenschicht hinein aufreißen und danach alles, was zum Vorschein

Fertige Wiesenblumenmischungen gibt's im Fachhandel.

gekommen ist, wegharken. Anschließend mischt man den Blumensamen mit feuchtem Sand oder Sägespänen und streut ihn breitwürfig aus. Da die in Keimung befindliche Saat niemals austrocknen darf, muß unter Umständen mehrere Wochen lang beregnet werden.

Die Anlage einer Blumenwiese läuft genau so ab wie die einer Rasenneuanlage. Die Mischung besteht neben langsam wachsenden und niedrig bleibenden Rasengräsern aus 30-40 verschiedenen Wildblumenarten. Damit schon im Jahr der Aussaat einige Blüten sichtbar werden, enthalten diese Gemenge auch einjährige, wilde Ackerkräuter wie Klatschmohn, Kamille und Kornblume, die dann bald wieder verschwinden und in der nächsten Vegetationsperiode von einer anderen Wildflora abgelöst werden.

Wichtig ist beim Aussäen, den Samen anschließend nicht tief einzuharken, weil es sich bei verschiedenen Gewächsen der Mischung um Lichtkeimer handelt, die für den Keimvorgang viel Helligkeit benötigen. Dunkelkeimern schadet Licht weniger als Lichtkeimern die Dunkelheit.

Gemäht wird im Jahr der Neuanlage überhaupt nicht oder bei Frühjahrssaat allenfalls im Herbst. Später reicht gewöhnlich ein einmaliger Schnitt im Juni/Juli aus. Es gibt allerdings auch die Stimmen, die die Meinung vertreten, eine Wiese sollte nie ungemäht in den Winter gehen. Hier muß wohl jeder seine eigenen Erfahrungen sammeln.

Wer einen modernen, kräftigen Benzinrasenmäher besitzt, braucht für diese Arbeit keine Sense, wie oft behauptet wird. Im übrigen soll man eine fest etablierte Blumenwiese durchaus auch düngen, aber nur einmal im Jahr, am besten nach dem sommerlichen Schnitt und vorzugsweise mit organischen Düngern, einem Torfmischdün-

ger oder Kompost, auf jeden Fall aber stickstoffarm.

Wie eine Blumenwiese sich schließlich präsentieren wird, wieviel und was auf ihr blüht, läßt sich nie voraussagen. In jedem Fall ist sie für Überraschungen gut, denn sie wechselt ständig ihr Gesicht, und während diese oder jene Wildpflanze nach kurzer Pracht unwiederbringlich verschwunden ist, treten wieder andere an ihre Stelle, die man gar nicht erwartet hat. Dafür gibt es mehrere Gründe. Zum einen liegen manche Samen so lange reglos im Boden, bis die ihnen zusagenden Lebensbedingungen durch unmerkliche Veränderungen im Erdreich gegeben sind, oder anhaltende Dürre mit nachfolgenden Regenzeiten sie aufweckt. Zum anderen siedelt sich auf dem Magerboden das eine oder andere Kraut an, dessen Samen vom Wind herbeigetragen oder durch Vögel verschleppt wurden.

Um die Blütenpracht zu verstärken, kann man in eine Wiese sehr gut Zwiebeln der Frühlingsblumen setzen. Sie entwickeln sich dort prächtig, außerdem wird erst geschnitten, wenn das Zwiebelkraut längst von alleine eingezogen und vorher die Zwiebel mit den notwendigen Nahrungsreserven versorgt hat. Im Rasen steht diese Zeitspanne wegen des regelmäßigen Mähens nie zur Verfügung.

Daneben gibt es die Möglichkeit, Wildblumen aus Samen selber heranzuziehen und später in die Blumenwiese zu pflanzen oder sich in einer Staudengärtnerei derartige Gewächse zu kaufen. Schließlich kann man auf Spaziergängen nach geeigneten Pflanzen Ausschau halten, sie ausgraben und ihnen zu Hause eine neue Heimat geben, sofern sie nicht unter Naturschutz (!) stehen.

Über eines muß sich der Gartenbesitzer freilich im Klaren sein: die Blumenwiese, wenn es denn eine geworden ist, darf nur auf Zehenspitzen betreten werden, sie ist also alles andere als ein Spielplatz und daher auch niemals Rasenersatz.

An die Nachbarn sollte man übrigens ebenso schon vor der Anlage denken wie an die eigene Staudenrabatte, den Steingarten oder die Gemüsebeete. Denn der von einer funktionstüchtigen Wildblumenwiese ausgehende Samenflug kann in anderen Gartenanlagen zu einer höchst unerwünschten Verunkrautung führen. Alternative: ist die Rasenfläche groß genug, wird nur ein separater Teil davon als Wiese gestaltet, der kann dann sogar als blühende Insel mittendrin liegen, aber auf jeden Fall in Distanz zum nächsten Kulturland.

◁ *Eine Wildblumenwiese*

STEINE UND WASSER IM GARTEN

△ *Ein mit Hauswurz bepflanzter Tuffstein*

△ *Seejungfer auf einer Seerose*

◁ *Von der Terrasse aus kann man den Gartenteich gut betrachten.*

Der Steingarten

Steingärten bieten vielfältige Gestaltungsmöglichkeiten.

Immer mehr Hobbygärtner suchen nach Möglichkeiten und Wegen, gerade in ihrem privaten Bereich etwas für die bedrohte Natur, für Tier- und Artenschutz zu tun, im eigenen Garten zu bewahren, was draußen verloren zu gehen droht. Nun passen „Naturgarten", wie immer man das definieren mag, und gepflegter Ziergarten nur schlecht zusammen; beides unter einen Hut zu bringen, fällt schwer. Als eine für jedermann praktikable Alternative bietet sich hier der Steingarten geradezu an. Betrachten wir die vielen Vorteile dieser Gestaltungsmöglichkeit also etwas genauer.

Zunächst einmal unterliegt der Steingarten keinerlei vorgegebenen Größenordnungen. Er kann, zum Beispiel kombiniert mit einer Heidepflanzung, einen ganzen Gartenteil einnehmen, sich über einen sonnigen Terrassenhang hinziehen, oder er findet seinen Platz in einem kleinen Stück Vorgarten, am Hauseingang, als Trockenmauer oder gar in einem rustikalen Kübel. Man kann seiner Phantasie freien Lauf lassen. Alles ist möglich.

Es gibt auch geometrische Steingärten, angelegt zwischen schnurgeraden Plattenwegen und auf abgezirkelten Beeten. Doch von ihnen soll hier nicht die Rede sein.

Im Grunde genommen ist ein Steingarten nichts anderes als ein kleinerer oder größerer Platz für nicht immer ganz alltägliche, dennoch aber leicht zu pflegende Gewächse, die durchaus nicht ausschließlich in den Bergen zu Hause sein müssen. Auch Pflanzen des Flachlandes, die dort auf Geröllhalden wachsen, aus Mauerfugen hervorschauen oder sich im Schutz von Steinen ducken, sind im Steingarten gut untergebracht. Die meisten von ihnen wurden längst in gärtnerische Kultur genommen, aber allen ist noch der Wildpflanzencharakter eigen, der sie zu passenden Partnern von Natursteinen der verschiedensten Art macht.

Man sollte sich von vornherein von der hinderlichen Vorstellung lösen, ein Steingarten sei nur etwas für den erfahrenen Pflanzenliebhaber, ein Tummelplatz für Experten. Zugegeben, man kann schon einen Narren fressen an dieser Art der Gärtnerei, genauso wie man sich auf Rosen spezialisiert oder Fuchsien sammelt. Doch diese Liebe kommt von allein und mit wachsender Erfahrung auch das Wissen. Hier geht es darum zu zeigen, daß der Anlage eines Steingartens keine Steine im Weg liegen.

Zunächst einmal muß ein weiterer, weitverbreiteter Irrtum geklärt werden, demzufolge kärglichster Boden und spartanische Lebensbedingungen geradezu Voraussetzung für ein glückliches Dasein der Gewächse des Steingartens wären. Das Gegenteil ist richtig, und wer sich diesen falschen Vorstellungen schon bei der Neuanlage hingibt, dem werden die kleinen Glokkenblumen, auf die er sich so freute, tüchtig heimläuten.

Mit dem Boden fängt alles an. Er soll humos und durchlässig sein und keineswegs, auch dies ist eine Fehleinschätzung, besonders kalkhaltig. Die meisten pflegeleichten Steingartenpflanzen kommen wie alle anderen

Anlage eines Steingartens; 1. Zuerst entfernt man vorhandenen Rasen und hebt dann eine 40–50 cm tiefe Grube aus.

2. Auf den Boden legt man eine zirka 15 cm dicke Dränageschicht aus Schotter oder einem anderen lockeren Material.

3. Darauf kommen dann zirka 25 cm Erde, auf die man verschiedene Steine aus Sandstein, Tuff, Schiefer, Basalt und Granit plaziert.

4. So sieht der blühende Steingarten aus mit Aster alpinus, Alpenaster (lila), Saxifraga, Steinbrech (weiß und rot) und Alyssum, Steinkraut (gelb). ▽

Gewächse auch am besten mit einem neutralen Erdreich zurecht, mit jedem normalen Gartenboden also. Doch zunächst einmal geht es um den Untergrund. Dieser muß durchlässig sein, so daß Wasser gut abfließen kann und sich Nässe nicht staut. Wo das nicht der Fall ist, muß man der Steingartenfläche eine Dränageschicht aus Schotter oder Kies geben.

Die Lage sollte möglichst sonnig sein. Süd-, Südwest- und Westseiten sind besonders geeignet; wo viel Schatten herrscht, wird die Pflanzenauswahl schwierig.

Ist der Gartenboden sehr schwer, lehmig oder tonig, ist mit Sand oder Torf für Auflockerung zu sorgen, bei extrem leichter Struktur mischt man Kompost oder lehmhaltige Erde darunter. Auch Fertigerden tun hier gute Dienste.

Wenn der Steingarten nicht ohnedies an einem leichten Hang angelegt wird, sollte das Bodenprofil nach der Sonnenseite hin etwas geneigt sein, damit die Lichtausbeute optimal ist und das Wasser auch an der Oberfläche abfließen kann.

Entscheidend für den Steingarten, mit dem ja ein Stück Natur nachgestellt werden soll, ist die Auswahl und Plazierung der Steine. Es versteht sich von selbst, daß man auf einer kleinen Fläche keine riesigen Findlinge oder Granitbrocken unterbringen wird. Als Steinmaterial kommt praktisch alles in Frage, was die Natur zu bieten hat: Sandstein, Tuff (kalkhaltig), Schiefer, Basalt und Granit.

In manchen Gegenden wird man sich die passenden Steine selber zusammensuchen können. Allerdings sollte man sich dabei kein buntgeschecktes Durcheinander von verschiedenen Gesteinsarten ansammeln, wie es ja auch in der natürlichen Umgebung nicht vorkommt. Läßt sich draußen nichts finden, kann man sich im Baustoffhandel umschauen. Spezielles Steinmaterial der grünen Märkte dagegen ist recht teuer.

Größere Brocken, sofern ihre Dimensionen die Anlage nicht sprengen, kann man in den Boden versenken, bis nur noch soviel von ihnen herausragt, wie es optisch angemessen ist. In jedem Fall sollten die Steine stets mit der flachen Seite nach oben gelegt werden, niemals hochkant und schon gar nicht zu Türmen aufgeschichtet. Man darf nicht vergessen: der Steingarten soll ein Stück Natur widerspiegeln.

Angelegt wird ein Steingarten im zeitigen Frühjahr, wenn der Boden abgetaut ist, oder im Herbst bis spätestens Anfang Oktober, damit die jungen Pflänzchen noch anwachsen können, bevor es richtig kalt wird. Es ist auch möglich, das Steingartenbeet im Herbst vorzubereiten und im Frühjahr zu bepflanzen.

Schnitt Trockenmauer; der Unterbau besteht aus einer Schicht Sand, auf die von unten nach oben immer schmaler werdende Steine aufgeschichtet werden. Die Steine werden immer versetzt, die Ritzen zwischen ihnen müssen so breit sein, daß sie etwas Erde aufnehmen können.

Die Trockenmauer

Eine Trockenmauer ist, etwas leger ausgedrückt, ein senkrechter Steingarten. Man kann sie überall dort errichten, wo ihre Steinschichtung eine Bodenerhöhung im Rücken hat, an die sie sich anlehnt. Denn schon der Stabilität, aber auch des besseren Wasserabflusses wegen sollte eine derartige Mauer stets leicht nach hinten geneigt sein.

Wird sie nicht höher als 100 cm, ist kein Betonfundament notwendig. Es reicht, für die untersten Steine, die immer die breitesten sein sollten, einen flachen Graben auszuheben, der mit einer Schicht Sand als Unterlage gefüllt wird. Die Schichtung der Natursteine, es können auch Bruchplatten sein, erfolgt so, daß die senkrechten Fugen stets versetzt sind, die waagrechten möglichst in einer Linie verlaufen. Bei sehr flachen Steinplatten läßt sich dieses Schema nicht immer befolgen, bei stärkerem Material jedoch sollte man während des Aufbaus darauf achten.

Man verfährt also, grob gesehen, genauso wie beim Aufmauern von Ziegel-, Back- oder Hohlblocksteinen für den Hausbau. Das hat 3 Gründe: erstens sieht es besser aus, zweitens dient es der Stabilität und drittens wird die Erde aus den senkrechten Fugen dann nicht so leicht herausgespült.

Diese Ritzen zwischen den Steinen müssen so breit sein, daß sie etwas Erde aufnehmen können, denn in ihnen sollen die Wurzeln der Steingartenpflanzen Halt finden. Manchmal ist es deshalb zweckmäßig, bereits während des Aufschichtens die Gewächse vorsichtig in die Fugen zu setzen und die kleine Pflanzstelle mit humoser Erde aufzufüllen, bevor die nächsten Steine aufgelegt werden.

Ansicht einer Trockenmauer mit Steinkraut (Alyssum, gelb, links), Hauswurz (Sempervivum, unten links), Cytisus (Ginster, rosa Strauch, unten Mitte), Steinbrech (Saxifraga, rosa, unten Mitte), Lein (Linum, gelb, unten rechts), Glockenblume (Campanula, blau), Seifenkraut (Saponaria, rosa, Mitte rechts, Mitte und Mitte links), Cotoneaster (Bodendecker, oben), Sonnenröschen (Helianthemum, gelb, oben Mitte) und Steinbrech (Saxifraga, weiß).

„Blühende" Mauer

Blickfang Trockenmauer

Die Rundmauer

Eine Variante der mehr oder minder gerade verlaufenden Trockenmauer ist die Rundmauer. Vorausgesetzt, man hat nicht nur ausreichend Platz dafür, sondern auch ein Stück Garten, wo diese Form des Alpinums optisch hineinpaßt. Dann läßt sich die ganze Arbeit an einem Tag schaffen.

Wie groß das steingefaßte Beet wird, muß jedermann selbst entscheiden. Doch je kleiner der Durchmesser, desto niedriger sollte die Einfassung sein, sonst gibt es einen ungefügen Turm aus groben Quadern.

Damit das Beet auch wirklich rund und nicht eiförmig wird, schlägt man in die vermutete Mitte einen Pflock mit einer dem Radius entsprechenden Schnur und ritzt den Kreis in den Boden. Entlang der Markierung wird nun die Erde 1-2 Handbreit tief ausgehoben, so breit, wie die unterste Steinlage ist. Man verwendet auch hier nur Naturmaterial, zum Beispiel Sandstein.

Für den Kern oder die „Füllung" des Beets verwendet man groben Kies,

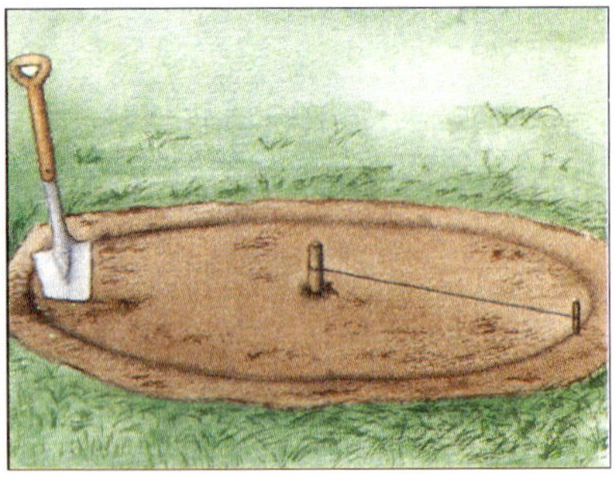

Bau einer Rundmauer; 1. damit das Beet rund wird, schlägt man in die Mitte einen Pflock und ritzt mit Hilfe einer Schnur und eines kleinen Stocks einen Kreis in den Boden. Entlang der Linie wird die Erde 1–2 Handbreit tief und so breit wie die unterste Steinlage ausgehoben.

Bepflanzte Rundmauer; Steinbrech (Alyssum, gelb, links), Tulpen (hinten Mitte), Traubenhyazinthen (Muscari, blau, rechts), Grasnelken (Armeria, rosa, rechts), Phlox (rosa, Mitte) und Blaukissen (Aubrieta, lila, hängend)

2. Der Graben wird mit Sand gefüllt und darauf hochgemauert. Der Kern besteht aus lockerem Material. Obenauf kommt eine Schicht Gartenerde. Zwischen die Steine füllt man auch etwas Erde und pflanzt dort einige polsternde und hängende Pflanzen.

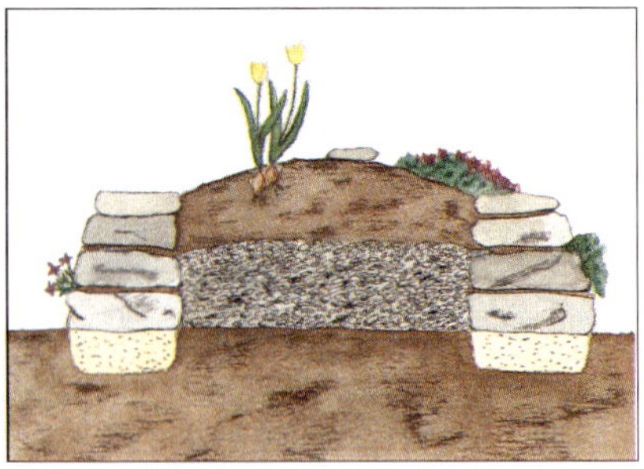

Schnitt der Rundmauer

der mit einer etwa 15-20 cm dicken Schicht Gartenerde als Pflanzbeet abgedeckt wird. Denn naß darf der Boden auch hier nie sein, das Regenwasser muß überall versickern können. Deshalb erhält das Steinfundament der Rundmauer ein Sandbett.

Sind die Blöcke sehr stark, wird man nur 2, höchstens 3 Lagen übereinander stapeln. Der Hügel in der Mitte kann schon vorher angehäufelt werden oder mit dem Mäuerchen mitwachsen. Lükken zwischen den Steinen müssen sein, sie werden mit Erde aufgefüllt und nehmen später die kleinen polsternden oder hängenden Pflänzchen auf, die die Mauer begrünen.

Der fertige Hügel innerhalb der Steinumrandung soll zu den Seiten hin leicht abfallen, damit hier kein Wasser stehenbleibt. Oben kann man zwischen den Pflanzen noch einige Steinbrocken unregelmäßig verteilen.

Welche Pflanzen sich zur Begrünung der Mauern eignen, finden Sie auf S. 160.

Steingartenpflanzen

Neben einer Vielzahl von Kleinstauden (siehe Tabelle), allesamt den gemäßigten Zonen entstammend, kann man in einem Steingarten auch niedrig bleibende Gräser, sofern irgendwo ein schattiges Plätzchen hinter einem großen Stein vorhanden ist, Farne oder, falls die Größe der Anlage es erlaubt, auch Zwergkoniferen unterbringen. Außerdem sollten natürlich Zwiebelblumen ihren Platz bekommen, die im Frühjahr den Auftakt der Saison verkünden: Wildtulpen, kleine Narzissen, Blausterne, Traubenhyazinthen, Krokusse, Winterlinge, Schneeglöckchen und Märzbecher. Es hängt von der Geschicklichkeit des Gärtners ab, die Zwiebeln so zu setzen, daß ihre Blüten nicht von anderen, dem Frühling ebenfalls entgegenwachsenden Stauden verdrängt werden.

Von den Staudengräsern kommen zwischen den Steinen oder als Randpflanzen besonders hübsch zur Geltung die nur 10 cm hoch wachsende Breitblattsegge, Carex plantaginea, der polsterbildende Gletscherschwingel, Festuca glacialis, der wintergrüne Zwergblauschwingel, Festuca valesiaca, die immergrüne Schneemarbel, Luzula nivea, oder das hechtblaue Rispengras, Poa glauca. Sie alle werden ebenfalls kaum höher als 10 cm. Daneben gibt es eine Vielzahl weiterer reizvoller Staudengräser, die zwar nicht so winzig bleiben, sich aber dennoch, vorzugsweise etwas im Hintergrund oder an den Seiten, sehr hübsch in einem Steingarten machen.

Gleich, welche Gräser man wählt, durch ihre Anwesenheit wird der naturhafte Charakter einer solchen Anlage besonders hervorgehoben.

Bei der Auswahl kleinbleibender Nadelgehölze sollte man sich in einer Baumschule umschauen oder einen Baumschulkatalog zu Rate ziehen. Es gibt geeignete und hübsche Formen beim Wacholder (Juniperus), bei der Fichte (Picea) und der Kiefer (Pinus). Wieweit derartige Gehölze zur jeweiligen Steingartenanlage passen, muß jedermann selbst entscheiden.

Auch die Farne für den Steingarten sucht man sich am besten in einer Staudengärtnerei selber aus. Nur wenige wie einige Arten der Steinfeder (Asplenium) oder der Schriftfarn (Ceterach), vertragen gerade noch Sonne. Die Mehrzahl von ihnen will schattig stehen, so wie diese urweltlichen Gewächse es als Waldpflanzen gewohnt sind.

Da der Steingarten möglichst viel Sonne abbekommen soll, scheint das im Widerspruch zu den Wünschen der Farne zu stehen. Manchmal aber ergibt sich die Möglichkeit, durch Farne eine Verbindung zu einer benachbarten Gehölzpflanzung herzustellen, in deren Schatten sie dann hervorragend wachsen können.

Kleine Tulpen zwischen Steinen

Sempervivum tectorum, Alpen-Hauswurz

Viola, Veilchen

Pulsatilla, Kuhschelle

Stauden für den Steingarten

BOTANISCHER NAME	DEUTSCHER NAME	BLÜTE-ZEIT	BLÜTEN-FARBE	WUCHS-HÖHE IN CM
Acaena	Stachelnüßchen	VI-VII	karminrot	10
Acantholimon	Igelpolster	VI-VIII	weißlichrosa	20
Adonis	Adonisröschen	IV	leuchtend gelb	25
Aethionema	Steintäschel	VI-VII	lilarosa	20
Alyssum	Steinkraut	IV-VI	leuchtend gelb	30
Androsace	Mannsschild	V-VI	rosa	10
Antennaria	Katzenpfötchen	V-VI	rosa/weiß	15
Anthyllis	Wundklee	VI-VII	karminrot	10
Aquilegia	Akelei	VI-VII	blau	20
Arabis	Gänsekresse	IV-V	weiß	20
Arenaria	Sandkraut	IV-VII	weiß	5
Armeria	Grasnelke	IV-V	rosarot	15
Asperula	Meister	VI-VII	lilarosa	15
Aster alpinus	Alpenaster	V-VI	violett/weiß	15
Aubrieta	Blaukissen	IV-V	blau/rot	10
Campanula in Arten	Glockenblume	VI-VIII	blau	10-30
Corydalis	Lerchensporn	V	gelb	30
Dianthus in Arten	Nelke	V-VIII	rot/weiß	5-30

Adonis, Adonisröschen

Aubrieta, Blaukissen

Hepatica, Leberblümchen

Stauden für den Steingarten

BOTANISCHER NAME	DEUTSCHER NAME	BLÜTE-ZEIT	BLÜTEN-FARBE	WUCHS-HÖHE IN CM
Doronicum	Gemswurz	IV-V	leuchtend gelb	40
Draba	Hungerblümchen, Felsenblümchen	IV	gelb	5-10
Dryas	Silberwurz	V-VI	weiß	10
Erigeron	Berufkraut	VI-VIII	blau/weiß	15
Erinus	Leberbalsam, Alpenbalsam	V-VIII	purpurrosa	15
Gentiana in Arten	Enzian	V-IX	dunkelblau/violett	10-30
Geranium in Arten	Storchschnabel	VI-VIII	rosa/rot/violett	10-30
Geum	Nelkenwurz	V-VII	rot	15
Globularia	Kugelblume	V-VI	blau/weiß	5-20
Gypsophila in Arten	Schleierkraut	V-VIII	weiß/rosa	5-15
Haberlea	Haberlee	V	violett	10
Helianthemum	Sonnenröschen	VI-VIII	gelb/weiß	15
Helichrysum	Strohblume	VI-VII	blaßrosa	5
Helleborus niger	Christrose	XII-III	weiß	30
Hepatica	Leberblümchen	III-IV	blau	10
Hieraclum	Habichtskraut	VI-VII	gelb	20
Iberis	Schleifenblume	V-VI	weiß	10
Leontopodium	Edelweiß	VI-IX	weiß	20

Potentilla, Fingerkraut (gelb)

Potentilla, Fingerkraut (rot)

Sempervivum, Hauswurz

Stauden für den Steingarten

BOTANISCHER NAME	DEUTSCHER NAME	BLÜTE-ZEIT	BLÜTEN-FARBE	WUCHS-HÖHE IN CM
Lewisia	Bitterwurz	V-VI	weiß	20
Linaria	Leinkraut	VI-IX	blau	10
Linum	Lein	V-VII	gelb/blau	10-30
Lithospermum	Steinsame	V-VI	blau/rot	20
Lychnis	Lichtnelke	VI-VIII	rosa	20
Myosotis	Vergißmeinnicht	IV-VII	blau	5-15
Oenothera	Nachtkerze	VI-IX	rot/gelb	10-20
Omphalodes	Gedenkemein	IV-VI	blau/weiß	15
Origanum	Dost	VII-X	rosalila	15
Papaver	Mohn	IV-IX	weiß/gelb/rot	10-20
Penstemon in Arten	Bartfaden	V-VII	blau/rot	10-20
Phlox	Phlox, Flammenblume	V-VI	blau/rot/weiß	10-20
Phyteuma	Teufelskralle	VI-VII	tiefblau	20
Potentilla	Fingerkraut	V-VIII	gelb/rot	10-20
Primula in Arten	Primel	III-VI	viele Farben	5-30
Pulsatilla	Kuhschelle	III-VI	blauviolett	15-30
Ramonda	Felsenteller	V-VI	blauviolett	15
Ranunculus	Hahnenfuß	IV-IX	weiß/gelb	5-25
Saponaria	Seifenkraut	V-VIII	rosa/weiß	15
Saxifraga in Arten	Steinbrech	VI-VIII	weiß/gelb/rot	1-30
Scutellaria	Helmkraut	VI-VIII	weiß/lila/gelb	15-30
Sedum	Fetthenne	V-VII	gelb/weiß	5-10
Sempervivum in Arten	Hauswurz	VI-VII	rot/rosa	3-15
Senecio	Kreuzkraut	VI-VII	orangegelb	25
Silene	Leimkraut	VI-VIII	rosarot	10-15
Soldanella	Alpenglöckchen, Troddelblume	III-V	violett	10-15
Thymus	Thymian	VI-VII	lila/rosa	10-20
Veronica	Ehrenpreis	V-VI	blau/rosa	10-30
Viola in Arten	Veilchen	VI-IX	violett/gelb/rosa	5-20

Der Wassergarten

Wenn es eines Beweises dafür bedürfte, daß es mit dem vielzitierten „Ausverkauf der Natur“ ganz so schlimm doch nicht bestellt sein kann – der Gartenteich lieferte ihn. Wasser übt offenbar auf viele Tierarten eine magische Anziehungskraft aus; wie anders ist es zu erklären, daß sich selbst in dicht besiedelten Wohngebieten in einem Garten mit Teich plötzlich Gäste einfinden, die man sonst nie zu Gesicht bekommt und die hier eigentlich auch gar nicht auftreten dürften?

Es ist, als hätten diese Angehörigen der heimischen Fauna irgendwo in der Umgebung nur auf den Tag gewartet, an dem sich der neu angelegte Teich zum erstenmal mit Wasser und Pflanzenleben füllt. Libellen tauchen auf, verschiedene Singvögel erweitern ihr Revier bis zu angrenzenden Bäumen und Sträuchern, zwischen den Seerosenblättern huschen Wasserläufer umher, irgendwann ist auch der erste Frosch da, man entdeckt eine Erdkröte, und nicht selten schaut auch ein Igel nach dem Rechten. Das alles geschieht ohne unser Zutun, und was sich an Kleingetier unter der Wasseroberfläche tummelt, entdeckt man erst beim genauen Hinschauen: Käfer, Mückenlarven, Wasserflöhe, Schnekken, Rückenschwimmer, Taumelkäfer und vieles mehr.

Jeder Gartenteich, und sei er noch so klein, ist also das, was heute als Biotop bezeichnet wird: ein aus sich selbst lebendes, sich selbst erhaltendes, von äußeren Einflüssen weitgehend unabhängiges Stück Natur. Weil das alles auch noch sehr hübsch aussieht, weil hier Pflanzen wachsen, die anderswo im Garten nicht vorkommen und weil einer stillen, dunklen Wasserfläche ein ganz eigener Zauber innewohnt, spricht eigentlich alles für den Gartenteich.

Anders als an einer Blumenwiese oder einem Wildnisgarten braucht sich kein Nachbar daran zu stören. Einzig ein Froschkonzert könnte lästig werden, doch ein Massenauftritt der grünen Hüpfer am kleinen Teich findet eigentlich niemals statt.

Wollgräser (weiß) und Trollblumen (gelb) lieben die Nähe des Wassers.

Der richtige Standort

Die wichtigste Voraussetzung für die Anlage eines Gartenteichs ist ein sonniger Platz. Höhere Gehölze in seiner unmittelbaren Umgebung dürfen der Sonne den Weg nicht versperren, bei nachträglichen Anpflanzungen muß man die Wuchseigenschaften der Bäume und Sträucher immer im Auge behalten.

Wenn es auch einige Wasser- oder Sumpfpflanzen gibt, die etwas Schatten durchaus vertragen – Seerosen gehören nicht dazu, und auch das Tierleben im Wasser ist für viel Helligkeit allein schon wegen der damit verbundenen Erwärmung dankbar.

Der Betonteich

Bevor die Kunststoffe alle Bereiche unseres Lebens, den Garten eingeschlossen, eroberten, war die Anlage eines künstlichen Teichs nicht so einfach wie heute. Üblich waren Betonbecken, deren Anlegung einiges Können erfordert. Materialkenntnisse und handwerkliche Fertigkeit bei der Herstellung der Verschalung waren Voraussetzung.

Hier und da werden auch heute noch Konstruktionen aus Beton erstellt, aber eigentlich kann man sich die Mühe und das Risiko späterer Risse ersparen, weil moderne Materialien den Teichbau fast problemlos gemacht haben.

Der Fertigteich

Fertigteiche aus Kunststoff werden überall angeboten: im Gartenfachhandel, im Gartencenter, in Kaufhäusern und Supermärkten, häufig auch in Baumschulen, großen Gärtnereien und

Verschiedene Fertigteiche

Hobbymärkten. Diese Becken gibt es in den verschiedensten Formen und Abmessungen, als flache Miniteiche ebenso wie mit verschiedenen Tiefen für Gewächse mit unterschiedlichen Wuchseigenschaften. Bei Großanlagen kann man sich die Einzelelemente selbst zusammenschrauben.

Wer seinen Wassergarten in einem Fertigteich anlegen will, sollte eine Ausführung mit verschiedenen, stufenförmig angeordneten Zonen wählen, damit man für die einzelnen Pflanzen den ihnen jeweils zusagenden, niedrigen oder höheren Wasserstand zur Auswahl hat. Ein kleiner Bereich sollte dabei mindestens 80 cm Tiefe aufweisen, um hier auch in extrem kalten Wintern ein Durchfrieren bis zum Boden zu vermeiden und Fischen wie Amphibien einen sicheren Zufluchtsort zu bieten.

Zur Installation wird eine dem Beckenprofil entsprechende Grube ausgehoben, Sohle und Wandungen werden geglättet, ganz zuunterst kommt anschließend noch eine Schicht Sand. Sitzt der Fertigteich in seinem Bett, füllt man den Zwischenraum zwischen Gruben- und Beckenwand ebenfalls mit Sand auf. Der obere Beckenrand muß plan mit dem umgebenden Gartenboden abschließen, damit man ringsherum Bruchplatten aus Natursteinen auslegen oder die Kante von niedrig bleibenden Pflanzen überwachsen lassen kann.

Einbau eines Fertigteiches; 1. die Teichform wird ausgehoben.

2. Man muß abwechselnd graben und den Teich einpassen.

3. Sehr wichtig ist die waagerechte Lage des Teichs auf dem Sandbett.

4. Der Teich kann bepflanzt werden.

Der Folienteich

Das billigste Material zur Anlage eines Wassergartens ist Teichfolie. Sie wird fertig zugeschnitten oder vom laufenden Meter in der Stärke von 0,5 – 2 mm verkauft, wobei 0,8 mm für den üblichen Gartenteich ausreichend sind.

Wichtig ist, daß auch wirklich Spezial-Teichfolie und nicht irgendein anderes Folienmaterial verwendet wird, das dann der Beanspruchung nicht standhält. Man handelt sich nur Ärger ein, wenn man aus Kostengründen billiges Polyäthylen auslegt, dessen „Umweltfreundlichkeit" darin besteht, daß es nach einer gewissen Zeit brüchig wird.

Der Teichbau mit Folie bietet den Vorteil der gestalterisch völlig freien Entscheidung. Man kann jede den jeweiligen Verhältnissen entsprechende Form und Größe wählen, sanft geschwungene Uferbereiche und bei großen Flächen ausgedehnte Flachzonen am Rand oder an einer Seite steil abfallende Tiefen schaffen, für große Seerosen oder andere Gewächse, die einen hohen Wasserstand verlangen.

Mit Folie ist also alles möglich, und sie hat gegenüber den Fertigbecken aus Hartkunststoff eigentlich nur den einen Nachteil, daß man nicht mit spitzen Gegenständen auf ihr herumstochern darf. Vorsicht auch mit einem versehentlichen Hundebad. Die Krallen der Vierbeiner können der Folie gefährlich werden, die ansonsten jedem gleichmäßigen Druck standhält.

Vor dem Auslegen wird die Fläche, die der Teich später einnehmen soll, ausgehoben, werden Tiefen und Stufen modelliert, wobei man auch hier an einer Stelle 80 cm tief gehen sollte. Die Säuberung der Sohle von Steinen und Wurzelstücken und das Planieren sind in diesem Fall besonders wichtig, weil Unebenheiten die Folie später beschädigen könnten.

Bau eines Folienteiches; 1. man muß die verschieden tiefen Randzonen ausheben und die waagerechte Lage prüfen.

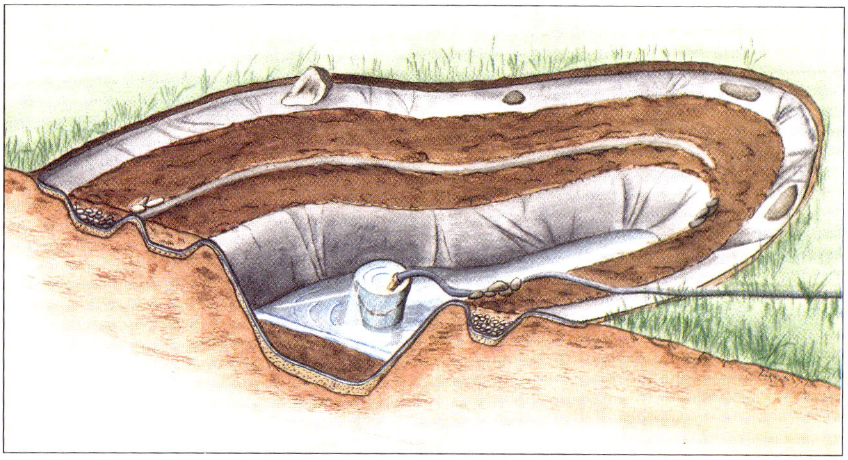

2. Auf den geglätteten Boden wird das Vlies und darauf die Folie aufgebracht. Dann bringt man den Bodengrund ein. Das Wasser muß vorsichtig eingelassen werden.

Ganz wichtig ist außerdem, daß der Teich waagerecht liegt. Das prüft man bei kleinen Teichen am besten mit einer Wasserwaage, bei größeren mit einer Schlauchwaage. Eine Schlauchwaage kann man leicht selbst herstellen. Man nimmt einen durchsichtigen Schlauch oder einen Gartenschlauch, an dem man an beiden Enden durchsichtige Röhrchen anbringt, füllt Wasser ein (ohne Luftblasen!) und legt ihn in die Teichgrube. Die Wasserhöhe an beiden Schlauchenden muß übereinstimmen, dann sind die Ränder auf einer Höhe.

Auch hier empfiehlt es sich, zunächst eine saubere, ebene Sandschicht oder besser ein spezielles Teichvlies, welches im Fachhandel käuflich ist, auszubringen, auf der beziehungsweise dem die Folie zu liegen kommt. Sie muß so zugeschnitten werden, daß nach dem Verlegen oben noch ein Rand von 30-40 cm übrigbleibt, den man mit Erde bedecken oder mit Steinen kaschieren kann.

Bepflanzungsvorschlag eines 550 cm langen und 350 cm breiten Teichs; 1 und 2 = rote Zwergseerose, 3 = Krebsschere, 4 = Wassernuß, 5 = Pfeilkraut, 6 = Rohrkolben, 7 = Froschlöffel, 8 = Sumpfdotterblume, 9 = Froschbiß, 10 = Tannenwedel, 11 = Lampenputzergras, 12 = Gartenbambus, 13 = Roter Fächerahorn und 14 = Primel

Daß beim Verlegen besonders an den Rundungen der Teichform Falten in der Folie entstehen, ist nicht weiter schlimm. Ein Teil davon wird durch den späteren Wasserdruck zwangsläufig glattgepreßt, was bleibt, entzieht sich ohnedies den Blicken.

Die richtige Mischung für den Teichboden

Daß die meisten Wasserpflanzen, außer Seerosen, Flachwurzler sind, ist ein Glück für den Teichbauer. Die Erdschicht auf dem Beckengrund braucht deswegen nicht dicker als etwa 20 cm zu sein. Als Substrat am besten geeignet ist möglichst lehmiger Garten- oder Ackerboden mit geringem Nährstoffgehalt. Die oberste Erdschicht intensiv genutzter Gemüsebeete ist daher für den Gartenteich nicht geeignet (!).

Der Aushub, der beim Teichbau anfällt, kann verwendet werden. Diesem mischt man 1/3 – 1/2 Lehmerde zu und eventuell ungedüngten Torf.

Die richtige Herstellung der Teichränder ist ganz wichtig. Links: hier schließt sich ein flacher Feuchtteil an, daher ist keine Kapillarsperre nötig. Rechts: hier fungiert die hochstehende Folie als Kapillarsperre. Sie wird geschickt mit Steinen verdeckt. Ohne eine solche Sperre würde durch die Dochtwirkung des angrenzenden trockenen Bodens laufend Wasser aus dem Teich abgezogen.

Die Pflanzung

Nachdem der Bodengrund in den Teich eingebracht worden ist, geht es ans Pflanzen.

Wasserpflanzen werden meist in kleinen Plastiktöpfen verkauft, aus denen sie vorsichtig herausgenommen werden müssen. Wachsen die Wurzeln schon aus den seitlichen Schlitzen nach draußen, werden die Container zur Vermeidung größerer Schäden mit einer Schere aufgeschnitten. Topfgewächse können das ganze Jahr über gepflanzt werden, von Mai bis zum September.

Bei einer Neuanlage können die ersten Pflanzen also ins Becken, bevor das Wasser eingelassen wird, oder wenn man bereits ein wenig eingefüllt hat. Wegen des lockeren Untergrunds bereitet das keine Schwierigkeiten, auch bei einer späteren Ergänzungspflanzung nicht, weil sich der Boden leicht mit den Händen beiseite ziehen und später wieder über die Wurzeln breiten läßt.

Freilich erhebt sich die Frage, ob man nicht von vornherein eine Behälterpflanzung vorzieht. Bei Gewächsen mit ausgeprägter Wucherneigung, wie zum Beispiel Tannenwedel (Hippuris vulgaris) oder Seesimse (Scirpus lacustris), empfiehlt sich eine Gefäßpflanzung allemal, weil man ihre Ausbreitung sonst kaum im Zaum halten kann. Aber auch bei den meisten anderen Wasserpflanzen ist die Pflege einfacher, wenn sie mitsamt größeren Behältern im Teich versenkt werden.

Seerosen, die sich höchst unerwünscht ausbreiten können, sind gleichfalls besser in Körben oder speziellen Seerosen-Pflanzgefäßen untergebracht. Einziger Nachteil der Containerkultur: bei flachem Wasserstand und klarem Wasser sind die Gefäße unter Umständen gut sichtbar und wirken störend.

Das Wasser

In der heutigen Zeit ist Leitungswasser am geeignetsten. Der eventuell darin enthaltene Chloranteil tut den Pflanzen nichts und ist nach wenigen Tagen verflogen. Fische aber sollten erst nach einigen Wochen eingesetzt werden, wenn sich das Wasser beruhigt hat und die Pflanzen zu wachsen beginnen.

Zum Einfüllen wird der Schlauch in einen Eimer gelegt, den man ins Bekken stellt. Dann quillt das Wasser nur langsam über den Gefäßrand, wirbelt den Untergrund nicht auf und wird schneller klar.

Im Handel erhältliche Mittel zur Wasserenthärtung sind nur mit Vorbehalt zu empfehlen, weil sie allzu leicht überdosiert werden könnten und damit das biologische Gleichgewicht zwischen Wasser, Pflanze und Tier auf lange Zeit gestört wird. Überhaupt sollte man chemische Präparate, gleich welcher Art, vom Gartenteich fernhalten, ob es sich nun um Mittel gegen Fischkrankheiten oder Insektizide zur Bekämpfung von Blattläusen an Seerosen handelt. Nur selten gehen die Nymphenpflanzen wegen der Läuse zugrunde, während das tierische Leben im Wasser durch Insektizide gefährdet ist.

Diese Zurückhaltung gilt übrigens auch für die Zerstäubung von Insektiziden in der näheren Umgebung des Gartenteichs, solange eine Verwehung nicht völlig ausgeschlossen werden kann. Auch „biologische" Pflanzenbehandlungsmittel sollten nicht verwendet werden, gerade die auf Pyrethrum-Basis, für Warmblüter völlig harmlos, haben auf Fische eine absolut tödliche Wirkung.

Teichpflege

Eine Faustregel bei der Pflege des Gartenteichs lautet: so wenig wie möglich in das natürliche Geschehen eingreifen.

Das bezieht sich zu allererst auf die immer noch häufig praktizierte Unart, bei jeder vermeintlichen Störung des Teichlebens erst einmal das Wasser zu wechseln. Ganz abgesehen davon, daß ein totaler Wasseraustausch eine umständliche Angelegenheit ist, macht man damit alles noch schlimmer und nimmt zugleich einer Selbstheilung des Teichs jede Chance. Was vorher eventuell nur leicht geschädigt und durchaus zur Regeneration fähig war, wird durch neues, „totes" Wasser erst recht daran gehindert – ob es sich dabei um Pflanzen oder Tiere handelt.

Man muß sich immer darüber im klaren sein, daß im Teich nicht nur der Fisch und die Seerose, sondern das Wasser selbst in seiner Gesamtheit ein lebender Organismus ist, den man nicht ungestraft auswechseln kann. Der Wasseraustausch darf immer nur das allerletzte Mittel sein, zum Beispiel wenn ein Folienteich undicht geworden ist und das ständige Nachfüllen ohnedies einem totalen Wasserwechsel gleichkommt.

Die einzige Arbeit, die uns der Gartenteich von Zeit zu Zeit abverlangt, ist das Auslichten zu stark wachsender oder wuchernder Pflanzen. Am besten macht man das im Frühjahr gleich nach dem Austrieb, sobald zu erkennen ist, wo man eingreifen muß.

Seerosen in Körben zeigen von selber an, wann sie geteilt werden müssen oder Dünger brauchen. Läßt die Blühfreudigkeit nach, so ist das ein sicherer Hinweis auf Wurzelenge und Nahrungsmangel.

Seerosen sind die einzigen Gewächse des Wassergartens, die eine Nährstoffergänzung benötigen. Auch das ist, wie schon gesagt, ein Grund, diese schönsten Blumen des Teichs nur in Containern wachsen zu lassen. Um die Nährstoffe gezielt anzuwenden, werden sie entweder mit Lehm vermischt und zu kleinen Kugeln geformt, die man an der Sonne getrocknet in die Erde der Seerosenbehälter drückt, oder man mischt aus Dünger und Wasser einen dickflüssigen Brei, füllt die Masse in die Eiswürfelschale des Gefrierfachs und bringt die gefrorenen Würfel dann wie die Lehmkugeln in die Erde der Pflanzgefäße. Außerdem bietet der Handel Spezial-Düngetabletten für Seerosen an. Diese allerdings sind nicht überall erhältlich.

Als Dünger eignen sich alle organischen oder mineralischen Nährstoffe mit geringem Kalkgehalt. Ansonsten hat Dünger im Gartenteich nichts verloren. Durch die Ablagerungen auf dem Teichboden, sich zersetzende Pflanzenteile und die Tätigkeit der Kleinstlebewesen ist das Nährstoffangebot in einem funktionierenden Wassergarten für die in ihm lebenden Gewächse völlig ausreichend.

Das gleiche gilt für Fische, die nicht zu kommerziellen Zwecken gehalten werden. Aber das hat mit dem Gartenteich sowieso nichts mehr zu tun. Füttern kann man sich sparen, in einem Teich ist noch kein Fisch verhungert. Da sich das angebotene Futter darüber hinaus nur schwer so genau dosieren läßt, daß auch alles sofort im Fischmagen verschwindet, vermodern die Reste als Faulstoffe am Teichboden und rufen verstärkte Algenbildung hervor.

Algen sind immer ein Zeichen dafür, daß etwas mit dem Wasser nicht stimmt und zu viele Nährstoffe darin herumschwimmen. Man wird also nicht gerade während einer Veralgung seine Seerosen düngen, eine mögliche Fütterung der Fische sofort einstellen, nachprüfen, ob der Pflanzenbestand für die Größe des Teichs und die Anzahl der Fische ausreichend ist und ihn gegebenenfalls durch Zukauf etwas aufstocken.

Algenfeindlich, weil besonders viele Nährstoffe verbrauchend, sind Unterwasserpflanzen wie Laichkraut (Potamogeton) und Nadelsimse (Eleocharis acicularis) und Schwimmpflanzen wie das meist nicht winterharte Feenmoos (Azolla) und der Froschbiß (Hydrocharis). Abgestorbene Pflanzenteile sind, soweit das möglich ist, zu entfernen, zur Ansäuerung kann man schließlich ein Säckchen mit Torf in den Teich hängen, denn Algen sind kalkliebend.

Haben sich einmal Algen gebildet, fischt man diese ab und wartet. Das biologische Gleichgewicht pendelt sich nach einer Weile bei einem richtig angelegten und bepflanzten Teich häufig von selbst ein.

DER TEICH IM WINTER

Es ist jedem Gartenbesitzer zu empfehlen, für seinen Teich nur solche Pflanzen und Tiere zu wählen, die den Winter draußen im nassen Element überstehen und kein frostfreies Quartier benötigen. Fauna und Flora der Tropen sollten Sache von Liebhabern bleiben, denen der dafür notwendige Aufwand Spaß bereitet und die daher auch Schwierigkeiten in Kauf nehmen.

Die Sprengkraft des Eises braucht man bei Fertigteichen aus Kunststoff nicht zu befürchten, beim Folienteich schon gar nicht. Die winterharten Wasserpflanzen benötigen keinen Schutz, Fische und Amphibien ebenfalls nicht, sie ziehen sich in die tieferen Bereiche zurück (die Teichtiefe muß allerdings mindestens 80 cm betragen). Freilich muß man bei Fröschen immer mit Ausfällen rechnen, wenn sie von starken und plötzlichen Kälteschüben überrascht werden.

Damit Faulgase entweichen können und der Luftaustausch nicht völlig unterbunden wird, empfiehlt es sich, vor der Eisbildung ein Büschel Reisig oder Stroh senkrecht ins Wasser zu stellen. Hat man Binsen, Rohrkolben oder andere Gräser mit langen Stengeln im Gartenteich, werden sie im Herbst nicht abgeschnitten, sondern bleiben bis zum Frühjahr stehen, weil an ihrer Basis auch bei durchgehender Eisdecke ein minimaler, aber ausreichender Luftaustausch stattfindet.

Seit einiger Zeit gibt es im Gartenfachhandel auch sogenannte „Eisfreihalter“ aus Kunststoff, die im Herbst einfach auf die Wasseroberfläche gelegt werden.

Pflanzen für Wassergärten

Bei der Erstausstattung des Gartenteichs wird meist der Fehler begangen, viel zu viele Pflanzen einzusetzen, die sich später gegenseitig bedrängen und das Wasser zum „Umkippen“ bringen. Da es für den Laien schwierig ist, die richtige Auswahl abzuschätzen, muß man hier Lehrgeld zahlen und spätestens nach 2 Jahren einiges entfernen. Andererseits möchte man – wie im übrigen Garten auch – nicht so lange warten, bis sich die gewünschte Vielfalt durch Ausbreitung und Zuwachs von alleine eingestellt hat.

Bei der Auswahl der Pflanzen für den Gartenteich müssen wir zwischen 2 Lebensbereichen und den entsprechenden Wachstumsvoraussetzungen unterscheiden: Wasser einerseits und Sumpf, beziehungsweise ständig feuchtnasser Untergrund andererseits. Dennoch sind die Übergänge hier fließend, viele Gewächse, die wir als Wasserpflanzen kennen, halten es durchaus auch ohne stehendes Wasser in

Seerose 'James Brydon'

Seerose 'Marliacea Chromatella'

Seerose 'Marliacea Rosea'

Empfehlenswerte Seerosen

SORTENNAME	WASSERSTAND IN CM	BLÜTENFARBE
'Charles de Meurville'	60-100	weinrot
'Escarboucle'	60- 70	tiefrot
'Froebelii'	20- 40	karminrot
'Gloriosa'	40- 60	leuchtend rot
'Hermine'	60- 80	reinweiß
'James Brydon'	40- 60	rosarot
'Laydekeri Lilacea'	20- 40	violettrosa
'Laydekeri Purpurata'	20- 40	karminrot
'Marliacea Albida'	40- 80	reinweiß
'Marliacea Chromatella'	40-100	hellgelb
'Marliacea Rosea'	50- 80	zartrosa
'Masaniello'	40- 80	rosa
'Rosennymphe'	40- 80	hellrosa
'Sulphurea'	40- 60	schwefelgelb
'Princess Elisabeth'	20- 40	rosa
'René Gerard'	40- 80	karminrot
'Pöstlingsberg'	60- 80	reinweiß
'Richardsonii'	80-100	reinweiß

Seerose 'René Gerard'

einem ausreichend feuchten Boden aus. Allerdings ändern sich dann häufig Blühfreudigkeit und Habitus. Nur die Unterwasser-, Schwimm- und Schwimmblattpflanzen, zu denen auch die Seerosen gehören, wachsen gänzlich im nassen Element.

An erster Stelle der Pflanzen des Wassergartens steht, genau wie im Garten die Gartenrose, die Seerose (Nymphaea). Es wurde schon gesagt, daß Seerosen am besten im Korb oder Container untergebracht sind, aus denen die Wurzeln seitlich herauswachsen können. Sie brauchen soviel Sonne wie möglich, weil Wuchs und Blüte desto üppiger sind, je wärmer das Wasser im Wurzelbereich ist. Das Farbenspiel der großen oder kleinen Blüten umfaßt alle Nuancen von rot, rosa, weiß, orange, creme und gelb, unter den tropischen Arten gibt es sogar eine blau-blühende Rarität.

Bei der folgenden Zusammenstellung wurden nur diejenigen Sorten berücksichtigt, die man ohne große Mühe überall kaufen kann und die von der Arbeitsgemeinschaft Staudensichtung des Bundes deutscher Staudengärtner als empfehlenswert eingestuft wurden. Es handelt sich um Hybriden und Sorten von Nymphaea odorata und N. tuberosa.

Die Wasserstandsangaben in der Pflanzenliste geben die für die genannten Gewächse günstigsten Werte an, sind aber durchaus nach oben oder unten variabel. Sie leiten sich vor allem aus der Tatsache ab, daß die Wassertiefe den Wuchseigenschaften der jeweiligen Pflanze in etwa entsprechen muß, sofern diese den Teichgrund oder ein Gefäß für die Wurzeln benötigt. Aber auch reine Schwimmpflanzen sind durch ihre natürlichen Standorte von einer bestimmten Wassertiefe des Gartenteichs abhängig.

Da im Hausgarten weder Folienteich noch Fertigbecken extreme Ausmaße haben, hat man hier mit dem Wasserstand kaum Schwierigkeiten.

In die Listen wurden nur winterharte Pflanzen aufgenommen.

Wasserpflanzen für den tieferen Bereich

BOTANISCHER NAME	DEUTSCHER NAME	WASSERSTAND IN CM	BEMERKUNGEN
Ceratophyllum demersum	Hornkraut	50-100	Unterwasserpflanze
Elodea canadensis	Wasserpest	10-150	wuchernd, algenfeindlich
Hottonia palustris	Wasserfeder	30 - 60	schattenverträglich
Hydrocharis morsus-ranae	Froschbiß	10 - 15	liebt kalkarmes Wasser
Lemna minor	Kleine Wasserlinse	0-100	Schwimmblattpflanze
Myriophyllum verticillatum	Ähriges Tausendblatt	30 - 60	Unterwasserpflanze
Nuphar	Teichrose in Arten	20-150	Schwimmblattpflanze
Nymphoides peltata	Seekanne	20 - 50	Schwimmblattpflanze
Orontium aquaticum	Goldkolben	10 - 40	Tiefwurzler
Polygonum amphibium	Wasserknöterich	50 - 30	stark wuchernd
Potamogeton natans	Schwimmendes Laichkraut	50-150	stark wuchernd
Ranunculus aquatilis	Wasserhahnenfuß	50 - 80	Unterwasserpflanze
Stratiotes aloides	Wasseraloe	50-150	algenvertreibend
Utricularia vulgaris	Wasserschlauch	10-100	fleischfressend

Elodea, Wasserpest

Nuphar lutea, Teichrose

Caltha palustris, Sumpfdotterblume

Die Kleine Wasserlinse zwischen Seerosen

Nymphoides peltata, Seekanne

Hippuris vulgaris, Tannenwedel

Sumpf- und Flachwasserpflanzen

BOTANISCHER NAME	DEUTSCHER NAME	WASSER-STAND IN CM
Acorus calamus	Kalmus	5-15
Alisma plantago-aquatica	Froschlöffel	5-20
Butomus umbellatus	Schwanenblume	5-20
Caltha palustris	Sumpfdotterblume	Sumpf
Carex	Segge in Arten	Sumpf
Equisetum scirpoides	Simsen-Schachtelhalm	Sumpf
Eriophorum latifolium	Breitblättriges Wollgras	0-10
Gladiolus palustris	Sumpfsiegwurz	0-10
Glyceria maxima	Wasserschwaden	Sumpf
Hippuris vulgaris	Tannenwedel	5-40
Iris pseudacorus	Sumpfschwertlilie	5-20
Juncus	Binse in Arten	Sumpf
Juncus effusus 'Spiralis'	Spiralbinse	0-10
Lysichiton americanus	Scheinkalla	0-10

Iris pseudacorus, Wasserschwertlilie

Juncus, Binse

Mimulus luteus, Gauklerblume

Typha minima, Kleiner Rohrkolben

Sumpf- und Flachwasserpflanzen

BOTANISCHER NAME	DEUTSCHER NAME	WASSERSTAND IN CM
Lysimachia nummularia	Pfennigkraut	0-10
Lythrum salicaria	Blutweiderich	Sumpf
Menyanthes trifoliata	Fieberklee	5-10
Mimulus luteus	Gauklerblume	0-15
Miscanthus sinensis 'Strictus'	Stachelschweingras	0-10
Myosotis palustris	Sumpfvergißmeinnicht	5-10
Phalaris arundinacea	Rohrglanzgras	Sumpf
Physostegia virginiana	Gelenkblume	0-10
Phragmites australis	Schilfrohr	10-50
Pontederia cordata	Hechtkraut	10-20
Sagittaria latifolia	Pfeilkraut	20-30
Scirpus lacustris	Teichsimse	20-80
S.l.ssp. tabernaemontani 'Zebrinus'	Zebrasimse	10-30
Sparganium erectum	Igelkolben	5-15
Sparganium minimum	Zwergigelkolben	5-15
Typha minima	Kleiner Rohrkolben	5-20
Veronica beccabunga	Bachbunge	0-15
Viola palustris	Sumpfveilchen	Sumpf

Sagittaria latifolia, Pfeilkraut

Scirpus lacustris ssp. tabernaemontani

Das Sumpfbeet

Viele Teichbesitzer mit ausgeprägter Liebe zur Natur und mit Interesse für die heimische Tier- und Pflanzenwelt würden gerne noch mehr zu ihrer Erhaltung beitragen. Am schnellsten geht das mit der Schaffung von Feuchtbiotopen, also Tümpeln, einem großen Sumpfgarten oder einer Feuchtwiese. Das wird in den meisten Fällen ein Traum bleiben müssen, weil für diese nicht nutzbare Wildnis oft nicht genügend Platz zur Verfügung steht.

Aber ein Sumpfbeet anzulegen bereitet weder viel Mühe, noch braucht man dafür eine große Fläche, und die Aufwendungen sind minimal. Im Sumpfbeet können alle Pflanzen angesiedelt werden, die auch im Flachbereich des Teichs gut untergebracht sind, sowie einige andere, denen ständig feuchte Wurzeln nichts ausmachen.

Das reine Moorbeet mit seinem betont sauren Boden scheitert dagegen einfach daran, daß es die dafür geeigneten Pflanzen oft nicht zu kaufen gibt, von Azaleen und einigen Karnivoren einmal abgesehen. Was davon in der freien Natur wächst, steht fast ausnahmslos unter strengem Schutz.

Wer die Anlage eines Gartenteichs ins Auge faßt, sollte ein Sumpfbeet gleich mit einplanen. Andernfalls richtet man es nachträglich ein.

Man muß dazu eine etwa 30 cm tiefe, zu den Rändern hin abflachende Mulde beliebiger Größe ausheben, die mit einer Teichfolie ausgelegt wird. Die Auffüllung besteht aus einer Mischung von Gartenerde und Torf zu etwa gleichen Teilen. Zwischen Füllsubstrat und Muldenoberkante sollten noch ungefähr 5 bis 10 cm frei bleiben, damit hier Wasser stehen kann.

Von Zeit zu Zeit wird man das Sumpfbeet mit dem Wasserschlauch auffüllen müssen. Es tut den Pflanzen jedoch nichts, sollte der Wasserstand für längere Zeit auf Null sinken, nur der Boden darf dann nicht austrocknen.

Ist ein Gartenteich vorhanden oder geplant, kann man zwischen Sumpfbeet und Teich eine Verbindung herstellen oder das Beet so dicht an den Wassergarten legen, daß man bei späterem Bewuchs von der Trennung der beiden Anlagen nichts mehr bemerkt. Teich und Sumpfbeet sollen natürlich wirken und in die Randbepflanzung mit Gräsern, Stauden oder passenden Sommerblumen einbezogen werden.

Der Randbereich

Da es sich bei den Pflanzen von Teich und Sumpfbeet stets um Wildgewächse oder deren Abkömmlinge handelt, wird man in die unmittelbar angrenzende Randzone nicht gerade Hochzuchtsorten des feinen Ziergartens, wie zum Beispiel Edelrosen oder fremdländische Kübelpflanzen setzen. Doch die Übergänge sind fließend. Der Boden unterscheidet sich hier in keiner Weise von dem der anderen Gartenteile, Rabatten oder Beete und ist also durchaus nicht extrem feucht.

An erster Stelle wären als Bepflanzungsmöglichkeiten in Teichnachbarschaft Staudengräser, wie zum Beispiel Chinaschilf (Miscanthus sinensis), Wollgras (Eriophorum latifolium), also keineswegs nur für den Sumpf geeignete Gewächse, oder die Morgensternsegge (Carex grayi) zu nennen, die ihrerseits sehr gut auch im Sumpfbeet oder Flachwasser stehen kann. Gut geeignet als Teichbegleitpflanzen sind die verschiedenen Bambusarten und -sorten, die neuerdings immer häufiger in unseren Gärten auftauchen. Der Federmohn (Macleaya cordata) ist eine Großpflanze von 200-300 cm Höhe, die gut an den Teich paßt.

Verschiedene Iris- und Hosta-Arten (Funkie) sind fast schon klassische Gewächse der Wassernähe, obgleich es sich hierbei teilweise um hochgezüchtete Gartenformen handelt. Doch keine Regel ohne Ausnahme! Glockenblumen (Campanula), Waldmeister (Asperula odorata), Eisenhut (Aconitum) und Anemonen (Anemone) setzen den Reigen fort.

Das Mammutblatt (Gunnera), das seinem Namen mit den bis zu 200 cm großen Blättern alle Ehre macht, ist für den Hintergrund eines Gartenteichs geradezu ideal, muß aber leider vor Wintereinbruch dick eingepackt werden, da es sehr frostempfindlich ist.

Weiter sind zu nennen Vergißmeinnicht (Myosotis), verschiedene Primelarten (Primula), Frauenmantel (Alchemilla), Schafgarbe (Achillea) und kleine Zwiebelblumen. Übrigens ist eine Kombination von Gartenteich und Steingarten, direkt nebeneinander, von ganz besonderem Reiz, obgleich diese beiden Bereiche und die sie bewohnenden Pflanzen vieles zu trennen scheint. Doch wenn beides geschickt angelegt und natürlich gestaltet wird, ist diese Kombination von 2 Wildregionen optisch kaum schlagbar und gerade wegen ihrer Verschiedenartigkeit äußerst reizvoll. Wer Freude an selbständigem Gestalten, Phantasie und ein sicheres Gespür für geschmackliche Übereinstimmung hat, dem bieten sich beim Zusammenführen von Wasser und Stein ungeahnte Möglichkeiten.

Tiere im Wassergarten

Hier sind es natürlich in erster Linie die Fische, die im Wassergarten eine übergeordnete Rolle spielen und dabei wiederum, es führt kein Weg an ihm vorbei, der Goldfisch in seinen verschiedenen Varianten.

Er ist nun einmal, obgleich er gerne am Boden gründelt, der genügsamste, dankbarste und wegen seiner schimmernden Gelb- oder Rotfärbung am besten zu beobachtende Teichbewohner. Einzig seine Vermehrungsfreudigkeit kann zu einem Problem werden.

An zweiter Stelle steht die dem Goldfisch sehr ähnliche Goldorfe, die allerdings mehr Platz benötigt, weil sie weitaus schwimmfreudiger ist als der eher träge Goldfisch.

Mit Grundfischen wie Karauschen oder Schleien können wir im kleinen Gartenteich ebenso wenig etwas anfangen wie mit dem meist unsichtbaren Moderlieschen.

Die farbenprächtigen Koikarpfen wiederum brauchen tieferes Wasser als die meisten Gartenteiche zu bieten haben. Außerdem fressen sie so ziemlich alles, was ihnen vor das breite Maul kommt und bringen durch ihr permanentes Wühlen im Schlamm die gesamte Teichflora durcheinander.

Elritzen können nur in sehr sauerstoffreichem Wasser leben, Stichlinge fressen als Raubfische nur Lebendfutter, Rotauge und Rotfeder sind Schwarmfische und für den normalen Gartenteich deshalb gleichfalls ungeeignet.

Von allerlei anderem Getier, das sich ohne unser Zutun im oder am Teich einstellt, war schon die Rede. Außer Wasserkäfern bewohnen auch andere Insekten und Insektenstadien, meist unsichtbar, den dichten Dschungel der Unterwasserpflanzen: Mückenlarven, Wasserasseln, Köcherfliegen und Wasserspinnen.

Laubfrosch, *Hyla arborea*

Goldfische, *Carrassius auratus auratus*

Das Erdkrötenweibchen schleppt in der Paarungszeit das kleinere Männchen huckepack zum Laichgewässer.

Goldorfe, *Leuciscus idus*

Die Gelbbauchunke wirft sich in Schreckstellung auf den Rücken und zeigt ihren gelb-schwarz gefleckten Bauch.

Sumpfdeckelschnecken können bei Gefahr ihr Gehäuse mit einem Deckel verschließen.

Schlüpfende Mosaikjungfer

◁ *In der Paarungszeit preßt das Männchen des Wasserfroschs 2 Schallblasen aus den Spalten hinter den Mundwinkeln heraus und veranstaltet ein Konzert.*

Wenn man Glück hat, wandern sogar Teichmolche zu, die man aber nur durch Zufall entdeckt, wenn sie zum Luftholen an die Oberfläche kommen. Bei den Fröschen ist es vor allem der nicht quakende Grasfrosch, der den Teich nur zur Laichablage im Frühjahr besucht und die übrige Zeit an kühlen, feuchten Stellen unter Büschen oder in einem Blumenbeet verbringt.
Auch für die Erdkröte mit dem hübschen wissenschaftlichen Namen Bufo bufo ist der Gartenteich lediglich Kinderstube. Da es sich bei ihr um ein Nachttier handelt, sieht man sie nur selten.

DER NATURGEMÄSSE GARTEN

△ *Rotkehlchen*

△ *3 Marienkäfer ruhen in einer Buch-eckerhülle.*

◁ *Herbstliche Ecke im Naturgarten*

Natur- oder Wildgarten

Naturgarten, naturgemäßer Garten, Wildgarten, Wildnisgarten – was wirklich damit gemeint ist, weiß so ganz genau niemand. Es ist gut, daß es bei dieser Gartenform keine Schablone gibt, kein vorgefertigtes Modell, nach dem man sich seinen Naturgarten wie anhand eines Schnittmusterbogens selber schneidern kann.

Wollte man das Wortspiel auf die Spitze treiben, so wäre zu fragen: welcher Garten ist nicht ein Stück Natur, beherbergt doch jeder lebende Bäume, Sträucher, Stauden, Sommerblumen, Beerenobst, Gemüsepflanzen und Kräuter?

Man kann natürlich auch in Sachen Wildgarten nach Perfektion streben, nur anpflanzen, was in der einschlägigen Literatur als passendes Gewächs ausgewiesen ist, alles sprießen und wuchern lassen und hoffnungsfroh abwarten, was die Natur mit dem ganzen Schlamassel zuwege bringt. Vielleicht steht am Ende ein „Wildnisgarten", wobei man das Wort Garten dann freilich streichen sollte. Dagegen alleine wäre noch nichts einzuwenden, nur ist die Sache nicht praktikabel. Jedenfalls nicht dort, wo sich Haus an Haus und Garten an Garten reiht und eine gewisse Rücksichtnahme nun einmal unumgänglich ist.

Es mag im übrigen für den um Tier- und Pflanzenschutz besorgten Gartenbesitzer tröstlich sein, daß er mit ungezügelter Wildnis inmitten einer Wohnlandschaft der Natur keinen großen Gefallen erweist, die gerade in dieser Umgebung der behutsam ordnenden und regulierenden Hand des Menschen bedarf. Und damit sind wir beim eigentlichen Thema.

Ein naturgemäßer Garten ist immer noch ein Garten, eine Umgebung, in der wir uns wohl fühlen und die den Charme des Gestalteten nicht eingebüßt hat. Es ist viel schwieriger, die Vielfalt des natürlichen Pflanzenwuchses, Stein und Baumstumpf, Teich und Pfad in den Rahmen eines Gartens einzufügen, als daraus zu verbannen.

So entsagt der natürlich gestaltete, der Natur nachempfundene, nicht sie kopierende Garten zunächst aller geometrischen Muster und ungebrochenen Linien. Ein schnurgerader Kiesweg als Mittelachse mag in einer weiträumigen Anlage noch angehen, wenn rechts und links Landschaft die Blicke ablenkt. Im normalen Hausgarten mit bestenfalls einigen hundert Quadratmetern stiehlt er jedoch dem angestrebten natürlichen Erscheinungsbild die Schau.

Und weil wir schon bei der Größe sind: da es für den Naturgarten keine Normen gibt, spielen auch seine Abmessungen keine Rolle. Er kann sogar nur einen kleinen Teil des übrigen Gartens einnehmen, beispielsweise als Teich mit bescheidener Umpflanzung. Genaugenommen sind bereits das Steinbeet und seine zwergige Wildflora ein Naturgarten in Miniatur.

Das Gerüst eines jeden natürlichen Gartens bilden zunächst einmal die in ihm wachsenden Pflanzen. Wildsträucher, Wildstauden und Wildblumen sollen es sein. Doch so wild ist die ganze Sache gar nicht. Denn die meisten Gewächse, die in Frage kommen, sind längst in gärtnerischer Kultur – wo sonst sollte man sie sich beschaffen, denn in Wiese, Wald und Feld, in Feuchtgebieten gar steht fast alles, was für den Naturgarten interessant wäre, unter Schutz.

Knabenkräuter, einheimische Orchideen also, sind für den Spaziergänger selbst dann tabu, wenn sie, wie in

Igel leben überall, wo sie ein passendes Nahrungsangebot und ausreichende Versteck- und Unterschlupfmöglichkeiten finden.

Die schwarzen Beeren des Ligusters (Ligustrum vulgare) sind für Menschen giftig, Vögel nehmen sie allerdings als willkommene Nahrung.

◁ *Auch der Naturgarten braucht die ordnende Hand des Gärtners. Ordnen heißt in diesem Fall nicht Ordnung schaffen, sondern behutsam zurechtrücken.*

den Riedauen des südbadischen Oberrheins, in Massen auftreten. Nur den Bauern ist es gestattet, sie unterzupflügen, damit Platz für ein neues Maisfeld geschaffen wird!

Streift man mit der Roten Liste, in der die gefährdeten und geschützten Pflanzen aufgeführt sind, durch Feld und Wald, so ist die Wahrscheinlichkeit sehr gering, daß sich ein passendes Wildgewächs für den Garten ausmachen läßt. Und stößt man doch auf etwas hübsches Ungeschütztes, bleibt fraglich, ob man daheim viel Freude daran hat.

Wildpflanzen haben einen eng umgrenzten Lebensraum, in dem alles miteinander korrespondieren muß: Bodenbeschaffenheit, das Wechselspiel von Licht und Schatten, Kleinklima, Luft- und Bodenfeuchte, Nachbarschaft. Radieschen und Rosen sind da unkomplizierter.

Viel einfacher ist es also, sich in einer Staudengärtnerei und für Gehölze in einer Baumschule umzuschauen. Überall wurde in den letzten Jahren das Wildpflanzensortiment aufgrund der gestiegenen Nachfrage beträchtlich erweitert. Und schließlich kann man sich viele dieser Gewächse aus Samen selber ziehen. Denn auch der Samenhandel hat dem Bedürfnis Rechnung getragen.

Die Empfehlung, nur solche Pflanzen in den Naturgarten zu holen, die auch in der näheren und weiteren, möglichst aber näheren Umgebung wildwachsend vorkommen, ist freilich blanker Unsinn. Dem ohnedies schon heillos zerredeten Naturschutz, dem das dienen soll, wird damit nicht geholfen. Denn wenn heimische Gewächse ungestört ringsherum sprießen und gedeihen, besteht kein Anlaß, sie um ihres Erhaltens willen auch noch im Garten unterzubringen. Sind sie selten und geschützt, muß man sie sich ohnedies in

Auch die Früchte des Geißblatts sind für uns giftig. Die Vögel lieben sie.

Die bekannte Haselnuß ist ein „Vogelschutzgewächs".

einer Gärtnerei beschaffen. Dann kann man sich dort auch ungeschützte Pflanzen besorgen.

Weil der natürliche Garten nicht nur Gewächse mit Wildpflanzencharakter beherbergen, sondern auch Tieren eine Heimat geben soll, muß er entsprechend gestaltet und ausgestattet werden.

Vom Teich war schon die Rede, aber er ist nicht Voraussetzung. Viel wichtiger, vor allem für die Vogelwelt, sind dichtwachsende, laubabwerfende Sträucher und Buschwerk, die sowohl Zuflucht als auch Nistmöglichkeiten bieten. Dornen halten mancherlei Eindringlinge, vor allem aber Katzen ab. Ein paar Brombeerbüsche oder Wildrosen gewähren den Gefiederten ausreichend Schutz und verleiten sie zum Bleiben.

Nicht bestachelt, aber dichtwachsend ist unser heimischer Liguster, Ligustrum vulgare. Zwar sind seine schwarzen Beeren für Menschen giftig, Vögel nehmen sie jedoch gerne als willkommene Nahrung.

Dasselbe gilt für das Geißblatt oder die Heckenkirsche, Lonicera, mit gelblichweißen Lippenblüten im Mai/Juni und roten, glänzenden Beeren im Sommer. Mit roten Fruchtständen schmückt sich im August/September der Schneeball, Viburnum lantana, von dem es auch einige Gartensorten gibt und dessen weiße Blütendolden im Mai/Juni die Luft mit süßem Duft erfüllen. Seine Beeren sind ebenso giftig wie die viergeteilten orangeroten Fruchtkapseln des Pfaffenhütchens, Euonymus europaea, im September/Oktober.

Nicht zu vergessen ist der Schwarze Holunder, Sambucus nigra, der an anderer Stelle zurückhaltend beurteilt wurde, in den Naturgarten jedoch durchaus paßt und dessen Beeren sich zu einem vitaminreichen Saft verarbeiten lassen. Hier stört es auch nicht, daß Holunder meist mehr Schwarze Blattläuse beherbergt, wie er Blätter besitzt.

Schließlich sind an Vogelschutzgewächsen noch zu nennen: Haselnuß, Berberitze, Sanddorn und Hartriegel. Damit wäre der Gehölzrahmen für den natürlichen Garten skizziert, freilich noch längst nicht alles genannt, was darüber hinaus in Frage käme.

Wo es möglich ist, eine kleine Mauer aus Natursteinen aufzuschichten, ähnlich der schon beschriebenen Trockenmauer, bietet man Wespen und Bienen die Möglichkeit, kleine Nester zu bauen. Dort finden außerdem Eidechsen Unterschlupf und Sonnenplätze, und es siedeln sich auf der Schattenseite Moose, Flechten und Algen an. Setzt man hier noch einige Farne an lichtarme Plätze, ist die Natur noch ein Stück näher gerückt.

An Stelle einer Mauer können auch ein paar größere Steine neben- und übereinander in eine Gartenecke gelegt werden. Sie sind bald von Kräutern und Gräsern umwuchert.

Wenn von der ordnenden Hand des Gärtners auch im Naturgarten die Rede war, so heißt ordnen in diesem Fall nicht Ordnung schaffen, sondern behutsam zurechtrücken. Laub wird nicht weggeharkt, schon gar nicht unter Büschen, denn in dieser oben noch frischen, nach unten hin immer stärker verrottenden Schicht spielt sich vielfältiges Leben ab: Käfer, Asseln, Larven, Spinnen, Drahtwürmer, Regenwürmer, Hundert- und Tausendfüßler, Spitzmaus, Kröte und Igel – alles ist hier zu Hause oder zu Gast, frißt, vermehrt sich und wird gefressen.

Groß ist die Auswahl der Stauden, die in einen natürlichen Garten passen, wobei man die Standortwünsche berücksichtigen muß. Von den Staudengräsern passen alle in den Wildgarten, nur Pampasgras, Cortaderia selloana, und das Pfahlrohr, Arundo donax, machen eine Ausnahme.

Über die Verwendung von Bambus in diesem Bereich kann man durchaus streiten, obgleich sich schon bei der Erwähnung dieses ganz und gar nicht einheimischen Grases manchem eingeschworenem Naturgärtner die Haare sträuben dürften. Aber hier wird keiner weltanschaulich gefärbten Naturgarten-Kraftmeierei das Wort geredet.

Marienkäfer sind Nützlinge, sie vertilgen Blattläuse.

Arum maculatum, Aronstab

Auch Marienkäferlarven fressen Läuse.

Früchte des Aronstabs

Farne sollten im Naturgarten nicht fehlen.

Carlina acaulis, Silberdistel

Stauden und Farne für den Naturgarten

BOTANISCHER NAME	DEUTSCHER NAME
Aconitum napellus	Eisenhut
Adonis vernalis	Adonisröschen
Ajuga reptans	Günsel
Alchemilla mollis	Frauenmantel
Anemone nemorosa	Buschwindröschen
Aquilegia vulgaris	Akelei
Armeria maritima	Grasnelke
Arum maculatum	Gefleckter Aronstab
Aruncus dioicus	Waldgeißbart
Asarum europaeum	Haselwurz
Aster amellus	Bergaster
Athyrium filix-femina	Frauenfarn
Blechnum spicant	Rippenfarn
Campanula-Arten	Glockenblume
Carlina acaulis	Silberdistel
Centaurea montana	Bergflockenblume
Cimicifuga-Arten	Silberkerze
Convallaria	Maiglöckchen
Corydalis-Arten	Lerchensporn
Digitalis	Fingerhut
Dryopteris filix-mas	Wurmfarn
Epilobium angustifolium	Weidenröschen
Eranthis-Arten	Winterling

Stauden und Farne für den Naturgarten

BOTANISCHER NAME	DEUTSCHER NAME
Filipendula ulmaria	Mädesüß
Galanthus-Arten	Schneeglöckchen
Galium odoratum	Waldmeister
Hepatica nobilis	Leberblümchen
Hosta-Arten	Funkie
Leucojum vernum	Märzbecher
Lilium martagon	Türkenbundlilie
Marianthemum bifolium	Schattenblume
Malva alcea	Sigmarskraut
Oenothera missouriensis	Nachtkerze
Omphalodes verna	Gedenkemein
Origanum vulgare	Dost
Osmunda regalis	Königsfarm
Phyllitis scolopendrium	Hirschzungenfarn
Polypodium	Tüpfelfarn
Potentilla-Arten	Fingerkraut
Primula veris	Schlüsselblume
Pulmonaria officinalis	Lungenkraut
Pulsatilla vulgaris	Küchenschelle
Thymus-Arten	Thymian
Trollius europaeus	Trollblume
Verbascum-Arten	Königskerze
Vinca minor	Immergrün
Viola odorata	Duftveilchen

Primula veris, Schlüsselblume

Filipendula ulmaria, Mädesüß

Trollius europeus, Trollblume

Vögel im Garten

Wer sich entschlossen hat, ein paar dicht wachsende Sträucher in seinen Garten zu pflanzen – vornehmer spricht man von einer ungeschnittenen Laubhecke –, einem Geißblatt die Möglichkeit gibt, sich irgendwo emporzuschlingen, wer gar eine Hauswand den Klimmkünsten des Wilden Weins zur Verfügung stellt, braucht auf den Zuzug von Vögeln nicht lange zu warten. Der Aufenthalt wird für sie noch verlockender, wenn man ihnen den Nestbau durch die Anbringung von Nistkästen erleichtert. Welche Vogelart sich einfindet, hängt vom Durchmesser des Einfluglochs ab. Für Blaumeisen sollte diese Öffnung 28 mm breit sein, für Kohlmeisen und Schnäpper 32 mm, der Gartenrotschwanz bevorzugt ovale Einfluglöcher mit 45 mm Höhe und 30 mm Breite. Gelege und Kinderstube dieser Höhlenbrüter sind vor Katzen also sicher.

Wenig sinnvoll ist es, eine größere Zahl von Nistkästen im kleinen Garten anzubringen, da das Revierverhalten der Vögel eine allzu enge Nachbarschaft der Brutpaare nicht gestattet. Hier geht es nach dem Grundsatz: wer zuerst kommt, baut zuerst, und ist das Quartier einmal bezogen, bleibt der Neubau nebenan leer – und sei er noch so komfortabel.

Fütterung

Im Sommer hat jede Vogelfütterung zu unterbleiben, darüber sind sich alle einig. Doch bei der Winterfütterung gehen die Meinungen auseinander: soll man, oder soll man nicht?

Der Bund für Vogelschutz sähe es am liebsten, die vielen Millionen Mark, die von uns in jedem Winter für Vogelfutter

Buchfinken im Nest

Rotkehlchen

ausgegeben werden, würden als Spende seinen Konten gutgeschrieben, um damit bedrohten Arten wirkungsvoll zu helfen, Schutzgebiete einzurichten und verschiedene andere Maßnahmen zu finanzieren. Wahrscheinlich hat er recht. Denn am winterlichen Futterplatz versammeln sich in der Hauptsache solche Arten, die ohnedies nichts zu befürchten haben. Zurückkehrende Zugvögel finden dann die Plätze zum Nisten durch die vielen Sperlinge, Rotkehlchen und Amseln besetzt.

Andererseits kann man zu keiner Zeit und an keinem Ort sonst das im Garten als Schädlingsvertilger geschätzte Federvolk so gut und fast „hautnah" beobachten, wie bei der Fütterung. Wir sollten uns, vor allem aber unseren Kindern, diese Freude ruhig gönnen und nach Frostantritt an einem katzensicheren Platz eine gemischte Tafel für Körner- und Weichfresser anrichten.

Die jeweiligen Mischungen gibt es überall zu kaufen, zusätzlich halbierte Äpfel sind ein Festschmaus für Amseln und Rotkehlchen.

Wasser braucht nicht gegeben zu werden, solange draußen Schnee liegt, mit dem die Vögel ihren Feuchtigkeitsbedarf decken.

◁ *Vögel am winterlichen Futterplatz*

DER GEMÜSE- UND KRÄUTERGARTEN

△ *Tomaten*

△ *Meerrettichwurzeln*

◁ *Auch Blumen können zwischen die verschiedenen Gemüse gepflanzt werden.*

Gemüse im Garten

In den meisten Gärten bleibt irgendwo ein Stück Land für den Anbau von Gemüse reserviert. Wie groß dieser Anteil jeweils ist, hängt von den Neigungen der Gartenbesitzer, der Familiengröße und der zur Verfügung stehenden Fläche ab. Wer nicht mit jedem m^2 geizen muß, den Wert selbst angebauter Grünkost zu schätzen weiß und darüber hinaus noch ein bißchen Spaß an der Gartenarbeit hat, wird Gemüse und Kräutern mehr Platz in seinem Garten einräumen.

Auf der anderen Seite schmälern Strahlenunfälle in Atomkraftwerken, Luftverschmutzung, Saurer Regen und alle anderen die Umwelt belastenden Geschehnisse die Freude an selbst angebautem Gemüse. Diese Verunsicherung geht so weit, daß Gartenbesitzer sogar ihrem eigenen Kompost nicht mehr trauen, auf das Sammeln von Regenwasser verzichten und die Lüftungsklappen der Kleingewächshäuser und Frühbeetfenster länger geschlossen halten, als den Pflanzen guttut.

Nun soll man die Dinge gewiß nicht bagatellisieren und so tun, als höre die Welt am Gartenzaun auf. Es muß jedoch ins Gedächtnis gerufen werden, daß wir in den fünfziger und sechziger Jahren während der massiven Atomtestreihen auch in der Bundesrepublik flächendeckend einer Strahlenintensität ausgesetzt waren, die um ein Vielfaches über dem lag, was heute örtlich gemessen wird.

Ein ganz anders gelagerter Risikofaktor ist die Nitratanreicherung vor allem in einigen Blattgemüsen durch überhöhte Stickstoffdüngung. Diese Gefahr kann man mit genau abgemessenen Nährstoffgaben und richtigen Anbaumethoden stark vermindern.

Selbstgezogenes, gartenfrisches Gemüse schmeckt noch einmal so gut.

Problem Nitrat

Je mehr Licht die Pflanze erhält, desto schneller wird Nitrat abgebaut. Nicht nur wegen des Nitratgehaltes, sondern auch wegen der optimalen Kulturbedingungen sollte man den Gemüsegarten am sonnigsten Gartenplatz anlegen.

Ein weiträumiger, luftiger Anbau, also ein großzügiger Pflanzenabstand, beschleunigt außerdem die Herabsetzung des Nitratgehalts.

Im Kleingewächshaus sollte Blattgemüse, in dem Nitrate besonders reichlich gespeichert werden, möglichst nur angezogen und später ins Freiland gesetzt werden. In Fruchtgemüse, also Tomaten, Melonen, Auberginen, Paprika und Hülsenfrüchten, sind die Nitratwerte wesentlich geringer. Diese wärmeliebenden Gewächse, die in rauheren Klimaten ohnehin unter Glas am besten gedeihen, können also auch weiterhin dort heranreifen.

Ein weiterer Punkt ist die Düngung. Ging man bisher davon aus, daß organische Düngemittel kaum zu hoch dosiert werden können, eine Überdüngung also nicht zu befürchten ist, so zwingt das Nitratproblem zu neuen Überlegungen.

Der Stickstoffgehalt des Bodens läßt sich durch genau abgemessene Mengen mineralischer Düngemittel gezielter regulieren und steuern als mit organischen Substanzen. Bei letzteren hängt die Freisetzung des Stickstoffs stark von den Umweltbedingungen wie Wärme und Feuchtigkeit ab. Zeitpunkt und Menge der Stickstoffnachlieferung können deshalb vom Hobbygärtner nur wenig beeinflußt werden.

Dadurch wird das im Hausgarten ohnehin etwas kontroverse Kapitel der richtigen Nährstoffversorgung um eine Komponente reicher. Denn, und das ist die andere Seite, ohne ständige Zufuhr organischen Materials muß jeder Boden auf die Dauer veröden,

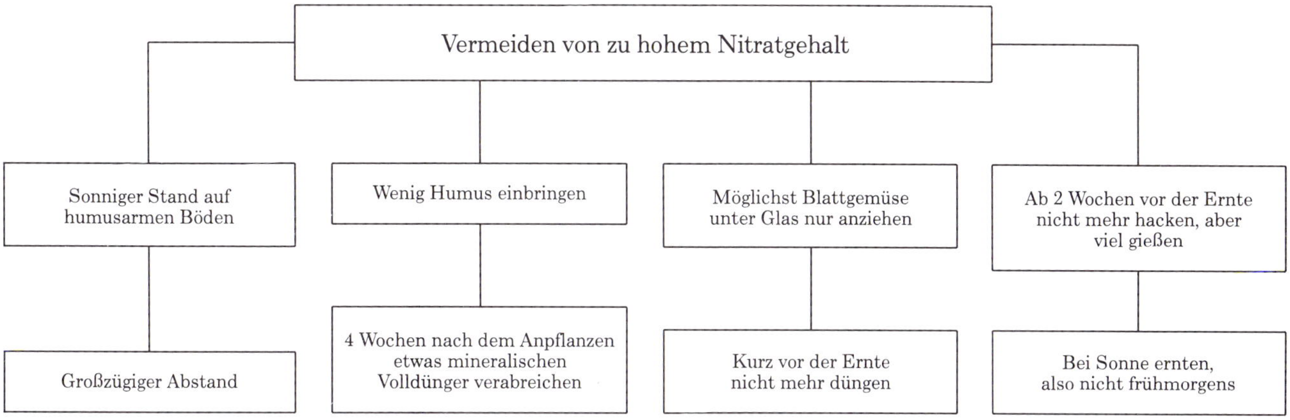

unfruchtbar werden. Mineraldünger können ein intaktes Bodenleben nicht ersetzen.
Es muß aber auch gesagt werden, daß die Meinungen und die Forschungsergebnisse der Fachleute über den Zusammenhang zwischen Überdüngung und Nitratanreicherung im Gemüse noch sehr auseinandergehen.
Die Konsequenz aus all den Überlegungen ist, gleich in welcher Form, generell zurückhaltend mit Düngern zu wirtschaften. Weniger zu düngen mag umso leichter fallen, wenn man weiß, daß bei großräumig durchgeführten Bodenanalysen eine permanente Überdüngung in den Privatgärten festgestellt wurde. Also keine Angst, die meisten Gartenböden sind zur Zeit ausreichend mit Nährstoffen versorgt.
Weitere Maßnahmen, selbst angebautes Gemüse von einer möglichen Nitratbelastung zu befreien, sind: kurz vor der Ernte nicht noch einmal leichtlöslichen, in diesem Fall also stickstoffreichen Mineraldünger geben; ab 2 Wochen vor Erntebeginn nicht mehr hacken, aber desto reichlicher wässern; möglichst nach einigen Tagen mit viel Sonne ernten und nicht am frühen Morgen.
Zusammenfassend sei hier Paul Gerhard Wilhelm zitiert, ein renommierter Gemüsefachmann und Gartenbauexperte, der sich eingehend mit der aktuellen Nitratproblematik vor allem im Hausgarten auseinandergesetzt hat: „Gemüse mit hohem Nitratspeicherungsvermögen sollte nicht auf humusreichen Böden und im Schatten angebaut werden. Besser ist es, gut besonnte Stellen zu wählen, wenig Humus einzubringen und zur Förderung des Wachstums etwa 4 Wochen nach dem Keimen oder Pflanzen etwas rasch wirkenden mineralischen Volldünger, 20 bis 40 g/m^2, zu verabreichen. Nach etwa 14 Tagen ist diese Düngemenge praktisch verbraucht, so daß die Pflanzen in den letzten 2 Wochen kaum noch Nitrat aufnehmen. Auf diese Weise werden die gespeicherten Nitratvorräte nach und nach abgebaut beziehungsweise so umgewandelt, daß es keine fragwürdigen Belastungen mehr gibt. Mit organischen Düngern kann man leider nicht so gezielt arbeiten wie mit mineralischen.“

Lage und Anlage

Oft wird der Gemüseteil bereits in der Planungsphase des Gartens etwas stiefmütterlich behandelt, das heißt dorthin verbannt, wo man möglichst wenig von ihm sieht. Dagegen ist im Prinzip nichts einzuwenden, denn wer läßt schon gerne Kohl und Kartoffeln im Vorgarten wachsen.
Die heute so häufig gegebene Empfehlung, Gemüse- und Ziergarten durch Mischanbau unter einen Hut zu bringen, hört sich zwar zunächst ganz gut an, ist tatsächlich jedoch nur mit starken Einschränkungen praktikabel.
Gewürzkräuter wird man sicher am Rand einer Staudenrabatte, längs eines Weges oder an sonniger Stelle in der Nachbarschaft von Blumen unterbringen können. Auch mit Radieschen, Zwiebeln und Mohrrüben mag das noch angehen. Doch bei Gurken, Tomaten, Bohnen, sämtlichen Kohlsorten und Kartoffeln läßt sich eine derartige Kombination nicht mehr verwirklichen. Wer Gemüse anbauen und ernten will, muß ihm schon einen separaten Platz einräumen.
2 Voraussetzungen sollte der richtige Platz haben: soviel Sonne wie möglich und Schutz vor Winden und Kälteströmen. Wenn Platz und Lage es erlauben,

leistet eine immergrüne Hecke aus Laub- oder Nadelgehölzen einem angenehmen Kleinklima Vorschub. Man kann auch auf der dem Wind zugewandten Seite einen Flechtzaun zur Wetterabwehr errichten.
Besonders wichtig ist das für die wärmeliebenden Gurken und Tomaten, erst recht natürlich für Melonen, Paprika und Auberginen, deren Freilandanbau trotz verbesserter Neuzüchtungen immer Glückssache ist. Diese Pflanzen können nur bei günstiger Großwetterlage erfolgreich angebaut werden.

Der Gemüsegarten muß sonnig und geschützt vor Wind und Kälteströmen sein.

Der Boden

Daß Gemüse einen lockeren, humosen und nahrhaften Boden liebt, ist zwar eine Tatsache, aber keineswegs alleinige Voraussetzung für einen lohnenden Anbau mit zufriedenstellenden Erträgen. Da man ein derart vollkommenes Erdreich meist nur dort antrifft, wo es schon jahrelang kultiviert und gepflegt wurde, ganz sicher aber nicht auf einem Neubaugrundstück, muß man zunächst mit dem Vorhandenen vorliebnehmen. Auch der angefahrene Mutterboden hält nur selten, was man sich von ihm verspricht.
Auf alle Fälle lohnt sich die Mühe, den Gemüseboden von Anfang an durch Zusätze von Torf, Kompost, Rindenkompost, organischen Düngern oder gegebenenfalls Sand zu verbessern. Auch die Einsaat von Gründüngungspflanzen, die das Erdreich nachhaltig lockern und fruchtbar machen, sollte erwogen werden. Deshalb braucht der Garten nicht ein ganzes Jahr lang völlig brachzuliegen, wenn jeweils nur ein kleiner Teil von ihm den Segen einer Gründüngung erfährt.
Eigentlich unverzichtbar vom ersten Tag an ist Kompostwirtschaft. Es gibt nichts, was einem Garten nachhaltiger und schneller zu Fruchtbarkeit verhilft und den Boden lebendig hält. Mit vorgefertigten Kompostsilos aus Holz oder Metall spart man eine Menge Platz. Und dieser Platz muß sich für eine so nützliche Einrichtung auch im kleinen Garten finden lassen.
Eine weitere Maßnahme der Bodenpflege ist das Mulchen. Mulchen heißt das Abdecken der Bodenoberfläche mit lockerem Material. Zum Beispiel können im Garten anfallende grüne Pflanzenteile sowohl auf frei gewordene Beete als auch zwischen die Gemüsereihen gestreut werden. Dort verrotten sie nach und nach, fördern die Humusbildung und liefern Nährstoffe.

Die Beete

Bei der Herrichtung der Beete gibt es hinsichtlich ihrer Länge nichts zu beachten. Die Breite sollte allerdings nicht wesentlich mehr als 1,20 m betragen, das ist gerade soviel, daß man mit ausgestreckten Händen die Beetmitte erreicht. Die Wege dazwischen hingegen dürfen nicht zu knapp bemessen sein. Es ist äußerst unbequem, wenn man beim Hinhocken entweder mit den Spitzen der Schuhe in das vor einem oder mit den Hacken in das hinter einem liegende Beet gerät. Bei etwa 30 cm Wegbreite kann das kaum passieren.
Ob man diese Wege befestigt oder sich mit festgetretenen Pfaden begnügt, muß jedermann selbst entscheiden. Werden Kunststeinplatten verwendet, bleibt es bei den einmal hergerichteten Beeten, eine maschinelle Bearbeitung des Bodens mit Motorhacke oder -fräse ist dann nur noch schwer

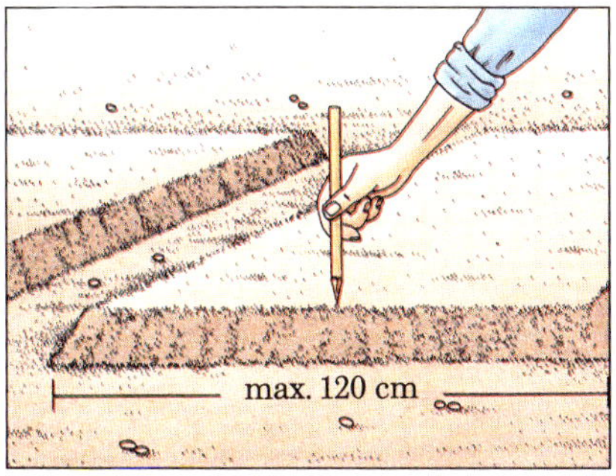

Die Beete sollten nicht breiter als 120 cm sein.

möglich. Holzbretter oder schmale Lattenroste lassen sich dagegen leicht abheben, der Garten sieht dennoch stets sauber aus. Wer regelmäßig reichlich Kompost auf seine Beete bringt, so daß sie allmählich emporwachsen, wird eines Tages auch den Weg höher legen müssen, eine umständliche Arbeit, wenn man sich für fest verlegte Steinplatten entschieden hat.

Richtige Aussaat

Aussaaten im Freiland sind in erster Linie von den Temperaturen abhängig. Steckt dem Boden noch der Frost in der Krume, keimt kein Korn. Dennoch ist das Wärmebedürfnis der einzelnen Gemüsearten sehr unterschiedlich. So kann man Mohrrüben, Radieschen, Rettiche, Puffbohnen, Petersilie und viele andere schon ab März aussäen.

Gurken, Tomaten, Zucchini und Melonen dürfen dagegen nicht vor dem letzten Maidrittel auf das Beet. Weil sich bei so später Direktaussaat die Ernte entsprechend hinauszögert, kauft man in solchen Fällen lieber Jungpflanzen beim Gärtner oder zieht sie selber aus Samen im Zimmer oder unter Glas heran.

Bei der Aussaattechnik kann man zwischen 3 Verfahren wählen: Reihenaussaat, Breitsaat oder Horstsaat. Die gebräuchlichste und hinsichtlich weiterer Pflegearbeiten rationellste Methode ist die Reihensaat, bei der Korn neben Korn in eine Saatrille zu liegen kommt.

Breitsaat, bei der man den Samen breitwürfig wie früher im Ackerbau ausstreut, erfordert Übung und ist im Hausgarten allenfalls bei Feldsalat zu empfehlen, da das Jäten hier viel schwieriger ist als bei einer Aussaat in Reihen. Außerdem ist der Samenbedarf bedeutend höher, das spätere Vereinzeln, wo notwendig, arbeitsintensiver.

Horstsaat kommt eigentlich nur bei Hülsenfrüchten, manchmal auch bei Gurken und Melonen in Frage. Dabei legt man mehrere der großen Samenkörner kreisförmig dicht nebeneinander aus, bei den Stangenbohnen beispielsweise jeweils rings um eine Kletterstange.

Für die Saattiefe gilt die Faustregel: je größer das Samenkorn, desto tiefer kommt es in die Erde. Man wird kaum etwas falsch machen, wenn man alle kleinen Körner 1-2 cm tief legt, große wie Kürbisse, Gurken, Melonen und Hülsenfrüchte 3-5 cm.

Nicht weiter schlimm, aber ärgerlich ist die Tatsache, daß feines Saatgut zwangsläufig immer zu dicht gesät wird. Die alte Methode der heute so gern zitierten Oma, die Samenkörner mit trockenem, feinem Sand zum Beispiel Vogelsand aus der Zoohandlung zu vermischen, ist nach wie vor der einfachste Ausweg aus dem Dilemma. Wer es ganz genau nimmt, kauft sich für wenig Geld einen kleinen Saatstreuer oder für etwas mehr einen Säroller, in der Werbung leicht übertrieben als „Handsämaschine“ bezeichnet.

Schließlich kann man das schon an anderer Stelle beschriebene Pillensaatgut oder Saatbänder verwenden. Beides ist teurer als herkömmliche Samen. Ab und zu werden noch die „Quick Sticks“, das Samenkorn am Stäbchen, angeboten.

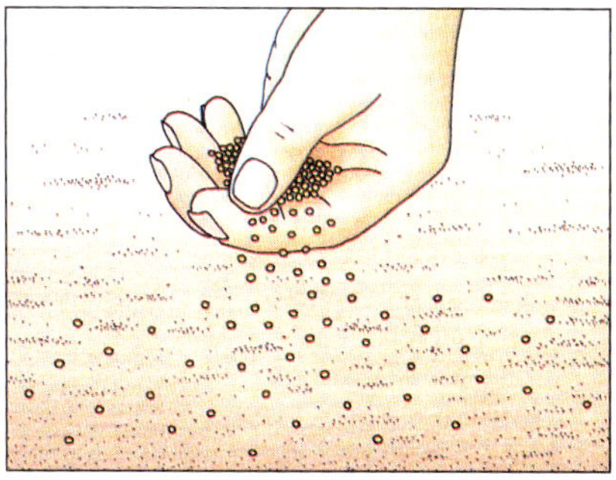

Breitsaat

Reihensaat

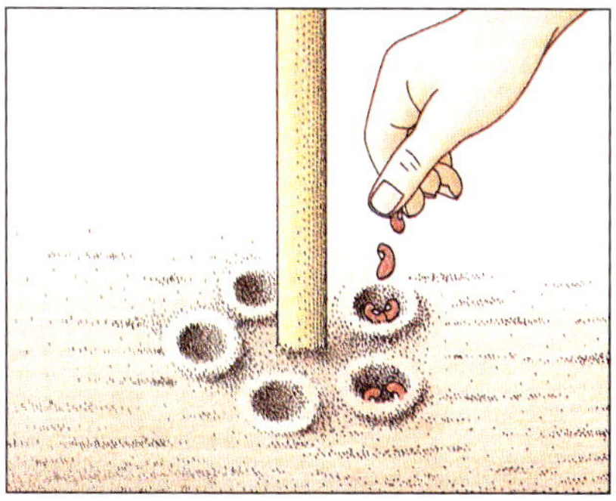

Horstsaat

Sind die Pflänzchen groß genug, muß man sie vereinzeln oder ausdünnen, damit sie genügend Lebensraum haben.

Vereinzeln

Wenn nicht bereits bei der Aussaat jedes kleine Samenkorn einzeln entsprechend dem späteren Abstand gelegt wurde – was kein Mensch bei fast staubfeinem Saatgut praktiziert –, ist späteres Vereinzeln unerläßlich. Bleiben die Pflanzen zu Haufen stehen, wird eine weitere befriedigende Entwicklung durch die Konkurrenz unmöglich gemacht, nichts kommt voran, die Gewächse bleiben klein und schwächlich, an eine lohnende Ernte ist nicht zu denken. Schon gar nicht bei Wurzelgemüse, weil unterirdisches Dickenwachstum der Möhren, Radieschen, Rettiche und roten Bete nicht stattfindet.

Vereinzeln oder ausdünnen kann man, sobald die jungen Pflänzchen gut mit 2 Fingern zu fassen sind. Allzu lange sollte damit nicht gewartet werden, weil jedes Hinauszögern auf Kosten der Entwicklung derjenigen Jungpflanzen geht, die später weiter kultiviert werden.

Bei wertvollem und teurem Pflanzenmaterial braucht man die ausgelesenen, überschüssigen Pflänzchen nicht wegzuwerfen. Man setzt sie an anderer Stelle wieder in den Boden, eventuell mit Zwischenstation in einem kleinen Blumentopf, und zieht sie ebenfalls zu vollwertigen Ertragspflanzen heran. Daß dabei mit einer ziemlich hohen Ausfallquote gerechnet werden muß, spielt im Hausgarten keine Rolle.

Jungpflanzenanzucht

Die eigene Anzucht von Gartenpflanzen hat heute im Hobbygarten einen viel höheren Stellenwert als früher. Das liegt nicht zuletzt am riesigen Samenangebot gerade im Bereich der Liebhabergärtnerei und daran, daß hier Sorten im Angebot erscheinen, die es als Jungpflanzen in keiner Gärtnerei und auf keinem Wochenmarkt zu kaufen gibt.

Jedes Jahr erscheinen neue Gemüsespezialitäten und machen auch den Nutzgarten im wahrsten Sinn des Wortes bunter: roter Kopf- und Schnittsalat, blaue Bohnen, roter Blumen- und Rosenkohl, violetter Brokkoli, Mangold mit feuerroten Stielen und ebenso auffällig gefärbte japanische Lauchzwiebeln, schwarzrotes Basilikum und gelbe Tomaten – wenn das die Gemüsebeete nicht zum Leuchten bringt!

Außerdem werden immer mehr Pflanzen im Nutzgarten zu Speisezwecken angebaut, die wir eigentlich bisher nur als Blume kannten: Okra, ein Malvengewächs mit aparten, leuchtendgelben Blüten, deren Fruchtschoten wir als Gemüse zubereiten; spezielle Löwenzahnsorten ergeben einen kräftigen, gesunden Rohkostsalat, ebenso die Salat-Chrysantheme, tatsächlich eine Blume, die man essen kann; Topinambur, ein Verwandter der Sonnenblume, taucht nun auch im Privatgarten auf, wobei sich über den Wohlgeschmack der eßbaren Knollen selbst in Form hochprozentigen Destillats streiten läßt; schließlich noch die Anden- oder Kapstachelbeere, eng verwandt mit der Lampionblume unseres Ziergartens.

Ein weiterer Anreiz, Gemüsejungpflanzen selber anzuziehen, wird durch einige Zuchtsorten mit wahren Riesenfrüchten ausgelöst. Beeindruckende Abmessungen hat zum Beispiel der Goliath unter den Zwiebeln 'The Kelsae', eine schottische, auch bei uns als Samen erhältliche Züchtung, mit 3,35 kg als Gewichtsweltrekord ins „Guiness-Buch der Rekorde" gebracht. Die Kohlrabisorte 'Superschmelz' kann bei Vorkultur und guter Nährstoffversorgung sogar 10 kg auf die Waage bringen, ohne daß das zarte Fleisch der Knolle darunter leidet, und die Spaghettibohne 'Liane' entwickelt Hülsen von 100 cm Länge. Die Früchte der Herkuleskeule, einer Kalebassenart, werden bis zu 200 cm lang; man bereitet sie im Jugendstadium wie Zucchini zu. Der japanische Rettich 'Minowase' prahlt mit einer 50 cm langen und armdicken Wurzel, die dennoch zart ist wie ein junges Radieschen.

Mit Rekordhaltern dieser Art kann man Nachbarn imponieren und sich selber ins Staunen darüber versetzen, daß die Natur auch im eigenen Garten derartige Zauberkunststücke vorführt – der praktische Nutzen solcher Superexemplare ist meist weniger groß. Mit Gemüse herkömmlicher Wuchseigenschaften läßt sich gewiß rationeller wirtschaften. Doch wer Spaß am Experimentieren hat – und welcher Hobbygärtner hat das nicht –, muß die dazugehörigen Pflanzen selber aus Samen anziehen.

Hinzu kommen die Neuzüchtungen altbekannter Gemüsearten, die sich durch höheren Ertrag, größere Härte und teilweise durch Krankheitsresistenz auszeichnen. Die eigene Anzucht solcher Raritäten ist also äußerst reizvoll und keineswegs so problematisch, wie ihre Exklusivität vermuten läßt. Ein Gewächshaus, Frühbeet oder beheizbarer Anzuchtkasten erleich-

Jungpflanzenanzucht; man sät entsprechend der Korngröße einzeln oder breitwürfig in angefeuchtetes Substrat, krümelt eine feine Erdschicht darüber (außer bei Lichtkeimern) und übersprüht die Pflanzenkinderstube leicht. Dann ist es ratsam, eine Glasscheibe oder Klarsichtfolie über das Anzuchtgewächs zu legen.

Multitopfplatten, in denen je Töpfchen eine Pflanze angezogen wird. Sie entwickelt dort einen Wurzelballen.

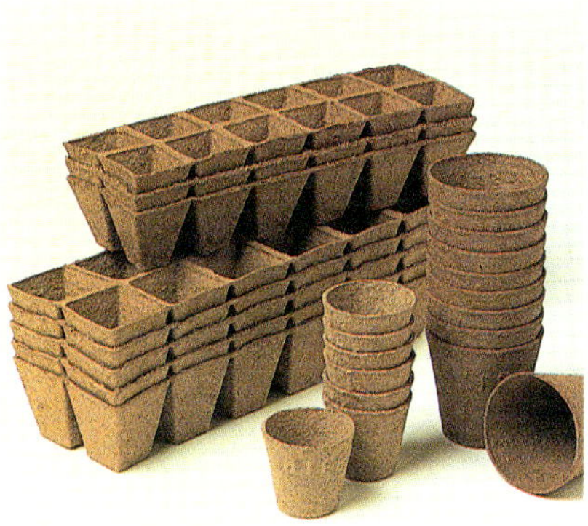

Torftöpfe für die Jungpflanzenanzucht

tern die Sache zwar, sind aber durchaus nicht Voraussetzung für den Erfolg. Mit etwas Fingerspitzengefühl kommt man am Wohnzimmerfenster genauso sicher zum Ziel.

Anzuchterde kann man, zum Beispiel als TKS 1 (TKS = Torfkultursubstrat) fertig abgepackt, kaufen oder aus Torf und Sand zu gleichen Teilen selber mischen. Das Substrat muß vor der Aussaat leicht angefeuchtet werden, dann streut man den Samen darüber oder legt ihn, bei entsprechender Korngröße, einzeln aus. Mit den Fingern wird eine dünne Erdschicht darüber gekrümelt, dann übersprüht man die Pflanzenkinderstube leicht aus der Blumenspritze. Die Samen sollen nicht „schwimmen", und die Erde darf durch zu heftiges Gießen nicht verschlämmen. Das Anzuchtgefäß kommt an einen hellen, warmen Platz am Fenster, keinesfalls aber in die Sonne.

Für das Wachstum der Keimlinge ist eine Umhüllung aus Klarsichtfolie sehr förderlich, weil darunter die soviel gepriesene „gespannte Luft" herrscht, was nichts anderes bedeutet, als daß die Luft mit Feuchtigkeit gesättigt ist. Weil deshalb nur wenig verdunsten kann und die Erde länger feucht bleibt, sind die jungen, zarten Blätter der heranwachsenden Pflänzchen von einem idealen Kleinklima umgeben. Eine Glasscheibe ist genausogut geeignet wie Folie.

Alles weitere ist nun Erfahrungssache. Denn allzu lange sollen die Jungpflanzen den Schutz von Folie oder Glas nicht genießen. Man muß sie rechtzeitig an die harten Lebensbedingungen draußen gewöhnen. Es empfiehlt sich daher, schon vor dem Pikieren den Schutz teilweise abzunehmen und Luft an die Vegetation gelangen zu lassen.

Sind die Pflänzchen so kräftig geworden, daß man sie, ohne ihnen zu schaden, aus dem Boden des Saatbeets nehmen kann, werden sie einzeln in kleine Töpfe oder Multitopfplatten umgesetzt und kommen an warmen Tagen bis zum Auspflanzen an einen schattigen Platz(!) ins Freie. Viereckige Plastiktöpfe sollte man bevorzugen, weil sie sich platzsparend dicht bei dicht aneinanderstellen lassen und weil sie seitlich keine Feuchtigkeit verdunsten.

Da bei Verdunstung immer Kälte entsteht, haben sich die kleinen Torftöpfe und Torfquelltöpfe (Torftabletten) bei der Jungpflanzenanzucht nicht immer als das Nonplusultra erwiesen. Daß sie bei der Anwendung äußerst praktisch sind, sei nicht bestritten.

Die Torftabletten beispielsweise, die zu mehreren abgepackt verkauft werden, legt man einfach in lauwarmes Wasser, wo sie, von einem feinen Netz in Form gehalten, quellen und sofort einige Samenkörner aufnehmen können. Die Torftöpfe stellt man dann dicht nebeneinander in eine Schale und hat nach dem Vereinzeln Jungpflanzen mit kompletten Wurzelballen.

Bei kühler Außenluft allerdings kommt es bisweilen zu Stockungen während der Keimung, weil die Verdunstungskälte rings um den ganzen Ballen oder Topf die Wachstumsvorgänge hemmt. Besonders das ungeheizte Kleingewächshaus, in dem die Temperaturen während der Hauptanzuchtphase im Frühjahr nachts manchmal noch rapide absinken, kann Jungpflanzen in Torftöpfen gefährlich werden. Im beheizten Wohnzimmer oder Anzuchtbeet entfällt der Störfaktor Verdunstungskälte.

Fruchtwechsel und Fruchtfolge

Der Fruchtwechsel beziehungsweise die Fruchtfolge heißt der Anbau verschiedener Gemüse nacheinander auf ein und demselben Beet. Dabei ist die Fruchtfolge innerhalb eines Jahres eine Frage überlegter Planung und richtiger Arten- und Sortenwahl. Das Problem des regelmäßigen Fruchtwechsels über mehrere Jahre läßt sich in einem kleinen Gemüsegarten jedoch kaum befriedigend lösen.

Das beste Beispiel für die Notwendigkeit wechselnden Anbaus bietet uns der Kohl. Alle Kohlarten sind „Stickstoff-Fresser", das heißt, sie entziehen dem Boden ständig große Mengen dieses für die Pflanzen wichtigsten Nährstoffs, so daß die Reserven trotz Nachdüngens nach einem Jahr weitgehend aufgebraucht sind. Man wird also in der darauffolgenden Anbauperiode auf dieses Beet Pflanzen setzen, die nicht so stickstoffabhängig sind, zum Beispiel Hülsenfrüchte. Erbsen und Bohnen vermögen mit Hilfe der Knöllchenbakterien an ihren Wurzeln den Luftstickstoff zu binden. Die Hülsenfrüchte ziehen während der Wachstumsperiode ihren Nutzen aus dieser Lebensgemeinschaft. Nach dem Absterben der Bakterien bleiben die Wurzeln im Boden und düngen ihn mit Stickstoff. Im dritten Jahr können dann auf diese Fläche Wurzelgemüse gepflanzt werden und erst im vierten wieder Kohlarten. Im ideal bewirtschafteten Garten würde also ein „Rotationsanbau" stattfinden. Er mindert zugleich den Krankheits- und Schädlingsbefall, weil sich viele Schadorganismen auf eine einzige Pflanzenart spezialisiert haben und nur diese heimsuchen.

Am eindrucksvollsten demonstriert das der Schleimpilz Plasmodiophora brassica, der die gefürchtete Kohlhernie hervorruft und dem nachhaltig überhaupt nur durch Fruchtwechsel beizukommen ist. Hier wird sogar ein völliger Anbauverzicht bei Kohl von 5-7 Jahren empfohlen.

Bis zu einem gewissen Grad muß man also den Forderungen des Fruchtwechsels auch im kleinen Garten Rechnung tragen und nach Möglichkeit nicht über mehrere Jahre hinweg immer dieselbe Gemüseart auf dem gleichen Beet anbauen. Nur Tomaten sind insofern eine Ausnahme, als man auch nach jahrelanger Kultur am selben Platz keine negativen Folgen festgestellt hat.

Auch im kleinen Garten sollte man eine Fruchtfolge planen und durchführen.

Gemüse von A bis Z

Artischocke

Eigentlich ist dieses prachtvolle Distelgewächs, eine 200 cm hohe Großstaude mit schweren, blauvioletten Blütenköpfen von August bis Oktober, viel zu schade für den Kochtopf. Artischocken sind im Ziergarten durch kaum eine andere Blütenpflanze zu schlagen. Als Jungpflanzen bekommt man sie hier und da vor allem in kulinarisch von Frankreich angehauchten Gegenden auf den Wochenmärkten zu kaufen.

Aber auch die Anzucht aus Samen ist kein Problem. Gesät wird am besten gleich in Einzeltöpfchen im April auf dem Fensterbrett. Auf das Beet dürfen Artischocken, wie alle nicht bei uns heimischen Feingemüse, erst ab Mitte Mai. Man pflanzt im Abstand 100 x 100 cm in sehr nährstoffhaltigen, tiefgründig gelockerten Boden, der von nun an stets gut feucht sein sollte. Im Sommer wird also häufig gegossen, wobei man dem Gießwasser alle paar Wochen einen mineralischen Volldünger beimischen kann.

Je dicker die Blütenköpfe werden, desto stärker ziehen sie die mächtige Pflanze nach unten. Artischocken müssen also an einem standfesten Pfahl angebunden werden. Geerntet wird, solange die Schuppenblätter der Knospen noch geschlossen sind.

Über die Winterhärte der Artischocken gibt es unterschiedliche Meinungen. Wieviel Frostgrade vertragen werden, hängt von der Bodenbeschaffenheit, dem Zustand der Pflanzen und der Pflege ab. In jedem Fall ist es am sichersten, wenn das Erdreich über den Wurzeln nach dem Abschneiden der oberirdischen Pflanzenteile im Spätherbst dick mit Stallmist, Laub, Stroh, Kompost oder ähnlichem abgedeckt wird. Übervorsichtige können im Herbst grö-

Artischocken müssen vorkultiviert werden und dürfen erst nach Mitte Mai ins Freiland.

Auberginen benötigen einen warmen Standort. Wer kein Gewächshaus besitzt, sollte die Pflanzen zunächst mit einem einfachen Gerüst aus folienbespannten Latten überbauen.

Bleichsellerie (Stangensellerie)

ßere Wurzelteile ausgraben und in leicht feuchtem Sand oder Torf frostfrei im Keller einschlagen.
Sorte: 'Große von Laon'

Aubergine, Eierfrucht

Auberginen im Freiland zu kultivieren, ist selbst in warmen Weinbaugebieten immer Glückssache. Denn ein kühler, verregneter Sommer nimmt auch vor Rebhängen nicht Reißaus. Wer kein Gewächshaus besitzt, sollte zunächst das Freilandquartier seiner Auberginen mit einem einfachen Gerüst aus folienbespannten Latten überbauen.
Ausgesät wird am Zimmerfenster im März in Töpfen oder Schalen, ausgepflanzt nach Mitte Mai im Abstand 70 x 70 cm. Im Gewächshaus kann bereits im April gepflanzt und ab Juni geerntet werden.
Bei dem starken Wachstum unter Glas muß man den Abstand von Pflanze zu Pflanze zwar auf 100 cm vergrößern, kann den Platz vor und zwischen den Auberginen jedoch für andere Kulturen nutzen.
Eierfrüchte wünschen nährstoffreichen, lockeren Boden und ausreichend Feuchtigkeit während der Kulturdauer. Alle paar Wochen sollte man dem Gießwasser etwas mineralischen Volldünger, etwa 2 g/l, beimischen.
Auberginen müssen immer an Stäben festgebunden werden.
Sorten: 'Adona'; 'Haguro'; 'Negro'; 'Sperling's Blacky'

Bleichsellerie, Stangensellerie

Nährstoffreichen, humosen Boden mit ausreichend Feuchtigkeit und einen hellen Stand – mehr braucht Bleichsellerie nicht, um befriedigende Erträge zu liefern. Ausgesät wird im April am Zimmerfenster, gepflanzt Ende Mai bis Juni in Reihen mit Abstand von 30 cm und Pflanzenabstand von 20 cm.
Da keine Wurzelbildung gefördert werden muß, ist ein enger Stand sogar erwünscht, weil er die Bleichung der Stengel fördert. Das gilt vor allem für den nicht selbstbleichenden Stangensellerie, den man einen Monat vor der Ernte zum besseren Lichtabschluß noch zusammenbindet und die Stiele mit einem Stück schwarzer Plastikfolie umwickelt. Auch ein Anhäufeln wird empfohlen. Bei speziellem Bleichsellerie ist diese Maßnahme nicht notwendig.
Sorten: 'Avonpearl'; 'Sperling's Goldener Schuß'; 'Tall Utha'; Stangensellerie; 'Top Seller': F 1-Hybride

Bohne

Die 3 in unseren Gärten angebauten Bohnengruppen stammen aus 3 Erdteilen. Gartenbohnen – Busch- und Stangenbohnen und Feuerbohnen – sind im subtropischen Amerika zu Hause. Die Sojabohne ist eine uralte Kulturpflanze Asiens. Die Puff- oder Dicke Bohne, in manchen Gegenden auch als Saubohne bekannt, ist in Europa schon lange eingebürgert und stammt wahrscheinlich aus dem Orient. Sie ist daher auch die am wenigsten kälteempfindliche dieser zu den Schmetterlingsblütlern oder Leguminosen gehörenden Hülsenfrüchte.

Bohnen wollen einen warmen, windgeschützten Platz im Garten und möglichst volle Sonne. Nur Buschbohnen gedeihen auch noch im Halbschatten. Der Boden sollte nahrhaft und humos sein, eine Versorgung mit Kompost oder organischen Düngern ist daher günstig. Frischer Stallmist darf nicht gegeben werden. Auf nährstoffarme Beete gibt man vor der Aussaat oder Pflanzung 50 g/m² eines mineralischen Volldüngers. Während der Vegetationszeit ist für ausreichende Feuchtigkeit zu sorgen.

Wer früher ernten will, kann seine Bohnen ab März im Zimmer oder Gewächshaus vorziehen und im letzten Maidrittel, wenn sich der Boden erwärmt hat und keine Fröste mehr zu befürchten sind, auspflanzen. Bis auf die unempfindlicheren Puffbohnen, die bereits im März direkt ausgesät werden können, ist Ende Mai der Aussaatzeitpunkt für das Freiland.

'Royal Burgundy,' blaue Buschbohnensorte

Prunk- oder Feuerbohne

BUSCHBOHNE

Es ist Reihen- wie Horstsaat möglich. In die Reihen mit 50 cm Abstand legt man alle 10 cm jeweils 3–4 Körner, Saattiefe ist 3 cm. Nach dem Aufgehen bleiben nur die kräftigsten Pflanzen stehen. Auf ein Normalbeet von 120 cm Breite können also 2 Reihen Buschbohnen stehen. Bei Horstsaat legt man 5 Körner zusammen aus, der Abstand von Horst zu Horst beträgt dann 40 cm.

Sorten: 'Admires': fadenlos; 'Borlotto': rotgeflammte Schalen, fadenlos; 'Borlotto di Vigevanonano': Trockenkochbohne; 'Cropper Teepee': fadenlos; 'Delinel': fadenlos; 'Erato': Wachsbohne; 'Maxi': Bohnen oberhalb des Laubs; 'Purpiat': blau, grünkochend, fadenlos; 'Purple Teepee': blaue Schalen, die beim Kochen grün werden, fadenlos; 'Royal Burgundy': blau, grünkochend; 'Wachs Goldetta': gelb

PRUNK- ODER FEUERBOHNE

Diese Klimmer lassen sich wegen ihrer roten oder weißen Blüten auch gut als Kletterpflanzen auf Balkon und Terrasse im Kübel ziehen, oder man läßt sie als Schmuck an Wänden, als Sichtschutz an Gerüsten hochklettern. Sie sind nicht ganz so empfindlich wie Busch- und Stangenbohnen und halten es auch an etwas windausgesetzten Standorten aus. Die Kultur ist wie die der anderen Stangenbohnen.

Sorten: 'Butler': fadenlos, rotblühend; 'Mergoles': fadenlos, weiß; 'Polestar': fadenlos, rot; 'Weiße Riesen': weiß

PUFFBOHNE, DICKE BOHNE, SAUBOHNE

Puffbohnen sind die härtesten aller Bohnen. Sie vertragen sogar leichten Frost, werden allerdings bei Bodentrockenheit sehr stark von der Schwarzen Bohnenlaus attackiert. Ausgesät wird in Reihen ab März/April. Man legt im Abstand von 20 cm 3 oder 4 Körner 3 cm tief, der Reihenabstand beträgt 40–50 cm.

Puff-, Dicke oder Saubohne

Verschiedene Gerüste für Stangenbohnen

Die Keimung erfolgt sicherer, wenn man die Bohnen über Nacht einweicht. Natürlich ist auch eine Vorkultur ab Februar in Töpfen auf dem Fensterbrett lohnend. An den Boden werden keine besonderen Ansprüche gestellt.
Sorten: 'Con Amore': weißkernig; 'Dreifachweiße'; 'Frühe Weißkeimige'; 'Hangdown': grünkernig; 'Hedosa'

STANGENBOHNE
Um jede Stange kommen halbkreisförmig etwa 8 Bohnen 3 cm tief in die Erde. Die Stangen müssen vor dem Säen aufgestellt werden, damit die jungen Pflanzen sofort Halt finden und sich emporranken können, bevor sie sich verfilzen.
Der Abstand der Stangen beträgt 50 x 100 cm. Die Stangen können senkrecht in den Boden kommen oder schräg gegeneinander geneigt stehen, so daß sich die beiden gegenüberstehenden oben überkreuzen. Eine in diesen Überkreuzungswinkel gelegte und dort festgebundene Längsstange gibt dem Gerüst Halt. Möglich ist auch eine

Stangenbohnen

Wigwam-Konstruktion, bei der die Bohnenstangen schräg stehend in Kreisform angeordnet sind. Stangenbohnen sind selbstwindend, nur herabhängende Triebe müssen angebunden werden.
Sorten: 'Blauhilde': blau, grünkochend; 'Chantal': nur 180 cm hochwachsend; 'Hiltrud'; 'Marga'; 'Neckargold': Wachsbohne; 'Neckarkönigin'; 'Perle von Marbach'; 'Rapid'; 'Toplong': Schwertbohne
Die Spaghettibohne 'Liane', 200 cm hoch rankend und mit bis zu 100 cm langen Hülsen, entwickelt sich im Freiland nur, wenn der Sommer sehr lang und warm ist. Mit einer erforderlichen Keimtemperatur von 20° C liegt 'Liane' zwar durchaus noch im üblichen Rahmen, danach aber benötigt sie 25–30° C am Tag und 22–24° C Wärme in der Nacht. Sicherer ist es, ab Mitte April am Fensterbrett auszusäen und dann ins Gewächshaus zu verpflanzen, wo die Spaghettibohne genauso wie andere Stangenbohnen behandelt wird.

Sojabohnen brauchen einen warmen, windgeschützten, sonnigen Standort.

Brokkoli, auch Spargelkohl oder Sprossenkohl genannt

Butterkohl ist eng mit Wirsing verwandt; hier die Sorte 'Mont d'Or'

SOJABOHNE
Dieser Schmetterlingsblütler aus Asien braucht einen warmen, vor Wind geschützten, sonnigen Platz. In rauhen Lagen empfiehlt sich eine Pflanzung auf Folie.
Die bekannte Gemüsespezialistin Helge Fritzsche, die sich eingehend mit der Sojabohnen-Praxis befaßt hat, weist daraufhin, daß dieses Gemüse am besten gedeiht, wenn es immer wieder auf demselben Platz angebaut wird. Sojabohnen werden wie Buschbohnen gezogen. Will man von noch grünen Bohnen nur die Kerne in der Küche verwerten, müssen die Hülsen einige Minuten in kochendes Wasser gegeben werden, damit sich die Bohnen gut herauslösen lassen.
Sorten: 'Caloria'; 'Gieso'; 'Maple Arrow'

Brokkoli, Spargelkohl, Sprossenkohl

Diese Blumenkohlart mit grünen bis grün- oder rotvioletten, lockeren Köpfen, stellt dieselben Ansprüche wie ihr bekannter Verwandter, der Blumenkohl: sonniger Standort, humusreicher, guter Gartenboden und ausreichend Feuchtigkeit.
Brokkoli blüht in der warmen Jahreszeit relativ schnell.
Ausgesät wird ins Freiland Mitte bis Ende Juni, gepflanzt 1 Monat später im Abstand von 50 x 50 cm. Die manchmal empfohlene Frühkultur mit Aussaaten im April direkt auf das Gartenbeet ist wegen der Schoßfreudigkeit des Brokkolis riskant.
Sorten: 'Futura'; 'Juwaprim': F1-Hybride; 'Juwatard': F1-Hybride; 'Pak man': F1-Hybride; 'Rosalind': rotviolett; 'Sparko'

Butterkohl

Die genaue Herkunft des Butterkohls mit großen, nur locker zum Kopf geschlossenen Blättern scheint nicht geklärt zu sein, jedenfalls ist er eng mit dem Wirsingkohl verwandt.
Wie Wirsing kann er in durchlässigem, humosem Boden sonnig bis halbschattig stehen und sollte ausreichend feucht gehalten werden. Der Nährstoffbedarf ist nicht sehr groß. Wenn das Erdreich fruchtbar ist, entfällt jede Kopfdüngung. Ausgesät wird ab Mai bis Ende Juni direkt auf das Beet und später auf 40 x 40 cm vereinzelt.
Sorten: 'Gelber Selbstschließender'; 'Mont d'Or'

Cardy

Als enger Verwandter der Artischocke gleichen auch die Kulturansprüche dieser schönen Distelpflanze denen ihrer größerblumigen Schwester. Von Cardy werden als Gemüse nur die gebleichten Stengel verwendet. Ausgesät wird mit warmer Vorkultur im März, gepflanzt mit 100 x 100 cm Abstand Mitte Mai. Das Bleichen beginnt etwa im August. Nach den Eisheiligen kann auch direkt ins Beet gesät und später auf den genannten Abstand vereinzelt werden. Dann dauert es mit dem Bleichen entsprechend länger.

Zum Bleichen wird die Pflanze zusammengebunden und dann mit schwarzer Folie oder einem anderen lichtundurchlässigen Material umwickelt. Nach 3-4 Wochen können die Stengel geerntet werden.

Namenssorten sind in Deutschland noch nicht auf dem Markt, Samen gibt es unter der Bezeichnung Cardy im Fachhandel. Französische Spezialbetriebe haben dem dort auch in Sorten erhältlichen Cardy seine Distelstacheln bereits weggezüchtet. Ob es eines Tages wie beim Sellerie selbstbleichende Sorten geben wird, steht dahin.

Zum Bleichen von Cardy bindet man die Pflanze zusammen und umwickelt sie mit schwarzer Folie oder einem anderen lichtundurchlässigen Material.

Zum Treiben von Chicorée eignet sich jedes wasserdichte Gefäß, hier ein Eimer.

Chicorée

Bei diesem Korbblütler aus der Verwandtschaft der Wegwarte geht es besonders um die Wurzel. Sie wird zwar selber nicht gegessen, soll aber im Laufe des Sommers so kräftig und leistungsstark werden, daß sie im Winter die begehrten, fest geschlossenen Blattschöpfe austreiben kann. An den Boden werden dennoch keine besonderen Ansprüche gestellt. Normal mit Nährstoffen versehenes Erdreich, heller Stand und Wasser reichen für gute Treibwurzeln aus.

Ausgesät wird im Mai an Ort und Stelle in Reihen mit 30 cm Abstand und anschließendem Vereinzeln auf 15 cm. Ab Oktober werden die Wurzeln aus dem Boden genommen und zunächst einmal mitsamt dem Laub auf einem schattigen Beetplatz liegengelassen, damit sie dem Blattwerk noch weitere Aufbaustoffe entziehen können. Nach 1 Woche schneidet man die Blätter 3 Fingerbreit über der Wurzel ab und schlägt die Wurzeln irgendwo kühl, aber frostfrei in Erde oder Sand ein.

Beim Samenkauf hat man die Wahl zwischen Sorten, die mit oder ohne Deckerde getrieben werden. Zum Treiben eignet sich jedes wasserdichte Gefäß, zum Beispiel ein Eimer oder sogar eine mit Plastikfolie ausgeschlagene Waschpulvertrommel. Man darf nicht vergessen, für Wasserabzugslöcher im Gefäßboden zu sorgen!

Auf eine Handbreit feuchten Sand oder Torf, es kann genausogut Gartenerde sein, werden nun die Wurzeln dicht an dicht in den Behälter gestellt, Erde, Torf oder Sand wird dazwischen gestreut, mit Wasser eingespült und noch einmal nachgefüllt, damit sich Hohlräume schließen können. Bei Sorten mit Treiberde kommt obenauf eine mehrere Zentimeter dicke Schicht Sand, Torf oder Gartenboden, bei den anderen genügt es, eine schwarze, lichtundurchlässige Folie über das Gefäß zu legen, die allerdings nicht luftdicht abschließen darf. Wer einen stockdunklen Raum zur Verfügung hat, kann auf eine Abdeckung sogar völlig verzichten. Denn durch die Abdeckung soll nur vermieden werden, daß Licht an die jungen Triebe gelangt und sie grün werden läßt.

Das Substrat im Treibgefäß darf nie ganz austrocknen. Die beste Treibtemperatur liegt bei 15-18°C, ist es kühler, dauert die Treiberei länger, bei höheren Temperaturen wachsen die Sprossen so schnell, daß sie sich frühzeitig öffnen. Die Treiberei dauert je nach Temperatur 2-4 Wochen.

Sorten: 'Edelloof': mit Deckerde; 'Mitado': F1-Hybride, ohne Deckerde; 'Produktiva': mit Deckerde; 'Zoom': F1-Hybride, ohne Deckerde; 'Rouge Carla': ohne Deckerde

Blüten der Palerbse

Markerbsen 'Markana'

Erbse

Sie gehört wie die Bohne zu den Schmetterlingsblütlern. Im Garten vertragen Erbsen Trockenheit besser als zu viel Nässe. Sie bevorzugen kalkhaltigen Boden. Erbsen sind keine Schattenpflanzen, sie fordern viel Licht. Diese Schmetterlingsblütler sind mit sich selbst unverträglich, das bedeutet, daß sie nur alle 4 Jahre auf demselben Beet wachsen dürfen.
Die beste Saatzeit sind März und April. Winterharte Sorten können von Ende September bis Mitte Oktober in den Boden kommen. Bei Frösten unter – 12° C müssen sie allerdings eine Schutzdecke aus Fichtenreisig bekommen. Erntezeit ist im Juni.
Alle Erbsen sät man in Reihen, mit einem Reihenabstand von 40 cm und einem Abstand von 5 cm in den Reihen. Bei höher wachsenden Sorten, die eine Stützhilfe aus Reisig zum Ranken benötigen, muß der Reihenabstand größer sein. Man kann auch Reisighölzer in die Beetmitte stecken und rechts und links davon die Erbsen in jeweils eine Rille legen.

Wir unterscheiden bei den Erbsen 3 Typen: Pal- oder Schalerbsen, Markerbsen und Zuckererbsen. Die beiden erstgenannten haben im Innern der Schale die bekannte Pergamenthaut. Markerbsen können nicht als Trokkenkorn verwendet werden, da sie nicht weichkochen. In der Küche nutzt man von Pal- und Markerbsen meist die grünen Kerne. Zuckererbsen fehlt die zähe Pergamentschicht, die Hülsen sind auch im Alter noch zart und können zusammen mit den Körnern gegessen werden.
Eine neue Züchtung aus Mark- und Zuckererbsen ist die Sorte 'Edula' mit zarter Schale. Sie besitzt keine Fäden.
<u>Palerbsensorten:</u> 'Allerfrüheste Mai'; 'Maiperle'; 'Kleine Rheinländerin'; 'Rheinperle'; 'Schnabel'
<u>Markerbsensorten:</u> 'Frivita'; 'Grando'; 'Markana'; 'Maxigold'; 'Resi': winterhart bis – 12°C, Herbstaussaat; 'Salout'; 'Sperlings Nova'
<u>Zuckererbsensorten:</u> 'Frühe Heinrich'; 'Graue Buntblühende'; 'Nofila'; 'Rheinischer Zucker'; 'Schweizer Riesen'; 'Zuga'

Erdmandel

Dieses Gewächs hat mit Mandeln gar nichts, umso mehr dagegen mit Gras zu tun. Die Erdmandel, Cyperus esculentus, gehört nämlich zur selben Gattung wie das elegante Zypergras, das wir als Zimmerpflanze, vor allem aber als attraktive, nicht winterharte Begleitpflanze des sommerlichen Gartenteichs kennen.
Die Erdmandel, von der die kleinen Sproßknollen gekocht, geröstet oder auch roh gegessen werden, kann man nur durch eben diese Knöllchen vermehren. Diese werden nach Mitte Mai in Horsten zu 6-8 Stück mit jeweils 30 cm Abstand zueinander etwa 5 cm tief ausgelegt.
Irgendwelche Bodenansprüche stellt dieses Sauergras nicht, nur Trockenheit ist zu vermeiden. Die Ernte fällt in den Spätherbst, wenn die Grashalme zu vergilben beginnen. Man hebt die Horste aus dem Boden und sammelt die Knöllchen ein. Ungewaschen bleiben sie an einem kühlen, frostfreien Platz eine Zeitlang frisch.
Sorten gibt es nicht, in den Katalogen des Samen-Versandhandels werden Knöllchen angeboten.

Feldsalat, Rapunzel, Ackersalat

Feldsalat ist ein typisches Herbst- und Wintergemüse. Es ist anspruchslos in jeder Beziehung, muß aber in sehr kalten Wintern ohne Schnee eine Abdekkung aus Fichtenreisig erhalten. Ausgesät wird den ganzen August bis Anfang September in Reihen mit 10 cm Abstand. Die Körner sollen nicht tiefer als 1 cm zu liegen kommen. Auch eine Breitsaat ist möglich, wenn man keine Verunkrautung zu befürchten hat. Geerntet wird den ganzen Herbst und

Feldsalat, auch Rapunzel genannt

Knollen- oder Gemüsefenchel liebt einen humosen fruchtbaren Boden und einen sonnigen, aber geschützten Standort.

Winter hindurch bis in den März. Dann geht Feldsalat in Blüte und muß untergegraben werden.
<u>Sorten:</u> 'Dunkelgrüner Vollherziger'; 'Holländischer Breitblättriger': für Herbsternte; 'Verella': mehltauresistent; 'Verte de Cambrai': sehr frostbeständig; 'Vit': mehltauresistent

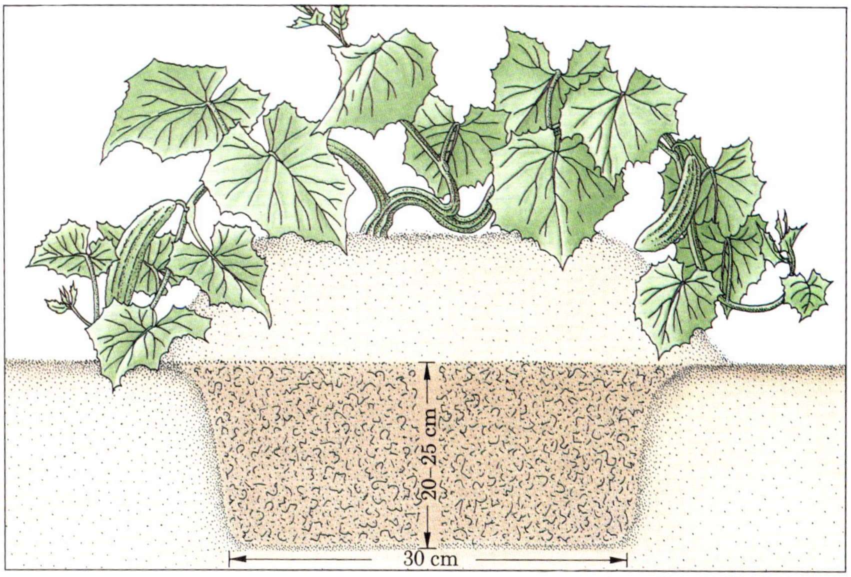

Gurkenhochpflanzung; in einen 20–25 cm tiefen und 30 cm breiten Graben füllt man angerotteten Mist und Torf. Der Aushub wird mit Garten- oder Rindenkompost vermischt und auf das Beet geschichtet, so daß ein flacher Damm entsteht.

Fenchel

Der Knollen- oder Gemüsefenchel ist eine Langtagspflanze, das heißt, er blüht im Sommer während der längeren Tage.
Der Boden sollte humos und fruchtbar sein, es empfiehlt sich also, reichlich Kompost oder organischen Dünger schon vor der Bestellung gut einzuarbeiten.
Ausgesät wird im Juli an Ort und Stelle, da ein Verpflanzen wegen der langen Pfahlwurzeln schwierig ist. Die Pflanzen sollen einen Endabstand von 25 cm haben, der Reihenabstand beträgt 30-40 cm. Fenchel ist sehr wärmebedürftig, man sollte für den Anbau also einen geschützten, sonnigen Platz wählen und während der Entwicklungszeit stets für ausreichend Feuchtigkeit sorgen. Trockenheit fördert das Schießen und läßt die Knollen holzig werden. Wer besonders helle, zarte Fenchel erzielen will, häufelt etwa 6 Wochen nach der Saat an.
Neuerdings gibt es moderne Fenchelzüchtungen, die nicht so schnell in Blüte gehen und deshalb bereits im April ausgesät werden können. In diesem Fall fällt die Erntezeit in den Juni.
<u>Schoßfeste Sorten für Frühanbau:</u> 'Cantino'; 'Zefa-Fino'
<u>Sorten für eine Aussaat im Juli:</u> 'Latina'; 'Sirio'; 'Süßer Bologneser'

Gurke

Unter allen schon lange im Hausgarten angebauten Gemüsepflanzen ist die Gurke wohl die penibelste. Sie braucht im Freiland den wärmsten, geschütztesten und sonnigsten Platz, kommt nur zum Keimen, wenn der Boden auf mindestens 12, besser 15°C erwärmt ist. Sie verträgt keine Salzkonzentration im Dünger, keinen Guß mit kaltem Leitungswasser, braucht aber viel Feuchtigkeit, außerdem wie alle Kürbisgewächse reichlich Nährstoffe und versagt dennoch selbst bei Beachtung all dieser Sonderwünsche kläglich, wenn der Sommer kühl und verregnet ist. Das alles klingt desillusionierend, ist aber in der Praxis halb so schlimm.

Ist der bestmögliche, also wärmste Platz gefunden, wird zunächst reichlich Kompost, verrotteter Stallmist, auch vom Pferd, organischer Handelsdünger, Stroh- oder Rindenkompost in den Boden eingearbeitet. Im Frühjahr ist genügend Zeit dafür, denn vor Ende Mai kommen Gurken, ob ausgesät oder als Jungpflanzen, sowieso nicht in die Erde. Eigene Anzuchten aus Samen kann man Ende April/Anfang Mai am Zimmerfenster wie bei allen anderen Kulturen vornehmen.

Bei der Direktsaat legt man 4 oder 5 Körner im Abstand von 40 cm in der Mitte des Normalbeets aus und läßt später 2, höchstens 3 der kräftigsten Pflanzen stehen. Die Saattiefe beträgt 2 cm. Für gesetzte Jungpflanzen gilt derselbe Abstand.

Wenn man nicht gerade in einer Gegend mit Weinbauklima zu Hause ist, wird es bei Gurken nie verkehrt sein, das Beet mit schwarzer Folie abzudecken, die während der gesamten Kulturperiode liegenbleibt. Man breitet die Bahn über das Beet, beschwert die Ränder mit Erde und macht an jeder Pflanzstelle einen Kreuzschnitt in die Folie. Dorthinein kommen die Pflänzchen und können später mit schwacher Lösung eines mineralischen Volldüngers von Zeit zu Zeit Nährstoffnachschub erhalten.

Auch der Anbau unter einem Folientunnel schützt die empfindlichen Pflanzen vor unverhoffter Kühle, nur darf tagsüber das Lüften nicht vergessen werden.

Schließlich bietet sich als letzte Möglichkeit der früher recht oft praktizierte Anbau von Gurken als Hochpflanzung an. In ländlichen Gegenden, wo früher Pferdemist noch keine kostbare Rarität war, erzielte man auf diese Weise einen für Gurken vorteilhaften „Mistbeeteffekt".

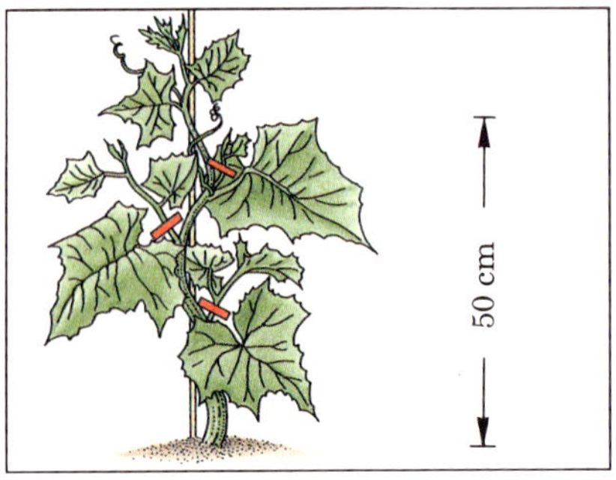

Gewächshausgurkenschnitt; 1. alle Triebe bis 50 cm über dem Boden müssen entfernt werden.

2. Haben die Pflanzen die Gewächshausdecke erreicht, kneift man vorsichtig die Spitze aus.

3. Die sich aus den Blattachseln entwikkelnden Seitentriebe werden nach der ersten Blüte gekappt.

Man hebt dazu einen etwa 20-25 cm tiefen und 30 cm breiten Graben aus und füllt ihn mit angerottetem Mist, am besten Pferdemist, und Torf auf. Der Aushub wird mit Garten- oder Rindenkompost vermischt, so daß über der Furche als Gurkenbeet ein flacher Damm entsteht.

Der Beetanbau von Gurken ist platzsparend und bringt meist bessere Erträge, wenn man die Pflanzen mit ihren langen Ranken an einem Maschendrahtgitter hochwachsen läßt. Ein leichtes Gestell aus 2 oder 3 Holzpfosten mit dazwischen gespannten Drähten, an denen wiederum die Maschendrahtbahn befestigt wird, ist schnell zusammengebaut.

Ein ständiges Feuchthalten der Gurken ist von entscheidender Bedeutung. Am besten läßt man stets eine gefüllte Gießkanne neben dem Beet stehen, in der sich das Wasser etwas erwärmen kann. Ein Schnitt ist bei Freilandgurken nicht notwendig.

Gewächshausgurken (Schlangengurken) müssen geschnitten werden. Man entfernt zunächst alle Triebe bis 50 cm über dem Boden. Sie bieten unnötige Angriffsflächen für pilzliche Schaderreger. Die Pflanzen läßt man an Schnüren emporwachsen und kneift die Spitze aus, sobald sie das Gewächshausdach erreicht haben.

Die sich aus den Blattachseln entwikkelnden Seitentriebe werden nach der ersten Blüte ebenfalls gekappt. Alle diese Maßnahmen sollen verhindern, daß die Gurken übermäßig wuchern und den anderen Kulturen das Licht wegnehmen. Außerdem werden die Einzelfrüchte größer und die Pflanze ist weniger anfällig gegen Krankheiten, zum Beispiel gegen den Echten und den Falschen Mehltau.

Reinweibliche Gewächshausgurken

Einlegegurke im Freiland; links: weibliche Blüte

Herkuleskeule

Unter Glas muß wöchentlich mit einer sehr schwachen Mineraldüngerlösung von höchstens 2 g/l Wasser gedüngt werden.
Gerade bei Gurken hat die Züchtung in den letzten Jahren beachtliche Fortschritte gemacht. Es gibt viele reinweibliche Sorten, das sind Sorten, die ausschließlich weibliche Blüten besitzen. Sie müssen nicht bestäubt werden, um Früchte zu entwickeln. Daneben kann man bitterfreie und mehltauresistente Züchtungen kaufen.
<u>Sorten für das Gewächshaus:</u> 'Arles': F1-Hybride; 'Bella': F1-Hybride, bitterfrei, mehltauresistent; 'Corona': F1-Hybride, reinweiblich, bitterfrei, krankheitsresistent; 'Mildana': F1-Hybride, reinweiblich, bitterfrei, mehltauresistent; 'Petita': F1-Hybride, reinweibliche, bitterfreie Minigurke von nur 20 cm Länge; 'Sandra': F1-Hybride, bitterfrei.
<u>Freilandsorten:</u> 'Bidretta': bitterfrei, Einlegegurke; 'Burpless Tasty Green': F1-Hybride; 'Bush Champion'; 'Doplus-Mix': F1-Hybride, mehltauresistent, bitterfrei, Einlegegurke; 'Highmark II': mehltauresistent, bitterfrei; 'Mepram': F1-Hybride, mehltauresistent, Einlegegurke; 'Mervita'; 'Moneta'; 'Riesen-Schäl'; 'Sprint': reinweiblich; 'Tomara': F1-Hybride, bitterfreie, mehltauresistente Einlegegurke.

Herkuleskeule

Dieses imposante Kalebassengewächs ist ein rasanter Kletterer, der bei ausreichender Düngung und Wasserversorgung mühelos das Dach eines zweistöckigen Hauses erklimmt.
Die armdicken, grünen Früchte werden bis zu 200 cm lang und entsprechend schwer. Man kann sie in ihrer Jugend wie Zucchini zubereitet essen, also kochen oder schmoren, sie sollen aber auch als Rohkostsalat, gewürfelt und mit Zitrone und Gewürzen angerichtet, sehr gut schmecken. Temperamentvolle Äußerungen über ihren Wohlgeschmack hört man jedenfalls von Italienern, die es eigentlich wissen müßten. Denn in Süditalien werden Lagenaria siceraria 'Clavata', so die botanische Bezeichnung, häufig angebaut.
Bei uns hat das Riesending wohl noch niemand so richtig auf seinen Küchenwert getestet. Daher ist der Zuspruch, dessen sich die Herkuleskeule nach Mitteilungen aus Züchterkreisen bei Hobbygärtnern seit ihrem Auftauchen in den siebziger Jahren erfreut, wohl mehr auf die rekordverdächtige Wuchskraft zurückzuführen, und auf die Tatsache, daß man die „Supergurken" problemlos wie Kalebassen trocknen, im Treppenhaus aufhängen und Besucher damit erschrecken kann.
Die Anzucht in Töpfchen am Zimmerfenster findet im März/April statt, ausgepflanzt wird ab Mitte Mai an einen sonnigen Platz. Man muß viel düngen und wässern, das ist alles.
Die Herkuleskeule liefert eine eindrucksvolle Demonstration dafür, was Pflanzen in nur einem Sommer fertigbringen. Kletterhilfen, gespannte Schnüre genügen, sind dafür freilich Voraussetzung.
Sorten gibt es bei uns nicht.

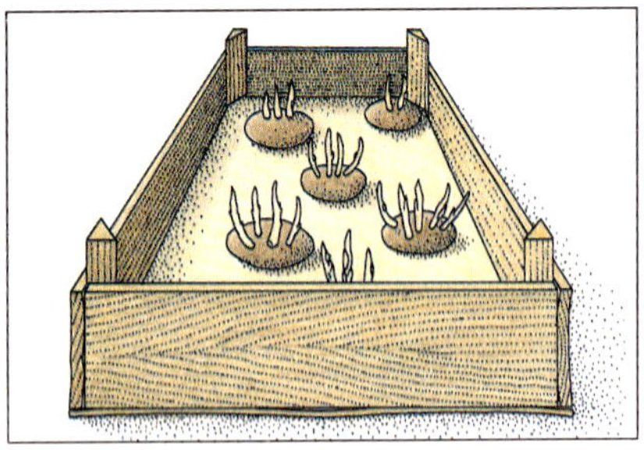

Frühkartoffelanbau; 1. nachdem die Kartoffeln an einem 15° C warmen und hellen Ort vorgekeimt sind, legt man sie nebeneinander auf eine fingerdicke Schicht aus Torf in eine Kiste.

2. Ab Mitte April werden die vorgekeimten Knollen im Abstand von 40 × 40 cm etwa 15 cm tief gelegt.

3. Nach 3–4 Wochen häufelt man zirka 30 cm hoch an.

Knollenziest; die Knöllchen ißt man. Sie dienen auch der Vermehrung.

Kartoffel

Es gibt allein in der Bundesrepublik Deutschland eine riesige Zahl von registrierten Kartoffelsorten mit ganz unterschiedlichen Eigenschaften und Anbauzeiten.

Die Farbe der Schalen variiert zwischen braun, blau, gelb, rötlich und grau, das Fleisch kann weiß oder gelb, fest- oder mehligkochend sein.

Im Gemüsegarten am Haus wird man kaum genügend Platz haben, um Lagerkartoffeln für die Einkellerung anzubauen, hier sind Frühkartoffeln, richtig zubereitet ein ausgesprochenes Feingemüse, der Favorit.

Will man zeitig ernten, empfiehlt es sich, die Knollen an einem hellen Platz bei etwa 15° C Wärme vorzukeimen. Dazu kommen sie, dicht nebeneinander auf eine fingerdicke Schicht Torf gelegt, in eine Kiste oder Obststeige und zwar so, daß die Seite mit den meisten Augen (Triebknospen) nach oben weist.

Vorsicht beim Pflanzen! Die Keime, die sich bis dahin entwickelt haben, sind äußerst zerbrechlich. Vorgekeimt wird ab Mitte/Ende März, ausgelegt Mitte April. Das ist auch die früheste Pflanzzeit für Saatkartoffeln ohne Vorkeimung. Gelegt wird in Reihen im Abstand von 40 x 40 cm etwa 15 cm tief.

Bei überraschenden, stärkeren Nachtfrösten um diese Zeit lohnt sich eine Abdeckung mit Folie oder Tunnel. Gleich nach dem Aufgehen sollte der Boden rings um die Jungpflanzen durch Hacken vorsichtig gelockert und durchgejätet werden. Bei Bedarf muß man gießen, das fördert die Bildung neuer Knollen.

3-4 Wochen nach dem Aufgehen wird etwa 30 cm hoch angehäufelt. Dadurch verhindert man, daß die neuen Kartoffeln unter Lichteinfluß grün werden. Außerdem wird Unkrautwuchs unterdrückt, und das sorgt für eine bessere Ernte. Das Anhäufeln bringt also einige Vorteile, ist aber nicht Bedingung.

Sorten für den frühen Anbau: 'Amalia'; 'Berolina'; 'Carola'; 'Ilona'; 'Isabell'; 'Scala'; 'Sieglinde'

Knollenziest

Wie bei der Erdmandel erfolgt die Vermehrung durch Knöllchen, die man ab Mitte Mai 10 cm tief mit 30 cm Abstand in der Reihe auslegt. Der Reihenabstand ist ebenfalls 30 cm.

Ziest ist etwas trockenverträglicher als die Erdmandel und wächst in jedem fruchtbaren Gartenboden. Wer meint, daß die Pflanzen Mangel leiden, kann im Sommer eine Kopfdüngung mit 30 g/m^2 eines mineralischen Volldüngers geben. Notwendig ist das selten.

Ab Oktober gräbt man die Knöllchen aus und kann sie dann gedünstet, gebraten, fritiert oder roh als Beigabe zu anderen Salaten verwenden. Ihr Geschmack soll nicht sehr beeindrukkend sein.

Knollenziest findet man in den Katalogen einiger Samen-Großversender.

Kohl

Wer noch nie mit Kohl im Garten zu tun hatte, ordnet die Angehörigen der Gattung Brassica gemeinhin in der Rubrik „robust und unkompliziert" ein. Im Großen und Ganzen stimmt das sogar, denn die Bodenansprüche sind nicht besonders hoch, nur etwas kalkhaltige Erde mögen alle Kohlpflanzen ebenso wie ausreichend Feuchtigkeit und Nährstoffe.

Leider gibt es einige Schädlinge und Krankheiten, die sich auf Kohl spezialisiert haben und die Freude am Anbau trüben können. Kohlweißling und Kohlfliege lassen sich auch durch den konsequentesten Fruchtwechsel nicht irritieren. Gegen die gefürchtete Kohlhernie ist der bereits erwähnte „Rotationsanbau" immer noch das beste Mittel. Außerdem kann man diesem Schleimpilz das Leben durch Aufkalken des Bodens etwas schwerer machen, wofür Kohl ohnedies dankbar ist.

Allen Kohlarten gemeinsam ist ein hoher Bedarf an Nährstoffen. Es ist deshalb angebracht, die Kohlbeete schon im Spätherbst mit organischen Düngern, Kompost oder Rindenkompost zur Aktivierung des Bodenlebens im Frühjahr zu versorgen. Ausstreuen von Gesteinsmehlen ziehlt in die gleiche Richtung. Andernfalls gibt man als Grunddüngung im Frühjahr 50 g/m^2 eines mineralischen Volldüngers. Zwar wird vielfach noch zu weiteren Kopfdüngergaben im Verlauf der Kulturperiode geraten, aber angesichts des immer deutlicher zutage tretenden Nitratproblems sollte man davon Abstand nehmen.

Blumenkohl

Chinakohl wird erst in der zweiten Jahreshälfte gesät oder gepflanzt.

BLUMENKOHL

Ausgeglichenheit in allem ist für die Bildung fester Blumen, bei denen es sich in Wahrheit um die noch geschlossenen Blüten der Pflanze handelt, wichtig. Nässe ist ebenso unbeliebt wie Trockenheit oder Kälte. Pflanzzeit ist im April am besten mit gekauften Jungpflanzen, der Abstand beträgt 60 x 60 cm. Man muß stets tief setzen, bis zum ersten Blatt.

Blumenkohl, der im Herbst geerntet werden soll, kann man im Mai/Juni aus Samen selber heranziehen. Im Verlauf der späteren Entwicklung können 2 oder 3 der äußeren Blätter umgeknickt und über den Kopf gelegt werden, damit er sich unter Lichteinfluß nicht verfärbt.

Sorten: 'Alverda'; 'Danova'; 'Erfurter Zwerg'; 'Hilds Neckarperle'; 'Hormade'; 'Super Boule de Neige': F1-Hybride; 'Violetto di Sicilia': violett, grünkochend

CHINAKOHL

Weil er an den langen Tagen in Blüte geht, muß Chinakohl relativ spät gesät oder gepflanzt werden, nämlich erst in der zweiten Jahreshälfte. Der Pflanzabstand ist 30 x 30 cm. Am besten ist Direktsaat im Lauf des Juli, später wird dann vereinzelt. Ganz wichtig ist: reichlich wässern.

Da Chinakohl einige Frostgrade verträgt, kann man die Ernte bis spät in den Herbst hinauszögern.

Sorten: 'Hongkong-Resist': F1-Hybride; 'Nippon früh': F1-Hybride; 'Nogaoka King'

GRÜNKOHL

Grünkohl ist die härteste und anspruchsloseste aller Brassica-Arten. Er gedeiht sogar noch im Halbschatten, ist frosthart und nimmt mit jedem Gartenboden vorlieb.

Grünkohl entfaltet sein Aroma erst, wenn er Frost abbekommen hat.

Rotkohl

Weißkohl ist wie alle Kohlarten ein Starkzehrer.

Roter Kohlrabi

Einige Sorten des Wirsings vertragen Frostgrade.

Für die Jungpflanzenanzucht muß man im Mai/Juni aussäen. Gepflanzt wird von Juli bis Mitte August in einem Abstand von 50 x 50 cm. Wenn man zarte, aber kleinbleibende Pflänzchen ernten will, kann man auch direkt in Reihen säen und später dann auf 15 cm Abstand vereinzeln.

Grünkohl entfaltet sein volles Aroma erst, wenn er Frost abbekommen hat.

Sorten: 'Fribor': F1-Hybride; 'Halbhoher grüner krauser'; 'Lerchenzungen'; 'Niedriger grüner krauser'; 'Spurt'

KOHLRABI

Auch bei diesem Kohl sind gleichmäßige Wasserversorgung und nicht zu niedrige Temperaturen während der Anfangsentwicklung wichtig. Ins Freiland wird ab April bis Ende Juli gesät, Endabstand ist 30 x 30 cm. Bei früher Kultur lohnt sich eine Abdeckung mit Folie oder mit einem Folientunnel.

Kohlrabi sollte stets in Folge angebaut werden, damit vom Sommer bis zum Frostbeginn geerntet werden kann.

Sorten: 'Azur Star'; 'Blaro'; 'Blauer Speck'; 'Blaukopf'; 'Flott': F1-Hybride; 'Lanro'; 'Rowel'; 'Superschmelz': um hier die bis zu 10 kg schweren Knollen zu erzielen, sollte bereits im März am Zimmerfenster ausgesät und Ende April ins Freiland gepflanzt werden. Die Knollen bleiben trotz ihrer Größe zart und eignen sich zum Einfrieren.

KOPFKOHL (WEISSKOHL, ROTKOHL, WIRSING)

Alle Kopfkohlarten gedeihen in jedem gut gedüngten, etwas kalkhaltigem Gartenboden bei gleichmäßiger Feuchtigkeit. Ausgesät wird von April bis Juni, gepflanzt von Mai bis Juli. Der Pflanzabstand beträgt 50 x 50 cm.

Kopfkohl liebt einen sonnigen, allenfalls halbschattigen Platz. Am härtesten ist Wirsingkohl, von dem einige Sorten sogar geringe Frostgrade aushalten.

Weißkohlsorten: 'Braunschweiger'; 'Erstling' (Spitzkohl); 'Hidena': F1-Hybride; 'Marner Lagerweiß'; 'Minicloe': F1-Hybride; 'Nostra'

Rotkohlsorten: 'Frührot'; 'Marner Rocco'; 'Mohrenkopf'; 'Rodon': F1-Hybride; 'Ruby Ball': F1-Hybride

Wirsingsorten: 'Advent'; 'Hamasa': F1-Hybride; 'Praeco'; 'Vertus'

ROSENKOHL

Ausgesät wird im März/April, gepflanzt im Mai/Juni im Abstand von 60 x 60 cm. Rosenkohl liebt einen nahrhaften

Weißer Kohlrabi

Kürbissorte 'Gelber Zentner'

Löwenzahn

Rosenkohl liebt nahrhaften Boden.

Boden und sollte tief gepflanzt, später eventuell angehäufelt werden.

Über die häufig geübte Praxis, bei schlechtem Ansatz der Röschen die Pflanze im September zu entspitzen, gehen die Meinungen auseinander. Manche Fachleute sind der Ansicht, dies geschehe auf Kosten der Frosthärte und hätte zur Folge, daß in dem Fall nicht den ganzen Winter hindurch, wie sonst üblich, geerntet werden kann.

Sorten: 'Cavalier': F1-Hybride; 'Citadel': F1-Hybride; 'Hossa': F1-Hybride; 'Rosella'; 'Wilhelmsburger'

Kürbis

Hier soll nur der Riesenkürbis, Cucurbita maxima, beschrieben werden. Alle anderen Gemüsekürbisse wie Squash, Patisonkürbis, Spaghettikürbis, werden unter Zucchini (siehe S. 220–221) besprochen.

Die bekannteste Sorte ist 'Gelber Zentner'. Die runden Früchte werden bis zu 80 kg schwer, die Ranken mehrere Meter lang.

Bei der Kultur ist sowohl Anzucht aus Samen im April am Zimmerfenster in Töpfen möglich, als auch Direktsaat ab Mitte Mai. Die langen Ranken kann man im Verlauf der Entwicklung nach Belieben einkürzen.

Wie alle Kürbisse hat Cucurbita maxima einen hohen Bedarf an Nährstoffen und Feuchtigkeit, je mehr davon zur Verfügung steht, desto größer werden die Früchte, die botanisch gesehen eigentlich Beeren sind.

Im Hausgarten wird der Riesenkürbis heute kaum noch angebaut, weil weder genügend Platz vorhanden ist, noch die Möglichkeit besteht, die schweren Früchte zu verwerten. Wer sich dennoch den Luxus dieser Kuriosität leisten möchte, muß jeder Pflanze 1 m^2 Platz zugestehen.

Löwenzahn

In Frankreich seit langem als Salatdelikatesse geschätzt, kann sich Löwenzahn bei uns nur schwer einen Platz auf der Grünkostpalette erobern. Zu nachhaltig haftet ihm wohl der Ruf als lästiges Gartenunkraut an. Deshalb soll die Möglichkeit, Löwenzahn ähnlich Chicorée als Treibgemüse des Winters oder mit einem übergestülpten Eimer als Bleichgemüse zu verwenden, hier nur der Vollständigkeit halber erwähnt werden. Als grüner Salat hat er wohl noch die größten Chancen, bei diesem oder jenem Hobbygärtner Gefallen zu finden.

Ausgesät wird von März bis Mai oder im August/September in Reihen mit 30 cm Abstand. Später vereinzelt man auf 25 cm in der Reihe.

Die Pflanze gedeiht auf jedem Gartenboden, sollte aber in Kultur von dem befreit werden, was sie in freier Wildbahn selber ist: von Unkraut.

Blütenknospen sind schon im Ansatz zu entfernen, Blätter können fortlaufend geschnitten werden.

Sorten: 'Nouvelle'; 'Sperlings's Lyonel'

Mairüben sind eine Variante der Speiserübe.

Mairübe

Mairüben sind eine japanische Variante der altbekannten Speiserübe (Teltower Rübchen). Im Geschmack sind sie dieser aber nicht mehr ähnlich. Die im Durchmesser etwa 10 cm großen, kugelrunden Wurzeln sehen aus wie schneeweiße Riesenradieschen, denen sie auch im Geschmack und in der Kultur ähneln. Ausgesät wird mit 20 cm Reihenabstand von Ende März bis Anfang August in Folgesaaten. Vereinzelt wird auf 10 cm Abstand.

Mairüben haben keine besonderen Bodenansprüche. Trockenheit muß man jedoch vermeiden.

Sorte: 'Tokyo Cross': F1'Hybride

Mangold

Dieses Blattgemüse, das man den ganzen Sommer über bis in den Herbst hinein ernten kann, wird Ende April/ Anfang Mai im Reihenabstand von 30 cm ausgesät. Man legt alle 30 cm einige Körner. Später bleibt nur die kräftigste Pflanze stehen.

Mangold gedeiht in jedem nahrhaften Gartenboden in Sonne wie Halbschatten, braucht gleichmäßige Feuchtigkeit, darf aber nicht im nächsten Jahr wieder auf dasselbe Beet kommen.

Blattmangold 'Lukullus'

Rotstieliger Mangold

Dieses Verbot der Folgekultur gilt auch für andere Gänsefußgewächse wie Spinat und Rote Bete.

Wenn man die ganze Vegetationszeit über die nachwachsenden Blätter ernten will, muß das „Herz" der Pflanze erhalten bleiben, es werden also nur die äußeren Blattriebe geschnitten.

Sorten: 'Feurio': rotstielig, Blatt- und Stielgemüse; 'Lukullus'; 'Vulkan': rotstielig, Blatt- und Stielgemüse; 'Walliser': Stielmangold

Melone

Wasser- wie Zuckermelonen stellen hohe Ansprüche an Nährstoff- und Wasserversorgung und besonders an die Temperaturen. Beide sind außerordentlich wärmebedürftig und sollten im Freiland nur auf schwarzer Mulchfolie oder unter einem Folientunnel angebaut werden. Sicherer ist die Kultur im Frühbeet oder Kleingewächshaus. Die extrem wärmeliebenden Wassermelonen sollte man nur unter Glas anbauen. Der Boden muß tiefgründig gelockert und humos sein, Einarbeitung von Kompost oder organischem Dünger zur Humusbildung schon vor der Bestellung ist vorteilhaft.

Ausgesät wird am Zimmerfenster im April, gepflanzt nicht vor Ende Mai/ Anfang Juni auf den wärmsten und sonnigsten Gartenplatz. Es kommt nur eine Reihe Melonen auf das Normalbeet, Pflanzenabstand ist mindestens 50 cm.

Beim Erscheinen der ersten Blüten können 20 g/m^2 eines mineralischen Volldüngers gegeben werden, je nach Nährstoffzustand des Bodens.

Zur Erzielung höherer Erträge empfiehlt es sich, den Haupttrieb nach dem fünften bis sechsten Blatt zu entspitzen. Das betrifft allerdings nur die Zucker-, nie die Wassermelonen. Im Gewächshaus oder Frühbeet werden auch die Seitentriebe nach dem fünften Blatt gekappt, die sich danach in den Blattachseln entwickelnden Triebe behalten ebenfalls nur 2 Blätter, alles andere wird weggeschnitten.

Unter Glas ist es außerdem notwendig, die Blüten von Hand mit einem Pinsel zu bestäuben, da auf Insekten hier kein Verlaß ist. Während man im Gewächshaus die Melonen am besten an Schnüren oder Drähten hochzieht, kann man sie auf dem Freilandbeet flach kriechen lassen, sollte aber die Früchte auf ein

Melonenblüten muß man unter Glas mit dem Pinsel bestäuben.

Brett oder ähnliches legen, damit die Bodenfeuchte keine Fäulnis hervorruft.
Sorten: 'Crimson Sweet': Wassermelone; 'Maja'; 'Sperling's Honigtopf': F1-Hybride; 'Sperling's Sweety': F1-Hybride, Wassermelone; 'Sweetheart'

Möhre, Mohrrübe, Karotte

Wenn der Boden für Möhren nicht von Natur aus leicht und durchlässig ist, muß er tiefgründig gelockert werden, damit die Wurzeln ungestört nach unten wachsen können.
Gedüngt werden sollte möglichst mit organischen Nährstoffen, da Salzkonzentration nicht vertragen wird. Oder man gibt nur 40 g/m^2 eines mineralischen Düngers als Grundversorgung.
Da Möhren eine lange Entwicklungszeit, je nach Sorte bis zu einigen Monaten, haben, empfiehlt sich frühestmögliche Erstaussaat. Auch die Keimdauer ist mit 2-3 Wochen verhältnismäßig lang. Ausgesät wird in Reihen ab Mitte April, bei Folienschutz schon im März. Der Reihenabstand beträgt 15 cm, später muß man auf 5 cm in der Reihe ausdünnen oder als Pillensaat gleich im richtigen Abstand aussäen. Folgesaaten sind bis in den Juli hinein möglich.

Kurze, runde Möhrensorte

Möhren benötigen einen lockeren, durchlässigen Boden.

Für gleichmäßige Feuchtigkeit muß man sorgen, sonst werden die Rüben leicht holzig.
Sorten: 'Buror': F1-Hybride; 'Decora'; 'Frühbund'; 'Gusto'; 'Juwarot'; 'Nanco': F1-Hybride; 'Nandor': F1-Hybride; 'Rotin'; 'Suko': Fingermöhre; 'Topfix'

Neuseeländer Spinat

Neuseeländer Spinat

Neuseeländer Spinat ist ein sehr wärmeliebendes Gemüse, das wegen seiner Frostempfindlichkeit am besten vorkultiviert wird, damit die Entwicklung schneller vorankommt. Dazu sät man Anfang April den vorher 1 Tag lang eingeweichten Samen einzeln oder zu mehreren in Blumentöpfe. Diese stellt man hell und warm (20 °C). Gepflanzt wird nicht vor Mitte Mai mit 50 cm Abstand auf ein geschütztes Beet in sonniger Lage. Man kann das Beet mit Folie oder Folientunnel abdekken. Der Wasserbedarf ist hoch.
Von Neuseeländer Spinat sind bei uns keine Namenszüchtungen bekannt.

Ölkürbis

Okra

Pak Choi, Chinesischer Senfkohl

Ölkürbis

Das war der Clou des Jahres 1987, mit dem der Samenhandel den Hobbygärtner aus der Reserve zu locken suchte. Um die Kreation dieses recht unnützen, 3-4 kg schweren Gesellen zu rechtfertigen, wurde auf den gesundheitlichen Wert der Kerne hingewiesen, die bei Blasen- und Prostataleiden Linderung bringen sollen und außerdem reich an Proteinen, ungesättigten Fettsäuren, an Pflanzeneiweiß mit Aminosäuren und Vitaminen sein sollen.
Die Kürbisse sind reif, wenn Kraut und Ranken absterben. Dann kann man die Kerne aus dem Fruchtfleisch herausklauben, gut waschen und säubern, zügig trocknen und im Backofen rösten oder roh essen.
Ausgesät wird ab Mitte April in Töpfen auf dem Fensterbrett, gepflanzt ab Mitte Mai an eine sonnige, warme Stelle möglichst auf lockeren, durchlässigen, aber nährstoffhaltigen Boden. Der Platzbedarf für eine Pflanze ist 1,5 m^2.
Sorten: 'Comet'; 'Herakles'

Okra

Diese äußerst wärmeliebende Pflanze gehört in die Familie der Malvengewächse und dokumentiert diese Verwandtschaft durch hübsche gelbe bis cremeweiße, hibiscusähnliche Blüten mit dunklem Schlund.
Empfohlen wird, vor der Aussaat am Zimmerfenster Mitte April, die Samen für 1 Tag im Kühlschrank bei einer Temperatur von –5 bis –10°C vorzubehandeln. Nachdem die Körner dann wieder an Zimmerwärme gewöhnt wurden, läßt man sie 12 Stunden in Wasser quellen; dann wird in Schalen ausgesät. Die Keimtemperatur sollte 22–25°C betragen. Einen Monat später topft man die Pflanzen ein und stellt die Töpfe zur Abhärtung kühler, aber nicht wesentlich unter 18° C.
Auf das Beet wird Ende Mai mit einem Abstand von 50 x 80 cm gepflanzt, da die strauchartigen Gewächse bis 150 cm hoch werden. Voraussetzung dafür ist ein vollsonniger, warmer, geschützter Platz im Garten mit nährstoffreichem, humosem Boden.
Wenn sich die Blüten öffnen, kann mit 20 g/m^2 eines mineralischen Volldüngers nachgedüngt werden. Geerntet wird ab Ende Juli, etwa 1 Woche nach der Blüte. Die Fruchtschoten sind reif, wenn sich die Spitzen knackend abbrechen lassen. Es sollte fortlaufend gepflückt werden, damit neue Früchte nachwachsen.
Man kann Okra gekocht oder gedünstet als Einzelgemüse oder zusammen mit anderen verspeisen. Auch geschmort als Beilage zu Fleischgerichten ist dieses Gemüse delikat.
Sorte: 'Sonnenliebe'

Pak Choi, Chinesischer Senfkohl

Diese nicht kopfbildende Art des Chinakohls fällt durch ihre glänzenden dunkelgrünen Blätter und die dicken weißen Stiele auf. Wie bei Chinakohl handelt es sich dabei um ein Herbst- und Wintergemüse mit Aussaattermin Mitte Juli direkt an Ort und Stelle ins Freiland.

Rote Gemüsepaprikasorte 'Merit'

Gelbe Gemüsepaprikasorte

Pastinake, ein Wurzelgemüse

Die F1-Hybride 'Joy Choi' ist wenig schoßfreudig und kann daher schon ab Juni ausgesät werden. Der Reihenabstand ist 50 cm, vereinzelt wird auf 30 cm.
Der Boden sollte nährstoffhaltig sein, eventuell gibt man vor der Pflanzung eine Grunddüngung mit 40 g/m² eines mineralischen Volldüngers.
Geerntet wird im Herbst, man verwendet Blätter und Stiele wie beim Chinakohl.
Sorte: 'Joy Choi': F1-Hybride

Paprika

Wir unterscheiden zwischen dem großfrüchtigen, milden Gemüsepaprika und dem schmalschotigen Gewürzpaprika, auch Pepperoni oder Spanischer Pfeffer genannt.
Paprika braucht einen vollsonnigen, warmen und geschützten Platz, nahrhaften, lockeren Boden und reichlich Wasser. Die hochwachsenden Sorten müssen an stabilen Stäben hochgebunden werden.
Ausgesät wird im Zimmer ab Mitte März, ausgepflanzt nicht vor Ende Mai im Abstand 50 x 50 cm. Eine Pflanzung auf Folie ist bei Paprika besonders günstig. In rauhen Gegenden ist die Kultur im Gewächshaus oder Frühbeet am sichersten.
Gleich nach der Blüte sollte man, wenn der Boden zu wünschen übrigläßt, 30 g/m² eines mineralischen Düngers als Kopfdünger verabreichen.
Bei Paprika gibt es rot und gelb reifende Sorten, grüne Schoten, geschmacklich durchaus interessant, sind immer unreif.
Außerdem gibt es mittlerweile sehr unterschiedlich geformte Früchte, die auch verschieden schmecken.
Gemüsepaprikasorten: 'Bell Boy': F1-Hybride; 'Frühzauber': schmale Schoten; 'Golden Bell': F1-Hybride, gelb; 'Golden Hit': gelb; 'Liebesapfel': tomatenfrüchtig; 'Merit': F1-Hybride; 'Puszta-Gold': gelb; 'Rodor': F1-Hybride; 'Sempra'; 'Sweet Banana': länglich spitze Schoten
Gewürzpaprikasorten: 'Sperling's Peppi'; 'Westlands Lange Rote'

Pastinake

Dieses in früheren Zeiten sehr geschätzte Wurzelgemüse wird heute nur noch selten angebaut, möglicherweise wegen der ungewöhnlich langen Kulturdauer. Die Keimzeit beträgt 1 Monat, die Gesamtentwicklung bis zu einem halben Jahr und mehr.
Der Boden sollte wie bei den Möhren locker und humos sein, bei Trockenheit muß man wässern.
Wird Anfang Mai mit 30 cm Reihenabstand und späterem Verziehen auf 15 cm direkt aufs Beet gesät, schafft es die Pastinake gerade noch, bis zum Oktober erntereif zu sein.
Sorte: 'Halblange Weiße'

Der Kulturträuschling, oft Braunkappe genannt, auf Stroh

Austernpilzkultur auf Stroh

Pilze

Seitdem Gartenfach- und -versandhandel Pilzbrut zur Selbstanzucht im Garten anbieten, ist die schwierigste Hürde genommen.

Je nach Pilzart sind 3 Kulturmethoden möglich: Anzucht auf Holzunterlagen, auf Strohballen oder auf Kompost. Der beliebte Austernpilz wächst sowohl auf Rundholzstücken als auch auf Stroh, der japanische Shii-take und das Stockschwämmchen brauchen eine Holzunterlage und der Kulturträuschling entwickelt sich auf Strohballen oder losem Stroh. Den Kulturchampignon kann man auf kompostiertem Pferdedung oder Strohkompost heranziehen. Auch fertig beimpfte Substrate kann man kaufen.

PILZZUCHT AUF HOLZ

Für die Holzkultur werden lange und etwa 30 cm dicke Holzabschnitte verwendet, die zwar gut feucht (mindestens 50 % Wassergehalt), jedoch nicht frisch geschlagen sein sollen. „Lebendes" Holz enthält natürliche Abwehrstoffe, die nicht gewollten Pilzbefall verhindern. Für die Kultur kommen sowohl Hart- als auch Weichhölzer in Frage, auch Obstgehölze sind geeignet.

Zur „Impfung" mit der Pilzbrut werden die Holzstücke mit 5-8 cm tiefen Sägeschnitten (Abstand 40-50 cm) oder 2 cm breiten Bohrungen im Abstand von 10 cm versehen, die die Brut aufnehmen. Diese werden dann mit Folie verschlossen. Für diese Arbeiten wird der Zeitraum von Frühling bis Sommer empfohlen.

Die Hölzer werden an einem etwas schattigen Platz im Freien gelagert und in sommerlichen Trockenperioden beregnet.

Mit etwas Glück erscheinen die ersten Pilze nach 4 Monaten, normalerweise nach 6-12 Monaten. Die Ernte zieht sich über mehrere Jahre hin.

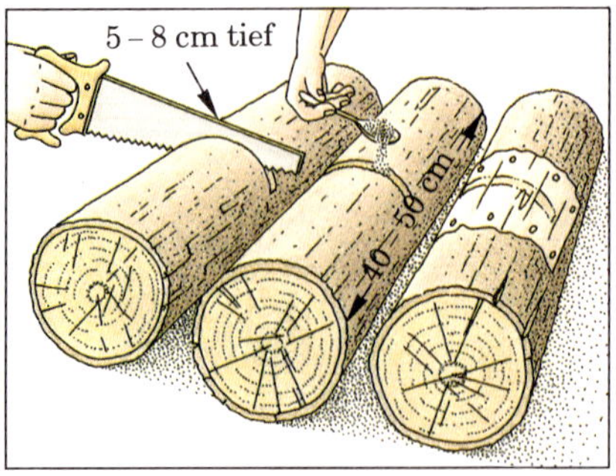

Pilzzucht auf Holz; die Pilzbrut streut man in 5-8 cm tiefe Sägeschnitte ein. Danach werden die Schnitte mit Folie verschlossen.

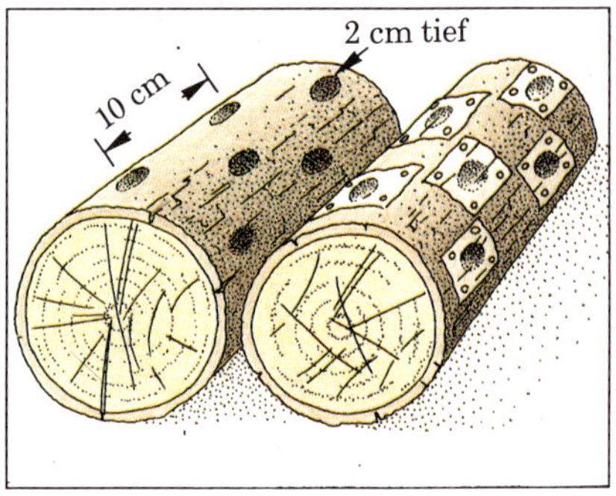

Pilzzucht auf Holz; man kann die Hölzer auch mit 2 cm breiten Bohrungen im Abstand von 10 cm versehen, diese mit Pilzbrut füllen und verschließen.

PILZZUCHT AUF STROH

Die günstigste Zeit zur Anlage auf Stroh ist Frühjahr bis Sommer. Bei der Kultur auf Preßstrohballen ist entscheidend, den gesamten Ballen zunächst gründlich zu wässern. Das ist nicht ganz einfach, da das Substrat bis ins Innere feucht sein muß. Am besten ist es, die Ballen in mit Wasser gefüllte Tonnen zu legen. Nach dem Abtropfen kommt der Ballen an einen halbschattigen Gartenplatz und wird „geimpft": mit einem Eisen- oder stabilen Holzstab sticht man etwa 30 cm tiefe Löcher in die Längsseiten des Ballens und schiebt die Pilzbrut hinein. Die Strohballen dürfen nun nicht mehr austrocknen. Die erste Ernte ist meist nach 4-8 Wochen. Die Ertragsphase hält bis zu 3 Monaten an.

Der Kulturträuschling läßt sich auf einer 20 cm dicken Unterlage aus losem Stroh im Frühbeetkasten anziehen. Das Stroh muß zu diesem Zweck durch und durch naß sein, also vorher gründlich gewässert werden. Es wird nach dem Einfüllen in das Frühbeet festgetreten und mit kleinen Stücken der Pilzbrut „geimpft". Dazu drückt man die Brut etwa 8 cm tief in das Substrat. Danach kommt eine 3 cm dicke Schicht aus humoser Gartenerde als Decksubstrat über die Pilzkultur.

Bis zum Erscheinen der ersten winzigen Pilze legt man die Fenster auf.

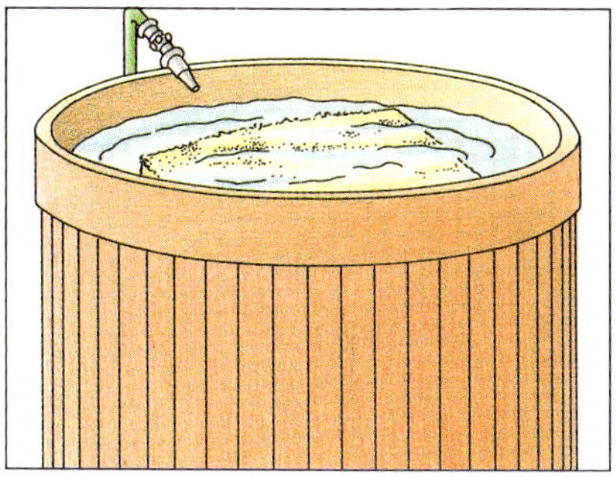

Pilzzucht auf Stroh; 1. der Strohballen muß gut gewässert werden. Am besten geht das in einem großen, mit Wasser gefüllten Faß.

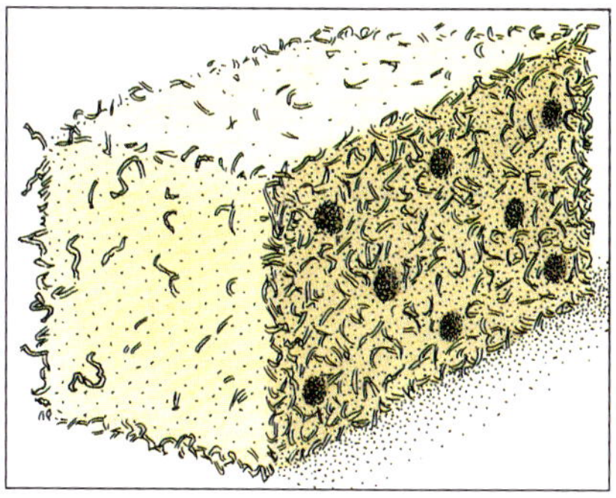

2. Nach dem Abtropfen kommt der Ballen an einen schattigen Gartenplatz und wird mit zirka 30 cm tiefen Löchern an den Längsseiten versehen, in die man die Brut schiebt. Die Strohballen dürfen in der Folgezeit nie austrocknen.

CHAMPIGNONZUCHT

Die Anzucht von Champignon (Egerling) auf Pferde- oder Strohkompost setzt eine sorgfältige Vorbereitung des Substrats voraus. Man hält sich dabei am besten an die der Pilzbrut beiliegende Kulturanleitung. Auch die spätere Pflege des heranwachsenden Bestandes ist nicht ganz einfach und erfordert viel Fingerspitzengefühl. Wer Champignons im Garten ziehen möchte, sollte sich besser eine sogenannte Fertigkultur im Gartenfachhandel kaufen und die Kulturanleitung genau befolgen.

Der Champignon, der wohl bekannteste Pilz

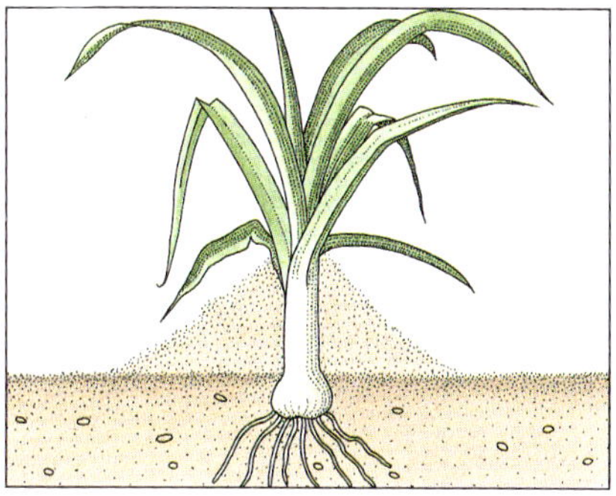

Anhäufeln bringt weiße Porreestangen.

Porree, Lauch

Lauch ist nicht übermäßig kälteempfindlich, braucht aber genügend Bodenfeuchte, um die begehrten weißen Schäfte auszubilden. Die Erde sollte locker und nährstoffreich sein, Kompost oder verrotteter Stallmist sind besonders günstig. Dann entfällt eine Grundversorgung mit Mineraldünger, von dem man sonst 50 g/m² gibt.

Porree kann man im April/Mai mit 30 cm Reihenabstand direkt aufs Beet säen, später wird auf 15 – 20 cm in der Reihe vereinzelt. Pflanzt man von Mai bis Juni nach einer Vorkultur im kalten Frühbeet im Februar/März, sollten die Jungpflanzen tief in die Erde kommen. Ob gepflanzt oder direkt gesät, nur durch späteres Anhäufeln erzielt man die langen, weißen Stangen.

Radicchio 'Palla Rossa'

Eine andere Anbaumethode besteht darin, in 20 cm tiefe Gräben zu pflanzen, Regen und Gießwasser spülen die Furchen im Lauf der Zeit zu, ohne daß angehäufelt werden muß.

Sorten für die Herbst- und Winterernte: 'Blaugrüner Winter'/Alaska; 'Blaugrüner Winter'/Eskimo; 'Carentan'; 'Elefant'/Jumbo; 'Genita'; 'Herbstriesen'/Brevi; 'Herbstriesen'/Triumphator; 'Suprella'

Radicchio

Radicchio ist eine rotblättrige Abart des Chicorée und braucht wie dieser lockeren, tiefgründigen Boden und reichlich Feuchtigkeit.

Ausgesät wird direkt auf das Beet von Mitte Juni bis Anfang August. Der Reihenabstand beträgt 25 cm, von Pflanze zu Pflanze nach dem nötigen Vereinzeln 10-15 cm.

Sorten: 'Palla Rossa': für die Herbst- und Winterernte; 'Roter von Verona': für Herbst- und Winterernte; kann auf dem Beet überwintern und wird im Frühjahr nach dem Neuaustrieb geschnitten.

Bei starken Frösten sollte man Radicchio leichten Winterschutz mit einer Reisigdecke geben.

Radieschen können schon ab März ins Freiland gesät werden.

Längliche Rettichsorte

Runde Rettichsorte

Längliche Radieschensorte mit roter Färbung und weißer Spitze

Radieschen

In lockerem, humosem, vor allem aber stets leicht feuchtem Boden gedeihen Radieschen am besten, wobei man für den Anbau im Frühjahr und Herbst einen warmen, sonnigen, den Sommer über aber besser etwas schattigen Platz wählen sollte.

Erste Aussaaten im Freiland sind ab März möglich, letzte bis Anfang September. Bei Früh- und Spätaussaat hat sich eine Folienabdeckung bewährt.

Ausgesät wird in 15 cm voneinander entfernten Reihen, nach dem Vereinzeln sollte der Abstand von Pflanze zu Pflanze 5 cm betragen. Die Saattiefe ist nur 1 cm.

Sorten: 'Carnita': Früh- und Sommeranbau; 'Cyros': F1-Hybride, ganzjährig; 'Eterna': ganzjährig; 'Eiszapfen': für Frühjahr und Herbst; 'Juwabel': Treibradieschen; 'Juwasprint': Treibradieschen; 'Filu': F1-Hybride, Treibradieschen; 'Knacker': früh und spät; 'Master': F1-Hybride, ganzjährig; 'Parat': Sommerradieschen; 'Prinz Rotin': Sommerradieschen

Rettich

Die Ansprüche gleichen denen von Radieschen, der Boden sollte locker und nicht zu schwer, gut mit Nährstoffen versorgt und feucht, aber nicht naß sein. Trockenheit und Hitze beeinträchtigen die Qualität der Wurzeln.

Die Aussaat erfolgt in 3 Phasen: Frühanbau von Anfang März bis Anfang Mai, hier ist Folienschutz von Vorteil; Sommeranbau von Mai bis Juni und Saat für Späternten im Juli. Bei älteren Züchtungen ist es wichtig, immer die dem Anbautermin angepaßten Sorten zu wählen. Die meisten modernen Sorten können von Frühjahr bis Sommer verwendet werden.

Ausgesät wird in Reihen mit 30 cm Abstand, in der Reihe vereinzelt man auf 20 cm. Abweichende Abstände auf den Samentüten muß man beachten. Es ist auch möglich, gleich mehrere Körner im richtigen Abstand zu legen und nach dem Aufgehen nur die kräftigste Pflanze stehenzulassen.

Sorten: 'April Cross': F1-Hybride, Saat April bis Mai; 'Aspro': Saat April bis August; 'Halblanger weißer Sommer': Saat März bis August; 'Minowase Spring Cross': F1-Hybride, Saat Juni bis August; 'Minowase Summer Cross': F1-Hybride, Saat Juni bis August; 'Ostergruß Rosa': Saat März bis August; 'Rave d'Amiens': Saat März bis Mitte August; 'Resist Nr. 3': F1-Hybride, Saat Mitte Juni bis August; 'Rex': Saat ganzjährig

Rhabarber

Pflanzzeit für Rhabarber sind der Herbst oder das Frühjahr. Die Pflanze läßt sich nur vegetativ vermehren. Man muß also Jungpflanzen, sogenannte „Klumpen" oder Teile des Wurzelstocks, in einer Gärtnerei kaufen und

Rhabarberstengel werden grundsätzlich abgedreht, nicht abgeschnitten.

Rote Bete

Verschiedene Salate; hinten: 'Frisee' (Endivie), Mitte: Eissalat, vorn: Radicchio

Endiviensalat 'Frisee'

im Oktober oder März in ein mit organischem Dünger, Kompost oder verrottetem Stallmist angereichertes Loch pflanzen und gut mit Erde bedecken.

Außer einer organischen oder mineralischen Düngung nach Ernteabschluß und ausreichender Bodenfeuchtigkeit stellt Rhabarber keine weiteren Ansprüche. Auch ein halbschattiger Platz wird akzeptiert.

Die ersten Stengel sollte man frühestens 1 Jahr nach der Pflanzung abnehmen. Die Stengel werden grundsätzlich herausgedreht, nicht abgeschnitten, sonst kann es leicht zu Fäulnis an der Schnittstelle kommen. Spätestens ab Mitte Juli wird nicht mehr geerntet, die Pflanze braucht jetzt ihre großen Blätter, um Reservestoffe einzulagern und sich zu regenerieren.

Eine Ernteverfrühung ist möglich, wenn man den Rhabarber im Januar dick mit Torf, Stroh, Sägespänen, Rindenmulch oder dergleichen einpackt und das ganze gegen Nässe noch mit Folie abdeckt. Dann setzt der Austrieb der neuen Stengel und Blätter entsprechend früher ein.

Sorten: 'Holsteiner Blut': rotstielig, grünfleischig; 'The Sutton': rotstielig, grünfleischig

Rote Bete, Rote Rübe

Geeignet ist jeder gute Gartenboden der nicht übermäßig nährstoffhaltig zu sein braucht.

Ausgesät wird ab Mitte April bis Ende Juli, entweder in Reihen mit 20-30 cm Abstand voneinander und späterem Vereinzeln auf 10 cm, oder man legt alle 10 cm mehrere Körner und läßt nach dem Aufgehen nur die kräftigste Pflanze stehen.

Bei Trockenheit muß man gießen.

Sorten: 'Dardani'; 'Forono'; 'Loma'; 'Rote Kugel'

Salat

Im Gemüsegarten ist in den letzten Jahren einiges in Bewegung geraten, doch am meisten hat sich wohl beim Salat getan. Jedes Jahr kommen neue Züchtungen auf den Markt, feiern alte, inzwischen verbesserte Sorten mit besonders ansprechenden Eigenschaften ihr Comeback.

ENDIVIENSALAT

Als Langtagspflanze geht die Endivie in Blüte, sobald die Tage länger werden. Wo nicht schon sehr früh, etwa im Februar, mit der Kultur unter Glas begonnen werden kann, fällt die Hauptsaat für Endivien in die Monate Mitte Juni bis Mitte Juli. Dann erhalten die Jungpflanzen soviel Wärme, daß das Schießen unterdrückt wird. Pflanzen- und Reihenabstand ist 30 cm. Werden Jungpflanzen gekauft, kann man bis Mitte August setzen.

Die neueren Sorten sind selbstbleichend, man braucht sie also nicht mehr zusammenzubinden, damit die Innenblätter die appetitliche weißgelbe Färbung ausbilden.

Die Bodenansprüche der Endivie sind gering, doch werden leichtere Böden schweren vorgezogen. Bei sommerlicher Trockenheit muß gründlich gewässert werden.

Sorten: 'Andy'; 'Bubikopf'; 'Diva'; 'Frisee'; 'Golda'; 'Grüner Escariol'; 'Jeti'

KOPFSALAT, SCHNITT- UND PFLÜCKSALAT, RÖMISCHER SALAT, EISSALAT

Bisher grüner Kopf- und Schnittsalat präsentiert sich in rotem Kleid, Lattich beziehungsweise Sommerendivie firmiert als Römischer Salat, beim Pflücksalat gibt es roten und gelben Eichblattsalat.

Der Unterschied zwischen Pflück- und Schnittsalat besteht darin, daß Pflücksalat über einen längeren Zeitraum hinweg geerntet werden kann, weil die Blätter rund ums unbeschädigte Herz immer wieder nachwachsen, während bei Schnittsalat nur eine einzige Vollernte möglich ist.

Eissalat hat im Unterschied zu Kopfsalat härtere, knackigere Blätter und meist auch fester geschlossene Köpfe. Alle Salate gedeihen in gutem Gartenboden mit ausgeglichener Feuchtigkeit und brauchen möglichst viel Licht. Lediglich Schnittsalat entwickelt sich auch im Halbschatten befriedigend.

Im Freiland ausgesät oder gepflanzt wird von April bis Ende Juli, wobei es sortenspezifische Abweichungen gibt. Man sät und pflanzt in Reihen, der Pflanzabstand beträgt 25-30 cm, der der Reihen 30 cm. Schnittsalat erhält einen Reihenabstand von 15 cm. Eissalat benötigt 40 x 40 cm.

Kopfsalatsorten: 'Benita'; 'Brauner Trotzkopf'; 'Cindy'; 'Dolly'; 'Garant'; 'Imka'; 'Kagraner Sommer'; 'Karola'; 'Kits'; 'Mona'; 'Pirat'; 'Viktoria'; 'Wunder der vier Jahreszeiten': rot

Pflücksalatsorten: 'Lollo rossa': rot; 'Red salad-bowl': roter Eichblattsalat; 'Salad-bowl': gelber Eichblattsalat; 'Salli'

Schnittsalatsorten: 'Gelber Runder'; 'Hohlblättriger Butter'; 'Krauser Gelber'

Römischer Salat-, Bindesalatsorten: 'Crato'; 'Kasseler'; 'Verde Degli Ortolani'

Die Blätter des Pflücksalats wachsen ständig nach.

Römischer Salat; er wird auch Bindesalat genannt.

Roter Eichblattsalat 'Red salad-bowl'

Zuckerhutsalat

Vorn roter Kopfsalat, hinten roter Eichblattsalat

Salatchrysantheme 'Sperling's Chop Suey'

<u>Eissalatsorten:</u> 'Avoncrisp'; 'Bataviasalat'; 'Dorée de Printemps'; 'Great Lakes'; 'Laibacher Eis': rötlich; 'Lüneburger Eis'; 'Rouge Grenobloise': rötlich

ZUCKERHUTSALAT,
ZICHORIENSALAT,
FLEISCHKRAUT

Zuckerhutsalat begnügt sich mit jedem Gartenboden, braucht es nicht übermäßig feucht, dafür aber möglichst hell.
Weil die Pflanzen leicht in Blüte gehen, wird nicht vor Ende Juni ausgesät, dann aber, nicht zuletzt wegen der langen, das Verpflanzen erschwerenden Pfahlwurzeln, direkt aufs Beet. Der Pflanzen- und Reihenabstand beträgt 35-40 cm. Geerntet wird etwa ab Oktober bis in die ersten Fröste hinein. Einige Minusgrade werden vertragen.
<u>Sorten:</u> 'Sperling's Kristallkopf'; 'Zuckerhut Stamm Vatter'

Salatchrysantheme

Das ist tatsächlich eine Blume, die man essen kann. Allerdings kommen dafür nur die jungen Triebspitzen und noch zarten Blätter in Frage. Sie werden vor der Blüte geschnitten und anderen Salaten beigemischt, oder man kocht sie kurz wie Spinat. Der Geschmack ist ausgeprägt aromatisch.
Ausgesät wird von April bis August ins Freiland mit 20 cm Reihen- und 10 cm Pflanzenabstand. Einer besonderen Pflege bedarf es nicht, lediglich bei anhaltenden Trockenperioden sind die bis zu 100 cm hohen Pflanzen zu gießen.
<u>Sorte:</u> 'Sperling's Chop Suey'

Schwarzwurzeln haben in den Reihen einen Abstand von 10 cm.

Schwarzwurzelernte mit Grabgabel

Knollensellerie liebt leichten, nährstoffhaltigen und feuchten Boden.

Schwarzwurzel

Worauf es bei der Kultur von Schwarzwurzeln vor allem ankommt, ist ein tiefgründig lockerer Boden. Man muß also unter allen Umständen sorgfältig umgraben, andernfalls gibt es geteilte oder verkrüppelte Wurzeln, die immerhin 30 cm nach unten wachsen.
Aussaatmonate sind April und Mai. Man sät in 30 cm voneinander entfernte Reihen und vereinzelt später auf 10 cm. Während der Wachstumszeit im Sommer brauchen die Pflanzen stets genügend Feuchtigkeit.
Blüten wirken sich auf die Qualität der Wurzeln nicht aus, sollten aber besser ausgebrochen werden, weil sie die Pflanzen unnötig Kraft kosten.
Geerntet wird am besten mit der Grabegabel, um Wurzelschäden so gering wie möglich zu halten.
<u>Sorten:</u> 'Einjährige'; 'Hoffmanns schwarze Pfahl'

Sellerie

Knollensellerie liebt eher schweren als leichten, nährstoffhaltigen und feuchten Boden.
Ausgesät wird ab Ende März in Töpfe auf dem Fensterbrett, gepflanzt Ende Mai im Abstand 50 x 50 cm auf die Freilandbeete.
Bis man ernten kann, vergehen von der Saat gerechnet 5-6 Monate.
Während des Sommers darf man das Gießen nicht vernachlässigen und eventuell mit einem organischen Nährstoff nachdüngen.
<u>Sorten:</u> 'Apia'; 'Dolvi'; 'Ibis'; 'Monarch'

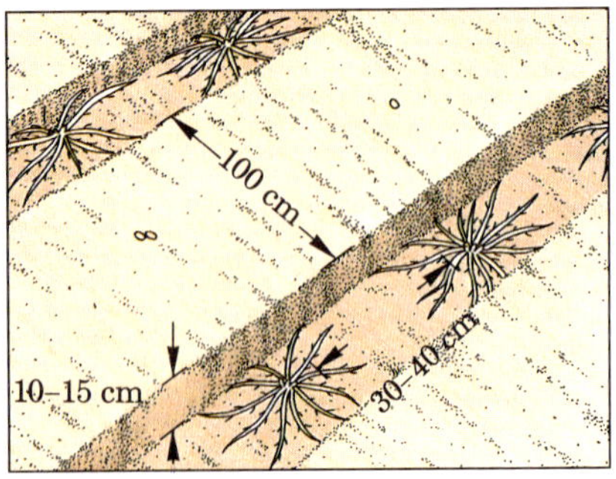

Anbau von Grünspargel; 1. die Jungpflanzen setzt man in 10-15 cm tiefe Furchen im Abstand von 30-40 cm. Die Wurzeln werden sternförmig ausgebreitet.

Nach der Pflanzung werden die Furchen zur Hälfte geschlossen. Dann gießt man die Jungpflanzen kräftig an.

Nach dem erfolgreichen Anwachsen harkt man die Restfurche zu. Nach zirka 3 Jahren wird das erste Mal geerntet.

Spargel

Spargel steht nicht ganz zu Unrecht im Ruf, ein schwieriges Gemüse zu sein, was ganz besonders auf die Kultur von Bleichspargel zutrifft. Schon das Aufschütten und wieder Einebnen der Dämme ist eine ziemlich langweilige Arbeit. Außerdem fordert Spargel dem Hobbygärtner Geduld ab, denn die erste Ernte ist frühestens im dritten Jahr nach der Pflanzung möglich.

Bleichspargel benötigt viel Platz, so daß sich sein Anbau im kleinen Gemüsegarten von selbst verbietet. So ist die Frage doch naheliegend, ob sich der ganze Aufwand wirklich lohnt und eine Nutzung des Gemüsegartens auf andere Art nicht effektiver wäre.

GRÜNSPARGEL

Die Kultur des Grünspargel ist wesentlich unkomplizierter als die des Bleichspargel, dennoch muß man Geduld haben, denn geerntet wird auch hier erst im dritten Jahr nach der Pflanzung.

Normalerweise kauft man Jungpflanzen. Man kann allerdings auch selber auf einem Anzuchtbeet aussäen, doch dann dauert es bis zur ersten Ernte noch 1 Jahr länger.

Spargel gedeiht in jedem guten Gartenboden, der keineswegs, wie manchmal zu lesen ist, besonders sandig und leicht sein muß. Wichtig ist dagegen ein hoher Nährstoffgehalt. Deshalb empfiehlt es sich, den Platz für Grün- wie Bleichspargel schon im Herbst vor dem Anbau reichlich mit Kompost oder organischem Dünger zu versorgen. Vorher wird das Beet tiefgründig gelockert. 2 Wochen vor der Pflanzung im März kann man noch 50 g/m^2 mineralischen Volldünger geben.

Zum Setzen der möglichst einjährigen Pflanzen hebt man im Abstand von 100 cm etwa 10-15 cm tiefe Furchen aus und setzt dort die Pflanzen im Abstand von 30-40 cm hinein. Die Wurzeln werden dabei sternförmig ausgebreitet. Dann schließt man die Furchen nur zur Hälfte und gießt an. Nach dem Anwachsen wird die Restfurche zugeharkt.

Sehr dankbar ist Spargel für eine spätere Abdeckung mit Kompost, Torf oder anderem Mulchmaterial. Das abgestorbene Spargelkraut muß man im Herbst dicht über dem Boden abschneiden und vernichten, um Krankheiten und Schädlingen vorzubeugen, die sich dort leicht festsetzen können.

In den 3 Jahren bis zur Ernte ist im Sommer für ausreichend Feuchtigkeit und Düngernachschub mit organischen oder mineralischen Nährstoffen zu sorgen. Am besten gibt man im April und Juni jeweils 50 g/m^2 eines mineralischen Volldüngers. Das genügt in jedem Fall.

Bei Selbstanzucht sät man im März/April auf ein separates Saatbeet in sonniger, geschützter Lage mit 20 cm Reihenabstand aus. In der Reihe wird auf 20 cm vereinzelt und im Jahr darauf zum selben Zeitpunkt gepflanzt.

Da es botanisch keinen Unterschied zwischen Grün- und Bleichspargel gibt, lassen sich auch Bleichspargelsorten auf Flachbeeten kultivieren. Sie verfärben sich allerdings im Gegensatz zu den speziellen Grünspargelzüchtungen meist eher ins Bläuliche. Man kennt das vom französischen Bleichspargel, der vor dem Stechen schon etwas Licht abbekommen hat und dessen Köpfe deshalb meist leicht blau verfärbt sind. Das Aroma ist hier kräftiger als beim schneeweißen Spargel.

Sorten: 'Merrygreen'; 'Spaganiva'; 'Virasproß'; oder bewährte Bleichspargelsorten wie 'Huchels Leistungsauslese'; 'Ruhm von Braunschweig'; 'Schwetzinger Meisterschuß'

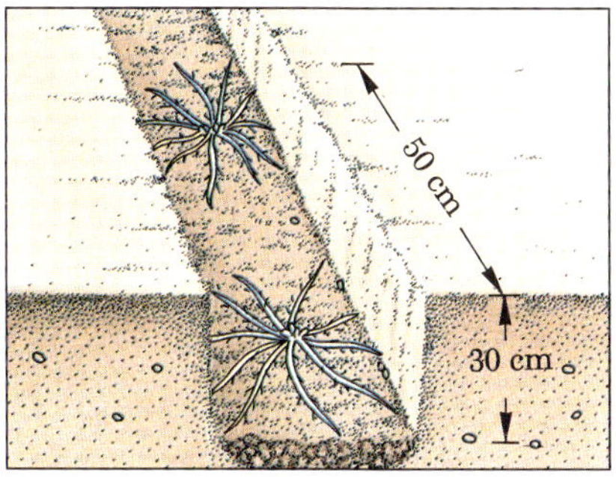

Anbau von Bleichspargel; 1. in einen 30 cm tiefen Graben, dessen Sohle gelockert und mit Kompost verbessert wurde, setzt man die Pflanzen mit 50 cm Abstand.

2. Die Jungpflanzen deckt man mit zirka 5 cm Erde ab, drückt an und gießt.

Spinat 'Monnopa'

BLEICHSPARGEL

Der Boden wird wie bei Grünspargel vorbereitet. Die Selbstanzucht aus Samen wurde bereits beschrieben. Gepflanzt wird Ende März/April auf das vorgesehene Beet. Dazu hebt man einen 30 cm tiefen Graben aus, die Grabensohle wird zusätzlich gelockert und mit Kompost oder einem organischen Dünger, 70 g/m^2, verbessert. Die Pflanzen setzt man in 50 cm Abstand hinein. Die Wurzeln breitet man nach allen Seiten aus, sie werden mit etwa 5 cm Erde bedeckt, angedrückt und angegossen. Im Lauf des Sommers füllt man den Graben auf, dabei wird noch einmal organisch oder mineralisch nachgedüngt. Im Herbst muß das Spargellaub abgeschnitten werden.

Will man mehr als eine Reihe anlegen, muß der Reihenabstand 150 cm betragen. Im Februar/März des dritten Jahres wird über den Spargeln ein 40 cm hoher Wall angehäufelt, die Basis etwa doppelt so breit wie die Oberkante. Den Wall klopft man danach glatt, im Mai wird erneut geglättet, damit man sofort erkennt, wenn die ersten Spargelköpfe den Durchbruch proben. Wer schneeweiße Stangen ernten möchte, muß rechtzeitig stechen, damit kein Licht an den Trieb gelangen kann.

3. Im Lauf des ersten Sommers füllt man ständig auf und düngt nach.

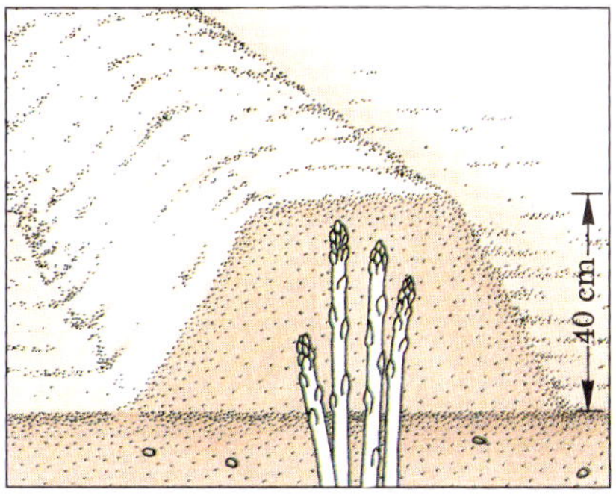

4. Im Februar/März des dritten Jahres wird über den Spargeln ein 40 cm hoher Wall angehäufelt, die Basis ist etwa doppelt so breit wie die Oberkante.

Traditionell ist die Spargelernte an Johanni, dem 24. Juni beendet. Im ersten Jahr sollte man das Stechen 2 Wochen früher einstellen. Diese Terminierung hat keinen mythologischen, sondern allein einen praktischen Grund. Denn erst wenn nach Abschluß der Ernte der Wall wieder glattgezogen worden ist, können die Pflanzen ihr Laub voll entwickeln, und das brauchen sie in der verbleibenden Zeit bis zum Herbst, um Kräfte und Reservestoffe zu sammeln. Andernfalls sind die Spargel so geschwächt, daß an eine Ernte im Folgejahr nicht zu denken ist. In den 15 oder 16 Jahren, in denen der Spargel in Kultur bleibt, ist der Arbeitsrhythmus für den Gärtner stets derselbe: hacken, düngen, anhäufeln, ernten und abhäufeln.

Sorten: siehe bei Grünspargel

Spinat

Dieses Blattgemüse ist viel heikler, als man meint und außerdem unter Umständen besonders mit Nitrat belastet. Von einer früher gerade bei Spinat üblichen reichlichen Versorgung mit Stallmist oder organischen Düngern ist daher abzuraten. Der Anbau sollte in möglichst sonniger Lage vorgenommen werden, 3 Wochen vor der Ernte ist jegliche Düngung einzustellen, aber

reichlich zu wässern, was bei Spinat ohnedies von Vorteil ist.
Das Beet wird am besten schon im Herbst vor der Aussaat hergerichtet, da Spinat „gesetzten" Boden haben sollte, in dem die Samenkörner sofort Krumenschluß bekommen. Einige moderne Sorten sind weitgehend schoßfest und können von April bis Mitte August ausgesät werden. Abweichende Termine sind den Aufdrucken der Samentütchen zu entnehmen.
Der Reihenabstand beträgt 25 cm, der Pflanzenabstand 10 cm, die Saattiefe 2-3 cm. Als Grunddüngung vor der Saat sind 50 g/m^2 eines mineralischen Volldüngers ausreichend. Danach wird nicht mehr gedüngt.
Spinat darf wie Rote Bete und Mangold frühestens nach 4 Jahren wieder auf dem gleichen Gartenbeet angebaut werden.
Sorten: 'Mazurka': F1-Hybride, mehltauresistent, Saat März bis August; 'Monnopa': mehltauresistent; 'Karmenita': spätschießend; 'Vital': mehltauresistent; (die letzten 3 Sorten für Frühjahrs- und Spätsommeranbau)

Stielmus, Rübstiel

Hierbei handelt es sich um nichts anderes, als um die Stengel und Blätter der Weißen- oder Herbstrübe, die sich wie Salat oder gedünstet zu Fleischgerichten zubereiten lassen.
Ausgesät wird im Freien breitwürfig oder in Reihen mit 20 cm Abstand von März bis September. Man kann nach dem Abernten immer wieder Folgesaaten ausbringen. Dieses Gemüse hat keine besonderen Bodenansprüche. Bei Trockenheit muß man wässern.
Sorten: 'Herbststielmus'; 'Mairübstiel'

Stielmus, Rübstiel

Tomate

Tomaten sind in Europa ein recht junges Gemüse, bei uns in Deutschland wurden sie erst in den zwanziger Jahren auch in den Hausgärten öfter angepflanzt. Der große Tomatenboom brach lange nach dem 2. Weltkrieg aus, als immer neue Sorten auftauchten und Tomaten schließlich, das begann etwa 1970, für die Kübelpflanzung entdeckt und gezüchtet wurden.
Zunächst einmal, gegen Ausgang des 19. Jahrhunderts, wurden sie wegen ihrer leuchtendroten Früchte in bäuerlichen Gärten vereinzelt als Zierpflanzen zur Schau gestellt. Essen, so war die Meinung, können man die auffälligen Beeren nicht, da sie giftig seien. So ganz unrecht hatten unsere Altvorderen damit nicht, denn Tomaten enthalten gleich anderen Nachtschattengewächsen wie Auberginen und Kartoffeln toxische Stoffe, allerdings nur in unreifem, rohem Zustand.

Schnittmaßnahmen an der Tomate; alle unteren Blätter bis zu einer Höhe von 20 cm muß man entfernen. Die in den Blattachseln sich neu bildenden Triebe sind auszubrechen (auszugeizen). Nach der sechsten Blütentraube kappt man den Mitteltrieb.

Heute sind die „Liebesäpfel" aus dem Hausgarten nicht mehr wegzudenken, im Süden noch weniger als in den klimatisch ungünstigeren nördlichen Bundesländern. Dort ist die Freilandkultur, von Berlin abgesehen, durchaus problematisch, im Zeitalter der Plastikmaterialien aber dennoch erfolgversprechend. Ein leichter Überbau aus ein paar Holzlatten, die man wegen der Luftzirkulation nur bis zu 50 cm über dem Boden mit Folie bespannt, ist schnell zusammengezimmert. Die sogenannten Tomatenhauben aus perforierter Folie, die zum Schutz gegen Wind und Kälte über jeden einzelnen Stock gezogen werden, sind nicht immer ganz unproblematisch. Unter dieser Abdeckung kommt es leicht, wenn man nicht aufpaßt, zu einem

Fleischtomaten

Längliche Tomatensorte

Noch unreife Cocktailtomaten

Wärmestau, was wiederum Krankheiten Tür und Tor öffnet. Daß Tomaten im Kleingewächshaus bestens untergebracht sind, versteht sich in diesem Zusammenhang von selbst.

Das Tomatenbeet muß in jedem Fall den wärmsten, geschütztesten und sonnigsten Platz im Gemüsegarten erhalten. Der Boden sollte in bestem Zustand, nährstoffreich, humushaltig und locker sein. Man muß also, wenn diese Voraussetzungen nicht gegeben sind, tiefgründig umgraben und Kompost, verrotteten Mist oder organischen Dünger mit einarbeiten. 1 Monat nach dem Pflanzen sollte eine Kopfdüngung mit mineralischem Dünger, 30 g/m^2, gegeben werden, 2 Monate darauf kommt noch einmal dieselbe Menge in den Boden.

Tomaten haben einen hohen Wasserbedarf, das heißt, man muß im Sommer außerhalb von Regenperioden regelmäßig gießen. Dabei darf man nie mit dem Schlauch die ganzen Pflanzen benetzen oder gar den Rasensprenger in Gang setzen. Pilzkrankheiten wären die unausweichliche Folge. Man gießt entweder ohne Brause aus der Kanne oder legt den Gartenschlauch an den Fuß jeder einzelnen Pflanze und läßt das Wasser langsam herausrieseln.

Angesichts der zahlreichen, interessanten Sorten, die es kaum als Pflanzen zu kaufen gibt, empfiehlt sich gerade bei Tomaten eine Anzucht aus Samen am Zimmerfenster. Man beginnt damit bereits früh im Jahr, etwa Ende Februar/Anfang März, damit man für das Beet kräftige Pflanzen zur Verfügung hat. Sobald die Pflänzchen gut mit den Fingern zu greifen sind, werden sie einzeln in kleine Töpfe umgesetzt. Werden sie zu groß, pflanzt man eventuell noch ein weiteres Mal um.

Ins Freiland dürfen die kälteempfindlichen Tomaten nicht vor dem 20. Mai. Gepflanzt wird tief, bis zum Blattansatz, weil sich dann am Stengel zusätzliche Wurzeln bilden und zur verstärkten Versorgung mit Wasser und Nährstoffen beitragen. Der Abstand auf dem Beet beträgt 60 x 60 cm oder mehr. Haben die Pflanzen Fuß gefaßt, werden mit beginnendem Wachstum alle unteren Blätter bis zu einer Höhe von etwa 20 cm entfernt, da sie pilzlichen Schadorganismen des Bodens als Brücke dienen.

Bei Stabtomaten, für die man Stützen aus Holz oder Metall (Spiralstäbe) schon vor dem Pflanzen stecken sollte, muß man fortlaufend den ganzen Sommer über die sich in den Blattachseln bildenden Neutriebe herausbrechen. Die Pflanzen sollen eintriebig, das heißt nur mit dem starken Mittelstamm gezogen werden, sonst gibt es ein Durcheinander von Blättern und Trieben und man kann zwar viele, aber nur kleine und fade Früchte ernten.

Demselben Zweck dient auch das Entspitzen. Dabei kappt man den oberen Teil der Pflanze nach der sechsten Blü-

tentraube. Wem das zu radikal erscheint, der sollte zumindest alle weiteren Blütenstände außer den schon erwähnten 6 laufend entfernen.
Bei Buschtomaten entfällt diese Prozedur, da sie, wie der Name schon sagt, andere Wuchseigenschaften haben. Die meisten von ihnen brauchen laut Hinweis auf den Samentütchen auch keinen Stab als Halt. In der Praxis ist eine Abstützung jedoch durchaus empfehlenswert.
Schauen wir uns nun noch im Sortiment um, das der Samenfachhandel für den Hobbygärtner bereithält. Unter den Stab- und Buschtomaten gibt es eine Vielzahl von Sorten, die sich in Form und Größe der Früchte ebenso unterscheiden wie im Wuchscharakter. Bei den großfrüchtigen, meist mehrkammerigen und gerippten Fleischtomaten gibt es niedrige, in Buschform wachsende wie bis zu 150 cm hohe Pflanzen, die an Stäben gezogen werden müssen. Wir finden Spalier- oder Obsttomaten, oft auch als Kirschtomaten angeboten, die bis zu 200 cm hoch wachsen und unzählige, in Trauben angeordnete, nur 3 cm im Durchmesser große Früchte bringen. Einige Anbieter haben diese Form unter der Bezeichnung Party- oder Cocktailtomate im Programm. In niedrigen Züchtungen werden Obsttomaten für die Kultur in Blumentöpfen als sogenannte Topftomaten angeboten.
Fleischtomaten in Buschform, die sich nicht nur auf dem Beet, sondern auch gut in Töpfen oder Kübeln ziehen lassen, sind ebenfalls im Sortiment enthalten. Für den Gemüsegarten am Haus sind die herkömmlichen Stabtomaten immer noch das Beste.
Stabtomatensorten: 'Beefmaster': F1-Hybride, Fleischtomate; 'Cantatos': F1-Hybride, Fleischtomate; 'Estrella': F1-Hybride; 'Fremgens Rheinlands Ruhm'; 'Goldene Königin': gelbe Früchte; 'Hellfrucht': sehr früh; 'Hildares': F1-Hybride; 'Isabelle': F1-Hybride, krankheitsresistent; 'Master': F1-Hybride, Fleischtomate; 'Mirabell': gelbe Spaliertomate; 'Roma': Safttomate, Langform; 'Supermarmande': Fleischtomate; 'Sweet 100': F1-Hybride, Spaliertomate
Buschtomatensorten: 'Balkonstar': Topftomate; 'Hoffmanns rentita'; 'Maja'; 'Patio': F1-Hybride, Topftomate; 'Tiny-Tim': Cocktailtomate

Topinambur, Erdbirne

Diese ausdauernde Sonnenblumenart, bis zu 300 cm hoch und mit vielen Sonnenblumenblüten, stellt keinerlei besondere Ansprüche, weder an den Boden noch an die Düngung.
Die Knollen werden im Spätherbst, im November, oder im Frühjahr, im April/Mai, im Abstand 40 x 50 cm ausgelegt. Geerntet werden sie ab Oktober.
Topinambur hat als Diätnahrung für Diabetiker Bedeutung erlangt, außerdem besonders im südlichen Baden-Württemberg in der Schnapsbrennerei. In der Küche werden die Knollen wie Kartoffeln zubereitet.
Sorten: 'Bianka'; 'Küppers Rote'; 'Waldspindel'

Zucchini

In die Kürbisfamilie, Cucurbita, gehören sämtliche Arten und Sorten, die man jetzt als Zucchini, Zucchetti, Patisonkürbis, Squash oder Spaghettikürbis im Samenfachhandel kaufen kann. Farben und Formen sind äußerst vielfältig. Oft werden sie alle, den Riesenkürbis eingeschlossen, unter dem Begriff „Speisekürbisse" zusammengefaßt, weil sie im Gegensatz zu den reinen Zierkürbissen eßbar sind.

Topinambur ist eine Verwandte der Sonnenblume.

Topinamburknollen

Zucchini 'Gold Rush'

Patisonkürbis

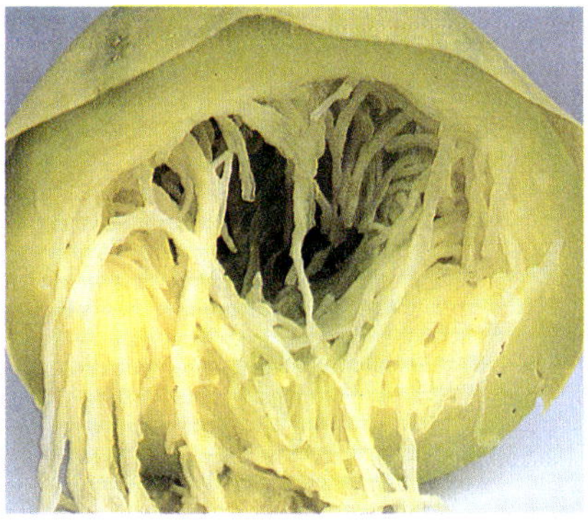

Spaghettikürbis

Zuckermais

Zu den Kürbisgewächsen gehören außerdem die bei uns im Ziergarten immer häufiger anzutreffenden Kalebassen sowie die schon erwähnte Herkuleskeule, botanisch beide der Gattung Lagenaria zugeordnet.
In der Kultur stellen die Speisekürbisse, so verschieden sie im Äußeren auch sein mögen, dieselben Anforderungen: warmer, sonniger Platz, nährstoffreicher, humoser Boden und gute Wasserversorgung.
Man kann Ende Mai direkt ins Freiland säen, wobei jede Pflanze später etwa 1 m^2 Platz benötigt, oder man kultiviert am Zimmerfenster vor. Da die verschiedenen Arten und Sorten als Jungpflanzen kaum angeboten werden, ist dies oft die einzige Möglichkeit, Besonderheiten zu ziehen.
Zucchini sollten fortlaufend geerntet werden, sobald die Früchte 20-30 cm Länge erreicht haben. Läßt man sie größer werden, stellt die Pflanze in der Zeit des Fruchtwachstums das Blühen ein und liefert erst wieder Nachschub, wenn sie von dem Überschuß befreit wurde. Für den Gartenbesitzer, der einen längeren Urlaub antreten möchte, ist dies eine recht praktische Eigenschaft, weil in der Zeit seiner Abwesenheit nicht geerntet werden muß. Man schneidet nach der Rückkehr die in der Zwischenzeit über 50 cm lang gewordene Zucchini ab und kann dann mit neuen Erträgen rechnen. Vorausgesetzt, die Pflanzen bekommen ausreichend Dünger und Wasser.
Als Pflanzplatz hervorragend geeignet sind Komposthaufen oder -lege, die von den großen Blättern beschattet werden, allerdings dabei auch viele Nährstoffe einbüßen.
Zucchini sind nicht rankend, der aus Japan stammende Spaghettikürbis dagegen entwickelt bis zu 400 cm lange Ranktriebe. Nach dem Abkochen in Salzwasser zerfällt sein Fruchtfleisch in lange, spaghettiartige Fäden, die man wie Spaghetti zubereiten kann.
Sorten: 'Ambassador': F1-Hybride, grün; 'Black Jack': F1-Hybride, schwarzgrün; 'Diamant': F1-Hybride, grün; 'Early Butter Nut': F1-Hybride, Melonensquash, glockenförmige, gelbe Früchte mit süßem Geschmack; 'Gold Rush': F1-Hybride, gelb; 'Sperling's Ufo': Patisonkürbis, weiß, scheibenförmig; 'Table Ace': F1-Hybride, Wintersquash, lagerfähig; 'Tondo di Nizza Rondini': Melonenspeisekürbis; 'Vegetable Spaghetti': Spaghettikürbis

Zuckermais

Zuckermais braucht einen sehr nährstoffreichen, vor allem stickstoff- und phosphorhaltigen Boden und einen sonnigen Standort. Vor dem Aussäen ab Mitte bis Ende April sollte eine Grunddüngung von 100 g/m^2 eines mineralischen Volldüngers in den Boden eingearbeitet werden, im Sommer folgt dann eine Nachdüngung mit der halben Menge.
Ausgesät wird in Reihen mit 80 cm Abstand, einem Pflanzenabstand von 20 cm und einer Saattiefe von 4 cm. Da Maispflanzen über 200 cm hoch werden können, ist bei der Platzwahl eine eventuelle Beschattung von Nachbarkulturen zu berücksichtigen.
Ernte ist ab August, wenn die Körner eine goldgelbe Farbe angenommen haben.
Sorten: 'Aztec'; 'Golden Supersweet': F1-Hybride; 'Honeycomb': F1-Hybride; 'Sperling's Goldprinz'

Zum Trocknen aufgehängte Zwiebeln

Zwiebel lieben einen sonnigen Platz.

Zwiebel

Zwiebeln gedeihen in jedem guten Gartenboden mit reichlich Humus. Der Platz sollte möglichst sonnig sein. Daß Zwiebeln Trockenheit recht gut vertragen, ist bekannt. Dennoch sind sie alles andere als Wüstenpflanzen. Man muß also in sommerlichen Hitzeperioden auch wässern, und nicht zu knapp.

Im Hausgarten wird man in erster Linie Sä- oder Steckzwiebeln anbauen. Natürlich kann man seine Steckzwiebeln auch selber als Pflanzzwiebeln aus Samen heranziehen, da es sie aber überall zu kaufen gibt, lohnt sich das kaum. Ins Freie wird ab Ende März in Reihen mit 25 cm Abstand ausgesät und später auf 10 cm vereinzelt. Gepflanzt wird im April im selben Abstand wie bei Säzwiebeln und etwa 4 cm tief. Bei Überwinterungszwiebeln (Winterzwiebeln), die im August gesät werden und den Winter über auf dem Beet bleiben, kann man den Pflanzenabstand auf 3-5 cm verringern. Im Juni des darauffolgenden Jahres wird geerntet.

Zwischen Gewürz und Gemüse liegen die Lauch- oder Schalottenzwiebeln. Sie entwickeln keine richtigen Zwiebeln, sondern bilden im Boden eine Verdickung des Schafts aus, ähnlich dem Porree. Vom Laub bis zu der Wurzel ist die ganze Pflanze zum Würzen von Salaten und als Dekoration bunter Platten geeignet. Ausgesät wird von März bis August, bei später Aussaat „überwintern" die Samen im Freiland. Die Sorten 'Evergreen Bunching' und 'Toga' besitzen dunkelrote Schäfte.

<u>Sorten:</u> 'Ailsa Craig': bei sehr früher Anzucht Riesenzwiebel; 'Braunschweiger dunkelblutrot'; 'Juwarund'; 'Piroska': rot; 'Senshyu Yellow': Winterzwiebel; 'Stuttgarter Riesen'; 'The Kelsae': Riesenzwiebel, bei Vorkultur Ende Dezember mehrere Kilo Gewicht erreichend; 'Weiße Frühlingszwiebel': für Herbst- und Frühjahrsaussaat; 'Weiße Königin': für Frühjahrsaussaat; 'Yellow Sweet spanish': besonders milde Gemüsezwiebel; 'Zittauer gelbe': Lagerzwiebel

Lagerung von Gemüse

Die Frischlagerung von Gemüse spielt im Haushalt heute zwangsläufig eine geringere Rolle als in früheren Zeiten. Das liegt schon an den Gärten selbst, die meist nicht viel mehr hergeben, als zum direkten Verzehr notwendig ist. Der geringe Überschuß, der nicht sofort verbraucht werden kann, läßt sich einfrieren oder auf andere Weise haltbar machen.

Beim Baum- und Beerenobst, wo noch am ehesten Überfluß herrscht, bieten sich Einkochen zu Marmelade, Gelee und Säften an, ebenso Einwecken oder Trocknen. Für Gemüse wurden alte, bewährte Methoden zum Haltbarmachen wie Milchsäuregärung, Salzkonservierung oder das Einlegen in Essig wiederentdeckt.

Wer freilich soviel Kohl- und Wurzelgemüse im Garten erntet, daß eine Frischlagerung unumgänglich ist, steht vor einigen Schwierigkeiten. Die gutisolierten Keller moderner Einfamilienhäuser schließen durch ihre Bauweise, selbst wenn genügend Platz vorhanden ist, die langfristige Lagerung von Gemüse weitgehend aus. Es fehlen Luft und Luftfeuchtigkeit, die Temperaturen sind fast immer zu hoch. Wollte man alles dies ändern oder zumindest für Lagergemüse einigermaßen erträgliche Verhältnisse schaffen, würde das einen erheblichen und letzten Endes nicht lohnenden Aufwand erfordern.

Von den sogenannten „Naturkellern" alter Bauernhäuser kann man in diesem Zusammenhang nur träumen. Die Wände waren nicht mit Kunststoffanstrichen luft- und wasserdicht versiegelt, der Boden bestand aus festgestampfter Naturerde, und in der Nachbarschaft arbeitete keine Ölheizung, befand sich kein angenehm temperierter Partyraum, ließ kein Heimwerker im warmen Hobbykeller Bohrmaschine, Säge, Schleifmaschine und Fräse heißlaufen. Gute alte Zeit?

So gut war sie auch wieder nicht, denn Kohl und Karotten, gut gelagert, machen allein noch keine „Lebensqualität“ aus, Kellerräume mit Temperaturen um den Gefrierpunkt bescheren den Darüberwohnenden kalte Füße und treiben die Heizkosten in schwindelnde Höhen.

Wir müssen also zusehen, wie wir trotz der Segnungen unserer Zivilisation ein paar Kilo Mohrrüben, Rettiche, Rote Bete, einige Kohlköpfe und Sellerieknollen möglichst lange durch den Winter bringen. Die dafür wichtigsten Voraussetzungen zu schaffen, liegt zunächst einmal allein in unserer Hand.

Ganz gleich, was und wieviel wir einlagern wollen, es muß von allerbester Qualität, das heißt frei von Krankheiten und Schädlingen und völlig unbeschädigt sein. Mohrrüben und andere Wurzelgemüse, die bereits bei der Ernte eine Schramme davongetragen haben, gehören ebenso wenig ins Lager wie geplatzte Kohlrabi oder Rotkohlköpfe mit Raupenfraß.

Eine weitere Vorbedingung für Lagergut lautet: das Gemüse muß absolut trocken sein. Es wird also nicht abgewaschen oder mit dem Schlauch abgespritzt, anhaftende Erde allenfalls abgestreift oder mit einer Bürste vorsichtig entfernt. Wurde man beim Ernten vom Regen überrascht, darf nichts in den Keller gelangen, bevor nicht der letzte Tropfen verdunstet ist.

Ohne leicht angefeuchteten Sand geht bei der Gemüselagerung fast gar nichts, jedenfalls nicht bei Wurzelgemüse. Kartoffeln allerdings werden nur lose übereinander geschichtet, Kopfkohl mit Strünken kann man auf Zeitungspapier nebeneinanderlegen oder an der Kellerdecke kopfunter aufhängen. Ob das klappt und wie lange der Kohl es aushält, hängt von der Lüftung und der Raumfeuchtigkeit ab.

Wurzelgemüse läßt sich in Holzkisten übereinanderschichten, mit einer Lage Sand auf dem Boden und Sandeinlagen zwischen jeder Schicht. Man kann aber auch einen Sandhaufen in einer Kellerecke aufschütten und ihn mit Mohrrüben, Rettichen, Schwarzwurzeln oder Rote Beten „spicken“.

Doch ganz gleich, wie das Gemüse im Keller nun untergebracht ist, bei frostfreiem Wetter muß gelüftet werden, so oft und so lange wie möglich.

Beim Lagern außerhalb des Hauses wird für Weiß-, Rot- und Spitzkohl empfohlen, die Köpfe senkrecht so in den Boden einzugraben, daß sie mindestens 10 cm, besser mehr, mit Erde bedeckt sind. Die Strünke ragen in die Luft. Damit sie sich nicht berühren, kann man die Köpfe vorher einzeln mit Zeitungspapier umwickeln. Bei sibirischen Kälteeinbrüchen wird Laub oder Stroh zwischen die aufragenden Strünke gestreut und das Ganze zusätzlich mit Fichtenreisig abgedeckt.

Von einer Miete im Freien ist abzuraten. Im kleinen Garten, der noch bis in den Herbst hinein genutzt wird, dürfte es dabei nicht nur Platzschwierigkeiten geben. Die Sicherung gegen das Eindringen von Mäusen mit feinstem Maschendraht ist ebenso unumgänglich wie eine Abdeckung mit Folie, damit kein Wasser in das Lager gelangen kann. Unter Umständen läßt sich eine schräge Überdachung aus einem mit Folie bespannten Lattengerüst nicht vermeiden, dessen Sturmsicherung weitere Schwierigkeiten mit sich bringt.

Ob die Anschaffung eines vorfabrizierten „Erdkellers“ das Ei des Kolumbus ist, muß jeder selber entscheiden. Derartige Produkte, mit ziemlichem Aufwand hergestellt und daher nicht gerade billig, werden heute vom Handel in verschiedenen Ausführungen angeboten. Sind diese „Minibunker“ für alle Zeiten fest im Garten installiert, kosten sie Platz. Gräbt man sie in jedem Herbst ein und im Frühjahr wieder aus, ist das eine ziemlich lästige Prozedur. So bleibt dem Gartenbesitzer als einzige, wenn auch mit einigen Risiken behaftete Lagermöglichkeit doch nur der häusliche Keller.

Eine Lagermethode, die in der Schweiz vor allem bei Äpfeln angewendet wird, aber genausogut mit Wurzelgemüse praktiziert werden kann, sei hier nur der Vollständigkeit halber erwähnt, für den Hausgebrauch jedoch allenfalls als Experiment empfohlen.

In Polyäthylenbeutel mit 0,02 mm Dicke werden absolut einwandfreie Früchte eingefüllt und die Beutel danach mit einem Band, zum Beispiel einem Weckglasring, fest verschlossen. Davor sollte das Lagergut, so wird empfohlen, einige Tage in demselben Raum „vorlagern“, der auch als späteres Quartier für die gefüllten Plastikbeutel vorgesehen ist. Ein geringer Verdunstungsniederschlag am Anfang, so heißt es, würde die Haltbarkeit nicht beeinträchtigen. Voraussetzung ist, daß die Kunststoffbeutel absolut frei von Beschädigungen sind und die angegebene Wandstärke aufweisen.

Kräuter im Garten

Für Kräuter gilt noch mehr als für Gemüse die Forderung nach einem möglichst vollsonnigen Platz. Auch die wenigen Gewächse dieser Gruppe, die einen leicht beschatteten Standort vertragen, kann man auf das sonnige Beet setzen, wenn man sie etwas in den Hintergrund höherer Kräuter pflanzt und ausreichend wässert.

Im allgemeinen ist die Aromaentwicklung in voller Sonne am intensivsten. Die hier genannten mehrjährigen Kräuter vertragen, teilweise unter Reisigschutz, allesamt unsere Fröste. Lediglich der Rosmarin ist nicht winterhart und wird deshalb wie eine Kübelpflanze kultiviert.

Welche Kräuter ausgesät oder angepflanzt werden, hängt von den Eßgewohnheiten des Gartenbesitzers ab. Deutsche Hausmannskost begnügt sich in der Regel mit immer denselben Kräuterzusätzen, während Franzosen, Italiener und Spanier raffinierter würzen. Bei uns stehen an erster Stelle Dill, Petersilie, Schnittlauch, Liebstöckl, vielleicht noch Bohnenkraut und Borretsch.

Vom bis zu 200 cm hoch werdenden Liebstöckel abgesehen, brauchen die Pflanzen nicht übermäßig viel Platz, zumal meist keine größeren Mengen angebaut werden. Der blaublühende Borretsch läßt sich sogar im Ziergarten unterbringen, wenn man seine Wucherneigung durch häufiges Herausreißen eindämmt.

Schnittlauch kann fast immer in der Ecke eines Gemüsebeets wachsen, er fällt auch nicht auf, wenn man ihn in einer Stauden- oder Blumenrabatte versteckt. Petersilie, die als eines der wenigen Würzkräuter einen nährstoffreichen, feuchten Boden und leichten Schatten schätzt, kann man als Beetumrandung vor anderen Kulturen aussäen, Dill überall dort, wo zwischen Pflanzungen mit langer Vegetationszeit noch Lücken sind, allerdings sollte er sonnig stehen.

Eine reizvolle Variante des reinen Gewürzbeets ist der Kräuterhügel, der seinen Platz sogar mitten im Rasen finden kann. Man schüttet dazu einen sanft gewölbten Erdhügel auf und faßt ihn ringsum mit großen Natursteinen ein, je nach Größe des Hügels in 2 oder 3 Lagen übereinander. Der Umfang des Hügels muß sich nach den Ausmaßen der ihn umgebenden Fläche richten, damit er nicht wie ein monumentales Bauwerk den Garten verunstaltet. Die runde Form schafft zwangsläufig Sonnen- wie Schattenlagen, so daß man hier gut auf die Wünsche der einzelnen Gewächse eingehen kann.

Wo es an Gelegenheiten im Garten mangelt, lassen sich viele Küchenkräuter auch gut in Töpfe oder Kästen einquartieren, die an einem sonnigen Platz auf Balkon oder Terrasse als Minikräutergarten durchaus ihren Zweck erfüllen. Bei dieser Kultur erfordern die ansonsten wenig zimperlichen Abkömmlinge der Wildpflanzenflora allerdings ein wenig Aufmerksamkeit beim Düngen und Gießen wegen der Platzbegrenzung der Gefäße.

Kräuter benötigen einen Platz in voller Sonne.

Kräuter von A bis Z

Basilikum

Basilikum ist einjährig und empfindlich gegen Kühle und Trockenheit.
Ausgesät wird im März/April am Zimmerfenster, ab Ende Mai an einem geschützen, sonnigen Freilandplatz, im Frühbeet oder Gewächshaus. Auch eine Topfkultur ist möglich, sogar empfehlenswert, da Basilikum Nacktschnecken magisch anzieht.
Die Züchtungen 'Moulin Rouge' und 'Rothaut' haben rotes Blattwerk und können auch als hübsche Zierpflanzen in Kästen oder tiefen Ampeln wachsen.
Geerntet werden die frischen Blätter, die auch getrocknet und tiefgefroren werden können.

Basilikum

Blühender Borretsch

Bohnenkraut

Bohnenkraut ist einjährig.
Ausgesät ins Freiland wird bei Beginn der Bohnenblüte, damit das Kraut ab der Ernte der ersten Hülsen zur Verfügung steht. Daneben wird unter Folie im April oder ab Mitte Mai direkt und ohne Schutz gesät. Die Samen werden nur in die Erde gedrückt und kaum bedeckt (Lichtkeimer). Im Juni ist eine Nachsaat empfehlenswert.
Geerntet werden die frischen Blätter, die sich sehr gut zum Trocknen eignen.

Bohnenkraut

Dill

Borretsch

Borretsch ist einjährig.
Ausgesät wird ab Ende März ins Freiland. Außer einem sonnigen Stand hat diese Pflanze keine besonderen Ansprüche, sie wuchert allerdings.
Wegen seiner hübschen blauen Blüten läßt sich Borretsch auch im Ziergarten unterbringen.
Geerntet werden die jungen Blätter, Blüten als Salatdekoration können mitgegessen werden. Auch Trocknen ist möglich, jedoch verliert Borretsch dann stark an Aroma. Dasselbe gilt für das Einfrieren. Beides lohnt sich daher kaum.

Dill

Dill ist einjährig.
Ausgesät wird ab April ins Freiland an einem sonnigen Platz. Im Sommer muß Dill feucht gehalten werden.
Man kann wegen des hohen Verbrauchs Dill separat in Reihen, breitwürfig oder auch zwischen andere Kulturen wie Möhren, Radieschen und Gurken säen. Häufige Nachsaaten sind empfehlenswert.
Geerntet werden die zarten Blätter. Ein Trocknen lohnt sich nicht, wohl aber das Einfrieren. Die Blütenstände werden häufig bei der Gurkenkonservierung mitverwendet.

Dost, Origano

Origano ist ausdauernd. Er ist sehr wärmebedürftig. Jungpflanzen dürfen nicht vor Mai an einen sonnigen Platz ins Freiland. Eine Vorkultur ab April ist möglich, Düngung nicht erforderlich. Bei älteren Pflanzen regt ein Rückschnitt im Frühjahr den Neuaustrieb an. In rauhen Gegenden empfiehlt sich ein leichter Reisigschutz im Winter.
Geerntet werden junge Blätter und Triebe. Sträußlein sind zum Trocknen geeignet.

Estragon

Estragon ist ausdauernd. Es gibt den „Russischen" Estragon, der ausgesät werden kann, und den wesentlich aromatischeren „Französischen", der nur durch Ausläufer oder Stecklinge zu vermehren ist. Hier muß man die erste Jungpflanze also kaufen.
Die Pflanze möchte warm und sonnig stehen, aber auch Halbschatten ist möglich. Vorkultiviert wird ab März am Fenster, Freilandsaat und -pflanzung ist ab Mitte Mai.
In der Folgezeit muß man bei Trockenheit wässern und öfter hacken, die Wurzeln sind lufthungrig. In rauhen Lagen sollte im Herbst angehäufelt und eventuell leichter Reisigschutz gegeben werden.
Geerntet werden die frischen Blätter und Triebspitzen, beim Trocknen findet ein Aromaverlust statt. Estragon ist zur Herstellung von Kräuteressig gut geeignet.

Kerbel

Kerbel ist einjährig.
Ausgesät wird ab März ins Freiland, eine Vorkultur ist überflüssig. Dieses Gewürzkraut liebt lichten Schatten und leicht feuchten Boden.
Geerntet werden die jungen Blätter vor der Blüte. Konservieren lohnt sich nicht.

Knoblauch

Knoblauch ist ausdauernd.
Die Zehen werden ab März für die Sommerernte, im August oder Oktober für die Frühjahrsernte 5 cm tief in Reihen gelegt. Pflanzen- und Reihenabstand 15-20 cm. Der Standort muß sonnig und warm sein.
Während des Wachstums muß man oft vorsichtig hacken und darf den Boden nicht austrocknen lassen.
Geerntet werden die Zwiebeln an den Stengeln, die dann luftig und frostfrei einzeln oder zum Zopf gebunden aufgehängt werden.

Knoblauch-Schnittlauch

Diese Pflanze ist einjährig. Sie bildet keine für den Hausgebrauch verwertbaren Zwiebeln, besitzt aber intensiv nach Knoblauch schmeckendes Laub.
Ins Freiland wird von April bis August mit 25 cm Abstand in 30 cm voneinander entfernten Reihen ausgesät. Lichter Schatten wird toleriert. Eine Kultur im Winter auf dem Fensterbrett ist möglich.
Bei uns sind 2 Sorten im Handel: 'Wagners Kobold' und 'Sperling's Knolau'.
Geerntet wird bis zum Vergilben das grüne Zwiebellaub.

Kresse

Kresse ist einjährig.
Ins Freiland wird ab März an einen nicht vollsonnigen Platz gesät. Bei der Aussaat darf man die Körner nicht bedecken (Lichtkeimer). Nachgesät wird alle 2-4 Wochen, je nach Verbrauch.
Kresse ist feuchtigkeitsliebend, im Sommer muß man daher oft gießen.
Geerntet werden die frischen Blättchen vor der Blüte. Im Winter wird ständig auf einem feuchten Untergrund (Papiertaschentücher, Löschpapier, Sand) in einem flachen Gefäß auf dem Fensterbrett nachgezogen. Die Pflanzen dürfen nicht in der prallen Sonne stehen.

Kümmel

Kümmel ist zweijährig.
Ins Freiland wird im März flach und nicht bedeckt (Lichtkeimer) ausgesät. Auch eine Sommersaat im August ist möglich.
Diese zweijährige Pflanze ist völlig winterhart. Sie verträgt sich nicht mit Kartoffeln und Dill.
Geerntet wird im Jahr nach der Aussaat, sobald die Fruchtstände braun werden. Diese läßt man nachtrocknen. Die Kümmelsamen bewahrt man wie Saatgut trocken und frostfrei auf.

Liebstöckel

Liebstöckel ist ausdauernd.
Vom großen, reich beblätterten „Maggikraut" reicht eine der bis zu 200 cm hohen Pflanzen für den Familienverbrauch. Entsprechend der Wuchsfreudigkeit ist der Nährstoff- und Feuchtigkeitsbedarf hoch.
Ausgesät oder gepflanzt wird an einen sonnigen bis halbschattigen Platz ab April.
Geerntet werden die Blätter, die man auch trocknen kann.

Dost, bekannter unter dem Namen Origano

Der Knoblauch wird luftig getrocknet.

Kümmel blüht im zweiten Jahr.

Estragon

Knoblauch-Schnittlauch

Kerbel

Kresse

Liebstöckel, auch Maggikraut genannt

Majoran

Meerrettich wird sehr groß und gehört daher nicht ins Kräuterbeet, sondern in eine gesonderte Gartenecke.

Krause Petersilie

Meerrettichwurzel

Glatte Petersilie

Majoran

Majoran ist einjährig.
Eine Vorkultur ist im Zimmer ab März, eine Pflanzung an warmer, sonniger Stelle nicht vor Mitte Mai möglich. Humusreicher Boden wird bevorzugt, daher sollte man mit Kompost oder Horn- und Knochenmehl organisch düngen.
Im zeitigen Herbst geschnittene Stecklinge kann man eingetopft am Zimmerfenster weiter kultivieren.
Geerntet werden die frischen Blätter, die man auch trocknen kann.

Meerrettich

Meerrettich ist ausdauernd.
Es wird bis 100 cm groß und gehört daher nicht ins Kräuterbeet, sondern in eine separate Gartenecke. Einige wenige Pflanzen genügen.
Stücke der Seitenwurzeln (Fechser) werden im März/April 10 cm tief in lockeren, fruchtbaren Boden gelegt. Die Meerrettichpflanzen wollen immer leicht feucht stehen.
Geerntet werden schon im ersten Sommer einzelne Wurzelstücke, die man absticht. Die ganzen Wurzeln nimmt man im Oktober/November heraus und schlägt sie frostfrei im Keller in feuchtem Sand ein. Was im Boden bleibt, treibt auch aus dem kleinsten Wurzelstück wieder neu aus.

Blühende Pfefferminze

Pimpinelle

Rosmarin ist nicht winterhart und muß wie eine Kübelpflanze behandelt werden.

Petersilie

Petersilie ist zweijährig.
Ins Freiland wird breitwürfig oder in Reihen ab März ausgesät. Nahrhafter, humoser Boden wird bevorzugt, Halbschatten akzeptiert, frischer Stalldünger aber nicht vertragen.
Petersilie ist selbstunverträglich und darf frühestens nach 3 Jahren wieder auf demselben Platz angebaut werden. Wo es absolut nicht klappen will, versuche man es mit einer Aussaat im August und leichter Reisigabdeckung im Winter. Einige Pflanzen aus der Frühjahrssaat kann man im Herbst ausgraben und im Blumentopf am Zimmerfenster weiter kultivieren. So gibt es auch in der kalten Jahreszeit Petersilie für die Küche.
Grundsätzlich unterscheidet man die glattblättrige und die krausblättrige Petersilie. Außerdem gibt es die Wurzelpetersilie. Lohnende Sorten sind: 'Bravour', 'Clivi', 'Darki', 'Grüne Perle' und 'Mooskrause'.
Geerntet wird das frische Laub. Einfrieren ist möglich.

Pfefferminze

Pfefferminze ist ausdauernd.
Ein halbschattiger Standort mit feuchtem, sogar sumpfigem Boden wird bevorzugt.
Die Echte Minze kann nur durch Wurzelausläufer oder Stecklinge vermehrt werden, andere Sorten, die aber längst nicht so aromatisch sind, auch durch Samen. Die Pflanzzeit ist April/Mai. Vorsicht, Pfefferminze wuchert enorm und kann alle anderen Nachbarn unterdrücken.
Geerntet werden die frischen Blätter den ganzen Sommer über. Sie sind auch zum Trocknen geeignet.

Pimpinelle

Pimpinelle ist ausdauernd.
Im April sät man direkt ins Freiland in jeden guten Gartenboden an einen vollbesonnten Platz, der ruhig ziemlich trocken sein darf. Der Reihenabstand sollte 30 cm, der Pflanzenabstand 20 cm betragen.
Geerntet werden die frischen, grünen Blätter.

Rosmarin

Rosmarin ist ausdauernd. Da er nicht winterhart ist, muß er wie eine Kübelpflanze behandelt werden und kommt im Herbst an einen hellen, kühlen Platz, möglichst bei Temperaturen nicht über 10° C.
In den Garten kommt er ab Mitte Mai an einen warmen und sonnigen Platz.
Geerntet werden Blättchen und junge Triebspitzen, auch im Winterquartier.
Man muß sparsam schneiden, damit die hübsche Pflanze nicht unansehnlich wird.

Salbei muß bei uns im Winter einen Reisigschutz bekommen.

Vorn: Schnittlauch, hinten: krause Petersilie

Thymian

Salbei

Salbei ist ausdauernd.
Man sät ab Mai ins Freiland, an einen sonnigen und warmen Platz. Ab März ist eine Vorkultur am Zimmerfenster möglich. Der Boden sollte gepflegt, etwas kalkhaltig und eher trocken als feucht sein. Der Pflanzenabstand ist etwa 30 cm.
Salbei muß im Winter guten Reisigschutz erhalten.
Geerntet werden die frischen Blätter. Zum Trocknen muß man die Triebspitzen vor der Blüte schneiden.

Schnittlauch

Schnittlauch ist ausdauernd.
Man sät im März/April in Reihen und pflanzt im Mai an einen sonnigen bis halbschattigen Platz im Abstand 25 x 30 cm immer mehrere Pflänzchen zusammen. Werden die Horste im Laufe der Zeit zu groß, kann man im Frühjahr teilen. In Trockenperioden ist zu wässern.
Von den Pflanzen für die Topfhaltung im Winter auf dem Fensterbrett wird den Sommer über nichts geschnitten. Man nimmt sie im Oktober aus dem Boden, läßt das Laub einziehen und topft sie erst dann in frische Erde. Frosteinwirkung in dieser Zeit fördert den Austrieb. Der Stand muß hell und warm (bei 20° C) sein. Die Pflanzen sind stets feucht zu halten.
Die Sorte 'Fero' ist feinlaubig, 'Miro' mittellaubig und 'Staro' groblaubig.
Geerntet wird das frische Zwiebellaub. Das ist auch im Winter am Zimmerfenster möglich.

Thymian

Thymian ist ausdauernd.
Eine warme Vorkultur ist ab April möglich. Die Samen drückt man nur an und bedeckt sie nicht (Lichtkeimer). Ins Freiland sät man ab Mai in trockenen, mageren Boden an einen sehr sonnigen Standort. Gepflanzt wird ab Mitte Mai. Schwere Böden müssen mit Sand aufgelockert werden.
Französischer Thymian (Sommerthymian) ist frostempfindlicher als Deutscher (Winterthymian). Ein leichter Reisigschutz im Winter ist bei beiden sicherer und bewahrt vor Ausfällen.
Geerntet werden die frischen Blätter und Triebe. Auch Trocknen ist möglich und lohnend.

Ysop

Ysop ist ausdauernd.
Man sät im März am Zimmerfenster aus und pflanzt ab Mai ins Freiland an einen sonnigen Platz mit 40 x 40 cm Abstand.
Bei Trockenheit muß gegossen werden, zusätzliche Düngung ist nicht notwendig. Einen Rückschnitt im Frühjahr sollte man vornehmen.
Da auf die Winterhärte von Ysop kein Verlaß ist, sollte man mit einer Reisigdecke Schutz geben.
Geerntet werden die Blättchen und Triebspitzen. Einfrieren ist möglich. Das Trocknen dieser Pflanze lohnt sich nicht.

Blühender Ysop

Zitronenmelisse kann ab März am Zimmerfenster vorgezogen werden.

Zitronenmelisse

Zitronenmelisse ist ausdauernd. Vorkultiviert wird ab März am Zimmerfenster oder direkt gesät beziehungsweise gepflanzt ab Mai an einen sonnigen Platz in nahrhaften, humosen Boden.

Eine gute Kompostversorgung ist vorteilhaft, anhaltende Trockenheit zu vermeiden. Winterschutz wird nur selten notwendig sein.

Geerntet werden die nach Zitronen duftenden Blätter. Trocknen lohnt wegen des Aromaverlusts nicht, einfrieren kann man ausprobieren.

Kräuterjungpflanzen kann man im Frühjahr im Gartenfachhandel, oft sogar in den Lebensmittelgeschäften kaufen.

DER BIOLOGISCHE ANBAU

△ *Der Kompost gehört in jeden Biogarten.*

△ *Nützlinge, hier Marienkäfer, helfen bei der Bekämpfung von Schädlingen.*

◁ *Beim biologischen Anbau spielt die Mischkultur eine wichtige Rolle.*

Voraussetzungen

Biogarten, naturgemäßer Garten, Ökogarten – irgendwann wurden diese Begriffe geprägt, und so ganz genau weiß man nicht, wie sich die damit verbundenen Forderungen in die tägliche Gartenpraxis umsetzen lassen. Gemeint ist wohl, so zu wirtschaften, daß man der Natur nicht in die Quere kommt.

Versuchen wir, den Biogarten weniger zu definieren, umso mehr aber zu praktizieren. An erster Stelle steht beim biologischen Anbau der Boden, seine Pflege und die Kenntnis davon, daß das Erdreich ein in sich geschlossenes Lebenssystem ist. Mit dieser Einsicht fängt jede Biogärtnerei an.

Es gehört aber auch noch etwas mehr dazu. Wir müssen uns mämlich darüber klar sein, daß dieser Lebensraum Garten ein von verschiedenen Wechselwirkungen geprägter Organismus ist, der von uns sowohl gesteuert als auch mißbraucht werden kann. Wer biologisch gärtnert, hat stets die Gesamtheit der im Garten tätigen Kräfte im Sinn, bemüht sich, ihr Zusammenleben zu fördern. Dem anderen ist dies, meist aus Unkenntnis, nicht so wichtig, er schaut auf die Erträge und schert sich wenig darum, wie sie zustandekommen.

Mischkultur gehört zum biologischen Anbau.

Die Voraussetzung, Gemüse ohne Einsatz mineralischer Dünger und ohne permanente Spritzungen mit Insektiziden oder Fungiziden im Hausgarten zu kultivieren, scheint zunächst die selbstverständlichste Sache der Welt: fruchtbarer, nährstoffreicher Boden. Über eines muß sich nämlich auch der nicht biologisch wirtschaftende Hobbygärtner im klaren sein: die Qualität der Gartenerde entscheidet – neben den Pflegemaßnahmen des Menschen – über das Wohlergehen, die Widerstandsfähigkeit und das Ertragsvolumen des angebauten Gemüses.

Was also kann man für den Boden tun? Bei der richtigen Beantwortung dieser Frage und der sich daraus ergebenden Praxis liegt das ganze Geheimnis des Biogartens.

Erinnern wir uns in diesem Zusammenhang noch einmal kurz daran, was an anderer Stelle über die Nährstoffversorgung der Pflanzen gesagt wurde. Stickstoff (N), Phosphor (P) und Kalium (K), die Hauptnährstoffe können den Gewächsen auf zweierlei Weise zugeführt werden. Erstens als vorfabrizierte Düngesalze, wie sie in unseren mineralischen Nährstoffkombinationen enthalten und für die Pflanzen sofort aufnehmbar sind, und zweitens auf „natürliche“ Weise, nämlich über die Zwischenstation der in jeder Handvoll Gartenerde in Milliardenzahl tätigen Mikroorganismen. Sie tun genau das, was auch in den großen Düngemittel-Produktionsstätten Tag für Tag geschieht: chemische Verbindungen so umzubauen, daß aus ihnen Pflanzennahrung entsteht.

Wenn sich die Vorgänge derart gleichen, warum dann überhaupt der ganze Biogartenbau mit seinen etwas umständlichen Praktiken, warum nicht in der Tat gleich mineralisch düngen und den Erfolg der kleinen Mühe in Ruhe abwarten?

Es gibt wichtige Argumente, die gegen eine ausschließlich mineralische Düngung sprechen. In einem der seltenen Glücksfälle treffen sich hier Gefühl und Vernunft. Unser Gefühl sagt uns, daß der Garten etwas Lebendiges ist, und daß jeder mutwillige Eingriff den atmenden Organismus schädigen muß. Die Vernunft ist vom Wissen um diese biologischen Zusammenhänge geprägt und diktiert notwendige Schlußfolgerungen. Eine davon lautet: jegliche Einflußnahme auf natürliche Abläufe muß so erfolgen, daß sie den Lauf der Dinge nicht stört, sondern ihn korrigierend fördert.

Damit wären wir wieder bei den am Anfang dieses Buchs beschriebenen 50 oder 60 cm „lebendiger" Krume, auf denen alles wächst, was wir für unsere Ernährung brauchen und was unser Gemüt berührt. Das Leben zu erhalten, das diesen Boden ausmacht, ist der eigentliche und einzige Zweck jeden biologischen, naturgemäßen, alternativen oder ökologischen Gartenbaus.

Weil in der Natur eins ins andere greift, Ursache und Wirkung aufs engste miteinander korrespondieren, reicht auch die Pflege des Bodens zwangsläufig in andere Bereiche hinein. Wo das Erdreich nicht nur von den für das Auge unsichtbaren Mikroorganismen belebt ist, sondern sich in der Folge davon viele Kostgänger wie Regenwürmer, Erdraupen, Larven, Spinnen und Käfer einstellen, sind die Glieder der Nahrungskette bis hin zu Amphibien, Vögeln und Säugetieren eng miteinander verknüpft. Der Garten lebt.

Weil man im biologischen Anbau auf Mineraldünger verzichtet, muß man den Pflanzen die benötigten Nahrungselemente auf andere Weise zukommen lassen, muß man die Kleinstlebewesen als Stoffumwandler mit dem „füttern", was sie ihrerseits zum Existieren brauchen: mit organischem Material.

Da ist an erster Stelle der Kompost zu nennen. Wir verwenden ihn als Dünger für die Pflanzen des Gartens, sie ernähren sich von ihm, wachsen, bilden Stengel, Blätter, Blüten und Früchte und wandern als „Grünmasse" nach der Ernte wieder auf den Kompost. Ein immerwährender, fruchtbarer Kreislauf des Lebens, der so lange reibungslos funktioniert, solange man ihn nicht durch unbedachte Eingriffe unterbricht.

Der Kompost sollte in keinem Garten fehlen. Sein Platz darf nicht in der Sonne liegen.

Der Kompost

Die Gewinnung von Kompost, seine Pflege und Verwendung begleiten den Gartenbau seit Anbeginn. Die verschiedensten Methoden der Kompostbereitung sind ausgetüftelt worden, seine Zusammensetzung wurde erforscht, seine Wirkung in zahllosen Experimenten untersucht.

Im eigenen Garten brauchen wir uns auf dieses Verwirrspiel der Meinungen und Anwendungsvarianten nicht einzulassen. Wir stellen uns lediglich die Fragen der Praxis, und die sind nicht schwer zu beantworten.

Standort

Der Kompost sollte sich natürlich im Garten befinden und nicht in voller Sonne liegen. Zwar produzieren die im Kompost wirkenden Kleinstlebewesen durch ihre Tätigkeit selber Wärme, aber austrocknende Hitze lähmt sie

ebenso wie die winterlichen Fröste ihren Arbeitseifer vorübergehend zum Erliegen bringen.
Wer sich nicht der heute überall als Fertigprodukt erhältlichen und viel Platz sparenden Kompostlegen, -tonnen oder -silos bedient, sondern eine Miete herkömmlicher Art aufsetzt, sollte den Flächenbedarf eines solchen Hügels nicht unterschätzen. Schon das notwendige Umsetzen, die Neuschichtung also, bei der das Unterste nach oben kommt, setzt reichlich Platz voraus. Außerdem muß die Kompoststelle mit der Schubkarre befahrbar sein, und sie muß ungehinderten Zugang zum Beschicken mit Rohmaterial gewährleisten.
Ein Hauklotz zum Zerkleinern anfallenden Gehölzschnitts sollte möglichst direkt neben der Miete stehen. Einen Schredder oder Gartenhäcksler wird man ebenfalls am zweckmäßigsten in Kompostnähe seine Zerkleinerungsarbeit verrichten lassen.
Für fortgeschrittene Biogärtner mit Freude am Experimentieren erfährt der Kompostbereich noch eine Erweiterung durch die ebenfalls dort aufgestellten Behälter mit Pflanzenjauchen.
Ob vorgefertigte Lege oder freie Miete – beides muß auf „gewachsenem Boden“ stehen, damit eine Verbindung zwischen Erde und Kompost hergestellt ist. Eventuell vorhandenen Plattenbelag muß man also vorher entfernen.

Welches Material kommt auf den Kompost?

Grundsätzlich gilt: man muß jedes grobe Material zerkleinern, bevor man es aufschichtet. Das gilt besonders für Äste und Zweige, aber auch für Zeitungspapier oder Karton. Geeignet ist ansonsten – fast – alles, was sich zersetzt und was nicht mit irgendwelchen Chemikalien behandelt wurde.
Es sind also Abfälle aus Küche, Haus und Garten, die zur Verrottung zusammengeführt und gemischt auf den Kompost gegeben werden. Alles, was sich nicht zersetzt, gehört in die Mülltonne. Glas, Kunststoffe, Steingut und Metall sammelt man deshalb gleich im Haus in einem Extrabehälter, damit die Materialien von vornherein getrennt sind. Knochen und Fleischabfälle zersetzen sich zwar auch, dieser Vorgang ist jedoch wenig appetitlich und lockt unter Umständen durch den damit verbundenen Geruch Ratten oder streunende Haustiere an.
Daß menschliche Fäkalien im Kompost des Hausgartens nichts zu suchen haben, versteht sich von selbst. Ebenso dürfen kranke Pflanzen nicht auf den Komposthaufen, weil die Keime erhalten bleiben und mit dem Kompost wieder in den Garten gelangen. Unkraut, das bereits geblüht und Samen angesetzt hat, läßt man auf einem separaten Haufen völlig verrotten. Wenn auch viele Samenkörner diesen Vorgang im gut angelegten Kompost nicht überstehen, bleiben doch genug übrig, die ihre Lebenskraft keineswegs einbüßen und später im Garten wieder auskeimen.
Wer kleinere Mengen seines Komposts für spezielle Pflanzenkulturen absolut keimfrei machen will, muß das Material vor der Ausbringung mit hohen Temperaturen dämpfen. Dafür gibt es Spezialgeräte, zur Not tut es aber auch der auf 200° C aufgeheizte Backofen.
Eine saubere, geruchfreie Verrottung ist nur möglich, wenn genügend Luft an das in der Umwandlung befindliche Material gelangen kann. Luftabschluß führt unweigerlich zu Fäulnis, es entsteht kein fruchtbarer Kompost, sondern eine stinkende, schmierige Masse ohne jeden Wert.
Die Forderung nach Belüftung setzt eine lockere Schichtung und Mischung des Rottematerials voraus. Wer darauf achtet, für den sind die häufig erhobenen Fragen nach der Eignung dieses oder jenes Zusatzes weitgehend gegenstandslos. Grasschnitt, Kastanien- oder Walnußlaub können bedenkenlos kompostiert werden, wenn sie stets nur ein Teil von vielen anderen Teilen sind. Wer ganz sichergehen will, läßt diese Materialien etwas antrocknen oder vorwelken, ehe er sie auf den Kompost gibt.
Wird immer wieder hauchdünn Kalk oder Gesteinsmehl zwischen die einzelnen Lagen gestreut, fördert das eine „saubere“ Verrottung. Gesteinsmehle und hier vor allem die Tonmineralien binden darüberhinaus Feuchtigkeit und regen die Aktivität der Mikroorganismen an. Das gleiche gilt für Zusätze organischen Düngers oder die Einbringung sogenannter Komposttstarter (im Handel erhältliche Produkte), mit denen der Verrottungsprozeß beschleunigt werden soll. Wunder darf man von ihnen nicht erwarten. Sie können die natürlichen Abläufe unterstützen, möglicherweise fördern, nicht aber einen „Blitzkompost“ zustande bringen.
Wer es sich ganz einfach machen will, wirft immer zwischendurch eine Schaufel Gartenerde auf das Rottematerial.

Kompostgröße

Für die Größe eines Komposthaufens lassen sich keine festen Regeln aufstellen. Bei Legen, Silos oder Komposttonnen sind die Maße vorgegeben. Der Haufen wächst mit der Menge des anfallenden Materials.
Schon aus arbeitstechnischen Gründen wird man sich aber in der Höhe

beschränken und keinen mannshohen Berg aufschichten. Die Länge dagegen spielt keine Rolle. In mehreren ha großen, ausschließlich biologisch bewirtschafteten Gemüseanlagen sind 5 m lange Mieten keine Seltenheit.

Das Umsetzen

Mieten diesen Ausmaßes umzusetzen, das heißt, aus dem nunmehr angerotteten Material einen neuen Komposthaufen aufzubauen, bedeutet viel Arbeit, vom dafür benötigten Platz nicht zu reden.

Umgeschichtet wird etwa 1-2 Monate nach dem ersten Aufsetzen. Genaue Zeitangaben sind nicht möglich, denn der Ablauf der Verrottung hängt von der Schichtung und Art des verwendeten Rohmaterials, von der Temperatur und damit auch von der Jahreszeit ab. „Reif", das heißt, völlig in fruchtbare Erde umgewandelt ist ein Kompost dann, wenn er eine feinkrümelige Struktur und eine dunkelbraune bis braunschwarze Farbe angenommen hat und angenehm nach Walderde duftet. Im Hausgarten wird es kaum notwendig sein, diesen Zeitpunkt in jedem Fall abzuwarten, weil sich auch die noch nicht bis zur letzten Faser verrotteten organischen Materialien als natürliche Nährstoffquelle in den Boden einbringen lassen. Die Umwandlung setzt sich dort an Ort und Stelle fort. Für empfindliche Pflanzenkulturen sollte freilich noch in der Entwicklung begriffener Kompost nicht verwendet werden.

Kompostverwendung

Oberstes Gebot bei der Verwendung von Kompost: er wird nie untergegraben, sondern über die Beete verteilt und dann flach eingeharkt. Denn die Lebewesen im Kompost, die den Gartenboden fruchtbar machen, entfalten sich nur in einem luftumspülten Milieu. In den Tiefen des Bodens bewirkt Kompost überhaupt nichts.

Ideal wäre es, den natürlichen Dünger im Herbst fingerbreit auf die abgeernteten Beete zu streuen und die gesamte Fläche anschließend mit organischem Material – Laub, Stroh, zerkleinerte Gartenabfälle oder Rindenmulch – abzudecken. In der Praxis wird das allenfalls auf ausgesuchten kleinen Beetstücken möglich sein, weil das notwendige Abdeckmaterial (Mulch) nicht verfügbar ist.

Ähnlich funktioniert die sogenannte Flächenkompostierung, bei der das im Garten anfallende Grünmaterial nicht den Umweg über den Kompost nimmt, sondern im Herbst direkt auf die frei gewordenen Beete gebracht und dort nach und nach verrottend zu Kompost wird. Zwischen Flächenkompostierung und Mulchen besteht im Grunde genommen kaum ein Unterschied.

Thermokomposter

Das Mulchen

Auch bei dieser Art der Bodenpflege folgt der Biogärtner der Natur, die, außer in Felsregionen, kein Stück Erde unbedeckt läßt. Alles, was verwelkt und vergeht, bleibt liegen, verrottet allmählich und schafft dadurch die immerwährende Humusschicht mit stetiger Fruchtbarkeit.

Nichts anderes streben wir an, wenn wir unseren Beeten eine Mulchdecke geben. Material dafür fällt im Garten laufend an.

Im Gegensatz zur Flächenkompostierung im Herbst wird das ganze Jahr über gemulcht. Und da es während der Vegetationsperiode kaum ein Beet gibt, das längere Zeit nicht bebaut wird, bedeutet das: man gibt die Mulchabdeckung vor allem wachsenden Kulturen, streut überall dort organisches Material auf den Boden, wo er nicht direkt vom Blattwerk der angebauten Gewächse beschattet wird und unzugänglich ist, zwischen die Reihen der Gemüsepflanzen ebenso wie auf das Staudenbeet, die Blumenrabatte und die Gewürzkräuterecke.

Daß gemulchte Beete zunächst nicht so blitzsauber aussehen wie unabgedeckte, ist bald vergessen, wenn nach dem Abräumen ein lockerer, feuchter und „duftender" Boden zum Vorschein kommt, der keiner besonderen Pflege mehr bedarf. Außerdem ist vom Mulch schon bald nichts mehr zu sehen, wenn die auf ihm stehenden Pflanzen größer und dichter werden und die Verrottung voranschreitet.

Gründüngung

Eine weitere Möglichkeit der biologischen Bodenpflege ist die Gründüngung. Hierbei werden spezielle, schnell wachsende Pflanzen oder Pflanzenmischungen im Herbst auf frei gewordene Beete ausgesät, beschatten mit ihrem Blattwerk schon bald den Boden, während die Wurzeln das Erdreich, teilweise einige Meter tief, durchdringen und auflockern.

Sät man Leguminosen wie Alexandrinerklee oder Bitterlupine aus, nehmen die an ihren Wurzeln lebenden Knöllchenbakterien den Stickstoff der Luft auf und reichern den Boden in erheblichem Maße mit diesem lebensnotwendigen Nährstoff an.

Nicht winterharte Gründüngungspflanzen gehen mit den ersten Frösten zugrunde, ihre Reste sind bis zur Frühjahrsbestellung weitgehend verschwunden und stören beim Anbau ebensowenig wie die noch im Boden befindlichen Wurzelstücke.

Die im Samenfachhandel erhältlichen, fertigen Gründüngungsmischungen sind so zusammengestellt, daß sie auf jeweils verschiedene Bodenarten oder Gartensituationen eine ganz spezielle Einwirkung haben. So gibt es Pflanzenkombinationen für leichte wie für schwere Böden, solche, die besonders schnell wachsen und für eine rasche Begrünung sorgen und wieder andere, mit denen der Boden desinfiziert wird. Diese entseuchende Wirkung richtet sich vor allem gegen die winzigen Bodenälchen, die im Hausgarten nur schwer zu bekämpfen sind.

Phacelia ist eine Gründüngungspflanze.

Gründüngungspflanze Gelbsenf

Zu den bodenverbessernden, meist winterharten Gründüngungsgewächsen, die man im Herbst aussät und auf dem Beet bis zum Frühjahr weiterwachsen läßt, gehören Raps, Emeralt, Serradella sowie unsere bekannten Blattgemüse Feldsalat und Spinat. Hier sind es vor allem die Wurzeln, die das Erdreich lockern, die Bodengare fördern und die winterliche Auswaschung der Nährstoffe mindern.

Alle diese Pflanzen werden im Frühjahr abgeschnitten. Die Grünmasse wandert auf den Kompost oder wird zum Mulchen verwendet. Was an Blatt- und Stengelresten danach noch übriggeblieben ist, kann mit der Grabegabel flach eingearbeitet werden.

Besondere Bedeutung kommt der Gründüngung auf Neubaugrundstücken zu, deren Böden durch die Bauarbeiten häufig extrem verdichtet, also zusammengedrückt sind. Hier vollbringen lockerndes Wurzelwerk mit Tiefenwirkung und humusbildende, verrottende Grünmasse wahre Wunder der Fruchtbarmachung, die alle anderen Bodenverbesserungsmaßnahmen in den Schatten stellen.

Pflanzenjauchen

Versierte Biogärtner haben auf Grund jahrelangen Experimentierens spezielle Konzentrationen und Mischungen ausgetüftelt, die verschiedensten Anwendungsmöglichkeiten als Dünge-, Krankheits- und Schädlingsbekämpfungsmittel ausprobiert. Da hinsichtlich der Wirkung, vor allem aber ihrer Ursachen keine gesicherten wissenschaftlichen Erkenntnisse vorliegen, bleibt die Arbeit mit pflanzlichen Konzentraten in der Tat der Experimentierfreudigkeit des Einzelnen überlassen.

Positive Ergebnisse, die erzielt wurden, lassen sich kaum verallgemeinern, weil hier zu viele Komponenten hineinspielen und voneinander abhängig sind. Nur eins scheint ziemlich sicher zu sein: wer seinen Garten in herkömmlicher Weise bewirtschaftet, also sowohl Mineraldünger als auch Pflanzenschutzmittel verwendet, den Boden nicht auf natürliche Weise mit Kompost und anderem organischen Material versorgt und pflegt, wird auch mit pflanzlichen Wirkstoffen aus Jauchen und Brühen keinerlei Erfolg haben.

Stellvertretend für alle anderen möglichen, aus speziellen Gewächsen hergestellten Jauchen soll hier die Brennesseljauche stehen. Sie wird am häufigsten verwendet, ihre Wirkung als Düngungs- und Kräftigungsmittel ist kaum umstritten und das Ausgangsmaterial, die Kleine und Große Brennnessel, am leichtesten zu beschaffen. Gesammelt wird, bevor die Pflanzen Samen angesetzt haben, weil dann die meisten Wirkstoffe in den grünen Teilen, Blättern wie Stengeln, gespeichert sind.

Als Faustregel, von der sich andere Mengen ableiten lassen, gilt: 10 kg grüne Brennesselteile auf 100 l Wasser.

Die aus Brennesseln hergestellte Jauche wird am häufigsten angewendet.

Um die Wirkung zu erhöhen, sollte Regenwasser verwendet werden. Ist das nicht möglich, läßt man das Leitungswasser vor Gebrauch einige Tage abstehen. Als Behälter eignen sich Plastik-, Holz- oder Steingutgefäße. Bei Metall können durch chemische Reaktionen unerwünschte Nebenwirkungen auftreten.
Am besten aufgehoben ist der Jauchebehälter in der Nähe des Komposthaufens, jedenfalls nicht in der Nachbarschaft von Terrasse oder Sitzplatz, weil sich die Geruchsentwicklung des Gärwassers auch durch Hinzufügen von ein paar Handvoll Gesteinsmehl oder einigen Tropfen Baldrianextrakt nicht ganz unterbinden läßt. Auf das Gefäß kommt eine luftdurchlässige Abdekkung!
Mindestens einmal täglich, besser morgens und abends, muß man die Mischung kräftig umrühren, Sauerstoff beschleunigt den Gärvorgang. Je nach Witterung ist die Gärung nach 1-2 Wochen beendet, die Brühe wird klar und kann nun im Verhältnis 1:10 mit Wasser verdünnt direkt an die Pflanzen gegossen werden.
Wer die Brennesseljauche mit der Spritze ausbringen möchte, seiht sie vor Gebrauch durch. Die vergorenen Pflanzenteile sind ein hervorragender Zusatz für den Kompost.

Gesteinsmehle

Weder die zu feinem Staub zermahlenen Granit- oder Basaltsteine noch die Tonmehle, nach ihren Vorkommen in Frankreich und den USA als „Montmorillonit" oder „Bentonit" im Gartenfachhandel erhältlich, sind im eigentlichen Sinne Dünger. Aber durch ihren Gehalt an Mineralstoffen und Spurenelementen sowie die hohe Quellfähigkeit (Tonmehl) üben sie eine positive Wirkung auf den Gartenboden und sein Mikroleben aus. Außerdem werden Wasser und Nährstoffe gespeichert, was vor allem mit Tonmehl angereicherten leichten Sandböden zugute kommt.
Der große Vorteil der Gesteinsmehle besteht auch darin, daß man mit ihnen eigentlich nichts falsch machen kann. Nur sollte man einem kalkhaltigen Boden nicht noch kalkbetontes Steinmehl zuführen.
Ausgebracht werden diese Mineralien das ganze Jahr über, zum Beispiel vor der Aussaat fein über das Beet gestäubt oder ins Pflanzloch gegeben. Der Kompost erhält immer wieder eine Steinmehlprise auf die einzelnen Lagen, der bereits erwähnte Zusatz zu Pflanzenjauchen hat nicht nur geruchsmindernde, sondern auch die Düngekraft verstärkende Wirkung, und schließlich wendet der Biogärtner Gesteinsmehle bei der Krankheits-und Schädlingsbekämpfung an.
Das beginnt bereits mit der Schnekkenabwehr. Dünn rings um gefährdete Kulturen ausgestreut, hindert der trokkene Staub diese Tiere am Darüberkriechen. Das funktioniert freilich nur bis zum ersten Regen.
In einen porösen Stoffbeutel gefüllt und über die Pflanzen gestäubt, sollen Steinmehle vor Pilzbefall schützen, ebenso als Spritzbrühe mit Wasser verdünnt Blattläuse vertreiben. Schließlich wird von erfahrenen Biogärtnern empfohlen, den zur Schädlingsbekämpfung ausgebrachten Wildkräuterkonzentraten stets etwas Gesteinsmehl zuzusetzen.
Neben den Steinmehlen mit ihren den Boden stabilisierenden Wirkungsweisen gibt es heute eine Reihe weiterer biologischer Produkte, die indirekt oder direkt der Pflanzenernährung dienen. Dazu gehören Algendünger ebenso wie Horn-, Knochen- und Blutmehle. Wer die unmittelbare Ausbringung dieser Einzelnährstoffe nicht riskieren möchte, gibt sie dem Kompost zu, der dadurch noch vielseitiger wird.
Frische tierische Dünger, soweit sie überhaupt verfügbar sind, sollten ebenfalls über den Kompost wandern oder zumindest eine Vorrotte durchmachen, ehe man sie im Garten verwendet.
Trockenmist von Rindern und Geflügel ist wegen des hohen Stickstoff-, Kali- und Phosphoranteils nur sparsam auszubringen oder wird, noch sicherer, als Jauche angesetzt und verdünnt an die Pflanzen gegossen.

Das Hügelbeet

Aufbau eines Hügelbeets; zunächst hebt man eine etwa 25 – 30 cm tiefe und 180 cm breite Grube aus. Dort hinein kommt eine zirka 35 cm dicke Lage aus Ästen, Stengeln und Reisig. Darüber streut man etwas Gartenerde, die mit Gesteinsmehl und Horn- beziehungsweise Knochenspänen vermischt ist. Dann folgt eine dicke Laubschicht, die wiederum von Gartenerde abgedeckt wird. Schließlich streut man zirka 30 cm Kulturerde darüber.

Diese Beetform und Anbaumethode hat viele Vorteile und einige Nachteile. Vorteile: durch den Verrottungsvorgang im Innern des Hügels wird die Erde erwärmt, man kann etwas früher mit dem Anbau beginnen, Keimung und Wachstum kommen schneller voran. Mit einem Hügelbeet spart man Platz, weil auch die Flanken und Stirnseiten in „Etagenpflanzung" genutzt werden. Diese Beetform ist also besonders für kleine Gärten zu empfehlen. Ein Hügelbeet wird zwangsläufig Mischkulturen tragen, was der Gesundheit der Gewächse, sofern man auf ihre gegenseitige Verträglichkeit Rücksicht nimmt, zugute kommt.

Nachteile: Hier ist zuerst die schnellere Austrocknung als auf dem Flachbeet zu nennen. Wurde der Hügel erst einmal völlig trocken, ist eine durchdringende, bis in den inneren Kern reichende Wiederbefeuchtung langwierig und wegen der Hügelform schwierig. Zweitens ist der fruchtbare, lockere, warme Hügel für jede Wühlmaus ein Paradies und Schlaraffenland. So bequem wachsen nirgendwo sonst die saftigen Wurzeln und Knollen direkt in den Gang hinein. Drittens schließlich stellt das mit organischem, sich langsam zersetzendem Material bis zum Rand vollgestopfte Hügelbeet in den ersten 2 Jahren eine regelrechte „Stickstoffbombe" dar. Dieses überreiche Stickstoffangebot führt bei einigen Blattgemüsen zu einer verstärkten Speicherung von Nitrat. Die daraus im menschlichen Organismus entstehenden Nitrosamine sind als gesundheitsschädigend bekannt.

Man kann diesen 3 negativen Eigenschaften eines Hügelbeets mit relativ einfachen Maßnahmen entgegenwirken. Austrocknung läßt sich durch rechtzeitiges, reichliches Wässern in Trockenperioden verhindern. Von der Sohle her eindringende Wühlmäuse kann man fernhalten, wenn die Grube, aus der das Beet emporwächst, mit feinmaschigem, aber dennoch genügend starkem Kükendraht lückenlos ausgelegt wird. Gegen eine oberirdische, seitliche Attacke freilich gibt es keinen vorbeugenden Schutz. Und ein einziges, einmal eingedrungenes Tier ist durchaus in der Lage, den gesamten Hügel zu verwüsten.

Das Nitratproblem bekommt man in den Griff, indem man während der ersten beiden Hügelkulturjahre auf den Anbau von Salat, Spinat und Hülsenfrüchten verzichtet und statt dessen Starkzehrer wie Kohl, Gurken und Zucchini anbaut. Paprika, Tomaten und Zwiebeln können ebenfalls angebaut werden, da sie weniger Nitrat speichern.

Aufbau

Zunächst wird eine etwa 25-30 cm tiefe und 180 cm breite Grube ausgehoben, deren Längenmaß sich nach Bedarf und dem vorhandenen Platz richtet. Dort hinein kommt die etwa 35 cm dicke Schicht groben Materials: Äste und Zweige vom Gehölz- oder Heckenschnitt, dickere Pflanzenstengel und Reisig. Was zu lang und sperrig ist, wird eingekürzt, aber nicht kleingeschnitten oder gar gehäckselt wie beim Kompost. Dieser „harte Kern" soll die Grundfläche der Grube nicht ganz ausfüllen, weil noch weitere Lagen darüber geschichtet werden und der Hügel andernfalls zu umfangreich würde.

Auf und zwischen diese Materialien kann etwas Gartenerde, vermischt mit Gesteinsmehl und Hornspänen/Knochenmehl gestreut werden.

Das Hochbeet

Im Prinzip gleicht der Aufbau des Hochbeets dem des Hügelbeets. Als unterste, langsam verrottende und daher lange Zeit Wärme spendende Schicht verwendet man groben Gehölzschnitt oder ganze Aststücke. Darauf folgt etwas Erde und dann eine Lage Laub, eventuell vermischt mit krautigen Gartenabfällen, Karton und zerknülltem Zeitungspapier. Das wird mit angerottetem Stallmist oder Grobkompost abgedeckt. Ganz oben kommt mit Kompost und organischem Dünger vermischte Gartenerde.

Nach alter Praxis käme auf diese Grobschicht nun ein Mantel aus umgedrehten Rasensoden. Da man aber kaum seinen Zierrasen zur Gewinnung von Soden abheben wird, deckt man mit gewöhnlicher Erde ab.

Wichtig ist die darauf folgende, dicke Lage Laub. Es wird feucht und ungefähr 20 cm stark aufgebracht und wiederum mit Erde abgedeckt. Diese Erdschicht kann schwächer sein, es ist soviel nötig, daß das Laub darunter verschwindet. Nach leichtem Anklopfen hat das Hügelbeet nun bereits seine endgültige Form. Was jetzt noch fehlt, ist die 30 cm starke Lage Kulturerde, in die man säen und pflanzen kann und in der die Wurzeln Halt finden. Es sollte möglichst fruchtbarer Boden sein, der jetzt den Abschluß des Hügels bildet, am besten guter Mutterboden mit reichlich Kompost vermischt.

Die „Heizkraft“ eines solchen Beets hält etwa 6 Jahre an. Während dieser Zeit wird der Hügel immer flacher, weil die ihn stützenden Materialien im Verlauf der Verrottung dahinschwinden und zu fruchtbarer Erde werden. Diese lange Zeitspanne höchster Erträge bei minimalem Pflegeaufwand entschädigen für den zugegebenermaßen nicht ganz einfachen Aufbau.

Die beste Zeit für die Anlage ist der Herbst, weil dann am meisten Material zum Schichten anfällt und der Hügel sich bis zum Frühjahr etwas setzen kann. Zur laufenden Nährstoffergänzung genügt es, in jedem Frühjahr vor der Bestellung eine dünne Schicht Kompost über den gesamten Hügel zu verteilen und oberflächlich einzuarbeiten.

Im Grunde genommen ist das Hochbeet nichts anderes als ein von festen Wandungen umgebenes Hügelbeet. Die Seiten sind hier nicht bepflanzbar, dafür ist alles sauber, und wer ausschließlich Hochbeete nebeneinander in seinem Garten stehen hat, braucht sich nicht mehr zu bücken.

Die Austrocknungsgefahr ist durch die das Beet fest umschließenden Wände nicht so groß, und läßt man sie etwa 50 cm in den Boden ein, sind auch Wühlmäuse nicht zu befürchten.

Bei den Ausmaßen sollte man ähnlich dem Flachbeet von etwa 1,20 m Breite ausgehen, damit man bequem von den Seiten bis in die Mitte greifen und in diesem Bereich ohne Verrenkungen arbeiten kann. Auch hinsichtlich der Höhe wird man an sich selbst Maß nehmen, um bequem an die Pflanzen zu gelangen.

Die Tiefe der in der Erde befindlichen Hochbeetsohle hängt von dem Material ab, das als Grundlage verwendet werden soll. Es entspricht dem als Grobmaterial bezeichneten Kern des Hügelbeets. Nur kann man hier, wird beispielsweise eine halbmetertiefe Grube ausgehoben, bereits mit dickeren Ästen und ganzen Holzbalken, Baumstümpfen, gestapeltem Zeitungspapier und dergleichen beginnen. Es muß dann freilich immer wieder etwas vom Aushub dazwischen geworfen und von Zeit zu Zeit mit dem Gartenschlauch eingespült werden, um die großen Hohlräume zwischen dem groben Material zu schließen.

Für die Rahmenkonstruktion kann alles verwendet werden, was stabil und wetterfest ist. In der Regel wird es Holz sein, dickere Bretter oder Bohlen. Aber auch Eternitplatten eignen sich, und wer geschickt ist, kann die Wandungen

aus Hohlblocksteinen, Klinker oder ähnlichem hochmauern. Der Phantasie sind keine Grenzen gesetzt.
Je weiter die Füllung wächst, desto feiner wird das Füllgut aus Gehölzschnitt, Stengeln und anderen Pflanzenresten. Auch Zeitungspapier und Karton gelangen nun nur noch zerknüllt oder zerrissen und angefeuchtet in die Einzellagen, die immer wieder durch eine Schicht Erde voneinander zu trennen sind.
Etwa 50 cm unterhalb der oberen Kante folgt dann, wie beim Hügelbeet, eine dicke Schicht feuchten Laubs, abgedeckt mit angerottetem Stallmist oder Grobkompost und darüber schließlich die Pflanzerde. Je nachdem, was zur Verfügung steht, verwendet man dafür reifen Kompost oder mit Torf und organischem Dünger vermischte Gartenerde.
Diese oberste Schicht muß man immer wieder aufbringen, da sich auch das Hochbeet im Lauf der Zeit zu senken beginnt. Durch den Nachschub an Nährstoffen von oben bauen sich unmerklich neue Humusschichten auf und die Fruchtbarkeit bleibt im Gegensatz zum Hügelbeet erhalten.

Pflanzen können eine positive Wirkung aufeinander ausüben, das macht man sich bei der Mischkultur zunutze.

Kartoffeln, Ringelblumen und Calendula

Mischkultur

Wenn man sich die Tafeln und Zusammenstellungen anschaut, in denen für Mischkultur geeignete, das heißt gegenseitig verträgliche Pflanzen aufgeführt sind, dann fällt auf, daß Gewächse, die man nicht auf einem Beet nebeneinandersetzen sollte, deutlich in der Minderzahl sind. Den meisten ist es gleichgültig, wen sie zum Nachbarn haben, einige mögen sich sogar. Warum man dennoch nicht nach Gutdünken alles durcheinanderpflanzen darf, hat mehrere Gründe.

Die unterschiedlichen Kulturansprüche sind nur einer davon, die direkte Unverträglichkeit ein weiterer. Sie geht sowohl auf Wurzelausscheidungen wie auf die Ausdünstung von Aromastoffen durch Blätter und Blüten zurück.
Daß einige dieser Duftsubstanzen wiederum spezielle Schadinsekten abweisen, machen wir uns bei der Mischkultur zusätzlich nutzbar. Das beste Beispiel einer derartigen „Duftpartnerschaft“ demonstrieren uns Zwiebeln und Mohrrüben. Durch den Geruch von Lauch und Zwiebeln wird die Möhrenfliege von der Eiablage abgehalten,

Mischkulturtabelle

	Artischocken	Auberginen	Bohnen	Cardy	Chicorée	Endivien	Erbsen	Feldsalat	Fenchel	Gurken	Kartoffeln	Knoblauch	Kohlarten	Kürbisarten	Mangold	Melonen	Möhren	Paprika	Pastinaken	Petersilie	Porre	Radieschen, Rettiche	Rote Bete	Salat	Schwarzwurzeln	Sellerie	Spinat	Tomaten	Zuckermais	Zwiebeln
Artischocken				×																										
Auberginen																		×										×		
Bohnen							×					×									×									×
Cardy	×																													
Chicorée						×																		×						
Endivien					×																			×						
Erbsen			×								×	×																		×
Feldsalat																											×			
Fenchel																	×			×						×				
Gurken											×		×	×			×											×		
Kartoffeln										×				×												×		×		
Knoblauch			×				×						×																	
Kohlarten										×				×								×								
Kürbisarten										×			×																	
Mangold																											×			
Melonen										×			×																	
Möhren									×										×	×					×	×				
Paprika		×																												
Pastinaken									×								×			×						×				
Petersilie																	×		×							×				
Porre			×				×																							
Radieschen, Rettiche									×																					
Rote Bete											×				×												×			
Salat					×																					×				
Schwarzwurzeln																	×							×		×		×		
Sellerie										×							×		×	×				×						
Spinat								×							×						×				×					
Tomaten							×			×	×														×					
Zuckermais																						×	×			×				
Zwiebeln			×				×						×																×	

× = keine Mischkultur oder Nachbaranbau

Kräuter haben intensive Ausdünstungen.

Mohrrüben wiederum vertreiben die Zwiebelfliege. Pflanzt man beide Gemüse nebeneinander, ist man also auch vor einem Befall durch die beiden Schädlinge ziemlich sicher.

Eine besonders wichtige Rolle bei der Schädlingsabwehr durch Mischkultur spielen Kräuter wegen ihrer intensiven Ausdünstungen. So heißt es, daß der Kohlweißling vor dem Geruch von Salbei und Pfefferminze Reißaus nimmt, während Schnittsellerie Erdflöhe von Kohlgewächsen fernhalten soll und Bohnenkraut die Schwarze Bohnenlaus vertreibt.

Wer auf seinen Beeten Gemüse in Mischkultur anbauen will, und das sollte gerade im Biogarten, angelehnt an das Pflanzenleben in der freien Natur, immer der Fall sein, muß vor allem 3 Dinge im Auge behalten:

1. Man darf nicht solche Gewächse in eine enge Gemeinschaft zwängen, die ihre Nachbarn nachweislich nicht mögen oder aus anderen Gründen schlecht zu ihnen passen. Das Schema auf Seite 243 informiert darüber.
2. Höher oder buschig wachsende Pflanzen sollten stets so plaziert werden, daß sie kleineren nicht Licht und Luft nehmen.
3. Pflanzen mit ausgedehntem Wurzelwerk gehören nicht an den Rand des Beets, schon gar nicht neben einen Plattenweg.

Nützlinge im Garten

Es ist nur natürlich, daß wir über all dem Ärger, den tierische Schädlinge im Garten bereiten, das Heer der Nützlinge meist nicht wahrnehmen. Dabei stellen sie eine schlagkräftige Truppe dar, die im Biogarten viel dazu beiträgt, daß man dort auf giftige Chemikalien verzichten kann.

Es sind leider nicht nur die Pflanzenschutzmittel, mit denen wir die Zahl der nützlichen Kleintiere systematisch reduzieren. Der Garten selbst bietet der Tierwelt kaum noch einen Anreiz, in ihm zu verweilen. Das gilt zuallererst für die emsigsten Schädlingsvertilger überhaupt, die Vögel. Nistkästen, in blitzsauberer Umgebung aufgehängt, in der kein dichtbelaubter Busch, kein Gehölz mit verzweigtem Geäst Zuflucht bietet, können ihren Zweck nicht erfüllen. Im Rasengarten, eingefaßt von akkurat geschnittenen Nadelholzhecken, ist nun mal kein Platz für Tiere. So ist es kein Wunder, daß Igel, Kröten und Spitzmäuse nur in Ausnahmefällen einmal in diesem oder jenem Garten auftauchen und dort nächtlich Jagd auf Kerbtiere machen. Fledermäuse sind wegen mangelnder Schlafplätze fast gänzlich aus den Wohngebieten verschwunden.

Etwas besser sind da, zumal im giftfreien Biogarten, schon die Nutzinsekten dran. Wo sich Florfliegen mit ihren zarten, grün geäderten Flügeln auf Blüten oder Halmen ausruhen, kann man ihrer Nachkommenschaft und damit der Larven sicher sein, deren Hauptnahrung die verschiedenen Blattlausarten sind. Bis auf 500 Läuse bringt es eine einzige Florfliegenlarve in ihrem nur 2 Wochen währenden Lebenszyklus.

Kohlmeise

Florfliegen, wegen ihrer Augen auch Goldauge genannt, und ihre Larven helfen uns bei der Blattlausbekämpfung.

Beim Marienkäfer sind es sowohl die Larven als auch der Käfer selbst, die räuberisch in Blattlauskolonien hausen. 50 Läuse verspeist 1 Käfer pro Tag, 400 seine Larve in 3 Wochen, bevor sie sich verpuppt. Zu den Schädlingsvertilgern gehören auch die verschiedenen Stadien der Kurzflügler, eine Käferart, die außerdem die Eigelege verschiedener Gemüsefliegen dezimiert.

Über die Nützlichkeit der Ohrwürmer kann man geteilter Meinung sein, denn es ist kein Geheimnis, daß sie in Ermangelung anderer Nahrung auch zarte Pflanzenteile verzehren. Andererseits haben sie sich durch ihre Jagd auf

Gestielte Eier der Florfliege

Als Tagesunterschlupf für Ohrwürmer dient ein mit Holzwolle gefüllter Blumentopf.

Marienkäfer und seine Larven vertilgen gerne Blattlauskolonien.

Laufkäfer beteiligen sich bei der Vernichtung der Schädlinge, hier Goldlaufkäfer.

Blattläuse so beliebt gemacht, daß man ihnen im Biogarten sogar bei der Quartiersuche behilflich ist. Als Tagesunterschlupf werden die nachtaktiven Tiere in mit Holzwolle oder Heu gefüllte Blumentöpfe gelockt, die man mit der Öffnung nach unten in von Läusen bedrohte Obstgehölze hängt. Sicher dürfte dort ihr Nutzen den gelegentlichen Schaden bei weitem überwiegen.

Ebenfalls auf Blattläuse abgesehen haben es einige Arten der winzigen Schlupfwespe. Sie legen ihre Eier in lebende Läuse, die dann den Larven der Wespe als Nahrung dienen und zugrunde gehen. Andere Schlupfwespen parasitieren auf die gleiche Weise Schmetterlingsraupen und weitere Schädiger.

Fast unsichtbar wie ihre Beutetiere wirken Raubmilben, die die gleichfalls zu den Spinnentieren gehörenden Spinnmilben als Opfer ausersehen haben. Räuberisch zum Nutzen des Gärtners beteiligen sich Laufkäfer, Raubwanzen, einige Spinnen und die Larven der Schwebfliegen.

Nun wäre es natürlich illusionär zu glauben, wenn man die Nützlinge nur gewähren ließe, würde sich das Schädlingsproblem von selber erledigen. Was in unseren Augen, zumindest im Bereich des Gartens, nichts als Ärger bereitet, bietet durch seine Existenz anderen Organismen erst die Lebensgrundlage. Wo blieben Marienkäfer und Florfliege, Schlupfwespe und Raubwanze, gäbe es als Nahrung keine Blattläuse mehr? Im Garten muß es darum das vielzitierte „biologische Gleichgewicht" geben und man muß versuchen, es zu erhalten. Nicht, indem man die Natur sich selbst überläßt, sondern indem man das eigene Handeln ihren Erfordernissen anpaßt, wo nötig sogar unterordnet.

GÄRTNERN UNTER GLAS UND FOLIE

△ *Selbstgebauter Frühbeetkasten*

△ *Ein einfaches Foliengewächshaus*

◁ *In einem beheizbaren Gewächshaus kann man rund ums Jahr Obst und Gemüse ziehen.*

Kleingewächs-häuser

Ein Folienhaus ist relativ preisgünstig und läßt sich einfach im Garten installieren.

Aluminium-Gewächshaus, mit außen liegender Schattierung

Vom Garten unter Glas, einem richtigen Gewächshaus also nach dem Vorbild des Erwerbsgartenbaus, konnte man früher nur träumen. Das Frühbeet gab und gibt es schon lange, und im bäuerlichen Anwesen gehörte es zum festen Inventar des Hausgartens. Wer weg von der Flachkonstruktion dieses gedeckten Beets und höher hinaus wollte, mußte sein Gewächshaus im Eigenbau errichten – mit allen damit für die Pflanzenkultur verbundenen Nachteilen. Denn vorgefertigte Teile gab es damals nicht, Bau- und Heimwerkermärkte mit ihrem heute schier unübersehbaren Angebot waren noch nicht erfunden.

Der große Umschwung kam, als nach dem Zweiten Weltkrieg und dem Wiederaufbau der Wunsch nach mehr Lebensqualität nicht nur stärker wurde, sondern auch befriedigt werden konnte. Der aufblühende Handel öffnete gleichzeitig die Reiseschranken, man sah die Welt wieder und besuchte sie, alte Kontakte wurden neu geknüpft.

Im Bereich des privaten Gärtnerns und hier vor allem im Hobbygemüsebau hatten die Engländer gegenüber den meisten Kontinentaleuropäern immer schon die Nase vorn. Private Wettbewerbe und Kleingartenschauen sind wahrscheinlich eine britische Erfindung, die auch heute nichts von ihrer Attraktivität für die gartenbegeisterten Engländer eingebüßt hat. Kein Wunder also, daß die ersten Bausätze für Kleingewächshäuser nach dem Krieg über den Kanal zu uns kamen und von einigen wenigen Importeuren vermarktet wurden.

Es dauerte seine Zeit, bis die deutschen Hersteller ihre eigenen Produkte anboten, zunächst mit allerlei „Kinderkrankheiten“ behaftet, die jedoch Schritt für Schritt ausgemerzt wurden. Was heute offeriert wird, ist, zumindest im Bereich der Spitzenerzeugnisse und soweit das überhaupt möglich ist, nahezu perfekt.

Die Kunststoffindustrie entwickelte aus Plexiglas die wärmedämmenden Stegdoppel- und -dreifachplatten, Isolierverglasung wurde dank stabiler Aluminiumprofile auch im Kleingewächshausbau möglich, und die Automatisierung schickte ihre technischen Heinzelmännchen ins gläserne Pflanzenquartier: selbsttätige Fensteröffner, gerätegesteuerte Heizung, Luftbefeuchtung, Bewässerung, auf Lichtimpulse reagierende Schattiereinrichtungen und automatische Ventilation. Heute läßt sich ein Kleingewächshaus theoretisch vollautomatisch steuern. Das ist freilich eine teure Angelegenheit und eher etwas für Tüftler und Bastler als für Gärtner.

Der ganze mehr oder minder große Aufwand einer Glaskonstruktion reduziert sich, auch kostenmäßig, auf ein vernünftiges und an der Praxis orientiertes Maß, wenn die Gärtnerei in einem Folienhaus betrieben wird. Die stetig verbesserten und speziell im Hinblick auf den Kleingewächshausbau entwickelten Kunststoffe sind langlebiger geworden und UV-stabilisiert, das heißt, sie lassen die für die Pflanzen wichtigen ultravioletten Strahlen passieren, werden jedoch von ihnen nicht so stark angegriffen, wie das früher der Fall war. Tische und Hängeregale werden von den Herstellern der Folienhäuser ebenso angeboten wie automatische Fensteröffner, Heizungseinrichtungen und Erweiterungselemente, mit denen das Haus im Rahmen der Statik beliebig verlängert werden kann.

Ob Folien- oder Glaskonstruktion, in der Regel kommen für den Hobbygärtner vor allem 2 Bauformen in Frage: das freistehende Satteldachhaus oder das Pultdachhaus mit einem nur nach einer Seite abgeschrägten Giebel, besser bekannt als Anlehngewächshaus.

Die Entscheidung richtet sich nach den Ansprüchen und den örtlichen Gegebenheiten. Steht eine nach Süden oder Westen weisende Haus- oder Garagenwand zur Verfügung, kann hier ein Pultdachhaus seinen Platz finden. Daß die Rückseite einer solchen Konstruktion aus bereits vorhande-

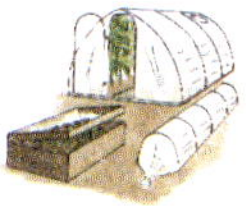

Aluminium-Gewächshaus mit Satteldach und Kombinationsverglasung; die schrägen Flächen sind aus Klarglas, die senkrechten aus Blankglas.

nem Mauerwerk besteht, deklassiert sie keineswegs zu einem Notbehelf, im Gegenteil. Ein Anlehnhaus, ausreichend isoliert, ist meist wärmer als ein freistehendes. Die tägliche Lichtausbeute ist trotz der gemauerten Rückwand bei richtiger Pflanzenplazierung völlig ausreichend, die Größe variabel. Die traditionelle Bauform des Kleingewächshauses jedoch ist das Satteldach mit spitzem Giebel. Für die Verstrebungen, das tragende Gerüst also, wird heute fast ausschließlich Aluminium verwendet. Aluminium ist leicht, nicht rostend, hat praktisch eine unbegrenzte Lebensdauer, und ist in der notwendigen Stärke auch stabil genug, um eine Doppelverglasung zu tragen und den Zuggewichten der Inneneinrichtung standzuhalten. Weil die Art der Verglasung mitentscheidend für die Isolierung und damit für die Heizkosten ist, sollte man sich von Anfang an über die vorgesehene Nutzungsart im klaren sein.

Ein Haus, das überhaupt nicht beheizt werden soll, benötigt auch keine aufwendige Verglasung. Hier genügt das einfache Blankglas der herkömmlichen Fensterscheiben, oder man verwendet Klarglas, das stärker, jedoch nicht durchsichtig ist, weil die eine Seite aufgerauht, „genörpelt", wurde.

Da auch das billigste Kleingewächshaus immer noch teuer genug ist, wird man versuchen, die Nutzungsmöglichkeiten mit einfachsten Mitteln zu optimieren. Selbst mit einem im Winter ungeheizten Pflanzenquartier läßt sich einiges erreichen, wenn für Anzuchtkulturen im zeitigen Frühjahr ein einfacher Heizlüfter hineingestellt wird und die Pflanzen in einem warmen Anzuchtbeet heranwachsen. Beheizte Anzuchtkästen werden mit und ohne Thermostat zur Temperaturregelung im Fachhandel angeboten, billiger ist der Eigenbau.

Ein Gewächshaus, das auch den Winter über wenigstens so weit beheizt werden soll, daß einige Wärmegrade selbst bei starken Frösten gehalten werden, muß dicht verglast sein. Fast alle Hersteller bieten wahlweise Isolierglas oder Stegdoppelplatten an. Dieses Zwei- oder Dreikammersystem mit Luftpolstern hat einen hohen Wärmedämmwert, die Platten sind UV-stabilisiert, bruchfest und machen eine Schattierung überflüssig. Vorteilhaft ist auch ihr geringes Gewicht, das bei 7 kg/m^2 liegt.

Einen zusätzlichen, besonders bei Einfachverglasung wirksamen Wärmeschutz kann man durch die Auskleidung des Gewächshauses mit Luftpolster- oder Noppenfolie erreichen. Dieses Folienmaterial, das einige Hersteller bereits fertig zugeschnitten für ihre verschiedenen Gewächshaustypen liefern, wird innen an Stellwänden und Dach mit Spezialklipps oder Schnurverspannungen befestigt; es muß aber im Frühjahr wieder entfernt werden, weil zu wenig Licht hindurchgelangt.

Natürlich kann man auch jedes Folienhaus zusätzlich damit auskleiden. In einem derart isolierten und mit einem gegen Kondenswasser gesicherten, mobilen Heizgerät frostfrei gehaltenen Haus, lassen sich Kübel- und Balkonpflanzen überwintern, Feldsalat und Spinat kultivieren und, bei genügend Bodenwärme, früheste Anzuchten vornehmen.

Gewächshaus mit großen Lüftungsfenstern und breiter Doppelflügeltür; die Stehwände sind aus lichtbeständigen, UV-durchlässigen Stegdoppelplatten.

Aufbau eines käuflichen Folienhauses; 1. die Unterkonstruktion kann zum Beispiel aus feuerverzinktem Stahlrohr bestehen.

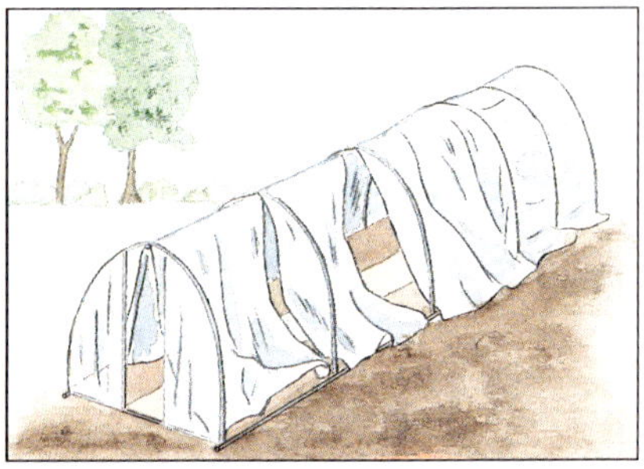

2. Steht die Tragekonstruktion, werden die Folienbahnen darübergelegt und befestigt.

3. Am einfachsten wird die Folie durch Eingraben in die Erde befestigt.

Das ganzjährig voll nutzbare, weil auch im Winter auf etwa 15° C erwärmte Kleingewächshaus setzt nicht nur eine optimale Isolierung, sondern auch eine ausreichende Beheizungsanlage voraus. Der Handel bietet verschiedene Möglichkeiten an: Öl- und Petroleumöfen, Gasheizung und zahlreiche elektrisch betriebene Systeme, fast alles auch mit Thermostat zur automatischen Wärmeregulierung lieferbar.
Die einfachste, sauberste und am leichtesten zu handhabende Lösung ist, vom Anschluß an die Hausheizung abgesehen, eine elektrische Wärmequelle. Leider summiert sich der Stromverbrauch für ein vollbeheiztes Gewächshaus, und es wird meist teuer. Als Alternative bietet sich eine sogenannte „Wärmezelle" an, die die Nutzung auf diesen kleinen, abgeteilten und separat beheizten Bereich des Gewächshauses reduziert.
Das Warmhaus, das man schon als Tropenhaus bezeichnen kann, erfordert eine Maximalerwärmung auf etwa 24° C. Wirklich lohnend ist es eigentlich nur für die wenigen Pflanzenspezialisten, die sich mit exotischen Gewächsen beschäftigen und eigene Kulturverfahren ausprobieren. Ohne automatische Zwangsentlüftung und Luftbefeuchtung, Kunstlicht und andere, durch die Kultur empfindlicher Pflanzen bedingte Einrichtungen ist es kaum so weit zu nutzen, wie es die hohen Wärmegrade vorgeben.

Gewächshaus mit Noppenfolie

Nutzung der Gewächshäuser

Geht man von einem durch einen Heizlüfter im zeitigen Frühjahr temperierten und zusätzlich mit einem oder mehreren beheizten Anzuchtbeeten ausgestatteten Kleingewächshaus aus, dann kann man in der Tat seine eigene, kleine Privatgärtnerei betreiben.

Das beginnt bereits mit dem Heranziehen von Jungpflanzen aus Samen. Natürlich funktioniert das auch auf dem Fensterbrett im Wohnraum. Im Gemüseteil wurde stets diese Möglichkeit hervorgehoben, obwohl sie nur die zweitbeste ist. Da aber jedermann ein warmes Wohnzimmer, nicht aber ein Gewächshaus besitzt, schien der Hinweis auf die einfachste Anzuchtvariante notwendig.

Gurken und Tomaten können gut im Gewächshaus angebaut werden. Die Tomatenpflanzen muß man allerdings ab und zu, am besten um die Mittagszeit, schütteln, um den Pollen zu übertragen. Tomaten sind nämlich Selbstbestäuber, im Freiland bestäubt der Wind, unter Glas müssen wir diesen nachahmen.

Im Vergleich zum Fensterbrett finden heranwachsende Pflanzen im Gewächshaus die besseren Voraussetzungen zum Gedeihen. Die Luft ist feuchter, die Wärme gleichmäßiger und die Pflege einfacher, weil genügend Platz zur Verfügung steht und man nicht auf jedes Krümelchen Erde achten muß, das den Teppich beschmutzen könnte.

Im Gewächshaus kann man an frostfreien Tagen ausgiebig lüften, ohne daß sich die Familie einen Schnupfen holt, der Sprühnebel aus der Blumenspritze gefährdet kein Möbelstück, und schließlich macht das Hantieren im warmen, nach Erde und erstem Grün duftenden Haus doppelt Spaß, wenn jenseits der Scheiben Schneeflocken durcheinanderwirbeln.

Mit den ersten Anzuchten von Tomaten, Gurken, Paprika, Melonen und Auberginen kann man schon im März beginnen, etwas später folgen dann für den Freilandanbau bestimmte Buschbohnen, Kohlrabi und Salate.

Einjährige Sommerblumen, als Samen überall erhältlich, finden unter Glas die ideale Kinderstube und stehen zum Auspflanztermin als kräftige Junggewächse bereit, ebenso verschiedene Kübel- und Zimmerpflanzen, die man im Handel kaum oder nur für teures Geld bekommt.

Dies alles unter den eigenen Händen heranwachsen zu sehen, in Schalen zu pikieren, umzusetzen und bis zum Umzug in ein anderes Quartier zu pflegen, rechtfertigt die Investition, die ein Kleingewächshaus nun einmal erfordert.

Da sich diese Frühjahrsarbeiten auf Tischen und Hängeregalen abspielen, die Grundbeete also noch frei sind, steht das Haus für weitere Kulturmaßnahmen zur Verfügung. Man kann beispielsweise schon frühzeitig im März die Kübel- und Balkonpflanzen aus ihren Winterquartieren holen, ausputzen, wenn notwendig zurückschneiden, umtopfen und die Vegetation im hellen, warmen Glasraum auf Trab bringen. Sie sind dann ab Mitte Mai, wenn es hinaus ins Freie geht, allen vergleichbaren „Kellerkindern" um eine Nasenlänge voraus.

Das gleiche trifft auf die Knollen von Dahlien, Begonien, Gladiolen und Canna zu, die unter Glas oder Folie vorgetrieben worden sind.

Mit dem Ende der Heizperiode ändert sich die Nutzung des Kleingewächshauses. Von der zweiten Maihälfte an wird ausgeräumt, Kübel- und Balkonpflanzen nehmen ihre Plätze im Freien ein, Gemüsepflänzchen, Sommerblumen und selbst gezogene Stauden kommen auf Beete und Rabatten, die Topfgewächse eigener Anzucht werden auf Balkon oder Terrasse, empfindliche ins Haus umquartiert – oder man läßt sie noch eine Weile auf einem Hängeregal in einer beschatteten Ecke weiterwachsen.

Alles andere, was den Sommer über im Schutz von Glas oder Folie besser auf-

Paprika wachsen, besonders in klimatisch ungünstigen Gebieten besser im Gewächshaus als im Freiland.

Auberginen im Freiland zu kultivieren ist Glücksache. Viel besser gedeihen sie unter Glas.

Selbst gebautes Frühbeet

gehoben ist als im Garten, wird jetzt auf die Grundbeete ausgepflanzt, nachdem Tische und störende Regale abmontiert wurden. Paprika, Gurken, Auberginen, Melonen und in klimatisch ungünstigen Gebieten auch Tomaten sollte dieser von Wind und Wetter unabhängige Platz eingeräumt werden. Gurken und Melonen leitet man im Kleingewächshaus am besten an Schnüren auf, damit sie nicht den ganzen Boden durch ihre Ranken und Blätter in Beschlag nehmen. Dort ist dann noch Platz für Radieschen, Salate, Rettiche, Kohlrabi oder Würzkräuteraussaaten.

Von nun an brauchen die Pflanzen unter Glas oder Folie vor allem eines: soviel frische Luft wie möglich. Auch das Schattierproblem wird jetzt akut. Wer sein Gewächshausdach mit genörpeltem Glas oder Stegdoppelplatten versehen hat, darf dankbar registrieren, daß wenigstens von dort nur geringe Verbrennungsgefahr droht, die Strahlungswärme gemindert ist.

Vornehmlich die nach Süden weisenden Seiten kommen ohne Schattenschutz nicht aus. Am praktischsten sind spezielle Schattiermatten aus Kunstfasergewebe, die es fertig zu kaufen gibt. Man kann den oberen und unteren Rand umnähen und leichte Bambusstangen oder Holzlatten hindurchschieben, so daß sich die Matte über den Giebel heben läßt und von dort über die Seitenwand herabhängt. Ein primitives Verfahren, aber recht zweckmäßig und billig.

Trotz geöffneter Tür und hoch gestellter Fenster, trotz Nörpelglasdach und Schattiermatten staut sich im Hochsommer die trockene Hitze im Gewächshaus und kann auch den viel Wärme gewohnten Kulturen gefährlich werden. Durch das unvermeidliche, häufige Gießen (nie mit kaltem Leitungswasser aus dem Schlauch!) wird zwar die Luft kurzzeitig mit Feuchtigkeit angereichert, das Klima für die Gewächse erträglicher, doch nicht immer reicht das aus.

In der Praxis hat es sich bewährt, den Mittelweg des Hauses, ob er nun aus Naturboden oder Platten besteht, von Zeit zu Zeit mit der Gießkanne zu überbrausen und damit die Luftfeuchtigkeit zu erhöhen. Daß feuchtwarmes Klima pilzliche Erkrankungen fördert, ist die Kehrseite der Medaille.

Frühbeete

Lange bevor Kleingewächshäuser den Gartenkomfort komplettierten, diente das Frühbeet dem gleichen Zweck. Die für Anzuchten und die Kultur empfindlicher Gewächse notwendige Wärme beschaffte man sich auf natürliche Weise. Als Wärmepackung diente frischer, strohiger Pferdemist. Er wurde in den Kasten gefüllt, festgetreten, die Fenster hielten die sich entwickelnde Wärme fest. Nach einigen Tagen preßte man das Füllmaterial noch einmal zusammen und bedeckte es mit einer etwa 20 cm dicken Schicht guter Erde. Dann konnte gesät und gepflanzt werden. Auf diese Methode geht die Bezeichnung Mistbeet zurück.

Weil Pferdemist heute kaum zu bekommen ist, wird anderes natürliches Material zur Wärmeerzeugung verwendet, als Grundsubstanz beispielsweise gehäckseltes Stroh oder Laub. Kalkstickstoff ist dann der Motor, der die Temperaturentwicklung in Gang setzt. Ein Rezept lautet: pro m^2 Frühbeetfläche füllt man 50 kg gehäckseltes Stroh in den Kasten, streut etwas Torf

Durch den Einbau von Heizmatten oder Heizkabeln läßt sich im Frühbeet mühelos die benötigte Wärme erzeugen.

Verstellhebel, mit dem das Frühbeet belüftet, aber auch sturmsicher verschlossen werden kann.

Automatischer Fensteröffner

dazwischen, um die Zwischenräume zu schließen., durchfeuchtet alles gründlich und durchdringend mit Wasser und gibt 2 kg Kalkstickstoff darüber und dazwischen. Anschließend tritt man fest und bringt als oberste Schicht einwandfreie Aussaaterde, etwa 20 cm stark, gleichmäßig auf. Dann werden die Fenster geschlossen. Nach etwa 1 Woche hat sich der Boden erwärmt und das giftige Cyanamid des Kalkstickstoffs verflüchtigt. Nun kann gesät oder gepflanzt werden. Wie im Gewächshaus kann man ab März mit den Anzuchten beginnen.

Heute ist auch hier alles viel leichter, weil sich die benötigte Wärme im Frühbeet durch den Einbau von Heizmatten oder Heizkabeln mühelos erzeugen läßt. Matte wie Kabel gibt es im Gartenfachhandel zu kaufen, verlegen kann man sie selbst. Damit die Wärme nicht nach oben und zu den Seiten entweicht, kleidet man den ganzen Frühbeetkasten mit 1-2 cm dicken Styroporplatten, im Heimwerkermarkt erhältlich, aus. Auf die Bodenplatte kommt eine Schicht Sand, in der das Heizkabel verlegt wird. Man kann einen Thermostat installieren, der für die Einhaltung der eingestellten Temperaturwerte sorgt. Ist genügend Laub vorhanden, sollte man dem ganzen Frühbeet damit eine zusätzliche Wärmepackung von außen verpassen. Das Lüften, hier ebenso wichtig wie im Gewächshaus, können automatische Fensterheber übernehmen.

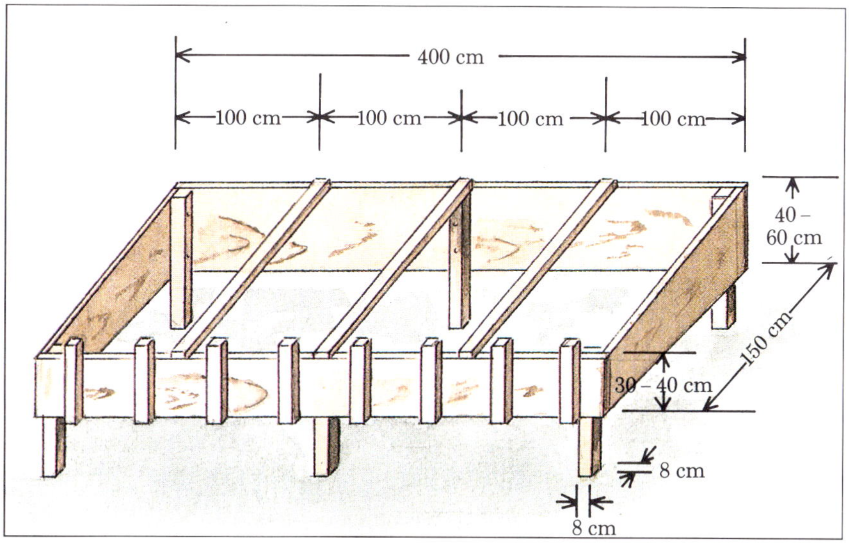

Aufbau und Maße eines selbst zu bauenden Frühbeets

Um einen Frühbeetkasten aus Brettern selber zu bauen, bedarf es keiner handwerklichen Fähigkeiten. Man muß lediglich darauf achten, daß die Rückwand, die am endgültigen Standort des Beets nach Norden zeigen sollte, etwas höher als die vordere Längsseite ist, damit Regen- und Schmelzwasser ablaufen können und ein günstiger Lichteinfallswinkel entsteht.

Bei den Abmessungen sollte die Größe der genormten Fenster berücksichtigt werden, sofern man sich nicht auch den Fensterrahmen selber aus ein paar Latten zurechtzimmert und mit Folie bespannt. Fertige Frühbeetfenster haben die Ausmaße 100 x 150 cm (Normalfenster).

Der Fachhandel bietet heute die verschiedensten Frühbeete an; hier mit Stegdoppelplatten isolierter Kasten.

Diese Folienhauben für hochwachsende Gewächse dienen besonders im Frühjahr und Herbst als Kälteschutz.

Daß man sein Frühbeet auch mit Back- oder sonstigen Steinen mauern oder die Wandungen aus Beton gießen kann, sei am Rande vermerkt.

Mittlerweile bietet der Handel eine Vielzahl von fertigen Frühbeeten der verschiedensten Materialien und in unterschiedlichen Abmessungen an. Sie sind meist aus druckimprägniertem Holz, Eternit, Metall oder Kunststoff.

Viele dieser Produkte sind sogenannte „Wanderkästen“ oder als solche zu nutzen, das heißt, sie werden einfach auf den Boden gesetzt und können jederzeit den Platz wechseln.

Für den Hobbygärtner, der die Möglichkeiten für frühe Pflanzenkulturen ausschöpfen, aber keine großen Summen investieren will, ist das Frühbeet eine durchaus akzeptable Alternative zum Kleingewächshaus.

Nutzung der Frühbeete

Ob zeitige Aussaaten von Kohlarten, Salat, Tomaten und den schon beim Gewächshaus genannten südländischen Gemüsearten im Warmbeet oder etwas spätere von Radieschen, Rettichen, Möhren und Roter Bete im ungeheizten „kalten Kasten“, sie wachsen hier geschützt vor Wind und Wetter alle gut heran und können als kräftige Pflanzen an ihren Gartenplatz kommen oder vorsorglich im Gewahrsam des Beets bleiben. Denn die Fenster sind, wenn kühle Nächte drohen, schnell wieder aufgelegt.

Aber auch für andere Anzuchten, die im Lauf des Frühlings oder Sommers vorgenommen werden, ist ein Frühbeet ideal. Es bietet in jedem Fall mehr Schutz als ein Platz im Freiland, läßt sich leicht feucht halten, schützt vor austrocknenden Winden und kann zudem, vor allem für Sommersaaten von Zweijahresblumen wichtig, durch über die Fenster gelegte Matten jederzeit schattiert werden.

Ab Spätherbst dient das Frühbeet dann als Lagerquartier für vielerlei Gemüse: Kopfkohl, Porree, Mohrrüben, Sellerie und Rote Bete bleiben hier, durch die Fenster geschützt und eventuell in Sand eingeschlagen, lange Zeit frisch.

Gärtnern mit Folie

Wie so manches fand auch die Folie ihren Weg in den Hausgarten über den Erwerbsgartenbau, wo sie nach wie vor eine herausragende Rolle spielt. Häufig fallen abseits der Straße hektargroße Flächen auf, die in der Sonne wie dunkles Wasser glänzen, so daß man an eine Überschwemmung glaubt. Hier wachsen, geschützt von schwarzer Kunststoffabdeckung, Gemüse heran, die sonst kaum so schnell und reibungslos erntereif würden.

Im Hausgarten haben sich 3 Folienformen bewährt: Mulch- oder Flachfolie, Lochfolie und Schlitzfolie. Vor einigen Jahren ist, zuerst in Frankreich und Holland in der Erwerbsgärtnerei mit Erfolg verwendet, noch das Vlies hinzugekommen, ein Kunststoffgewebe, das der Folie seitdem Konkurrenz macht.

Schwarze Mulchfolie unter Gurken und Paprika

Lochfolie

Mulchfolie

Die Vorteile, die dieses nur Bruchteile von Millimetern dicke, meist schwarze Material auch dem Hobbygärtner beschert, sind schnell aufgezählt. Über das Saatbeet gedeckt, bleibt der Boden feucht und warm, die Keimung wird beschleunigt, die Pflänzchen gehen sicherer auf. Sobald sich die ersten grünen Spitzen zeigen, muß die schwarze Abdeckung allerdings entfernt werden, sonst gehen die Pflanzen aus Lichtmangel ein. Dieser Effekt ist bei einer anderen Verwendung der Mulchfolie durchaus erwünscht. Wenn die Kulturpflanzen nämlich oberhalb der Folie wachsen, hat Unkraut kaum eine Chance.

Folienpflanzung empfiehlt sich besonders bei solchen Gewächsen, die in kühlen Böden sonst nicht recht wachsen wollen. Gurken und Melonen beispielsweise leiden permanent unter „kalten Füßen", besonders wenn unvorhergesehene Temperaturschwankungen ihnen zu schaffen machen. Setzt man sie auf schwarze Mulchfolie, indem an jeder Pflanzstelle ein Kreuzschnitt gemacht wird und die Pflanzen oder Samen dort in die Erde kommen, bleibt die Bodenwärme länger erhalten, Temperaturschocks im Wurzelbereich werden vermieden und Unkraut kann, wie gesagt, nicht aufkommen. In jedem Fall muß direkt in die Kreuzschnitte hinein flüssig gedüngt und auch die Wasserversorgung auf diese Weise sichergestellt werden.

Häufig werden Erdbeeren in dieser Weise gepflanzt, was den zusätzlichen Vorteil mit sich bringt, daß die Beeren ohne Bodenberührung schmutzfrei heranreifen und besser geerntet werden können.

Die Schattenseite der Flachfolie: auch Schnecken wissen die Wärme und Geborgenheit unter ihr zu schätzen. Erfahrene Gärtner empfehlen deshalb, vor dem Auflegen etwas Schneckenkorn auf den Beeten auszustreuen.

Lochfolie

Eine Variante der wasser- und lichtundurchlässigen Mulchfolie ist die gelochte Folie. Man breitet sie über heranwachsende Kulturen, die trotz der Perforierung mit 500 oder mehr Löchern pro m^2 vor austrocknenden Winden und niedrigen Temperaturen geschützt sind. Andererseits gelangen Licht, Luft und Regenwasser an die Pflanzen, unter der Abdeckung herrscht ein feuchtwarmes Kleinklima, das Keimung und Wachstum fördert.

Wenn die Lochfolie nur locker über das Beet gelegt und an den Seiten mit Erde beschwert wird, kann man sie vor allem bei ohnedies niedrig bleibenden Gemüsearten ziemlich lange auf den Kulturen lassen. Allerdings muß der Boden vor der Pflanzung einen Depotdünger erhalten, der die Ernährung für den Zeitraum der Folienkultur sicherstellt und die etwas mühselige Einzeldüngung überflüssig macht.

Schlitzfolie

Hierbei handelt es sich um eine Weiterentwicklung der Lochfolie, man bezeichnet sie wegen ihrer Dehnbarkeit auch als „mitwachsende Folie". Sie hält tatsächlich mit dem Höhenwachs-

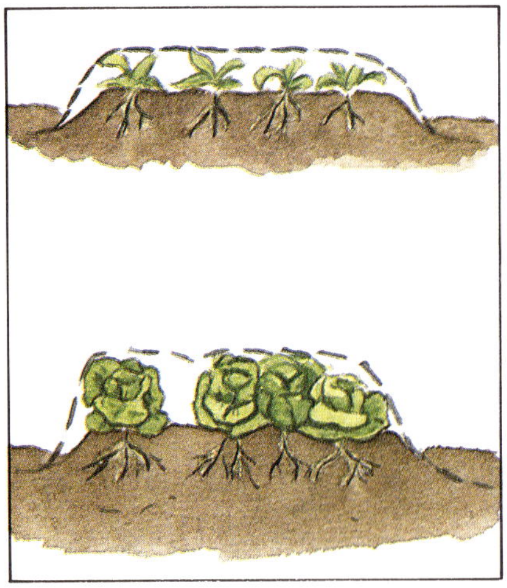

Die Schlitzfolie wächst mit den Pflanzen mit.

Schlitzfolie; ist es zu trocken, kann einfach von oben gegossen werden. Das Wasser dringt durch die Schlitze zu den Pflanzen.

Vlies

tum der unter ihr kultivierten Gewächse Schritt. Viele feine Schlitze gewährleisten diese Dehnbarkeit und machen es möglich, die Folie, wenn notwendig, bis zum Ende der Kultur über den Pflanzen zu belassen.

Da sie wie die Lochfolie nur leicht mit Erde oder Steinen an den Beeträndern festgehalten wird, kann man sie mühelos beiseite schlagen, wenn auf dem Beet gearbeitet werden soll.

Grundsätzlich sollte eine Abdeckung, gleich welcher Art, nur bei trübem Wetter entfernt werden, um die Pflanzen nicht schockartig der ungewohnten UV-Strahlung auszusetzen. Dann kommt es nämlich leicht zu Verbrennungen.

Da Schlitzfolie von den emporwachsenden Kulturen langsam nach oben gedrückt wird, verbreitern sich gleichzeitig die Spaltöffnungen und lassen entsprechend mehr Licht, Luft und Feuchtigkeit hindurch. Diese „Automatik" ist sehr vorteilhaft, denn mit zunehmender Größe der Pflanzen steigt auch der Bedarf an lebenswichtigen Elementen.

Vlies

Materialbeschaffenheit und Eigenschaften von Agryl P 17, so die Produktbezeichnung, werden vom Hersteller folgendermaßen beschrieben: „Agryl P 17 ist ein Vlies aus thermisch gebundenen Polypropylen-Endlosfasern. Es ist frei von chemischen Bindern und Zusatzstoffen. Eingearbeitet ist ein UV-Stabilisator. Das Material ist weiß und wiegt im Durchschnitt 17 g/m^2. Es ist beständig gegen Fäulnis und Verrottung. Weitere Merkmale sind die hohe Luft- und Wasserdurchlässigkeit, relativ hohe Bruch- und Reißfestigkeit im Verhältnis zur Materialstärke. Die Schattierwirkung liegt bei 25%. Das Vlies hat eine Lichtdurchlässigkeit von zirka 75% (Glas 90%)."

Der Anwendungsbereich von Vlies im Garten entspricht also dem von Folie. Es wird locker über die Kulturen gebreitet und an den Beeträndern leicht beschwert. Es dehnt sich unter dem Druck der wachsenden Pflanzen aus und wird von ihnen angehoben, ohne die Triebe zu schädigen. Licht, Luft und Regenwasser haben Zutritt, gleichzeitig ist eine Schattierwirkung gegen direkte Sonneneinstrahlung gegeben.

Anders als Folie wartet Vlies aber noch mit einem weiteren, überraschenden Schutzeffekt auf: nach oben steigende Bodenfeuchtigkeit setzt sich in den vielen kleinen Öffnungen des Vlieses fest und verschließt sie. Nachtfröste lassen diese Tröpfchen gefrieren und verwandeln die gesamte Vliesfläche in einen hauchdünnen Eispanzer, der die Wärmeabstrahlung des Bodens vermindert. Man hat festgestellt, daß kurzfristiger Frost bis zu –7° C den durch Vlies geschützten Pflanzen nichts anhaben kann.

Natürlich sind diese Herstellerangaben mit Vorsicht zu genießen, denn nicht alle Kulturen reagieren gleichermaßen gelassen auf niedrige Temperaturen. Mit dieser notwendigen Einschränkung sollen jedoch die hervorragenden Eigenschaften von Agryl P 17 für den Pflanzenanbau im Garten nicht geschmälert werden.

Gekaufter Folientunnel

Bau eines Folientunnels; 1. für die Unterkonstruktion werden Drähte oder Rohre, beispielsweise verzinkte Federstahldrähte, in den Boden gerammt.

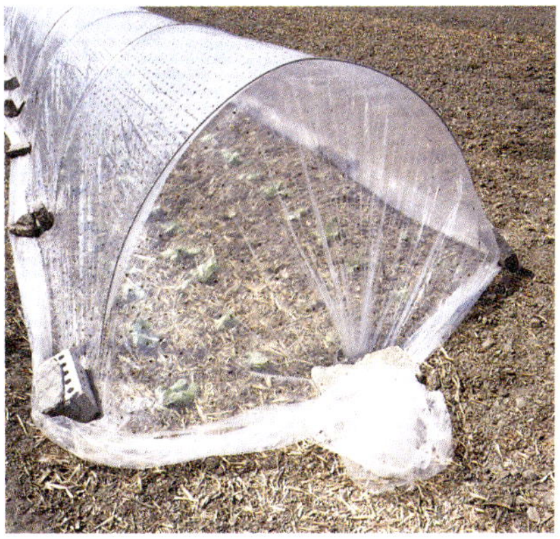

Folientunnel, mit Lochfolie bespannt

Folientunnel

Als die ersten vorgefertigten Folientunnel auf dem „grünen Markt" erschienen, entwickelten sich diese federleichten, mobilen, über jedes Beet zu stellenden Konstruktionen aus mit Kunststoff bespannten Drahtbügeln schnell zu einem Volltreffer. Heute kann man unter einer Vielzahl von Produkten wählen, die ihren Zweck alle gleich gut erfüllen und sich nur in den verwendeten Materialien und Anwendungsmöglichkeiten unterscheiden.
Es gibt Tunnel, die durch Aneinanderreihen einzelner Elemente einen Endlosbau ermöglichen, andere sind mit integrierten Vogelschutznetzen ausgestattet, und einige weichen sogar nur noch in der Form von einem Wanderkasten ab.
Wer Kosten sparen will, kann sich ein mit Folie bespanntes Gestell ohne großen Aufwand selber zusammenbauen und seine Kulturen damit ebensogut schützen wie mit einem Fertigprodukt.
In von rauhem Klima gebeutelten Gegenden oder wenn die Frühjahrswitterung unsicher ist, empfiehlt es sich, die Möglichkeiten des Folieneinsatzes zum Schutz der Pflanzenkulturen zu kombinieren.
Besonders empfindliche, wärmebedürftige Gewächse zum Beispiel setzt man in die Kreuzschnitte schwarzer Mulchfolie und deckt zusätzlich mit Schlitzfolie oder Tunnel ab. Allerdings ist bei diesem Doppelschutz auch die Aufmerksamkeit des Gärtners doppelt gefordert. Denn bei Folienabdeckung unten wie oben schlägt die wohlige Wärme blitzschnell in einen trockenen Hitzestau um, da die regulierende Verdunstungsfeuchtigkeit des Bodens nicht in den Bereich der oberen Abdeckung gelangen und das Kleinklima pflanzenfreundlich beeinflussen kann. Man tut also gut daran, die Folie, gleich welcher Art, bei jeder sich bietenden Gelegenheit zu entfernen und stets eine Gießkanne mit temperiertem Wasser griffbereit zu haben.

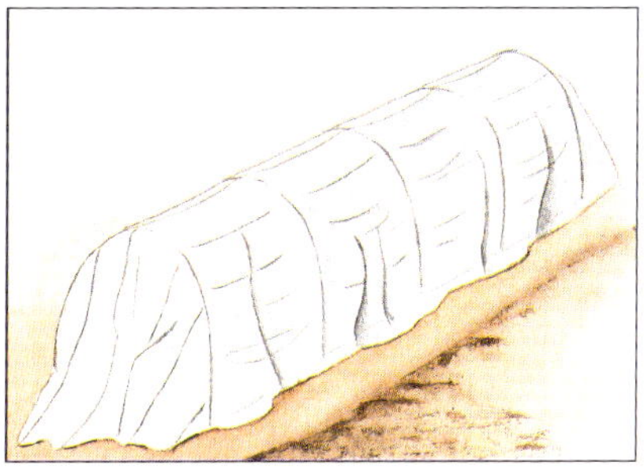

2. Die Folie wird über die Unterkonstruktion gezogen.

3. Mit Klammern, beispielsweise Wäscheklammern, kann man die Folie an den Drähten befestigen. Die Folienenden werden mit Steinen auf den Boden gedrückt.

DER OBSTGARTEN

△ *Apfelsorte 'Berlepsch'*

△ *Jostabeere*

◁ *Apfelblüte*

Obst im Garten

Einen eigenen Obstgarten kann sich heute kaum mehr jemand leisten. Selbst die modernen niedrigen Baumformen haben einen gewissen Breitenwuchs, und welcher Hobbygärtner ist schon bereit, Äpfeln, Birnen, Kirschen oder Pflaumen ein Ausschließlichkeitsrecht auf der ohnedies begrenzten Gartenfläche einzuräumen?
Man holt sich also vorwiegend Einzelgehölze in den Garten und versucht, von jedem etwas zu haben. Hohe Erträge sind weniger gefragt, die Vielfalt ist wichtiger als vollgefüllte Steigen, deren Überfluß sowieso meist wegen unzureichenden Lagerquartieren dahinschmilzt. Aber auch bei der Pflanzung niedriger Buschbäume oder Spindelbüsche sollte man sich darüber im klaren sein, daß sie trotz günstiger Wuchseigenschaften nicht auf einer Blumenrabatte unterzubringen sind.
Wer darangeht, seinen Garten zu planen und einzurichten, muß das im Auge behalten. Zu dichter Stand erschwert nicht nur die Pflege, er hemmt auch die gesunde Entwicklung der Gehölze. Ausreichende Zweigfreiheit ist selbst bei einer Obsthecke aus Spindelbüschen oder bei Spalieren gegeben, weil die Äste sich hier nur nach 2 Seiten ausbreiten, so daß immer noch genügend Licht und Luft an Blätter und Früchte gelangen können.
Bei richtiger Wahl der Sorte, Unterlage und Baumform kann man durchaus Obst im Hausgarten anbauen.

Die starkwüchsigen Obstbäume haben in den heutigen Gärten kaum noch Platz.

Verschiedene Baumformen

Baumschulen bieten heute Obstgehölze vorwiegend in 4 verschiedenen Wuchsformen an: den Hochstamm mit einer Stammhöhe von 160–180 cm, den Halbstamm mit 100–120 cm, den Niederstamm mit 80–100 cm und den Buschbaum (auch der Spindelbusch fällt hier drunter) mit 40–60 cm Höhe. Die schlanke Spindel ist eine durch den Schnitt erzielte besonders schmale Form des Spindelbuschs. Auch Spalierformen werden durch besondere Erziehung erreicht.
Aus den modernen Hausgärten ist der Hochstamm verständlicherweise fast vollständig verschwunden. Woher auch sollte man die mindestens 8 m² nehmen, die ein hoher, breitkroniger Apfel- oder Birnenbaum nun einmal benötigt? Für andere Obstarten bliebe da kein Platz mehr, ganz abgesehen davon, daß der volle Ertrag von der vierköpfigen Normalfamilie kaum zu verbrauchen wäre.
Ein weiteres, gewichtiges Argument gegen den Hochstamm ist die Pflegeproblematik. Die nun einmal notwendigen Schnittarbeiten sind ohne Leiter nicht durchzuführen. Dasselbe trifft auf die Ernte zu. Und für Spritzungen, die zwar unerwünscht sind, sich aber auch im Hausgarten nicht immer vermeiden lassen, braucht man Spezialgeräte und große Aufwandmengen.
Im übrigen sollte man bei der Ausbringung von Pflanzenschutzmitteln gerade an Obstgehölzen im Frühjahr bedenken, daß über 80% der Pollenübertragung, also der Befruchtung, von Bienen vorgenommen werden. Der Wind hat nur einen geringen Anteil daran. Werden die Bienen durch Chemikalien geschädigt, berauben wir uns selbst eines Teils der Ernte. Bei einer Spindel oder einem Busch kann man gezielter vorgehen und braucht nicht den ganzen Garten in einen Sprühnebel zu hüllen.

Wuchsformen; links: Hochstamm, oben Mitte: Halbstamm, oben rechts: Niederstamm, unten links: Buschbaum, unten rechts: schlanke Spindel

Quittenblüten

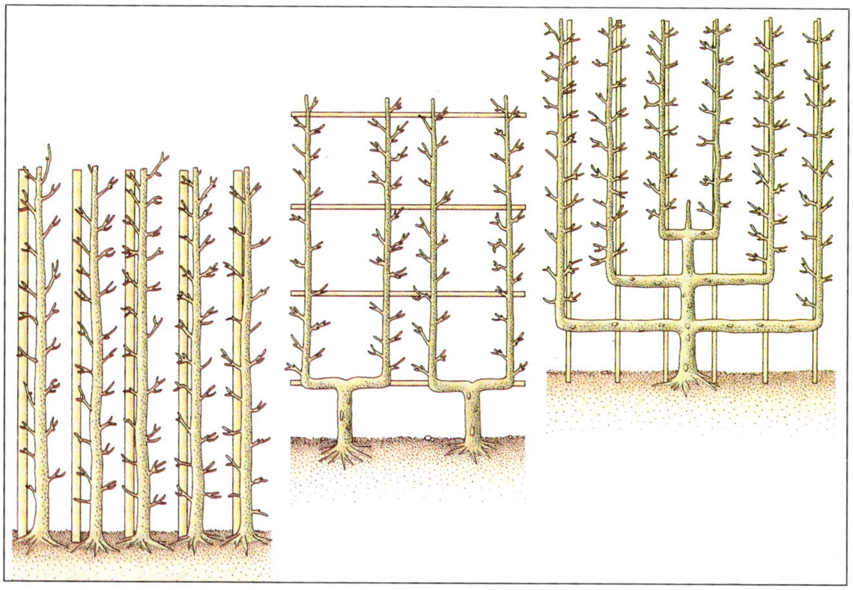

Spalierformen; links: senkrechter Schnurbaum (Kordon), Mitte: U-Form, rechts: Verrier-Palmette mit 3 Etagen

Lage und Boden

Kernobst, also Äpfel, Birnen und Quitten, und Steinobst, also Kirschen, Pflaumen, Pfirsiche und Aprikosen, gehören zur großen Familie der Rosengewächse. Ihre Heimat sind Asien, Kleinasien, der Kaukasus, Südeuropa und, bei den Pfirsichen, China. Bis auf die sehr wärmeliebenden Pfirsiche und Aprikosen, die am sichersten in Gegenden mit Weinbauklima gedeihen, können sie alle mit Erfolg in unseren Gärten angebaut werden. Nur in extrem kühlen und trockenen Lagen mit viel Wind und kurzen Sommern versagen die meisten Obstarten.

Alle lieben humoses, lockeres und fruchtbares Erdreich ohne Staunässe. In der Regel treffen diese Eigenschaften auf die meisten Gartenböden zu. Wo Zweifel bestehen, muß man die Pflanzgrube entsprechend größer und tiefer ausheben und das Umfeld der Wurzeln durch Zusätze von Torf, Kompost oder Sand verbessern.

Unterlagen

Wenn man einen Apfelkern, zum Beispiel der Edelsorte 'Golden Delicious', in den Boden legt und für die richtigen Kulturbedingungen sorgt, wird daraus im Lauf vieler Jahre und bei angemessener Pflege ein großer Apfelbaum. Die Früchte gleichen jedoch so gut wie nie denen der beliebten Sorte, die man doch ausgesät hat. Vielmehr schlagen die Erbanlagen der verschiedensten Vorfahren durch, und was da im Garten heranwächst, hat eher Ähnlichkeit mit einem Wildgehölz, an dessen dichtem Geäst lediglich die Vögel Freude haben. Der Gärtner spricht in so einem Fall davon, daß „der Samen nicht treu ausfällt".

Übrigens sind viele unserer heute als Tafelobst geschätzten Apfelsorten aus „Zufallssämlingen" entstanden, auch der hier als Beispiel genannte 'Golden Delicious'. Er wurde 1890 in einem Privatgarten in Westvirginia, USA, entdeckt und wegen seiner ansprechenden Früchte weiter vermehrt. Wer die Eltern sind, kann man nur vermuten.

Veredelte Obstgehölze bestehen meist aus 2 pflanzlichen Individuen, die außer einer gewissen Verwandtschaft nichts miteinander gemein haben. Der eine Teil, die Wurzel oder Unterlage, trägt den zweiten auf ihr veredelten Partner, der allein blüht und fruchtet. Die Unterlage bestimmt die Größe und Wuchseigenschaften des gesamten Baums, sie beeinflußt unter Umständen auch Größe und Geschmack des Obstes, das Edelreiß garantiert die Sortenechtheit der Früchte.

Als Wurzel verwendet man Sämlinge oder sogenannte Typenunterlagen, die ganz spezielle Eigenschaften besitzen und die ihrerseits nur vegetativ vermehrt werden, damit diese Charaktermerkmale stets gleichbleiben. Die Unterlage beeinflußt außerdem noch den Beginn der Fruchtbarkeit, ist also mitentscheidend dafür, daß beispielsweise eine bestimmte Apfelsorte schon nach wenigen Jahren Früchte ansetzt. Durch geschickte Kombination der Wuchseigenschaften von Unterlage und Edelsorte läßt sich das Wachstum des aus beiden Elementen zusammengesetzten Baums ziemlich genau steuern, und man kann sicher sein, daß eine Spindel tatsächlich nicht viel höher als 40 oder 50 cm wird.

Kurz soll noch erwähnt werden, daß manchmal ein Obstbaum auch aus 3 Partnern bestehen kann. Man veredelt dann zwischen Unterlage und Edelsorte einen sogenannten Stammbildner. Das wird heute allerdings nur noch selten praktiziert.

Die Feinheiten der Unterlagenforschung und -erprobung brauchen den privaten Gartenbesitzer nicht weiter zu interessieren. Sortentypische Einzelheiten werden bei der Beschreibung der Obstarten mitgeteilt.

Birnen lassen sich sehr problemlos als Spalierobst ziehen.

Die Pflanzung

Wer das Wagnis eingeht und einen Halb- oder Hochstamm pflanzt, sollte sich zunächst über die an seinem Wohnsitz gültigen Vorschriften des Nachbarrechts informieren. Der Kronenumfang großer Obstgehölze erreicht immerhin mehrere Meter, und wenn die Blätter und Zweige im Lauf des Jahres Nachbars Gemüsebeete oder Blumenrabatten beschatten, vom herbstlichen Laubfall ganz zu schweigen, gibt es mit Sicherheit Ärger. Das kann im schlimmsten Fall und wenn vor Ablauf der meist fünfjährigen Verjährungsfrist Einspruch erhoben wird, zur Zwangsrodung des Baums führen.

Auskunft über die nachbarrechtlichen Vorschriften erteilen die örtlichen Ordnungsämter, Gemeindeverwaltungen oder auch die Baubehörde. Generell kann man bei Hoch- und Halbstamm mit 6-10 m Kronenbreite rechnen, bei Buschbäumen mit 5, bei Spindeln mit 3 m. Süßkirschen sind in der Regel großkronig, hier wären ebenfalls bis zu 10 m Kronenumfang zu veranschlagen.

Über die Größe der Pflanzgrube gehen die Auffassungen auseinander. Sofern unzulängliche Bodenqualität nicht eine extrem große Aushebung erforderlich macht, genügt ein Pflanzloch, das dem Umfang des Wurzelwerks entspricht, das heißt, alle Wurzeln müssen, ohne seitlich anzustoßen, bequem darin Platz finden. Die Tiefe kann etwa einen Spatenstich betragen, sie muß aber in jedem Fall so bemessen sein, daß sich der Veredelungsknoten dicht oberhalb der Erde befindet. Andernfalls entwickelt die Edelsorte an dieser Stelle ein eigenes, unerwünschtes Wurzelleben, und die guten Eigenschaften der Unterlage würden wegfallen.

Die bisweilen empfohlene, kiloweise Untermischung des Aushubs der

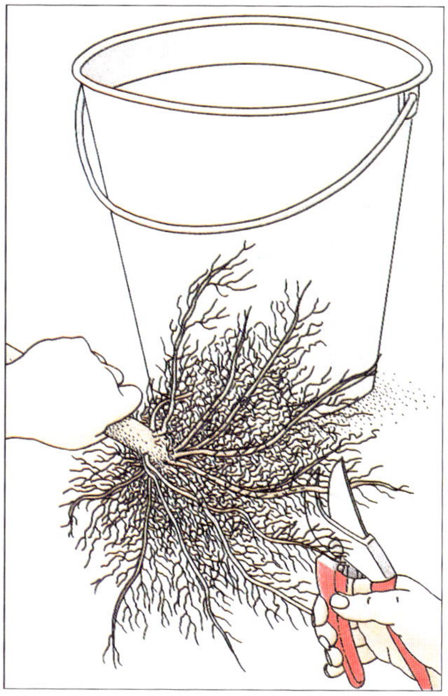

Pflanzung der Obstgehölze; 1. vor dem eigentlichen Pflanzen sollten die Wurzeln, falls sie ausgetrocknet sind, etwa 12 Stunden in Wasser stehen. Anschließend wird alles Abgeknickte und Abgestorbene mit einem nach unten weisenden Schnitt entfernt.

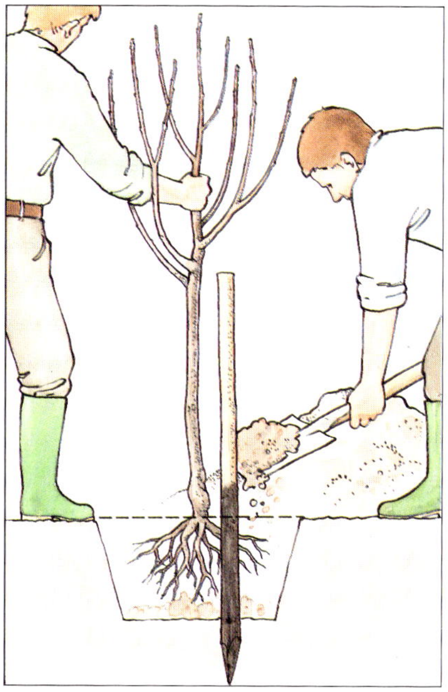

2. Vor dem Pflanzen wird bei Büschen und Spindeln ein Baumpfahl gesetzt. Gepflanzt wird am besten zu zweit. Der eine hält das Gehölz ins Pflanzloch und rüttelt es ab und zu, während der zweite mit Erde auffüllt. Man muß darauf achten, daß sich die Veredelungsstelle über dem Bodenniveau befindet.

3. Nachdem das Pflanzloch vollständig gefüllt ist, muß man kräftig antreten, so daß eine Gießmulde entsteht. Dann wässert man gründlich.

Grube mit Phosphordüngern ist nicht notwendig. Es genügen 100 g/m^2 Thomaskalk oder Thomasphosphat, ersatzweise in ohnedies kalkhaltigen Böden 70 g Superphosphat. Wenn dann noch humusbildende Stoffe wie Kompost, Horn- oder Knochenmehl beziehungsweise Trockenmist dazugegeben werden, ist der Jungbaum ausreichend mit allem versorgt, was er benötigt.
Vor dem eigentlichen Pflanzvorgang sollen die Wurzeln des Bäumchens, falls sie ausgetrocknet sind, etwa 12 Stunden in Wasser stehen. Anschließend wird alles Abgeknickte oder Abgestorbene mit einem scharfen, nach unten weisenden Schrägschnitt entfernt. Aber lieber zu wenig als zuviel wegnehmen, da die Gehölze durch den Quartierwechsel „geschockt" sind.

Das Pflanzen selber geht am leichtesten und sichersten, wenn man zu zweit arbeitet. Der eine hält das Bäumchen, das senkrecht im Loch steht, fest, während der Partner den Aushub einfüllt. Von Zeit zu Zeit wird der Stamm leicht gerüttelt, damit die Erde, ohne Hohlräume zu bilden, die Wurzeln fest umschließt. Nach dem Auffüllen muß man kräftig antreten, so daß eine Gießmulde entsteht. Dann wird durchdringend gewässert.
Bei Büschen und Spindeln wird schon vor dem Pflanzen ein Baumpfahl gesetzt und zwar so, daß sich der Stamm an der Nordseite des Pfahls befindet. Diese Baumformen stehen auf schwachwachsenden wurzelarmen Unterlagen und sind windgefährdet.
Als beste Pflanzzeit gilt auch heute noch der Herbst. Erstens sind die Lebensfunktionen der Gehölze auf ein Minimum reduziert, der Eingriff des Umsetzens wird leichter überstanden. Außerdem haben die Wurzeln Gelegenheit, sich in der neuen Umgebung schon vor Frosteintritt zu „akklimatisieren", was den Start im Frühjahr erleichtert. Nur in kalten Gegenden und bei kühlen Böden wartet man mit dem Pflanzen bis zum Frühjahr, um der Gefahr von Kälte- und Frostschäden aus dem Wege zu gehen.

Der Pflanzschnitt

Diese Maßnahme, die ausschließlich im Frühjahr durchgeführt wird, bei Frühjahrspflanzung also sofort nach dem Setzen, dient einem guten Kronenaufbau und ist gewissermaßen die Basis aller späteren Schnittarbeiten. Nicht alle Fachleute sind von der Notwendigkeit des frühzeitigen Pflanzschnitts überzeugt. Aber die Vorformierung einer noch überschaubaren Krone hat durchaus ihre Vorteile, zumal die Arbeit mit wenigen Handgriffen schnell getan ist.
Beim Pflanzschnitt wird zunächst der Konkurrenztrieb entfernt, der parallel

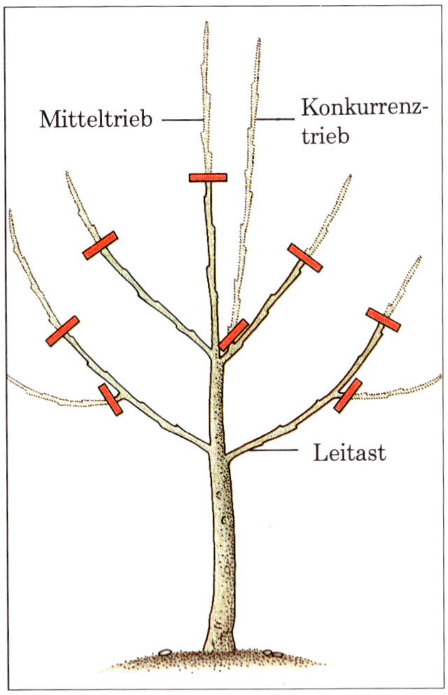

Der Pflanzschnitt

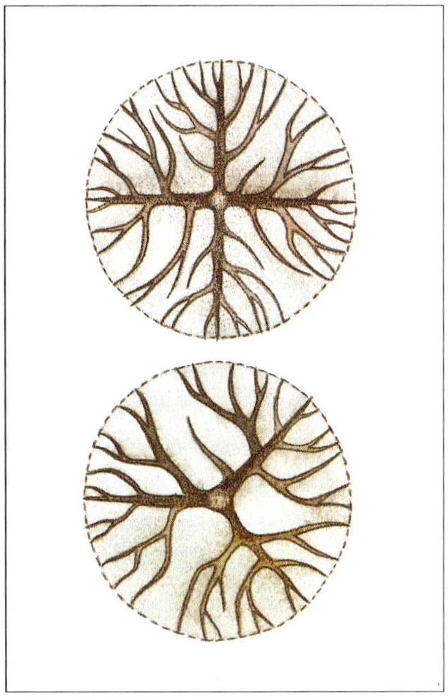

Kronenaufbau von oben gesehen: mit 4 Leitästen oben, mit 3 unten

zur Stammverlängerung des Mitteltriebs fast senkrecht nach oben wächst und eine zweite Spitze bilden würde. Ebenfalls entfernt werden alle Triebe seitlich des Stamms bis zu einer Höhe von etwa 50 cm über dem Boden, so daß schließlich außer dem Mitteltrieb oberhalb dieser Marke nur 3-4 Seitenäste, die späteren Leittriebe, übrigbleiben. Diese Triebe kürzt man dann noch auf einige wenige Augen (Knospen) ein, die oberen stärker als die unteren. Sie sollen in etwa die Form einer Pyramide bilden, man spricht dann davon, daß sich die Äste in der sogenannten „Saftwaage“ befinden.

Der obere Teil der Stammverlängerung fällt nun auch noch so weit der Schere zum Opfer, daß er die Seitentriebe nur um etwa 10 cm überragt.

Beim Pfirsich werden die Seitentriebe noch stärker, nämlich auf 2 oder 3 Augen zurückgenommen, es ragen praktisch nur noch verlängerte Aststummel aus dem Mitteltrieb heraus. So erhalten die sich bildenden Jungkronen Licht und Luft und können weitere Triebe entwickeln, aus denen dann später das Fruchtholz entsteht. Außerdem muß man wissen, daß je mehr ein Ast zurückgeschnitten wird, er desto stärker und kräftiger nachtreibt.

Obstbaumschnitt

Neben dem Pflanzschnitt werden 3 weitere Schnittarten unterschieden:
– der Erziehungsschnitt, der sich über mehrere Jahre hinzieht und dem Aufbau einer gesunden, lockeren Krone mit ausreichend Fruchtholz dient;
– der Instandhaltungsschnitt an der fertig ausgebildeten Krone, der zum Ziel hat, ihre Form und Fruchtbarkeit zu erhalten;
– der Verjüngungsschnitt, mit dem ältere, ertragsarme Bäume wieder auf Trab gebracht und zu erneutem Austrieb und zur Entwicklung von Fruchtholz bewegt werden.

Sinn sämtlicher Schnitt- und Bindemaßnahmen im Obstbau ist es, den Baum gesund und damit möglichst lange in Ertrag zu halten. Das Verhältnis zwischen Wachstum und Fruchtbarkeit soll ausgeglichen, die Qualität der Früchte möglichst gut sein. Danach hat sich der Schnitt zu richten, wobei die Faustregel gilt: je mehr Äste und Triebe Säge und Schere zum Opfer fallen, desto mehr Holz wächst nach. Jedes Gehölz wehrt sich gegen seine scheinbare Gefährdung durch vermehrte Produktion der den Fortbestand und die Fortpflanzung sicherstellenden Funktionsträger.

Man schneidet dicht und schräg über einer nach außen weisenden Knospe. Man muß dazu wissen, daß der Neutrieb immer in die Richtung wächst, die seine Position vorgibt. Da man eine breite, lichte Krone haben will, muß man versuchen, die Äste immer nach außen weiterzuführen.

Man darf nur scharfes, glatte Flächen garantierendes Schnittwerkzeug benutzen, um das Holz nicht durch Quetschungen und Risse zu gefährden. Größere Wunden als ein 5-Markstück sind mit einem Wundverschlußmittel gegen Krankheitsbefall zu sichern.

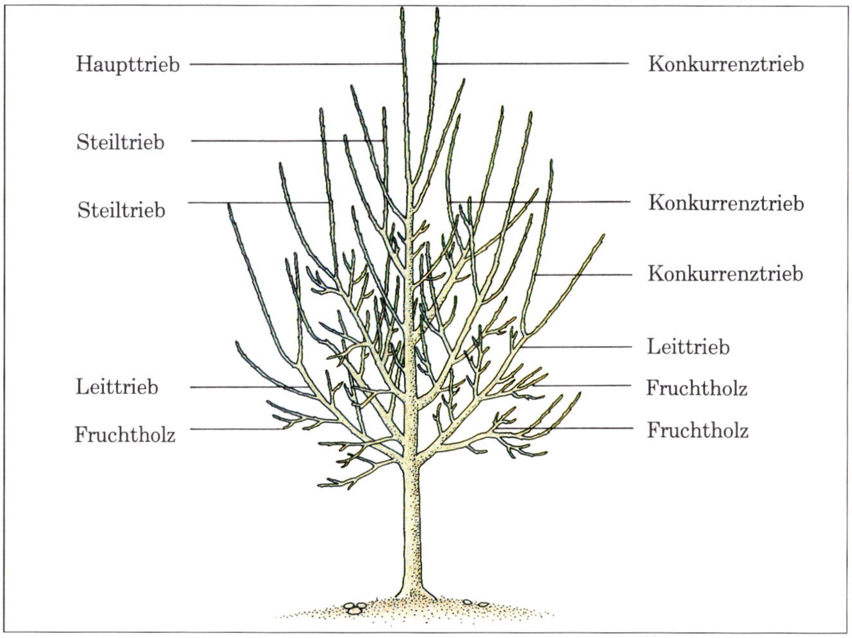

Die verschiedenen Triebe der Obstgehölze sind hier schematisch dargestellt.

Der Erziehungsschnitt

Der Erziehungsschnitt

Beim Erziehungsschnitt dient die besondere Aufmerksamkeit den Leit- und den aus ihnen sich bildenden Seitenästen. Pro Leitast bleiben nur etwa 3 Seitenäste stehen, 2, die sich möglichst an beiden Seiten des Leitasts befinden sollen und einer, der nach außen wächst.
Alle aus den Leitästen steil nach oben strebenden Jungtriebe werden entfernt, ebenso die hier wie an der Stammverlängerung befindlichen Konkurrenztriebe. Man muß darauf achten, eine möglichst breite Krone aufzubauen. In einem derart gelockerten Stamm- und Astgerüst entwickelt sich dann das schwach wachsende, kurze Fruchtholz mit den Blütenknospen.

Der Instandhaltungsschnitt

Er gilt dem Erhalt der einmal aufgebauten Krone und dem ständigen Auslichten, damit Luft und Sonne an alle, auch die inneren Teile des Baumgerüsts gelangen können. Andere Bezeichnungen für die Schnittmaßnahmen sind Erhaltungsschnitt oder Überwachungsschnitt. Fruchtäste, die nicht mehr oder nicht zufriedenstellend tragen, weil sie nach unten wachsen und nur noch unzureichend Nährstoffe erhalten, werden entfernt. Einige günstig gelegene Neutriebe, die einen alten Ast nach außen verlängern können, regt man durch mäßigen Rückschnitt zu weiterem Wachstum an. Aus ihnen entstehen im Lauf der Zeit dann die neuen Astverlängerungen mit Seitenästen und Fruchtholz.
Sauerkirschen tragen am einjährigen Holz und verkahlen deshalb schnell

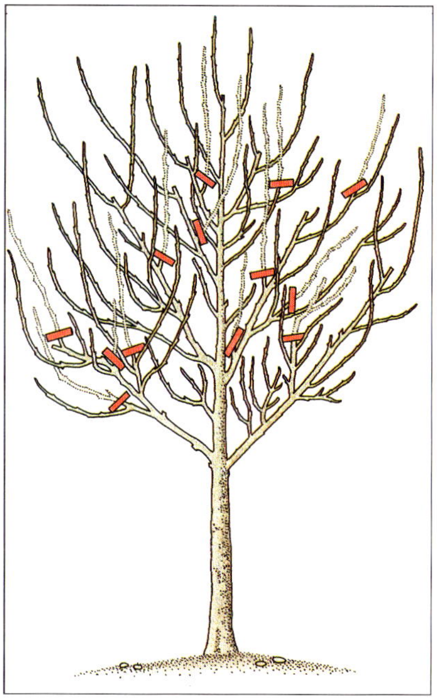

Der Instandhaltungsschnitt

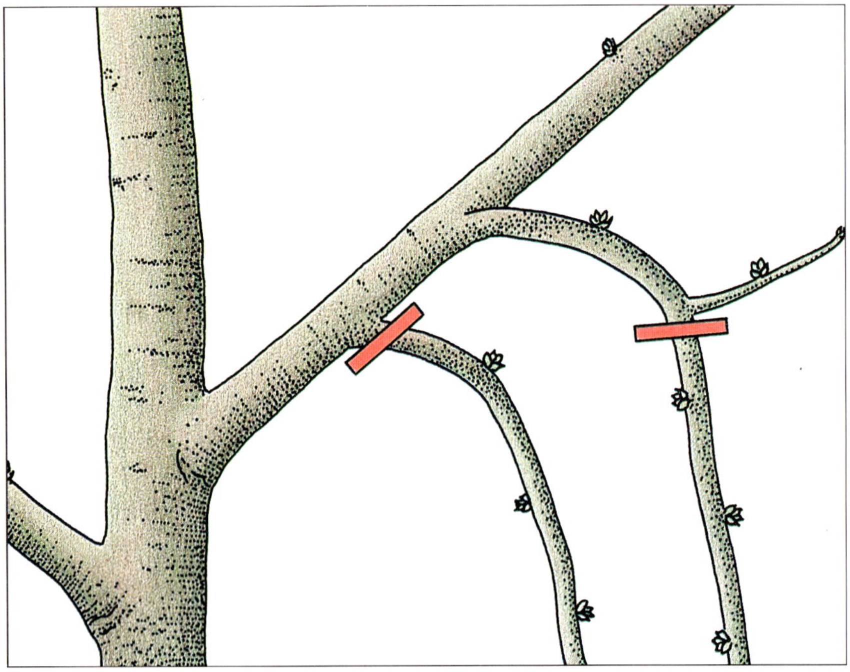

Der Sauerkirschenschnitt

von innen nach außen. Die langen Zweige, die bereits getragen haben, muß man auf eine Triebknospe, die näher zur Baummitte liegt, ableiten. Tut man dies nicht, hat man bald einen unansehnlichen, für Licht und Luft unzugänglichen „Besen".
Süßkirschen schneidet man in der Regel nicht.

Der Verjüngungsschnitt

Es handelt sich dabei um Schnittmaßnahmen, mit denen alte und vergreiste Kronen noch einmal in Ertrag gebracht werden sollen. Will man damit Erfolg haben, muß die Krone rigoros ausgelichtet, müssen Mittelast und Leitäste konsequent zurückgenommen werden.
Es ist eine Arbeit, die viel Sachverstand erfordert und die man am besten von einem Obstbauberater oder dem örtlichen Obstwart durchführen läßt.

Das Binden

Eine Möglichkeit, Triebe in Fruchtholz umzuwandeln, besteht im waagerechten Herunterbinden der zu steil wachsenden Zweige. Diese Maßnahme wird während des Schnitts oder im Juli durchgeführt, wenn das Längenwachstum der Triebe beendet ist. Wo ein Zweig nicht stört, kann das waagerechte Binden einen Wegschnitt überflüssig machen.

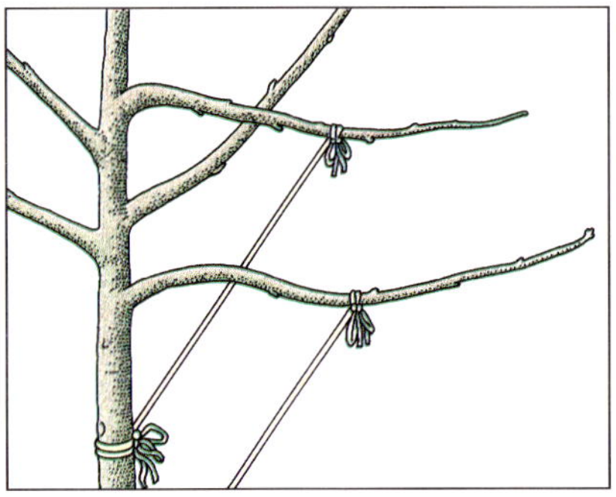

Bindemaßnahme

Richtige Düngung

Ausreichende Nährstoffversorgung ist für alle Obstgehölze wichtig und Voraussetzung für zufriedenstellende Ernten. Allerdings braucht man im Hausgarten dafür keine komplizierten Düngefahrpläne – immer vorausgesetzt, daß der Boden nicht an irgendwelchen entscheidenden Stoffen Mangel leidet oder sie im Überfluß hat.
Am allerwichtigsten ist ein humusreiches, mit organischem Material gut versorgtes Erdreich. Wo immer es möglich ist, sollte deshalb gemulcht werden. Rasenbesitzer können also das wöchentliche Mähgut verwenden.
Ideal ist eine Abdeckung der Baumscheibe mit Kompost oder angerottetem Stallmist. Auch ein gelegentliches Gießen mit in Wasser aufgelöstem Trockenmist ist positiv.
Während man mineralische Dünger früher nur im Frühjahr und Sommer verabreichte, verteilt sich diese Gabe heute auf 3 Zeiträume: Spätherbst (Oktober/November), Frühjahr (März) und Sommer (Juli). 2-3 Handvoll pro m^2 genügen. Diese Menge summiert sich jedoch, da man 1 m über die Kronentraufe (Umfang der Baumkrone) hinaus düngen muß.
Mit diesen 3 Volldüngergaben ist neben einer guten Humusversorgung das Düngeproblem einzeln gepflanzter Obstgehölze erledigt. Wo ein Baum direkt im Rasen steht oder mineralischer Dünger aus anderen Gründen nicht ausgestreut werden kann, wird er in Wasser aufgelöst und in Schlitze gegossen, die vorher mit Spaten oder Grabegabel durch Einstechen und leichtes Hin- und Herbewegen geschaffen wurden. Hat man mehrere Bäume auf dem Rasen stehen, lohnt sich die Anschaffung einer sogenannten Düngelanze.

Das Veredeln

Es kommt vor, daß man mit einem bestimmten Obstgehölz im Garten nicht mehr zufrieden ist, eine Neupflanzung aber vermeiden möchte. Vielleicht entspricht die Fruchtqualität nicht den Erwartungen, oder es fehlt ein guter Pollenspender. In diesem Fall kann man durch Umveredeln die Rodung des gesamten Baums umgehen.

Ebenso ist es möglich, auf ein und derselben Unterlage, denn nichts anderes stellt das zu veredelnde Gehölz dar, mehrere unterschiedliche Sorten zu ziehen. Dadurch kommt man zu Früchten verschiedener Geschmacksrichtungen, ohne daß Platz für weitere Obstbäume geopfert werden muß.

Es gibt eine ganze Reihe von Veredelungstechniken. Bei der Obstveredelung im Hausgarten ist das Pfropfen die gebräuchlichste Methode. Dazu muß zunächst einmal die Krone des für die Prozedur vorgesehenen Baums verkleinert, besser gesagt radikal zurückgeschnitten werden. Die Krone wird abgeworfen, wie der Fachmann diesen Vorgang nennt. Man kürzt die Äste soweit ein, daß das verbleibende Zweiggerüst mit dem Stamm und der Stammverlängerung als Mittelachse einen Winkel von ungefähr 100 bis 110 Grad bildet. Schneidet man weniger zurück, gibt es zuviel Zweig- und Astenden, auf die gepfropft werden müßte, bei zu radikalem Schnitt büßt der Baum zuviel Holz ein und könnte seine Lebensfähigkeit verlieren.

Diese Arbeit wird beim Kernobst im Winter oder Frühjahr durchgeführt, bei Steinobst nicht später als im Januar, weil der Saftstrom hier schon frühzeitig einsetzt.

Die einjährigen Edelreiser, mit denen man das neue Kronengerüst aufbaut,

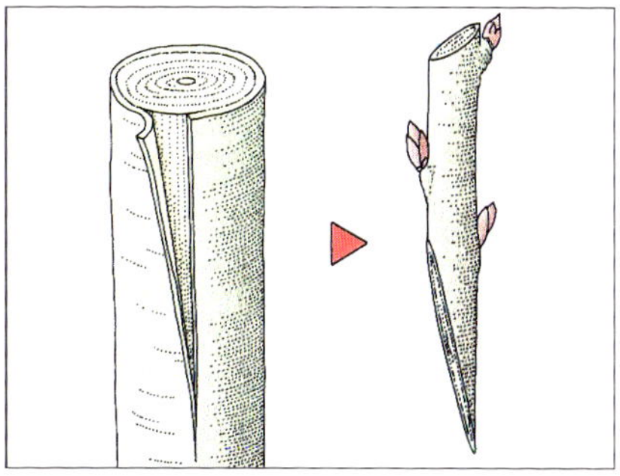

Rindenpfropfen; 1. am Pfropfkopf wird die Rinde eingeschnitten und zurückgeklappt. Das Edelreis wird gegenüber einem Auge schräg geschnitten.

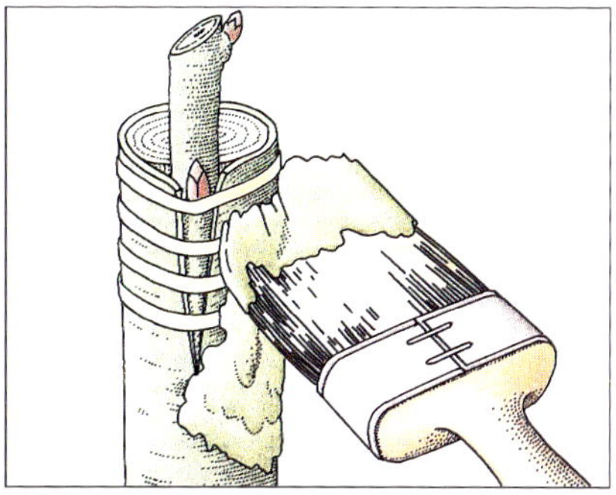

2. Man steckt das Reis ein, umwickelt es mit Bast und verstreicht es mit Baumwachs.

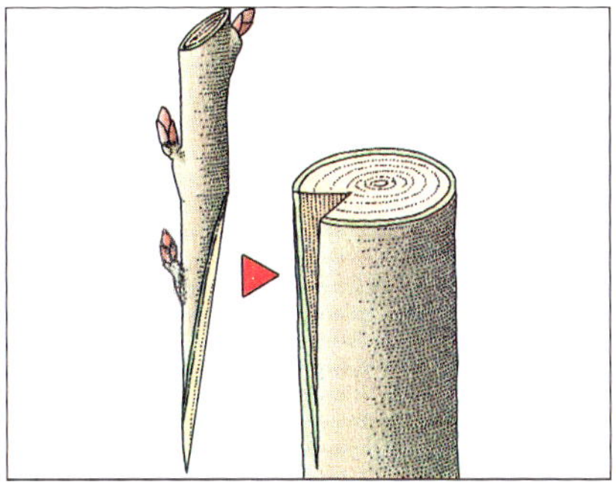

Geißfußpfropfung; das Edelreis wird mit Bast am Pfropfkopf befestigt und mit Baumwachs verstrichen.

schneidet man während der Vegetationsruhe von einwandfreien Mutterpflanzen. Sie sollen etwa bleistiftstark sein und von einem gesunden, ertragreichen Gehölz stammen. Man schlägt sie bis zum Beginn der Pfropfarbeiten im April oder Mai in feuchtem Sand in einem kühlen Kellerraum ein.

Vor dem Pfropfen werden die „Pfropfköpfe", die zu veredelnden Astenden also, noch einmal um etwa 10 oder 20 cm gekürzt, weil sie in der Zwischenzeit etwas zurückgetrocknet oder -gefroren sind. Nun schneidet man den Pfropfkopf längs an, so daß man die Rinde beidseits leicht zurückklappen kann. Das mit 5-6 Augen versehene Edelreis wird gegenüber einem dieser Augen schräg geschnitten, es entsteht so eine Fläche, die sich unter die angehobene Rinde des Pfropfkopfs schieben läßt. Da diese beiden Teile im Verlauf von 6-8 Wochen miteinander verwachsen sollen, ist es wichtig, daß sie dicht und genau aufeinander zu liegen kommen. Die Verbindungsstelle umwickelt man fest mit Bast oder Kunststoffband und verstreicht so dick mit Baumwachs, daß keine Luft mehr an die Veredelungsstelle gelangen kann.

Läßt es sich nicht vermeiden, auf sehr dicke Äste zu veredeln, kann ein einziger Pfropfkopf auch mehrere Edelreiser aufnehmen.

Die sogenannte „Geißfußpfropfung" folgt demselben Prinzip wie das Rindenpfropfen, nur versieht man hierbei den Pfropfkopf mit einem Keilschnitt, der das ebenfalls keilförmig geschnittene Edelreis aufnimmt.

Beim Kopulieren wird sowohl der Zweig der Unterlage als auch das Edelreis mit einem langen Schrägschnitt versehen, die gleichlangen Schnittflächen werden aufeinandergelegt und mit Bast umwickelt. Diese Veredelungsart wählt man zum Beispiel, wenn

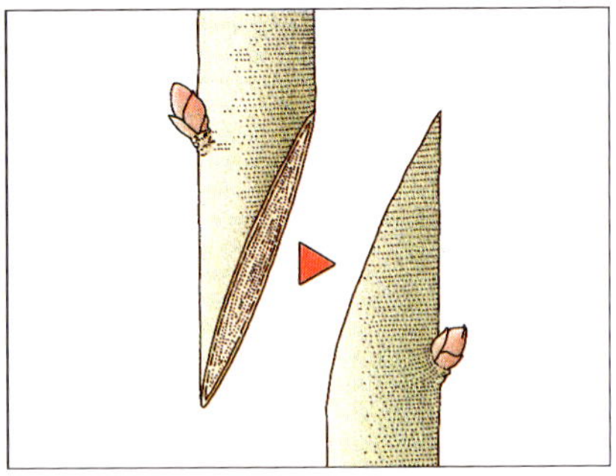

Kopulieren; 1. sowohl Unterlage wie Edelreis werden mit einem langen Schrägschnitt mit gleichlangen Schnittflächen versehen.

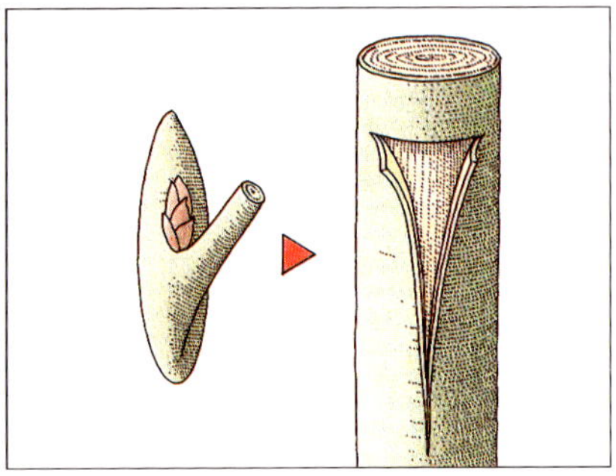

Okulieren; 1. der Zweig, der veredelt werden soll, bekommt einen T-Schnitt. Eine Edelknospe wird mit anhaftendem Holzschildchen geschnitten.

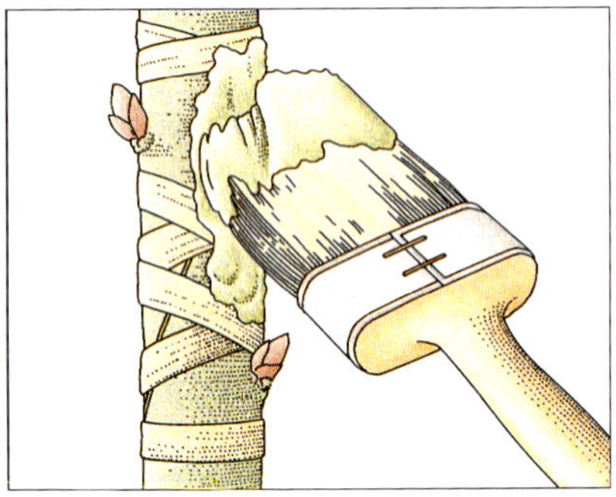

2. Man legt die beiden Schnittflächen aufeinander, umwickelt mit Bast und verstreicht mit Baumwachs.

2. Das Schildchen wird hinter die Rinde geschoben. Danach wird mit Bast verbunden.

man nur einen Ast umveredeln will oder wenn man eine ein- bis zweijährige Unterlage mit einer Edelsorte kombiniert.

Okulieren schließlich ist eine Augenveredelung, bei der man nur eine Knospe mit anhaftendem Holzschildchen als Veredelungsmaterial verwendet. Diese Knospe kommt mit dem Schildchen unter die Rinde des vorgesehenen Zweigs, die vorher mit einem T-Schnitt gelockert wurde.

Weitere Veredelungstechniken und -methoden bleiben dem Fachmann überlassen.

Kernobst

Alle Obstarten, die unter Kernobst zusammengefaßt werden, gehören zur Familie der Rosengewächse. Ihre Früchte sind Sammelbalgfrüchte. Ihr Fruchtfleisch wird von der krugförmigen Blütenachse gebildet, die mit den von einer steinartigen Fruchtwand umgebenen Fruchtblättern (Kernhaus) fest verwachsen ist.

Apfel

Der Apfel ist die mit Abstand wichtigste Obstart. Bereits im 19. Jahrhundert waren im damaligen Deutschland weit über 800 Sorten namentlich bekannt, viele davon, sogenannte Lokalsorten, sind heute weitgehend verschwunden und haben überregionalen Neuzüchtungen Platz gemacht.

Eine gewisse Renaissance der alten, ortsgebundenen Apfelsorten macht sich in letzter Zeit wieder bemerkbar, einige Baumschulen haben sich auf die Vermarktung dieser „Bauernäpfel“ spezialisiert und erfreuen sich regen Zuspruchs. Im Privatgarten sollte man solche Züchtungen bevorzugen, deren Eigenschaften und Ansprüche bekannt sind und bei denen die Anpflanzung unter Berücksichtigung der örtlichen Gegebenheiten und des Klimas, sachgemäße Pflege vorausgesetzt, kaum mit einem Risiko verbunden ist.

Ansprüche

Die Ansprüche des Apfels sind keineswegs einheitlich, sondern von Sorte zu Sorte verschieden.

Im Hausgarten, wo es nicht um Massenerträge geht, spielen diese Sorteneigentümlichkeiten keine herausragende Rolle. Nur bei extremen Ansprüchen einer Züchtung kann es auch hier zu Schwierigkeiten kommen, wie zum Beispiel bei dem außergewöhnlich wärmebedürftigen australischen Apfel ‘Granny Smith’, dessen mindere Qualität einen Anbau aber sowieso kaum lohnt.

Auch die in den Einzeldarstellungen genannten Anfälligkeiten gegen bestimmte Krankheiten und Schädlinge betreffen vor allem den gewerblichen

Obstanbau, weil man im Privatgarten die Einzelbäume gezielter pflegen und dadurch besser vor verschiedenen Schäden bewahren kann.
In der Regel sind Äpfel bei uns winterhart und gedeihen überall im gemäßigten Klima zufriedenstellend. Eine relativ hohe Luftfeuchtigkeit, die man nicht herbeizaubern kann, wird dankbar akzeptiert, ist aber keineswegs Voraussetzung für gutes Gedeihen.
Humoser Boden ohne stauende Nässe beeinflußt Wachstum und Fruchtbarkeit positiv. Der Wasserbedarf ist ziemlich hoch, in Trockenperioden muß der Gartenschlauch an den Baum gelegt werden.
Je mehr organisches Material (Kompost und Naturdünger) im Wurzelbereich vorhanden ist, desto besser. Eine zusätzliche Versorgung mit organisch-mineralischem oder nur mineralischem Volldünger im Herbst, Frühjahr und Sommer (jeweils 100 g/m^2) ist vorteilhaft.

Unterlagen

Äpfel werden auf Unterlagen veredelt, die in der englischen Versuchsanstalt East Malling geprüft und registriert wurden. Diese Typenunterlagen tragen die Bezeichnung M (M=Malling) und sind numeriert. Sie unterscheiden sich vor allem in den Wuchseigenschaften, die wiederum für den Beginn des Ertragsalters entscheidend sind.
Heute verwendet man im Hausgarten vor allem Bäume, die auf einer schwachwachsenden Unterlage wie M 9 stehen. Diese Gehölze benötigen eine regelmäßige Düngung, in leichten Böden auch einen Pfahl.
M 26 ist M 9 sehr ähnlich und wächst nur geringfügig stärker. Die Anzahl der zu erntenden Früchte ist etwas geringer, dafür sind die Einzelfrüchte größer.

Äpfel sind meist selbstunfruchtbar, ein Einzelbaum benötigt also einen Partner. Der Pollen wird hauptsächlich durch Bienen übertragen.

Befruchtung

Äpfel sind meist selbstunfruchtbar, ein Einzelbaum muß also einen Partner haben, der ihn mit seinen hauptsächlich durch Bienen übertragenen Pollen bestäubt.
Nun ist es leider nicht damit getan, 2 beliebige Sorten nebeneinander zu setzen, denn nicht jede ist auch ein guter Pollenspender. Triploide Sorten, zu denen beispielsweise 'Holsteiner Cox' oder 'Karmijn de Sonnaville', aber auch der bekannte 'Boskoop' gehören, haben einen dreifachen Chromosomensatz und können diploide Sorten mit zweifachem Chromosomensatz nur unzulänglich oder gar nicht befruchten. Man bezeichnet sie als schlechte Pollenspender. Ihr Pollen ist von minderer Qualität. Außerdem ist darauf zu achten, daß die angepflanzten Sorten in der Blütezeit in etwa übereinstimmen.
Auch Züchtungen, von denen bekannt ist, daß sie zu starker Alternanz, also zu unregelmäßigem Blühen und Fruchten neigen (sie tragen im einen Jahr zahlreiche Früchte, im nächsten nur sehr wenige), sind als Pollenspender nicht ideal.
Dann wiederum gibt es Apfelsorten, die zwar generell gute Polleneigenschaften haben, aus genetischen Gründen aber für die Befruchtung spezieller anderer Äpfel nicht geeignet sind. So ist beispielsweise 'Cox Orange' zwar diploid, also ein guter Befruchter, versagt jedoch bei 'Holsteiner Cox' und 'Karmijn de Sonnaville'. Auf die Pollen von 'Goldparmäne' spricht 'Boskoop' besonders gut an, während 'Jonagold' von 'Golden Delicious' nur unzureichend befruchtet wird.
Es lohnt sich also, vor der Pflanzung nur eines Apfelbaums in den Nachbargärten nach geeigneten Sorten für eine Fremdbefruchtung Ausschau zu halten. Oder man veredelt den eigenen Einzelbaum mit einer weiteren Sorte, die als Pollenspender in Frage kommt.

Alternanz und Fruchtausdünnung

Besonders Äpfel, aber auch Birnen und in geringerem Maße Steinobst neigen dazu, in manchen Jahren mit den Erträgen ohne ersichtlichen Grund zurückzugehen. Diese Erscheinung mag viele Ursachen haben, eine mögliche ist die Ermüdung nach Jahren mit besonders reicher Fruchtausbildung.
Derartige Ernteschwankungen machen sich nicht so stark bemerkbar, wenn im Juni zu dichter Fruchtbesatz ausgedünnt wird. Einen Teil dieser Arbeit besorgt der Baum meist selbst. Er stößt Blüten und junge Früchte beim sogenannten Junifall ab, später auch heranwachsende Früchte.
Hängt dann immer noch zuviel an den Zweigen, muß eine Handausdünnung vorgenommen werden. Nach einer

alten Gärtnerregel sollen beim Apfelbaum auf einen Fruchtstand etwa 30 Blätter entfallen, damit die Versorgung des Gehölzes mit lebenswichtigen Stoffen sichergestellt ist. Nun wäre es ein unsinniges Unterfangen, wollte man damit beginnen, die Blätter seiner Apfelbäume zu zählen. Hier sind Erfahrung und Fingerspitzengefühl gefragt. Der Baum freut sich über jede Frucht, die man ihm nimmt, dem Gärtner blutet in gleichem Maße das Herz.

Ausdünnen ist kein Muß, aber die verbleibenden Früchte werden dadurch größer, schmecken besser, und das Gehölz selbst verausgabt sich nicht so sehr.

Der Gesunderhaltung dienen auch die bereits beschriebenen Schnittmaßnahmen, die für alle Obstgehölze Gültigkeit haben: stets für eine gut belichtete, lockere Krone sorgen, aus der alles alte oder nach innen wachsende Holz entfernt wird. Lange Triebe sind zu kürzen, nach etwa 10 Jahren wird die gesamte Krone, je nach Wuchs und Zustand, um ein Viertel bis ein Drittel zurückgenommen.

Ernte und Lagerung

Grundsätzlich gilt: Lagersorten läßt man nicht zu lange am Baum hängen, denn Überreife mindert die Haltbarkeit. Der richtige Erntetermin ist Erfahrungssache, einige Merkmale deuten auf ihn hin: ausgefärbte Äpfel, leichtes Lösen des Stiels vom Fruchtholz, vor allem aber das Abfallen gesunder Früchte. Da nicht alle gleichzeitig reif sind, empfiehlt sich ein mehrmaliges Durchpflücken.

Daß bei Äpfeln zwischen Baum- und Genußreife unterschieden wird (siehe nachfolgende Sortenbeschreibungen) – bei einigen Sorten ist der Reifezeitpunkt identisch –, bedeutet nicht, baumreife Äpfel könne man erst essen, wenn die angegebene Genußreife erreicht ist. Allerdings haben sie erst dann das Optimum an geschmacklicher Qualität erreicht.

Den idealen Lagerraum für Obst und Gemüse mit Naturboden und „atmenden“ Backsteinwänden gibt es heute nur noch in alten Bauernhäusern. Moderne Keller sind warm, trocken und denkbar ungünstig zur Frischaufbewahrung. Desto mehr muß man darauf achten, daß nur Äpfel in einwandfreiem Zustand, ohne Schäden und Druckstellen eingelagert werden. Die Raumtemperatur sollte nicht viel mehr als 6° C betragen, die Luftfeuchtigkeit so hoch wie möglich sein, am besten zwischen 80 und 90 %.

In der Schweiz hat man Versuche mit der Lagerung von Äpfeln in 0,03-0,05 mm dünnen Folienbeuteln gemacht. In einen Beutel sollen dabei maximal 5 kg Äpfel verpackt werden, besser weniger. Das Erntegut darf nicht gleich nach dem Pflücken in Folie verpackt werden, sondern es bleibt zunächst 2 Tage im Lagerraum liegen, damit die Früchte die Raumtemperatur annehmen können und Schwitzwasserbildung vermieden wird. Bei Temperaturen über 10° C werden die Folienbeutel an 2 oder 3 Stellen mit einer Stricknadel perforiert, je wärmer es wird, desto mehr Löcher sind zum Gasaustausch erforderlich.

Auch Folienlagerung ist nur ein Notbehelf von begrenzter Dauer und verlangt ständige Kontrolle. Je mehr Löcher der Beutel aufweist, desto stärker wird die Verdunstung gefördert und desto kürzer wird die Haltbarkeit des Lagerguts.

Apfelsorten

'ALKMENE'

Alkmene ist eine Kreuzung aus 'Oldenburg' und 'Cox Orange' mit aromatischem, süß-fruchtigem Geschmack. Die mittelgroßen Früchte sind goldgelb bis ziegelrot.

Diese Sorte ist ein guter Pollenspender, wenig anfällig für Schorf und Mehltau, wird aber von der Roten Spinne geliebt. Die Krone ist schmal, wird jedoch schon frühzeitig sehr dicht und muß deswegen öfter ausgelichtet werden.

Befruchtersorten sind unter anderen 'Cox Orange', 'Discovery', 'Golden Delicious', 'Goldparmäne', 'James Grieve' und 'Ontario'. Die Pflückreife ist im Oktober, die Genußreife ab der Ernte bis Ende November.

'BERLEPSCH'

Blüten und Holz sind nicht ganz frostsicher, der Wuchs ist stark. Die Früchte sind mittelgroß und fleischfarben bis dunkelrot. Der Geschmack ist würzig mit angenehmer Säure. 'Berlepsch' schnitt in den vergleichenden Geschmackstests mit der Note „sehr gut“ ab.

Da 'Berlepsch' viele Pflanzenschutzmittel nur schlecht verträgt, kommt seiner Anfälligkeit für Obstbaumkrebs und Kragenfäule besondere Bedeutung zu.

Die Polleneigenschaften sind gut, allerdings neigt der Apfel stark zur Alternanz.

Befruchtersorten sind unter anderen 'Cox Orange', 'Goldparmäne', 'James Grieve', 'Jonathan' und 'Oldenburg'. Die Pflückreife ist Ende September, die Genußreife von November bis Februar.

'BOSKOOP' ('ROTER BOSKOOP', SCHMITZ-HÜBSCH')

Als Befruchtersorte ist 'Boskoop' wegen schlechter Polleneigenschaften (triploid) ungeeignet.

Der Baum benötigt einen vergleichsweise feuchten Boden und ist im Holz bei extremen Temperaturschwankungen im Winter nicht völlig stabil. Diese stark wachsende Sorte schneidet man daher erst gegen Winterende, wenn keine Frosteinbrüche mehr zu erwarten sind.

Die Früchte sind groß, orangefarben bis rot und haben einen kräftigen, würzigen Geschmack mit feiner Säure. 'Boskoop' neigt stark zur Alternanz. Befruchtersorten sind unter anderen 'Berlepsch', 'Cox Orange', 'Glockenapfel', 'Goldparmäne', 'Idared', 'Jonathan' und 'Klarapfel'. Die Pflückreife ist im Oktober, die Genußreife von Dezember bis Januar.

'COX ORANGE'

Die Sorte ist ein guter Pollenspender, für 'Holsteiner Cox' und 'Karmijn de Sonnaville' jedoch ungeeignet.

Der mittelgroße Apfel ist gelblichgrün, die der Sonne zugewandte Seite rötlich. Im Geschmack gehört 'Cox Orange' unbestritten in die Spitzenklasse. Das würzige Aroma mit feiner Fruchtsäure wurde in Geschmackstests mit der Note „sehr gut" bewertet.

Mit der starken Schosserbildung wird man durch einen regelmäßigen Sommerschnitt fertig. Problematischer ist die Anfälligkeit gegen Blutläuse, Obstbaumkrebs und Kragenfäule, die jedoch im Hausgarten nicht so stark ins Gewicht fällt wie im Erwerbsobstbau. Befruchtersorten sind unter anderen 'Berlepsch', 'Glockenapfel', 'Golden Delicious', 'Idared', 'James Grieve', 'Jonathan' und 'Ontario'. Die Pflückreife ist im Oktober, die Genußreife von November bis Dezember.

'Berlepsch'

'Cox Orange'

'DISCOVERY'

'Discovery' gilt als guter Pollenspender und ist wenig krankheitsanfällig. Die rötlichen bis leuchtendroten Früchte sind nicht sehr groß, der Geschmack ist hervorragend und aromatisch mit angenehmer Fruchtsäure. Der Baum zeigt sich wenig frostanfällig. 'Discovery' ist ein empfehlenswerter, pflegeleichter Frühapfel für den Hausgarten. Befruchtersorten sind unter anderen 'Cox Orange', 'Golden Delicious' und 'Goldparmäne'. Die Pflückreife ist Mitte August, die Genußreife ab der Ernte bis Anfang September.

'ELSTAR'

Die Früchte sind mittelgroß, verwaschen-rötlich bis rostrot und im Geschmack aromatisch, süßlich mit feiner Fruchtsäure. Bei ausreichender Ernährung und Bodenfeuchte tritt kaum Stippigkeit auf.

'Glockenapfel'

'Elstar' ist erst seit 1975 im Handel. Die Sorte ist ein guter Pollenspender und vermutlich selbstverträglich. Wie immer wird ein optimaler Fruchtansatz aber nur durch Fremdbestäubung erreicht. Befruchtersorten sind unter anderen: 'Gloster', 'James Grieve', 'Golden Delicious' und 'Jonathan'.

Die Pflückreife ist in der ersten Oktoberhälfte, die Genußreife ab der Ernte bis Ende Dezember, bei sachgemäßer Lagerung auch länger.

'GLOCKENAPFEL'

Die länglich-ovale Form der großen bis mittelgroßen Früchte hat diesem etwas säuerlich, aber frisch und angenehm schmeckenden Apfel zu seinem Namen verholfen. Die Blüten sind ziemlich frostfest, aber es besteht eine Anfälligkeit für Obstbaumkrebs, Schorf und Stippe.

Diese Sorte besitzt gute Polleneigenschaften. Sie neigt stark zur Alternanz. Der 'Glockenapfel' liebt warme Lagen und ausreichend feuchten Boden. Die starke Wuchsfreudigkeit junger Bäume verliert sich meist schon mit dem Eintritt in das Ertragsalter.

Befruchtersorten sind unter anderen 'Berlepsch', 'Cox Orange', 'Golden Delicious', 'Goldparmäne', 'Idared' und 'Jonathan'. Die Pflückreife ist in der zweiten Oktoberhälfte, die Genußreife von Februar bis April.

'Gloster'

'GLOSTER'

Diese gute Befruchtersorte bringt mittelgroße, länglich-kantige, dunkelrote, sehr aromatische Früchte. Der starkwüchsige Baum neigt zu Schorf und Obstbaumkrebs.

Befruchtersorten sind unter anderen 'Cox Orange', 'Golden Delicious', 'Ingrid Marie', 'James Grieve' und 'Jonathan'. Die Pflückreife ist in der zweiten Oktoberhälfte, die Genußreife von Dezember bis Februar.

'GOLDEN DELICIOUS'

'Golden Delicious' ist eine gute Befruchtersorte außer für 'Maigold', 'Jonagold' und 'Mutsu', da es sich hierbei um direkte Abkömmlinge handelt. Die Früchte sind mittelgroß und goldgelb, oft mit einer leichten Rötung, der Geschmack ist süßlich-aromatisch.

Die mittelstark wachsende Sorte ist sehr schorfanfällig. Sie verträgt gelegentliche Trockenheit recht gut.

Befruchtersorten sind unter anderen 'Idared', 'James Grieve', 'Jonathan', 'Cox Orange', 'Glockenapfel' und 'Goldparmäne'. Die Pflückreife ist in der zweiten Oktoberhälfte, die Genußreife von Februar bis April.

'GOLDPARMÄNE'

'Goldparmäne' gilt als beste Befruchtersorte für 'Boskoop'. Die Früchte sind nicht sehr groß, gelblich und teilweise rötlich geflammt. Der Geschmack ist fruchtig und süß.

Diese Sorte wächst nicht sehr stark. Sie neigt zu Schorf, Obstbaumkrebs, Blatt- und Blutläusen und leider auch zu Feuerbrand.

Befruchtersorten sind unter anderen 'Berlepsch', 'Cox Orange', 'Glockenapfel', 'Golden Delicious' und 'James Grieve'. Die Pflückreife ist in der zweiten Septemberhälfte, die Genußreife von Oktober bis Dezember.

'GRANNY SMITH'

Die Polleneigenschaften dieser in Australien entstandenen, grasgrünen, saftigen aber aromalosen Sorte mit großen Früchten sind unbekannt. Der Anbau lohnt sich bei uns, wenn überhaupt, nur im Weinbauklima und ist auch dort bei kurzen, kühlen Sommern nicht sicher.

Die Anfälligkeit für Obstbaumkrebs ist groß, ebenso die Neigung zur Alternanz.

Befruchtersorten sind unter anderen 'Cox Orange', 'Golden Delicious' und 'James Grieve'. Die Pflückreife ist in der ersten Novemberhälfte, die Genußreife von Januar bis März.

'GRAVENSTEINER'

Als Pollenspender ist diese Sorte ungeeignet (triploid). Die großen, oft kantigen Früchte haben wohl von allen Äpfeln das beste Aroma und verströmen einen intensiven Apfelduft. Sie sind gelb mit leichter Rötung.

Die Sorte ist starkwüchsig. Sie ist anfällig für Schorf und Mehltau. Die Blüten sind durch Spätfröste gefährdet. Befruchtersorten sind unter anderen 'Berlepsch', 'Cox Orange', 'Glockenapfel', 'Goldparmäne', 'Idared', 'James Grieve', 'Jonathan' und 'Ontario'. Die Pflückreife ist in der ersten Septemberhälfte, die Genußreife ab Ernte bis November.

'Gravensteiner'

'HOLSTEINER COX'

'Holsteiner Cox' ist als Pollenspender ungeeignet (triploid). Der Apfel bringt dort, wo sich 'Granny Smith' wohlfühlt, also in sehr warmen Lagen, nicht so gute Ergebnisse wie in kühleren Klimaten.

'Holsteiner Cox' wächst stark. Die mittelgroßen Früchte sind gelblichgrün mit leichter Rötung. Der Geschmack ähnelt dem der Muttersorte 'Cox Orange', er ist aromatisch mit angenehmer, feiner Säure. Dafür erhielt 'Holsteiner Cox' das Prädikat „sehr gut".

Die Sorte ist anfällig für Obstbaumkrebs.

Befruchtersorten sind unter anderen 'Glockenapfel', 'Gloster', 'Goldparmäne', 'Ingrid Marie', 'James Grieve' und 'Klarapfel'. Die Pflückreife ist in der zweiten Septemberhälfte, die Genußreife ab der Ernte bis Dezember.

'IDARED'

Dieser mittelgroße, runde, im sattesten Rot erstrahlende, amerikanische Apfel ist als hervorragender Pollenspender bekannt.

Die Früchte besitzen kein übermäßig ausgeprägtes Aroma, schmecken aber angenehm säuerlich. Wegen des geringen Zuckergehalts ist 'Idared' für Diabetiker geeignet.

Befruchtersorten sind unter anderen 'Berlepsch', 'Glockenapfel', 'Golden

'James Grieve'

Delicious', 'Goldparmäne' und 'Jonathan'. Die Pflückreife ist in der zweiten Oktoberhälfte, die Genußreife von Januar bis April.

'INGOL'
'Ingol' ist eine neuere Züchtung aus den fünfziger Jahren mit guten Pollen-eigenschaften und starkem Wuchs. Die Sorte ist schorfanfällig. Die Früchte sind sehr groß, grüngelb und an der Sonnenseite rötlich überhaucht. Sie besitzen eine feine Fruchtsüße, aber kein herausragendes Aroma.
Befruchtersorten sind unter anderen 'Cox Orange', 'Glockenapfel', 'Golden Delicious', 'Goldparmäne', 'Jonathan' und 'Klarapfel'. Die Pflückreife ist Mitte September bis Anfang Oktober, die Genußreife von Oktober bis Januar.

'INGRID MARIE'
Dieser gute Pollenspender neigt zur Alternanz. Er ist kaum anfällig für Blattkrankheiten, aber sehr für Obstbaumkrebs.
Die Sorte ist nicht sehr wüchsig. Sie bringt auch in kühleren Lagen gute Erträge. Die Frucht ist eher klein und rost- bis braunrot. Der Geschmack ist leicht säuerlich und nicht sehr ausgeprägt im Aroma.
Befruchtersorten sind unter anderen 'Cox Orange', 'Glockenapfel', 'Golden Delicious', 'Goldparmäne', 'James Grieve' und 'Jonathan'. Die Pflückreife ist in der zweiten Septemberhälfte, die Genußreife von Oktober bis Januar.

'JAMBA 69'
'Jamba 69' gilt als guter Pollenspender und wächst stark. Er zeigt kaum Alternanz. Die mittelgroßen, meist kugelförmigen Früchte haben eine gelblich-grüne Färbung mit rötlicher Flammung. Der Geschmack ist fruchtig, aromatisch und frisch.
Befruchtersorten sind unter anderen 'Cox Orange', 'Golden Delicious', 'Goldparmäne', 'Ingol', 'James Grieve', 'Jonagold' und 'Klarapfel'. Die Pflückreife ist ab der zweiten Augusthälfte bis Anfang September, die Genußreife ab der Ernte bis Ende Oktober.

'JAMES GRIEVE'
Diese gute Befruchtersorte ist anfällig für Kragenfäule, Zweigmonilia und Blattläuse. In der Jugend wächst der Baum stark. 'James Grieve' ist nicht sehr witterungsabhängig.
Die mittelgroßen Früchte sind gelblich bis orangefarben, der Geschmack ist würzig und feinsäuerlich.
Befruchtersorten sind unter anderen 'Berlepsch', 'Cox Orange', 'Glockenapfel', 'Golden Delicious', 'Goldparmäne', 'Jonathan' und 'Klarapfel'. Die Pflückreife ist in der ersten Septemberhälfte, die Genußreife ab der Ernte bis Mitte Oktober.

'JONAGOLD'
Diese Sorte besitzt schlechte Polleneigenschaften (triploid). Sie liebt wärmeres Klima und ist anfällig für Schorf.
Die Früchte sind gelb mit rötlich eingefärbter oder geflammter Sonnenseite. Der Geschmack ist süß mit angenehmer Fruchtsäure und aromatisch.
Befruchtersorten sind unter anderen 'Discovery', 'Gloster', 'Goldparmäne', 'Idared', 'Ingol', 'James Grieve' und

'Jonagold'

'Jonathan'. Die Pflückreife ist in der ersten Oktoberhälfte, die Genußreife von November bis Januar.

'JONATHAN'
Dieser gute Pollenspender ist schwachwüchsig und sehr mehltauanfällig.
'Jonathan' liebt warmes Klima, ist aber nicht sonderlich empfindlich bei etwas trockenem Boden. Die Früchte sind mittelgroß, rötlichgelb. Der Geschmack ist süßlich mit feiner Säure, das Aroma nicht sehr ausgeprägt.
Befruchtersorten sind unter anderen 'Berlepsch', 'Cox Orange', 'Glockenapfel', 'Golden Delicious', 'Goldparmäne', 'Idared' und 'James Grieve'. Die Pflückreife ist in der ersten Oktoberhälfte, die Genußreife von Dezember bis März.

'KARMIJN DE SONNAVILLE'
Diese schlechte Befruchtersorte (triploid) zieht kühlere Klimaten vor und ist anfällig für Obstbaumkrebs und Mehltau. Sie ist relativ starkwüchsig.
Die Früchte sind mittelgroß, warmgelb bis braunrot und sehr rauhschalig.
Die Sorte schmeckt würzig.
Befruchtersorten sind unter anderen 'Alkmene', 'Discovery', 'Golden Delicious' und 'James Grieve'. Die Pflückreife ist Ende September bis Anfang Oktober, die Genußreife von November bis Dezember.

'Klarapfel'

'KLARAPFEL'

Der 'Klarapfel' ist einer der frühesten Äpfel und ein guter Pollenspender. Er wächst mittelstark und ist anfällig für Blutläuse und Obstbaumkrebs.

Die Früchte sind ziemlich klein und gelb, die Schale ist sehr glatt. Der Geschmack ist frisch, leicht säuerlich und angenehm.

Befruchtersorten sind unter anderen 'Cox Orange', 'Glockenapfel', 'Goldparmäne', 'James Grieve', 'Jonathan' und 'Oldenburg'. Die Pflückreife ist im Juli, die Genußreife von Mitte Juli bis Mitte August.

'MAIGOLD'

'Maigold' gilt als guter Pollenspender außer für 'Golden Delicious' und 'Boskoop'. Die Sorte neigt zur Alternanz. Sie hat eine lange Entwicklungszeit und kommt daher nur in warmen Gegenden sicher zur Vollreife. 'Maigold' ist wenig krankheitsanfällig.

Die Früchte sind mittelgroß und goldgelb mit roter Flammung. Der Geschmack ist sehr gut, süß mit angenehmer Fruchtsäure und oft leichtem Birnenaroma.

Befruchtersorten sind unter anderen 'Idared' und 'Jonathan'. Die Pflückreife ist in der zweiten Oktoberhälfte, die Genußreife von Januar bis März.

'MALLING' KENT

Diese neue, geschützte Sorte ist ein guter Pollenspender, jedoch nicht für seine Eltern 'Cox Orange' und 'Jonathan'. 'Malling' Kent wächst mittelstark und ist wenig krankheitsanfällig.

Die Früchte sind gelb mit rötlicher Flammung. Der Geschmack ist aromatisch süß mit angenehmer, nicht sehr ausgeprägter Fruchtsäure. Die Sorte ist ein guter Winterapfel.

Geeignete Befruchtersorten sind noch nicht ermittelt. Die Pflückreife ist Ende Oktober, die Genußreife ab Januar bis Februar.

'MANTET'

Diese Sorte besitzt gute Polleneigenschaften. Sie neigt ausgesprochen zur Alternanz.

'Mantet' ist auf warme Lagen ebensowenig angewiesen wie auf hohe Bodenfeuchte. Allerdings setzt die Reife bei ungünstigen Bedingungen später als angegeben ein.

Die Sorte ist anfällig für Obstbaumkrebs und Mehltau. Die Früchte sind mittelgroß, oft etwas kantig und länglich, grüngelb bis gelb mit orangeroter Fleckung. Der Geschmack ist säuerlich und aromatisch.

Befruchtersorten sind unter anderen 'Cox Orange', 'Goldparmäne' und 'James Grieve'. Die Pflückreife ist in der ersten Augusthälfte, die Genußreife ab der Ernte bis Ende August.

'MELROSE'

'Melrose' ist als Befruchtersorte wegen der geringen Pollenzahl nicht so gut geeignet. Die Sorte ist starkwüchsig und anfällig für Feuerbrand, Obstbaumkrebs und Mehltau.

Die Früchte sind ziemlich groß und etwas unregelmäßig, ihre Farbe ist orangerot, in rostrot übergehend. Der Geschmack ist aromatisch und süßsäuerlich.

Befruchtersorten sind unter anderen 'Goldparmäne' und 'James Grieve'. Die Pflückreife ist in der ersten Oktoberhälfte, die Genußreife von Januar bis April.

'MORGENDUFT'

Diese Sorte ist ein guter Pollenspender. Wegen der langen Entwicklungszeit der Früchte ist eine warme Lage günstig, im Hausgarten aber nicht Voraussetzung. Besondere Anfälligkeiten sind nicht bekannt.

Die Früchte sind teilweise sehr groß, rund und entweder fast durchgehend dunkelrot oder dunkelrot mit Goldgelb abgesetzt. Der etwas nichtssagende, aromalose Geschmack hält nicht, was das Äußere verspricht.

Befruchtersorten sind unter anderen 'Jonathan' und 'Oldenburg'. Die Pflückreife ist Ende Oktober, die Genußreife von Dezember bis Februar.

'MUTSU'

Diese schlechte Befruchtersorte (triploid) ist starkwüchsig, breitkronig und anfällig für Schorf.

'Mutsu' braucht warme Standorte, damit sich die spät reifenden Früchte voll entwickeln können. Die gelbgrünen bis leicht orangefarbenen Äpfel sind sehr groß, saftig und angenehm fruchtig im Geschmack, besitzen aber nur wenig Eigenaroma.

Befruchtersorten sind unter anderen 'Cox Orange', 'Gloster', 'Idared' und 'Jonathan'. Die Pflückreife ist in der zweiten Oktoberhälfte, die Genußreife ab der Ernte bis Februar.

'OLDENBURG'

'Oldenburg' besitzt gute Polleneigenschaften. Die Sorte wächst mittelstark und ist sehr anfällig für Obstbaumkrebs.

Die mittelgroßen Früchte sind orangerot mit dunkelroter Flammung, haben nur wenig Eigenaroma und schmecken süßlich mit leichter, angenehmer Säure.

Befruchtersorten sind unter anderen 'Alkmene', 'Cox Orange', 'Goldparmäne' und 'Klarapfel'. Die Pflückreife ist im September, die Genußreife ab der Ernte bis November.

'ONTARIO'

'Ontario' ist eine gute Befruchtersorte. Während die Blüten ziemlich frosthart sind, ist das Holz in sehr kalten Wintern gefährdet. Die Sorte ist anfällig für Blutläuse, Mehltau und Schorf. Die Neigung zur Alternanz ist vorhanden.

Die Früchte sind groß, oft kantig und grüngelb bis orangerot. Der Geschmack ist angenehm fruchtig, etwas säuerlich mit wenig Eigenaroma.

Befruchtersorten sind unter anderen 'Cox Orange', 'Glockenapfel', 'Golden Delicious' und 'Goldparmäne'. Die Pflückreife ist im Oktober, die Genußreife von Januar bis Mai.

'PRIMA'

Diese neue Sorte von 1970 ist ein guter Pollenspender. Sie ist anfällig für Mehltau und Obstbaumkrebs, jedoch nicht für Schorf. Die Früchte sind mittelgroß, gelb und auf der Sonnenseite leuchtend rot. Der Geschmack ist von angenehmer, fruchtiger Säure.

Befruchtersorten sind unter anderen 'Cox Orange', 'Berlepsch' und 'Idared'. Die Pflückreife ist in der ersten Septemberhälfte, die Genußreife ab der Ernte bis Ende Oktober.

'RUBINETTE'

'Rubinette' kam erst 1982 in den Handel. Die Sorte besitzt gute Polleneigenschaften. Sie ist nicht sehr wärmebedürftig, eher schwach wachsend und offenbar wenig krankheitsanfällig. Vor allem Mehltau tritt selten auf.

Die Früchte sind klein und goldgelb mit rötlichem Anflug auf der Sonnenseite. Der Geschmack ist sehr fruchtig und aromatisch.

Befruchtersorten sind unter anderen 'Gloster', 'Idared' und 'James Grieve'. Die Pflückreife ist Mitte Oktober, die Genußreife ab der Ernte bis Dezember.

'SUMMERRED'

Diese kanadische Züchtung ist seit 1974 im Handel. Die Sorte ist ein guter Pollenspender, außer für 'Jonagold'. Sie ist für sehr warme Lagen nicht so gut geeignet.

'Summerred' wächst mittelstark und ist anfällig für Schorf. Die mittelgroßen Früchte sind rostrot mit feinen weißen Punkten. Der Geschmack ist leicht säuerlich und mild im Aroma.

Befruchtersorten sind unter anderen 'Berlepsch' und 'Melrose'. Die Pflückreife ist Anfang September, die Genußreife ab der Ernte bis Ende September.

Aus dem Institut für Obstforschung in Dresden-Pillnitz kommen einige neue sogenannte Re-Sorten mit Mehrfachresistenz gegen gefürchtete Apfelschädiger. 'Retina' ist widerstandsfähig gegen Schorf und Obstbaumspinnmilbe, gering empfindlich für Mehltau und Feuerbrand. Ähnlich gute Eigenschaften weisen 'Remo', 'Reglindis' und 'Rewena' auf. Ebenfalls sehr gesund und robust sind 'Piros', 'Pilot' (Winterapfel), 'Pinova'. England bereicherte das Sortiment durch die 'Ballerina-Trees', mit einer Breite von 40-50 cm extrem schmalwüchsig.

Junger Birnbaum auf schwachwachsender Unterlage

Birne

Birnen sind im Hausgarten wesentlich seltener anzutreffen als Äpfel. Der Grund ist nicht zuletzt darin zu suchen, daß sich nur wenige Sorten überhaupt lagern lassen, und selbst bei ihnen ist die Haltbarkeit im Obstquartier begrenzt. Es handelt sich also um eine Obstart, die vorwiegend für den Sofortverbrauch bestimmt ist, sich außerdem natürlich zum Einmachen eignet oder getrocknet werden kann.

Störend wirken bei Birnen bisweilen die sogenannten „Steinzellen", die sich meist unmittelbar am Kerngehäuse befinden. Treten sie auch an anderen Stellen des Fruchtfleischs auf, büßt die Birne ihre Sorteneigenschaft „vollschmelzend" ein. Der Grund für das vermehrte Auftreten von Steinzellen kann sortentypisch sein, man vermutet aber auch unausgeglichene Ernährung oder Wassermangel während der Fruchtentwicklung.

Ansprüche

Birnen benötigen mehr Wärme als Äpfel, besonders die spät reifenden Sorten sind auf lange und warme Sommer angewiesen. In kühlen, sonnenarmen Lagen geht der Baum zwar nicht ein, doch die Qualität der Früchte läßt dann soviel zu wünschen übrig, daß man Birnen dort nicht kultivieren sollte. Als Alternative bei ungünstigen Standorten im Garten bietet sich für die Birne, gerade wegen ihrer Wärmebedürftigkeit, eine Spalierpflanzung vor einer sonnigen Haus- oder Garagenwand an.

Unterlagen

Die Ansprüche an Boden und Feuchtigkeit sind von der jeweiligen Unterlage abhängig.

Halb- und Hochstämme, die auf verhältnismäßig tief wurzelnden Birnensämlingen veredelt wurden, können Trockenheit vertragen. Hier macht es auch nicht soviel aus, wenn das Erdreich locker und leicht ist. Den tief in den Untergrund strebenden Sämlingswurzeln kommt das sogar zugute. Allerdings muß man bei solchen Bäumen unter Umständen bis zu 8 Jahren warten, ehe die erste lohnende Ernte eingebracht werden kann.

Anders verhält es sich bei den kleinbleibenden Birnenspindelbüschen, wie man sie auch für Spaliere und bei der Heckenpflanzung verwendet. Diese Baumformen sind meist auf der Quitte A veredelt, die flach wurzelt und wenig standfest ist. Für die Praxis bedeutet das mehr Pflege, denn hier muß im Sommer für ausreichend Feuchtigkeit gesorgt werden.

Wegen des flachen Wurzelverlaufs empfiehlt es sich außerdem, diesen Bäumen zumindest in den ersten Jahren eine winterliche Schutzdecke aus Laub, Stroh, Rindenmulch oder anderem organischem Material zu geben. Das erhöht außerdem den Humusanteil des Bodens, der von Birnen ebenso geschätzt wird wie von Äpfeln und allen anderen Obstgehölzen.

Die Nährstoffansprüche gleichen denen des Apfels.

Über eine Besonderheit bei der Birnenveredelung wird sich der Hobbygärtner nur insofern wundern, als sie einen höheren Preis in der Baumschule zur Folge hat. Dieser rechtfertigt sich allerdings durch entstehende Mehrarbeit. Nicht alle Birnensorten lassen sich nämlich mit einer Quittenunterlage veredeln, weil beide gegenseitig unverträglich sind. Hier hat man zu einer List gegriffen, um doch noch ans Ziel einer auf der Quitte veredelten, kleinwüchsigen, schnell in den Ertrag kommenden Birne zu gelangen: die sogenannte Zwischenveredelung. Dabei pfropft man auf die Unterlage zunächst eine Birnensorte, die mit der Quitte harmoniert, meist 'Gellerts Butterbirne' oder 'Pastorenbirne', und erst diese Zwischenveredelung trägt dann die endgültige Sorte.

Befruchtung

Gleich Äpfeln sind auch Birnen selbstunfruchtbar und benötigen einen passenden Partner als Pollenspender. Daß einige Sorten wie 'Alexander Lucas' oder 'Williams Christ' völlig ohne Bestäubung Früchte entwickeln, also jungfernfrüchtig (parthenokarp) sind, sollte den Gartenbesitzer nicht vom Kauf einer anderen Sorte abhalten. Parthenokarpie ist keine Garantie für immerwährende Vollerträge.

Jungfernfrüchtigkeit scheint eine reine Notmaßnahme des Baums zu sein, wenn seine Blüten vergeblich auf Fremdpollen warten. Und eine ziemlich sinnlose dazu. Denn Früchte aus nicht bestäubten Blüten haben keine Kerne, sind also nicht fortpflanzungsfähig.

Außerdem verhalten sich einige wenige Birnen bei der Partnerwahl ähnlich zimperlich wie manche Apfelsorten: nicht jeder ist jede recht. 'Williams Christ', 'Trévoux' und 'Gute Luise' beispielsweise sollen sich nicht gegenseitig befruchten können. In jedem Fall müssen 2 Birnbäume gepflanzt werden, um zu befriedigenden Erträgen zu kommen, es sei denn, in einem Nachbargarten wächst sowieso schon ein Pollenspender.

Birnensorten

Da in den folgenden Einzelbeschreibungen alle genannten Sorten bis auf 'Alexander Lucas' diploid und gute Pollenspender zur gegenseitigen Befruchtung sind (Ausnahmen siehe oben), wurden keine speziellen Befruchtersorten genannt.

Bei den Erntezeiten handelt es sich um Richtwerte, die je nach Lage und Klima durchaus über- oder unterschritten werden können.

'ALEXANDER LUCAS'

'Alexander Lucas' ist als Befruchtersorte ungeeignet. Es werden ohne Bestäubung Früchte angesetzt. Die großen, leuchtendgelben Birnen, die manchmal rote Backen besitzen, sind sehr saftig und aromatisch im Geschmack.

Der Baum braucht warme Lagen, da er nicht ganz frostsicher ist. Er wird aber nur sehr selten von Krankheiten befallen und ist daher relativ unproblematisch in der Pflege. Die frühen Blüten sind spätfrostgefährdet. Geerntet wird Anfang bis Mitte Oktober.

'Alexander Lucas' (noch unreif)

'BOSC'
Die Früchte sind hellgelb, saftig und im Geschmack aromatisch bis würzig.
Die Sorte braucht viel Wärme und sollte wegen ihrer Spätfrostgefährdung nicht in ungünstigen Lagen angebaut werden. 'Bosc' ist anfällig für Schorf.
Geerntet wird Anfang Oktober.

'CLAIRGEAU'
Auf einer Quittenzwischenveredelung wächst diese Sorte sehr schwach und ist daher für eine Spalier- oder Heckenpflanzung geeignet. Die großen, gelben, meist rotbackigen Früchte haben einen süß-würzigen Geschmack und sind sehr saftig.
Die Sorte stellt keine besonderen Ansprüche, allerdings wirken sich warme Böden günstig auf die Fruchtqualität aus.
Geerntet wird Ende September.

'CLAPPS LIEBLING'
Bei dieser großen, grüngelben und rotfleckigen, aromatisch schmeckenden Sorte ist es wichtig, daß man sie nicht bei Vollreife, sondern etwa 2 Wochen früher erntet, damit der saftige Schmelz erhalten bleibt.
'Clapps' ist schorfanfällig und liebt geschützte, warme Lagen.
Geerntet wird in der zweiten Augusthälfte.

'CONFERENCE'
Die Früchte sind länglich gestreckt, grüngelb bis braun, sehr aromatisch und süß im Geschmack und gutem Schmelz (wenig Steinzellen). Diese recht unempfindliche Sorte stellt keine besonderen Ansprüche. Sie ist nicht schorfanfällig. Eine jährliche Fruchtausdünnung ist wegen des regelmäßigen starken Behangs empfehlenswert.
Geerntet wird in der zweiten Septemberhälfte.

'FRÜHE VON TREVOUX'
'Frühe von Trévoux' ist keine Bestäubersorte für 'Williams Christ' und 'Gute Luise'. Die Früchte sind grüngelb mit roten Backen. Der Geschmack ist würzig und süß, das Fleisch saftig-schmelzend.
Die Birne ist anspruchslos und gedeiht auch noch in weniger günstigen Lagen.
Geerntet wird Mitte August.

'GELLERTS BUTTERBIRNE'
Diese alte französische Züchtung wächst außerordentlich stark. Die mittelgroßen Früchte haben eine grünlich-braune Färbung und eine rauhe, berostete, fast harte Schale. Das Fruchtfleisch ist sehr aromatisch und besitzt viel Saft und Schmelz.
Diese anspruchslose Eßbirne von hoher Qualität ist etwas schorfanfällig.
Geerntet wird Mitte September. Bei längerer Lagerung verliert die Frucht an Aroma.

'GRÄFIN VON PARIS'
Die Früchte sind mittelgroß und graugrün. Der Geschmack ist süß, das Fruchtfleisch saftig und schmelzend. Diese anspruchsvolle Birne braucht viel Sonne und Wärme.
Geerntet wird in der zweiten Oktoberhälfte.

'Köstliche aus Charneux'

'GUTE LUISE'
'Gute Luise' ist keine Befruchtersorte für 'Trévoux' und 'Williams Christ'. Die glattschaligen, mittelgroßen Früchte sind grün gefärbt und besitzen rote Backen. Sie schmecken aromatisch und süß-säuerlich. Das Fleisch ist saftig und schmelzend. Die vorhandene Alternanz wird durch Ausdünnung gemindert. Wegen ihrer hohen Schorfanfälligkeit sollte diese Birne möglichst frei stehen, die Krone muß man licht halten.
Geerntet wird in der ersten Septemberhälfte.

'KÖSTLICHE AUS CHARNEUX'
Die mittelgroßen, grüngelben Früchte besitzen rote Backen. Der Geschmack ist sehr süß und aromatisch, das Fruchtfleisch saftig.

'Madame Verte'

Apfelbirne „Nashi"

Quitten sind selbstfruchtbar.

Der Alternanzneigung muß man durch Ausdünnen begegnen. Die Sorte ist anfällig für Schorf.
Geerntet wird Ende September bis Anfang Oktober.

'MADAME VERTE'
Die Früchte sind rötlichbraun und mittelgroß, der Geschmack ist sehr würzig und süß mit angenehmer Säure. Warme Standorte werden bevorzugt, aber auch in weniger günstigen Lagen sind die Ergebnisse zufriedenstellend, wenn der Baum etwas geschützt steht. Geerntet wird in der zweiten Oktoberhälfte.

'TONGERN'
Die rötlichbraune Frucht ist groß, saftig und sehr aromatisch. Diese anspruchslose Sorte bringt hohe Erträge. Geerntet wird in der zweiten Septemberhälfte. Die volle Genußreife tritt etwa 2 Wochen danach ein.

'VEREINSDECHANTSBIRNE'
Die große, häufig nicht gleichmäßige, gelbbraune Frucht schmeckt fruchtig und süß-aromatisch. Das Fleisch ist sehr saftig und schmelzend. Diese gute Tafelbirne braucht einen warmen Boden und mildes Klima. Die Ertragshöhe ist vom Standort und der Ernährung abhängig.
Geerntet wird in der ersten Oktoberhälfte.

'WILLIAMS CHRIST'
'Williams Christ' ist nicht als Befruchtersorte für 'Gute Luise' und 'Trévoux' geeignet. Diese Sorte setzt ohne Bestäubung Früchte an. Die großen, weinroten, etwas klobigen Birnen mit aromatischem, sortentypischem Geschmack besitzen sehr saftiges, zartschmelzendes Fleisch.
Die Birne wünscht warme, geschützte Lagen. Sie ist schorfanfällig.
Geerntet wird in der zweiten Augusthälfte.

Apfelbirne

In Markenbaumschulen wie auch vom Versandhandel wird dem Hobbygärtner jetzt die aus China, Japan und Korea stammende Apfelbirne „Nashi" angeboten.
Bei uns wird diese neue Obstart seit einigen Jahren in der Südpfalz getestet. Schon heute steht fest, daß „Nashi" nur in sehr warmen Lagen und auf besten humosen Böden mit Erfolg kultiviert werden kann.
Das Aroma entspricht einer Mischung aus Apfel und Birne. Die bis zu 350 g schweren, rundlichen Früchte sind wegen ihrer dünnen Schale äußerst empfindlich, sollen aber gute Lagerqualitäten besitzen.

Quitte

Daß man mit der Quitte als Obstgehölz nicht so viel anfangen kann wie mit Apfel und Birne, ist eigentlich schade. Denn außer dem Wunsch nach recht viel Wärme stellt sie kaum Ansprüche. Der Boden muß nicht übermäßig nährstoffhaltig und feucht sein. Düngeprobleme gibt es eigentlich nicht. 100 g/m^2 eines mineralischen Volldüngers im Frühjahr und noch einmal im Sommer genügen völlig. Ist das Erdreich sehr humos und wird gelegentlich gemulcht oder Kompost unter den Baum gegeben, benötigt die Quitte nicht einmal diese Menge. Das einzige, was die Quitte nicht mag, ist zuviel Kalk im Boden oder im Dünger.
Quitten sind selbstfruchtbar, um einen Pollenspender muß man sich also nicht kümmern. Da die Bäume nicht höher und breiter als 2-3 m werden, beschränkt sich der Schnitt auf ein gelegentliches Auslichten der Krone und das Zurückschneiden zu lang gewordener Leitäste. Die hübschen, weißrosa Schalenblüten öffnen sich im Frühjahr so spät, daß auch Frostnachzügler ihnen nichts anhaben können.
Krankheiten und Schädlinge suchen die Quitte nur selten heim. Verirren sich doch einmal tierische oder pilzliche Schaderreger auf den Baum, wird er meist selber mit ihnen fertig.

Birnenförmige Quitte

Apfelförmige Quitte

Zwar kann man die im Oktober reifenden, leuchtend gelben Früchte roh nicht essen, desto aromatischer aber sind aus ihnen zubereitete Gelees, Marmeladen, Säfte oder auch Kompotte. Wegen dieser doch recht begrenzten Verwertbarkeit genügt ein Baum für den Hausgarten, der mit seinen Frühjahrsblüten und dem ansprechenden dunkelgrünen Laub darüberhinaus auch noch ein respektables Ziergehölz ist.
Gepflanzt werden Quitten besser im Frühjahr, da sie im Herbst erst verhältnismäßig spät zur Ruhe kommen.
Quittensorten: 'Portugiesische Quitte': birnenförmig; 'Riesenquitte von Lescovac': apfelförmig

Steinobst

Alle Obstarten, die zum Steinobst zählen, gehören zur Gattung Prunus. Ihre Früchte besitzen einen Steinkern.

Pfirsich und Aprikose

Beide können nur in warmen Lagen und mildem Klima gedeihen, in denen die frühe Blüte – beim Pfirsich unter Umständen auch das Holz – nicht durch Spätfröste geschädigt oder vernichtet wird. Warme, nicht zu schwere Böden und ein Platz vor einer sonnigen, schützenden Wand sagen beiden Obstarten zu.
Befruchtersorten sind nicht notwendig, da Pfirsich und Aprikose sich selbst bestäuben. Als Unterlagen werden Sämlinge der eigenen Art verwendet oder man veredelt auf spezielle Pflaumenunterlagen.
Die beste Pflanzzeit ist das Frühjahr, geerntet werden die vollreifen Früchte.

Pfirsichsorten

'ROTER WEINBERGSPFIRSICH'
Diese Sorte ist rotfleischig und rotlaubig und entwickelt große Früchte.

'FRÜHGOLD'
Diese frühe Sorte bringt gelbfleischige und saftige Früchte.

'FRÜHER ROTER INGELHEIMER'
Die Früchte sind schon ab Mitte Juli reif. Das Fruchtfleisch ist weiß und aromatisch.

'South Haven'

'REKORD VON ALFTER'
Diese mittelfrühe Sorte entwickelt große, weißfleischige und sehr wohlschmeckende Früchte.

'SOUTH HAVEN'
Die gelbfleischigen Früchte reifen im späteren August und sind sehr süß.

'RED HAVEN'
Die gelbfleischigen, aromatischen Früchte reifen im August.

'HABA-FINESSA'
Die außergewöhnlich großen, weißfleischigen, saftigen Früchte reifen Ende August.

'ROTER ELLERSTÄDTER'
Die weißgelbfleischigen, saftigen Früchte schmecken würzig und reifen ab Anfang September.

'SPÄTGOLD'
Die sehr saftreichen, gelbfleischigen Früchte schmecken sehr gut und reifen spät.

'Ungarische Beste'

Aprikosensorten

'APRIKOSE VON NANCY'
Diese wenig anspruchsvolle Sorte entwickelt große, aromatische Früchte, die mittelspät reifen.

'HEIDESHEIMER FRÜHE HEIDI'
Die mittelgroßen, dunkelgelben Früchte schmecken saftig und aromatisch und reifen früh.

'TEMPORAO DE VILLA FRANCA'
Diese Sorte stammt aus Portugal. Sie reift in der zweiten Julihälfte. Die mittelgroßen, orangegelben (mit ebensolchem Fleisch) Früchte sind saftig, süß-säuerlich und aromatisch.

'UNGARISCHE BESTE'
Diese mittelfrühe Sorte ist saftreich und aromatisch.

Pflaume, Zwetsche, Reneklode und Mirabelle

Die Angehörigen dieser Steinobstgruppe unterscheiden sich in Fruchtform, -farbe und -größe, natürlich auch im Geschmack und im Fruchtfleisch.
Pflaumen sind in der Regel groß und haben eine rundliche Form. Die Farbe reicht von Gelb bis Rötlich oder Blau.
Zwetschen sind mehr länglich-spitz, meist kleiner und blau bis violett gefärbt, selten gelb.
Renekloden sind mittelgroß, rundlich geformt und meist gelblichgrün oder rotviolett.
Die Mirabelle ist der Zwerg dieses Ensembles und besitzt runde gelbe Früchte, die, von der Farbe abgesehen, fast großen Kirschen ähneln.

Ansprüche

Alle sind wenig zimperlich, was den Boden betrifft. Sie haben allerdings gegen viel Humus und organische Stoffe nichts einzuwenden und wollen nicht gerade in einer kalten, schattigen Gartenecke stehen. Trockenheit, vor allem während der Fruchtausbildung, sollte man vermeiden.
Bei normalem, nährstoffreichem Gartenboden genügen im allgemeinen 2 Düngegaben mit mineralischen Volldüngern, etwa 100 g/m^2 im März und im Juni. Spät reifenden Sorten mit hohem Ertrag kann man zusätzlich Ende Oktober noch einmal eine Aufbaudüngung (stickstoffarm) geben.
Auch Pflaumen sollen, entgegen der früher vorherrschenden Meinung, durchaus geschnitten werden. Neben dem schon beschriebenen Pflanzschnitt, bei dem nur 4 seitliche Leittriebe auf etwa gleiche Höhe eingekürzt (Saftwaage) stehenbleiben und der Mitteltrieb ebenfalls zurückgenommen wird, ist immer wieder das Fruchtholz in der Länge zu reduzieren und die Krone licht zu halten.
Da es bei Pflaumen zwar schwachwachsende Unterlagen jedoch keine ausgesprochenen Buschformen gibt, sollte man Meter- oder Halbstämme wählen, unter denen sich noch arbeiten und gegebenenfalls mit dem Rasenmäher hindurchfahren läßt. Beste Pflanzzeit ist der Herbst. Nur in Lagen mit frühem Wintereintritt und strengen Frösten verlegt man diesen Termin ins Frühjahr.

Unterlagen

Pflaumen werden in den Baumschulen auf Sämlings- oder Typenunterlagen mit unterschiedlicher Wuchskraft und voneinander abweichenden Anforderungen an Lage, Boden und Klima veredelt.
Die Sämlingsunterlage Myrobalane ist zum Beispiel stark wachsend und eher für leichte, magere Böden geeignet. St.-Julien-Unterlagen wachsen schwach bis mittelstark und werden bei schwerem Erdreich bevorzugt. Von beiden wurden mittlerweile auch vegetativ vermehrte Typenunterlagen ausgelesen. Von 'Deutscher Hauszwetsche' und 'Große Grüne Reneklode' gibt es außerdem wurzelechte Unterlagen, die durch Ausläufer beziehungsweise Wurzelrisslinge gewonnen werden.

Befruchtung

Bei Pflaumen kennen wir sowohl selbstfruchtbare wie selbstunfruchtbare Sorten, letztere sind also die, die einen Pollenspender benötigen. Die beliebte „Deutsche Hauszwetsche" beispielsweise kommt meist ohne Partner aus. 100%ig sicher kann man sich seiner Sache aber auch hier nicht sein, weil mögliche Veränderungen der Erbanlagen durchaus zu einer Selbstunfruchtbarkeit führen können. Wenn man feststellt, daß so ein Baum trotz guter Lage, ausreichender Versorgung mit Nährstoffen und reicher Blüte keine Früchte bringt, empfiehlt es sich, eine zweite Pflaume in die Nähe zu pflanzen.

Ernte und Verwertung

Die Früchte sind reif, sobald die ersten von ihnen unter dem Baum liegen beziehungsweise wenn sich das Fleisch gut von Stein löst. Allerdings tut es das nicht bei allen Sorten gleich gut.
Pflaumen eignen sich zum Sofortverzehr oder für das Einmachen und gehören nicht zum Lagerobst.

Sorten

'ALTHANS RENEKLODE'
'Althans Reneklode' wird im September geerntet. Die großen, kugeligen Früchte sind bläulichrot gefärbt, der Geschmack ist würzig-aromatisch und süß mit angenehmer Fruchtsäure.
Die Sorte wächst ziemlich stark und aufrecht. Befruchtersorten sind unter anderem 'Große Grüne Reneklode', 'Kirkes Pflaume' und 'Lützelsachser'.

'BÜHLER FRÜHZWETSCHE'
Diese Sorte reift im August. Die Früchte sind mittelgroß, länglich und blauviolett.
Der Baum wächst stark mit steiler Krone. 'Bühler Frühzwetsche' ist selbstfruchtbar.

'DEUTSCHE HAUSZWETSCHE'
Sie reift von August bis Oktober, je nach Regionaltyp, und bringt beste Zwetschen, die vielseitig verwendet werden können, aber nicht überall von gleichbleibender Qualität sind. Die Früchte sind mittelgroß, violett und häufig bläulich bereift, der Geschmack ist sehr aromatisch und süß.
Der Baum wächst anfangs stark, später schwächer und aufrecht. Die Sorte ist selbstfruchtbar.

'ERSINGER FRÜHZWETSCHE'
Die 'Ersinger Frühzwetsche' wird im August reif. Die kleinen bis mittelgroßen, rötlich- bis dunkelvioletten, hellblau bereiften Früchte schmecken würzig, erfrischend und süßlich.
Der Wuchs ist anfangs stark, später schwächer und aufrecht, die Zweigenden biegen sich nach unten.
Die Sorte ist teilweise selbstfruchtbar, wird jedoch besser mit einem Pollenspender wie 'Lützelsachser', 'The Czar' oder 'Wangenheims' angebaut.

'GROSSE GRÜNE RENEKLODE'
Sie reift im September. Die Früchte sind sehr groß, rundlich und unregelmäßig bräunlichrot oder gelb mit brauner Fleckung, der Geschmack ist sehr würzig und aromatisch-süß mit leichter Säure.
Der Baum wächst mittelstark und verzweigt. Wespen werden magnetisch angezogen! Befruchtersorten sind unter anderem: 'Althans', 'Bühler', 'Kirkes', 'Mirabelle von Nancy' und 'The Czar'.

'Große Grüne Reneklode'

'KIRKES PFLAUME'
Diese Sorte reift im September. Die Früchte sind groß bis sehr groß, rund und dunkelviolett, der Geschmack ist würzig-süß mit leichter Säure.
Sie wächst ziemlich stark. Befruchtersorten sind 'Althans', 'Ontario', 'Wangenheims' und 'Zimmers'.

'LÜTZELSACHSER FRÜHZWETSCHE'
Sie reift im Juli. Die Früchte sind klein, länglich-oval und dunkelviolett oder dunkelblau, der Geschmack ist süßlich-säuerlich.
Die Sorte wächst mittelstark mit aufrechter Krone. Befruchtersorten sind unter anderem 'Bühler', 'Ersinger', 'Ontario', 'Stanley' und 'The Czar'.

'MIRABELLE VON NANCY'
Sie reift im August. Die Früchte sind klein, rundlich und braungelb mit roter, oftmals verwaschener Fleckung, der Geschmack ist sehr aromatisch.
Die Sorte wächst mittelstark und breit, später sparrig. Sie ist selbstfruchtbar.

'Mirabelle von Nancy'

'The Czar'

'Ontario-Pflaume'

'Wangenheims Frühzwetsche'

'ONTARIO-PFLAUME'
Sie reift im August. Die Früchte sind sehr groß, oval und goldgelb, der Geschmack ist sehr süß, das Fruchtfleisch saftig.
Die Sorte wächst stark und mit breiter Krone. Sie ist selbstfruchtbar.

'STANLEY ZWETSCHE'
Sie reift im September. Die Früchte sind mittel- bis sehr groß, dunkelviolett und weißlichblau bereift, der Geschmack ist würzig, süß mit wenig Säure.
Die Sorte wächst stark und aufrecht. Sie ist selbstfruchtbar.

'THE CZAR'
Sie reift im August. Die Früchte sind eher klein, rund, dunkelblau und bläulich bereift, der Geschmack ist süßsäuerlich mit keinem ausgeprägten Aroma.
Der Baum wächst zuerst recht stark, später schwächer. Die Sorte ist selbstfruchtbar.

'WANGENHEIMS FRÜHZWETSCHE'
Sie reift im August/September. Die Früchte sind klein, oval, schwarzblau und hellblau bereift, der Geschmack ist würzig mit angenehmer Säure, das Fruchtfleisch sehr saftig.
Die Sorte wächst stark und breit. Sie ist selbstfruchtbar.

'ZIMMERS FRÜHZWETSCHE'
Sie reift im August. Die Früchte sind eher klein, rundlich-oval bis länglich, dunkelblau und hellblau bereift, der Geschmack ist aromatisch und süß mit leichter, angenehmer Säure.
Die Sorte wächst mittelstark. Befruchtersorten sind unter anderen 'Ersinger Hauszwetsche', 'Lützelsachser', 'The Czar' und 'Wangenheims'.

Sauerkirsche

Sauerkirschen bereiten im Garten wenig Probleme. Erstens gibt es bereits seit langem kleine Baumformen, die als Buschbäume oder Spindeln mit knapp einem oder nur einem halben Meter Stammhöhe auch im beengten Garten ihren Platz finden. Zweitens brauchen die meisten keinen Pollenspender, da sie selbstfruchtbar sind.

Ansprüche

Kühle und nasse Böden werden von Sauerkirschen ungern akzeptiert. Sonst sind sie anspruchslos in jeder Beziehung und schon zufrieden, wenn sie nicht im Dauerschatten stehen müssen. Selbst karges Erdreich wird hingenommen. Gelegentliche Trokkenheit ist nicht sonderlich tragisch, doch sollte man vor allem in der Reifezeit der Kirschen lieber vorsorglich gießen, wenn es längere Zeit nicht regnet. Gepflanzt wird am besten im Herbst, wobei man den Boden durchaus ähnlich verbessern kann, wie es beim Apfel beschrieben wurde. Das kommt dem späteren Ertrag zugute.
Gedüngt wird im März und dann später nach Abschluß der Blüte am besten mit einem organischen Volldünger.

Unterlagen

Sauerkirschen werden meist auf der Vogelkirsche veredelt, teilweise auch auf der Unterlage F 12/1 oder auf Steinweichselsämlingen. In letzter Zeit findet die bei den Süßkirschen erwähnte schwachwachsende Unterlage Colt zunehmend Verwendung. Auch wurzelechte (aus Samen der Edelsorte) Bäume sind im Handel.

Sauerkirschen tragen Früchte am einjährigen Holz.

'Schattenmorelle'

Ernte und Verwertung

Geerntet werden nur vollreife Früchte, wenn das Fleisch weich ist und die Kirsche tiefdunkel- bis schwarzrot gefärbt ist.
Sauerkirschen soll man möglichst mit Stiel pflücken. Dabei darf man die Rinde, an der das Stielende ziemlich fest haftet, nicht verletzen.
Eine lange Lagerung dieser sehr empfindlichen Früchte ist leider überhaupt nicht möglich, wohl aber Einmachen und Entsaften.

'Morellenfeuer'

Sauerkirschensorten

An erster Stelle der bekannten Sauerkirschensorten steht unangefochten die 'Schattenmorelle', die allerdings in 'Cerella', 'Nabella' und 'Successa' verbesserte Weiterzüchtungen erfahren hat. Sie alle werden Ende Juli/Anfang August reif und sind selbstfruchtbar.

Ebenfalls ohne fremde Bestäubung kommen 'Morellenfeuer', eine sehr saftreiche und ertragssichere Kirsche mit Reifezeit im Juli, 'Scharö', die Ende Juli/Anfang August reift und 'Ludwigs Frühe' mit hohen Ernteergebnissen und zeitiger Reife im Juni aus.

Süßkirsche

Es ist noch gar nicht lange her, da bereiteten Süßkirschen im Hausgarten einige Schwierigkeiten. Der Grund: kleinkronige Formen gab es nicht, und einen Kirschbaum, der für seine Zweige allein 10 m „Luftraum" benötigte, mochte man sich im sowieso schon beengten Hausgarten nicht leisten. Dann lieber den Platz für einen Apfelbaum hergeben, dessen Früchte man trotz unzureichender Lagerverhältnisse doch noch als kleinen Wintervorrat beiseite legen konnte. Heute kennt man auch kleine Süßkirschbäume, ihre Kronen sind geschrumpft.

Süßkirschbaum mit dem blütenreichen mehrjährigen Holz

'Büttners Rote'

Ansprüche

Die Bodenstruktur kann sein, wie sie mag, auch Steine und Geröll tun der Süßkirsche nichts, wenn nur die Wurzeln tief genug wachsen können und etwas Kalk vorfinden. Kalte und feuchte Böden sind allerdings ungeeignet. Übermäßig viel Wärme wird nicht verlangt, doch einen sonnigen Standort sollte man wählen.
Der Wasserbedarf ist nicht hoch. Nur wenn während der Fruchtreife sehr trockenes Wetter herrscht, muß man gießen.

Unterlagen

Die Veredelung erfolgt heutzutage auf Sämlingen der Harzer- und Limburgischen Vogelkirsche. In letzter Zeit veredelt man verstärkt auf die besonders schwachwachsenden Unterlagen Colt und Gisela, auf denen die Bäume kaum höher als 3-4 m werden. Noch schwachwüchsiger ist die Unterlage Weiroot aus Weihenstephan.

Befruchtung und Ernte

Mit der richtigen Befruchtersorte tun sich Süßkirschen etwas schwer. Es genügt nicht, irgendeinen Partner neben einen anderen zu pflanzen, weil bestimmte Sorten gegenseitig unfruchtbar sind. Eine Selbstbestäubung, die wie bei Sauerkirschen, von Ausnahmen abgesehen, die Sortenwahl wesentlich erleichtert, entfällt praktisch ganz. Ideal wäre es natürlich, wenn überall in der Nachbarschaft weitere Süßkirschen wüchsen, weil sich unter so einer Vielfalt mit ziemlicher Sicherheit ein Pollenspender befände. Wer mit seinem Süßkirschenbaum auf sich selber angewiesen bleibt und auch nicht die Möglichkeit hat, einen zweiten zu pflanzen, kann sich durch das Einveredeln einer passenden Befruchtersorte in seinen Einzelbaum selber helfen und zufriedenstellende Ernten erzielen.
Klappt es mit der Befruchtung und gibt es Kirschen im Überfluß, sollte man den Vögeln ruhig ihren Teil gönnen, denn Süßkirschen sind nicht lagerfähig. Geringe Erträge können die gefiederten Mitesser zum Ärgernis werden lassen. Denn selbst bei den neuen kleinkronigen Bäumen ist das Einhüllen mit Vogelschutznetzen eine mühsame und nicht immer von Erfolg gekrönte Arbeit.
Süßkirschen soll man möglichst mit Stiel ernten, dann halten sie länger.

Süßkirschensorten

Süßkirschen werden in 2 große Gruppen eingeteilt: Herzkirschen, die früh reifen und weich im Fleisch sind, und die Knorpelkirschen, die festfruchtiger sind und später zur Reife kommen.

'ANABELLA'
Diese Knorpelkirsche reift Mitte August. Pollenspender ist unter anderen 'Schneiders Späte'.

'Große Prinzessin'

'Schneiders Späte'

'BIGARREAU'
Diese Herzkirsche reift im Juni. Pollenspender sind unter anderen 'Büttners Rote', 'Große Schwarze Knorpel' 'Hedelfinger' und auch 'Schneiders Späte'.

'BÜTTNERS ROTE'
Diese Knorpelkirsche reift im Juli. Pollenspender sind unter anderen 'Bigarreau', 'Germersdorfer', 'Kassins Frühe', 'Schneiders Späte' und 'Van'.

'BURLAT'
Diese Herzkirsche reift Ende Mai/Anfang Juni. Pollenspender sind unter anderen 'Büttners Rote', 'Hedelfinger' und 'Schneiders Späte'. Sie ist auch selbstfruchtbar.

'GERMERSDORFER'
Diese Knorpelkirsche reift ab Mitte Juli. Pollenspender sind unter anderen 'Büttners Rote', 'Große Prinzessin', 'Hedelfinger', 'Kassins Frühe' und 'Schneiders Späte'.

'GROSSE PRINZESSIN'
Diese Knorpelkirsche reift in der ersten Julihälfte. Pollenspender sind unter anderen 'Bigarreau', 'Germersdorfer', 'Hedelfinger', 'Kassins Frühe' und 'Van'.

'GROSSE SCHWARZE KNORPEL'
Diese Knorpelkirsche reift ab Mitte Juli. Pollenspender sind unter anderen 'Bigarreau', 'Große Prinzessin', 'Große Schwarze Knorpel', 'Kassins Frühe', 'Schneiders Späte' und 'Van'.

'KASSINS FRÜHE'
Diese Herzkirsche reift Ende Mai bis Mitte Juni. Pollenspender sind unter anderen 'Bigarreau', 'Büttners Rote', 'Große Prinzessin', 'Große Schwarze Knorpel', 'Hedelfinger' und 'Schneiders Späte'.

'SCHNEIDERS SPÄTE'
Diese Knorpelkirsche reift Mitte Juli bis Mitte August. Pollenspender sind unter anderem 'Bigarreau', 'Germersdorfer', 'Große Prinzessin', 'Große Schwarze Knorpel', 'Hedelfinger', 'Kassins Frühe' und 'Van'.

'SOUVENIR DES CHARMES'
Diese Herzkirsche reift im Juni. Pollenspender ist unter anderem 'Büttners Rote'.

'VAN'
Diese Knorpelkirsche reift im Juli. Pollenspender sind unter anderem 'Büttners Rote', 'Große Prinzessin', 'Große Schwarze Knorpel' und 'Hedelfinger'.

Schalenobst

Unter dieser Bezeichnung sind die beiden einzigen Nußarten zusammengefaßt, die man in unseren Gärten kultivieren kann: Walnuß und Haselnuß.
Die eine, in Südosteuropa und Asien beheimatet, hat Schwierigkeiten mit dem gemäßigten Klima Mitteleuropas, die andere ist zwar hier zu Hause, aber wegen ihrer Größe in den Hausgärten nur selten anzutreffen. Platzprobleme sind ein weiterer Grund dafür, daß wir auch auf die Walnuß meist verzichten müssen.
Wer allerdings die Klippen Klima und Raummangel umschiffen kann, hat mit beiden Nüssen sehr wenig Pflegearbeiten.

Haselnuß

Als europäisches Wildgehölz stellt die Hasel keine besonderen Ansprüche an Boden und Klima. Gepflanzt werden sollte wegen des frühen Austriebs in jedem Fall im Herbst.
Haselnußsträucher werden 4-6 m hoch und entsprechend breit, benötigen also eine Menge Platz.
Da sie sich nicht selbst, sondern nur gegenseitig befruchten können, müssen mindestens 2 Büsche gepflanzt werden. Das gibt meist Raumprobleme.
Im Handel gibt es Sorten, die auf vegetativem Wege durch Ausläufer oder Absenker vermehrt wurden.
Haselnüsse reifen, je nach Sorte, von August bis Oktober. Bei der Ernte schüttelt man die Früchte ab oder pflückt sie einzeln. Zum Abtrocknen bleiben Sie 1 oder 2 Wochen ausgebreitet an einem trockenen Platz liegen. Anschließend füllt man die Nüsse in Säcke oder Netze und bewahrt sie frostfrei auf.

Haselnußsorten

Großfrüchtige Sorten sind: 'Englische Riesen', 'Hallesche Riesen', 'Rotblättrige Zeller', 'Webbs Preisnuß' und 'Wunder von Bollweiler'.

Die Hasel ist ein europäisches Wildgehölz und stellt keine besonderen Ansprüche an Boden und Klima.

Walnußbäume sind für den heutigen, kleinen Hausgarten zu groß.

Walnuß

Früher waren Walnüsse, aus Sämlingen gezogen, gewaltig emporwachsende Bäume, die 20-30 m hoch und entsprechend ausladend werden konnten. Heute werden hauptsächlich Veredelungen auf den ausgelesenen Unterlagen von Juglans regia, also der Echten Walnuß, oder auf denen der etwas schwächer wachsenden Schwarznuß, Juglans nigra, angeboten. Da auch diese Bäume immer noch imponierende Ausmaße erreichen, ist die Verwendung im Garten schon durch den Wuchs begrenzt. So schreibt das Nachbarrecht in Baden-Württemberg für Walnußveredelungen einen Abstand zur Grundstücksgrenze von 4 m vor, bei Sämlingsbäumen müssen es sogar 8 m sein. Wenn man bedenkt, daß eine Walnuß außerdem einen Standraum von 8 x 8 bis 10 x 10 m benötigt und innerhalb dieses Bereichs praktisch keine Nutzungsmöglichkeit durch andere Gewächse besteht, bleibt vom Garten oft nicht mehr viel übrig.
Versuche, brauchbare Busch- oder strauchartige Formen zu entwickeln, scheiterten bisher vor allem an deren mangelnder Frosthärte.
Spätfröste sind es auch, die den Anbau der Walnüsse auf günstige Klimate, vor allem auf Weinbaugebiete beschränken. Denn sowohl junge Triebe wie Blüten sind von Kälteeinbrüchen im Frühjahr bedroht, wobei die auf Juglans nigra veredelten Bäume etwas unempfindlicher sind.

Ansprüche

An den Boden werden keine besonderen Ansprüche gestellt, nur sollte er lokker und tiefgründig, außerdem möglichst warm und nicht zu trocken sein.
Eine Abdeckung der Baumscheibe nach dem Pflanzen im Herbst oder späten Frühjahr mit organischem Material wirkt sich günstig auf das Wachstum des Bäumchens aus, das als Veredelung meist schon ab dem 4. Standjahr zu fruchten beginnt.
Bei der Pflanzung sollte unbedingt ein Stützpfahl gegeben werden.

Ernte und Lagerung

Reife Walnüsse fallen von selbst vom Baum, sie werden also nicht gepflückt und schon gar nicht mit Stöcken abgeschlagen, weil das zu Zweigbruch führen kann. Die Nüsse lösen sich leicht aus der grünen Fruchtumhüllung. Man bürstet sie danach ab und hängt sie in Stoffbeuteln oder Kunststoffnetzen an einem luftigen Platz zum Nachtrocknen auf.

Befruchtung und Sortenwahl

Da die Walnuß selbstfruchtbar ist, sind wir wenigstens der Notwendigkeit enthoben, 2 Bäume pflanzen zu müssen, was praktisch einem Verzicht auf den Anbau auch im großen Garten gleichkäme. So kann man aus dem Sortenangebot ein Einzelgehölz auswählen und die Nüsse wachsen lassen.

Neben den altbekannten französischen Sorten 'Franquette', 'Mayette' und 'Parisienne', die auch bei uns angeboten werden, kommen vor allem folgende Walnußveredelungen in Betracht, wobei man spät austreibende Sorten bevorzugen sollte, die durch Fröste im Frühjahr weniger gefährdet sind.

Walnußsorten

'ESTERHAZY II'

Die aus Ungarn stammende Sorte mit großen Früchten und hohen Erträgen ist wärmebedürftig.

'NR. 26' UND 'NR. 139'

Diese Sorten treiben spät aus. Sie entwickeln mittelgroße Früchte und tragen reich.

'NR. 120'

'Nr. 120' mit mittelspätem Austrieb und großen Früchten ist spätfrostgefährdet, obwohl die Blüten selber erst spät erscheinen.

'NR. 286'

'Nr. 286' ist zwar eine wertvolle Sorte, deren mittelgroße Nüsse gute Ernten liefern, aber der mittelfrühe Austrieb kann in klimatisch ungünstigen Gebieten Spätfrösten zum Opfer fallen.

'NR. 1247'

Diese Sorte reift früh, besitzt sehr frosthartes Holz, aber der frühe Austrieb und die Blüten kommen nur in günstigen, warmen Lagen sicher über die Runden. Der Baum ist größer und breitkroniger als die meisten anderen Veredelungen.

'WEINSBERG 1'

Diese Sorte entwickelt besonders dünnschalige, große Nüsse. Sie treibt mittelspät aus.

Beerenobst

Immer vorausgesetzt, der Gartenbesitzer hat überhaupt Interesse an frischen Früchten aus eigenem Anbau, dann bereitet Beerenobst die geringsten Probleme.

Der Platzbedarf ist, besonders wenn man nur einige wenige Sträucher anpflanzt, gemessen am Baumobst bescheiden, die Pflege- und Schnittarbeiten reduzieren sich auf ein Minimum und sind sozusagen mit der linken Hand nach Feierabend zu bewältigen. Verglichen mit diesem geringen Aufwand beim Hobbyanbau ist der Nutzen groß, denn allein von einem einzigen Johannisbeerstrauch kann man 10-12 kg Beeren ernten.

Außerdem braucht man um seine Beerensträucher im Winter nicht zu fürchten. Einzig die Brombeere ist in dieser Beziehung etwas empfindlicher als die anderen.

Andenbeere

Die Lampionblume, Physalis alkekengi, aus Japan, China und Korea, die ihren Fruchtstand in roten, gerippten, pergamentartigen Hüllen versteckt, ist vielen Gartenbesitzern bekannt. Ebenso ihre Unart, sich mit den weißen, dicken Wurzelausläufern sehr stark zu vermehren.

Seit einigen Jahren macht sich ihre südamerikanische Schwester, die Andenbeere, Physalis peruviana, als Nutzpflanze in unseren Gärten breit. Gleich Kiwis kann auch sie mit einigen weiteren Namen aufwarten: Kapstachelbeere, nach dem größten Anbaugebiet in Südafrika, Tomatenkirsche, weil sie als Nachtschattengewächs mit der Tomate verwandt ist, Ananaskirsche wegen des Aromas und Inkapflaume aufgrund ihrer Herkunft.

Es besteht, trotz lautstarker Kataloganpreisung, nicht der geringste Anlaß, vor dieser einjährigen Pflanze mit den vielen wohlklingenden Namen ehrfürchtig zu erstarren. Sie stellt nämlich absolut nichts Besonderes dar, und ihr einziger Reiz besteht eigentlich darin, daß sie in unseren Gärten noch ziemlich neu ist.

Den Geschmack, der laut Werbung irgendwo zwischen Ananas, Kiwis und Stachelbeeren angesiedelt sein soll, kann man auch schlichter als säuerlich bezeichnen.

Die Samenanzucht im März am Fensterbrett ist denkbar einfach und unterscheidet sich nicht von anderen Vorkulturen. Etwa nach 4 Wochen kann man die Einzelpflänzchen in kleine Töpfe umquartieren, ab Mitte Mai, wenn die Frostgefahr vorüber ist, im Garten an einem warmen, geschützten und sonnigen Platz auspflanzen. Der Abstand sollte etwa 1 m betragen,

Andenbeere, Physalis

denn Physalis verzweigt sich und wird bis zu 1,20 m hoch.
Die Pflanzen werden wie Tomaten an Stäbe angebunden, die Seitentriebe jedoch nicht reduziert und keine Geiztriebe ausgebrochen.
In einigermaßen gutem Gartenboden entfällt das Düngen. Ist die Erde sandig und durchlässig, was dem Gedeihen der Andenbeere keinen Abbruch tut, kann etwas mineralischer Volldünger in Wasser aufgelöst gegossen werden.
Geerntet wird von Mitte August bis zum Frosteintritt.
Die gründgelben bis gelben, bei Vollreife auch orangefarbenen Beeren eignen sich zum Sofortverzehr, als Kuchenbelag oder zum Herstellen von Marmelade. Auch ein Einfrieren ist möglich.
Man sollte sich nicht dazu verleiten lassen, fertige Jungpflanzen zu kaufen, die im Gartenversandhandel für fast 60 Mark das Dutzend angeboten werden. Ein Samentütchen kostet nur den Bruchteil dieses Betrags, und mit der eigenen Anzucht geht man keinerlei Risiko ein.

Brombeere

Wir unterscheiden 2 Wuchsformen: die rankenden, starkwüchsigen und die aufrecht wachsenden Arten. Unter den rankenden haben die dornenlosen Brombeeren in den letzten Jahren vor allem im Hausgarten an Bedeutung gewonnen, obgleich die ersten Züchtungen dieser Art geschmacklich mit der alten, bedornten Sorte 'Theodor Reimers' leider nicht konkurrieren konnten.

Ansprüche

Brombeeren gehören zu den Halbsträuchern und tragen am einjährigen Holz Blüten und Früchte. Durch die lange Blütezeit von Mai bis August zieht sich auch die Ernte über einen längeren Zeitraum hin; frische Brombeeren stehen wochenlang zur Verfügung.
Brombeeren pflanzt man, da sie erst spät im Jahr ihre Holzreife zum Abschluß bringen, besser im Frühjahr. Rankende Brombeerarten werden in der Reihe zirka 2 m auseinandergesetzt. Bei mehreren Reihen, was im Hausgarten kaum vorkommen dürfte, beträgt der Reihenabstand 3 m und mehr. Das für die Ranksorten unerläßliche Spalier sollte ruhig bis zu 2,50 m hoch und auch in der Länge nicht zu knapp bemessen sein.
Aufrecht wachsende Brombeeren brauchen nur einen halben Meter Abstand voneinander und kein Spalier. Boden- und Standortansprüche gleichen denen der Himbeere, die Düngung ebenfalls (siehe S. 294). Auch hier muß noch einmal die Bedeutung der organischen Nährstoffe, des humosen Erdreiches und des Mulchens hervorgehoben werden.

Brombeerenblüte am einjährigen Holz.

Schnittmaßnahmen

Aufrecht wachsende Brombeeren werden wie Himbeeren geschnitten, das heißt, alle Ruten werden nach der Ernte unmittelbar am Boden entfernt und vernichtet.
Bei den rankenden Sorten verfährt man genauso, nur kürzt man hier die Neben- oder Geiztriebe der jungen Ranken im Juni/Juli ebenfalls stark ein, um ein undurchdringliches Dikkicht von Blättern und Zweigen zu vermeiden. Diese Schnitteingriffe an sich immer wieder neu entwickelnden, unnützen Nebenranken müssen bis zum Winter fortlaufend vorgenommen werden.
Die abgeschnittenen Langtriebe, vor allem bei der empfindlichen, rankenden und bestachelten Sorte 'Theodor Reimers', läßt man ab Herbstschnitt an den Drähten hängen. Da das Laub trocken wird, aber nicht abfällt, gibt es zusätzlich etwas Frostschutz. Im Frühjahr nimmt man diese Ranken dann endgültig ab und vernichtet sie.

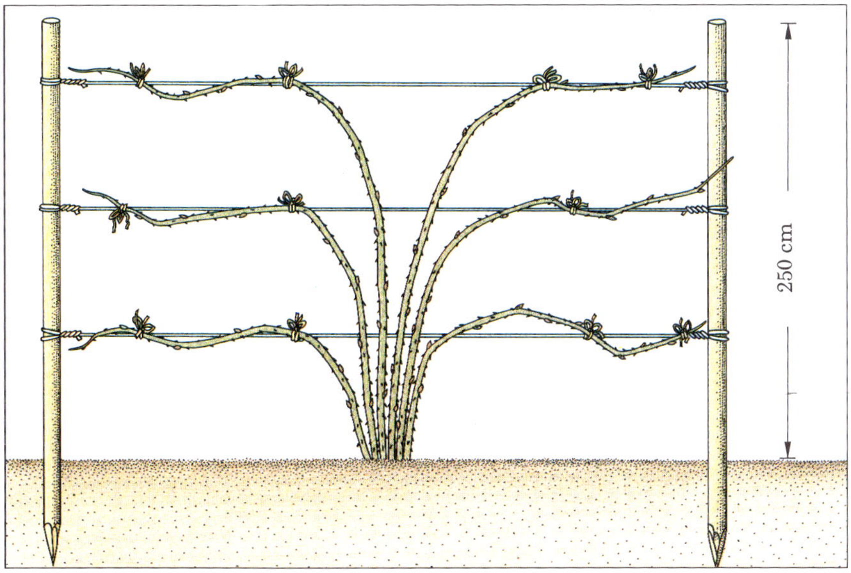

Brombeerspalier

'Theodor Reimers'

Brombeersorten

Vor allem in Amerika, dem „Mutterland" der Brombeerzüchtung, hat man durch verschiedene Kreuzungen, auch mit Himbeeren, einige neue Formen entwickelt, die dort teilweise auch als Marktfrüchte Bedeutung erlangten. Versuche, diese Züchtungen bei uns anzubauen, scheiterten zumeist an der mangelnden Frosthärte.

Zu nennen wären hier Boysenbeere, Loganbeere und Youngbeere. Einzig die Taybeere oder Tayberry, ausnahmsweise nicht aus den USA, sondern in Schottland entstanden, kommt mit Einschränkungen auch für unser Klima in Frage. Diese Kreuzung aus Brombeere und Himbeere entwickelt außerordentlich große, bis 4 cm lange, purpurrote Früchte mit Himbeeraroma.

Zur Reifezeit im Juli/August soll man von einer einzigen Pflanze bis zu 10 kg Beeren ernten können. Der auch bei uns erhältlichen Sorte 'Medana' wird eine Frosthärte bis zu – 20° C nachgesagt. Die Kultur gleicht der der Brombeere.

Alle hierzulande im Handel befindlichen Brombeersorten stammen aus den USA, selbst die so deutsch klingende 'Theodor Reimers'. In unsicheren Lagen kann man die Ranken vorsichtshalber im Herbst von den Drähten lösen, auf den Boden legen und mit Reisig, Laub oder auch Schilfmatten abdecken.

'Wilsons Frühe' ist die einzige bei uns bekannte, aufrecht wachsende Sorte mit guten Erträgen.

Auch 'Theodor Reimers' stand als rankende, bestachelte Brombeersorte bisher im Angebot allein auf weiter Flur. Da sie frostempfindlich ist, muß ein geschützter Platz gewählt werden, außerdem ist der wuchsfreudige Strauch mit bis zu 10 m langen Ranken durch Schnitt ständig in Form zu halten. Andernfalls verliert man im Gewirr der ungewöhnlich stark bestachelten Triebe schon bald den Überblick. Die Früchte reifen ab August fortlaufend bis zum Frostbeginn.

Neuerdings hat diese auch im Geschmack hervorragende alte Züchtung gleichfalls bestachelte Konkurrenz bekommen: 'Ashton Cross Medana' ist eine Selektion aus Wildbrombeeren, bringt hohe Erträge, soll bemerkenswert winterhart sein und schmeckt nach Wildbrombeeren. Reifezeit ist August und September.

Unter den dornenlosen Brombeeren, gleichfalls allesamt in Amerika entstanden, war 'Thornless Evergreen' die erste, die auf dem deutschen Markt Furore machte. Die Sorte wird ab Mitte August reif. Es folgten die aromatischeren Züchtungen 'Thornfree', Ernte August bis September, 'Black Satin', Reife September/Oktober, und als vorerst letzte 'Hull Thornless' mit besonders aromatischen, im August reifenden Beeren.

Erdbeere

Mit keiner Beerenobstart haben sich die Züchter so eingehend beschäftigt wie mit der Erdbeere. Das ist nicht weiter verwunderlich, denn diese Kleinstauden können in jedem Garten, auch im kleinsten, sogar in Kästen oder Ampeln angepflanzt werden, stellen kaum unerfüllbare Ansprüche und eignen sich zum Sofortverzehr frisch vom Beet ebenso wie zum Einmachen und Einfrieren, sind als Marmelade und als Konfitüre im Aroma unübertroffen.

Wir unterscheiden 4 Kulturformen: einmaltragende, großfrüchtige Gartenerdbeeren, mehrmals oder immertragende Sorten, Monatserdbeeren und Klettererdbeeren. Die Ernte erstreckt sich, je nach Sorte und Typ, über die Monate Juni bis Oktober.

Ansprüche

Erdbeeren brauchen im Garten einen sonnigen, allenfalls leicht beschatteten Platz in etwas geschützter Lage. Beete im Wärmestau, rings umschlossen von Hecken oder Hauswänden, sollte man meiden, weil sich hier sofort pilzliche Erkrankungen und Schädlinge auf den Pflanzen breitmachen würden.

Geeignet ist jeder gute, möglichst humose Gartenboden. Zu schwere Erde kann man durch Hinzufügen von Sand lockern, in leichtem Boden mit Zusätzen von Kompost oder Torf für bessere Verhältnisse sorgen.

Bei Erdbeeren sollte man möglichst mit organischen Nährstoffen arbeiten, die eventuell fehlenden werden dann durch mineralische Volldünger ergänzt. Auch Torf-Mischdünger sind als Grundlage und gelegentliche Zugabe geeignet.

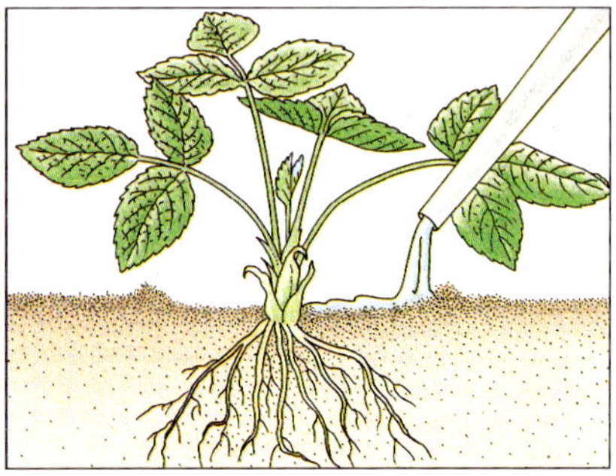

Erdbeerpflanzen werden so tief gesetzt, daß die Wurzeln völlig von Erde bedeckt sind, die Herzknospen aber noch über der Beetoberfläche liegen.

Erdbeerpflanzung

Auf dem vorher gut gelockerten Beet von 1,20 m Breite kann man 3 Erdbeerreihen im Abstand von 40 cm unterbringen, Pflanzabstand in der Reihe ist 30 cm, bei schwach wachsenden Pflanzen auch weniger. Man kann auch nach dem Abernten im 1. Ertragsjahr jede zweite Pflanze herausnehmen, wenn die Kultur zu dicht geworden ist, und im Jahr darauf, ebenfalls nach dem Abernten, sogar die gesamte Mittelreihe entfernen.

Bei einjähriger Kultur stellen sich diese Fragen nicht, weil dann jedes Jahr neu gepflanzt wird.

Ob man einjährig, zweijährig oder, wie es früher üblich war, mehrjährig zieht, bleibt jedem selbst überlassen. Länger als 4 Jahre sollte man die Pflanzen jedenfalls nicht auf dem Beet lassen, weil dann die Erträge so stark zurückgehen, daß sich der Anbau nicht mehr lohnt.

Pflanzzeit für einmaltragende Erdbeeren ist Ende Juli bis spätestens Mitte August. Je früher gepflanzt wird, desto besser fällt die Ernte des folgenden Jahres aus, weil die jungen Stauden ihr Wurzelwachstum gegen Ende September einstellen. Haben sie bis zu diesem Zeitpunkt gut Fuß gefaßt, kommen sie im Frühjahr zügig voran.

Die Pflanzen werden so tief gesetzt, daß die Wurzeln völlig von Erde bedeckt sind, die Herzknospen müssen aber noch über der Beetoberfläche liegen. Nach dem Pflanzen wird gut angegossen.

Vorsicht beim späteren Hacken! Erdbeeren sind zwar keineswegs Flachwurzler, aber wichtige Wurzelpartien verlaufen dennoch in Reichweite der Bearbeitungsgeräte. Besser ist Mulchen. Oder man pflanzt in die Kreuzschnitte einer über das Beet gebreiteten, schwarzen Gartenfolie, muß dann allerdings besonders darauf achten, daß die Pflanzen ausreichend mit Wasser und Nährstoffen versorgt werden.

Ob Erdbeerkultur auf Folie im Hausgarten herausragende Mehrerträge bringt, mag dahingestellt bleiben. Jedenfalls muß man berücksichtigen, daß sich Schädlinge, vor allem Schnekken unter der wärmenden, beschützenden Decke besonders wohl fühlen.

Düngung

Je besser der Boden mit organischen Düngern oder Kompost versorgt wird, desto zurückhaltender kann man mit mineralischen Nährstoffen sein. Der Düngefahrplan lautet: erste Gabe von 30 g/m^2 6 Wochen nach der Pflanzung, zweite Gabe der gleichen Menge 4 Wochen später. Eine Frühjahrsdüngung etwa zur Blütezeit ist nur notwendig, wenn die Pflanzen sichtlich geschwächt sind.

Einseitig stickstoffbetonte Dünger fördern das Blattwachstum zu Lasten der Fruchtbildung.

Vermehrung

Wer wohlschmeckende, gesunde und reich tragende Erdbeerpflanzen auf dem Beet hat, kann sich eine zeitlang den Zukauf neuer Pflanzen sparen und selber vermehren. Dazu verwendet man nach der Ernte die Ausläufer, die sich an den Mutterpflanzen gebildet haben (siehe S. 34). Sie werden abgeschnitten und auf ein Extrabeet gesetzt, das mit reichlich Kompost oder Torf versehen wurde.
Man kann diese Ausläufer auch zunächst an der Altpflanze belassen, gibt Ihnen aber zur besseren Bewurzelung eine feuchte Torfunterlage und schneidet sie erst ab, wenn sie angewachsen sind. Oder sie werden noch vor dem „Abnabeln" in ebenerdig eingesenkte, mit Torf und Gartenerde gefüllte Töpfchen gesetzt. Dann lassen sich die Jungpflanzen später schon mit einem fertigen Wurzelballen auf das neue Erdbeerbeet umquartieren.
Alle Ausläufer, die man nicht für die Nachzucht verwendet, müssen in jedem Fall entfernt werden, da sie die Mutterpflanze Kraft kosten und dadurch Blüten- und Fruchtbildung mindern.
Eine Ausläufervermehrung von immer denselben Altpflanzen beziehungsweise deren Abkömmlingen muß von Zeit zu Zeit durch den Zukauf neuer Erdbeerstauden ergänzt werden, weil der Bestand andernfalls durch vererbte Krankheiten und Schwächen in seiner Gesamtheit nachlassen und schließlich nur noch dahinkümmern würde. Neupflanzungen sollten nie auf ein Beet kommen, auf dem vorher schon Erdbeeren wuchsen.

Frühe, einmaltragende Sorte 'Gorella'

Frühe Sorte 'Senga Sengana'

Frühe, einmaltragende Sorte 'Red Gauntlet'

Späte, einmaltragende Sorte 'Elista'

Erdbeersortiment

Das riesige Erdbeersortiment ist kaum mehr überschaubar, und vor allem der Liebhabergärtner fühlt sich bei der richtigen Sortenwahl allein gelassen. Hierzu kommt, daß viele Züchtungen speziell für den Erwerbsgartenbau entwickelt wurden, die dort geforderten Eigenschaften im Hausgarten jedoch nicht gefragt sind. Eine besonders festfleischige Beere beispielsweise eignet sich hervorragend für die Konservierung und kann wegen ihrer Transportunempfindlichkeit auch gut vermarktet werden. Diese Vorzüge sind jedoch im Privatgarten kaum von großem Interesse.
Wer Erdbeeranbau zu seinem Hobby macht, wird wahrscheinlich nach und nach mehrere Sorten ausprobieren, um herauszufinden, welche ihm besonders zusagt.

Alle heute im Handel befindlichen Erdbeerzüchtungen sind selbstfruchtbar, benötigen also keine Bestäubersorte. Es gibt nur eine Ausnahme: 'Mieze Schindler'. Diese nach dem ersten Weltkrieg vom Züchter Professor Schindler in Schlesien entwickelte Sorte mit dem unvergleichlichen Brombeeraroma ist auch heute noch, oder besser wieder, im Angebot. Der Hildesheimer Erdbeerzüchter H.-D. Petzold hat die nostalgische Berühmtheit nach jahrelangen Zuchtbemühungen wiedererstehen lassen und 1979 erstmals erneut offeriert. Obgleich die Früchte von 'Mieze Schindler' verhältnismäßig klein und unansehnlich, die Erträge eher bescheiden sind, hat die alte Dame treue Liebhaber.
Einmaltragende Erdbeersorten, Reifezeit Anfang Juni bis Ende Juli: früh: 'Deutsch Everns Finessa'; 'Elvira';

Monatserdbeere

'Gorella'; 'Hummi Grande'; 'Karina'; 'Macherauchs Früherernte'; 'Regina'; 'Senga Gigana'; 'Senga Precosa'; 'Senga Precosana'
mittelfrüh: 'Hummi Ferma'; 'Hummi Stugarta'; 'Korona'; 'Red Gauntlet'; 'Senga Dulcita'; 'Senga Litessa'; 'Senga Sengana'; 'Splendida'; 'Vigerla'
spät: 'Asieta'; 'Deutsch Everns Famosa'; 'Deutsch Everns Solveta'; 'Elista'; 'Senga Fructarina'; 'Tago'
Mehrmalstragende Erdbeersorten, Reifezeit Sommer und Herbst: diese Sorten fruchten das erstemal im Juni und danach fortlaufend bis in den Oktober hinein. Gepflanzt wird im September. Da die Ernten bei mehrmals fruchtenden Erdbeeren nicht so hoch sind wie bei den einmaltragenden, kann man auf die mäßige Juniernte verzichten, indem man die sich im Mai bildenden Blüten auskneift. Dann fällt die im Juli beginnende, also eigentlich zweite Ernte ertragreicher aus.

Alle Blüten, die im Oktober erscheinen, oder kleine Früchte, die dann noch an den Stauden hängen, sollten ebenfalls entfernt werden, damit die Pflanzen, unterstützt von einer schnell wirkenden mineralischen Düngung, noch vor dem Winter Kräfte sammeln und Reservestoffe speichern können.

Zu den mehrfachtragenden Sorten gehören auch die 'Klettererdbeere Hummi' und die aus den USA stammende Züchtung 'Sweetheart', die sich gleichzeitig für eine Ampelpflanzung eignet. Diese großfrüchtige Kreuzung zwischen Monats- und Gartenerdbeere erregte bei ihrer Premiere vor einigen Jahren Aufsehen, weil sie der erste Typ der Gartenform war, der sich durch Samen vermehren ließ. Inzwischen hat sich herausgestellt, daß das für den Hobbygärtner kaum praktikabel ist. 'Sweetheart' kommt nur in einem eng begrenzten Temperaturbereich zwischen 18 und 20° C zur Keimung und versagt, wenn diese Werte nur ein einziges Mal geringfügig über- oder unterschritten werden. Der deutsche Züchter, der die Sorte in Amerika entdeckte, hat sie wegen dieser Schwierigkeiten mittlerweile wieder aus dem Programm genommen, andere, besonders Versandfirmen, liefern sie weiter.

Weitere mehrfachtragende Sorten sind 'Hummi Eroma'; 'Hummi Gento' und 'Ostara'.

Monatserdbeere

Man gewinnt sie ausschließlich aus Samen, da sie keine Ausläufer bilden. Die Ertragszeit dauert von Juni bis Oktober.

Im Handel erhältlichen Samen sät man ab März am Zimmerfenster aus und pflanzt ab April ins Freiland. Pflanzabstand ist etwa 30 cm. Die erste Ernte erfolgt noch im selben Jahr.

Monatserdbeeren brauchen kein eigenes Beet. Da sie nicht ranken und viele Jahre die kleinen, nach Walderdbeeren schmeckenden Früchte bringen, sind sie hervorragend für Beeteinfassungen, Rabattenränder oder für eine Pflanzung entlang der Gartenwege geeignet.

Monatserdbeersorten: 'Baron Solemacher'; 'Rimona-Hummi'; 'Rügen'

Kulturheidelbeeren

Heidelbeere

Die ersten Kultursorten der Heidelbeere (Vaccinium corymbosum) entstanden bereits Anfang dieses Jahrhunderts in Amerika, wo die Ursprungsform der späteren Züchtungen beheimatet ist.

Als Erikagewächs der Heiden und Moore Nordamerikas braucht die Kulturheidelbeere vor allem eines: saures, lockeres, humoses Erdreich. Der Platz soll etwas geschützt und warm sein.

Da kaum ein Gartenboden die für Heidelbeeren günstigen pH-Werte von 4 bis höchstens 5 aufweist, muß man die immerhin bis 2 m hoch wachsenden selbstfruchtbaren Sträucher in separate und mit einem Gemisch aus Torf, Gartenerde und Sand gefüllte Gruben setzen. Als Substrat wird auch das Fertigprodukt Rhodohum empfohlen. Die Pflanzstelle sollte, obgleich Heidelbeeren Flachwurzler sind, 80 cm tief sein und 1 m^2 groß. Man kann Heidelbeeren auch in großen Containern kultivieren,

die mit derselben Erdmischung angefüllt sind und die gleichen Ausmaße haben.
Der Abstand im Garten von Strauch zu Strauch sollte 2 m betragen. Pflanzzeiten sind Herbst oder Frühjahr.
In den Folgejahren beschränkt sich die Pflege auf gründliches Wässern bei Trockenheit, die Versorgung mit 50 g/m² eines mineralischen blauen Volldüngers im zeitigen Frühjahr, vor allem aber auf das fortwährende Bedecken des Bodens rings um die Pflanze mit organischem Material.
Zwischendurch kann man gelegentlich Horn- und Knochenmehl, Kompost, verrotteten Mist oder einen Torf-Mischdünger geben. Hacken ist wegen der flach verlaufenden Wurzeln zu vermeiden.
Wenn die Sträucher zu dicht werden, muß man kräftig auslichten, das heißt, schlecht tragende, alte Triebe, die abgetragenen Fruchtstände und totes Holz sind zu entfernen. Geerntet wird von Juli bis September, doch meist erst nach dem 3. Standjahr.
Heidelbeersorten: 'Berkeley': mittelspät, große Beeren; 'Bluecrop': mittelfrüh, große Fruchttraube; 'Bluetta': sehr früh; 'Coville': spät, stark wachsend, mit einem guten Aroma; 'Jersey': spät, stark wachsend, großfrüchtig; 'Weymouth': früh, große Beeren

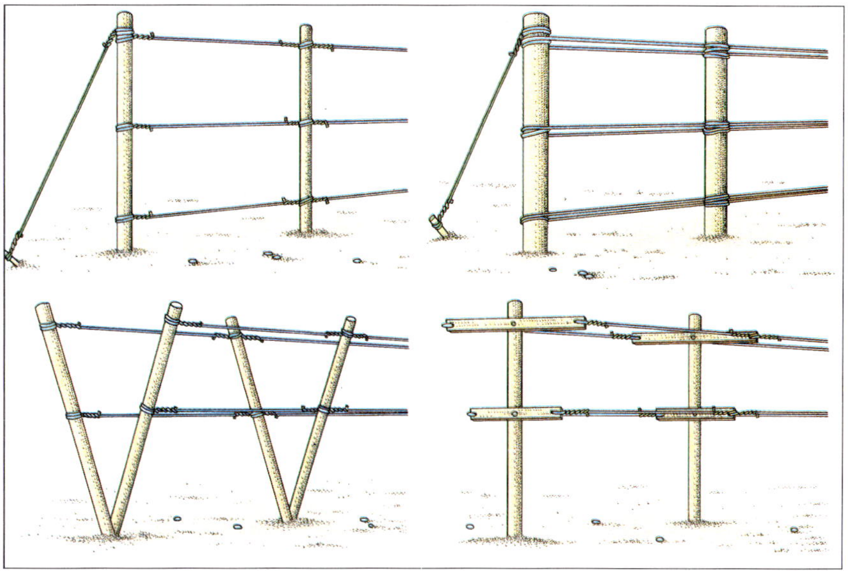

Verschiedene Himbeerspaliere

Himbeere

Die Himbeere ist ursprünglich eine Pflanze lichter Wälder, wo man sie auch heute noch wildwachsend findet. Im Gegensatz zu Johannisbeeren und Stachelbeeren handelt es sich um einen sogenannten Halbstrauch, dessen Triebe im zweiten Jahr Blüten und Früchte bilden und dann absterben. In der Zwischenzeit haben sich aus Wurzelknospen wieder neue Bodentriebe emporgeschoben, als Fruchtzweige der folgenden Vegetationsperiode.
Bei den zweimaltragenden Himbeeren verläuft der Rhythmus etwas anders. Hier fruchten die Triebe bereits im Herbst ihres ersten Wachstumsjahres und dann im darauffolgenden Sommer noch einmal. Danach sterben auch sie ab und machen Neutrieben Platz.

Ansprüche

Bei der Kultur des Flachwurzlers Himbeere ist auf 2 Dinge besonders zu achten: humoser, viel organisches Material enthaltender Boden und ganzjährig eine Abdeckung mit Mulch. Es kommt darauf an, daß die Wurzeln vor austrocknender Sonne geschützt sind und die Erde auch in ihrer obersten Schicht immer genügend feucht ist. Als passenden Platz sucht man eine sonnige oder doch zumindest sehr helle Stelle im Garten aus.

Pflanzung

Wegen des hohen Bedarfs an organischen Nährstoffen ist es bei der Himbeerpflanzung nie falsch, in das Setzloch, das nicht tief zu sein braucht, Kompost, verrotteten Stalldung, Trokkenmist oder zumindest Torf zu geben. Mit demselben Material kann dann nach dem Setzen der Boden rings um die Jungpflanzen abgedeckt werden.

Die an der Basis befindlichen Wurzelknospen darf man auf gar keinen Fall beschädigen, denn aus ihnen wachsen die Ruten empor, an deren Verzweigungen sich im nächsten Jahr die Blüten und Früchte bilden. Diese Wurzelknospen müssen etwa 5 cm tief unter die Erdoberfläche kommen.

Der Abstand von Pflanze zu Pflanze braucht in der Reihe nicht mehr als 50 cm zu betragen, der Reihenabstand 150-200 cm. Nach dem Pflanzen werden die vorhandenen Ruten auf 40 cm zurückgeschnitten. Wenn sie bald darauf eingehen, nimmt man sie bodengleich oder sogar noch im Boden ganz weg, damit die neuen Triebe Platz haben, sich zu entwickeln.

Einmaltragende Himbeeren, die immerhin bis zu 2 m hoch werden, brauchen in jedem Fall einen Halt für die langen Ruten. 2 oder 3 zwischen Pfählen straff gespannte Drähte, der oberste in etwa 1,50 m Höhe, reichen aus, um die Pflanzen dort anzubinden. Wenn man an den Pfählen Querhölzer befestigt und die Drähte so spannt, daß immer 2 parallel zueinander verlaufen, kann man die Ruten zwischen ihnen hochleiten und hat die Bindearbeit gespart.

Zweimaltragende Himbeeren, die meist nur halb so groß werden, kommen unter Umständen sogar ganz ohne Halt aus. Pflanzzeit der einmaltragenden Himbeeren ist der zeitige Herbst, die zweimaltragenden können auch im Frühjahr gepflanzt werden.

Schnittmaßnahmen

Der Schnitt beschränkt sich auf das Entfernen der abgetragenen Ruten nach der Ernte bis spätestens zum Spätherbst. Grundsätzlich gehört Himbeerschnitt nicht auf den Kompost, sondern zerkleinert in die Mülltonne, sofern nicht die Möglichkeit besteht, ihn zu verbrennen. Sonst gelangen Krankheitserreger, vor allem die beiden, die gefürchtete Rutenkrankheit verursachenden Pilze über den Kompost wieder zurück ins Himbeerquartier.

Einmaltragende Sorte 'Schönemann'

Zweimaltragende Sorte 'Korbfüller'

Pro Pflanze bleiben nur 4-6 Triebe stehen, das reicht völlig aus und schwächt den Strauch nicht. Anders ausgedrückt: auf den laufenden Meter kommen etwa 8 bis maximal 12 Ruten. Ausläufer werden ebenfalls entfernt.

Düngung

Immer vorausgesetzt, der Boden ist sehr fruchtbar und humos, sollte man, um diesen Zustand zu erhalten, auch bei der Düngung vorwiegend organische Nährstoffe verwenden. In erster Linie ist hier wieder Kompost zu nennen, aber auch Horn- beziehungsweise Knochenmehl oder biologische Düngekombinationen eignen sich.

Außerdem kann man noch mineralischen Volldünger verabreichen, der auf jeden Fall chlorfrei (blau) sein muß. Davon gibt man 40 g/m^2 im Herbst und die gleiche Menge noch einmal nach der Blüte.

Himbeersorten

Alle Himbeeren sind selbstfruchtbar, die Blüte fällt in die zweite Maihälfte, ist also kaum spätfrostgefährdet. Geerntet wird im Juli.

Etwas Vorsicht ist gegenüber Sorten unbekannter Herkunft angebracht, die unter Phantasienamen angeboten und von der Werbung mit allerlei Superlativen bedacht werden. Diese „Riesenbeeren“ mit „Rekordernten“ halten selten, was man sich von ihnen verspricht. Das gilt übrigens für alle „Weltneuheiten“ beim Baum- und Beerenobst.

Bei der Sortenwahl sollte man die Krankheitsanfälligkeit der verschiedenen Züchtungen berücksichtigen. Bei Himbeeren ist es neben dem Rutensterben vor allem der Grauschimmelbefall (Botrytis cinerea), der ganz

schnell die gesamte Ernte eines Jahres zunichte machen kann.
In einer 15 Jahre währenden Prüfung wurden 17 Himbeersorten auf ihre Anfälligkeit für Grauschimmel und die damit verbundene Ertragsminderung untersucht. Dabei ergab sich, daß nach sorgfältiger Pilzbekämpfung bei der Ernte ein Mehrertrag von 47% erzielt werden konnte. Außerdem wurde bei dem Langzeitversuch festgestellt, daß es keine Himbeersorte gibt, die absolut widerstandsfähig gegen Botrytisbefall ist. Allerdings erwies sich die Anfälligkeit der einzelnen Sorten als recht unterschiedlich.
Bei den zweimaltragenden Sorten war 'Korbfüller' besonders stark, 'Zewa Herbsternte' nur geringfügig vom Grauschimmel betroffen, bei den einmaltragenden zeigten die Züchtungen 'Zewa 2', 'Schönemann' und 'Kelleris 5' den geringsten Befall.
Wer Spritzungen scheut, sollte die Himbeerbestände möglichst licht halten, damit die Ruten nach Regenfällen schnell abtrocknen können und dem Pilz damit weniger Chancen bieten.
Einmaltragende Himbeersorten:
'Gelbe Antwerpener': mittelfrüh, gelbfrüchtig; 'Gigant': früh; 'Glen Clova': früh; 'Golden Everest': früh, gelbfrüchtig; 'Golden Queen': mittelspät, gelbfrüchtig; 'Himbostar': spät; 'Kelleris 5': spät; 'Malling Admiral': spät; 'Malling Promise': früh; 'Multiraspa': früh; 'Rucami': spät; 'Rumilo': spät; 'Rutrago': spät; 'Schönemann': spät; 'Zefa 1': mittelfrüh; 'Zefa 2': mittelfrüh
Zweimaltragende Himbeersorten:
'Erntesegen'; 'Korbfüller'; 'Pechts Herbstfreude'; 'Zefa Herbsternte'

Auf der Goldjohannisbeere veredelte rote Johannisbeersorte

Japanische Weinbeere

Die Japanische Weinbeere (Rubus phoenicolasius) ist eng mit den Himbeeren und Brombeeren verwandt. Sie ist eine Kulturpflanze Ostasiens. Inzwischen hat auch der Versandhandel diesen fruchtenden Zierstrauch entdeckt und bietet ihn in seinen Katalogen an. Die im Juli und August reifenden Früchte gleichen denen einer hellroten Himbeere, sind im Geschmack jedoch wesentlich säuerlicher.
Der Strauch, dessen 3 m lange Ruten im Alter überhängen, braucht einen sonnigen Platz und wächst in jedem guten, tiefgründigen Gartenboden.
Ein hoher Humusgehalt ist auch hier erwünscht, man sollte also vorwiegend organische Düngemittel verwenden. Zusätzlich können 50 g/m² eines mineralischen blauen Volldüngers im Frühjahr einen Fehlbedarf ergänzen.
Zu dicht wachsende Sträucher müssen von Zeit zu Zeit ausgelichtet werden.

Johannisbeere, rote und weiße

Wenn es heißt, Johannisbeeren seien anspruchslos, dann stimmt das insofern, also sie auch ihnen nicht zusagende Standortverhältnisse noch akzeptieren. Nur ist dann die Ernte nicht sehr ertragreich, und der Strauch könnte eines Tages leicht Opfer von Krankheiten und Schädlingen werden (das gleiche gilt übrigens für sämtliche Kulturpflanzen).
Rote und weiße Johannisbeeren sind zwar selbstfruchtbar, dennoch ist das Ernteergebnis besser, sind die Früchte größer, inhaltsreicher und saftiger, wenn eine Fremdbestäubung erfolgt ist. Wo die Möglichkeit besteht, sollte man also mindestens 2 Sträucher anpflanzen.

Ansprüche

Obgleich Johannisbeeren absolut winterhart sind, darf nicht gerade ein Platz für sie ausgesucht werden, der Spätfrösten Tür und Tor öffnet. Man muß einer Schädigung der Blüten nicht auch noch Vorschub leisten. Reine Schattenlagen sind ebenfalls ungeeignet.
Dem Boden muß man keine besondere Aufmerksamkeit widmen. Da Johannisbeeren Flachwurzler sind, läßt sich die für sie wichtige oberste Erdschicht durch Aufstreuen von Kompost oder leichtes Einarbeiten eines Torf-Mischdüngers auf einfache Weise beleben und fruchtbar machen. Regelmäßiges Abdecken mit Mulchmaterial erhöht diesen Effekt noch.

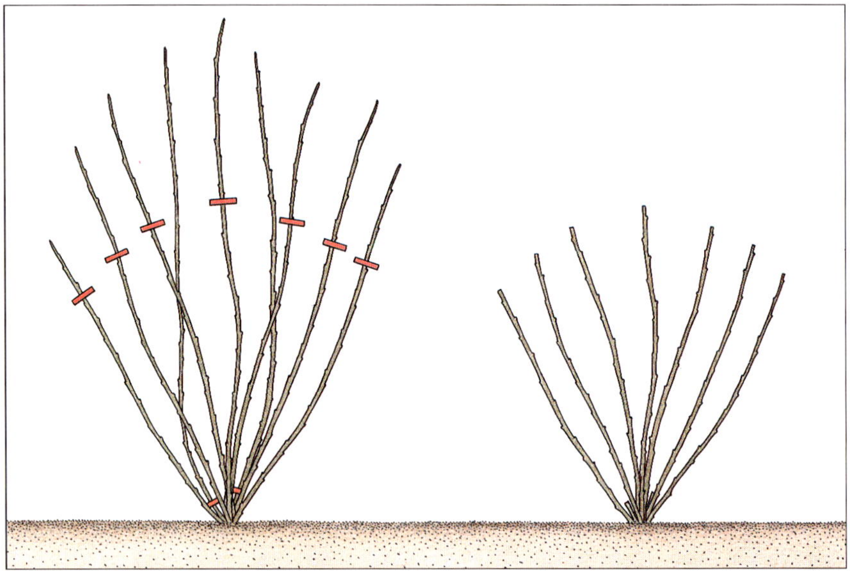

Pflanzschnitt an Johannisbeeren

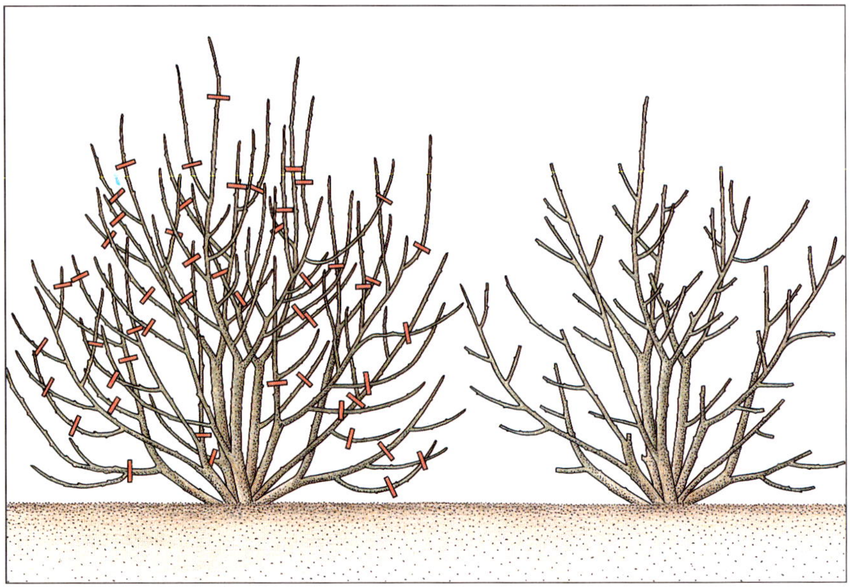

Erziehungs- und Erhaltungsschnitt an Johannisbeeren

Pflanzung

Wegen des frühen Austriebs ist bei Johannisbeeren der Herbst die einzig richtige Pflanzzeit. Wird dennoch das Frühjahr dafür gewählt, dann sollte der Strauch so zeitig wie möglich in den Boden kommen. Pflanzen, die als Containerware, also mit festem Wurzelballen gekauft werden, kann man das ganze Jahr über setzen, solange der Boden nicht gefroren oder eiskalt ist.
Das Pflanzloch muß bei diesem Flachwurzler nicht tief, sollte aber so geräumig sein, daß die Wurzeln bequem darin Platz finden. Wer will, kann den Aushub mit Torf oder Kompost verbessern, notwendig ist das bei gutem Gartenboden nicht.
Die Pflanztiefe entspricht dem Stand in der Baumschule, jedenfalls sollte nicht zu tief gesetzt werden, um den Wurzelaustrieb überflüssiger, schwacher Triebe zu vermeiden.
Werden mehrere Sträucher in Reihen gepflanzt, beträgt der Reihenabstand etwa 2 m, der Abstand von Strauch zu Strauch in der Reihe 1,50 m. Bei unregelmäßiger Einzelstellung sollten 2 m^2 Standraum pro Johannisbeere veranschlagt werden. Für Hochstämmchen genügt 1 m^2 beziehungsweise 1 m in der Reihe.

Schnittmaßnahmen

Der erste Schnitt ist bereits bei der Pflanzung fällig. Hierbei werden alle Triebe bis auf 5 oder 6 der kräftigsten direkt über dem Wurzelhals weggenommen, die verbleibenden auf die

Hälfte ihrer Länge eingekürzt. Wird der Strauch dagegen mit weniger als 5 Trieben gekauft, was nicht weiter schlimm ist, nimmt man sie radikal auf 2 oder höchstens 3 Augen (Knospen) pro Trieb zurück, um das Wachsen neuer Triebe zu beschleunigen.

Bei dem in den nächsten Jahren folgenden Erziehungs- und Erhaltungsschnitt ist darauf zu achten, daß der Strauch nicht mehr als etwa 8 Haupttriebe behält. Was an ihnen im Lauf des Jahres dazugewachsen ist, kürzt man im Herbst oder Winter um etwa ein Drittel ein. Außerdem wird ständig ausgelichtet, das heißt, alles was abgestorben, schwächlich oder für den Wuchs hinderlich ist, muß man wegschneiden.

Auch bei Beerensträuchern gilt die eiserne Regel der Obstbaumerziehung: das Innere muß luftig und licht sein, damit Blätter und Früchte sich besser entwickeln können.

Düngung

Je humoser, fruchtbarer und lebendiger ein Boden ist, desto weniger zusätzliche Dünger werden von den dort wachsenden Pflanzen benötigt. Dennoch sollte man auch beim Beerenobst nicht einzig auf die Qualität des Erdreichs vertrauen und zumindest eine Ergänzungsdüngung mit organischen oder mineralischen Nährstoffen vornehmen.

Nach dem ersten Standjahr versorgt man die Sträucher deshalb zwei- bis dreimal jährlich mit 50-70 g/m^2 eines mineralischen, blauen (chlorfreien) Volldüngers: das erste Drittel im zeitigen Frühjahr, das zweite nach der Blüte und das dritte nach der Ernte. Bei gutem, humosem Boden kann auf die Nachblütedüngung meist verzichtet werden.

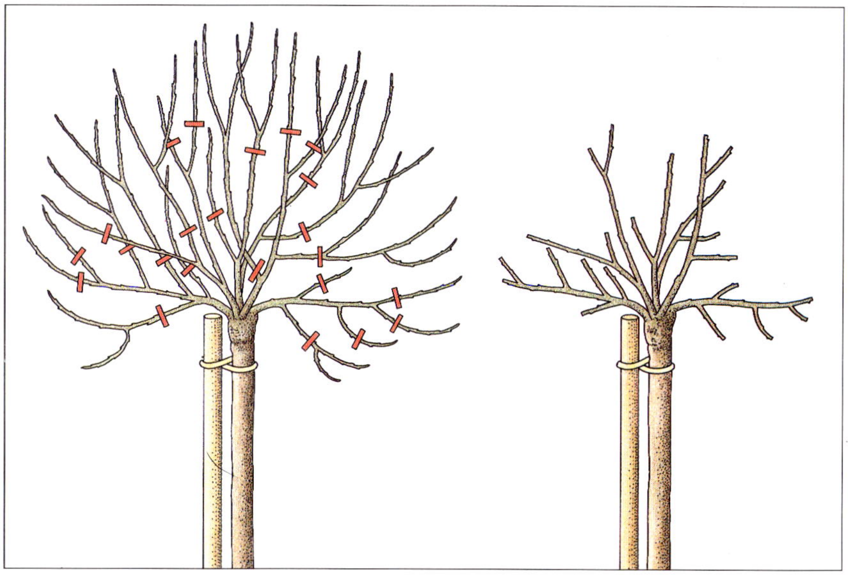

Schnitt der Hochstämme

Hochstämme

Bei Johannisbeeren und Stachelbeeren werden von den Baumschulen und vom Pflanzenhandel neben Büschen auch auf der Goldjohannisbeere (Ribes aureum) veredelte Hochstämme mit knapp 1 m Stammlänge angeboten. Sogenannte Fuß- oder Niederstämme von nur 30, 40 oder 50 cm Höhe kann man im Bereich Obstbau getrost unter der Rubrik „Spielereien“ ablegen, denn sie haben keinerlei Vorteile gegenüber dem Hochstamm, und daß sie ohne Stützpfahl auskommen, gereicht ihnen angesichts ihrer Nutzlosigkeit auch nicht zum Ruhme.

Über Johannis- oder Stachelbeerhochstämme dagegen kann man durchaus nachdenken. Zwar vergreisen sie schneller als die Buschform und bleiben auch mit den Erträgen hinter den Büschen zurück, aber die Ernte ist ein „reines Vergnügen“, weil man sich nicht zu bücken braucht. Außerdem brauchen die Stämmchen weniger Platz, und da sie hübsch aussehen, können sie auch im Ziergarten untergebracht werden, ohne dort als Profangehölz unangenehm aufzufallen. Dafür zahlt man dann in der Baumschule leider auch doppelt soviel wie für einen Busch.

Kronenbäumchen sollen nicht mehr als 6-8 Leitäste aufweisen, die jährlich stark, etwa auf 6 Augen, eingekürzt werden. Auch die Seitentriebe an diesen Ästen schneidet man auf Stummel mit 2-4 Augen zurück.

Sortenwahl

Die Sorteneigenschaften der Johannisbeeren, ob rot oder weiß, sind nahezu identisch. Der Geschmack ist durchgehend süß-säuerlich mit mehr oder minder betonter Säure.

Die Klassifizierung der Trauben von mittellang über lang bis sehr lang ist für den Hobbygärtner unerheblich. Auch ob die Einzelbeere in den Sortenlisten nun als mittelgroß oder groß bezeichnet wird, sollte bei der Kaufentscheidung keine Rolle spielen, weil sich die-

'Red Lake'

'Weiße aus Jüterbog'

'Weiße Versailler'

ser Unterschied allenfalls in Millimetern ausdrückt.
Bei der nachfolgenden Zusammenstellung werden daher die voneinander abweichenden Reifezeiten der einzelnen Sorten als einzig interessantes Kriterium für eine Anpflanzung im Hausgarten erwähnt.
Sorten der roten und weißen Johannisbeere: 'Heinemanns Rote Spätlese': erste Augusthälfte, rot; 'Heros': Ende Juni, rot; 'Jonkheer van Tets': zweite Junihälfte, rot; 'Macherauchs Riesentraube': August, rot; 'Mulka': erste Augusthälfte, rot; 'Red Lake': Anfang Juli: rot; 'Rolan': erste Julihälfte, rot; 'Rondom': zweite Julihälfte, rot; 'Rote Vierländer': Mitte Juli, rot; 'Rotet': zweite Julihälfte, rot; 'Rovada': zweite Augusthälfte, rot; 'Stanza': erste Julihälfte, rot; 'Weiße aus Jüterbog': erste Julihälfte, weiß; 'Weiße Versailler': zweite Junihälfte, weiß

Johannisbeere, schwarze

Die schwarzfrüchtige Ribes-Art stellt in allem etwas höhere Ansprüche als ihre roten und weißen Verwandten. Vor allem muß ihr Standort vollsonnig, warm und geschützt vor Spätfrösten sein, der Boden gehaltvoll bis schwer.
Beim Pflanzen setzt man die schwarze Johannisbeere tiefer als sie in der Baumschule stand, damit sich reichlich Bodentriebe für den späteren Aufbau des Strauchs bilden können. Die Pflanzabstände sowohl von Sträuchern als auch von Hochstämmchen sollten größer sein als bei den anderen Johannisbeeren.
Bodenpflege durch Mulchen ist besonders wichtig, weil die schwarze Johannisbeere eine gewisse, gleichmäßige Wurzelfeuchte braucht, die durch humoses, mit organischen Düngern versorgtes Erdreich am ehesten zu erreichen ist. Auch mit der mineralischen Düngung kann man etwas über die bei den anderen Johannisbeeren genannte Menge hinausgehen, weil Ribes nigrum einen höheren Stickstoffbedarf hat.

Befruchtung

Während es bei der roten und weißen Johannisbeere kaum Partnerprobleme gibt, weil die Sorten selbstfruchtbar sind, ist der Bestäubungsmechanismus der schwarzen Johannisbeere etwas verwirrend und bei einigen Sorten noch unklar. Neben Züchtungen, die sich selber befruchten, gibt es solche, die das nur teilweise und andere, die es überhaupt nicht tun.
Die Neuzüchtung des Max-Planck-Instituts für Züchtungsforschung 'Strata' beispielsweise ist, wie es heißt, weitgehend selbstfruchtbar, ebenso 'Roodknop' und 'Invigo'. 'Wellington XXX' soll es dagegen nur teilweise sein. Weil das alles noch nicht endgültig abgesichert ist, tut der Hobbygärt-

'Goliath'

'Silvergieters Schwarze'

Jostabeere

ner gut daran, von der schwarzen Johannisbeere mindestens 2 Sorten anzupflanzen.

Sorten der schwarzen Johannisbeere: 'Daniels September': Reife zweite Septemberhälfte; 'Goliath': zweite Junihälfte; 'Invigo': zweite Julihälfte; 'Lissil': erste Julihälfte; 'Phoenyx': erste Julihälfte; 'Roodknop': erste Julihälfte; 'Rosenthals Langtraubige Schwarze': Anfang Juli; 'Silgo': zweite Junihälfte; 'Silvergieters Schwarze': Anfang Juli; 'Strata': Ende Juni; 'Stripta': zweite Julihälfte; 'Wellington XXX': erste Julihälfte

Jostabeere

Bei der Jostabeere (Ribes nidigrolaria) handelt es sich um eine reine Zuchtform, die aus der Kreuzung von schwarzer Johannisbeere und Stachelbeere entstanden ist. Sie geht auf eine 40jährige Züchtungsarbeit von Dr. Rudolf Bauer am ehemaligen Max-Planck-Institut für Züchtungsforschung in Köln-Vogelsang zurück und ist eine mehltaufreie Fortentwicklung der älteren 'Jochelbeere' des Berliner Botanikers Prof. Erwin Baur.

Diese Kreuzung zeichnet sich durch ihre Resistenz gegenüber den bei den Eltern gefürchteten Pilzinfektionen Amerikanischer Stachelbeermehltau und Blattfallkrankheit aus. Diese kommen an der Jostabeere nicht vor.

Der Strauch ist winterhart, die Blüte durch Spätfröste gefährdet, das ist allerdings bei anderem Beerenobst auch der Fall.

Da die Jostabeere mit bis zu 2 m langen, stachellosen Trieben recht starkwüchsig ist, sollte ein Strauch 4-5 m^2 für sich beanspruchen dürfen. Humoser, nährstoffreicher Boden und ein sonniger Platz sind eigentlich das einzige, was die Pflanze benötigt.

Wenn das Gehölz im Ertrag nachläßt oder sonstige Schwächen zeigt, kann im zeitigen Frühjahr mit 1 oder 2 Handvoll blauem Mineraldünger nachgeholfen werden. Der Schnitt beschränkt sich auf ein gelegentliches Auslichten. Die Reifezeit der großen, blauschwarzen Beeren beginnt im Juni. Der Geschmack liegt zwischen dem der schwarzen Johannisbeere und Stachelbeere. Durch den hohen Gehalt an Vitamin C, der, von der Kiwi und der schwarzen Johannisbeere abgesehen, weit über dem unserer anderen Beerenobstarten liegt, hat diese neue Züchtung auch gesundheitlich einen hohen Wert. Die Möglichkeiten der Konservierung, des Einkochens zu Marmelade oder Gelee und der Saftgewinnung machen die Jostabeere zu einer bemerkenswerten Bereicherung des Beerenobstsortiments.

Kiwi

Einen geradezu sensationellen Erfolg verbuchte Actinidia chinensis, die Kiwi, als sie bei uns Ende der sechziger Jahre zum erstenmal in den Baumschulen auftauchte. Die aus China stammende Schlingpflanze, nach ihrer Herkunft auch „Chinesische Stachelbeere“ oder, angelehnt an die auffällige Erscheinung der weiblichen Blüte, „Strahlengriffel“ genannt, wurde Anfang dieses Jahrhunderts nach Neuseeland eingeführt und dort schon bald in größerem Umfang angebaut.

Den Namen Kiwi erhielt Actinidia von den Neuseeländern. Es ist die Bezeichnung für einen schnepfenartigen Laufvogel, das Symbol des Landes, mit dem nun auch ein wichtiger Exportartikel etikettiert wurde.

Die anfängliche Kiwi-Euphorie hierzulande hat mittlerweile etwas nachgelassen, weil viele Hobbygärtner erkennen mußten, daß die Anbaumöglichkeiten bei uns begrenzt sind.

Bevor man sich zur Pflanzung dieser Schlinger entschließt, sollte Klarheit über ihre Ansprüche herrschen. Es lohnt sich nur mit Vorbehalt, Actinidia chinensis außerhalb der klimabegünstigten Weinbaugebiete zu kultivieren. Wenn es in Ausnahmefällen dennoch dann und wann gelingt, ist das auf außergewöhnlich günstige Standortverhältnisse zurückzuführen, die nicht die Regel, sondern stets ein Glücksfall sind.

So trägt ein mächtiger, uralter Kiwistrauch seit Jahrzehnten in einem Hanggarten in Herdecke/Ruhr jeden Herbst überreichlich Früchte. Er muß lange vor der Zeit gepflanzt worden sein, zu der man sich bei uns für dieses Klettergewächs zu interessieren begann.

Maßgebliche Anstöße für die Entwicklung der Kiwi zur Gartenpflanze gingen von Professor K. J. Maurer, Fachhochschule Geisenheim, aus, der Kiwis auf dem Geisenheimer Institutsgelände vielfältigen Prüfungen unterzog. Diese Arbeiten wurden dann von Dr. Magda Bauckmann, ebenfalls Geisenheim, fortgeführt. Heute werden Pflanzen von vielen Baumschulen und im Gartenversandhandel angeboten.

Um Früchte ernten zu können, muß man eine männliche und eine weibliche Kiwipflanze zusammen anbauen.

Da die meisten Kiwis zweihäusig sind, müssen in jedem Fall eine männliche und eine weibliche Pflanze nebeneinander stehen. Bei mehreren Sträuchern kann ein männliches Exemplar 6-10 weibliche befruchten.

Meinte man noch zu Beginn der Kiwikultur im Hausgarten einen möglichst sonnigen Platz wählen zu müssen, haben Erfahrungen inzwischen gezeigt, daß eine Westwand oder eine Pergola in Nord-Süd-Richtung vorzuziehen sind. Pralle Sonne in Südlage verfrüht den Austrieb und fördert damit Kälteschäden im Frühjahr.

Wichtigste Voraussetzung für eine erfolgreiche Kultur ist ein möglichst geschützter, windstiller Platz.

Der Boden sollte möglichst durchlässig und vor allem warm sein. Da Kiwis Ranken bis zu 10 m Länge entwickeln, ist am Spalier ein Pflanzenabstand von 4-6 m angebracht. Als Faustregel kann gelten: je höher man die Kiwis nach oben leitet, desto geringer kann der Pflanzabstand sein. Unter günstigen Bedingungen ist es leicht möglich, die Wand eines dreistöckigen Hauses völlig von Kiwis begrünen zu lassen.

Schnittmaßnahmen

Ab dem zweiten oder dritten Standjahr müssen Kiwis geschnitten werden. Am wichtigsten ist der Sommerschnitt, der im Juli, besser noch im August durchgeführt wird. Hierzu die Kiwi-Expertin Dr. Magda Bauckmann im Fachorgan „Obst und Garten“: „Im Sommer werden alle Ranken nach dem vierten bis sechsten Blatt hinter den walnußgroßen Früchten gekappt. Die Nährstoffe sollen nicht an den Früchten vorbeiziehen, sondern im Basisteil bei den Früchten bleiben. Beim Sommerschnitt werden alle Triebe, die im kommenden Jahr nicht zur Fruchterzeugung benötigt werden, weggeschnitten. Ein Fruchttrieb sollte nie länger als drei Jahre belassen werden, er vergreist sonst zu schnell und der Strauch wird kahl. In den Folgejahren sitzen die Kiwifrüchte niemals an der gleichen Stelle des Triebs. Aus den Knospen des gekappten Triebs kommen oberhalb der vorjährigen Früchte Seitentriebe, an deren Basis dann die neuen Früchte hängen. Um beim Winterschnitt zu erkennen, welche Ranken Früchte getragen haben, bleiben als Erkennungszeichen die Fruchtstiele am Strauch hängen.

Im Sommer werden alle Ranken nach dem vierten bis sechsten Blatt hinter den walnußgroßen Früchten gekappt.

Nach etwa drei Jahren läßt das Wachstum der Fruchttriebe merklich nach, aber inzwischen sind neue Triebe herangewachsen, auf die man zurückgreifen kann. Man kann auch schon im Sommer die Seitentriebe einer neuen Ranke auf vier bis fünf Blätter einkürzen in der Hoffnung, daß aus den Achseln im nächsten Jahr Seitentriebe mit den an der Basis heranwachsenden Blüten bestückt sind. Die starke Wüchsigkeit macht es notwendig, die Triebe provisorisch am Spalier zu befestigen, bis sie beim Winterschnitt formiert werden können."

Bei einem sorgfältig durchgeführten Sommerschnitt hat ein weiterer Eingriff im Februar nur noch korrigierenden Charakter. Man nimmt dabei alle diejenigen Zweige, die im Vorjahr getragen haben, auf einen kräftigen Neutrieb zurück und lichtet aus, was zu dicht wächst. Zuviele alte Triebe verhindern die Bildung neuer, dem Ertrag dienenden Jungranken.

Selbstanzucht ja oder nein?

Da Kiwis recht teuer sind, stellen sich Hobbygärtner immer wieder die Frage, ob nicht eine Selbstanzucht aus Samen gekaufter Früchte möglich sei. Möglich ist es schon, denn Kiwisamen gehen im Frühjahr am Zimmerfenster in Töpfen oder Schalen genausogut auf wie andere. Da jedoch das Verhältnis von männlichen zu weiblichen Kiwipflanzen 70 zu 30 beträgt und nur die weiblichen Früchte tragen, ist das Ergebnis äußerst unsicher.

Bei Kiwis läßt sich das Geschlecht nämlich nur an der Blüte erkennen, und Blüten erscheinen das erstemal frühestens nach 3, meist erst nach 4 Jahren. So lange bleibt man also auf seinem Kiwi-Kindergarten sitzen, der dazu noch wegen des ungünstigen Geschlechterverhältnisses möglichst zahlreich sein sollte.

Deshalb überrascht es, daß der Samenhandel in jüngster Zeit auch Kiwisamen anbietet. Vorsorglich wird zu Recht darauf hingewiesen, alle Pflanzen bis zur Blüte heranzuziehen, also nicht wie sonst üblich nur die stärksten für die Weiterkultur auszulesen. Im Gegenteil, vor allem die schwachen, mickerigen sollten erhalten bleiben, heißt es weiter, weil sich gerade unter ihnen die meisten weiblichen Exemplare befinden.

Schließlich bleibt noch, wie so oft bei Sämlingen, das Risiko des Ertrags und der Qualität. Denn was da an einem aus selbst geerntetem Samen gezogenen Strauch als Frucht heranwächst, muß durchaus nicht dem am Obststand für teures Geld gekauften Prachtexemplar entsprechen.

Sind Kiwis einmal angewachsen und haben die Jungpflanzen die ersten Winter einigermaßen überstanden, muß man nur noch für immer ausreichend feuchten Boden und für Dünger sorgen. Ältere Pflanzen an geschützten Standorten werden von Frösten kaum noch betroffen. Außer leichtem Einarbeiten von Kompost oder organischen Düngern und Abdecken der Pflanzstelle mit Mulch gibt man während der Blüte im Mai/Juni und dann noch einmal Anfang August je Pflanze 60 g/m^2 eines blauen Mineraldüngers.

Ernte

Kiwis reifen spät, erst im Oktober/November, lassen sich aber in Steigen nebeneinandergelegt an einem kühlen, frostfreien Platz monatelang lagern. Je wärmer es ist, desto schneller müssen die Beeren, denn um Beeren handelt es sich trotz ihrer Hühnereigröße, verbraucht werden.

Der Vitamin-C-Gehalt der Kiwi schlägt übrigens den aller anderen Früchte des Gartens.

Kiwisorten

Das in den Baumschulen angebotene Kiwisortiment beschränkt sich zur Zeit noch auf einige wenige Sorten: 'Abbot': frühe Blüte, längliche, mittelgroße Früchte; 'Bruno': mittelfrühe Blüte, mittelgroße, breite Früchte; 'Hayward': wegen der sehr späten Blüte besonders geeignet, breitovale, große Früchte, bei uns die am häufigsten angebaute Sorte; 'Monty': sehr späte Blüte, große, längliche Früchte.

Mit 'Jenny' kam eine einhäusige Sorte auf den Markt, die weibliche und männliche Blütenorgane auf einer Pflanze trägt und so auch einzeln gepflanzt Früchte bringt.

'Weiki' ist eine glattschalige, kleinfruchtige, sehr robuste Sorte von Actinidia arguta.

Preiselbeersorte 'Koralle'

Grünweiße Sorte 'Grüne Kugel'

Preiselbeere

Die Preiselbeere (Vaccinium vitis-idaea), ein Erikagewächs vor allem nordischer Heiden, Moore und lichter Wälder, fand erst in den 70er Jahren mit aus Wildpflanzen selektierten Auslesen den Weg in unsere Gärten. In Nordamerika wird sie dagegen schon seit langer Zeit kultiviert und kommerziell genutzt.

Preiselbeeren können im Garten als Nutz- wie Zierpflanzen angebaut werden. Die nur 30 cm hohen, kriechenden und immergrünen Kleinsträucher lassen sich gut zur Bedeckung des Bodens verwenden, zumal auch die weißen bis rötlichen Glockenblüten im Mai/Juni sehr zierend wirken.

Die Ansprüche gleichen denen der Heidelbeere, nur kann der Standort leicht beschattet und der Boden muß nicht ganz so sauer sein. Immerhin werden auch hier pH-Werte 5-6 verlangt. Man sollte die Erde des Pflanzbeets deshalb reichlich mit Torf vermischen.

Pflanzzeiten sind Herbst oder Frühjahr, der Abstand von Pflanze zu Pflanze beträgt 20-30 cm mit einem ebensolchen Reihenabstand. Reichliches, ständiges Mulchen, ergänzt durch gelegentliche Gaben von Horn- und Knochenmehl oder anderen organischen Düngern, natürlich auch Kompost, reicht als Düngung.

Bei Trockenheit muß gewässert werden. Eine Abdeckung mit Fichtenreisig ist allenfalls in sehr harten, schneelosen Wintern notwendig.

Die Reife beginnt gegen Ende August und kann bis zum Oktober andauern. In günstigen Lagen fruchten Preiselbeeren bisweilen zweimal im Jahr, wobei die erste Ernte im Juni/Juli meist nur sehr spärlich ausfällt.

Preiselbeersorten

In Deutschland sind nur wenige Sorten im Handel, darunter 'Aberdeen', 'Koralle' und 'Pilgrim'. Die deutsche Auslese 'Erntesegen' erhielt auf der Bundesgartenschau 1981 in Kassel eine Goldmedaille.

Stachelbeere

Im Hausgarten wie auf dem Markt stehen Stachelbeeren immer etwas im Schatten der Johannisbeeren. Der Grund mag sein, daß sie im Geschmack und Saft weniger zu bieten haben, möglicherweise liegt es auch an der Beschwerlichkeit des Pflückens und an der Aromaminderung beim Konservieren. Dennoch lohnt es sich, einige Stachelbeersträucher im Garten stehen zu haben.

Ansprüche

Im Großen und Ganzen unterscheidet sich die Stachelbeerkultur nicht wesentlich von dem, was auch Johannisbeeren wünschen (siehe S. 295 f.). Als Gewächs des Waldes sollte der Platz nicht gerade in praller Sonne liegen, ein eher schwerer, etwas lehmhaltiger, humoser und feuchter Boden ist günstiger als durchlässiges, leichtes Erdreich mit geringer Wasserspeicherfähigkeit.

Pflanzung und Pflege

Für die Pflanzung gilt das bei Johannisbeeren Gesagte, nur können die Abstände von Strauch zu Strauch etwas geringer sein, 1,50 m ringsum reicht meist aus.

Bei Hochstämmchen genügt 1 m.

Die beste Pflanzzeit ist der Herbst. Es wird so tief gesetzt, daß der Stand dem in der Baumschule entspricht.

Als Düngemenger genügen 60 g/m^2 eines blauen Volldüngers, den man in 2 Raten gibt: zwei Drittel im Spätherbst oder frühen Frühjahr, ein Drittel nach der Blüte. Bei Trockenheit im Sommer muß gewässert werden.

Schnittmaßnahmen

Nach der Herbstpflanzung sollte im Frühjahr der erste Schnitt erfolgen, bei dem man nur etwa 6 kräftige Triebe stehenläßt. Sie werden dann wiederum um die Hälfte oder um ein Drittel eingekürzt.
In den folgenden Jahren nimmt man laufend altes Holz direkt über dem Boden heraus, ebenso werden die Leitäste und deren Seitentriebe etwa eingekürzt, damit ständig neues Fruchtholz nachwachsen kann. Mit diesen Schnittmaßnahmen dämmt man zugleich den gefürchteten Amerikanischen Stachelbeermehltau ein.

Stachelbeersorten

Stachelbeeren sind selbstfruchtbar, aber eine Fremdbestäubung führt zu besseren Erträgen. Man unterscheidet 3 Farbvarianten: rot, gelb und grün beziehungsweise grünweiß gestreift. Die Ernte erstreckt sich über die Monate Juni, Juli, August, allerdings kann man die Früchte auch grün vor der Reife pflücken und für Kompott oder als Kuchenbelag verwenden.
Rote Sorten: 'Achilles'; 'Maiherzog'; 'Mauks Frühe Rote'; 'Rote Orleans'; 'Rote Preis'; 'Rote Triumph'
Gelbe Sorten: 'Early Sulphur'; 'Gelbe Triumph'; 'Hönings Früheste'; 'Lauffener Gelbe'
Grünweiße Sorten: 'Grüne Kugel'; 'Lady Delamere'; 'Weiße Neckartal'; 'Weiße Triumph'
Im ehemaligen Max-Planck-Institut für Züchtungsforschung wurden außerdem 3 mehltaufreie Stachelbeersorten entwickelt, die seit Herbst 1987 im Katalog der Großversandgärtnerei Ahrens und Sieberz, Siegburg, angeboten werden: 'Reflamba': (grün); 'Rixanta': (gelb) und 'Rolanda' (rot).

Weinrebe

Ähnlich der Kiwi gedeiht auch die Weinrebe nur in klimatisch begünstigten, also warmen Gegenden und hier wieder am besten an einem windgeschützten, sonnigen Platz vor einer Wand oder Mauer.

Ansprüche

Der Boden muß locker und tiefgründig sein, denn Staunässe wird nicht vertragen. Eine Bodenbedeckung durch organisches Mulchmaterial ist nicht notwendig.
Gedüngt wird zweimal im Jahr mit etwa 30 g/m^2 eines organisch-mineralischen Volldüngers: einmal im Frühjahr vor dem Austrieb und ein weiteres Mal nach der Blüte. Kompostgaben sind jederzeit erwünscht, aber kein Muß. Mit zunehmendem Alter und Ertrag können die Düngermengen erhöht werden, wenn der Stock ein Nähstoffbedürfnis durch kleinere Trauben anzeigt. In sommerlichen Trockenperioden muß man wässern.

Pflanzung

Zunächst wird eine etwa 50 cm tiefe, 1 m^2 große Grube ausgehoben und der Untergrund gut gelockert. Den Aushub kann man mit Kompost, Hornspänen, einem organischen Dünger oder Trokkenmist vermischen, damit die Humusbildung gefördert wird. Anschließend füllt man die Grube mit dreiviertel des verbesserten Aushubs auf, gießt an und wartet einige Tage, bis sich alles etwas gesetzt hat.
Dann kann gepflanzt werden. Dabei sollte die Jungrebe leicht schräg in den Boden kommen, mit der Neigung zum Spalier hin. Die Entfernung von der Wurzel zum Spalier muß 30-40 cm betragen. Die Veredelungsstelle muß sich bei Pfropfreben 2-3 cm über der Erdoberfläche befinden.
Die beste Pflanzzeit ist der April, bei Topf-oder Containerreben kann man bis Juni warten.

Schnittmaßnahmen

Im Spätwinter nach der Pflanzung, also etwa im Februar/März des darauffolgenden Jahres, ist der erste Schnitt fällig, wobei der junge Trieb oberhalb einer Knospe um gut die Hälfte eingekürzt wird. Der aus dieser Knospe wachsende Neutrieb dient als Verlängerung der Mittelachse und wird senkrecht hochgebunden.
Die in der Folgezeit heranwachsenden Jungranken der weiter unten sitzenden Knospen werden seitlich am Spalier angeheftet. An ihnen entwickelt sich das traubentragende Fruchtholz. Die Ranken sind, sobald sie die entsprechende Länge erreicht haben, ebenfalls am Spalier anzubinden und im folgenden Februar/März auf 2-3 Knospen zurückzunehmen.
Bei jedem Schnitt soll über der letzten Knospe ein etwa 2 cm langer „Zapfen" stehenbleiben, der das Austrocknen der Knospe verhindert.
Im Juni muß man dann auslichten, das heißt, man entfernt alle zu dicht stehenden Jungruten und Geiztriebe, die in der Zwischenzeit herangewachsen sind.
Grundsätzlich ist bei allen Schnittarbeiten zu berücksichtigen: die Rebe blüht und fruchtet an den einjährigen Trieben, die sich am zweijährigen Holz entwickeln. Der Schnitt muß also stets dem Zweck dienen, den Stock zur Bildung junger Triebe aus altem Holz zu veranlassen.

DER PFLANZENSCHUTZ

△ *Lilienhähnchen*

△ *Raupe des Kohlweißlings*

◁ *Maulwurf*

Wissenswertes

Um Krankheiten und Schädlingsbefall zu vermeiden, muß man die Pflanzen ihren Bedürfnissen entsprechend anbauen.

Es klingt einigermaßen paradox, im Zusammenhang mit Pflanzenschutz darauf hinzuweisen, daß Schädlinge ein notwendiges Übel sind, wobei die Betonung auf notwendig liegt. Einen Gärtner mit einer derartigen Behauptung zu konfrontieren, während er gerade seine von Raupen zerfressenen Kohlköpfe betrachtet, wäre unklug. Wenn man aber diesen Standpunkt mit Blick auf das große Zusammenspiel der natürlichen Abläufe vertritt, stimmt er; doch hinsichtlich des Hausgartens muß man bereits deutliche Einschränkungen machen.

Mit Recht läßt sich sagen, daß es kein Kraut und keinen Käfer gibt, die nicht zu etwas nütze wären, weil jedes Lebewesen in der Natur seine ganz spezielle, ihm zugewiesene Rolle zu spielen hat. Das gilt auch im Garten und betrifft auch Tiere, die wir dort als arge Schädiger ansehen müssen. Doch hier wird es schon zwiespältig. Denn die Amseln, die sich unsere Süßkirschen schmekken lassen, sind ohne Zweifel ein Ärgernis. Wenn sie ihre Brut mit den Raupen des Kohlweißlings oder mit der Gespinstmotte füttern, wird derselbe Vogel zum ausgesprochenen Nützling. Andererseits dient im begrenzten Bereich des Gartens durchaus nicht jeder tierische oder gar pilzliche Schadorganismus auch einem nützlichen Zweck. Auf Schnecken beispielsweise kann man getrost verzichten, ohne daß dadurch das vielzitierte biologische Gleichgewicht ins Wanken gerät. Denn Schnecken gehören keineswegs zur lebensnotwendigen Nahrung von Kröten, zur Lieblingsspeise der Igel schon gar nicht, obgleich sie von beiden gefressen werden. Auch die Schildläuse, die den Oleander überfallen haben, und die Dickmaulrüßler am Rhododendron könnten ihren Platz ruhig räumen, ihre Abwesenheit führte zu keinem Verlust. Vom Obstbaumkrebs und dem Sternrußtau an Rosen ganz zu schweigen.

Gut gemeinte Toleranz gegenüber allem, was da kreucht und fleucht oder als Pilzmyzel wächst, ist nur die eine Seite der grünen Medaille, vernünftige Fürsorge, die den Kulturpflanzen gilt, die andere. Beides schließt einander keineswegs aus, gefragt ist die Verhältnismäßigkeit der angewandten Mittel und Methoden und das Wissen um die Zusammenhänge.

Es gibt Pilzkrankheiten, deren Auftreten nur durch vorbeugende Maßnahmen verhindert werden kann. Der bereits erwähnte Sternrußtau an Rosen gehört ebenso dazu wie der Rosenmehltau. Wo diese Infektionen erfahrungsgemäß im Lauf des Jahres zu erwarten sind, kommt man um Spritzungen vor dem sichtbaren Befall nicht herum. Die – völlig richtige – Empfehlung, weniger anfällige Rosensorten zu kaufen und in genügend weitem Abstand zu pflanzen, ist dann blanke Theorie, wenn im Garten bereits 60 Rosenstöcke beieinander stehen.

Die beiden Beispiele sollten die einzigen bleiben, die zu vorbeugenden Spritzungen Anlaß geben könnten. Mit chemischen Mitteln gegen tierische Schädlinge vorzugehen, ehe sie überhaupt in Erscheinung treten, führt zu nichts. Hier gibt es keine prophylaktischen Behandlungen.

Hat man aber mutmaßliche Schädigungen festgestellt, muß zunächst einmal der Verursacher bestimmt werden, und man muß abwarten und abwägen, ob es überhaupt notwendig ist, dagegen anzugehen. Einige Blätter mit Fraßstellen, eine kleine Blattlauskolonie an einem Rosentrieb müssen noch kein Alarmzeichen sein, sollten aber sorgfältig beobachtet werden. Manchmal verschwindet der Spuk aus unerklärlichen Gründen von selber, oder der Befall bleibt weiterhin unerheblich. Nicht selten jedoch bahnt sich hier ein gefährlicher Befallsdruck an.

Kulturfehler

Längst nicht alle mit Sorge beobachteten Störungen im Pflanzenleben werden von tierischen Schädigern oder pilzlichen Krankheitserregern, durch Viren oder Bakterien hervorgerufen. Die Ursachen können auch andere sein.

Frost- und Trockenschäden beispielsweise machen sich oft erst bemerkbar, wenn der Winter längst vorüber ist. Gießfehler über einen längeren Zeitraum hinweg werden nur selten als solche erkannt und Nährstoffmangel oder Überdüngung als Grund für Fehlentwicklungen übersehen.

Am häufigsten werden falsche Diagnosen bei Nadelbäumen gestellt. Nichtparasitäre Nadelanomalien oder Nadelfall kommen hier relativ häufig vor und können verschiedene Ursachen haben. Düngefehler sind ebenso möglich wie Schädigungen wegen eines falschen Standorts, vor allem aber wird immer wieder ein gestörter Wasserhaushalt im Boden als Schadensursache ausgemacht.

Erfahrene Dendrologen (Gehölzkundler) empfehlen deshalb, bei offensichtlich kränkelnden Koniferen ohne sichtbaren Schaderreger neben dem Stamm aufzugraben und die Bodenbeschaffenheit im Wurzelbereich zu überprüfen. Ist die Erde hier sehr naß oder krümelig trocken, muß man durch Einbringen einer Drainageschicht beziehungsweise nachhaltiges Wässern Abhilfe schaffen.

Außerdem, und das weiß kaum ein Hobbygärtner, wechseln auch Koniferen nach einer gewissen Zeit ihr Nadelkleid. Das kann, je nach Gehölzart, alle 3, 6 oder auch 10 Jahre der Fall sein.

Verheerende Folgen im Garten hat das unsachgemäße Ausbringen von Herbiziden (Unkrautvernichtungsmitteln). Obgleich diese Mittel am Ausbringungsort oft nichts zu suchen haben, wird aus Unkenntnis der Gefährlichkeit doch immer wieder nach ihnen gegriffen.

Manchmal soll nur ein Plattenweg oder ein Wäschetrockenplatz hinter dem Haus auf diese arbeitssparende Art von lästigen Unkräutern gesäubert werden. Dabei wird dann nicht an die Abdrift durch Wind beim Spritzen oder die Ausschwemmung von Giftstoffen in nahe gelegene Gartenteile beim Gießen gedacht. Vertrocknen danach plötzlich an den Ziersträuchern die Blätter oder welken die Prachtstauden in der Rabatte dahin, gibt der Gartenbesitzer nicht selten noch „eins drauf", indem er wahllos und „für alle Fälle" ein Insektizid (Insektenvernichtungsmittel) über die ohnedies um ihre Existenz ringenden Pflanzen sprüht.

Eine Vorsorgemaßnahme ist der richtige Pflanzenabstand. Im Zweifelsfall ist der weitere immer der richtigere.

Vorbeugende Maßnahmen

Wie wichtig ein lebendiger, gesunder Boden für das Pflanzenleben ist, wurde bereits mehrfach betont. Doch das allein genügt noch nicht. Der beste Pflanzenschutz ist nach wie vor das Wissen um die jeweils richtige Kulturmethode, um die Ansprüche der einzelnen Arten und Sorten, die im Garten wachsen sollen.

Wer einen Obstbaum pflanzt, sollte sich vorher darüber informieren, ob das Gehölz kalkverträglich ist, welchen Boden es wünscht, ob Sonnenlage notwendig ist oder auch noch etwas Schatten vertragen wird. Das trifft im weitesten Sinn auf alle Gartenpflanzen zu, an die nicht nur wir spezielle, meist hohe Anforderungen stellen, sondern die auch uns gegenüber ihre Ansprüche haben. Gesunde Gewächse können wir nur erwarten, wenn diese Wünsche erfüllt werden.

Diese Vorsorge macht auch vor dem Gemüsebeet nicht halt. Neben einer guten Bodenstruktur spielen hier die Abstände zwischen den Pflanzen hinsichtlich des Befalls durch Krankheiten und Schädlinge eine entscheidende Rolle. Im Zweifelsfall ist der weitere Abstand immer der richtigere, denn nichts begünstigt tierische oder pilzliche Schaderreger mehr, als schwülwarmes Klima zwischen Stengeln und Blättern. Deshalb ist auch ein von allen Seiten durch Hecken oder Mauern umschlossenes Gemüsebeet keineswegs ein idealer Platz.

Schließlich kommen die fortlaufenden Kulturmaßnahmen hinzu, von denen die Gewächse profitieren und durch die ein Schadensbefall gemindert oder verhindert wird. Wässern in ausreichender Menge und zur richtigen Zeit kann im Sommer ein ganz ausschlag-

gebendes Kriterium für Erfolge oder Mißerfolge beim Anbau sein.
Ein weiteres Problem, das es zu lösen gilt, ist das der richtigen Düngung. Eine Überversorgung mit Nährstoffen kann sich ebenso verhängnisvoll auswirken wie ein Mangel. Obgleich die Zusammensetzung der modernen mineralischen Volldünger so ausgewogen ist, daß sie praktisch von allen Pflanzen schadlos aufgenommen werden können, ist eine Überdüngung und damit eine wachsende, schädliche Salzkonzentration im Boden bei falscher Ausbringung nicht auszuschließen.
Mit organischen Düngemitteln, die langsamer wirken, kann das kaum passieren. Die beste Nährstoffquelle ist daher immer noch der eigene Kompost. Aber auch die zahlreichen organischen Handelsdünger machen es vor allem dem noch unerfahrenen Anfänger heute doch relativ leicht und befreien ihn weitgehend vom Risiko falscher Anwendung.
Die Erfolge, die im Biogarten zu verzeichnen sind, die dort verminderte Präsenz von Krankheiten und Schädlingen, müssen nicht zuletzt auf die fundierten Kenntnisse des Pflanzenlebens zurückgeführt werden, die ein alternativ wirtschaftender Gärtner oft hat. Er ist gezwungen, sich dieses Wissen anzueignen, denn allein darauf gründen sich alle Maßnahmen und Methoden naturgemäßen Gärtnerns.
Da nicht jedermann die Zeit – und wohl auch nicht immer die Lust – hat, sich mit diesen Dingen auseinanderzusetzen, die Gartentätigkeit im Schnellgang zwischen Arbeitsende und Tagesschau erledigt werden muß, kommt das Wissen um Zusammenhänge häufig zu kurz und der Pflanzenschutz wird nicht als pflegende Vor- und Fürsorge betrieben, sondern beschränkt sich auf die Beseitigung bereits eingetretener Schäden.

Biologische Möglichkeiten des Pflanzenschutzes

Natürlich ist auch der biologische Garten für Schadorganismen nicht völlig tabu, denn dann trüge er seinen Namen zu Unrecht. Man greift hier, ist die weit gesteckte Toleranzgrenze einmal überschritten und droht den Kulturen ernsthaft Gefahr, zu anderen Maßnahmen und Mitteln als im konventionellen Hausgarten.
An erster Stelle steht nach Bodenpflege, Kompostwirtschaft und Mischkultur die Schonung der tierischen Nützlinge, von denen schon an anderer Stelle die Rede war. Das allein schließt bereits die Anwendung chemischer Präparate aus.
Durch Anpflanzung dichter einheimischer Sträucher, durch Bodenbedekkung, Liegenlassen des Fallaubs, Einrichtung kleiner Wasserstellen, durch die Entscheidung für eine Blumenwiese anstelle des Rasens und Naturbelassenheit einiger Gartenecken mit Gestrüpp, Steinen und Brennesseln sollen und werden Vögel, Nutzinsekten und Vierfüßler wie Igel oder Spitzmaus zum Bleiben verleitet.
Wo eine direkte Bekämpfung dennoch notwendig wird, kommen selbst hergestellte, flüssige Kräutermittel zum Einsatz: vergorene oder gärende Jauchen, Brühen, Tees und Auszüge. Hauptbestandteile dieser sind Brennessel, Schachtelhalm, Rainfarn, Wurmfarn, Adlerfarn und Schafgarbe. Aus dem Reformhaus kann man sich, allerdings für viel Geld, diese Grundstoffe auch in getrockneter Form besorgen oder, zum Beispiel Baldrian, als Öl. Die Rezepturen sind nicht einheitlich, häufig wird auch kombiniert. Ebenso

Man muß tierische Nützlinge, wie hier Marienkäfer, schonen. Sie helfen uns bei der schwierigen Schädlingsvernichtung.

unterschiedlich ist die Anwendung als Spritz- oder Gießmittel, verdünnt oder unverdünnt und einmal oder mehrmalig. In der umfangreichen Literatur über den biologischen Gartenbau kann man das alles nachlesen. Die dort angegebenen Verfahren und Dosierungen müssen wahrscheinlich aufgrund der eigenen Praxis variiert und ergänzt werden. Wissenschaftlich abgesichert und mit exakten Forschungsergebnissen untermauert ist das alles nur teilweise, muß es wohl auch nicht ganz und gar sein, solange man mit diesen Anwendungsmöglichkeiten Erfolge erzielt.
Es gibt auch eine Reihe industriell hergestellter biologischer Pflanzenbehandlungsmittel, die ebenfalls eine schädlings- und krankheitsabweisende Wirkung haben und – jedenfalls für Warmblüter – ungiftig sind.
Dazu gehören die verschiedenen, auf Pyrethrumbasis aufgebauten Präparate, die als Kontaktgifte in den Körper der Schadinsekten – aber auch in den der Nützlinge – gelangen und dort Nervenlähmungen hervorrufen. Pyrethrumhaltige Mittel sind hoch fischgif-

Heutzutage kann man einige Nützlinge im Fachhandel kaufen und gezielt anwenden. Bei den meisten lohnt sich das nur in geschlossenen Räumen. Die Florfliege, hier die Florfliegenlarve beim Vertilgen einer Blattlaus, läßt sich auch im begrenzten Umfang im Freiland einsetzen.

tig und dürfen keinesfalls in der Nähe eines Gartenteichs oder Gewässers zum Einsatz kommen.

Seite einiger Zeit hat der Hobbygärtner die Möglichkeit, gegen spezielle Schadinsekten gezielt andere tierische Organismen einzusetzen, weil es gelungen ist, diese lebenden Bekämpfungsmittel in Verpackungseinheiten auf den Markt zu bringen.

Es handelt sich dabei um bestimmte Gallmücken, Schlupfwespen, Raubmilben und um die Florfliege. Allerdings ist eine Anwendung nur in geschlossenen Räumen, vor allem also im Gewächshaus möglich. Nur die Florfliegen kann man in begrenztem Umfang auch auf Freilandbeeten zum Einsatz bringen. Bekämpft werden: durch Schlupfwespen die Weiße Fliege, durch Raubmilben die Rote Spinne, durch Florfliegen und Gallmücken verschiedene Blattläuse.

In Gartenfachgeschäften und Gartencentern mit Biosortiment liegen Bestellkarten des Vertreibers aus, mit denen man sich diese „natürlichen Waffen“ ins Haus schicken lassen kann. Das sollte so schnell wie möglich nach dem Auftreten der ersten Schädlinge geschehen.

Im Erwerbsgartenbau ist ein Bacillus, der bei der Raupenbekämpfung eingesetzt wird, schon seit längerer Zeit erfolgreich erprobt. Bacillus thuringiensis kauft man als Spritzmittel (Dipel) und bringt es auf die befallenen Kulturpflanzen. Es gelangt über die Kauwerkzeuge in den Darm der Raupen und wirkt hier zellzerstörend. Die Tiere stellen ihre Fraßtätigkeit meist schon nach 24 Stunden ein und gehen zugrunde. Menschen, Haustiere, Vögel oder andere Insekten können vom Bacillus thuringiensis nicht befallen werden. Neuerdings können die Larven des gefürchteten Dickmaulrüßlers mit Nematoden (Älchen) bekämpft werden, die ebenfalls über den Handel zu beziehen sind und im Gießverfahren ausgebracht werden.

Chemische Pflanzenschutzmittel

Der Einsatz chemischer Pflanzenschutzmittel im Hausgarten, und hier insbesondere bei Obst und Gemüse, wird von umweltbewußten Hobbygärtnern zunehmend abgelehnt. Darüber hinaus zeichnet sich in den einzelnen Bundesländern die Tendenz ab, derartige Präparate im Bereich des häuslichen Grüns generell zu verbieten und nur noch solche Produkte zuzulassen, die nachgewiesenermaßen nützlingsschonend und für Menschen wie Haustiere ungefährlich sind. In einigen Bundesländern ist das bereits geschehen.

Wo eine Bekämpfung tierischer oder pilzlicher Schaderreger dennoch unumgänglich erscheint, sollte man sich mit seinen Problemen an den Fachhandel wenden und eines der im jeweiligen Bundesland erhältlichen Präparate kaufen. Wenn man sich gar nicht mehr zu helfen weiß, beispielsweise in besonders hartnäckigen Fällen, kann sich jedermann an die nächstgelegene Pflanzenschutzdienststelle wenden, wo kostenlos beraten und Hilfe geleistet wird. Die dort tätigen Fachleute identifizieren auch Schadorganismen, wenn man die befallenen Pflanzenteile vorlegt. Da die Gefährdung durch giftige Pflanzenschutzmittel – die Mehrzahl von ihnen gehört übrigens keiner Gefahrenklasse an – erst im Augenblick der Anwendung akut wird, können Leichtsinn beim Umgang mit ihnen oder Unkenntnis zu gesundheitlichen Schädigungen des Hobbygärtners, bei Nichtbeachtung der sogenannten Wartezeiten auch aller derjenigen führen, die gespritzes Obst und Gemüse verzehrt haben.

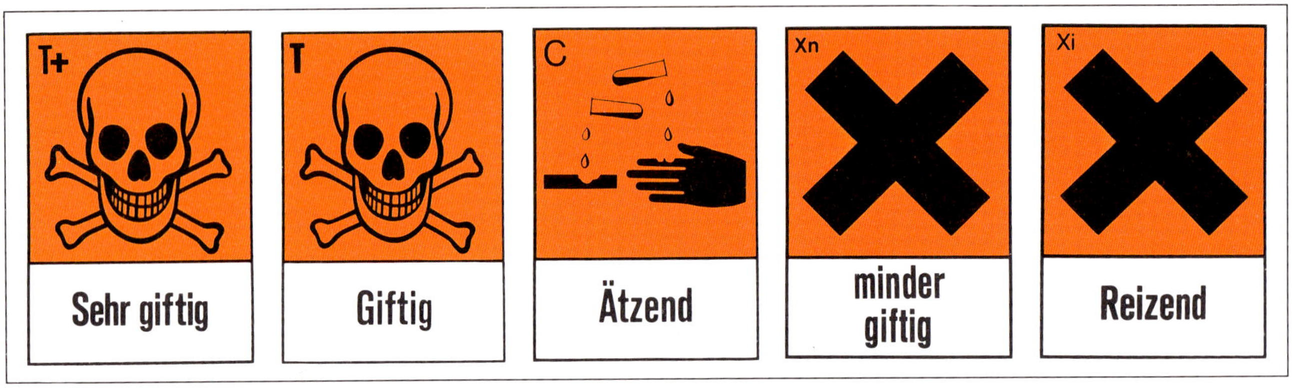

Die Gefahrensymbole der Pflanzenschutzmittel in Deutschland

Kennzeichnung

Grundsätzlich soll man den nicht giftigen Präparaten den Vorzug geben. Die toxischen Mittel sind mit einem Totenkopf und einem T und T+ gekennzeichnet und dürfen nur gegen einen Giftempfangsschein verkauft werden. Die Inhaltsstoffe kann man dem Packungsaufdruck und der Gebrauchsanleitung entnehmen.
Die weiteren, ebenfalls mit Symbolen ausgewiesenen Gefahrenklassen sind „ätzend“ (tropfendes Reagenzglas und ein C), „mindergiftig“ (schwarzes Andreaskreuz und die Kennzeichnung Xn) und „reizend“ (schwarzes Andreaskreuz und die Buchstaben Xi).

Bienenschutz

Vor Gebrauch muß sich der Anwender davon überzeugen, ob das zu verwendende Mittel bienengefährlich oder bienenungefährlich ist und ob man es in der Nähe von Gewässern ausbringen darf. Auch die Fischgiftigkeit unterliegt der Kennzeichnungspflicht.
Für Bienen gefährliche Präparate dürfen nicht an blühende Gewächse gelangen, davon ist auch in Blüte stehendes Unkraut betroffen. Im Hausgarten, in dem blühende und nicht blühende Frühlings- und Sommerblumen, Balkon- und Kübelpflanzen, Stauden und blühendes Baum- und Beerenobst dicht beieinander stehen, kommt das einem Anwendungsverbot zumindest während der Frühjahrsmonate gleich, und auch im Sommer muß man mit Spritzungen vorsichtig sein. Wenn irgend möglich, sollte auf bienengefährliche Pflanzenschutzmittel völlig verzichtet werden.

Wirkungsweisen

Neben den Ködermitteln unterscheiden wir bei den Insektiziden zwischen Kontaktgiften, Atemgiften, Fraßgiften und systemisch wirkenden Mitteln.
Systemische Mittel werden zunächst von der mit ihnen behandelten Pflanze über die Wurzeln (durch Gießen) oder über die Blätter (durch Spritzen) aufgenommen und gelangen dann mit dem Saftstrom erst in das Laub und die Triebe, dann von dort in den Organismus der beißenden oder saugenden Schädlinge.

Wartezeiten

Alle bei uns erhältlichen Pflanzenbehandlungsmittel müssen von der Biologischen Bundesanstalt in Zusammenarbeit mit dem Bundesgesundheitsamt zugelassen sein. Das setzt mehrjährige wissenschaftliche und praktische Prüfungen voraus.
Um eine Gesundheitsgefährdung durch Rückstände von Giften in behandeltem Obst oder Gemüse auszuschließen, wurden sogenannte „Wartezeiten“ ermittelt, nach deren Ablauf alle giftigen Stoffe so weit abgebaut sind, daß die festgelegten Höchstmengengrenzen nicht mehr überschritten werden. Die Wartezeiten der einzelnen Präparate sind unterschiedlich lang und müssen in der Gebrauchsanweisung ausgedruckt sein. Unter Wartezeit versteht man den Zeitraum zwischen letzter Ausbringung des Präparats und dem Verzehr.
Wird zum Beispiel an Tomaten Braunfäule festgestellt und zur Beseitigung des Schadens das Pilzbekämpfungsmittel Euparen gespritzt, muß man laut Packungsaufdruck eine Wartezeit von 3 Tagen einhalten. Wenn am 15. August gespritzt wurde, dürfen die Früchte also nicht vor dem 18. August gegessen werden.

Anwendung

Das Problem der richtigen Dosierung, ein früher von den Herstellern zu wenig beachtetes Problem bei der Anwendung von Pflanzenschutzmitteln durch den Laien, ist mittlerweile bei fast allen Kleinpackungen zufriedenstellend gelöst. Umständliche Umrechnungen werden durch Skaleneinteilung an der Verschlußkappe bei Flüssigpräparaten oder Beilegung von Meßlöffeln bei Spritzpulvern meist überflüssig. Manche Fabrikate sind auch in fertigen Portionspackungen im Handel.
Am Anwender liegt es nun, nicht nach der in diesem Fall riskanten Devise „viel hilft viel" vorzugehen. Entscheidend ist vielmehr, daß die Dosierungsvorschriften peinlich genau beachtet werden. Mischungen von 2 Präparaten sind nur dort möglich, wo die Anwendungsbeschreibung dies ausdrücklich vermerkt.
Wer giftige Chemikalien im Spritz- oder Sprühverfahren ausbringt, sollte, wenn schon keine durchgehende Schutzbekleidung, so doch zumindest einen Mundschutz tragen. Auf keinen Fall darf man bei Wind spritzen und auch nicht in der größten Mittagshitze. Nach der Anwendung muß man sich unbedingt Gesicht und Hände abwaschen.
Alle Pflanzenschutzmittel, auch die nicht ausdrücklich als giftig ausgewiesenen, sind unerreichbar für Kinder und Haustiere aufzubewahren. Reste dürfen nicht in den Müll oder Ausguß gegeben werden. Die meisten Gemeinden stellen zu bestimmten Zeiten Behälter bereit, die zur Aufnahme von Sonderabfällen bestimmt sind.
Zusammenfassend soll noch einmal betont werden, daß man sorgfältig und sparsam mit Pflanzenschutzmitteln umgehen und in jedem Fall die Pakkungsbeilagen genau befolgen muß.

Häufige Schädlinge und Krankheiten

Im Folgenden werden die häufigsten Schädlinge und Krankheiten an Pflanzen und die Möglichkeiten der Schadensverhütung bzw. -bekämpfung beschrieben. In der Regel sind jedoch keine Produktbezeichnungen von Bekämpfungsmitteln genannt, weil die von der Biologischen Bundesanstalt stets aufs neue überprüfte Zulassung aufgehoben werden kann. Da in den einzelnen Bundesländern außerdem unterschiedliche Verordnungen existieren, Präparate schließlich vom Hersteller selbst vom Markt genommen werden, ist die Palette der Pflanzenschutzpräparate einem ständigen Wandel unterworfen.
Wurden früher oft bedenkenlos Pestizide aller Art eingesetzt, bestimmen heute mehr und mehr „sanftere" Methoden den Pflanzenschutz. In diesem Kapitel werden deshalb hauptsächlich vorbeugende und „sanfte" Methoden der Schadensbegrenzung beschrieben. Nach gezielt wirkenden Präparaten muß man im Fachhandel fragen.

Tierische Schädlinge

BLASENFUSS (THRIPS)
An Zimmerpflanzen, vor allem an großblättrigen Gummibäumen, ist das durch die Saugtätigkeit der Blasenfüße hervorgerufene Schadbild besonders deutlich zu erkennen: das Laub bekommt einen silbrigen Glanz, weil sich die leergesaugten Zellen mit Luft füllen.
Blasenfüße sind nur etwa 1 mm groß und als Vollinsekt geflügelt. Sie treten an verschiedenen Kulturpflanzen im Garten auf, besonders häufig an Zwiebeln. Gefürchtet ist der Gladiolenblasenfuß, der die beliebten Stauden schwer schädigen kann.
Vorbeugend unter viel Glas lüften. Pflanzen öfter überbrausen. Befallene Triebe wegschneiden, Blattunterseiten mit Wasser abspritzen. Gladiolenknollen mit einem Insektizid bestäuben.

Schadbild des Gladiolenblasenfußes

BLATTLÄUSE
Hierbei handelt es sich um die wohl umfangreichste und am weitesten verbreitete Schädlingsfamilie, die unsere Kulturpflanzen befallen kann. Die meisten Arten haben sich auf bestimmte Gewächse spezialisiert oder sind wirtswechselnd wie die Schwarze Bohnenblattlaus, die eigentlich auf Schneeball und Pfaffenhütchen zu Hause ist, im Sommer aber auf die Bohnen überwechselt und hier erhebliche Schäden verursacht. Der direkte Schaden entsteht durch die Saugtätigkeit der Tiere, der indirekte wirkt sich bisweilen noch gravierender aus. Zum einen können durch die Sauginstrumente der Läuse Viren von Pflanze zu Pflanze übertragen werden, zum anderen scheiden die Tiere einen süßklebrigen Stoff, den Honigtau aus, auf dem sich sehr bald Rostpilze ansiedeln und die

Spaltöffnungen der Blätter verstopfen. Daß dieser Honigtau von Ameisen äußerst begehrt ist, wäre für sich allein nicht weiter schlimm, würden sie nicht durch Berühren der Läuse mit ihren Fühlern (betrillern) die Schädlinge zu einer verstärkten Saugtätigkeit animieren. Außerdem transportieren sie die Schädlinge von Pflanze zu Pflanze. Mit Blattläusen wird man durch den Einsatz von Kontakt- oder systemischen Mitteln einigermaßen fertig. Nur sollte überlegt werden, ob eine derartige Radikalkur auch in jedem Fall notwendig ist, da viele der gestäubten oder gespritzten Präparate bienengefährlich sind und im Gemüsegarten die Einhaltung der angegebenen Wartezeiten erfordern.

BROMBEERMILBEN

Wenn die Beeren teilweise oder vollständig rot werden, aber nicht ausreifen und gerötet an den Ruten hängenbleiben, ist das ein untrügliches Zeichen dafür, daß die mit den Augen nicht wahrnehmbare Brombeermilbe an den kleinen Früchten der Sammelbeere ihr saugendes Unwesen treibt. Wenn der Schädling, der an den Knospen überwintert, einmal aufgetreten ist, muß man im Jahr darauf 3 Spritzungen vornehmen. Die erste, sobald die Jahrestriebe etwa 10 cm Länge erreicht haben, die zweite 2 Wochen später und die dritte zu Beginn der Blüte. An warmen Frühlingstagen ein Netzschwefel-Präparat spritzen; abgeerntete Triebe sofort entfernen.

Schwarze Bohnenläuse

Grüne Pfirsichblattläuse

Schadbild der Brombeermilbe

Dickmaulrüßler mit typischem Fraßbild

Larven des Dickmaulrüßlers

DICKMAULRÜSSLER

Die Rüsselkäfer befressen nachts die Blätter vieler Zierpflanzen und Gehölze wie Rhododendron, aber auch Kübelpflanzen, zum Beispiel Stechäpfel. Die Käfer lassen sich nach Eintritt der Dunkelheit mit Hilfe einer Taschenlampe absammeln.

Viel schwieriger ist es, an die wurzelfressenden, über 1 cm langen, weißen Larven im Boden heranzukommen, die den Pflanzen noch gefährlicher werden. Kübelpflanzen kann man aus ihrem Behälter herausnehmen und versuchen, die Larven im Wurzelbereich zu entfernen.

Bei ausgepflanzten Ziersträuchern ist das nicht möglich. Hier muß notgedrungen zu härteren Maßnahmen gegriffen und zweimal im Abstand von 2 Wochen mit einem zugelassenen Insektizid gegossen werden.

Versuche der Landesanstalt für Pflanzenschutz von Baden-Württemberg mit speziellen Nematoden, die Dickmaulrüßlerlarven parasitieren und töten, sind erfolgsversprechend verlaufen, so daß diese ungiftige Bekämpfungsmaßnahme mittlerweile praxisreif ist. Vorbeugend sollte der Boden häufig bearbeitet werden; Igel und Spitzmaus sind als natürliche Feinde zu fördern.

DRAHTWURM

Es handelt sich dabei um die unterirdisch Wurzeln, Zwiebeln und Knollen befressenden Larven von Schnellkäfern. Die Käfer haben ihren Namen von der Fähigkeit, aus der Rückenlage mit einem knackenden Geräusch der Kopf-Körperspalte emporzuschnellen.

Recht gute Erfolge gegen die Larven erzielt man mit Ködern. Man gräbt halbierte Kartoffeln mit der Schnittseite nach unten 5-10 cm tief ein. Nach einiger Zeit kann man die Drahtwürmer vom Köder absammeln. Bei starkem Befall oder auf Jungpflanzenanzuchtbeeten empfiehlt sich das leichte Einarbeiten eines für Bienen ungefährlichen Insekten-Streumittels.

ERDFLOH

Sie haben mit Hunde-, Vögel- oder Menschenflöhen nichts zu tun, sondern es handelt sich dabei um winzig kleine Käfer, die Blätter von Rettichen und Radieschen punktförmig durchlöchern. Auch andere, vor allem Jungpflanzen werden befallen.

Die Bekämpfung erfolgt mit bienenungefährlichen Pulvern oder Spritzmitteln. Bodenfeuchte vertreibt die Schädlinge.

ERDRAUPEN

Die Raupen der nachtaktiven Eulenfalter schädigen sowohl Wurzeln als auch, bei nächtlichem Fraß, oberirdische Pflanzenteile.

Ihre Lebensweise ermöglicht es, durch vorsichtiges Nachgraben unmittelbar neben den geschädigten Pflanzen die bis zu 5 cm langen Raupen ans Tageslicht zu befördern und zu vernichten. Auch unter ausgelegte Brettchen, Steine oder feuchte Tücher ziehen sie sich gern zurück.

Chemisch können Erdraupen durch Ausbringen eines Streuköders oder durch Neudorffs Raupenspritzmittel bekämpft werden.

FROSTSPANNER

Schädiger sind die sich katzbuckelnd fortbewegenden Räupchen, nicht der Schmetterling selbst. Sie befressen nach dem Schlüpfen im Frühjahr die Blätter, Blüten und jungen Triebe der Obstgehölze, schwächen dadurch die Bäume und mindern den Ertrag.

Frühjahrsspritzungen gegen die Räupchen mit Neudorffs Raupenspritzmittel oder Spruzit flüssig sind möglich, bei hohen Obstgehölzen jedoch schwierig.

Viel wirkungsvoller, ungiftig und dem Befall vorbeugend sind die guten alten Leimringe, wie sie früher üblich waren und jetzt wieder in Gebrauch kommen. Ihr Erfolg beruht darauf, daß Frostspannerweibchen flugunfähig sind und zur Eiablage im Spätherbst an den Baumstämmen in Richtung Krone emporwandern. Eine um den Stamm gelegte Leimbarriere ist für die Tiere unüberwindlich. Man muß nur darauf achten, daß der Ring an der Rinde fest anliegt und es keinen Durchschlupf gibt.

Die Ringe werden etwa Anfang Oktober befestigt und bleiben bis zum Frühjahr am Stamm. Den Winter über sollte man ihren einwandfreien Sitz und Zustand immer wieder kontrollieren. Nach dem Abnehmen ist die Rinde mit einer Drahtbürste zu säubern, um eventuell anhaftende Eier des Frostspanners zu beseitigen. Die Leimringe gehören in den Müll.

Drahtwurm

Erdflöhe

Erdraupe

Blattschaden durch den Frostspanner

Raupe des Großen Frostspanners

GALLWESPE, GALLMILBE UND GALLMÜCKE

Deformierungen an Blättern, Knospen oder Stielen deuten meist auf den Befall mit Gallwespen, -milben oder -mücken hin, wobei der Schaden schlimmer aussieht, als seine Auswirkungen auf die Gesundheit der Pflanzen tatsächlich sind.

Oft handelt es sich um Auswüchse, in denen die Larven der verschiedenen Verursacher heranwachsen oder es sind Gallen, die durch die Saugtätigkeit der Schädlinge entstehen.

Eine chemische Bekämpfung ist nicht notwendig, es genügt, wenn man die Gallen entfernt und vernichtet.

GEMÜSEFLIEGEN

Kohl-, Möhren- und Zwiebelfliegen sind schwierig zu bekämpfen.

Bei Möhren und Zwiebeln hat sich eine Zusammenpflanzung der beiden Gemüse in Mischkultur als Abwehrmaßnahme beider Fliegenarten recht gut bewährt. Auch ein sorgfältiges Abdekken der Beete mit Vlies ab Mitte April, wenn die Flugzeit und damit die Eiablage der Zwiebel- und Möhrenfliege beginnt, kann die Tiere abwehren.

Wichtig ist ein lichter Stand der Pflanzen, da den Fliegen Luftbewegungen nicht behagen. Auch sollte man auf eine Düngung mit Stallmist verzichten. Bei Kohl werden gute Erfolge mit dem Unterlegen eines „Kohlkragens" erzielt. Das ist eine runde, etwa 10-15 cm große Scheibe aus festem Karton, die man bis zur Hälfte einschneidet und dicht dem Boden aufliegend unter die Kohlpflanze schiebt. Der Wurzelhals ist damit vor der Eiablage geschützt.

Auch ein frühes oder spätes Pflanzen ist günstig, weil es außerhalb der Flugzeit der Kohlfliege erfolgt. Außerdem sollte man möglichst tief setzen und anschließend anhäufeln.

Eichengallapfel und Münzengallen

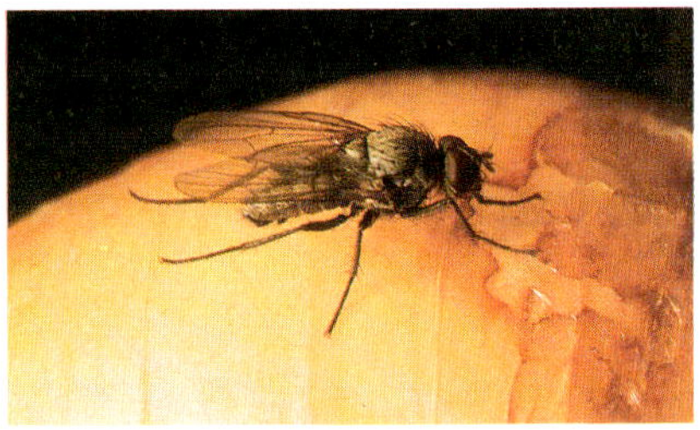
Zwiebelfliege

Eigelege der Zwiebelfliege

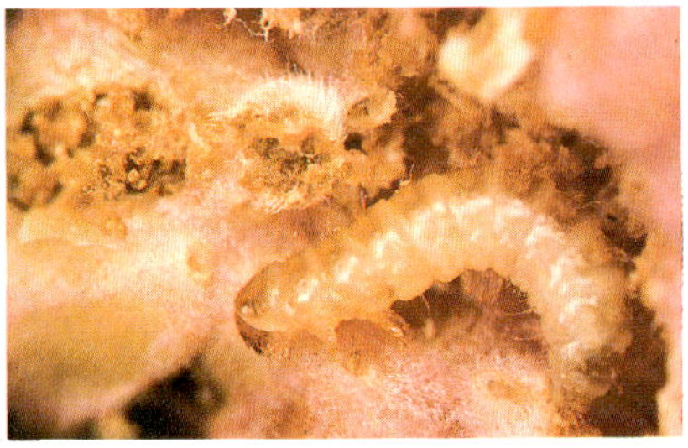
Larve des Himbeerkäfers

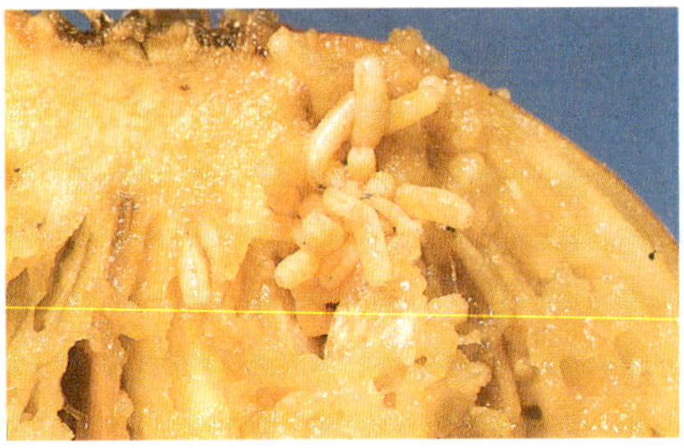
Larven der Zwiebelfliege

Himbeerkäfer

Puppen der Zwiebelfliege

Schaden durch die Johannisbeergallmilbe

HIMBEERKÄFER

Den Käfer selber bekommen wir kaum zu Gesicht oder beachten ihn nicht, desto wohlbekannter sind seine Larven, die uns als Himbeermaden den Genuß der Beeren verleiden. Ist einmal ein Befall festgestellt worden – und leider kommt das häufig vor –, muß im Jahr darauf vor dem Austrieb der Blütenknospen die Eiablage des Schädlings verhindert werden. Als wirksam erwiesen hat sich das Abklopfen und Auffangen der Käfer am Morgen oder Abend.

Eigelege des Kartoffelkäfers

Larven des Kartoffelkäfers

Kartoffelkäfer

Larve der Kirschfruchtfliege

Kirschfruchtfliegen

Gelbe Leimtafeln gegen Kirschfruchtfliegen

Raupen des Großen Kohlweißlings

Kohlweißling

JOHANNISBEERGALLMILBE

Runde und ballonartig angeschwollene Knospen im Frühjahr sind ein sicheres Befallszeichen.

Besonders betroffen von der Gallmilbe sind schwarze Johannisbeeren. Werden die deformierten Knospen sofort ausgebrochen, ist damit der Schaden dann meist auch schon behoben. Andernfalls wird mit dem ungiftigem Netzschwefel gespritzt, sobald man die Gallen entdeckt hat. Zugelassene Insektizide anderer Art gibt es bis heute leider noch nicht.

KARTOFFELKÄFER

Der gelbe, mit schwarzen Längsstreifen gezeichnete Käfer ist durch Blattfraß an Kartoffeln ebenso schädlich wie seine rosafarbene, seitlich schwarz gepunktete Larve. Das attraktive Paar war früher als Massenschädling gefürchtet, und noch während des Zweiten Weltkriegs wurden ganze Schulklassen zum „Kartoffelkäfersammeln" auf die Äcker abkommandiert.

Im Hausgarten ist auch heute noch das Absammeln der Käfer und Larven und, sofern man sie entdeckt, der orangefarbenen, länglich-ovalen Eier die beste Methode. Ein gründliches, mehrmaliges Bestäuben der Pflanzen mit Algen- oder Gesteinsmehl erfaßt auch versteckt sitzende Larven.

KIRSCHFRUCHTFLIEGE

Dieses Insekt, erkennbar an dem gelben Fleck hinter dem Rückenschild, legt seine Eier, aus denen später die Larven schlüpfen und die Kirschen vermaden, direkt in die reifenden Früchte.

Anstelle chemischer Bekämpfungsmittel werden heute Leimfallen verwendet, die man in die Zweige der Kirschbäume hängt, vorzugsweise an der Südseite. Diese grellgelben Leimtafeln sind mit einem Lockstoff bestrichen, der die Fliegen anzieht. Je nach Baumgröße benötigt man bis zu 10 derartige Fallen.

KOHLWEISSLING

Es sind die Raupen mehrerer Schmetterlinge, die sich auf Kohl spezialisiert haben, doch die des Großen Kohlweißlings fallen am meisten auf, nicht zuletzt, weil sie häufig in Gruppen fressen. Da der Schmetterling wegen seiner auffälligen Weißfärbung kaum zu übersehen ist, sollte man vor jede chemische Bekämpfung zu dieser Zeit das Absammeln der Eier und Raupen set-

Lilienhähnchen bei der Eiablage

Maulwurfsgrille

Verdickte Wurzeln, durch Nematoden

Schaden (links), durch Nematoden

zen. Die Räupchen wie die gelben, nach oben spitz zulaufenden Eier sind gut zu erkennen und vor allem auf den Blattunterseiten zu finden.
Zur direkten Bekämpfung der Raupen kann man bienenungefährliche, zugelassene Insektizide wie beispielsweise Spruzit flüssig anwenden.
Haben sich die Raupen erst einmal in das Innere der Kohlköpfe gefressen, ist jedes weitere Vorgehen zwecklos.

LILIENHÄHNCHEN

Die leuchtendroten bis orangeroten, 6 mm großen Käfer und deren Larven zerfressen im Frühjahr die Blätter der verschiedenen Lilienarten und können bei starkem Befall beträchtliche Schäden verursachen.
Hier ist das Absammeln die beste Methode, falls die Pflanzenbestände nicht zu umfangreich sind. Eine chemische Bekämpfung ist mit zugelassenen Insektiziden ebenfalls möglich.

MAULWURFSGRILLE (WERRE)

Diese immerhin die respektable Größe von 5 cm erreichenden Grillen mit den maulwurfähnlichen Vordergliedmaßen schädigen sowohl durch Wurzelfraß als auch durch die Wühltätigkeit in den fingerdicken Gängen.
Die nachtaktiven Tiere kommen erst nach Einbruch der Dunkelheit an die Erdoberfläche, um auch dort ihre Fraßtätigkeit fortzusetzen. Dies ist die Zeit, während der man sie in ebenerdig eingegrabenen Blumentöpfen oder anderen, nicht zu flachen Gefäßen fangen kann. Außerdem gibt es einige Ködermittel, die im Gartenfachhandel angeboten werden.

NEMATODEN (ÄLCHEN)

Man nennt sie auch Fadenwürmer oder, wegen der schlängelnden Fortbewegung, Älchen, je nach Lebensort Bodenälchen, Blatt- und Stengelälchen oder Wurzelälchen. Gesehen hat sie wohl noch kein Gartenbesitzer, da sie nur 1 mm groß sind.
Desto sichtbarer sind dagegen die von ihnen an Wurzeln, Stengeln und Blättern hervorgerufenen Schädigungen. Die Gewächse kümmern, entwickeln sich nicht weiter, der Wuchs stockt.
Im Hausgarten kann man in diesem Fall lediglich die betroffenen Pflanzen entfernen, Fruchtwechsel vornehmen und Gemüse in Mischkultur anbauen.
Gute Erfolge bei der Bekämpfung werden der Sommerblumenmischung „Gartendoktor" nachgesagt, die vor allem Tagetes (Studentenblumen) und andere Korbblütler enthält. Man kann diese Mischung Mitte Juli aussäen und hat dann bis zum Frostbeginn einen Teppich blühender Blumen, die durch ihre Wurzelausscheidungen bis zu 95 % der im Boden vorhandenen Nematoden vernichten sollen.

PFLAUMENWICKLER

Wenn Pflaumen und Zwetschen rot werden und vorzeitig abfallen, ist meist das Räupchen des Pflaumenwicklers schuld daran. Bis zum Verpuppen im Boden halten sich die Raupen dieses Kleinschmetterlings im Innern der Früchte auf und unterbrechen deren Entwicklung.
Abgefallene Früchte muß man aufsammeln und vernichten.
Im Folgejahr des Pflaumenwickler-Schadens sollte man die Bäume zweimal im Abstand von 14 Tagen ab Ende Juni mit bienenungefährlichen, zugelassenen Spritzmitteln wie Spruzit flüssig behandeln.

SCHILDLAUS

Diese saugenden Schädlinge sind schwer zu bekämpfen, weil die Tiere unter den harten Schilden von den meisten Insektiziden nicht erreicht werden.

Schildläuse treten an vielen Laub- und Nadelgehölzen auf, unter den Kübelpflanzen besonders am Oleander.
Bei geringem Befall niedrig wachsender Gehölze kann man die Läuse mit der Hand entfernen. Ansonsten kommen ölhaltige Insektizide in Frage, die den Schild durchdringen und die darunter lebenden Läuse abtöten. Auch eine Austriebsspritzung bei warmem Wetter im März kann erfolgreich sein.

SCHNECKE

Vor allem Nacktschnecken können in Jahren mit viel Niederschlag und feuchten Witterungsperioden zu einer regelrechten Plage werden. Es gibt nur wenige Pflanzen, die sie nicht durch ihren Fraß gefährden, teilweise so stark schädigen, daß nur die Blattrippen übrigbleiben.
Das regelmäßige, am besten tägliche Absammeln nach Einbruch der Dämmerung ist eine zwar etwas mühsame, aber durchaus erfolgversprechende Methode, die Schädlinge sehr stark zu dezimieren. Auch mit dem Auslegen von Brettern oder Steinplatten kann man den dämmerungs- und nachtaktiven Weichtieren ein Tagesquartier anbieten, das sie gerne aufsuchen. Dort kann man sie dann einsammeln und vernichten. Ein altes Hausrezept sind mit Bier gefüllte und ebenerdig in den Boden gefährdeter Kulturen eingegrabene Joghurtbecher. Das Umstreuen der Beete oder Pflanzenquartiere mit Säge- oder Gesteinsmehl funktioniert nur, solange es nicht regnet.
Der Handel bietet außerdem Ködermittel in Form von Schneckenkorn an. Das dickflüssige Präparat Limagard besteht aus verschiedenen Pflanzenextrakten und Aethyl-Alkohol und wird einfach in kleine, mit der Hand gegrabene Mulden gegossen, ohne daß es darin versickert. Nach erfolgtem Fang schiebt man die Löcher dann einfach wieder zu.
Außerdem gibt es sogenannte „Schneckenzäune“ aus Kunststoff, in denen ein von einer Taschenlampenbatterie gespeister Draht mit schwacher elektrischer Ladung eingezogen ist, der die Mollusken am Überkriechen dieser Barriere hindert.
Biogärtner empfehlen zur Abwehr noch folgende, etwas unappetitliche Methode: abgesammelte Schnecken zerschneiden, in ein Gefäß mit Wasser geben und dort verwesen lassen. Diese Jauche muß man dann über die Gemüsekulturen gießen.

SPINNMILBE (ROTE SPINNE)

Dieser nur 0,5 mm große, zu den Spinnentieren gehörende Allerweltsschädling hat sein Betätigungsfeld überall, wo Pflanzen wachsen; im Zimmer, im Gewächshaus und im Garten.
Larven und ausgewachsene Tiere halten sich an den Blattunterseiten auf und zerstören dort durch ihre Saugtätigkeit die Zellen. Bei starkem Befall kann man an den betroffenen Pflanzenteilen feine Gespinste erkennen.
Im Zimmer sind Spinnmilben eine typische Winterplage der Topfgewächse, weil ihnen die trockene, warme Luft unserer zentralbeheizten Räume besonders zusagt. Davon leitet sich ab, daß auch im Garten bei niederschlagsarmem Sommerwetter der Spinnmilbenbefall besonders heftig ist, wobei die Tiere kränkelnde oder wegen Nährstoffmangel geschwächte Pflanzen bevorzugt heimsuchen.
Gelbliche, welkende Blätter deuten auf die Tätigkeit dieser Schädlinge hin, die bei genauer Kontrolle der Blattunterseite mit dem bloßen Auge zu erkennen sind. Bei Befall kann mit einem bienenungefährlichen Insektizid aus dem Fachhandel gespritzt werden. Im Gewächshaus und im Wohn-

Schaden durch die Pflaumenwicklerraupe

Schildläuse

Rote Nacktschnecke

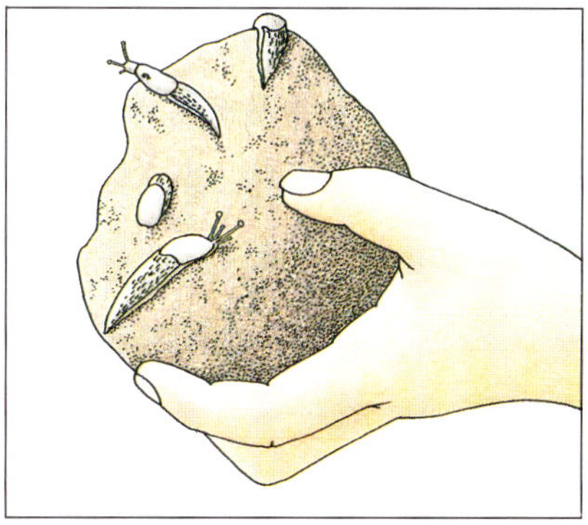

Man kann Steine oder Bretter auslegen. Darunter verstecken sich die dämmerungs- und nachtaktiven Schnecken. Dort kann man sie daher bequem aufsammeln und vernichten.

zimmer empfiehlt sich der Einsatz von Raubmilben. Wo es möglich ist, sollte man außerdem durch Sprühen die Luftfeuchtigkeit erhöhen.
Spinnmilben an Einzelpflanzen wird man los, indem man die Gewächse nach tüchtigem Gießen in festverschlossene, durchsichtige Plastiktüten setzt.
Die sich dort bildende Luftfeuchtigkeit wird von den Tieren nicht vertragen, und nach 3 Tagen ist die Pflanze schädlingsfrei. Allerdings werden eventuell vorhandene Eier mit dieser Maßnahme nicht vernichtet. Man muß sie also entweder wiederholen oder vor dem „Eintüten" ein insektizides Mittel anwenden.

WEISSE FLIEGE (MOTTEN-SCHILDLAUS)

Die Weiße Fliege ist ein Problemschädling, weil sie nur wirksam mit Mitteln zu bekämpfen ist, die auch Bienen gefährlich werden.
Mottenschildläuse schädigen die Pflanzen durch ihre Saugtätigkeit und fördern, ähnlich wie Blattläuse, mit ihren Ausscheidungen die Ansiedlung von Rostpilzen.
Im Gewächshaus ist eine Bekämpfung durch den Einsatz von Schlupfwespen möglich, die die Larven der Weißen Fliege parasitieren.
Biogärtner spritzen im Freiland mit Rainfarn-Tee oder einem Mittel auf Pyrethrum-Basis, das im Abstand von 10 Tagen am besten frühmorgens ausgebracht wird. Vorbeugend sollte man den Boden durch regelmäßiges Gießen und Mulchen feucht halten.

WÜHLMAUS

Schon ein einziges Exemplar dieses wohl von allen Gartenbesitzern am meisten gefürchteten Schädigers reicht aus, um den Gemüseanbau zu einem qualvollen Unternehmen werden zu lassen.
Wurzeln und Zwiebeln vor allem der Jungpflanzen werden weggefressen und dadurch ganze Beetkulturen vernichtet. Ebenso gefährdet sind frisch gepflanzte Obstbäume, Stauden und Ziergehölze.
Am erfolgversprechendsten ist der Fallenfang, dem aber eine sogenannte Verwühlprobe vorangehen muß. Mit ihr soll festgestellt werden, ob der aufgefundene Gang noch benutzt wird. Zunächst legt man einen kleinen Teil der Röhre frei. Ist eine Maus hier aktiv, schiebt sie die Öffnung innerhalb kürzester Zeit wieder zu, und die Falle kann dann sofort gemäß der Gebrauchsanweisung aufgestellt werden. Es gibt verschiedene Fanggeräte, die man nach und nach ausprobieren sollte, wenn der eine oder andere Mechanismus kein Ergebnis brachte. Am gebräuchlichsten ist die Bayrische Drahtbügelfalle.
Außer Fallen werden im Gartenfachhandel Ködermittel angeboten, die man so in die Gänge legen muß, daß sie von Vögeln und Haustieren nicht aufgespürt werden können. Schließlich kann man Begasungspatronen gegen Wühlmäuse einsetzen, wobei jedoch genau nach Gebrauchsanweisung zu verfahren ist.

Spinnmilbenschaden am Bohnenblatt

Wühlmausschäden

Weiße Fliegen

Wühlmaus

Schallerzeugende Geräte, die seit einiger Zeit mit viel Reklameaufwand von sich reden machen, haben sich in zahlreichen Versuchen als unwirksam erwiesen und können angesichts des Preises von mehreren hundert Mark nicht empfohlen werden.
Auch die Anpflanzung angeblich wühlmausabwehrender Gewächse wie Knoblauch, Wolfsmilcharten oder Kaiserkronen ist kein Allheilmittel und außerdem unpraktikabel, weil man sehr viele dieser Pflanzen ziehen müßte. Auf natürliche Feinde wie Greifvögel oder Wiesel müssen wir in unseren Gärten verzichten.

Schadbild durch den Birnengitterrost

Birnengitterrost Blattunterseite, nah

Pilzliche und andere Krankheitserreger

BIRNENGITTERROST

Meist ist das Schadbild dieses Pilzes bedrohlicher als seine Folgen. Auf den Blattoberseiten bilden sich gelbliche bis rote Flecken, denen auf der Unterseite pockenartige Auswüchse, die Sporenlager, entsprechen.
Der Pilz benötigt, um sich ausbreiten zu können, eine Wirtspflanze. Es handelt sich dabei um verschiedene Wacholderarten (Juniperus), bevorzugt um den Sadebaum (Juniperus sabina). Wer vom Gitterrost verschont bleiben möchte, sollte also Wacholder, außer dem Säulenwacholder (Juniperus communis 'Hibernica'), aus seinem Garten entfernen.
Andernfalls kann man bei regelmäßig starkem Befall ab Blühbeginn bis Anfang Juni mit Saprol spritzen. Das ist jedoch nur erforderlich, wenn zu der angegebenen Zeit regnerisches, trübes Wetter herrscht, weil nur dann die Pilzsporen vom Wacholder auf die Birne übertragen werden können. Man spritzt fünfmal in einem Abstand von 1 Woche.

Grauschimmel

Kohlhernie am Kohlrabi

Kohlhernie am Chinakohl

FEUERBRAND

Der Feuerbrand ist keine Pilz-, sondern eine Bakterienkrankheit, die an Kernobst und Ziergehölzen epidemisch auftreten kann. Die Blätter verfärben sich braun bis schwarz, ebenso die Blattstiele. Typisch ist das Herunterhängen der Triebspitzen, die Gehölze sehen aus, als seien sie verbrannt.
Feuerbrand kann nicht bekämpft werden und ist unverzüglich der zuständigen Pflanzenschutzdienststelle zu melden.

GRAUSCHIMMEL (BOTRYTIS)

Bortrytis gilt als ausgesprochener Schwächepilz, der besonders häufig in Jahren mit feuchter Witterung an Obst, Gemüse und Zierpflanzen auftritt. Man sieht einen grauen Schimmelrasen, der die Pflanzenteile überzieht, Früchte ungenießbar macht und befallene Triebe absterben läßt.
Durch weite Pflanzabstände läßt sich der Befallsdruck mindern, weil damit einem feuchtwarmen Klima zwischen den Gewächsen vorgebaut wird. Bei Erdbeeren, die besonders häufig von Bortrytis heimgesucht werden, empfiehlt sich unmittelbar vor Blühbeginn eine Spritzung mit bienenungefährlichen Fungiziden, die man zweimal in wöchentlichem Abstand wiederholen muß.

Kräuselkrankheit des Pfirsichs

Kraut- und Braunfäule an der Tomate

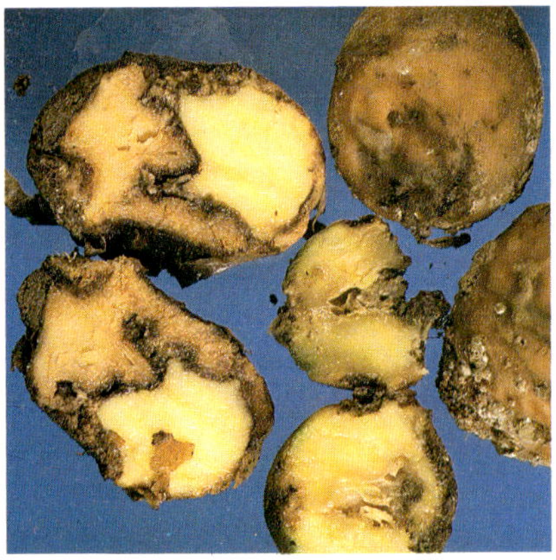

Braunfäule an Kartoffelknollen

Krautfäule am Kartoffelblatt

Echter Mehltau an der Gurke

KOHLHERNIE

Die Krankheit wird häufig bereits mit den gekauften Jungpflanzen eingeschleppt, und es ist schwer, den einmal im Boden befindlichen Erreger wieder loszuwerden. In jedem Fall dürfen auf demselben Platz 4-5 Jahre keine Kohlgewächse mehr stehen.

Die Herniegefährdung ist auch der Grund, weshalb bei Kohl stets ein Fruchtwechsel vorgenommen werden sollte. Außerdem sollte ein Boden mit niedrigem pH-Wert vor dem Kohlanbau aufgekalkt werden, bei schwerem Erdreich mit 200 g/m^2 Branntkalk, bei leichtem mit derselben Menge kohlensaurem Kalk. Man kann auch 2 Wochen vor dem Pflanzen 100 g/m^2 Kalkstickstoff auf dem Kohlbeet einarbeiten und den Boden in der Folgezeit stets feucht halten.

Unreifer Kompost und Stallmist sollten als Dünger nicht verwendet werden.

Ist Kohlhernie, erkenntlich an den Wurzelanomalien, einmal aufgetreten, muß man alle Wurzelstrünke sofort vernichten, sie dürfen auf keinen Fall in den Kompost, da die Erreger hier nicht vernichtet werden können und sie beim Ausbringen des Komposts möglicherweise in den ganzen Garten gelangen.

KRÄUSELKRANKHEIT

Bereits im zeitigen Frühjahr kräuseln sich die jungen Blätter des Pfirsichs, werden blasig, vertrocknen und fallen ab. Meist ist die Deformierung mit einer Rotfärbung verbunden.

Wenn die Kräuselkrankheit nach dem Jahr des ersten Befalls nicht bekämpft wird, ist zumindest bei feuchtem Frühjahrswetter mit einer erneuten Infektion durch den an den Knospen überwinterten Pilz zu rechnen. Man muß daher Gegenmaßnahmen ergreifen, bevor der Erreger in die sich öffnende Knospe eindringen kann. Dafür eignen sich Spritzungen mit bienenungefährlichen, zugelassenen Grünkupferpräparaten. Sicherheitshalber sollte man die Behandlung nach 10 Tagen wiederholen.

KRAUT- UND BRAUNFÄULE AN TOMATEN

Braunfleckige Blätter, die auf der Unterseite einen grauweißen Schimmelbelag aufweisen, deuten auf diese Krankheit hin. Später kann der Pilz auch auf die Früchte übergreifen und sie durch Fäulnis ungenießbar machen. Bei den ersten Anzeichen des Befalls, meist an den bodennahen Blättern, die man daher schon vorbeugend entfernen sollte, muß gespritzt werden. Geeignet sind bienenungefährliche

Echter Mehltau am Fenchel

Falscher Mehltau an Gurken

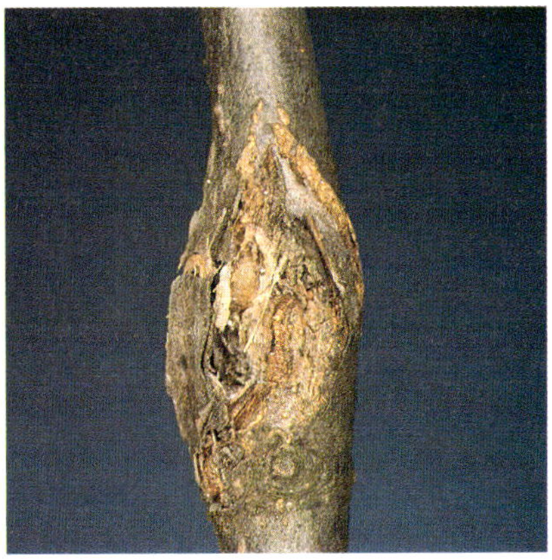
Obstbaumkrebs

Falscher Mehltau am Kohlrabi

Narrentaschenkrankheit

Grünkupfer-Spritzmittel sowie andere zugelassene Fungizide.
Die Behandlung muß man nach 14 Tagen wiederholen.
Derselbe Pilz befällt auch Kartoffeln. Man sollte deshalb Kartoffeln und Tomaten nicht in unmittelbare Nachbarschaft pflanzen.

MEHLTAU, ECHTER

Er tritt an verschiedenen Gewächsen auf, im Gemüsegarten ebenso wie im Zierpflanzenbereich und an Obst und äußert sich an weißlichen, wie mit Mehl bestäubten Blättern.
Dieser „Schönwetterpilz" liebt Temperaturen über 20° C, braucht aber nicht, wie viele andere Pilze, eine hohe Luftfeuchtigkeit, um sich zu entwickeln.
Bekämpfungsmöglichkeiten bieten sich mit dem bienenungefährlichen Fungizid Saprol oder mit Netzschwefel an. Außerdem sollte man beim Anbau mehltauresistenten Züchtungen den Vorzug geben und entsprechende Hinweise auf den Samentütchen bzw. in den Versandkatalogen berücksichtigen.

MEHLTAU, FALSCHER

Vor allem in Jahren mit feuchter Witterung und wechselnden Temperaturen kann sich der Pilz im Gemüsegarten stark ausbreiten, sucht aber auch Zierpflanzen heim. Man erkennt den Befall an rötlichen oder bräunlichen Flecken auf der Blattoberseite, denen, besonders bei feuchter Witterung, ebensolche mit weißlichem Schimmelrasen überzogene auf der Blattunterseite gegenüberstehen.
Zur Bekämpfung haben sich Spritzungen mit bienenungefährlichen Fungiziden als erfolgreich erwiesen.

NARRENTASCHENKRANKHEIT

Diese Krankheit, die zu seltsamen Deformierungen der Zwetschen führt kommt nur zum Zuge, wenn das Frühjahr feucht und niederschlagsreich ist. Von dem Pilz Taphrina pruni befallene Früchte wachsen zu länglich-flachen Gebilden heran, die in fortgeschrittenem Stadium von einem weißen Belag überzogen sind.
Eine direkte Bekämpfung der Krankheit mit biologischen Mitteln ist noch nicht möglich. Vorbeugend sollte man alle deformierten Früchte aufsammeln und vernichten. Nach der Ernte dürfen keine befallenen Zwetschen liegenbleiben.

OBSTBAUMKREBS

Absterben und Einsinken der Rinde an Ästen und Zweigen zeigen den Befall durch den Obstbaumkrebs, eine Pilzerkrankung, an. Die danach auftretenden

Wucherungen und Mißbildungen sind eine Folge davon, daß der Baum versucht, die entstandenen Wunden durch verstärktes Zellwachstum wieder zu schließen. Durch Schnittmaßnahmen oder Frost hervorgerufene Beschädigungen der Rinde oder des Holzes verschaffen den Pilzsporen Eintritt ins Gewebe. Befallene Stellen muß man bis ins gesunde Holz ausschneiden und mit einem Wundverschlußmittel sorgfältig verstreichen. Nach dem Blattfall, bei dem ebenfalls kleine Wunden entstehen können, ist mit einem Grünkupferpräparat zu spritzen. Diese Behandlung wird im Frühjahr während des Austriebs wiederholt.

ROSENROST

Eine häufig an Rosen auftretende Pilzkrankheit, die sich durch gelbe bis rostrote Flecke auf der Blattoberseite und erhabene Sporenträger auf der Unterseite darstellt.

Soweit möglich, muß man befallene Blätter absammeln und wiederholt mit den bienenungefährlichen Fungiziden Baymat flüssig oder Saprol spritzen. Gleichzeitig wirkt man damit dem von diesen Präparaten ebenfalls erfaßten Echten Mehltau entgegen.

Will man den Pilz nachhaltig bekämpfen, muß man die Spritzungen über einen längeren Zeitraum hinweg regelmäßig wöchentlich wiederholen.

Abgefallenes Laub sollte im Herbst zusammengelesen und vernichtet werden.

STERNRUSSTAU

Sobald die ersten mit schwarzen, oft gezackten Flecken besetzten, meist zunächst bodennahen Blätter entdeckt werden – das kann vom Frühjahr bis Ende des Sommers sein –, muß man mit fungiziden Spritzungen gegen den Pilz vorgehen. Bei starkem Befall verliert der Strauch die Blätter und trägt schwerwiegende Schädigungen davon.

Stippe

Krankes Laub sollte entfernt werden. Spritzungen mit Baymat flüssig oder Saprol muß man fortlaufend vornehmen. Die Anfälligkeit für Sternrußtau ist teilweise sortenbedingt.

STIPPE

Das Erscheinungsbild der Stippigkeit bei Äpfeln ist: im Fruchtfleisch zeigen sich kleine bräunliche Verfärbungen, meist in Schalennähe, die den Geschmack beeinträchtigen und eine längere Lagerung unmöglich machen. Es handelt sich dabei weder um eine Krankheit, noch sind stippige Äpfel gesundheitsschädlich. Der Grund dürfte in unzureichender – oder falscher – Ernährung, in Störungen des Wasserhaushalts und in Temperaturschwankungen während der Fruchtausbildung liegen. Man sollte für ausgeglichene Düngung sorgen, ein Übermaß an Stickstoff meiden, durch Kompostgaben den Humusgehalt des Bodens erhöhen und einem zu starken Fruchtbehang durch Ausdünnen entgegenwirken. Bei Neupflanzungen sind Sorten zu vermeiden, die nachweislich besonders anfällig für Stippe sind.

Fruchtfäule durch Wespenfraß

Nützling oder Schädling?

Bei einigen Tierarten, die unsere Gärten bevölkern, ist diese Frage durchaus berechtigt.

Wespen beispielsweise treten nur indirekt als Schädlinge auf, indem sie vor allem Birnen, die bereits geringfügige Schädigungen aufweisen, zerfressen und ungenießbar machen. In Jahren mit einer Wespenplage kann ein Massenbefall an reifen Früchten durchaus ernsthafte Ertragseinbußen zur Folge haben. In der Regel jedoch sind Wespen einfach deshalb nicht gern gesehen, weil sich ihre Stiche alles andere als angenehm auswirken, für Kleinkinder oder Haustiere sogar lebensbedrohend sein können. Kaum jemand wird einen Wespenschwarm an der Kaffeetafel im Freien gewähren lassen, nur weil die Tiere nicht uneingeschränkt zu den Schädlingen gehören. Wo sie regelmäßig in Massen auftreten, sollte man im Spätherbst auf Speichern, an Balken im Schuppen oder auf dem Dachboden nach Königinnen Ausschau halten, die sich als einzige in solche geschützte Winkel vor den Frösten in Sicherheit bringen. Dort überwintern sie und bauen im nächsten Jahr ein neues Nest.

Ameisen, die Blattläuse pflegen

Asseln

Im Sommer hilft die altbekannte, mit Zuckerwasser oder verdünntem Fruchtsirup gefüllte Köderflasche.

Überhaupt nicht fraglich scheint die Nützlichkeit des Regenwurms zu sein. Aber selbst dieser Erdarbeiter mit den vielen Vorzügen hat Gartenbesitzern schon Kopfzerbrechen bereitet. Auch wenn angesichts der gegenwärtigen Regenwurmeuphorie kaum jemand wagt, seinen Ärger öffentlich kundzutun, betrachten Zierrasen-Enthusiasten die ihren grünen Teppich verunzierenden Kothäufchen durchaus mit gemischten Gefühlen.

Abhilfe verschafft hier eine Art „Holzhammermethode". Mit dem flachen Spatenblatt klopft man einige Male kräftig auf den Boden und treibt die sensiblen Ringler an die Oberfläche, wo man sie aufsammeln, auf den Kompost verfrachten oder einem glücklichen Bionachbarn überreichen kann.

Keine Gewissensbisse braucht man sich dagegen bei der Bekämpfung der Ameisen zu machen. Der gute Ruf unserer Roten Waldameise als Schädlingsvertilger und „Polizist" des Forsts wird dadurch nicht geschmälert.

Im Garten sind Ameisen kaum nützlich, können aber durch ihren Nestbau unter Pflanzen, in Trögen oder Kübeln, im Steingarten und an der bepflanzten Mauer beträchtliche Schäden anrichten, von ihrer pfleglichen Behandlung der Blattläuse ganz abgesehen.

Gegen Ameisen gibt es im Fachhandel eine ganze Reihe von Gieß- und Streumitteln, die bei richtiger Anwendung für sichere Abhilfe sorgen.

Bei Asseln sieht die Sache wieder ganz anders aus. Diese keineswegs zu den Insekten, sondern zu den Krebstieren gehörenden, grauen Garten- und Kellerbewohner, die durch Kiemen atmen, zählen als sogenannte Bestandsabfallzersetzer zu den Nützlingen. Sie ernähren sich von toten, vermoderten Materialien und tun damit den ersten Schritt zur Umwandlung dieser Stoffe in fruchtbaren Humus.

Da Asseln Feuchtigkeit zum Leben brauchen, findet man sie massenweise zum Beispiel unter Blumentöpfen, Holzkistchen oder Trittplatten im Gewächshaus. Man sollte sie zusammenkehren und in eine Gartenecke umquartieren, wo sie unter Blättern und in der ersten verrottenden Erdschicht weiter ihrer nützlichen Tätigkeit nachgehen können.

Ähnliche Lebensgewohnheiten hat der Tausendfüßler. Er ernährt sich ebenfalls von verrottetem, organischem Material. Nicht ganz auszuschließen ist, daß gelegentlich auch die feinen Wurzeln von Sämlingen diesem flinken Gesellen zum Opfer fallen, doch sind die Schädigungen so selten, daß sich eine Bekämpfung mit chemischen Mitteln erübrigt.

Wem die Tiere lästig werden, der kann halbierte Kartoffeln, Kohlrabi oder Möhren unter umgedrehte Blumentöpfe legen und die Tausendfüßler dort absammeln.

Der Ohrwurm wurde bereits erwähnt. Er ist ebenfalls ein Grenzgänger zwischen Schaden und Nutzen. Die geselligen Nachttiere können recht lästig werden, wenn sie über die zarten Blütenblätter der von ihnen besonders geschätzten Dahlien und Chrysanthemen herfallen, ihre nächtliche Jagd auf Blattläuse dagegen bleibt unbemerkt. Man sollte ihnen das schon beschriebene Tagesquartier in einem mit Holzwolle oder trockenem Moos gefüllten Blumentopf anbieten und den Behälter abends mit der Öffnung nach unten in von Läusen heimgesuchte Obstbäume hängen oder dort hinstellen, wo diese Schädlinge an Kulturpflanzen sitzen.

Ein Problem besonderer Art stellt der Maulwurf dar. Da er zu den schützenswerten Tieren zählt, darf man ihn nicht in Fallen fangen, geschweige denn töten. Daß er bei seinen Patrouillengängen durch das ausgedehnte Gangsystem auch Schadorganismen wie Larven, Engerlinge oder Schmetterlingspuppen mit verzehrt, ist zwar richtig, seine Hauptnahrung stellen jedoch die im Garten gern gesehenen Regenwürmer dar.

Den Maulwurf als Nützling bezeichnen kann nur jemand, der von seiner Anwesenheit verschont geblieben ist. Durch seine Wühltätigkeit ist dieses samtschwarze Pelztier in der Lage, ganze Gartenpartien zu verwüsten. Ein Zier-

Tausendfüßer

Ohrwurm

Maulwurf

rasen, unter dem ein Maulwurf seiner unermüdlichen Wühl- und Fraßtätigkeit nachgeht, verdient diesen Namen schon bald nicht mehr.

Früher, als Salzheringe noch billig waren, steckte man einen Heringskopf in die Maulwurfsgänge, heute werden mit Terpentin oder Petroleum getränkte Lappen empfohlen. Als Gegenmaßnahme wird der Maulwurf um seine verseuchte Route herum einfach einen Umgehungsgang graben. Nimmt er gänzlich Reißaus, wird ihn sein Weg mit Sicherheit in den Nachbargarten führen – nicht gerade eine ideale Lösung. Bleibt also nur der Trost, daß der Maulwurf unsere dichtbesiedelte Gartenlandschaft im allgemeinen aber meidet.

Bei Hasen und Kaninchen ist es gerade umgekehrt. Da sich die Neubaugebiete der Städte und erst recht der Landgemeinden immer mehr in die Randzonen verschieben, von Feld und Flur her also verhältnismäßig leicht erreichbar sind, ist auch der Weg für Hasen und Kaninchen zur saftigen Rinde der Obst- und Ziergehölze des Gartens im Winter nicht mehr so weit.

Gegen sie helfen nur dichte Zäune, die bis in den Boden hineinreichen müssen. Wer in wildgefährdeter Lage Obst anbaut, wird um eine derartige Investition kaum herumkommen. Einzelne Gehölze lassen sich durch Drahtmanschetten wirksam schützen, die den Stamm bis zu einer Höhe von von etwa 1 m dicht umschließen müssen.

Mit Wildverbißmitteln getränkte Lappen, an Stöcken in der Nähe gefährdeter Bäume und Sträucher aufgehängt, sind in der Wirkung unsicher, wegen der starken Geruchsentwicklung außerdem in Wohngebieten nicht anwendbar.

Auch Vögel können mitunter recht lästig werden, und was Stare in den Rebhängen anzurichten vermögen,

Gedeckter Tisch im Johannisbeerstrauch

davon wissen die Winzer aus leidvoller Erfahrung ein Lied zu singen.

Im Hausgarten kann man heranwachsende Gemüsekulturen mit Vogelschutznetzen abdecken, ebenso Beerensträucher und die Sauerkirschbuschformen. Süßkirschen, leider gerade von Amseln besonders geschätzt, kann man wegen des ausladenden Wuchses mit Netzen nur schwierig schützen. Hier heißt es, die Ernte so rechtzeitig in Sicherheit zu bringen, daß die Vögel das Nachsehen haben. Das ist freilich leichter gesagt als getan, denn schließlich will man keine halbreifen Früchte pflücken.

Wenn man Lichtreflexe und Geräusche verursachende Stanniolstreifen so spät in die Bäume hängt, daß die Reife der Kirschen, und damit der Vogelfraß, unmittelbar bevorsteht, hält ihr Abschreckungseffekt – wenn man viel Glück hat – vielleicht gerade bis zur Pflückzeit an.

BAUEN IM GARTEN

△ *Der Steinplattenweg führt am Rosenbeet vorbei zum Gartenteich.*

△ *Diesen einfachen Holzzaun kann jeder selbst aufbauen.*

◁ *Diese Steintreppe gliedert sich in den natürlich angelegten Hang gut ein.*

Wissenswertes

Der Garten, wie er zu Beginn aufgeteilt, gestaltet und bepflanzt wurde, erweist sich meist schon recht bald als ergänzungsbedürftig. Zwar war alles gut geplant und wohlüberlegt, doch erst, wenn man ihn auch wirklich benutzt, in und mit ihm lebt, merkt man, was noch fehlt, was anders oder besser gemacht werden könnte. Oft kommen die Anstöße auch von außen, aus anderen Gärten oder öffentlichen Anlagen.
Nur sollte man sich vor zu viel Nachahmung hüten, ein Garten ist kein Trödlerladen oder Flohmarkt, wo sich alles mögliche in kunterbuntem Durcheinander versammelt.
Was aber wirklich fehlt, ob nur zweckmäßig oder einfach schön, kann nach und nach hinzukommen.
Meist handelt es sich um gestalterische Elemente, für die nicht unbedingt ein Fachmann benötigt wird. Einen einfachen Weg, eine kleine Mauer, ein paar zusätzliche Treppenstufen von der Terrasse auf den Rasenplatz, sogar eine Pergola kann man mit etwas Geschick und Überlegung, vielleicht unterstützt von einem kundigen Nachbarn, selber erstellen.
Man sollte sich Zeit lassen, denn voll wird der Garten noch schnell genug.

Gartenwege kann jeder selbst in seinem Garten gestalten.

Einfach herzustellende Wege

Gartenwege müssen und sollen keine aufwendigen Konstruktionen sein. Schon einige Trittplatten im Rasen, über die man trockenen Fußes von der Terrasse an den Sitzplatz gelangt, sind ein Weg. Es lassen sich dafür, je nach Geschmack und Gartencharakter, Natur- oder Kunststeine, Rasengittersteine oder Waschbetonplatten verwenden.
Die Verlegung erfordert keinerlei handwerkliche Fähigkeiten. Es genügt meist, aus dem Rasen Soden in Form der vorgesehenen Steine auszuheben; auf den Grund der Mulden wird 2–3 cm dick Sand aufgebracht, und die Steine werden so in dieses Bett eingepaßt, daß sie bodengleich mit der Rasenfläche abschließen. So kann man mit dem Mäher einfach darüber wegfahren.

Um einen Weg aus Natursteinplatten zu verlegen, bedarf es keines großen handwerklichen Geschicks.

Die Wegränder sollte man reizvoll gestalten.

Kieswege sind einfach und billig herzustellen.

Den Abstand der Platten sollte man zweckmäßigerweise der Schrittlänge von etwa 60 cm anpassen.
Etwas sorgfältiger muß man bei einem Weg mit durchgehendem Belag vorgehen. Hier ist ein einfacher Unterbau erforderlich, der den Platten Stabilität verleiht und das Versickern des Regenwassers gewährleistet. Diese Schicht kann aus Schotter, Kies, Schlacke oder Ziegelbruch bestehen und sollte nach einer Seite hin ein kaum merkliches Gefälle haben. Wichtig ist ein sorgfältiges Feststampfen des Unterbaus, bevor eine etwa 3 cm dicke Schicht Sand daraufkommt, die ebenfalls verfestigt werden muß. Dann hat das Plattenmaterial einen ausreichend stabilen Untergrund.
Grundsätzlich ist bei allen befestigten Plätzen in Hausnähe, das gilt besonders für die Terrasse, darauf zu achten, daß das Wasser stets vom Mauerwerk weg abfließen kann, die Schrägen also zum Garten hin verlaufen. Eine Faustregel dafür lautet: 2 cm Gefälle auf den laufenden Meter.
Eine Regel für die Wegbreite ist: etwa 60 cm pro Person. Ein einfacher Trittpfad, der gewöhnlich nicht als Promenade benutzt wird, braucht also kaum breiter als einen halben Meter zu sein. Beim Hauptweg dagegen wird man 120 cm vorsehen, weil möglicherweise mit „Gegenverkehr" zu rechnen ist.
Bei den vielen Materialien, die für den Wegbau zur Verfügung stehen, ist eines, und das billigste noch dazu, ein wenig in Vergessenheit geraten: Kies. Sicher paßt ein Kiesweg nicht in jeden Garten, aber dort, wo er sich harmonisch einfügt, wirkt er allemal natürlicher als ein Belag mit künstlichen Form- oder Verbundsteinen. Der Unterbau erfolgt auch beim Kiesweg wie schon beschrieben, nur sollte auf die unterste Lage aus wasserdurchlässigem Schotter noch eine Schicht Lehmerde kommen, darauf noch einmal etwas Splitt oder Schotter. Das alles wird festgestampft, damit sich die Steine der Kieslage nicht nach unten drücken.
Der Kiesweg muß zur Mitte hin eine leichte Wölbung aufweisen und zwar bereits im Unterbau, weil das Wasser hier zwischen den Kieseln sofort versickert und erst auf der festen Unterschicht ablaufen kann. Außerdem ist der Kiesweg auf beiden Seiten durch Kantensteine zu begrenzen, damit die Kiesel beim Begehen nicht seitlich weggetreten werden.
Verläuft der Weg durch den Rasen oder wird er an einer Seite vom Rasen begrenzt, muß man ihn so tief anlegen, daß die Oberkante der Randsteine mit dem Rasenboden plan abschließt. Dann gibt es auch hier beim Mähen wenig Schwierigkeiten.

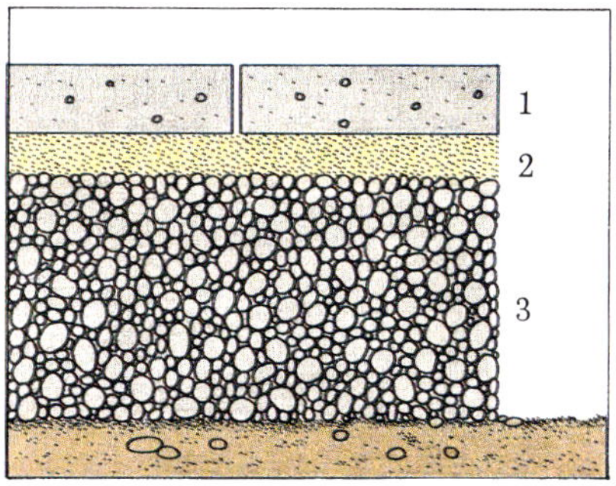

Einfacher Plattenweg mit Unterbau
1: Natursteinplatten;
2: 2–3 cm dicke Sandschicht;
3: 15–20 cm dicke Kiesschicht

Treppen

Beim Bau von Treppen, zum Beispiel im Terrassenhang hinunter zum Garten, braucht man die sogenannte „Treppenformel" nicht in allen Einzelheiten zu berücksichtigen. Diese Formel lautet: doppelte Steighöhe plus Auftrittsbreite muß eine Schrittlänge ergeben. Die Steighöhe, also die Höhe einer Stufe, sollte nicht mehr als 15 cm betragen, als Schrittlänge nimmt man 60-65 cm an. Anders ausgedrückt: die Differenz zwischen doppelter Stufenhöhe und 65 cm Schrittlänge ergibt die Breite einer Stufe, also das Maß von der Auftrittkante der einen bis zur Auftrittkante der nächsten.

Ob man für den Treppenbau ein Fundament verwendet, hängt von der Bodenbeschaffenheit, der Länge beziehungsweise der Höhe der Treppe ab und davon, wie intensiv sie genutzt wird. Für einige Stufen an der Terrasse, die nicht den Hauptweg zum Garten bilden, sondern nur ein zusätzlicher Abgang sind, wird man bei nicht zu leichtem oder sandigem Erdreich auf ein Fundament ganz verzichten können und einen leichten Unterbau aus Kies oder Sand wählen. Andernfalls stellt man eine Betonmischung aus 4 Teilen Sand und 1 Teil Zement her, auf der man die Stufen verlegt.

Auf jeden Fall muß sehr genau gearbeitet werden, vor allem bei der untersten Stufe als Grundelement, damit die Sache nicht schief und krumm wird. Die Arbeit mit einer Wasserwaage empfiehlt sich daher. Die Trittplatte einer jeden Stufe sollte eine minimale Schräge nach vorne haben.

Als Material bieten sich Fertigteile für Steintrepppen an, die im Baustoffhandel erhältlich sind. Das sind Natursteinplatten, Hohlblocksteine, Waschbetonplatten und Klinker, die allerdings in jedem Fall ein Betonfundament erhalten müssen. Außerdem kann man Eisenbahnschwellen oder Karlsruher Gartensteine für den Treppenbau verwenden.

Am einfachsten herzustellen sind Erdstufen, die man freilich nicht allzu stark belasten darf. Dazu werden an jedem Stufenende 2 starke, vorher mit einem Holzschutzmittel imprägnierte Kant- oder Rundhölzer in den Boden getrieben, die man mit dagegen genagelten Hölzern verbindet. Der Zwischenraum zwischen Holzkonstruktion und Stufe ist mit Kies oder Schlacke aufzufüllen, auf die Trittfläche kommt Kies.

Bei jedem Treppenbau spielt das Gewicht des verwendeten Materials eine herausragende Rolle. Es kann bei Kunststeinplatten, besonders bei vorgefertigten Blockstufen groß sein und ist beim Unterbau zu berücksichtigen.

Treppe aus Natursteinplatten in einem Heidegarten

Der schwache Punkt jeder Treppe sind die Vorderkanten der Trittfläche, die auf dem sogenannten Riegel oder der nächstunteren Stufe aufliegen. Ist dieser Bereich nicht stabil, kann die ganze Treppe ins Rutschen geraten.

Erdstufen lassen sich leicht selbst herstellen. Dazu werden an den Stufenenden 2 starke, vorher imprägnierte Kant- oder Rundhölzer in den Boden geschlagen, die man mit dagegen vernagelten Hölzern verbindet. Der Zwischenraum zwischen Holzkonstruktion und Stufe wird mit Kies oder Schlacke aufgefüllt, auf die Trittfläche kommt ebenfalls Kies.

Zäune und Hecken

In vielen Stadtrandsiedlungen sieht man heute überhaupt keine Zäune mehr, weil sie von der örtlichen Baubehörde verboten wurden. Allenfalls nicht einmal 50 cm hohe Mäuerchen oder niedrige Hecken sind erlaubt. Das mag in einzelnen Fällen dem Gesamtbild eines geschlossenen Wohngebiets mit Einfamilienhäusern zugute kommen, für den Hausbesitzer kann es frustrierend sein. Diese erzwungene offene Bauweise ist so unsinnig wie die seinerzeit als besonders leistungsfördernd gepriesenen Großraumbüros. Daß sich der einzelne Hausbesitzer bei der Wahl seiner Umfriedung in etwa den Nachbarn anpaßt, darf vorausgesetzt werden.

Umzäunungen sind Eigentumsmarkierungen und sollen ungebetenen Gästen den Eintritt verwehren. Einen Zaun übersteigt man nicht einfach, auch wenn das ohne allzu große Mühe möglich wäre. Pflanzenschalen, Blumenkästen, kleine Tröge oder Terrakottavasen sind vor einem unerlaubten Zugriff sicherer, wenn der Zugang zu ihnen durch einen Zaun erschwert wird. Auch Kindern kann man es kaum verdenken, daß sie den Spielplatz Straße um einen günstig gelegenen, offenen Vorgarten erweitern. Von Vierbeinern ganz zu schweigen, die kein Plätzchen auslassen, auf dem sich ein Vorgänger bereits verewigt hat.

Wer selber Hundebesitzer ist und sein Tier nicht nur zum „Gassigehen“ an die frische Luft führt, sondern ihm auch Gartenbenutzung zugesteht, kommt um eine feste Umzäunung ohnedies nicht herum. Denn in den Wohnsiedlungen steht Haus neben Haus, und auch nach hinten grenzt der eigene Garten an den des Nachbarn aus der Parallelstraße. Hier ist es mit einer Hecke als Sichtschutz nicht getan.

Umzäunungen sind Eigentumsmarkierungen.

Zum Bau eines Zauns bieten sich heute in der Hauptsache 2 Materialien an: Maschendraht und Holz. Massive schmiedeeiserne Ungetüme früherer Herrenhäuser wird sich kaum jemand mehr leisten, sie passen auch nirgendwo hin. Plastikzäune sind problematisch, weil das Material fast immer im Lauf der Zeit brüchig wird.

Zäune aus Maschendraht, für sich alleine wenig schön, verlieren etwas von ihrem Schrecken, wenn von vornherein geplant ist, eine Hecke davor zu pflanzen. Wegen der stabileren Befestigung der Drahtbahn empfiehlt es sich, die Metallrohrstützen in einem durchgehenden Betonfundament im Abstand von 2-3 m zu verankern oder für jeden Pfosten einen separaten Betonsockel zu gießen. Die Rohre mit angeschweißten Ösen für die Führungsdrähte gibt es fertig zu kaufen, ebenso die Spanner, um die Drähte fest anzuziehen.

Bei Holzzäunen muß eine Form gewählt werden, die nicht aus dem nachbarlichen Rahmen fällt und dem Charakter des Gartens angepaßt ist. Ein rustikaler Zaun aus horizontal an Pfähle geschraubten, dicken, unregelmäßigen Schalbrettern, ein sogenannter Rancherzaun, macht sich schlecht vor einem modernen Fertighaus und englischem Zierrasen mit abgezirkelten Blumenrabatten.

Nahezu stilneutral sind die guten alten Latten- oder Staketenzäune, die heute wieder immer mehr Freunde finden. Latten, oben abgerundet, zugespitzt oder mit Schrägschnitt kann man fertig kaufen oder sich in einer Schreinerei zuschneiden lassen. Sie werden senkrecht an Querverstrebungen, den sogenannten Riegeln, angenagelt, die wiederum an senkrechten, in den Boden eingelassenen Pfosten verschraubt sind. Pfostenabstand ist 2 m, der Abstand von Latte zu Latte entspricht der Lattenbreite.

Werden die Pfosten in die Erde getrieben, ist unbedingt darauf zu achten, daß das im Boden befindliche Stück, wenn es nicht bereits druckimprägniert wurde, einen Holzschutzanstrich erhält. Damit der Bodenabstand von etwa 5 cm strikt eingehalten werden kann, wird beim Annageln ein entsprechend dickes Brett unter die Latten gelegt. Natürlich kann man auch hier mit einem Betonfundament arbeiten. In den Beton zementiert man dann Eisenträger ein, die mit den Riegeln verschraubt werden.

Eine weitere Möglichkeit für eine Holzkonstruktion ist der bekannte Jäger-, Diagonal- oder Polygonzaun. Gartengestaltern braucht man diese Einfriedungsform gar nicht erst vorzuschlagen, sie mögen sie ebensowenig wie Architekten das traditionelle Haus mit Türen zwischen den Zimmern. Dabei spricht gegen den Jägerzaun eigentlich nur, daß er so häufig anzutreffen ist. Errichtet ist er jedenfalls schnell, weil man ihn Stück für Stück fertig vorfabriziert kaufen kann.

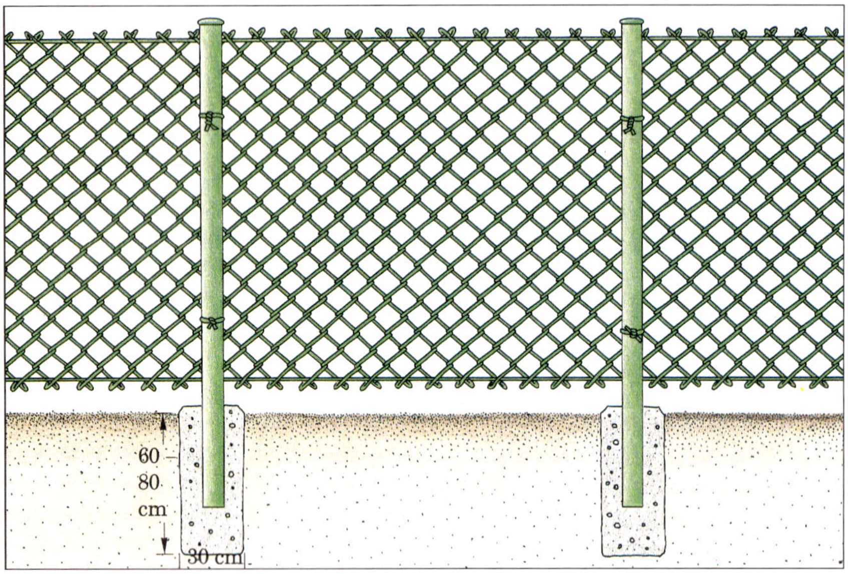

Maschendrahtzaun mit Metallrohrstützen

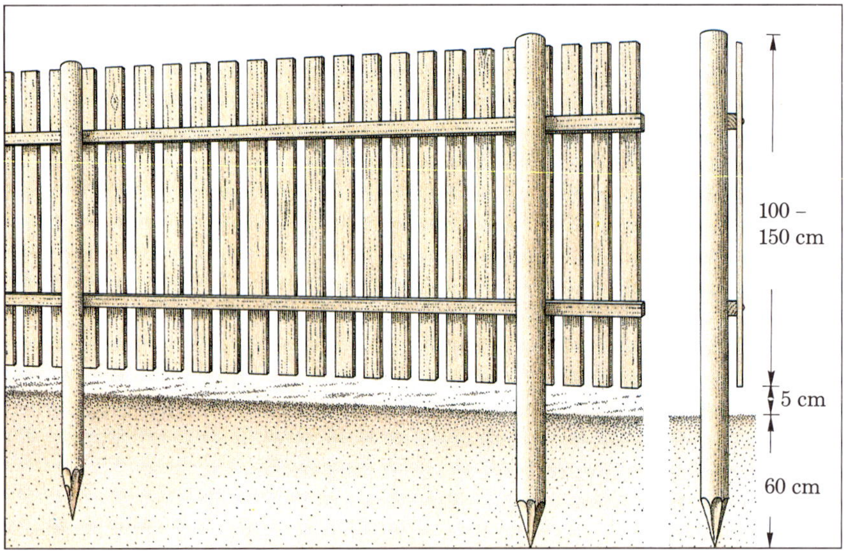

Lattenzäune, auch Staketenzäune genannt, kann jeder selbst im Garten aufstellen.

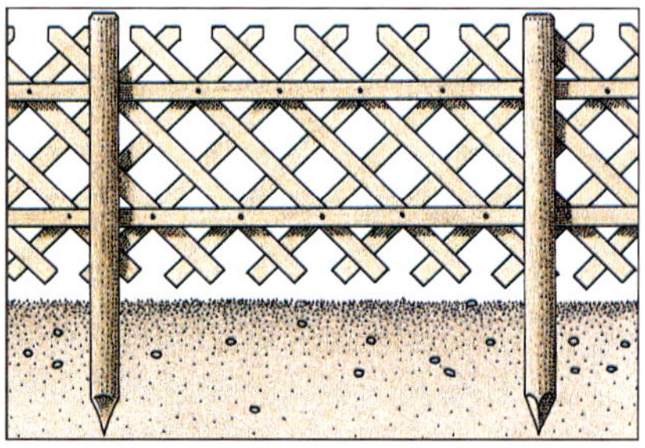

Jägerzäune kann man fertig vorfabriziert kaufen und schnell im Garten errichten. Die Hauptpfähle schlägt man zirka 60 cm tief in die Erde.

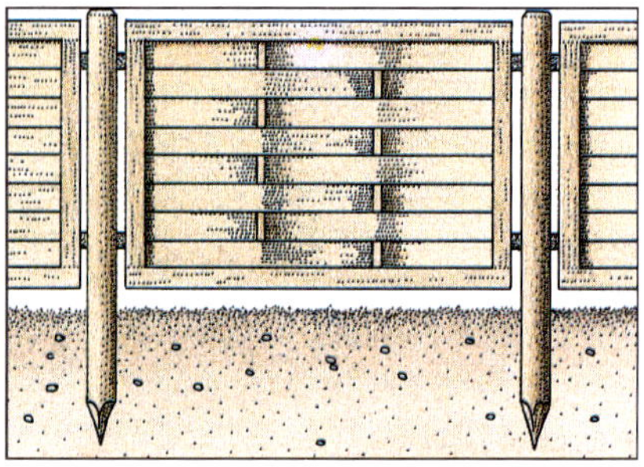

Flechtzaun

Palisadenzaun

Die Eisenbahnschwellen werden 60 – 80 cm tief in groben Kies eingestellt.

Als Fertigelemente bekommt man auch die Einzelsegmente für den Flechtzaun, bei dem die dünnen Latten dicht bei dicht vor und hinter den senkrechten Verstrebungen verlaufen. Beim Palisadenzaun schließlich werden beliebig starke Kant- oder Rundhölzer senkrecht und ohne Zwischenraum in den Boden gerammt. Schwächere Pfähle zementiert man besser in ein durchgehendes Betonfundament ein, für sehr starke wird ein tiefer Graben ausgehoben, die Bohlen werden hineingestellt und mit grobem Kies umschüttet, den man vor dem Auffüllen des Grabens feststampft.

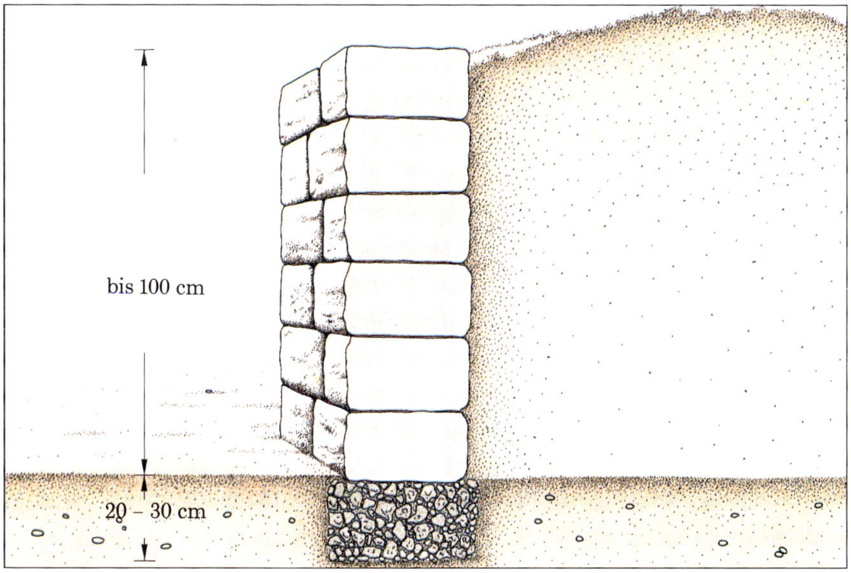

Mauer ohne Fundament; wird eine mörtellose Mauer nicht höher als 100 cm, kann auf ein Fundament verzichtet werden. Man hebt einen 20 – 30 cm tiefen Graben aus und füllt ihn mit Kies oder Schotter auf. Auf diesem Unterbau mauert man hoch.

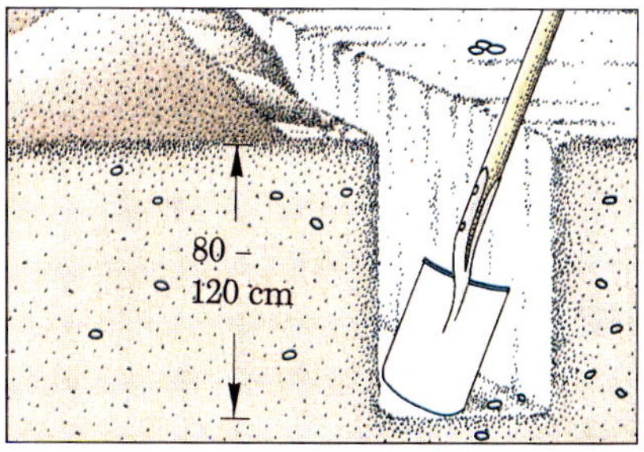

Mauer mit Fundament; 1. höhere Mauern benötigen ein Fundament. Zunächst hebt man 80 – 120 cm tief aus.

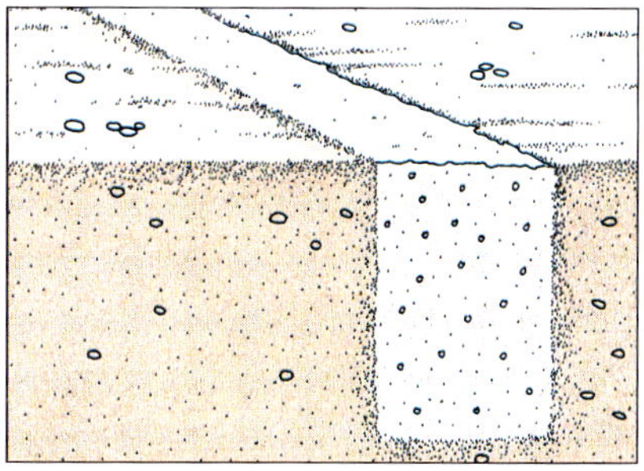

2. Wenn die Wandungen sauber sind und der Boden fest genug ist, muß nicht verschalt werden. Der Beton wird dann direkt in den Graben gegossen.

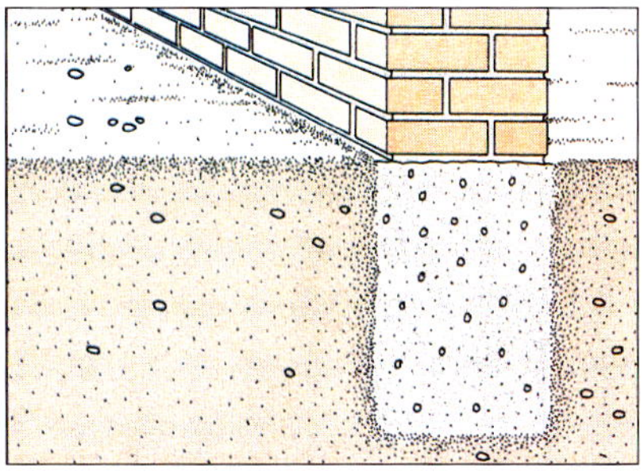

3. Auf dem Fundament mauert man dann einfach hoch.

Verschiedene Mauern

Bei selbstgebauten Mauern im Hausgarten wird es sich meist um mörtellose Steinaufschichtungen zur Befestigung eines Hangs handeln. Ihre Errichtung entspricht der bereits im Abschnitt „Die Trockenmauer“ (siehe S. 156) beschriebenen Technik.

Wird der Wall nicht höher als 1 m, kann man auf ein Fundament verzichten. In einen dem Mauerverlauf entsprechenden Graben von 20-30 cm Tiefe kommt dann nur eine Schicht Kies oder Schotter als Unterbau für die Steine. Man muß darauf achten, daß die Steine in etwa rechteckig sind und nie hochkant aufgeschichtet werden.

Hinsichtlich dieses Formats gibt es allerdings eine Ausnahme. Überraschenderweise sieht nämlich ein Stützwall aus großen quadratischen (15 x 15 cm) Pflastersteinen mit glatter, leicht gewölbter Oberfläche ganz und gar nicht künstlich, ja sogar recht attraktiv aus. Freilich dürfte die Beschaffung derartigen Steinmaterials auf einige Schwierigkeiten stoßen.

Höhere Mauern brauchen unbedingt ein Betonfundament, das 80-120 cm tief in eine frostfreie Erdschicht reichen muß. Bei festem Boden und sauberem Aushub ist eine Verschalung nicht notwendig, weil die Wandungen des Fundamentgrabens dem Beton genügend Halt geben. Auf einem Unterbau dieser Art kann dann hochgemauert werden, beispielsweise, um aus einem simplen, gepflasterten Wäschetrockenplatz hinterm Haus eine Art Atrium zu machen, ein Pflanzenquartier für südländische Kübelgewächse, die hier umschlossen von blendend weißem Mauerwerk eine ihnen zusagende Bleibe finden. Von außen, zum Garten hin läßt sich diese doch etwas fremd wirkende Konstruktion dann mit Kletterpflanzen begrünen und verschwindet im Lauf der Jahre gänzlich unter dem dichten Blattwerk von Efeu, Wildem Wein und Knöterich.

Die Errichtung einer Betonmauer sollte dem Handwerksbetrieb vorbehalten bleiben. Hier sind spezielle Fachkenntnisse erforderlich, vor allem aber die umfangreichen Materialien für die sachgemäße Schalung.

Pergola und Rankgerüst

Eine Pergola wird selten frei im Garten stehen. Meist bildet sie den nachträglichen Überbau der Terrasse oder lehnt sich an eine Haus- beziehungsweise Garagenwand an. Die Größe ist also weitgehend vorbestimmt.

Da so ein „Laubengang", wie der Name schon sagt, später von Kletter-und Rankpflanzen bewachsen sein soll, die ganze Konstruktion zudem schon aus optischen Gründen nicht aus zu dünnen Hölzern bestehen darf, werden die senkrechten Stützpfosten einiges an Gewicht auszuhalten haben. Sie müssen also stabil und tragfähig sein. Auf ihnen ruhen außer der Grünmasse der Kletterpflanzen die ebenfalls schweren Längsbalken (Pfetten), die wiederum eine Vielzahl von quer verlaufenden Sprossen zu tragen haben.

Außerdem muß eine Pergola in ihren Abmessungen auf das Volumen des Hauses abgestimmt sein. Nichts sieht lächerlicher aus als eine „Fischgräten-Pergola" über der großen Terrasse eines massiven Eigenheims.

Bei einer 3 x 6 m messenden Terrasse können die Stützbalken, in diesem Fall auf jeder Seite 3, ruhig einen Durchmesser von 15 x 15 cm haben, die beiden Pfetten dieselbe Stärke aufweisen und die oben in einem Abstand von 30-50 cm hochkant aufliegenden Sprossen 13 x 9 cm dick sein. Diese Abmessungen sind kein Muß, sondern sollen nur Anhaltspunkte liefern.

Als Holz kommt, auch nur ein Beispiel, Weißtanne in Frage, massives Hartholz wie Eiche oder Buche ist praktisch unbezahlbar und auch nicht notwendig. Für die Stützbalken und Pfetten sollte man sich das Holz „herzgetrennt" zuschneiden lassen, damit es später nicht reißt. Im übrigen aber sind derartige Risse, die bis zu Bleistiftstärke erreichen können, nicht weiter schlimm und für die Stabilität der Pergola ohne Belang.

Daß sämtliche Holzteile einen Schutz mit einem pflanzenverträglichen Anstrich erhalten müssen, versteht sich von selbst.

Für die Stützpfosten muß man Betonsockel gießen, in die man sogenannte „Schuhe" einzementiert, auf die die Pfosten zu stehen kommen. Diese Schuhe, die 1-2 cm über das Bodenprofil hinausreichen, verhindern, daß das Holz unmittelbar mit dem Erdreich in Berührung kommt.

Wem das Gießen der Fundamentsokkel zu mühsam ist, der kann auch fertige Postamente verwenden. Diese pyramidenförmigen Betonklötze gibt es in verschiedenen Abmessungen im Baustoffhandel. Sie haben an ihrer stumpfen Spitze eine breite Öffnung zum Einzementieren der Schuhe oder sonstiger Eisenhalterungen für die Pergola-Stützpfosten.

Die beiden Pfetten oben rechts und links werden an den Stellen, an denen sie den Pfosten aufliegen, verzapft. Weniger elegant, aber ebenfalls ausreichend ist eine Vernagelung. Allerdings sollte man dann als zusätzliche Stabilisierung zwischen Pfosten und Pfette diagonal verlaufende „Bugs" annageln, mit denen diese beiden Trägerelemente noch einmal verbunden werden.

Die Sparren erhalten an der Unterseite, dort wo sie auf den Pfetten liegen, eine Aussparung entsprechend der Pfettenbreite und werden dann mit 1 oder 2 Nägeln an ihnen befestigt.

Rankgerüste, die einer Pergola nachgebildet sind, gibt es in Hobby- und Heimwerkermärkten fertig zu kaufen. Hier liegt auf einem oder mehreren Stützpfosten, je nach Länge der Konstruktion, nur eine Pfette, auf die oberseits kurze Quersparren genagelt werden. Diese Gerüste eignen sich auch gut als Durchgänge, wenn man an ihnen Kletterpflanzen oder Rosen hochranken läßt.

Begrüntes Haus mit Pergola

Kletterhilfen an glatten Mauern kann man aus Latten, Bambus oder zwischen Holzstäben gespannten Drähten gut selber herstellen und andübeln. Oder man kauft fertige Kleingerüste, die nicht allzuviel kosten. Für größere Flächen haben sich Baustahlgitter recht gut bewährt.

Freistehende, bepflanzte Rankgerüste, die einen hervorragenden Sichtschutz abgeben, können ebenfalls ohne besondere handwerkliche Fertigkeiten und großen Materialaufwand im Eigenbau hergestellt werden. Man verwendet dazu 2 starke Rund- oder Kanthölzer, die so bemessen sein müssen, daß sie etwa 60 cm tief in den Boden getrieben werden können. Dazwischen werden waagerecht verlaufende Latten genagelt, so daß sich eine Art Zaunelement ergibt. Es hält, mit dem richtigen Schutzanstrich versehen, viele Jahre.

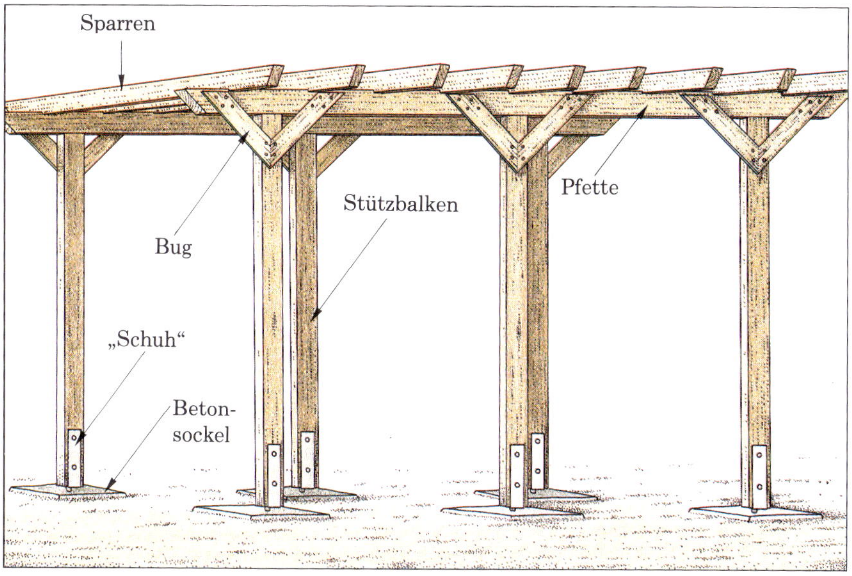

Übersicht über eine Pergola

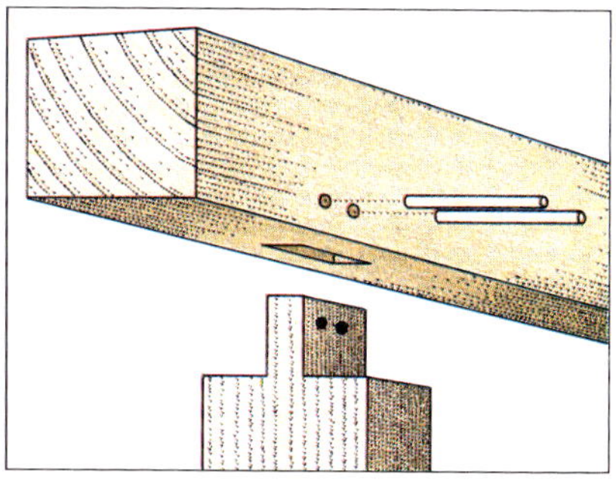
Detail Verzapfung

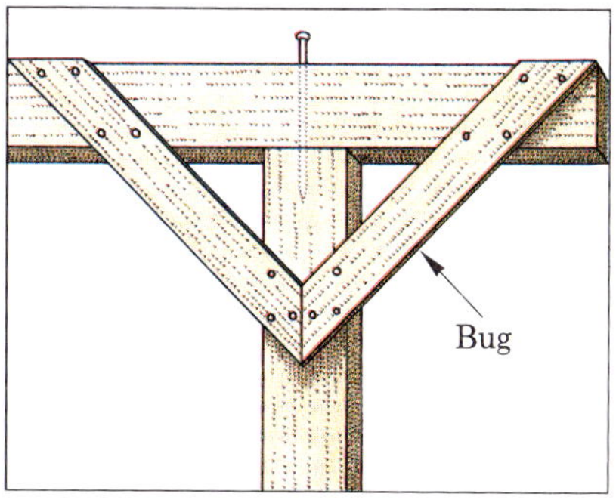

Detail Vernagelung

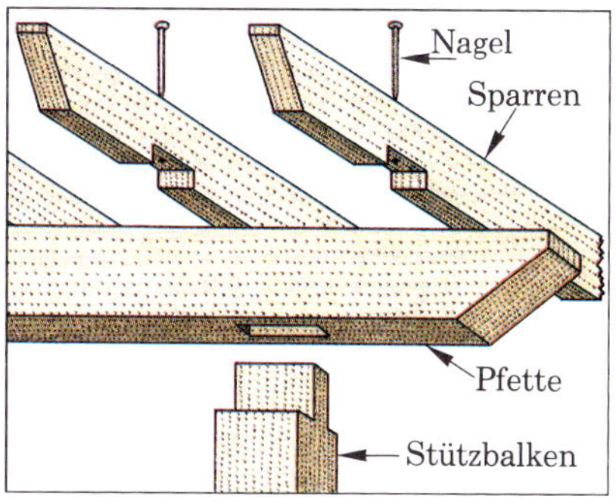

Detail Stützbalken, Pfette und Sparren

Ganz gleich, für welchen Zweck Holz im Garten auch immer Verwendung findet, es muß durch einen Schutzanstrich vor Verwitterung bewahrt werden. Wo Pflanzen mit dem imprägnierten Material in direkte Berührung kommen, ist bei der Wahl des Schutzanstrichs allerdings Vorsicht geboten. Viele der gängigen und durchaus bewährten Produkte können durch ihre Ausdünstungen die Gewächse schwer schädigen, und manch ein Gartenbesitzer hat sich schon gefragt, warum sein Knöterich mit schlaffen Blättern vor sich hinkümmert. Es gibt heute eine Reihe von Spezialanstrichen, bei denen keine Schädigung der Pflanzen zu befürchten ist. Man sollte also beim Kauf die Hinweise auf der Packung beachten.

Wenn Zweifel an der Verträglichkeit für die Pflanzen bestehen, ist es besser, mit der Bepflanzung zu warten, damit ärgerliche Ausfälle vermieden werden. Dafür ist dann allerdings eine Zeitspanne von mindestens einem halben Jahr zu veranschlagen.

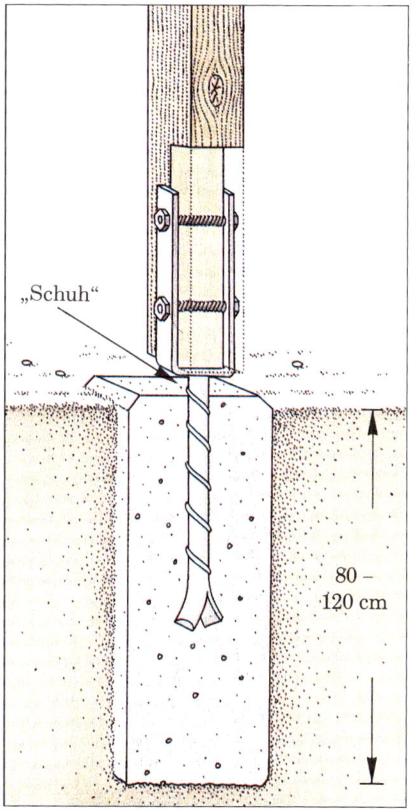

Detail Betonsockel

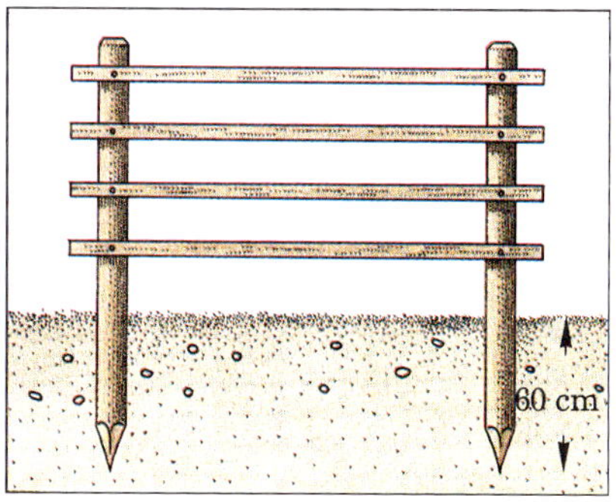

Freistehendes Rankgerüst

DER BALKON- UND TERRASSENGARTEN

△ *Erythrina crista-galli, Korallenstrauch* △ *Lathyrus odoratus, Duftwicke*

◁ *Ein „blühendes“ Haus*

Wissenswertes

Blühende Balkonkästen und Kübelpflanzen verschönern jeden Hauseingang.

Um blühende Pflanzen in Kästen, Töpfen oder Schalen zu ziehen, muß man nicht unbedingt im Besitz eines Balkons sein. Man kann damit auch den Hauseingang schmücken, eine niedrige Mauer dekorieren, den Carport an der Straße freundlicher gestalten oder mit Hängepflanzen in Ampeln auf der Terrasse zusätzliche Farbakzente setzen.
Wer aber beispielsweise in der Stadt, nur einen Balkon zur Verfügung hat, dem bieten sich viele Möglichkeiten, diesen Platz in luftiger Höhe in einen Blumengarten zu verwandeln. Je nach Größe und eigener Neigung lassen sich hier auch Kräuter und Gemüse ziehen, sogar 2 oder 3 Obstbäume in großen Töpfen oder Kübeln sind möglich. Riesenernten kann man von ihnen nicht erwarten, aber ein Apfelstämmchen mit 2 verschiedenen, aufgepfropften Sorten ist einfach eine schöne Sache, und die paar roten und gelben Früchte, die man erntet, schmecken besser als ein ganzer Zentner aus dem Supermarkt.
Bleiben wir zunächst bei den Kästen voller bunter Blumen.
Die Balkongärtnerei wird uns heute leicht gemacht, ein bescheidener Anfang ist nicht allzu teuer. Pflanzgefäße aus Plastik in einfacher Ausführung kosten nicht die Welt, Erde kann man fertig in der Tüte kaufen, Flüssigdünger oder Depotdünger enthalten alles, was die Pflanzen brauchen. Die Gewächse werden zu Saisonbeginn sogar im Laden um die Ecke angeboten.
Wer mit geringstem Aufwand begonnen und Freude an der Sache bekommen hat, wird bald merken, daß diese Erstausstattung seinen Ansprüchen nicht mehr genügt. Schon deshalb nicht, weil man das kleine Refugium nicht nur selber genießen, sondern auch anderen die Freude weitergeben und mit den „grünen Daumen" Anerkennung finden will.
Es wird oft nicht bedacht, daß Balkongärtnerei eine Kunst ganz eigener Prägung ist, deren Feinheiten und liebevolle Arrangements meist erst bei genauem Hinschauen zu erkennen sind.
Farbliche Abstimmung, richtige Anordnung der verschiedenen Wuchsformen, ansprechende Gefäße und reiches Blühen während des ganzen Sommers, um auf kleinstem Raum mit Grünem zu leben – das ist die eine Seite. Die andere ist nicht minder beeindruckend, wenn rote oder rosa Pelargonien wie flammende Kaskaden aus den Kästen stürzen, Petunien in allen Regenbogenfarben durcheinanderleuchten, gelbe Pantoffelblumen und tiefblaue Lobelien miteinander wetteifern. Alles kräftige Akzente,

Auf die farbliche Abstimmung und die richtige Anordnung der Wuchsformen kommt es an.

prallvoll mit sommerlicher Lebensfreude.

Diesem Paukenschlag kann im zeitigen Frühjahr die Blüte der Zwiebelblumen vorangehen, verhalten zuerst mit Krokus (Crocus), Blaustern (Scilla) und Traubenhyazinthe (Muscaria armeniacum), mit farbkräftigen Narzissen, Tulpen und Hyazinthen danach.

Wer sein gärtnerisches Hobby ausschließlich auf den Balkon konzentriert, kann es dort alle 4 Jahreszeiten hindurch grünen und blühen lassen. Das erfordert dann allerdings einiges Geschick, Kenntnisse und die Bereitschaft, auch Rückschläge hinzunehmen. Ganz billig ist der Ganzjahresbalkon ebenfalls nicht.

Doch ob aufwendig oder bescheiden, auch Balkonpflanzen haben ihre Ansprüche, denen man so gut es geht Rechnung tragen sollte.

Die Pflanzgefäße und Halterungen

Während die Balkonkästen früher meist aus Holzbrettern zusammengenagelt oder verschraubt waren, dominiert heute der Kunststoff.

Hartplastik ist das am häufigsten verwendete Material, wobei die Qualitätsunterschiede beachtlich sind. Dünnwandige, dabei starre, unnachgiebige Kästen sind zwar preiswerter als elastische oder sehr stabile mit dicken Wandungen, dafür sind sie jedoch nicht bruchfest, schon gar nicht, wenn das Material einige Male Frost abbekommen hat.

Pflanzgefäße aus Eternit, die es in allen Größen und Formen gibt, sind wegen ihres hohen Eigengewichts dann problematisch, wenn sie bewegt, gar bepflanzt hin- und hergetragen werden müssen. Wenn man sie nicht gerade fallen läßt, haben Eternitgefäße praktisch eine unbegrenzte Lebensdauer.

Die federleichten Schaumstoffkästen sind so porös, daß man bei ungeschicktem Anheben leicht ein Stück ihrer Wandung in der Hand behält.

Pflanzgefäße aus Ton haben im Zuge der Nostalgie vor allem dekorativen Wert, solange sie nicht unter dem Blattwerk ihrer Bewohner verschwinden. In dem Fall greift man besser gleich zu einem praktischeren Material. Das gilt auch für andere Behälter aus Keramik oder Steingut.

Wie groß die Pflanzgefäße gewählt werden, hängt natürlich von den örtlichen Gegebenheiten und dem Geldbeutel ab. Grundsätzlich wachsen die Pflanzen desto besser, je mehr Platz ihre Wurzeln zur Verfügung haben. Man wähle also, wo das möglich ist, tiefe und breite Balkonkästen. Dort kann auch zweireihig gepflanzt werden.

Die Länge richtet sich nach der zur Verfügung stehenden Stellfläche beziehungsweise der Balkonumrandung. Dennoch sollte man gerade hier Maß halten und 1,20 m nur überschreiten, wenn der Kasten fest installiert ist und nicht bewegt werden muß.

Ein weiterer Aspekt bei der Wahl der Kastengröße ist das Gewicht. Ein mit feuchter Erde und Pflanzen gefüllter Meterkasten bringt gut und gerne 40-45 kg auf die Waage. 3 derartige Pflanzenquartiere nebeneinander an einem Balkongeländer entwickeln Zugkräfte, die man nicht unterschätzen sollte.

Dementsprechend stabil müssen die Halterungen beschaffen sein. Seit geraumer Zeit gibt es verstellbare Kastenhalter, die sich mittels einer Flügelschraube sowohl der Breite der Gefäße als auch der Balkonverkleidung anpassen lassen.

Wer die Kästen nicht wie allgemein üblich oben am Geländer, sondern außenseitig unten in Bodennähe befestigen möchte, muß besonders auf absolut sichere Aufhängung achten. Wird eine Lösung gefunden, können 2 Pflanzgefäße übereinander, eins oben am Geländer oder an der Brüstung, eins darunter, mit einer verschwenderischen Blütenfülle aufwarten.

Daß die Kästen Wasserabzugslöcher haben müssen beziehungsweise bei einem Reservoir einen Überlauf, ist beim Gießen in luftiger Höhe und mit Rücksicht auf die Nachbarn in der unteren Etage zu bedenken. Pflanzgefäße, die nur für den Innenbereich vorgesehen sind, kann man unüberdacht draußen nur verwenden, wenn nachträglich für einen Wasserabzug gesorgt wird. Andernfalls ist ein Mißerfolg wegen ständig vernäßter und daher faulender Wurzeln so gut wie sicher.

Konstruktionen mit Wasserreservoir, die heute überall im Gartenfachhandel

angeboten werden, können einem zwar die Urlaubsversorgung mit dem lebensnotwendigen Naß nicht abnehmen; sie bewahren die Pflanzen aber vor dem Verdursten, wenn das Gießen an heißen Sommertagen einmal vergessen wurde oder wegen eines Wochenendausflugs nicht möglich war. An Schaugläsern oder Schwimmerstäbchen kann man den Wasserstand ablesen und bei Bedarf dann rechtzeitig ergänzen.
Bei diesen Kästen ist das Pflanzsubstrat durch einen Zwischenboden aus Plastik mit durchgeführten Saugdochten oder Sauglappen von dem im unteren Teil befindlichen Reservewasser abgetrennt. Dieser Vorrat ist bei sonnigem, heißem Wetter schneller verbraucht, als man glaubt.

Erden und Substrate

Mitentscheidend für Erfolg oder Mißerfolg der Balkongärtnerei ist das verwendete Substrat. Fertigerden gibt es heute in jedem Supermarkt im Plastikbeutel zu kaufen. Nur sollte man wissen, daß Billigprodukte keineswegs immer den gestellten Anforderungen genügen.
Tiefschwarze Färbung sagt nichts über die Qualität aus, wenn auch vielfach die Meinung vorherrscht, schwarz stehe für gut. Gerade aber von der Güte des Substrats hängt es ab, ob die Pflanzen im engen Quartier des Balkonkastens voll zur Entfaltung kommen.
Wer sichergehen will, läßt sich gute Erde in einer Gärtnerei oder Baumschule empfehlen, wo gelegentlich auch eigene Mischungen verkauft werden. Sind viele Kästen zu bepflanzen, muß man dafür ziemlich tief in die Tasche greifen, doch gerade hier sollte man nicht sparen.
Reiner Torf und Torfkultursubstrate (TKS) sind trotz gegenteiliger Empfehlung für Kästen und andere Außenbehälter nicht das Ideale. Das Wasser verdunstet hier schnell, die Pflanzgefäße verlieren an Gewicht und damit an Stabilität, die Wurzeln finden in dem lockeren Substrat zu wenig Halt, Dünger werden ausgespült. In derartigen Substraten eine gleichmäßige Feuchtigkeit zu halten, ist fast unmöglich. Als Grundsubstanz eigener Mischungen dagegen sind sie fast unentbehrlich, wenn man nicht über einen sehr lockeren, feinkrümeligen Gartenboden als Kastenlieferant verfügt.
Normale Beeterde wird man, je nach ihrer Beschaffenheit, mit Torf und Sand zu einem durchlässigen, wasserhaltenden Gemisch vermengen. Ganz wichtig ist es allerdings, daß keine Regenwürmer mit in die Kästen wandern. Sie würden wegen der beengten Verhältnisse bald die Wurzeln anfressen und zu Schädigern werden.
Als Langzeitdünger kann man getrockneten Rindermist, Hornspäne und Knochenmehl oder reichlich reifen Kompost dazugeben. Auch Rindenhumus, der in abgepackten Beuteln angeboten wird, ist geeignet. Man kann auch gut mineralische Depotdünger zufügen.

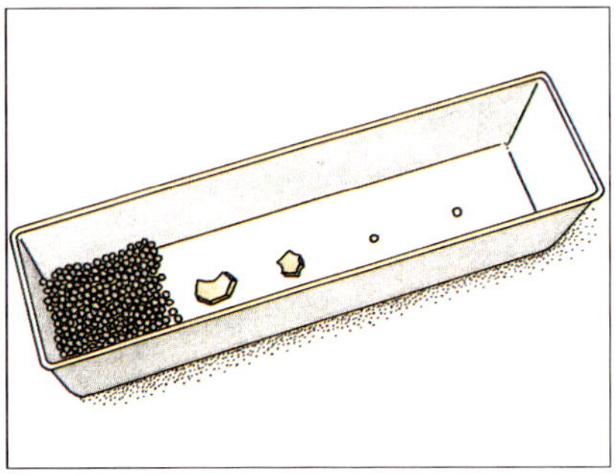

Pflanzung im Balkonkasten:
1. Über die Abzugslöcher legt man Tonscheiben. Man kann als unterste Schicht eine Dränageschicht aufbringen.

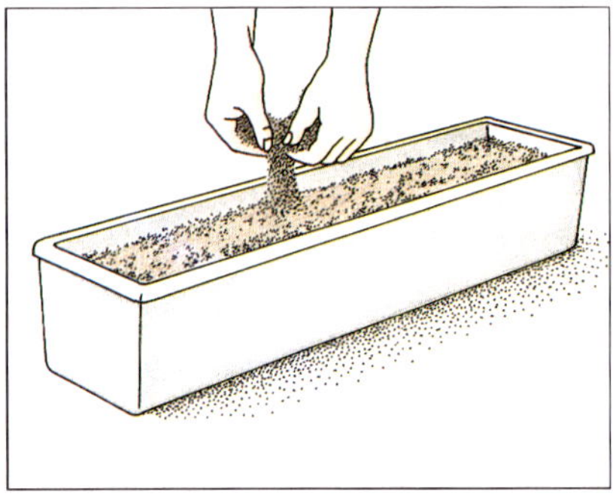

2. Dann füllt man die Erde ein, die mit Depotdünger versehen sein kann.

3. Nach der Pflanzung wird angegossen.

Ansprüche und Pflege der Balkonpflanzen

Durch verschiedene, im Fachhandel erhältliche Tröpfchenbewässerungssysteme ist eine unproblematische und sichere Wasserversorgung der Balkon- und Kübelpflanzen möglich.

Die meisten Balkonpflanzen werden sich dort am wohlsten fühlen, wo möglichst lange die Sonne hinscheint und der Wind nicht zuallererst zwischen die Blüten fährt. Das muß keineswegs immer die volle Südseite sein, auch West- und Ostlagen sind durchaus geeignet.

Pflanzplätze nach Norden müssen ebenfalls nicht ohne Blumenschmuck bleiben, nur ist hier die Auswahl der Blütenpflanzen weitgehend auf Fleißige Lieschen (Impatiens), Fuchsien und Begonien beschränkt. Diese schattenliebenden Gewächse brauchen kein Wasserreservoir.

Ein weiterer Punkt ist bei der Anbringung der Pflanzgefäße beziehungsweise bei der Standortwahl zu beachten: die Kästen muß man gut erreichen können. Das erleichtert nicht nur das Gießen, sondern vor allem die kleinen Säuberungsarbeiten, ohne die es nun einmal nicht getan ist, den eventuellen Austausch von Pflanzen und die Krankheits- und Schädlingsabwehr.

Petunien beispielsweise werden schon bald zum Ärgernis, wenn man sie nur unter Verrenkungen ausputzen kann. Wird bei ihnen nicht laufend alles Verwelkte abgeknipst, läßt die Blütenfülle schon bald stark nach.

Gießen und Düngen werden dank der flüssigen Nährlösungen heute meist in einem Arbeitsgang erledigt. Auch die Mehrzahl der gekörnten Volldünger ist wasserlöslich. Sie können in der angegebenen Konzentration ohne große Mühe gegossen werden.

Der Bedarf der Balkongewächse an Feuchtigkeit und Nahrung ist groß, und er wird umso höher, je dichter die Kästen bepflanzt sind. Dichter Stand aber ist gerade hier wegen des erwünschten Blütenreichtums die Regel. Noch weniger als im Garten sollte eiskaltes Wasser aus der Leitung verwendet werden. Erstens läßt es sich nicht vermeiden, daß so ein Guß auch die sonnenheißen Blätter trifft und einen Kälteschock auslöst, zweitens sind die Wurzeln von ständig warmem Erdreich umgeben, aus dem es für sie kein Entrinnen in kühlere Zonen gibt. Am besten ist es, wenn man je nach Anzahl und Volumen der Pflanzbehälter immer Gefäße mit abgestandenem und luftwarmem Wasser zur Hand hat.

Zwar sind Balkonpflanzen aus den geschilderten Gründen auf ständige und regelmäßige Versorgung mit Nährstoffen angewiesen, dennoch ist gerade bei ihnen die Gefahr einer Überdüngung groß. Denn so wenig die Wurzeln Ausbreitungsmöglichkeiten haben, so wenig können sich Dünger verteilen. Allenfalls bei länger anhaltenden Regenfällen oder Platzregen werden sie durch die Wasserabzugslöcher ausgewaschen.

Viel wahrscheinlicher aber ist bei ständig zu reichlicher Düngung eine allmählich zunehmende Salzkonzentration im engen Wurzelbereich mit nachfolgenden Schädigungen der Pflanzen. Das richtige Maß zu finden, hängt ausschließlich von der Geschicklichkeit des Gärtners ab.

Heutzutage gibt es allerdings auch mineralische Depotdünger, die bei der Kastenfüllung der Erde beigemischt oder nach der Pflanzung darüber gestreut werden. Sie werden innerhalb von 6-8 Monaten abgebaut, eine Überdüngung ist kaum möglich.

Ein jährlich wiederkehrendes Problem ist die Frage der Überwinterung. Soll man überhaupt versuchen, die Balkonpflanzen über die kalte Jahreszeit zu bringen und damit für die nächste Saison zu erhalten? Wenn ja, welche eignen sich dazu und wie soll das Überwinterungsquartier beschaffen sein? Ist es nicht besser, im Spätherbst beim Ausräumen der Kästen Stecklinge zu schneiden und Jungpflanzen heranzuziehen? Oder überwintert man nur wenige Muttergewächse und nimmt von ihnen im Frühjahr Ableger? Als

Alternative tut man nichts dergleichen, sondern kauft sich jeden Mai den erforderlichen Nachschub beim Gärtner oder sät im zeitigen Frühjahr selber aus.
Bei einer ganzen Reihe Balkonpflanzen ist das ohnedies unumgänglich, weil sie sich, da sie einjährig sind, nicht überwintern lassen oder weil eine solche Prozedur nicht lohnt. Hierzu gehören beliebte Balkonbewohner wie Petunien (Petunia), Leberbalsam (Ageratum), Gänseblümchen (Bellis perennis), Goldlack (Cheiranthus cheiri), Schmuckkörbchen (Cosmos), Sommernelke (Dianthus chinensis), Ziertabak (Nicotiana alata) und viele andere mehr.
Wenn man sich für Stecklingsvermehrung und Überwinterung entscheidet, hängt der Erfolg einzig von den vorhandenen Kulturmöglichkeiten ab. Wer über einen luftfeuchten, kühlen Keller oder ein temperiertes Gewächshaus verfügt, kann mehr riskieren als der gartenlose Balkongärtner in einer Etagenwohnung.
Nach einigen Fehlschlägen wird man sich neben Knollenpflanzen, deren Überwinterung kein Problem ist, darauf beschränken, lediglich Pelargonien und Fuchsien heil über den Winter zu bringen. Für die beiden genannten Überwinterungskandidaten sollte ein kühler, heller Raum zur Verfügung stehen. Vor dem Einräumen, notfalls auch im Frühjahr, werden die Pflanzen stark zurückgeschnitten. Man kann sie in den Kästen belassen und erst beim Auswintern die Erde erneuern. Oder man setzt sie gleich in Blumentöpfe. Das ist besonders dann empfehlenswert, wenn nur unmittelbar am Fenster gute Lichtverhältnisse herrschen und sonst kein genügend heller Platz zur Verfügung steht. Einzeltöpfe lassen sich hier besser unterbringen als unhandliche Kästen.

Während der Winterruhe muß man gelegentlich kontrollieren, ob die Erde in den Behältern immer leicht feucht ist und eventuell sparsam für Nachschub sorgen.
Die Stecklingsvermehrung der Balkonpflanzen erfolgt am besten im Herbst vor dem Einräumen. Man nimmt dabei die oberen, bei Fuchsien noch nicht verholzten Triebspitzen, entfernt die untersten Blätter und steckt die Schnittstücke in ein feuchtes Anzuchtsubstrat oder selbstgemischte Erde aus Torf und Sand zu gleichen Teilen. Das Überdecken mit Glas oder Folie läßt die Luftfeuchtigkeit nicht entweichen und fördert die Entwicklung der Jungpflanzen.
In Anzuchtschalen herangezogene Stecklinge werden nach der Bewurzelung in Töpfe umgesetzt und kommen über Winter an einen kühlen Platz auf dem Fensterbrett. Versuche, im beheizten Wohnzimmer zu überwintern, schlagen mit Sicherheit fehl. Hat man keinen geeigneten Platz für die Stecklingsüberwinterung zur Verfügung, kann man von einzelnen überwinterten Mutterpflanzen Stecklinge gewinnen. Man muß dann allerdings bis zum kräftigen Austrieb im Frühjahr warten.
Da man von vielen Balkongewächsen Samen kaufen kann, seit einiger Zeit sogar von Hängepelargonien, ist auch eine Selbstanzucht durch Aussaaten möglich. Man sollte damit schon im zeitigen Frühjahr beginnen, damit die Pflänzchen bis zum Saisonbeginn Mitte Mai so kräftig herangewachsen sind, daß man bald mit einer Blüte rechnen kann.

Bepflanzung rund ums Jahr

Frühling

Wer sich die Mühe machen und schon im zeitigen Frühjahr blühende Balkonkästen haben möchte, wird in erster Linie auf Zwiebelblumen zurückgreifen. Die Zwiebeln werden bereits im Spätsommer, gegen Ende September oder im Oktober gelegt, feucht gehalten, damit sie Wurzeln bilden können, und bleiben den Winter über mitsamt den Kästen an einem geschützten Platz im Freien.
Weil der Frost hier von allen Seiten an die an sich winterharten Zwiebeln heran kann, sollte man mit Laub, Reisig oder Torf abdecken. Ab Mitte Februar werden die bepflanzten Kästen dann an ihren Platz gebracht.
Will man Tulpen, Hyazinthen, Narzissen und andere weiterverwenden, muß man die Gewächse noch einige Wochen nach dem Abblühen im Kasten pflegen. Sie müssen das Laub einziehen, gedüngt und gewässert werden, bis man die mit Reservestoffen vollgepumpten Zwiebeln herausnehmen und irgendwo trocken lagern kann. Oder man läßt sie ganz in ihren Kästen. In jedem Fall braucht der Balkongärtner, der Frühlingszwiebelblüte und sommerlichen Schmuck nacheinander anstrebt, 2 Garnituren Pflanzgefäße.
Eine Variante ist der Frühlingskasten mit Stiefmütterchen, Gänseblümchen, Vergißmeinnicht und Goldlack. Diese Zweijahresblumen sät man im Juni und Juli im Garten aus, pflanzt sie im Oktober in die Kästen und läßt sie den Winter über mit Tannenreisig geschützt draußen.

Kastenbepflanzung im Frühjahr

Kastenbepflanzung im Sommer

Mit Primeln, die es schon zeitig im Jahr beim Gärtner zu kaufen gibt, läßt sich dem bunten Bild weiterer Farbenreichtum hinzufügen.
So schön das alles ist, es gehört schon eine Portion Enthusiasmus dazu, diesen Traum in die Tat umzusetzen, und so richtet sich das Hauptaugenmerk des Blumenfreundes fast zwangsläufig auf die Hauptsaison der Balkongärtnerei: auf den hoffentlich warmen und sonnigen Sommer.

Sommer

Im Sommer sind die Bepflanzungsmöglichkeiten außerordentlich vielseitig. Jährlich tauchen in den Blumengeschäften und Katalogen neue Namen auf, die leider häufig nicht halten, was sie versprechen. Auch manche als Rarität angebotene Kastenpflanze macht sich hier in kürzester Zeit rar, weil ihr weder das Klima, noch die beengten Verhältnisse zusagen oder beides zusammen das Aus bedeutet.
Zu diesen unsicheren Vertretern gehören, um nur das bekannteste Beispiel zu nennen, die Gebirgshängenelken, die im Flachland, zumal in verschmutzter Atmosphäre, meist versagen. Man wird sich zweckmäßigerweise also doch auf das altbekannte Sortiment beschränken, das freilich umfangreich genug ist und mit verschiedenen verbesserten Sorten aufwartet.
An erster Stelle wären hier die „Klassiker" des Sommerbalkons zu nennen: Pelargonien, Petunien, Pantoffelblumen und Fleißige Lieschen. Auch verschiedene niedrige Tagetes (Studentenblumen) in den herrlichsten Gelb-und Brauntönungen bis hin zu Orangerot kommen in Frage, außerdem Verbenen, Lobelien, Begonien, Nelken und, höher wachsend, Ziertabak. Dazwischen macht sich immer wieder der blaulila Leberbalsam (Ageratum) gut. Wer breite Kästen zweireihig bepflanzt, kann schon mit dieser kleinen Auswahl ein sommerliches Feuerwerk entflammen.
Als Beispiel für eine altbekannte Blütenpflanze, die jetzt für den Balkon wiederentdeckt, möglicherweise mit verbesserten Eigenschaften, und überall als Novität angeboten wird, mag Convolvulus sabatius (früher C. mauretanicus), die Schmuckwinde, stehen. Diese enge Verwandte unserer Acker- und Zaunwinde mit den blauen, malven-

ähnlichen Blütenkelchen eignet sich wegen ihres hängenden Wuchses nicht nur für Kästen, sondern auch für Blumenampeln. Eine Vermehrung durch Stecklinge ist problemlos.

Zum ersten Mal wurde 1985 im Handel Brachycome iberidifolia, das Blaue Gänseblümchen, angeboten und erwies sich fast auf Anhieb als Verkaufsschlager. Heute kann man Samen dieser hübschen Balkon- und Ampelpflanze kaufen und selber anziehen. Die kleine Australierin blüht den ganzen Sommer über und muß lediglich reichlich mit Wasser und Dünger versorgt werden. Sonniger Stand ist für einen vollen Dauerflor Voraussetzung.

Ebenfalls neu auf dem Markt und erstmals 1987 auf der Internationalen Pflanzenmesse in Essen einem breiteren Publikum vorgestellt, ist das Mittagsblumengewächs Lampranthus aurantiacus. Wie alle Mittagsblumen braucht dieser sukkulente, rosablühende Halbstrauch von etwa 30 cm Höhe volle Sonne, kann kurzfristige Trockenperioden jedoch recht gut vertragen.

Viel zu wenig werden Zwergdahlien (Mignon-Dahlien) für die Balkonkastenbepflanzung verwendet, die nicht höher als 30-40 cm werden und auch noch in leichtem Schatten den ganzen Sommer über ihre Blüten öffnen.

Dahlien brauchen viel Wasser und müssen häufig ausgeputzt werden, vor allem abgestorbene Blüten sind laufend zu entfernen. Läßt man die dicken, wässrigen Samenkapseln hängen, geht der Flor zurück.

Da sich die Knollen in einem frostfreien Raum problemlos überwintern lassen, kann man diese dankbaren Blüher immer wieder verwenden (siehe S. 89 f.). Eine gelegentliche Verjüngung des Bestands durch Teilung der Knollen oder Stecklingsvermehrung empfiehlt sich.

Dauerbepflanzung für einen Balkonkasten in sonniger Lage; während des ganzen Jahres bleiben die Teppichmispel (Cotoneaster dammeri 'Radicans', links), Blauer China-Wacholder (Juniperus chinensis 'Blaauw's Varietät' zweite von links) und die Zwerg-Goldfadenzypresse (Chamaecyparis pisifera 'Filifera Golden Mop', rechts) im Kasten. Oben: im Frühjahr pflanzt man Tulpen und Stiefmütterchen in die Mitte.

Im Sommer kommen Pantoffelblumen und Pelargonien und weißes Steinkraut dazwischen.

Im Herbst setzt man Chrysanthemen dazu.

Im Winter nehmen Heidekraut und ein immergrünes Ziergras den Platz ein.

Herbst

Man muß schon sehr engagiert sein, wenn nach der Sommerblüte noch eine separate Herbstbepflanzung vorgenommen wird. Denn länger als bis Mitte September darf man damit nicht warten. Und zu dieser Zeit stehen die Pelargonien und Petunien, Strauchmargeriten und Begonien noch in voller Blüte.

Wer trennt sich schon gerne von diesem Flor, um Platz für andere Gewächse zu schaffen? Außerdem ist die Zahl der in Frage kommenden Blüher gering. Nur Chrysanthemen, späte Salvien und Erica bieten sich an.

Es ist deshalb sicher günstiger, die Pracht der Sommerblumen noch bis zum merklichen Nachlassen zu genießen und dann direkt die Winterbepflanzung vorzunehmen.

Winter

Neben der Schneeheide (Erica carnea) als einzigem Blüher dieser Jahreszeit, kommen nur noch zwergig wachsende Immergrüne und hier vor allem Nadelgehölze in Betracht. Im Frühjahr müssen die kleinen Fichten, Kiefern und Zwergwacholder dann herausgenommen und in Extragefäße umgetopft werden, in denen sie den Sommer verbringen, wenn die Balkonkästen anderweitig genutzt werden sollen.

Wer sich für eine derartige Winterbepflanzung mit Immergrünen entscheidet, muß an frostfreien Tagen unbedingt zur Gießkanne greifen und die Kästen wässern. Denn die Gefahr, daß die Pflanzen im Winter vertrocknen, ist sehr groß, im engen Quartier noch größer als bei frei wachsenden Gehölzen dieser Art.

Kombinationen

Recht interessante Bepflanzungskombinationen hat der Bund deutscher Baumschulen ausgearbeitet. Das Besondere daran ist die gleichbleibende Rahmengestaltung aus Immergrünen, die den 1 m langen und 20 cm breiten Kasten an den Enden begrenzen, während der Mittelteil mit wechselnden Pflanzen geschmückt wird.

Die Dauerbepflanzung besteht beim Kasten für sonnige Südlagen aus der Teppichmispel (Cotoneaster dammeri 'Radicans') und Blauem China-Wacholder (Juniperus chinensis 'Blaauw's Varietät') auf der linken Seite und Zwerg-Goldfadenzypresse (Chamaecyparis pisifera 'Filifera Golden Mop') rechts.

Im Frühling kann man in den Raum dazwischen rote Tulpen und verschiedenfarbige Stiefmütterchen setzen.

Zur Sommerbepflanzung eignen sich gelbe Pantoffelblumen, tiefrote, aufrecht wachsende Pelargonien und weißes Steinkraut (Alyssum).

Im Herbst nehmen verschiedenfarbene Chrysanthemen diesen Platz ein und im Winter Heidekraut, ein immergrünes Ziergras oder eine Teppichmispel mit roten Beeren.

Für nicht vollsonnige Lagen kann eine Rahmenbepflanzung aus Zwerg-Weymouthskiefer (zum Beispiel Pinus strobus 'Nana') links und Säulen-Eibe (Taxus baccata 'Fastigiata') sowie Fächerzypresse (Chamaecyparis obtusa 'Nana Gracilis') rechts gewählt werden.

Dazwischen setzt man im Frühling farblich kontrastierende Primeln, im Sommer leuchtendrote oder rosafarbene Fleißige Lieschen, im Herbst Chrysanthemen in Farbmischungen. Die Winterbepflanzung gleicht der des sonnig stehenden Kastens.

Dauer-bepflanzung

Während es sich bei den genannten Beispielen um Dauerbepflanzung mit wechselnden Begleitern handelte, verzichtet die durchgehende Ganzjahresdekoration auf farbenfrohe Blütengewächse und beschränkt sich überwiegend auf immergrüne Laub- und Nadelgehölze in zwergigen Formen. Bei nicht wintergrünen Arten wie Fingerstrauch (Potentilla), Steinginster (Genista lydia) oder Teppich-Hartriegel (Cornus canadensis) müssen die Immergrünen so angeordnet werden, daß sie die laubabwerfenden Kleingehölze im Winter optisch überstimmen. Ebenfalls vom Bund deutscher Baumschulen stammt eine Liste empfehlenswerter Zwerggehölze für Balkonkästen und Kübel, die Anregungen geben kann, jedoch keinen Anspruch auf Vollständigkeit erhebt.

Zur Kriechspindel (Euonymus fortunei) ist anzumerken, daß sie bei uns nur bedingt winterhart ist und daher Schutz erhalten sollte. Von ihr gibt es eine Anzahl Gartenformen, die vor allem durch ihre interessante Blattfärbung und das bunte Herbstlaub auffallen. Alle immergrünen Arten sind schattenverträglich, die buntlaubigen brauchen volle Sonne.

Bei Laub- und Nadelgehölzen, die ständig mit einem engen Gefäß vorlieb nehmen müssen, darf eine regelmäßige Pflege nicht vernachlässigt werden. Ausgewogene Nährstoffgaben und genügend Feuchtigkeit im Boden sind unerläßlich, wenn die Gehölze gedeihen sollen. Auf Schädlingsbefall besonders bei den Nadelbäumen ist zu achten und bei den ersten Anzeichen einer Schädigung mit dem Übel zu Leibe zu rücken.

Nadelgehölze für Kübel und Balkonkästen

BOTANISCHER NAME	DEUTSCHER NAME
Abies balsamea 'Nana'	Zwerg-Balsamtanne
Abies-koreana-Veredelung	Koreatanne
Abies lasiocarpa 'Compacta'	Zwerg-Felsengebirgstanne
Abies procera 'Glauca'	Flachwachsende Silbertanne
Chamaecyparis pisifera 'Filifera'	Fadenzypresse
Chamaecyparis pisifera 'Filifera Golden Mop'	Zwerg-Goldfadenzypresse
Chamaecyparis pisifera 'Sungold'	Haarzypresse
Juniperus chinensis 'Blaauw's Varietät'	Blauer China-Wacholder
Juniperus chinensis 'Plumosa Aurea'	Goldgelber China-Wacholder
Juniperus communis 'Repanda'	Kissen-Wacholder
Juniperus horizontalis 'Glauca'	Blauer Kriechwacholder
Juniperus sabina 'Tamariscifolia'	Tamarisken-Wacholder
Juniperus squamata 'Blue Star'	Kugeliger Blauzederwacholder
Juniperus virginiana 'Skyrocket'	Schmaler Säulenwacholder
Picea abies 'Echiniformis'	Igelfichte
Picea abies 'Little Gem'	Zwergfichte
Picea abies 'Nidiformis'	Nestfichte
Picea abies 'Pumila Glauca'	Kugelfichte
Picea abies 'Pygmaea'	Gnomenfichte
Picea glauca 'Conica'	Zuckerhutfichte
Picea glauca 'Echiniformis'	Blaue Buschfichte
Picea mariana 'Nana'	Zwerg-Schwarzfichte
Picea omorika 'Nana'	Serbische Zwergfichte
Picea pungens 'Glauca Globosa'	Kugel-Blaufichte
Pinus leucodermis	Schlangenhautkiefer
Pinus mugo var. mugo 'Mops'	Gnomen-Kiefer
Pinus mugo var. pumilio	Kugel-Kiefer
Pinus pumila 'Glauca'	Blaue Kriechkiefer
Pinus strobus 'Nana'	Zwerg-Weymouthskiefer

Nadelgehölze für Kübel und Balkonkästen

BOTANISCHER NAME	DEUTSCHER NAME
Pinus sylvestris 'Fastigiata'	Säulenkiefer
Pinus sylvestris 'Pumila'	Silberkiefer
Taxus baccata 'Aureovariegata'	Gold-Eibe
Taxus baccata 'Fastigiata'	Säulen-Eibe
Taxus baccata 'Fastigiata Aurea'	Goldsäulen-Eibe
Taxus baccata 'Overeynderi'	Pyramiden-Eibe
Taxus baccata 'Repandens'	Tafel-Eibe
Taxus cuspidata 'Nana'	Zwerg-Eibe
Thuja occidentalis 'Danica'	Kugel-Thuja
Tsuga canadensis 'Nana'	Zwerg-Hemlocktanne

Chaemaecyparis pisifera 'Filifera', Fadenzypresse

Picea glauca 'Conica', Zuckerhutfichte

Abies procera 'Glauca', Flachwachsende Silbertanne

Zwerg-Hemlocktanne

Laubgehölze für Kübel und Balkonkästen

BOTANISCHER NAME	DEUTSCHER NAME
Buxus sempervirens	Buchsbaum
Calluna vulgaris	Besenheide
Cornus canadensis	Teppich-Hartriegel
Cotoneaster dammeri	Kriechmispel
Cotoneaster dammeri 'Radicans'	Teppichmispel
Cotoneaster dammeri 'Streibs Findling'	Kleinblättrige Teppichmispel
Erica	Echte Heide
Euonymus fortunei	Kriechspindel
Gaultheria	Scheinbeere, Rote Teppichbeere
Genista lydia	Stein-Ginster
Kalmia	Lorbeerrose
Pieris	Lavendelheide
Potentilla fruticosa	Gemeiner Fingerstrauch
Rhododendron-Impeditum-Hybriden, Rhododendron-Repens-Hybriden	Rhododendron

Calluna vulgaris, Besenheide (lila)

Cornus canadensis, Teppich-Hartriegel

Genista lydia, Stein-Ginster

Pflanzen für Sommerkästen

Ageratum

Leberbalsam

Diese kleine, lilablau- bis blau-, seltener weißblühende Pflanze aus Mittelamerika ist einjährig und wird kaum höher als 25 cm. Die Blütezeit dauert vom Frühsommer bis zu den ersten Frösten.

Ageratum liebt einen vollsonnigen Stand. Düngen muß man gelegentlich, wässern häufig und regelmäßig. Alles Verblühte sollte entfernt werden, damit der Flor nicht ins Stocken gerät. Vermehrt wird am besten im zeitigen Frühjahr durch Aussaat, aber auch Stecklinge sind möglich.

Begonia
Knollenbegonien-Hybriden

Knollenbegonien

Ähnlich dem Fleißigen Lieschen sind auch dies Gewächse, die besser etwas schattig als vollsonnig stehen. Allerdings gibt es heute auch hier Züchtungen, die ihre Blüten zufriedenstellend auf einem sonnigen Balkon entfalten. Da es jedoch immer etwas schwierig ist, schattenverträgliche Gewächse zu finden, sollte die Nordseite des Hauses Impatiens, Fuchsien und eben Begonien vorbehalten bleiben.

Es gibt verschiedene Gruppen dieser Pflanzenfamilie: bis zu 60 cm hohe, großblumige, etwas niedrigere, die nur 30-50 cm Wuchshöhe bei immer noch beachtlich großen Blumen erreichen, und kleine Züchtungen zwischen 20 und 30 cm mit entsprechend kleineren Blüten. Schließlich wären noch die hängenden Formen der Begonia-Pendula-Gruppe zu erwähnen, bei denen

Begonia-Semperflorens-Hybride, Begonie

Brachycome iberidifolia, Blaues Gänseblümchen

Calceolaria integrifolia, Pantoffelblume

hinsichtlich des Blütenreichtums beachtliche züchterische Leistungen zu verzeichnen sind.
Knollenbegonien wünschen humushaltiges Erdreich und gleichmäßige Feuchtigkeit. Vorsicht jedoch vor Übergießen besonders an Schattenplätzen, dadurch kann es leicht zu Knollen- oder Stengelfäule und Mehltaubefall kommen.
Die im Herbst gesäuberten Knollen überwintert man in trockenem Torf in einem mäßig warmen Kellerraum (siehe S. 88 f.).

Begonia-Semperflorens-Hybriden

Begonien

Die Urformen sind in Mittel- und Südamerika beheimatet. Bei uns blühen diese Begonien als Einjahrspflanzen in allen Rosa- und Rottönen vom Frühjahr bis zum Herbst. Auch weiße Sorten sind bekannt, jedoch weniger gefragt.
Die Pflanzen werden selten höher als 30 cm. Sie gedeihen auch noch im Halbschatten.
Die Vermehrung ist schwierig, man sollte sie dem Gärtner überlassen und besser jährlich neue Pflanzen kaufen.

Bellis perennis

Gänseblümchen

Die Wildform dieser kleinen, heimischen Pflanze ist allgemein bekannt, doch mittlerweile gibt es Zuchtsorten mit rosa und dunkelroten großen Blütenköpfen, die schon im Frühjahr mit dem Flor beginnen. Die gerade 15 cm Höhe erreichende Blume ist recht genügsam, wird als Zweijährige im Sommer aus Samen herangezogen, im Freien überwintert und schon ab Mitte März in die Kästen gesetzt.
Bellis perennis verträgt auch noch halbschattige Plätze, blüht aber nicht den ganzen Sommer hindurch und muß daher bei nachlassendem Flor durch andere, blühende Gewächse ersetzt werden.

Brachycome iberidifolia

Blaues Gänseblümchen

Als man sich Anfang der 80er Jahre an der Bayerischen Landesanstalt für Wein- und Gartenbau in Würzburg-Veitshöchheim damit beschäftigte, die in Australien als „Blue Daisy" bekannte Pflanze für den deutschen Markt zurecht zu trimmen, hieß sie noch Brachycome multifidoa. Brachycome ist einjährig, blüht, wie der deutsche Name sagt, blau den ganzen Sommer über. Die Pflanze wünscht einen sonnigen Standort. Sie kann auch durch im Handel erhältlichen Samen selbst vermehrt werden.
Vorsicht beim Gießen! Trockenheit wird ebenso schlecht vertragen wie Vernässung.

Calceolaria integrifolia

Pantoffelblume

Calceolaria integrifolia darf man nicht mit der großblumigen, oft mehrfarbigen Pantoffelblume für die Zimmerkultur verwechseln. Die für Kästen geeignete, gelbblühende Form wird 20 bis 30 cm groß, kann in Sonne wie Halbschatten stehen und sollte gleichmäßig, aber nicht übermäßig feucht gehalten werden. Sie blüht während des ganzen Sommers.
Man kann versuchen, die Pflanze hell und kühl zu überwintern. Erfolgversprechender ist eine Vermehrung durch Kopfstecklinge oder durch Samen im zeitigen Frühjahr.

Chrysanthemum frutescens, Strauchmargerite (hinten, weiß)

Coleus-Blumei-Hybride, Buntnessel

Coleus-Blumei-Hybriden
Buntnessel

Volle Sonne ist die Voraussetzung dafür, daß die Blätter dieses einjährigen Krauts auch wirklich bunt werden und nicht vergrünen. Die Blüten der 40-80 cm hoch wachsenden Pflanzen sind unscheinbar, sie können daher im Balkonkasten eigentlich immer nur Begleiter sein.
Reichlich Wasser und Dünger sind erforderlich, damit die Attraktivität des leuchtendbunten Laubs den ganzen Sommer erhalten bleibt.
Eine Vermehrung durch Samen oder Stecklinge ist recht problemlos.

Callistephus chinensis
Sommeraster

Von dieser einjährigen Sommerblume gibt es eine Vielzahl von Sorten in allen Farbtönen. Sie will sonnig stehen und wöchentlich reichlich gedüngt und gewässert werden.
Die Höhe der Pflanzen schwankt zwischen 15 und 80 cm, wobei man den zwergigen Formen im Balkonkasten den Vorzug geben sollte.
Eine Vermehrung durch Samen im Frühjahr ist etwas schwierig, weil die Temperaturen bei der Jungpflanzenanzucht 15° C nicht überschreiten dürfen.

Chrysanthemum frutescens
Strauchmargerite

Diese bei uns meist einjährig kultivierte, von den Kanarischen Inseln stammende Pflanze verträgt auch noch Halbschatten, entwickelt sich jedoch in voller Sonne am besten.
Es gibt weiße und gelbe Sorten, die jedoch alle 50-100 cm hoch werden und deshalb für eine Kastenbepflanzung nur bedingt zu verwenden sind.
Strauchmargeriten benötigen viel Feuchtigkeit und ausreichend Nährstoffe. Verblühtes muß fortlaufend entfernt werden. Die Überwinterung ist heikel. Vermehrt wird am sichersten durch Stecklinge.

Chrysanthemum multicaule
Zwergwucherblume

Der gelbe Massenblüher wird kaum höher als 20 cm, braucht volle Sonne, reichlich Wasser wie Nährstoffe und blüht während des ganzen Sommers unermüdlich. Die langen Blütenstiele neigen dazu, bogig herabzuhängen, was durchaus hübsch aussehen kann.
Eine Vermehrung durch Samen ist möglich, am besten kauft man jedoch im Frühjahr Jungpflanzen.
Sehr ähnlich ist C. paludosum, nur daß hier die Blüten weiß sind und eine gelbe Mitte haben.

Convolvulus sabatius
Schmuckwinde

Die Schmuckwinde ist ein blaublühender Neuling im Balkonkasten. Sie ist mit der Zaunwinde verwandt und entwickelt an bis zu 90 cm langen, hängenden Trieben eine Fülle von Trichterblüten. Neu ist die Pflanze übrigens nur bei uns, in den Mittelmeerländern wird sie schon lange als Schmuck von Zäunen und Wänden verwendet.
Der Standort dieser einjährigen Pflanze sollte in der Sonne oder im Halbschatten liegen. Die Winde blüht den ganzen Sommer über und will gut mit Wasser und Nährstoffen versorgt sein, dann ist sie problemlos.
Samen gibt es noch nicht zu kaufen (1987). Über die Möglichkeiten der Stecklingsvermehrung liegen bis jetzt keine hiesigen Erfahrungen vor, sie ist aber nach Auskunft italienischer Autoren erfolgreich. Allerdings wird dort im Frühjahr vermehrt, da die Pflanze im mediterranen Raum ganzjährig im Freien wächst.
Der Hobbygärtner ist also aufgerufen, die Eigenschaften dieser Novität selber auszuprobieren.

Cosmos bipinnatus

Kosmee, Schmuckkörbchen

Mit einer Höhe von 100-120 cm wird die Kosmee im Balkonkasten schon problematisch und sollte für ihre weißen, rosa oder leuchtendroten Blüten auf langen Stielen eine Stütze und einen windgeschützten Platz in voller Sonne erhalten. Die Blüte der einjährigen Pflanze hält bis zum Herbst an, wenn regelmäßig gegossen und gedüngt wird. Vermehrt wird durch Samen im Frühjahr.

Dianthus caryophyllus, Gebirgshängenelke

Fuchsien im Balkonkasten

Dahlia

Dahlie

Für Balkonkästen kommen nur die kleinbleibenden Zwerg- oder anemonenblütigen Dahlien in Frage, die 30-50 cm hoch werden.
Die Blüte hält den Sommer über an. Verwelktes muß man regelmäßig entfernen. Reichlich Wasser und Dünger dürfen nicht fehlen. Der Standort sollte sonnig bis halbschattig sein.
Vermehrt wird durch Teilung der Knollen im Frühjahr oder durch Stecklinge, die man ebenfalls im Frühjahr schneidet, sobald die Knollen anfangen auszutreiben.

Dianthus caryophyllus

Gebirgshängenelke

Die erste, angeblich auch für das Stadtklima geeignete und gegen den Nelkenrost nicht anfällige Sorte hieß 'Dominiks Balkonfeuer'. Sie wird auch heute unvermindert angeboten. Die Entstehung dieser Sorte ist einem Zufall zu verdanken, die Weiterentwicklung erfolgte in Israel. Neuerdings werden Züchtungen wie 'Duftende Tirolerin' (rosa) oder 'Tiroler Blut' (leuchtend rot) verkauft.

Wenn es klappt, öffnen sich die Blüten in überreicher Fülle von Mai bis Oktober. Die Nelken sollen in dieser Zeit gut mit Wasser und Nährstoffen versorgt werden.
Sie wünschen einen vollsonnigen Standort.
Vermehrt wird durch Stecklinge.
Gebirgshängenelken sind etwas für risikofreudige Hobbygärtner, die auch Rückschläge hinnehmen.

Dianthus chinensis

Kaisernelke

Die 20-40 cm hohen, einjährig kultivierten Pflanzen brauchen vor allem einen vollsonnigen Standort. Dort entfalten sie während des ganzen Sommers ihre ein- und zweifarbigen Blüten. Regelmäßiges Düngen und Gießen ist erforderlich.
Die Vermehrung erfolgt durch Aussaat.

Fuchsia

Fuchsie

Die Fuchsie ist eigentlich mehr eine Kübel- als eine Balkonpflanze für schattige oder halbschattige Plätze.

Die Sortenvielfalt ist verwirrend, ebenso die Blütenfarbe und -form. Es gibt einfache, halbgefüllte und gefüllte Sorten, aufrecht wachsende und hängende Formen.
Fuchsien brauchen während der sommerlichen Blütezeit eine gleichmäßige Ernährung und Wasserversorgung und kommen vor den ersten Frösten in einen hellen, frostfreien Raum.
Die Pflanzen werden im Herbst, notfalls auch im Frühjahr beim Ausräumen zurückgeschnitten. Vermehrt wird nur durch Stecklinge.

Gazania-Hybriden

Gazanie

Auf 20-30 cm hohen Stielen sitzen gelbe, braune bis fast rote, große Blüten von erstaunlicher Leuchtkraft. Dieser einjährige, sommerliche Dauerblüher sollte als Balkonpflanze viel mehr Beachtung finden, da er Abwechslung in das einförmige Sortiment bringt.
Entsprechend dem vollsonnigen Standort muß reichlich gegossen und regelmäßig gedüngt werden.
Die Vermehrung erfolgt durch Stecklinge oder Samen.

Gazania-Hybriden, Gazanien (gelb)

Impatiens walleriana, das bekannte Fleißige Lieschen

Helianthus annuus

Sonnenblume

Bei dieser Einjahrsblume denkt man unwillkürlich an die meterhohen Pflanzen mit den mächtigen Stengeln und riesigen gelben Blütenrädern, die den Staketenzaun der Bauernhäuser früher um ein Vielfaches überragten.

Da derartige Riesen heute kaum noch gefragt sind, haben die Züchter aus Helianthus fast ganz neue Blumen gemacht: 30-40 cm hoch, gefüllt und einfach blühend, vieltriebig und in allen Gelb- und Brauntönen leuchtend. Man kann diese Pflanzen durchaus in den Balkonkasten setzen, in dem sie allerdings dominieren werden. Der Standort sollte vollsonnig sein. Eine reichliche Versorgung mit Wasser und Dünger ist wichtig.

Vermehrt wird problemlos durch Samen im Frühjahr.

Heliotropium arborescens

Sonnenwende, Heliotrop

Die violetten oder blauen Blütenstände des 30-40 cm hohen Halbstrauchs, die bei sonnigem Stand den ganzen Sommer über erscheinen, strömen einen sehr angenehmen Vanilleduft aus.

Heliotrop, das man aus Samen selber anziehen kann oder durch im Spätsommer geschnittene und dann überwinterte Stecklinge vermehrt, ist sehr frostempfindlich und darf deshalb nicht vor den Eisheiligen in den Kasten gepflanzt werden.

Impatiens walleriana

Fleißiges Lieschen, Springkraut

Dieses ehemals eher bescheidene Blümchen hat in den letzten Jahren einen wahren Siegeszug als begehrte Zierpflanze des Sommers angetreten. Die neuen, großblumigen Züchtungen in Rot, Rosa, Orange, Violett und Weiß sind nicht mehr auf schattige Plätze angewiesen, sondern vertragen auch volle Sonne. Dennoch haben sie sich die Vorliebe für lichtabgewandte Lagen bewahrt, dort fällt die Blüte besonders reich und dauerhaft aus.

Impatiens wollen im Kasten einen nahrhaften, feuchten, humosen Boden, der niemals austrocknen darf. Besonders bei sonnigem Stand muß also sehr regelmäßig und reichlich gegossen werden.

Bei der Düngung ist Vorsicht anzuraten. Am besten sind organische Nährstoffverbindungen, bei denen man nichts falsch machen kann. Mineralische Dünger dürfen nur in schwacher Konzentration gegeben werden.

Bei der Aussaat ist unbedingt zu berücksichtigen, daß Fleißige Lieschen Lichtkeimer sind, die Samen also, wenn überhaupt, nur hauchdünn mit feiner Erde bedeckt werden. Stecklingsvermehrung im Spätsommer gelingt mühelos, wenn über Winter ein kühler, heller Platz zur Verfügung steht. Im warmen Wohnzimmer ist ein Mißerfolg so gut wie sicher.

Lampranthrus aurantiacus

Mittagsblume

Diese 20-30 cm hohe, rosablühende Neuheit braucht volle Sonne, kann aber als sukkulente Pflanze mit Wasserspeichervermögen gelegentliche Trockenperioden gut vertragen. Dementsprechend sollte nur sehr zurückhaltend gegossen und wenig gedüngt werden.

Der äußerst frostempfindliche Strauch wird bei uns nur einjährig kultiviert.

Über die Vermehrungseigenschaften ist noch nichts bekannt, doch dürfte die Gewinnung von Jungpflanzen in unserem Klima ähnlich schwierig sein wie bei allen anderen Mittagsblumengewächsen.

Lantana-Camara-Hybriden

Wandelröschen

Bekannt und beliebt sind diese strauchigen Pflanzen, deren Blütenfarbe sich im Lauf des Sommers verändert, vor allem als Hochstämmchen im Kübel. Besonders reich blühen sie frei ausgepflanzt, müssen aber vor dem Frost ausgegraben und in einem kühlen, hellen Raum überwintert werden. Lantanen im Balkonkasten kann man nur eine begrenzte Zeit nutzen, dann sind die Pflanzen zu groß und breitwüchsig geworden. Die Blütenfarbe wandelt sich meist vom anfänglichen Gelb zu Braun- oder Karminrot. Regelmäßige Düngung und ausreichend Wasser fördern den Flor. Die Vermehrung erfolgt durch Stecklinge im Sommer, doch ist eine Bewurzelung unsicher.

Lantana-Camara-Hybride, Wandelröschen (lila), Calceolaria, Pantoffelblume (gelb), Impatiens, Fleißiges Lieschen (rosa) und Chrysanthemum (weiß)

Nicotiana alata, Ziertabak

Lobelia erinus, Lobelie

Pelargonium-Zonale-Hybriden, Zonalpelargonien

Lobelia erinus

Lobelie, Männertreu

Diese einjährigen Pflanzen sind meist leuchtendblau, manche Sorten haben ein weißes Auge. Es gibt auch rosa und weiße Tönungen, aber die sind weniger gefragt.
Lobelien werden 20-30 cm hoch, wirken aber besonders hübsch, wenn man sie wie kleine, leuchtendblaue Blütenkaskaden aus Kästen, Ampeln oder Terrakottatöpfen vom Rand herabhängen läßt.
Am schönsten entwickeln sie sich in voller Sonne, doch auch im Halbschatten ist der Flor noch zufriedenstellend. Besonders viel Wasser wird nicht benötigt, aber die Erde muß ständig leicht feucht sein. Auch nur kurzzeitig ausgetrockneter Boden ist tödlich.
Gedüngt wird mit schwacher Konzentration, besser noch mit organischen Nährstoffen. Eine Vermehrung ist durch Aussaat im Frühjahr möglich.

Lobularia maritima

Duftsteinrich

Die alte Bezeichnung Alyssum ist den meisten Gartenbesitzern wahrscheinlich geläufiger, denn dieses einjährige Kraut wird in Staudenrabatten gerne als Bodendecker angesiedelt. Die Pflanzen werden kaum höher als 20 cm und öffnen ihre winzigen, in Trauben angeordneten blauen, weißen oder rosa Blüten den ganzen Sommer über.
In einem vollsonnigen Balkonkasten läßt sich der Duftsteinrich auch als kleine Hängepflanze verwenden, die die Seiten des Behälters mit ihren Blüten verdeckt. Feuchtigkeits- und Nährstoffbedarf sind relativ gering.
Wenn der Flor nachzulassen beginnt, kann man die Pflänzchen um ein Drittel zurückschneiden, düngen und dadurch eine zweite Blüte anregen. Vermehrt wird durch Samen.

Myosotis

Vergißmeinnicht

Eigentlich ist Myosotis eine Staude, wird aber als Garten- und Balkonpflanze zweijährig gezogen, das heißt, im Sommer ausgesät, im Freien mit Reisigabdeckung überwintert und im Frühjahr eingepflanzt. Von den vielen Sorten mit Blüten in verschiedenen Blautönen sollten für den Balkonkasten nur die kleinbleibenden, 15-25 cm

Pelargonium-Peltatum-Hybriden, Efeupelargonien

Petunia-Hybride, Petunie

hohen Formen gewählt werden. Da Myosotis schon zeitig im Jahr blüht, wird es im Kasten gerne als Frühlingsschmuck verwendet. Später wird Myosatis dann durch verschiedene Sommerblüher ersetzt.
Der Nährstoffbedarf ist gering, aber für ständig feuchte Erde muß gesorgt werden.

Nicotiana alata
Ziertabak

Da die Pflanzen 40-60 cm Wuchshöhe erreichen, sind sie nicht für jeden Balkonkasten geeignet. Wo sich dieser reizende, einjährige Sommerblüher mit Blütenfarben in allen Rot- und Rosatönen, Weiß und Gelb den anderen Gewächsen jedoch zuordnen läßt, sollte auf die Bereicherung der Balkonvielfalt nicht verzichtet werden.
Für windexponierte Lagen ist Nicotiana nicht geeignet. Wasser- und Nährstoffbedarf sind hoch, ein starker Rückschnitt beim Nachlassen der Blüte regt einen neuen Austrieb an. Vermehrt wird durch Samen.

Pelargonium-Zonale-Hybriden
Zonalpelargonien (aufrecht wachsend)

Pelargonium-Peltatum-Hybriden
Efeupelargonien (hängend)

Diese „klassischen“ Balkonpflanzen sind unter ihrem volkstümlichen Namen „Geranien“ viel bekannter. Das ist zwar botanisch falsch, insofern jedoch nicht völlig abwegig, als Pelargonien zur Familie der Geraniaceae gehören.
Es handelt sich um Sträucher oder Halbsträucher, die durch Stecklinge vermehrt werden können, entweder im Herbst mit nachfolgender kühler und heller Überwinterung oder im Frühjahr von überwinterten Altpflanzen. Samen werden im Fachhandel ebenfalls angeboten, neuerdings auch von Hängepelargonien.
Die Farbskala umfaßt neben reinem Weiß alle Rot- und Rosavarianten sowie zweifarbige Blüten, die einfach, halb- oder ganz gefüllt sein können.

Hängepelargonien waren vor noch nicht allzu langer Zeit in Norddeutschland völlig unbekannt, kultiviert wurden sie ausschließlich im süddeutschen Raum und im Elsaß. Daher auch die mancherorts übliche Bezeichnung „Elsässer“.
Die Kultur erfordert keine besonderen Maßnahmen, nur sollte wöchentlich mit einem Volldünger für ausreichend Nährstoffe gesorgt und regelmäßig gegossen werden. Als Halbsukkulente sind Pelargonien, vor allem die hängenden Formen, zwar ziemlich trockenheitsverträglich, doch gehen Gießnachlässigkeiten auf Kosten der Blüte. Trotzdem gilt hier die Faustregel: lieber etwas zu trocken als zu naß halten, weil ständige Vernässung zu Wurzelfäule führt.
Vor allem mit Hängepelargonien kann man seine gesamte Kastenbepflanzung bestreiten und sein Haus den Sommer über in einen verschwenderischen Blütengarten verwandeln.

Petunia-Hybriden
Petunien

Der nach Pelargonien zweitwichtigste „Kastenfüller“ für sonnige Lagen ist die Petunie. Die Farbenvielfalt der Blüten wird von kaum einer anderen Pflanzengruppe übertroffen, und neben einfarbigen gibt es auch viele mehrfarbige Züchtungen, groß- und kleinblütige, aufrecht wachsende und andere, die mit ihren langen Trieben als Hängepflanzen Verwendung finden.
Petunien verlangen wegen ihres starken Wuchses viel Wasser und wöchentliche Volldüngergaben, am besten in flüssiger Form.
Der Nachteil dieser einjährigen Pflanzen, die nur durch Samen vermehrt werden können, ist die Empfindlichkeit der Blüten gegenüber Regen. Ein einziger Gewitterguß kann die ganze

Pracht dahinraffen, der eben noch so attraktive Flor ist von einer Stunde zur anderen zerstört, und es dauert Tage, bis der Kasten durch neue Blüten wieder im alten Glanz erstrahlt.
Deshalb ist die Erfindung eines deutschen Gewächshausherstellers, der schnell montierbare Regenschutzabdeckungen für Balkonkästen konstruiert hat, nicht abwegig. Am günstigsten sind Petunien also unter einem vorspringenden Hausdach oder einem ähnlichen Schutz aufgehoben.
Alles Verblühte ist fortlaufend zu entfernen. Diese ständige „Blütenzupferei" an jedem Wochenende ist eine zeitraubende Arbeit und hat schon manchen Hobbygärtner nach anfänglicher Begeisterung dazu veranlaßt, auf andere Balkonpflanzen umzusteigen.

Salvia splendens
Salvie, Salbei

Die leuchtendrote Blütenfarbe dieser 20-40 cm hoch wachsenden, einjährigen Pflanze überstrahlt alle anderen Gewächse und rückt Salvien stets in den Vordergrund. Die rosa und violett gefärbten Sorten können da nicht mithalten.
Salvia braucht soviel Sonne wie möglich und entwickelt sich in etwas geschützten Lagen bei regelmäßiger Düngung und ausreichender Feuchtigkeit am besten.
Vermehrt wird durch Samen.

Senecio bicolor
Kreuzkraut

Hierbei handelt es sich um eine der ganz wenigen Pflanzen, die nicht wegen ihrer – unscheinbaren – Blüten den Weg in unsere Balkonkästen gefunden haben, sondern wegen des gefiederten, silbrigen Laubs. Das 20-30 cm hohe Kreuzkraut schafft, zwischen Blütengewächse gesetzt, einen hübschen Kontrast.
Der Stand sollte vollsonnig sein. Der Wasserbedarf ist nicht sehr hoch, auch gedüngt wird nur gelegentlich, um das Wachstum nicht allzusehr anzuregen.
Eine Vermehrung ist durch Samen möglich, besser aber kauft man sich in jedem Frühjahr einige Jungpflanzen beim Gärtner, weil eine größere Anzahl nur selten benötigt wird.

Tagetes-Patula-Hybride, Studentenblume (gelb) und Pelargonien

Verbena-Hybride, Verbene (hinten), Gänseblümchen (vorn)

Tagetes-Patula-Hybriden
Studentenblume

Neben den bis zu 80 cm hohen Tagetes-Erecta-Hybriden, die für Balkonkästen kaum in Frage kommen, gibt es die Patula-Hybriden mit 15-40 cm Wuchshöhe. Gefüllte und ungefüllte Blüten leuchten in allen Gelb- und Brauntönen bis hin zu Orangerot.
Die einjährigen Sommerblüher, die sich leicht aus Samen anziehen lassen, sind pflegeleicht, brauchen nur mäßig Feuchtigkeit und Nährstoffe und eignen sich auch für den Schnitt. Ein sonniger Platz wird bevorzugt, leichter Schatten noch vertragen.
Von der „Stinkenden Hoffart", wie die Studentenblume wegen ihres Geruchs auch genannt wird, ist bei den modernen Sorten nichts übriggeblieben, das herbe Duftaroma wurde weggezüchtet.
Kleinblütig und -wüchsig ist Tagetes tenuifolia, von der es einige hübsche Sorten gibt. Sie sind besonders gut für eine Balkonbepflanzung geeignet.

Verbena-Hybriden
Verbene, Eisenkraut

Es gibt neben aufrechten auch hängende Formen, die mit ihren blauen, rosa, roten oder weißen Blütendolden außerordentlich attraktiv wirken.
Die Triebe werden 20-40 cm lang und blühen an einem sonnigen Platz den ganzen Sommer. Verwelkte Blütenstände sollen entfernt werden, damit der Flor nicht zurückgeht.
Regelmäßige Wasser- und Düngergaben fördern Wachstum und Blütenreichtum.
Vermehrt wird vorzugsweise durch Samen, aber auch Jungpflanzenanzucht aus Stecklingen ist möglich.

Einjährige Kletterpflanzen

Meist führen einjährige Kletterpflanzen im wahrsten Sinn des Wortes ein Mauerblümchen-Dasein, weil Pergolen, Rankgerüste oder kahle Flächen vorzugsweise ausdauernden Kletterern vorbehalten bleiben. Ganz anders auf dem Balkon, wo diesen Schnellstartern eine besondere Bedeutung zukommt.

Wer seinen sommerlichen Sitzplatz im Garten oder auf der Terrasse einrichtet, hat viele Möglichkeiten, sich gegen neugierige Blicke abzuschirmen. Häufig sind Gehölzpflanzungen als Sichtschutz möglich, oder ein Rankgerüst mit ausdauernden Kletterern schafft Distanz.

Auf einem Balkon ist das nicht so einfach, weil hier der gewachsene Boden fehlt und eine Dauerbepflanzung nicht in Frage kommt. In einem Wohngebiet, in dem die Häuser dicht bei dicht stehen oder gar in einem mehrstöckigen Gebäude mit vielen Wohneinheiten, reiht sich nicht selten Balkon an Balkon, und mit Markisenstoff bespanntes Gestänge, seitlich weggeklappte Sonnenschirme oder wenig stabile Schilf- beziehungsweise Kunststoffmatten müssen für etwas Sichtschutz sorgen. Das alles sieht nicht besonders schön aus, weder für den Betrachter draußen, noch für den Benutzer selbst. Es hängt von der Größe und der Form der Fläche ab, ob hier nicht mit anderen, besseren und gefälliger wirkenden Mitteln Abhilfe geschaffen werden kann.

Einjährige Kletter- und Schlingpflanzen beispielsweise wären als Lösung denkbar, sofern die Möglichkeit besteht, sie in Balkonkästen oder separaten Pflanzgefäßen wachsen und an einem Gestänge oder einer anderen Klettervorrichtung emporranken zu lassen.

Da die meisten dieser schnellwüchsigen Artisten mit teilweise beeindruckenden Blüten aufwarten, sind sie auch für eine Sommerpflanzung an einer Terrasse oder an einer kahlen Garagen- beziehungsweise Hauswand geeignet, wenn man sich auf ausdauernde Rankgewächse an diesen Plätzen nicht festlegen will.

Wer noch keine eigenen Erfahrungen mit einjährigen Kletterern gemacht hat, traut ihnen im allgemeinen viel zu wenig zu. Es ist auch ungewöhnlich, daß zum Beispiel Feuerbohnen in der Lage sind, innerhalb ihrer kurz bemessenen Vegetationszeit grüne Wände zu schaffen, Herkuleskeulen und andere Kalebassen mehrere Quadratmeter Mauerwerk hinter ihren grünen Blättern verschwinden lassen oder Glockenreben binnen kürzester Zeit das Rankgerüst dicht machen.

Diese erstaunlichen Eigenschaften und die Tatsache, daß auch Pflanzgefäße, wenn sie nur genügend groß sind, die Wuchsfreudigkeit nicht mindern können, lassen sich auf Balkon und Terrasse in vielfältiger Weise nutzen.

Einjährige Kletterer und Schlinger werden genauso behandelt wie andere Annuelle. Sie brauchen teils Vorkultur, teils können sie direkt gesät werden (siehe S. 190 f.).

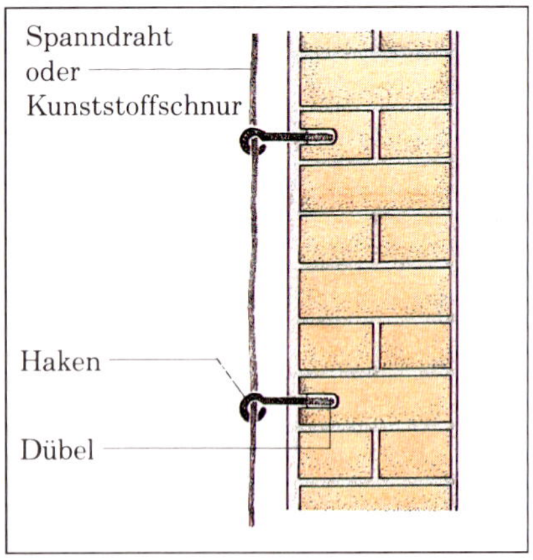

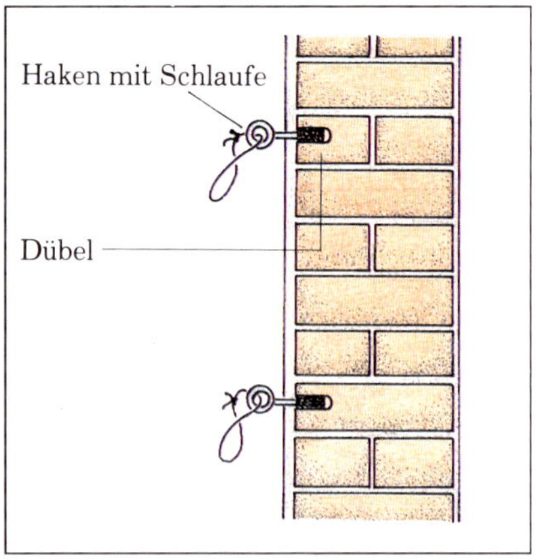

Klettergerüste für einjährige Pflanzen

Asarina scandens

Asarine

Wenig bekannt beziehungsweise wieder in Vergessenheit geraten ist die Asarine aus Mittelamerika mit violetten oder bläulichen Schlundblüten. Der Blattbesatz der bis zu 2 m langen Triebe ist nicht allzu dicht, doch wenn man 2 Pflanzen in einen gemeinsamen Kübel setzt, langt es allemal für einen grünen Vorhang, an dem die Blüten von Juli bis weit in den Herbst hinein herrlich leuchten.

Ausgesät wird im Frühjahr, ausgepflanzt ab Mitte Mai.

Der Kübel oder Kasten sollte sonnig und etwas geschützt stehen.

Cobea scandens

Glockenrebe

Die Pflanze ist verglichen mit der Asarine ein fast prominent zu nennender Kletterer. Die Glockenrebe ist ebenfalls in Mittelamerika zu Hause und kann bei uns bis zu 4 m lange, rankende Triebe entwickeln.

Die Farbe der großen Glockenblüten mit weit vorstehendem Stempel und Staubgefäßen ist übrigens in natura meist nicht so auffällig, wie sie auf Fotos erscheint. Das eher etwas gedeckte bis bläßliche Blau kontrastiert nur schwach zum Grün der Blätter. Bei der weißen Sorte 'Alba' wird die Blüte stärker betont.
Ausgesät wird im Frühjahr, entweder in separate Schalen mit späterem Vereinzeln oder direkt in die für die Kultur bestimmten Pflanzgefäße.
Cobea scandens wächst am besten an einem sonnigen Platz, verträgt aber auch etwas Schatten.

Cobea scandens, Glockenrebe

Humulus scandens, Japanischer Hopfen

Cucurbita pepo

Zierkürbis

Die bekannteste Form unter den Zierkürbissen ist wohl der Turbankürbis mit dem verdickten Oberteil, der wie ein Turban über die schmälere untere Hälfte der Frucht gestülpt ist. Die Ranken dieser Kürbisart können 5 m lang werden und sich rings um den ganzen Balkon ziehen oder einen Gartenzaun mit den großen, breiten Blättern schön begrünen.
Da es im Samenhandel meist nur Mischungen zu kaufen gibt, läßt sich niemals sagen, was da an grünen, gelben, orangefarbenen oder gestreiften Kürbissen am Rankgerüst hängen wird.
Cucurbita pepo liebt sonnige Plätze und braucht wie alle Kürbisgewächse viel Wasser und Nährstoffe.
Ausgesät wird ab März am Wohnzimmerfenster, ausgepflanzt ab Mitte Mai.

Eccremocarpus scaber

Schönranke

Kaum verwendet wird bei uns die Schönranke aus dem tropischen Amerika mit 4 m langen Ranken. Die leuchtendroten oder, seltener, gelben, schmalen Blüten sind in lockeren Trauben angeordnet und erscheinen fortlaufend den ganzen Sommer über. Gemäß ihrer Herkunft brauchen Schönranken einen sonnigen und möglichst geschützten Platz. Sie sind für kühle Gegenden mit kurzen, regnerischen Sommern nicht zu empfehlen. Wo ihnen das Klima zusagt, können sie Balkone, Pergolen oder Terrassen reizvoll begrünen. Ausgesät wird im Frühjahr am Zimmerfenster, ausgepflanzt nicht vor Mitte Mai. Nach Samen wird man suchen müssen.

Humulus scandens

Japanischer Hopfen

Wem es mehr um einen dichten, grünen Vorhang als um farbenfrohe Blüten geht, der sollte einen Versuch mit Humulus scandens machen.
Gepflanzt werden kann in der Sonne oder im Schatten. Nur die buntblättrige Form sollte unbedingt einen sonnigen Platz erhalten. Bei dieser Form ist auch eine Vorkultur ab März günstiger, während der grünblättrige Hopfen ab April direkt in das Pflanzgefäß oder in den Gartenboden gesät werden kann.
Später brauchen die Pflanzen immer ausreichend Feuchtigkeit, damit die Blätter an den bis zu 4 m langen Ranken einen dichten Bewuchs garantieren.

Ipomoea tricolor

Prunkwinde

Zu den schönsten Blütenpflanzen unter den einjährigen Kletterern gehört zweifellos die Prunkwinde. Die typischen trichterförmigen Windenblüten sitzen an 3 m langen Ranken, öffnen sich jedoch nur am Vormittag, gegen Mittag ist es mit der Pracht meist schon vorbei.
Die Blütenfarbe ist himmelblau, anfangs mit rotem Saum, der aber später ebenfalls in diese Blaufärbung übergeht. Der Kelchgrund ist weiß. Da sich jeden Tag neue Kelche öffnen, blühen Prunkwinden ununterbrochen den ganzen Sommer über.
Der Platz muß in voller Sonne liegen und sollte geschützt, der Boden stets etwas feucht sein. An warmen Tagen muß man also gießen, von Zeit zu Zeit flüssig düngen.
Ausgesät wird im März, ausgepflanzt erst gegen Ende Mai.

Ipomea tricolor, Prunkwinde

Lathyrus odoratus, Duftwicke

Lagenaria siceraria

Kalebasse, Flaschenfrucht

Bei den Kalebassen handelt es sich um eine kleine Gesellschaft von Kletterpflanzen, die den Hobbygärtner immer wieder aufs neue verblüffen – und erfreuen. Mit Kalebassen kann man in der Tat Erstaunliches erleben, und allein ihr Vermögen, in kürzester Zeit grüne Wände vor Terrasse oder Balkon aufzubauen, ist beeindruckend.

Wer über eine Pergola verfügt, sollte sich wenigstens einmal einen Sommer lang den Spaß gönnen, dort ein paar Kalebassen an Schnüren hochzuziehen. Es ist ein seltener Anblick, wenn dann ab Juli die immer größer heranwachsenden langen, flaschen- oder birnenförmigen, flachrunden oder ovalen Früchte an den Seiten zwischen dem grünen Laubvorhang oder von oben herabhängen.

Am besten sät man im März am Zimmerfenster aus und pflanzt ab Mitte Mai an Ort und Stelle, möglichst an einen sonnigen Platz. In der Folgezeit brauchen Kalebassen viel Feuchtigkeit und reichlich Dünger, immer wieder einen ordentlichen Schuß zusammen mit dem Gießwasser.

Wenn von Mitte/Ende Juni an fortlaufend die weißen Kelchblüten erscheinen, muß man aufpassen. Männliche und weibliche Blüten wachsen getrennt, und der ganze Spaß funktioniert nur, solange bei der Befruchtung nachgeholfen wird. Die Blüten öffnen sich nämlich erst gegen Abend und sind nur eine Nacht befruchtungsfähig. In dieser Zeit sind bei uns kaum Insekten unterwegs, und auf den Wind ist sowieso kein Verlaß.

Mit dem Pinsel aus dem Tuschkasten der Kinder ist die Übertragung des Blütenstaubs von der männlichen auf die weibliche Blüte völlig unkompliziert – sofern man die Geschlechter zu unterscheiden weiß. Die weibliche Blüte hat an ihrer Basis, gewissermaßen als Embryo, eine Miniaturausgabe der künftigen Frucht ausgebildet, während die männliche ohne Verdickung auf dem Stiel sitzt.

Die zuerst grasgrünen Kalebassen verfärben sich mit zunehmender Reife gelb bis bräunlich. Man läßt sie so lange wie möglich hängen und schneidet sie mit einem Stück Stiel erst spät im Herbst ab. An Schnüren luftig aufgehängt, verholzt die Schale schon bald, und das Fruchtfleisch trocknet aus. Am hohlen Klang beim Dagegenklopfen ist das unschwer zu erkennen. Jetzt lassen sich die Früchte mit Schmirgelpapier glätten, mit farblosem Lack einsprühen oder bemalen und geben mit ihren bizarren Formen exotisch anmutende Dekorationsstücke ab.

Dafür geeignete Formen können als Vasen oder Schalen Verwendung finden, wenn der obere Teil abgesägt wird. Schmuck „Marke Eigenbau“, vom Samenkorn bis zum fertigen Stück.

Lathyrus odoratus

Duftwicke

Bis zu 2 m hoch kann die Duftwicke emporklettern, wenn man ihr eine entsprechende Rankhilfe, zum Beispiel ein Stück Maschendraht, zur Verfügung stellt.

Der Flor der vielfarbigen Blüten, die sich bei den langstieligen Sorten auch zum Schnitt eignen, hält den ganzen Sommer über an, sofern der Stand vollsonnig, etwas geschützt und der Boden locker und nährstoffreich ist. Bei Trokkenheit muß man gießen, von Zeit zu Zeit wird gedüngt.

Am günstigsten ist eine Vorkultur ab Ende Februar am Zimmerfenster und ein Auspflanzen nach den Eisheiligen. Es kann aber auch Ende März direkt in die vorgesehenen Gefäße gesät werden. Dann dauert es allerdings bis zur ersten Blüte etwas länger.

Wicken auf dem Balkon bedeuten nicht nur Sichtschutz, sondern auch farbenfrohes Duften einen Sommer lang.

Quamoclit lobata, Sternwinde

Thunbergia alata, Schwarzäugige Susanne

Tropaelum, Kapuzinerkresse

Pharbitis purpurea

Trichterwinde

Ähnliche Eigenschaften wie die Prunkwinde hat auch die Trichterwinde. Es handelt sich dabei ebenfalls um einen Sommerblüher für sonnige Plätze, der bis zu 3 m lange Ranken und dichtes Blattwerk entwickelt.
Auch bei dieser Winde sind die Blüten nur am Vormittag geöffnet, lediglich an trüben Tagen halten sie es bis zum frühen Nachmittag aus.
In ausreichend geräumigen Pflanzgefäßen und bei guter Wasserversorgung an heißen Tagen verwandelt Pharbitis purpurea jeden Balkon in ein grünes Zimmer.
Die Anzucht ist im zeitigen Frühjahr aus Samen möglich, oder man sät gegen Ende April gleich in die Pflanzgefäße.

Phaseolus coccineus

Feuer- oder Prunkbohne

Zum Anschauen und zum Essen gleichermaßen lädt Phaseolus coccineus ein, der wir auch als Nutzpflanze im Gemüsegarten begegnen. Sie kann bis zu 4 m lange Ranken ausbilden, ist weniger kälteempfindlich als andere Stangen- oder Buschbohnen und mit roten oder weißen Blüten, dem dichten Laub und ihrer Anspruchslosigkeit eine gute Balkonpflanze.
Die jungen Hülsen und später die Bohnen sind außerordentlich schmackhaft. Die Blüten erscheinen fortlaufend von Juni bis September.
An sonnigen Plätzen muß gerade bei Kübelpflanzung häufiger gegossen werden, doch Feuerbohnen blühen und fruchten auch noch im Halbschatten zufriedenstellend,' wo weniger Feuchtigkeit notwendig ist.
Ausgesät wird am besten Anfang Mai gleich in größere Töpfe oder Kübel, eine Vorkultur lohnt nur in sehr rauhem Klima mit spätem Sommerbeginn.

Quamoclit lobata

Sternwinde

Der Name Quamoclit lobata (früher Q. mina) für die Sternwinde klingt sehr indianisch, und in der Tat stammt diese Schlingpflanze aus dem südlichen Mexiko. Sie ist von allen Winden die bei uns wohl unbekannteste.
Auch sie ist ein Sommerblüher mit 2 m langen Trieben, an denen zuerst die roten, später beim Öffnen ins gelbliche wechselnden Blüten sitzen. Diese langsam fortschreitenden Kontraste von Rot über Orange bis hin zu Gelb locken in der tropischen Heimat der Sternwinde Kolibris an, die Bestäuberfunktionen ausüben. Dasselbe passiert übrigens bei Campsis radicans, der Trompetenwinde aus Nordamerika, die wir als mehrjährige Schlingpflanze zu schätzen wissen.
Quamoclit will sonnig stehen, sollte aber nicht zu feucht gehalten werden. Ausgesät wird im März, ausgepflanzt nicht vor Ende Mai.

Thunbergia alata

Schwarzäugige Susanne

Viel weniger exotisch kommt uns Thunbergia alata vor, obgleich sie ein Zuwanderer aus fernen Landen, nämlich aus Südostafrika ist.
Es steht nirgendwo geschrieben, daß alle Susannen ein leuchtendorangegel-

bes Kleid tragen müssen, doch diese tut's, und das dunkle Auge in der Blütenmitte hat sie meist auch. 1-2 m weit werden die Blüten von den Schlingtrieben getragen.

Weil die Pflanzen nicht übermäßig mächtig und dicht wachsen und sich mit etwas weniger Wurzelspielraum begnügen, sind sie eine liebenswerte Bereicherung von Balkonkästen in sonniger Lage, lassen sich aber auch willig aus Ampeln herunterhängen. Kühle, regnerische Sommer können die Entwicklung hemmen.

Bereits Anfang März kann aus Samen angezogen werden, ins Freiland wird erst Ende Mai gepflanzt.

Tropaelum

Kapuzinerkresse

Seit langem im Garten kultiviert, anspruchslos, nicht sehr stark wachsend – so stellt sich die Kapuzinerkresse mit ihren Hybriden vor. Die Pflanze rankt sich mit windenden Blattstielen an schmalen Gerüsten, Schnüren oder Gittern empor. Die Blüten leuchten in verschiedenen Gelbtönen bis hin zu Orangerot und erscheinen von Juni bis September.

Sonnige Standorte sind erwünscht. Zwar wird etwas Schatten durchaus vertragen, doch die Blütenfülle geht dann zurück. Rostpilze sind häufig, aber in den Auswirkungen meist harmloser, als das Befallsbild vermuten läßt. Die Klettereigenschaften der einzelnen Rassen und Sorten sind unterschiedlich stark ausgebildet, am weitesten bringt es in dieser Hinsicht T. peregrinum aus Südamerika.

Ab April kann man am Zimmerfenster aussäen, nach den Eisheiligen kommen die Jungpflanzen in ihre Gefäße.

Der Balkon als Nutzgarten

In früheren Zeiten wäre man wohl kaum auf den Gedanken gekommen, Gurken und Tomaten oder gar Kartoffeln auf dem Balkon oder der Terrasse wachsen zu lassen. Dafür gab es den Garten. Gehörte, selten genug in den Schluchten der Großstädte, auch ein Balkon zur Wohnung, dann ging er nach hinten hinaus und war allenfalls zum Wäschetrocknen zu benutzen.

Heute lebt man komfortabler. Balkongärtnerei ist ein Hobby wie jedes andere, die kleinen Gärten in luftiger Höhe grüßen mit bunten Blumen, und auch Gemüse, vor allem aber Kräuter fristen hier ein durchaus artgerechtes Dasein.

Man sollte es nicht glauben, daß ausgerechnet auf den Dachgärten New Yorker Wolkenkratzer Wettbewerbe um die größte Tomate und die längste Gurke ausgetragen werden.

Was den blühenden Kasten- und Topfgewächsen auf Balkon und Terrasse zugute kommt, gilt noch viel mehr für Kräuter, Gemüse oder gar Obst: die vielfältigen technischen Errungenschaften, die praktischen Materialien, wie zum Beispiel die leichten und pflegeleichten Kunststoffbehälter in allen Größen und Formen, Folien zum Abdecken und Abdichten der Gefäße, vorgefertigte Bretter und Halterungen, Dübel, Leim und Lacke, mit denen ein kleines Regal oder eine Blumenbank schnell im Do-it-yourself-Verfahren zusammengebaut sind, Fertigdünger und -erden und automatische Bewässerungsanlagen für die Perfektionisten. Schließlich gibt es spezielle Balkongewächshäuser aus Glas oder Folie, mit und ohne Heizung, Belüftung und Beleuchtung.

Und es gibt Samen für alle möglichen Pflanzen vom Ackersalat bis zu Zucchini für denjenigen, der seine Jungpflanzen selber anziehen will.

Auf Balkon oder Terrasse, eine günstige Lage vorausgesetzt, läßt sich

Auch Gemüse und Kräuter lassen sich auf dem Balkon ziehen.

Äpfel auf schwachwachsenden Unterlagen lassen sich auch in Kübeln anbauen.

manches Gewächs sicher über die Runden bringen, mit dem man im Garten seine liebe Not hätte. Ist der Platz vor Wind geschützt und sonnig, wachsen in der reflektierenden Wärme einer Mauerbrüstung, eines Flechtzauns oder auch nur einer Markisenbespannung Auberginen, Paprika, Gurken, Melonen und Tomaten so gut wie sonst nur im Gewächshaus.

Niemand wird dem Gärtnern auf dem Balkon also praktischen Nutzen absprechen wollen, aber in erster Linie handelt es sich dabei doch um ein liebenswerts Hobby, um die Sonnenseite des Umgangs mit Pflanzen gewissermaßen. Wenn es die „Sonntagsgärtner" wirklich gibt, begegnen sie uns inmitten ihrer grünen Zöglinge auf dem Balkon noch am ehesten.

Die Lage

Nicht jeder Balkon ist für die Pflege von Nutzpflanzen geeignet. Alle Lagen, an denen die Himmelsrichtung Nord einen möglichst geringen Anteil hat, kommen in Frage. Wo kaum ein Sonnenstrahl hingelangt, wo es kühl und meist auch windig ist, muß man bei Gemüse und Kräutern mit Mißerfolgen rechnen. Dort kann jeder Anbau stets nur ein Versuch mit kalkuliertem Risiko sein; denn wenn zusätzlich ein kühler, verregneter Sommer den Gewächsen auf dem Nordbalkon die Laune verdirbt, geht hier gar nichts mehr. Vertrauend auf den Wettergott sind Feuerbohnen, Schnittsalat und Petersilie immerhin einen Versuch wert, bei den Kräutern Zitronenmelisse, Schnittlauch und Dill. Sauerampfer hält allem stand, leider ist er auch am entbehrlichsten. Obst kommt auf der Nordseite überhaupt nicht in Frage.

Ost- und Westseiten dagegen sind ideal, immer vorausgesetzt, es gibt nicht durch dichtes Blattwerk von Bäumen oder einem weit vorgezogenen Dach künstlichen Schatten.

Ein Südbalkon mit der größten Lichtausbeute ist deshalb nicht problemlos, weil es die Sonne hier bisweilen gar zu gut meint. Wenn die Möglichkeit besteht, an extrem heißen Sommertagen etwas zu schattieren und wenn die Gießkanne ständig Bereitschaftsdienst hat, wäre gegen diese Schönwetterseite nichts einzuwenden. Obst fühlt sich hier auf jeden Fall am wohlsten.

Die Pflanzgefäße

Da tief wurzelnde Gewächse wie Rettiche, Schwarzwurzeln und Pastinaken für eine Balkonkultur nicht in Frage kommen, von Möhren nur die kleinen, runden Frühkarotten der Züchtung 'Pariser Markt', ist die Wahl der richtigen Pflanzgefäße nicht schwierig.

Theoretisch kann man (fast) jedes Gemüse in Gefäßen wachsen lassen, wenn nur den Wurzeln genügend Spielraum zur Verfügung steht. In der Praxis ist das eben doch nicht durchführbar, weil der Platz für großvolumige Container auf dem Balkon fehlt. Schließlich spielt auch die Gewichtsbelastung noch eine Rolle. Denn wir dürfen nicht vergessen: ein bepflanzter 10-l-Eimer mit feuchter Erde wiegt 10 kg.

Pflanzbehälter mit einer Tiefe von 30 cm sind in der Regel völlig ausreichend, meist kommt man schon mit der Hälfte zurecht, mehr brauchen die Gewächse auch im Garten nicht, von Tiefwurzlern abgesehen. Obstgehölze sollten dagegen schon bis zu 50 cm Erde unter der Veredelungsstelle haben.

Auch mit dem Material der Kästen, Eimer, Kübel oder Container gibt es keine besonderen Schwierigkeiten. Holz, Kunststoff, Ton, Eternit, Keramik sind gleich gut geeignet. Metallbehälter, die bei Feuchtigkeit oxidieren könnten, kleidet man mit Folie aus. Was man auch wählt, Abzugslöcher im Boden für überschüssiges Wasser sind unerläßlich.

Wer auf stabile Gefäße verzichten möchte, kauft sich ein „fertiges Beet". In einem flachen, rechteckigen Kunststoffbeutel befindet sich perfekt gemischte, hochwertige Pflanzerde mit einem Düngervorrat für etwa 8 Wochen. Man braucht nur noch an den vorgesehenen Setzstellen mit einer Schere Kreuzschnitte in der Folie anzubringen und kann seine Pflanzen im Kultursack wachsen lassen. Messerschlitze an den Längsseiten ermöglichen den Wasserabfluß – wohin ist eine andere Frage.

Das Substrat

Wer seine Gewächse in einem „Torfsack" zieht, der für Obstgehölze und mehrjährige Pflanzen natürlich nicht geeignet ist, braucht sich im laufenden Jahr um das Substrat nicht mehr zu sorgen.

Bei einer Gefäßkultur wird der Balkongärtner ohne Garten auf Fertigerden zurückgreifen müssen, für die hinsichtlich der Qualität das bereits bei den Kastenblumen Gesagte gilt. Wo die Möglichkeit besteht, selber zu mischen, sollte man das Gewicht größerer Gefäße im Auge behalten und nicht zu schwere Erden verwenden.

Hinzu kommt bei Pflanzenanbau auf einem hoch gelegenen Balkon ein gewisses Transportproblem, denn wie bei Blumen muß erst recht bei Gemüse und Kräutern das Substrat jährlich erneuert werden.

Das Gießen

Wenn man im Gemüsegarten das Gießen bei manchen Pflanzen auch einmal vergessen kann – auf dem Balkon wirkt sich eine derartige Nachlässigkeit bei Kästen ohne Wasservorrat im schlimmsten Fall tödlich, ganz sicher aber ertragsmindernd aus. Da die Erde hier ohne ständigen Flüssigkeitsnachschub in sonniger Lage schnell austrocknet, muß an heißen Sommertagen unter Umständen sogar zweimal am Tag gegossen werden.

Eine Erleichterung bieten Tröpfchenbewässerungen verschiedener Systeme und Arbeitsweisen, bei denen den Gewächsen automatisch Wasser zugeführt wird, sobald die Erde einen gewissen Austrocknungsgrad erreicht hat.

Welches Fabrikat man wählt, hängt von der Anzahl der zu bewässernden Behälter beziehungsweise der Pflanzen ab und davon, ob ein Wasseranschluß in erreichbarer Nähe ist. Es tut auch ein etwas erhöht angebrachtes Gefäß, aus dem die Anlage gespeist wird. Man sollte sich im Fachhandel beraten lassen.

Die Düngung

Da der Boden kaum Reserven hat, sind die Pflanzen auf regelmäßige Düngung angewiesen. Am einfachsten geht es mit flüssigen oder in Wasser aufgelösten Volldüngern. Ein organischer Langzeitdünger, Horn- und Knochenspäne, getrockneter Rindermist werden bei Starkzehrern wie Gurken und Tomaten nur eine begrenzte Zeit vorhalten. Dann muß man mit regelmäßigen flüssigen Mineralstoffgaben nachhelfen.

In der Regel reichen 1-2 g auf 1 l Wasser aus. Vor einer Überdüngung muß man sich hüten, etwas weniger kann gerade in Kästen und Kübeln mehr sein. Denn eine Salzkonzentration im Boden läßt die Gewächse kümmern, und bis man den Grund für das Kränkeln gefunden hat, ist es meist zu spät. Theoretisch müßte in so einem Fall das gesamte Gefäßsubstrat gegen neue Erde ausgetauscht werden. Das ist jedoch bei einer Bepflanzung kaum möglich.

Praktischer Gemüseanbau

GURKE

Gurken brauchen auf dem Balkon in jedem Fall eine Rankhilfe für ihre Triebe. Man kann sie wie im Gewächshaus an Schnüren hochleiten. Bei rein weiblichen Sorten gibt es auch keine Befruchtungsprobleme.

Ein vollsonniger Südbalkon ist weniger geeignet, weil zuviel Hitze von Gurken schlecht vertragen wird und es häufiger zu Erkrankungen und Schädlingsbefall kommt.

Gurken müssen wöchentlich mit einer schwachen Düngerlösung (1 g/l) bei der Fruchtausbildung unterstützt werden. Außerdem muß man sie immer reichlich gießen.

KARTOFFEL

Natürlich kann man Kartoffeln nicht in einem Balkonkasten ziehen, aber in Eimern ist das durchaus möglich. Noch besser ist ein etwa 60-80 cm hoher Behälter, des geringen Gewichts wegen vorzugsweise aus Kunststoff.

Nachdem er einige Wasserabzugslöcher im Boden erhalten hat, füllt man 15-20 cm feuchte Fertigerde ein und legt darauf, je nach Gefäßdurchmesser, 4-6 möglichst schon vorgekeimte Kartoffeln.

Vorkeimen sollte man 6 bis 8 Wochen vor dem Auslegen in einem hellen Raum bei Temperaturen zwischen 10 und 12° C. Beim Legen dürfen die spröden Keime nicht abbrechen.

Obenauf kommt eine 2 Handbreit dicke Schicht Erde. Dann drückt man leicht an und gießt behutsam.

Haben die Triebe 15 cm Höhe erreicht, wird erneut mit 10 cm Erde abgedeckt. Dieses Verfahren wird fortgesetzt, bis der Behälter fast gefüllt ist.

Wenn die Kartoffeln zu blühen beginnen, kann geerntet werden. Hat alles geklappt, gibt es meist viel mehr Knollen, als man erwartet hat.

PAPRIKA

Paprika stellt die gleichen Ansprüche an Sonne und Wärme wie Tomaten (siehe S. 363). Da die Pflanzen jedoch nicht buschig wachsen, muß man sie an Stäbe oder Schnüre anbinden.

Die Pflanzen brauchen reichlich Wasser und einmal monatlich oder auch etwas öfter eine flüssige Düngung. Man sollte nicht zu viele Früchte hängenlassen beziehungsweise die ersten noch grün ernten und nachreifen lassen, damit neue nachwachsen können.

RADIESCHEN

In einem 20 cm breiten Kasten können gut 2 Reihen Radieschen ausgesät werden, und zwar schon ab Mitte März.

Paprika in einem selbst gebauten Balkonkasten

Balkontomate 'Potio Sperlings Liebchen'

Kirschtomate 'Sweet 100'

Nach der ersten Ernte etwa 6 Wochen später kann sofort der zweite Satz in die Erde kommen. Folgesaaten sind bis in den August hinein möglich. Noch praktischer ist es, mehrere Kulturbehälter für die kleinen Rotwurzeln zu reservieren und kontinuierlich auszusäen, damit man laufend ernten kann.

Während Frühsaaten einen vollsonnigen Platz bevorzugen, sind Sommerkulturen im Halbschatten besser aufgehoben. Die Erde darf nie austrocknen.

Wurde vor der ersten Aussaat ein Langzeitdünger gegeben, reicht dieser Nährstoffvorrat einen ganzen Sommer lang.

SALAT

Zwar kann auch Kopfsalat im Balkonkasten angebaut werden, viel praktischer aber ist Pflücksalat. Hier wird fortlaufend geerntet, denn die Blätter wachsen stetig nach, solange das Herz erhalten bleibt.

Schnittsalat ist ebenfalls geeignet, weil er sehr dicht gesät werden kann. Hier gibt es allerdings keinen Blattnachschub, man muß also wieder neu aussäen.

Beide Salate können sowohl sonnig als auch beschattet stehen, sollten aber von Zeit zu Zeit flüssig gedüngt und ausreichend gegossen werden.

STANGENBOHNE

Feuerbohnen als Zier- und Nutzpflanzen auf dem Balkon wurden bereits erwähnt (siehe S. 359). Aber auch andere Stangenbohnen wachsen und fruchten hier willig.

Bei Beginn der Blüte sollte einmal flüssig gedüngt werden. Sobald sich die Bohnen entwickeln, kann eine Nachdüngung erfolgen.

Ständig feuchter Boden ist für dieses Gemüse ebenso wichtig wie eine sonnige, allenfalls halbschattige Lage. Die bis zu 2 m hoch rankenden Pflanzen brauchen unbedingt Stangen, ein Maschendrahtgitter oder straff gespannte Schnüre als Kletterhilfe.

TOMATE

Es gibt heute niedrige Tomatensorten, die sogar die Bezeichnung „Balkontomaten" tragen und die man nicht entgeizen muß. Hochwachsende Stabtomaten sind für eine Gefäßkultur weniger geeignet, obgleich auch das möglich ist. Alles was als Topf-, Cocktail-, Spalier- oder Obsttomate bezeichnet wird, ist dagegen für Balkon und Terrasse geradezu prädestiniert und braucht häufig nicht einmal eine Stützvorrichtung. Für Tomaten kommt ein vollsonniger Platz auf einem Südbalkon durchaus in Betracht, wenn stets ausreichend gegossen wird. Aber auch Halbschatten wird noch akzeptiert.

Um die Befruchtung zu sichern, werden die Pflanzen mittags einige Male geschüttelt.

ZUCCHINI

Für einen normalen Balkonkasten werden diese Kürbisgewächse zu groß, aber in einem 10-l-Gefäß ist eine Einzelpflanze gut untergebracht.

Zucchini wachsen in Sonne wie Halbschatten gleich gut. Sie haben ein hohes Wasser- und Nährstoffbedürfnis. Bei ihnen ist die fortlaufende Ernte noch wichtiger als bei Paprika, denn wenn man die Früchte an der Pflanze immer größer werden läßt, unterbleibt eine weitere Blüte. Außerdem schmekken kleine Zucchini am besten.

Kräuter sind dankbare Kulturen für den Balkon.

Praktischer Kräuteranbau

Es gibt eigentlich kein Gewürzkraut, das nicht auch auf dem Balkon gedeihen würde. Volle Sonne ist gut. Leichter, gelegentlicher Schatten geht auch noch. Wenn man von Anfang an etwas organischen Dünger unter die Pflanzerde mischt, erübrigt sich eine Nachversorgung.

Daß auch Kräuter nicht lange Zeit völlig trocken stehen dürfen, versteht sich von selbst. Aber sie halten im allgemeinen in dieser Beziehung mehr aus als Frucht- oder Wurzelgemüse.

Ausdauernde Arten bleiben den Winter über in den Gefäßen und erhalten im folgenden Frühjahr als Ersatz für das Verbrauchte organischen Dünger oder Kompost, gleichzeitig wird dadurch auch die Humusbildung gefördert.

Nur der frostempfindliche Rosmarin kommt im Herbst an einen geschützten, hellen Platz im Keller.

Verschiedene Kräuter im Kasten

Praktischer Obstanbau

Auch wenn ausgefuchste Experten schon Süßkirschen, Pflaumen, Pfirsiche und Aprikosen in Kübeln auf ihrem Balkon haben wachsen lassen – es sollte nicht empfohlen werden, weil die Kultur zu unsicher ist. Schließlich kosten auch diese Gehölze ihr Geld, und ein Verlust ist immer bitter.

Mit Äpfeln auf schwachwachsender Unterlage dagegen ist ein Versuch durchaus lohnend, zumindest macht es Spaß, die ersten auf diese Weise gezogenen Früchte zu pflücken.

Äpfel brauchen ein Gefäß von etwa 50 cm Durchmesser und einer ebensolchen Tiefe, gute humose Erde und im Verlauf der Kultur ausreichend Nährstoffe. Wichtig ist hier eine organische Düngung mit getrocknetem Rindermist, Horn- und Knochenspänen oder einem anderen natürlichen Handelsprodukt, damit der Boden „lebendig“ bleibt. Im Sommer kann zusätzlich noch eine Nährstoffgabe mit flüssigem mineralischem Volldünger gegeben werden.

Zum Winter empfiehlt es sich, Schutz zu geben, besonders in kalten Gegenden. Der ganze Pflanzbehälter wird in eine große Kiste gestellt, die mit Laub, Torf oder anderen isolierenden Materialien ausgekleidet ist.

Sofern sicher ist, daß sich in unmittelbarer Nachbarschaft eine geeignete Bestäubersorte befindet, haben sich Balkonkästen mit Blütenpflanzen des Frühlings – also beispielsweise Goldlack, Vergißmeinnicht und Stiefmütterchen – als Lockmittel für Bienen und andere Befruchterinsekten bewährt. Ganz sicher geht der, der sich ein Bäumchen mit 2 in der Befruchtung aufeinander abgestimmten Sorten kauft. Kleine Gehölze dieser Art, die speziell für Kübelpflanzung ausgewählt und herangezogen worden sind, gibt es in Baumschulen und im Gartenversandhandel.

Die Schnittmaßnahmen der Balkonobstgehölze entsprechen denen frei ausgepflanzter Bäume und gliedern sich in den Pflanzschnitt, den Erziehungsschnitt und den Erhaltungsschnitt (siehe S. 263 ff.).

Ein Verjüngungsschnitt bei Vergreisung durch Kronenabwurf, wie er auf S. 266 beschrieben wird, kommt für die kleinen Topfbäume kaum in Frage, weil ihnen bei den beengten und aufgezwungenen, naturwidrigen Verhältnissen die Kraft zum Aufbau einer neuen Krone fehlt.

Was hier für Äpfel gesagt wurde, gilt gleichermaßen auch für Birnen auf dem Balkon.

BEERENOBST

In Frage kommen Hochstämmchen oder hier auch einmal Fußstämme von Johannisbeeren und Stachelbeeren, die wie andere Kübelpflanzen willig in ihren Behältnissen wachsen, wenn jedes Frühjahr organischer Dünger oberflächlich eingearbeitet und den Sommer über ausreichend gewässert wird. Dann kann man auch während der Fruchtausbildung einmal mit

Johannisbeerhochstämmchen im Kübel

einem mineralischen Volldünger in flüssiger Form nachhelfen.
Himbeeren sind für eine Balkonpflanzung nicht geeignet, da die Ruten ein Bodenbeet benötigen, auf Brombeeren wird man wegen ihres starken Wuchses ebenfalls verzichten. Sie sollen aber als Experiment nicht von vornherein ausgeschlossen werden.
Gleiches gilt für Preiselbeeren und Heidelbeeren, die auf dem begrenzten Platz so minimale Erträge liefern, daß sie den Aufwand nicht lohnen.
Obgleich man auch von Monatserdbeeren im Balkonkasten keine Riesenernten erwarten kann, ist hier doch den ganzen Sommer über fortlaufend etwas zu holen, und zum Naschen langt es allemal.
Samen gibt es zu kaufen, Aussaatzeit am Zimmerfenster ist der März. Nach dem Vereinzeln in größere Gefäße kann

Erdbeeren im Kasten müssen sonnig stehen und reichlich gewässert werden.

nach Mitte Mai in die Kästen mit nahrhafter, humoser Erde ausgepflanzt werden.
Der Standort muß sonnig sein. Reichliche Wassergaben und eine Düngung alle 2-3 Wochen, bei Bedarf auch öfter, sind wichtig.
Monatserdbeeren lassen sich auch gut in Ampeln ziehen.

Kübelpflanzen

Es ist heute nichts Besonderes mehr, daß auf Balkon und Terrasse, in Höfen und Gärten Pflanzen blühen oder ihr imposantes Blattwerk entfalten, die eigentlich in unseren Breiten nicht beheimatet sind. Diese fremde Flora, zumeist in den Ländern rund um das Mittelmeer zu Hause beziehungsweise dort dank günstiger Klimaverhältnisse vor langer Zeit eingebürgert, verdankt ihre wachsende Popularität letztlich unserem Wohlstand und der damit verbundenen Möglichkeit, in ferne Länder zu reisen.
So waren die ersten Kübelpflanzen nach dem Krieg hauptsächlich Reiseandenken, denn kaufen konnte man sie bei uns kaum. Natürlich gab es Ausnahmen. Lorbeer und Oleander fristeten schon früh ein von der Allgemeinheit wenig beachtetes Dasein in Tonnen und Kübeln, vereinzelte Liebhaber hüteten ihre Palme wie einen Augapfel, Yucca und Agave gesellten sich zur Fuchsie am Hauseingang.
Dabei ist die Idee, nicht winterharte Gewächse auch in unserem unwirtlichen Klima zu kultivieren, keineswegs neu. Die großen Orangerien, die bereits im 16. Jahrhundert vom internationalen Umgang und Austausch der Fürstenhäuser untereinander zeugten, wurden vielbestaunt. Orangen und Zitronen dokumentierten Exotik wie heute der Panda in einigen wenigen Zoos der Welt.
Auch für uns sind blütenüberschüttete Bougainvilleen, Datura mit ihren riesigen, weißen „Engelstrompeten", oder die mit gewaltigen Blattwedeln protzenden Zierbananen keineswegs eine Selbstverständlichkeit. Wer sie besitzt, ist stolz auf seine Zöglinge und sein Geschick, sie jedes Jahr von neuem wieder zum Leben zu erwecken.

Verschiedene Gefäße für Kübelpflanzen

Der Erwerb dieser Gewächse stößt heute nur noch selten auf unüberwindliche Schwierigkeiten, vieles wie Abutilon, Palmen, Yucca oder Agaven führt sogar der Blumenladen um die Ecke. Für ausgefallenere Wünsche haben sich Spezialgärtnereien etabliert, und schließlich hat auch der Samenhandel die Marktlücke erkannt und wartet mit einem umfangreichen Sortiment von Kübelpflanzen zur Selbstanzucht auf.
Die Kultur dieser Fremdlinge während des Sommers bereitet kaum Probleme, solange ein heller, warmer, geschützter Platz zur Verfügung gestellt werden kann. Viele halten es auch noch im lichten Halbschatten aus oder blühen dort sogar noch besser wie beispielsweise die begehrte Datura.
Auch Abutilon, Agapanthus und Tibouchina müssen nicht in voller Sonne stehen. Noch mehr Schatten vertragen Zwergpalme, Hanfpalme und Yucca, ohwohl für sie ein heller Platz ebenfalls günstiger ist.

Überwinterung

Wirklich problematisch wird die Kübelkultur, wenn es um die Frage der richtigen Überwinterung geht.
Wer über einen hellen und kühlen (etwa 10° C) Raum verfügt, wird hier alle seine Gewächse gut über die kalte Jahreszeit bringen, auch solche, die ein etwas wärmeres Quartier lieber hätten wie Zitronen und Zierbananen. Einige laubabwerfende Pflanzen, zum Beispiel Echte Feigen, Fuchsien, Datura, Lagerstroemie oder Bougainvilleen, können sogar völlig dunkel stehen.
Auch hier hat der bekannte Grundsatz Gültigkeit: je dunkler und kühler der Raum, desto weniger muß man gießen. Ballentrockenheit über längere Zeit führt in den meisten Fällen zum Absterben. Dennoch sollte beim Wässern lieber etwas zu wenig als zuviel gegeben werden. Bis ein Gewächs aus Wassermangel eingeht, dauert es meist seine Zeit, und wenn man das Versäumte rechtzeitig nachholt, wird die Pflanze sich bald wieder erholen.

Schäden durch im Wasserbad verfaulte Wurzeln hingegen sind in der Regel irreparabel. Wenn man das Malheur entdeckt, ist es fast immer zu spät. Besonders gefährdet sind Gewächse in Übertöpfen, weil ein Wasserüberschuß hier kaum bemerkt wird und das Wasser wochenlang im Topf stehen kann.
Ganz wichtig im Winterquartier ist Frischluft. Solange kein Frost herrscht, bleiben die Fenster deshalb am besten ständig geöffnet. Aber auch bei Minustemperaturen muß hin und wieder gelüftet werden. Das Lüften ist besonders in zu warmen Kellerräumen nötig, in denen sich durch die Temperatur gleichzeitig auch die Luftfeuchtigkeit erhöht.

Frostverträgliche Kübelpflanzen

Kübelpflanzen, die einige Minusgrade aushalten, brauchen erst verhältnismäßig spät ihren Garten- oder Terrassenplatz zu räumen. Besonders harte können in Gegenden mit erwartungsgemäß sehr milden Wintern sogar im Freien bleiben. Man sollte die Pflanzen jedoch sicherheitshalber durch Schilfmatten, mit Laub ausgepolsterte Lochfolie, durch kräftiges Anhäufeln oder eine dicke Decke aus Torf beziehungsweise Fichtenreisig oder Stroh schützen.
Zu diesen robusten Kandidaten (verträgliche, kurzfristige Frostgrade stehen in Klammern) gehören Zylinderputzer, Callistemon (–5° C), Kassie, Cassia (–5° C), Zwergpalme, Chamaerops (–15° C), Echte Feige, Ficus carica (–15° C), Lagerstroemie (–15° C), Lorbeer, Laurus nobilis (–10° C), Oleander, Nerium (–5° C), Granatapfel, Punica granatum (–10° C), Hanfpalme, Trachycarpus (–5° C) und Palmlilie, Yucca (–5° C).

Rückschnitt

Eine wichtige, bei manchen Gewächsen wegen ihrer Wüchsigkeit unumgängliche Pflegemaßnahme ist der Schnitt. Meist wird man im Herbst beim Einräumen das Zweiggewirr mit Hilfe der Schere lichten, zu lang Gewordenes einkürzen und Abgestorbenes entfernen.
Unerläßlich sind diese Schnittmaßnahmen bei Lagerstroemie, Fuchsie und Bleiwurz (Plumbago). Daturen schneidet man besser erst im Frühjahr, da beim Einräumen gekürzte Triebe ab der Schnittstelle in großen Teilen zurücktrocknen.
Letztlich ist es Erfahrungssache, wie und in welchem Maß man Kübelgewächse auslichtet, verkleinert oder in Form bringt.
Einige, wie Palmen, Agaven oder Bananen werden überhaupt nicht geschnitten. Hier entfernt man nur, was vertrocknet oder abgestorben ist. Das wird meist eine Frühjahrstätigkeit sein, weil im Lauf des Winters, außer bei Agaven, sowieso zahlreiche Triebe vertrocknen oder verwelken.

Auspflanzung

Viele Kübelpflanzen kann man, sofern der Platz dafür vorhanden ist, in einem großen Plastikbehälter mit seitlichen Schlitzen, einem sogenannten Kartoffelkorb, frei im Garten auspflanzen. Im Herbst werden dann mit dem Spaten rings um das Gefäß alle Wurzeln abgestochen, die im Lauf des Sommers hindurchgewachsen sind, der Korb wird an den Griffen aus dem Boden gehoben und ins Winterquartier gebracht.
Pflanzen, die auf diese Weise ihre Wurzeln in den umliegenden Gartenboden schicken können, gedeihen besonders gut und stellen mit ihrem Blütenreichtum ihre reinen Kübelkollegen weit in den Schatten. Erwiesenermaßen klappt das hervorragend bei Wandelröschen, Bleiwurz und vor allem Datura.

Kartoffelkorb für eine freie Auspflanzung

Gießen und düngen

Wie Balkonblumen sind auch Kübelpflanzen nur lebensfähig, wenn wir ihnen das an Lebenselementen in ausreichendem Maße zur Verfügung stellen, was sie sich wegen ihres beengten Wurzelquartiers selber nicht beschaffen können: Wasser und Nährstoffe.
Selbst bei nicht überdachter Ausbringung reichen gelegentliche Regenfälle nicht aus, das Feuchtigkeitsbedürfnis zu befriedigen. Lediglich die Hitze und Trockenheit gewohnten Agaven kommen auch so im Sommer über die Runden.
Der Wasserverbrauch der einzelnen Gewächse ist zwar unterschiedlich hoch, doch kann niemals etwas passieren, wenn die Kübelerde stets leicht feucht gehalten wird. Datura und Oleander allerdings brauchen noch etwas mehr als das; beim Oleander in voller Sonne ist dafür zu sorgen, daß möglichst ständig Wasser im Untersatz steht, Datura muß an heißen Tagen sogar zwei- bis dreimal gegossen werden. Zwar zeigt sie durch schlaff herunterhängende Blätter und Blüten einen Mangel selber an, man sollte es aber besser nicht so weit kommen lassen. Einmal welk gewordenes Laub erholt sich nur kurzfristig wieder, wird dann jedoch schnell gelb und fällt ab.
Papyrus muß als Sumpfpflanze ständig Wasser um die Wurzeln haben.
Das Düngen mit flüssigen oder in Wasser aufgelösten Mehrnährstoffkombinationen ist genauso einfach wie bei den Balkonblumen und kann einmal wöchentlich mit dem Gießen erledigt werden.
Beim Ein- oder Umtopfen zugemischte Horn- und Knochenspäne, getrockneter Rindermist oder andere organische Nährstoffe wirken sich vorteilhaft auf Wuchs und Blüte aus, können aber Starkzehrer wie Daturen oder Bananen auf keinen Fall zufriedenstellen. Eine regelmäßige Düngung in flüssiger Form ist also unerläßlich.
Die Empfehlung, beim Ausräumen einen gekörnten Langzeitdünger (Depotdünger) in das Kübelsubstrat einzuarbeiten, hat ihre Tücken und sollte nur bei Gewächsen befolgt werden, die auch den Winter über in voller Vegetation bleiben, die kalte Jahreszeit also als Grün- oder Blütenpflanze beispielsweise in einem Wintergarten verbringen.
Alle anderen, und das wird meist der Fall sein, sollen den Winter als Ruhezeit nutzen und nicht, angeregt durch reichlich im Boden vorhandene Nährstoffe, zu ununterbrochenem Wachstum gezwungen werden. Das Holz muß „ausreifen", wie der Gärtner sagt; das ist jedoch nur möglich, wenn ab Mitte August das Düngen eingestellt wird. Pflanzen, die mastig in die Winterruhe gehen, sind weniger robust als andere und in dieser ohnehin für sie schweren Zeit zusätzlich belastet.
Zur allgemeinen Schwächung kommen noch Pilz- und Schädlingsbefall.

Kübelpflanzen von A bis Z

Abutilon
Schönmalve

Es gibt Pflanzen mit roten oder gelben Glockenblüten, die an einem dünnen Stiel zierlich herabhängen.
Abutilon sollte im Sommer immer wieder entspitzt werden, damit er nicht verkahlt und sparrig wird. Ein kräftiger Rückschnitt beim Ein- und Ausräumen dient dem gleichen Zweck.
Die Pflanzen wollen einen hellen Platz und benötigen reichlich Wasser und Dünger.
Überwintert wird hell und kühl.

Abutilon, Schönmalve

Agaven und eine Strauchmargerite

Agapanthus, Schmucklilie

Bougainvillea, Bougainvillee

Agapanthus
Schmucklilie

Man zählt diese prachtvolle, blaublühende Südafrikanerin zu Recht zu den repräsentativsten Kübelpflanzen. Die meist immergrünen Gewächse entfalten ihre Blüten an bis zu 1 m hohen Schäften, brauchen einen möglichst sonnigen oder zumindest hellen Platz und viel Wasser und Dünger.
Überwintert wird hell und kühl.

Agave
Agave

So attraktiv diese Pflanze mit den stachelbewehrten, starren Blättern auch ist, sie wird im Lauf der Zeit so groß, daß man sie eines Tages nicht mehr durch die Tür ihres hellen und kühlen Winterquartiers tragen kann. Da ein Schnitt unmöglich ist, läßt sich die Stunde der Trennung absehen. Weil kurzfristig einige Frostgrade vertragen werden, gehören Agaven zu den letzten Kübelpflanzen, die man einräumen muß. Wasser- und Düngerbedarf ist trotz ihrer Größe gering, besonders mit dem Gießen muß man äußerst zurückhaltend sein. Agaven wollen lieber trokken stehen.

Bougainvillea
Bougainvillee

Die große Gefahr für diesen Kletterstrauch ist zuviel Wasser im hellen oder auch dunklen Winterquartier.
Leider ist die verschwenderische Blüte von der Großwetterlage des Sommers abhängig. In kühlen, verregneten Jahren tut sich da nicht viel. Unerfahrene Blumenfreunde tippen dann auf Krankheiten oder Schädlinge und werfen die Pflanze weg. Richtiger wäre es, sie wie gewohnt zu gießen und zu düngen und die Hoffnung auf einen besseren nächstjährigen Sommer nicht aufzugeben.
Bougainvilleen, die unansehnlich zu werden drohen, kann man durch Rückschnitt wieder in Form bringen.

Callistemon
Zylinderputzer

Das in Australien beheimatete, strauchartige Gehölz braucht einen vollsonnigen Platz, wenn es seine großen, roten, flaschenbürstenförmigen Blütenstände öffnen soll.

Cassia didymobotrya, Kerzenstrauch

Chamaerops humilis, Zwergpalme

Chrysanthemum frutescens, Strauchmargerite

Mißerfolge bei richtigem Stand sind meist auf kalkhaltigen Boden zurückzuführen. Das sollte man bei der Düngung ebenso berücksichtigen wie beim Gießen.
Überwintert wird hell und kühl.

Cassia
Kassie, Gewürzrinde

Die Heimat dieses gelbblühenden Strauchs ist Südamerika. Er wirkt im Kübel besonders reizvoll, wenn er als Hochstämmchen gezogen wird. Wöchentliche Düngung und ausreichend Feuchtigkeit sind notwendige Voraussetzungen für eine anhaltende Blüte. Neben C. corymbosa wird auch die anspruchsvollere, aber interessantere C. didymobotrya (Kerzenstrauch) angeboten.
Ein Rückschnitt vor oder nach der Ruhezeit in einem kühlen hellen oder auch dunklen Raum ist ohne weiteres möglich.
Im dunklen Winterquartier darf nur äußerst zurückhaltend gegossen werden, gerade so viel, daß die Erde nicht völlig austrocknet.

Chamaerops humilis
Zwergpalme

Als Kübelpflanze trägt diese einzige in Europa vorkommende Palme ihren Namen zu Recht: sie wächst hier nur unmerklich weiter, und das heißt, daß es lange Zeit bei der Größe bleibt, mit der man die Palme gekauft hat. Daran ändern auch Wasser- und Düngergaben nichts, die nicht besonders reichlich ausfallen müssen. Als wuchsfaule Blattpflanzen können Zwergpalmen ruhig schattig stehen, ein sonniger Platz wird aber ebensogut vertragen. Größer werden sie hier wie dort nicht. Die Überwinterung ist auch sehr unkompliziert. Ein heller, kühler Raum ist genausogut geeignet wie ein warmer, der auch hell sein muß.

Chrysanthemum frutescens
Strauchmargerite

Im Abschnitt über Balkonblumen wurde bereits darauf hingewiesen, daß die Strauchmargerite mit bis zu 1 m Höhe für die meisten Kastenpflanzungen zu groß ist.
Als Kübelpflanze kann man sie dagegen empfehlen, obgleich die Überwinterung Probleme bereitet. Denn nur, wenn der Raum sehr kühl, vor allem aber sehr hell ist und nur ganz wenig gegossen wird, bestehen Chancen, Chrysanthemum frutescens im folgenden Jahr wieder zum Blühen zu bringen. Dann aber ist dieses von den Kanarischen Inseln stammende Gewächs, das volle Sonne benötigt, mit seiner Fülle strahlend weißer, seltener gelber Sternblüten nicht zu übersehen. Ob als weit ausladender Busch oder als Hochstamm gezogen, Strauchmargeriten müssen reichlich gegossen und regelmäßig jede Woche gedüngt werden.
Auch fortlaufendes Ausputzen ist unumgänglich. Verblühtes ist ständig abzuschneiden, sonst geht es mit der Pracht bald zurück, die ganze Pflanze wird unansehnlich und wirkt ungepflegt.
Wer keinen geeigneten Überwinterungsraum zur Verfügung stellen kann, sollte besser ganz auf Strauchmargeriten verzichten, oder aber man kauft sich in jedem Frühjahr neue Pflanzen.

Citrus, Orange

Datura, Engelstrompete

Citrus

Orange, Zitrone

Bei diesen Gewächsen ist die richtige Überwinterung der problematischste Teil der Pflege. Die günstigste Temperatur liegt bei 8-10° C, Zitronen tendieren eher zu mehr Wärme im Winterquartier als Orangen. Vor allem aber muß der Raum sehr hell sein.
Den Sommer über muß man häufig gießen und wöchentlich düngen, beides kalkarm. Andernfalls entsteht Eisenmangel, die Blätter verlieren ihre dunkelgrüne Farbe und vergilben.
Bei günstigen Lebensbedingungen gehören Citrusgewächse zu den reizvollsten Kübelpflanzen, die gleichzeitig intensiv duftende Blüten und Früchte tragen. An einem sonnigen Platz entwickeln sie sich am besten.

Cyperus papyrus

Papyrus

Der exotischen Gestalt dieses nordafrikanischen Sumpfbewohners hat keine andere Kübelpflanze Vergleichbares entgegenzusetzen. Auf bis zu 2 m hohen Stengeln sitzt ein zierlicher, grüner Schopf aus feinen, bogig herabhängenden Blatthaaren.
In einem Gartenteich, der möglichst viel Sonne abbekommen sollte, ist Papyrus am besten aufgehoben. Hier braucht nicht gedüngt zu werden. Andernfalls bekommt die Pflanze einen festen Kübel ohne Abzugslöcher, der stets einen geringen Wasserstand aufweisen sollte.
In dieses kalkarme Wasser gibt man immer wieder etwas Volldünger. Ohne diese Zusatznahrung geht Papyrus zwar nicht ein, doch die Blattschöpfe bleiben dann licht und kümmerlich.
Die Überwinterung der Staude ist deshalb so schwierig, weil ihr die Tageslichtmenge unserer Breiten während der Wintermonate meist nicht ausreicht. Auch Temperaturen unter 10° C werden nicht akzeptiert, nach oben sind der Wärme dagegen keine Grenzen gesetzt.
Selbst am hellen Wohnzimmerfenster vergilben die grünen Teile schon bald und sterben ab. Schneidet man sie dann 20-30 cm über dem Boden weg, treibt die Staude mit etwas Glück im Frühjahr, wenn die Tage wieder länger werden, erneut aus. Künstliche Beleuchtung ist wegen der Höhe von Papyrus im privaten Bereich meist nicht möglich.

Datura

Engelstrompete

Liebhabergärtner mit dem Spezialhobby Datura schütteln mit Leichtigkeit ein Dutzend botanische Namen für die verschiedenen Varianten dieser wohl schönsten Kübelpflanze aus dem Ärmel. Stimmen tut nur was Wenigste. Mit der Nomenklatur tun wir uns in diesem Fall ebenso schwer wie beim Bambus mit der Systematik. Den heimischen Gemeinen Stechapfel, Datura stramonium, mit blaßblauen Blüten findet man wildwachsend auf Geröllhalden und an steinigen Hängen. Unsere Kübelpflanzen, und hier an erster Stelle Datura suaveolens mit riesigen, bis zu 30 cm langen und gegen Abend betörend duftenden Trompetenblüten, stammen aus Südamerika. Auch gelb- oder rosablühende Formen, groß- oder kleinerblütig, teilweise gefüllt, sind heute erhältlich.
Datura kommt vor den ersten Frösten in den frostfreien Keller, der durchaus dunkel sein kann. Wird sie vorher von ein paar Minusgraden überrascht, macht das auch nichts. Während der Überwinterung muß man darauf achten, daß die Erde im Kübel nicht völlig austrocknet. Blätter hat die Datura in dieser Zeit im dunklen Raum bald keine mehr.
Pflanzen, die zu groß geworden sind und nicht mehr durch die Kellertür passen, kann man nach Lust und Laune zurückschneiden, und wenn es bis auf einen Stummel des Mittelasts ist. Es ist besser, wenn man im Frühjahr schneidet, tut man es im Herbst, trocknen die Stämmchen an den Schnittstellen während des Winters ein beträchtliches Stück zurück.

Was beim späten Frühjahrsschnitt abfällt, kann man nach Mitte Mai einfach in den Boden stecken. Die Stücke bewurzeln so schnell, daß man noch im selben Sommer eine Hecke aus blühenden Engelstrompeten am Haus hat.

Im März/April werden die Pflanzen aus dem Keller geholt und bekommen vor allem ein größeres Gefäß, das größte, das überhaupt aufzutreiben ist (durchgesägtes Faß, Holzkübel oder Plastikcontainer, wie sie beim Bau zum Zementmischen verwendet werden). Abzugslöcher für Wasser nicht vergessen!

Als Substrat läßt sich Erde aus dem Garten verwenden, eventuell mit Kompost oder Torf vermischt. Im Frühjahr darauf wird der Pflanzenbehälter, so groß er auch sein mag, völlig durchwurzelt sein.

Dann holt man die Datura aus dem Kübel, nimmt ein scharfes Küchenmesser und schneidet ringsherum vom Ballen eine Handbreit oder mehr ab. So entsteht zwischen Kübelrand und Restballen ein Zwischenraum, in den neue Erde, wenn man will auch Langzeitdünger oder ein paar Handvoll Knochenspäne oder Hornmehl, eingefüllt wird. Daturen verbrauchen so viele Nährstoffe, daß diese Dünger bis zum Spätsommer aufgezehrt sind. Diese Grundversorgung enthebt uns aber nicht der wöchentlichen Flüssigdüngung.

Nach den Eisheiligen kommen die Pflanzen ins Freie, am besten nicht in die pralle Sonne, dann halten die Blüten länger. Von jetzt an setzt auch die wöchentliche Düngung ein, womit, ist egal. Daturen sind nicht wählerisch.

Der Wasserverbrauch dieser Pflanze ist sehr hoch. An heißen Tagen muß man eventuell zweimal gießen. Unterbleibt das, hängen sofort die Blätter und Blüten schlapp herab, richten sich aber unmittelbar nach dem Gießen wieder auf, als sei nichts geschehen. Allerdings verwelken diese Teile später rasch.

Abgeblühte Trompeten sollte man abknipsen und wegwerfen, sie sehen nicht schön aus. Die Pflanze entwickelt ständig neue Blüten. Zwischendurch gibt es ab und zu 2 oder 3 Wochen Pause, in denen sich nur noch vereinzelte Kelche öffnen, danach setzt der nächste anhaltende Schub ein. Das geht so bis zum Frostbeginn.

Wer einen Platz im Garten hat, der nicht gerade vom Wind gepeitscht wird und wo vielleicht auch noch etwas Schatten ist, kann seine Datura auch frei auspflanzen. Man setzt sie dazu in einen Plastikkorb mit Schlitzen, den bereits erwähnten Kartoffelkorb, (siehe S. 367), den es überall in Supermärkten zu kaufen gibt. Dieser Behälter samt Pflanze kommt in den Boden. Die Pflege ist dieselbe wie die der Kübelkollegen.

Man kann den Korb im Herbst bequem an den beiden Griffen wieder herausheben, nachdem man mit dem Spaten ringsum die nun meterweit in den Gartenboden gewachsenen Wurzeln abgestochen hat. Auf diese Weise kultivierte Daturen werden 3 m hoch und ebenso breit und haben das ganze Jahr Hunderte von Blüten gleichzeitig.

Vermehrt wird vom Frühjahr bis zum Spätsommer durch Stecklinge. Das ist sogar im Winter möglich, nur dauert es dann Wochen, bis die Triebspitzen im Wasserglas Wurzeln gebildet haben.

Vorsicht, wenn Kleinkinder im Haus sind. Datura ist in allen Teilen giftig.

Blüte der Engelstrompete

Ensete

Zierbanane

Sie steht im Wasser- und Düngerverbrauch der Datura kaum nach. Man kann die schnellwüchsigen Riesenstauden mit den imposanten, 2 oder 3 m langen Blättern ohne Schwierigkeiten selber aus Samen anziehen.

Schon im ersten Jahr wachsen sie zu beeindruckender Größe heran. Ob sie dabei in voller Sonne oder etwas beschattet stehen, spielt keine Rolle.

Die Überwinterungstemperaturen sollten nicht weniger als 10° C betragen, ein heller Raum ist einem dunklen vorzuziehen. Meist überstehen Bananen aber auch im dunklen Quartier den Winter, wenn man die Erde nicht austrocknen läßt. Die großen Blattwedel sterben dann zwar ab, doch solange das „Herz“ nicht beschädigt wird, ist ein Neuaustrieb im Frühjahr sicher.

Deshalb sollen beim Einräumen, wenn überhaupt, nur die äußeren Blätter abgeschnitten werden. Der Rest folgt erst im Frühjahr, sobald der Austrieb aus der Stammitte sichtbar ist.

Lantana-C.-Hybride-Hochstämmchen

Ficus carica, Echte Feige

Fuchsie im Kübel

Erythrina crista-galli

Korallenstrauch

Die seltsam geformten Blüten dieses aus Südamerika stammenden Strauchs haben das wohl leuchtendste Rot aller uns bekannten Kübelpflanzen. In seiner Heimat erfolgt die Bestäubung durch Kolibris, bei uns muß keine Befruchtung stattfinden, da hier allein der Blütenschmuck von Interesse ist.
Der Pflegeaufwand ist minimal. Am vollsonnigen Sommerstandort wird nur sparsam gegossen und gelegentlich gedüngt.
Im Winterquartier braucht Erythrina lediglich einen kühlen Platz, der ruhig dunkel sein kann. Gegossen wird dann überhaupt nicht mehr, um einen zu frühen Austrieb zu verhindern. Diese Trockenresistenz unterscheidet den Korallenstrauch von fast allen Kübelpflanzen.
Sobald sich die ersten grünen Lebenszeichen zeigen, ist für das Gehölz die Ruhezeit beendet, es bekommt wieder Wasser und wird heller und wärmer gestellt. Jegliches Einkürzen sollte unterbleiben, da die Blütentrauben an den Zweigenden sitzen und folglich die Knospen dabei mit entfernt würden.

Ficus carica

Echte Feige

Es läßt sich darüber streiten, ob man die recht frostverträgliche Echte Feige, zumindest in Gegenden mit Weinbauklima, nicht gleich frei im Garten auspflanzt, anstatt sie als Kübelpflanze zu kultivieren. Denn selbst wenn die oberirdischen Teile in einem besonders kalten Winter einmal bis zum Boden zurückfrieren, ist ein Neuaustrieb aus der Wurzel so gut wie sicher. Vorsichtshalber kann man im Herbst durch eine Laubpackung, eine Erdaufschüttung oder mit Fichtenreisig Schutz geben.
Bei Kübelpflanzen darf der Platz ruhig beschattet sein, wässern muß man reichlich, düngen nur gelegentlich. Wegen ihrer Frosthärte kann man sich mit dem herbstlichen Einräumen der laubabwerfenden Feige an einen kühlen, dunklen Platz im Haus Zeit lassen.

Fuchsia

Fuchsie

Die Anzahl der verfügbaren Fuchsiensorten ist unüberschaubar groß, und selbst Experten können sich im Gesamtsortiment nur mit Hilfe umfangreicher Literatur zurechtfinden.

Fuchsien-Hochstammerziehung

Neben den kleinbleibenden, teilweise herabhängenden Formen zur Bepflanzung von Schattenbalkons und Ampeln gibt es mächtige Sträucher mit bis zu 3 m Höhe und Breite, ein- oder mehrfarbige Blüten mit teilweise bizarren Formen, winterharte Arten und solche, die nur als Kübel- oder Topfpflanzen zu halten sind. Hierunter fallen die meisten der bei uns kultivierten Fuchsien.

Von Ausnahmen abgesehen, will Fuchsia stets einen beschatteten Platz. In voller Sonne entfaltet sie ihre ganze Pracht erst, wenn der Hochsommer zu Ende geht. Gegossen und gedüngt wird während der Wachstumsperiode reichlich.

Beim Einräumen in einen kühlen, hellen oder dunklen Raum kürzt man alle Triebe um etwa ein Drittel, entfernt die restlichen Blüten und locker sitzenden Blätter. In der Folgezeit darf die Erde niemals völlig austrocknen, sonst gehen die Pflanzen ein. Bilden sich während des Winters Geiltriebe und Blütenansätze, müssen diese laufend entfernt werden.

Besonders attraktiv sind Fuchsien als Hochstämme, die man nicht für teures Geld kaufen muß, sondern ohne viel Aufwand selber formieren kann. Dazu wird ab Ende Mai eine kräftige Jungpflanze an einen Stab angebunden und ständig von allen sich bildenden Seitentrieben befreit. Nur die direkt am Stamm sitzenden Blätter beläßt man, sie sind für die Assimilation notwendig. Hat die Pflanze im Lauf des Sommers die gewünschte Höhe erreicht, kappt man die Spitze und läßt nur 3 oder 4 der obersten Seitentriebe weiterwachsen. Sie sind später ebenfalls zu entspitzen, bis sich der gewünschte Habitus abzeichnet.

Erythrina crista-galli, Korallenstrauch

Lagerstroemia
Lagerstroemie

Dieses Blütengehölz, in den Mittelmeerländern weit verbreitet, hat sich bei uns als Kübelpflanze noch nicht durchsetzen können. Das liegt sicher nicht an der keineswegs komplizierten Pflege, sondern einfach an unserem unzureichenden Klima.

Die Sommer sind bei uns zu kurz, die Blüten können sich nicht voll entwikkeln und der reiche Flor, der in mediterranen Ländern das hervorstechendste Merkmal der Lagerstroemia ist, bleibt aus. Dennoch sollte man in warmen Gegenden und bei einem Platz in Südlage, möglichst vor einer Wärme abstrahlenden, weißen Wand, einen Versuch mit diesem Blühkünstler riskieren.

Der Bedarf an Wasser und Nährstoffen ist gering. Überwintert wird in einem kühlen Raum, der nicht hell sein muß. Vor dem Einräumen ist auszulichten, die belassenen Triebe können geringfügig eingekürzt werden. Bei Hochstämmen wird eine Radikalkur durch Zurücknehmen der gesamten Krone auf kurze Stummel empfohlen.

Lantana-Camara-Hybriden
Wandelröschen

Als Kübelpflanzen sind vor allem die reizenden Lantana-Hochstämme von Interesse, die erst in voller Sonne zeigen, was an Blühkraft in ihnen steckt. Der Wasser- und Nährstoffbedarf ist nicht besonders hoch, dennoch sollte man gerade bei sonnigem Stand darauf achten, daß die Pflanze nie gänzlich trocken steht. Am reichhaltigsten blühen die Hochstämmchen, wenn sie in die schon beschriebenen Kartoffelkörbe gepflanzt und in die Erde eingesenkt werden.

Zum Überwintern in einem kühlen, hellen Raum kürzt man die Triebe um ein Drittel ein und entspitzt im Frühsommer den Neuzuwachs, um eine buschige Krone zu erzielen.

Laurus nobilis
Lorbeer

Als in Form geschnittene Kugeln, Säulen oder Pyramiden sind Lorbeerbäumchen schon seit langer Zeit bekannt. Hotelfoyers, Ausstellungshallen, Bankettsäle, aber auch Wege in öffentlichen Anlagen oder herrschaftlichen Parks werden mit dem dekorativen Grün geschmückt.

Im Kübel auf Balkon oder Terrasse ist der Lorbeer ebenfalls hart im Nehmen und eigentlich kaum umzubringen. Selbst kurzzeitige Fröste von -10° C übersteht er mit durchgefrorenem Wurzelballen, für jede andere Kübelpflanze das sichere Todesurteil. Dementsprechend kann auch das Winterquartier bis an die Frostgrenze kalt

Laurus nobilis, Lorbeer

Nerium, Oleander

Plumbago, Bleiwurz

und dunkel sein, doch ist ein heller Raum in jedem Fall vorzuziehen.
Wasser- und Nährstoffbedarf sind in der Vegetationszeit relativ bescheiden, der Standort kann sonnig wie schattig sein.

Nerium
Oleander

Der Oleander ist „die" Kübelpflanze schlechthin, die bei uns bereits seit dem Mittelalter kultiviert wird. Allerdings hängt wie bei vielen Gewächsen aus subtropischen Gegenden der Erfolg vom Witterungsverlauf des Sommers ab. In kühlen, regnerischen Jahren ist mit diesem Blütengehölz kaum Staat zu machen. Man muß es dann zwar pflegen wie gewohnt, sich im übrigen aber auf den nächsten Sommer vertrösten.
Nerium hat einen hohen Feuchtigkeits- und Nährstoffbedarf und muß den sonnigsten Platz erhalten. Günstig ist es, wenn der Kübel in einem mit Wasser gefüllten Untersatz steht, so daß die Erde im Gefäß stets feucht bleibt.
Es gib einfach und gefüllt blühende, duftende und geruchlose Formen, die Blütenfarben reichen vom reinen Weiß über Creme und Orange bis hin zu allen Rot- und Rosatönungen.
Da einige Frostgrade vertragen werden, kann man sich mit dem Einräumen in ein kühles, helles oder auch dunkles Quartier etwas Zeit lassen.
Der immergrüne Oleander gehört zu den Hundsgiftgewächsen und ist in allen Teilen – Blätter, Blüten, Holz und Saft – giftig (!).

Plumbago
Bleiwurz

Dieser kleine Strauch aus dem südlichen Afrika ist deshalb so begehrt, weil ihn die Fülle seiner blauen Blüten von vielen anderen Kübelpflanzen abhebt.
Das schnelle Längenwachstum der Triebe muß durch häufiges Schneiden in Grenzen gehalten werden. Beim Einräumen im Herbst nimmt man vorsorglich alle Zweige um die Hälfte zurück. Überwintert wird kühl, hell oder dunkel. Im dunklen Raum verliert die Pflanze ihr Laub und muß daher ziemlich trocken stehen.
Im Sommer ist der Wasserbedarf hoch. Düngen muß man nur mäßig. Alles Verblühte sollte man abkneifen, damit der Strauch nicht unordentlich aussieht.
Die Formierung zum Hochstamm ist ohne weiteres möglich, wegen der Brüchigkeit des Holzes muß die Pflanze dann aber unbedingt eine Stütze erhalten und windgeschützt stehen.
In möglichst sonniger Lage läßt sich Bleiwurz auch als Balkon- oder Ampelpflanze verwenden.

Punica granatum
Granatapfel

Viel Sonne, mäßig Wasser und Dünger, bis zu –10° C frostverträglich, kühle, dunkle Überwinterung – damit ist die Bedürfnislosigkeit dieser, bei uns meist rotblühenden Kübelpflanze beschrieben. Besonders reich blühen die schwachwüchsigen Zwerggranatäpfel der Sorte 'Nana', die selten höher als 1,50 m werden.
Um einem zu frühen Austrieb vorzubeugen, der sich negativ auf die Blüte auswirkt, sollte man im kalten Winterquartier so gut wie gar nicht gießen. Schwächliche Triebe werden beim Einräumen abgeschnitten, lange Zweige gekürzt.

Punica granatum, Granatapfel

Tibouchina, Tibouchina

Trachycarpus, Hanfpalme

Solanum rantonnetii
Nachtschatten

Solanum rantonnetii wird in manchen Katalogen des Jahres 1987 als Neuheit angeboten. Es handelt sich bei diesem Strauch aus Argentinien und Paraguay keineswegs um eine Novität. Prof. Richard Maatsch, ehemals Direktor des Instituts für Zierpflanzenbau an der Technischen Hochschule Hannover, beschreibt ihn bereits 1960 als „ausgezeichnete Blütenpflanze“ in „Pareys Blumengärtnerei“.
In der Tat sind die hellblauen Blüten mit dem gelben Auge äußerst reizvoll, zumal die Farbe Blau bei unseren Kübelpflanzen nicht allzu häufig anzutreffen ist. Der Flor hält ununterbrochen bis zu den ersten Frösten an.
Der Stand kann sonnig oder auch beschattet sein. Reichlich Wasser und Dünger fördern die Blühfreudigkeit.
Als Winterquartier genügt ein kühler, dunkler Raum.

Tibouchina
Tibouchina

Dieser Strauch aus Südbrasilien faßt bei uns, merkwürdig genug, nur langsam Fuß. Dabei hat er als Kübelpflanze eigentlich nur Vorteile.
Die bis zu 12 cm großen, leuchtendtiefviolettblauen Blüten sind nicht nur in der Farbe von einmaliger Intensität, sie erscheinen auch noch in großer Zahl vom Sommer bis weit in den Spätherbst hinein. Wer einen Wintergarten besitzt, kann die Tibouchina dort weiterblühen lassen.
Die Pflanze braucht im Sommer sehr viel Wasser und sollte stets feuchte Erde um die Wurzeln haben, verträgt aber keine Staunässe. Der Bedarf an Dünger ist dagegen nicht sehr hoch.
Das einzig Nachteilige ist der sparrige Wuchs, dem man aber durch ständiges Entspitzen der noch nicht verholzten Triebe entgegenwirken kann.
Die Überwinterung sollte kühl und hell sein.

Trachycarpus
Hanfpalme

Obgleich die Hanfpalme –5° C und mehr Frost aushalten kann, sollte man es auf eine Überwinterung im Freien auch in klimatisch günstigen Gebieten besser nicht ankommen lassen. Bei sehr sorgfältigem Schutz und günstigen Standortbedingungen mag es gelingen, doch ein Risiko bleibt.
Da Trachycarpus an das Winterquartier keine Ansprüche stellt und auch in einem beheizten Raum über die Runden kommt, genausogut aber kühl und dunkel stehen kann, ist die Unterbringung verhältnismäßig einfach und erübrigt Freilandexperimente.
Im Sommer ist ein etwas beschatteter Platz günstiger als volle Sonne, obgleich auch die vertragen wird. Nur im Frühjahr nach dem Ausräumen sollte die Hanfpalme unbedingt an einen schattigen Platz kommen, was für alle überwinterten Gewächse gilt.
Wasser- und Nährstoffbedarf sind gering.

Yucca

Palmlilie

Neben der winterharten Yucca filamentosa, mit ihren imposanten weißen Blütentürmen in vielen Vorgärten zu bewundern, sind es vor allem die stammbildenden, mehrere Meter hochwachsenden Arten, die als Kübelpflanzen zum Standardsortiment der Gärtnereien gehören.

Die Pflanzen sind völlig anspruchslos, brauchen während des Sommers außer reichlich Sonne weder viel Wasser noch übermäßig Dünger. Wer mit beidem zu freigiebig ist, steht nach 3 oder 4 Jahren vor dem Problem, daß die Yucca im Herbst in kein Zimmer mehr paßt.

Da einem die imposanten Pflanzen über die Jahre hinweg lieb geworden sind, wird man sie kaum wegwerfen wollen, und geschenkt möchte sie wegen ihrer Größe niemand haben. Gottlob läßt sich die Geschichte mit ein paar Handgriffen aus der Welt schaffen, indem man die Pflanze mit Hilfe einer Säge in mehrere Stücke zerlegt. Das geht den ganzen Sommer über und klappt eigentlich immer.

Erst schneidet man die beblätterten Kronen mit einem etwa 30 cm langen Stammstück ab, dann werden die Stämme in gleicher Weise zerlegt. Wichtig ist nur, daß auch wirklich das untere Ende in ein mageres Torf-Sand- oder Erde-Sand-Gemisch gesteckt wird. Die Gefäße müssen an einem schattigen Platz im Freien aufgestellt und die Erde darf nur ganz wenig befeuchtet werden. Über die Stücke mit Blattschopf kann Klarsichtfolie gestülpt werden. Nach wenigen Wochen schieben sich die Spitzen der neuen Blätter aus der Stammrinde, die Kronenstücke haben sich bewurzelt.

Nicht ganz so einfach ist es, die Yucca über den Winter zu bringen. Ideal wäre ein kühler, heller Raum. Meist schafft es die Pflanze aber auch in einem beheizten Wohnzimmer, möglichst dicht am Fenster oder an der Terrassentür. Je nach Stand werden die Blätter allerdings nach und nach gelb, man muß sie entfernen, und die Pflanze sieht bis zum Frühjahr ziemlich gerupft aus. Beim Ausräumen ist dann äußerste Vorsicht geboten, damit nicht auch noch das übriggebliebene Laub ein Opfer der Sonnenstrahlen wird und diese der Yucca dann tatsächlich den Rest geben. Zunächst ist also ein beschatteter Platz erforderlich.

Yucca, Palmlilie

Schnitt einer zu groß gewordenen Yucca; 1. zuerst schneidet oder sägt man den Blattschopf ab.

2. Danach zerlegt man den Stamm in mehrere Stücke. Stammstücke und Blattschopf, dem man eine Plastikhülle übergestülpt hat, kommen in ein mageres Torf-Sand- oder Erde-Sand-Gemisch.

Kübelpflanzen		Sommer	Überwinterung		
BOTANISCHER NAME	DEUTSCHER NAME	LICHT-BEDARF	GÜNSTIGSTE TEMPERATUR IN° C	STAND HELL	STAND DUNKEL
Abutilon	Schönmalve	○ ◗	6-12	X	
Agapanthus	Schmucklilie	○ ◗	4- 8	X	
Agave	Agave	○ ◗	6- 8	X	
Bougainvillea	Bougainvillee	○	4-10	X	X
Callistemon	Zylinderputzer	○	4-12	X	
Cassia	Kassie, Gewürz rinde	○	4-10	X	X
Chamaerops humilis	Zwergpalme	◗ ●	4-12	X	
Chrysanthemum frutescens	Strauch-margerite	○	4- 8	X	
Citrus	Orange, Zitrone	○	6-15	X	
Cyperus papyrus	Papyrus	○	10-25	X	
Datura suaveolens	Engelstrompete	◗	4-12	X	X
Ensete	Zierbanane	○ ◗ ●	10-16	X	X
Erythrina crista-galli	Korallenstrauch	○	2- 6		X
Ficus carica	Echte Feige	◗ ●	4-12		X
Fuchsia	Fuchsie	●	4-10	X	X
Lagerstroemia	Lagerstroemie	○	2- 8	X	X
Lantana-Camara-Hybriden	Wandelröschen	○	4-10	X	
Laurus nobilis	Lorbeer	○ ◗ ●	2- 6	X	X
Nerium	Oleander	○	4-12	X	X
Plumbago	Bleiwurz	○	8-12	X	X
Punica granatum	Granatapfel	○	2- 8	X	X
Solanum rantonnetii	Nachtschatten	○ ◗ ●	2- 8		X
Tibouchina	Tibouchina	○ ◗	4-12	X	
Trachycarpus	Hanfpalme	◗ ●	4-12	X	X
Yucca	Palmlilie	○ ◗ ●	4-12	X	

○ = vollsonnig ◗ = absonnig ● = beschattet

Register

(Halbfette Seitenzahlen verweisen auf Abbildungen)

Weiterführende Literatur

Das vorliegende Buch bietet eine Fülle von praktischen Anleitungen, Pflanzenbeschreibungen und fundierten Informationen zu allen Gartenbereichen. Dies macht es zu einem wertvollen Ratgeber und nützlichen Nachschlagewerk sowohl für „Gartenneulinge" als auch für erfahrene Hobbygärtner. Bei ausführlicher Beschreibung aller Möglichkeiten und Detailfragen des Gärtnerns wäre jedoch aus diesem praktischen Handbuch ein unhandlicher Wälzer geworden. Wer sich näher für bestimmte Gartenbereiche und Pflanzen interessiert, sei deshalb auf die hier genannten Bücher verwiesen, die alle im FALKEN Verlag erschienen sind. Sie wurden entsprechend den Kapiteln in diesem Buch aufgeführt, um das Auffinden nach den jeweiligen Themen zu erleichtern. Die Zahlen in Klammern geben die Bandnummern an.

Der praktische Gärtner
Detaillierte Angaben zur speziellen Vermehrung und Düngung bestimmter Pflanzen finden Sie in vielen der nachfolgend genannten Bücher, ebenso Hinweise zu Spezialgeräten.

Gartenformen
Kleingärten (1015)
Reihenhausgärten (1016)
Der pflegeleichte Hausgarten (1170)
Gestaltungsideen für den Wohngarten (4751)

Der Ziergarten
Gestaltungsideen für schöne Gärten (4482)
Moderne Gartengestaltung (1255)
Rosen (4692)

Steine und Wasser im Garten
Steingärten (4452)
Wasser im Garten (4230)
Mein kleiner Gartenteich (851)
Gartenteiche, Tümpel und Weiher (1073)
Pflanzen und Tiere für den Gartenteich (1171)

Der naturgemäße Garten
Der naturgemäße Zier- und Wohngarten (748)
Artgerechte Niststätten für heimische Vögel (1220)
Nützliche Tiere im Garten (1472)
Kompost im Hausgarten (1258)
Naturgemäß gärtnern (1377)

Der Gemüse- und Kräutergarten
Erfolgstips für den Gemüsegarten (674)
Schöne Kräutergärten (1256)

Gärtnern unter Glas und Folie
Gewächshäuser (4408)
Natürlich gärtnern unter Glas und Folie (722)

Der Obstgarten
Erfolgstips für den Obstgarten (827)
Obstgehölze sachgemäß schneiden (1127)
Der richtige Schnitt von Obst- und Ziergehölzen, Rosen und Hecken (619)
Schnitt und Pflege von Bäumen und Sträuchern (Videokassette; 6050)

Der Pflanzenschutz
Schneckenbekämpfung (1378)

Der Balkon- und Terrassengarten
Kleine Pflanzenparadiese auf Balkon, Terrasse und Dachgarten (4536)
Blütenpracht auf Balkon und Terrasse (928)
Dekorative Kübelpflanzen (1074)
Naturerlebnis Wintergarten (4256)
Kletterpflanzen (4546)

Auch **Kinder** haben Freude am Garten! Wir empfehlen das FALKEN Buch: Gärtnern macht den Kindern Spaß (4517).

Auch zum Thema **Zimmerpflanzen** sind im FALKEN Verlag mehrere Bücher erschienen. Fragen Sie Ihren Buchhändler!

Dieses Buch ist eine überarbeitete Sonderausgabe des bereits unter dem Titel „Garten heute" erschienenen Bandes Nr. 4283.

Die Deutsche Bibliothek – CIP-Einheitsaufnahme

Jantra, Helmut:
Der Garten / Helmut Jantra. – Niedernhausen/Ts. : FALKEN, 1995
ISBN 3-8068-4812-2

ISBN 3 8068 4812 2

Umschlaggestaltung: Andreas Jacobsen
Nachauflagenredaktion: Joachim Mayer
Titel: Manfred Ruckszio, Taunusstein.
Rücken: hapo, Hans-Peter Oertelshofen, Rielasingen (oben); Friedrich Jantzen, Arolsen (unten).
Rücktitel: TLC, Velen-Ramsdorf
Fotos:
Archiv/Edith Gerlach, Frankfurt am Main: 364 r.;
Photo-Design-Studio Burock, Wiesbaden-Naurod: 18-19, 37 o., 38 u.;
TLC-Foto-Studio GmbH, Bocholt: 186, 230 r., 231 o.r., u.;
Toni Angermayer, Holzkirchen (Pfletschinger): 175 M. drittes von oben, 313 r.u., 314 l. erstes von oben, 316 zweites von oben;
Johannes Apel, Baden-Baden: 262, 337 M., 343 o., 347 l., 348 r.u., 349 M., 350 l., 352 r., 353 o.r., 355, 359 l., 368 o.l., u.l., 369 l., 370 r., 372 o.l., o.M., 373, 374 l., r., 375, 376 o.;
Gerhard Bambach, Geisenheim: 62 o.r., u.r., 64, 65 o.l., 70 r., 71 l., 73 u., 79 r.u., 95 r.o., 103 r. viertes von oben, 128 o.r., u.r., 157 o.r., 256 M., 352 l., 363 r.;
BASF AG Landw. Versuchsstation, Limburgerhof: 9 r., 25, 38 o., 111, 147 o., 148 o.l., u.l., u.r., 181 l.o., l.M., 233 r., 247 r., 283 o.l., 311, 312 l.o., l.u., r.o., r.u., 313 l.o., l.M., r.o., 314 l. zweites bis viertes von oben, r. erstes bis viertes von oben, 315 l. erstes bis viertes von oben, r. erstes und viertes von oben, 316 drittes und viertes von oben, 318 o.r., u.l., u.r., 319-322, 324 o.l.;
Bayer AG Pflanzenschutzzentrum Monheim, Leverkusen: 233 r., 308, 317 zweites von oben;
Ing. G. Beckmann KG, Wangen/Allgäu: 17 r., 247 r., 248-249, 251, 341;
Rolf Bender, Tier- und Naturfoto, Tholey-Theley: 177 M., 183 o.l., o.r., 244 r.o.;
Rolf Bühl, Stuttgart: 309, 312 r.M., 313 l.u.;
Dr. F. Burghause, Landespflanzenschutzamt, Mainz: 318 o.l.;
Burda GmbH „Mein schöner Garten", Offenburg: 227 M.r. (J. Stork);
CMA, Bonn: 359 M.;
Naturkundliches Bildarchiv H. u. J. de Cuveland, Norderstedt: 205 o.r.;
Dehner GmbH & Co.KG, Rain/Lech: 98 r.;
Ewald Dörken AG, Herdecke/Ruhr: 19 M.;
Gerhard Feldmann, Holzverarbeitungs- und Humuswerke Barbecke GmbH & Co.KG, Lengede (Barbecke): 37 u.;
Photomorgana-Bildarchiv S. Fenn, München: 2-3, 188;
Gisela Fleschmann-Becker, Etikettenfabrik, Murrhardt: 274, 279 r., 280, 282, 283 o.r., 285, 294, 298 l., r., 299 M.;
Ingrid Gabriel, Wiesbaden-Naurod: 13, 16, 35, 36, 37 M., 39 l., r., 51 r.u., 53 r., 59 u.l., 60 r., 61 l., 65 u.l., 95 M., 97 o.r., 103 l. viertes von oben, 105 r., 113 l.o., l.u., r., 126 o.M., 127 l.o., 128 o.l., 148 o.r., 149, 160 M., 190, 191 M., 192, 199 o.l., u., 204 o.l., o.M., u.r., 205 o.l., o.M., u., 214 r.o., 220 o., 222 r., 225 r.o., 227 u.r., 228 r.o., 230 l., 238-239, 242, 244 l., 245 o.r., 247 M., 250 l.u., 252 l., r., 254 r., 255 r., 257 l.u., 258-259, 269, 273 l., 277, 278 l., 279 l.o., 281, 283 u., 284, 288 r., 289 r., 292 l., 295, 298 M., 299 l., 302 r., 359 r.;
Greiner & Meyer, Photo-Center, Braunschweig: 259 M. (Schrempp), 271 o.l. (Schrempp), o.r. (Greiner), u., (Meyer), 272 l. (Greiner), r., 273 r. (Greiner), 305 M. (Harstrick), 316 erstes von oben (Harstrick), 317 erstes von oben (Harstrick);
Martin Haberer, Nürtingen-Raidwangen: 54 u.r., 55 M., 59 o.l., o.r., u.M., 60 l., M., 62 o.l., M.l., M., M.r., 69 l. zweites von oben, M. zweites und viertes von oben, r., 70 M., 71 r., 72, 73 o., 74 l.o., l.u., 75 M., 76 l., 77 M., r., 114 o., 115 M., u., 116 o.l., 130 r.u., 140 l.M., 161 l., M., 169 o.l., o.M., 219 r., 291, 327 M.;
IZB Informationsbüro für Zwiebelblumen, Düsseldorf: 49 M., 83, 84 erstes bis drittes von oben, 85 l.o., l.M., l.u., 86, 87 l.o., l.u., r.u., 88, 89 M., 90 l., M. erstes und zweites von oben, r.;
Udo Janssen, Emden: 118;
Friedrich Jantzen, Arolsen: 49 r., 53 l., M., 54 o.l., 55 o., u.l., 59 u.r., 61 M., 62 o.M., 65 o.r., u.r., 67 l.o., l.u., M.o., M.u., r.M., 69 l. drittes und viertes von oben, M. drittes von oben, 70 l., 75 r., 79 M.u., 87 M., r.o., 90 M. drittes bis fünftes von oben, 113 l.M., M., 124 r.o., 159 M.r., 185 r., 194 r., 195 o.l., 196 l., M., 197 r., 198 l., 201 M., 202 r., 203, 204 o.r., u.l., 206, 207 o.M., o.r., u., 209 r., 211 o.M., 212, 213 u., 214 l.o., r.M., 220 u., 221, 225 r.u., 227 o.l., u.l., u.M., 228 M.u., 229 l., M., 286 o., 302 l., 337 r., 348 l., 349 l., 350 r., 351 l., 353 u.l., 358 r., 363 M., 365 u.;
Bildarchiv Dr. Jesse, Köln: 67 r.u., 279 l.u., 360, 361, 364 l., 365 o., 368 o.r., 370 l.;
Helmut Kraft, Groß-Gerau: 136;
Werbe- und Bildagentur Karla Krieger, Herdecke/Ruhr: 185 M., 194 l., 201 l., 219 l., 246-247, 250 l.o., 252 M., 253 o.l.;
Kroschke GmbH, Braunschweig: 310;
Mewaplast H. Wüster GmbH & Co.KG, Imst/Tirol: 233 M., 235, 253 o.M., o.r., 254 l., 257 l.o.;
Eberhard Morell, Dreieich: 19 r., 29 u., 371;
W. Neudorff GmbH KG, Emmerthal: 47, 184-185, 210 l.o., l.u., 234, 244 r.u., 306, 307, 315 r. zweites von oben, 317 drittes von oben, (Freese & Maurer Werbeagentur GmbH, Hannover);
Plastoplan reNatur, Ruhwinkel-Wankendorf: 45 M., 92 l., 92-93, 97 u., 172 M.;
Tierpension Eula Ingeborg Polaschek, Linsengericht-Altenhaßlau: 44, 46 o., 62 u.l., 69 l. erstes von oben, 78-79, 103 l. erstes von oben, 144, 148 o.M., 153 r., 164 l., 169 o.r., u., 171 l.u., M.u., r. von oben nach unten, 172 l.o., 174-175, 175 M. erstes und viertes von oben, r. erstes und drittes von oben, 182 M., u.;
Reinhard-Tierfoto, Heiligkreuzsteinach-Eiterbach: 1, 23, 27 l., M., 40-41, 42-43, 45 l., 50 l.o., l.u., 50-51, 51 r.o., 52 M., r., 59 o.M., 67 r.o., 71 u., 74-75, 79 M.o., r.o., 81, 84 u., 95 l.o., 96 r., 99, 103 l., zweites und drittes von oben, r. erstes bis drittes von oben, 104-105, 119, 123 r.u., 125 r., 126 o.r., l.u., r., 128 o.M., u.l., 129 l., r.u., 130 l., r.M., 140 l.o., l.u., 142, 150-151, 154, 159 M.l., 160 l., r., 161 r., 171 l.o., M.o., 175 M. zweites von oben, r. zweites von oben, 179 r.o., r.u., 180 r., 181 r.o., r.M., r.u., 182 o., M.o., 175 M. zweites von oben, r. zweites von oben, 179 r.o., r.u., 180 r., 181 r.o., r.M., r.u., 182 o., 183 u., 193 l., 195 u., 209 M., 213 o.r., 214 l.u., 215 o., u., 219 M., 224, 227 o.M., o.r., 228 l., M.o., r.u., 230 M., 231 o.l., 232-233, 275, 286 u., 288 l., 299 r., 300, 304-305, 305 r., 315 r. drittes von oben, 323, 324 u., 325, 327 r., 329 M., r., 331, 334, 336/337, 338, 339, 343 u., 349 r., 351 r., 353 o.l. u.r., 354 l., 357 r., 363 l., 368 u.r., 369 M., r., 372 o.r., 374 M.;
Gerhard Röhn, Heusenstamm: 27 r., 50 l.M., 52 l., 54 o.r., u.l., 55 u.M., u.r., 69 M. erstes von oben, 76 M., r., 77 l., 95 l.u., r.u., 97 o.l., 98 l. (Detail aus 114 u.), 104 M., 105 M.o., 114 M., u., 116 u.r., 123 l.o., l.M., l.u., r.o., r.M., 124 l., r.M., r.u., 125 l.o., l.M., l.u., 126 o.l., 127 M., 128 u.M., 129 M.o., M.u., r.o., 130 r.o., 133-135, 172 l.u., r., 225 l.o., l.u., 227 M.l., 229 r., 278 M., 292 r., 347 r.o., r.M., r.u., 348 r.o., 354 r., 357 l., 358 l.;
Edmund Romberg & Sohn (GmbH & Co.) KG, Ellerau: 191 r., 208 l.;
Bildarchiv Sammer, Neuenkirchen (Lüneburger Heide): 7, 17 l., 45 r., 46 u., 56-57, 61 r., 104 l., 105 M.u., 106, 115 o., 116 o.r., u.l., 152-153, 153 M., 157 u., 176-177, 178-179, 181 l.u., 260, 326/327, 328, 329 l., 330 o.;
Christine Schmidt, Bad Homburg: 41 M., 159 o., u., 163, 222 l., 261 o.r., 278 r.;
Heinz Schrempp, Breisach-Oberrimsingen: 9 M., 177 r., 245 o.l., u.l., u.r., 324 o.r.;
Silvestris Fotoservice, Kastl/Obb.: 41 r. (Siegfried Kerscher), 48-49;
Carl Sperling & Co., Lüneburg: 196 r., 198 r., 201 r., 208 r., 209 l., 211 o.r., 214 l.M., r.u., 217 r., 218 l.;
Ubbink GmbH, Hamminkeln: 164 r. von oben nach unten;
Klaus Werk, Frankfurt am Main: 96 l., 180 l.;
Max F. Wetterwald, Offenburg: 193 r., 208 M., 213 o.M., 220 M.;
Wolf Geräte, Betzdorf: 8-9;
Zeichnungen:
Regina Brendel, Aarbergen-Panrod: 93, 356 (koloriert von H. Lünser nach Vorlage von K. Werk);
Ingrid Gabriel, Wiesbaden-Naurod: 264 r.;
Gabriele Hampel, Kelkheim: 11-12, 15, 155-156, 157 o.l., 158, 165-166, 187, 191 l., 250 r.o., r.M., r.u., 256 l., 257 r.o., r.M., r.u., 344-345, Vignetten;
Gerhard Scholz, Dornburg: 263 M.;
alle übrigen Zeichnungen Horst Lünser, Berlin.

Gesamtkonzeption: Falken-Verlag GmbH, D-65527 Niedernhausen/Ts.

07428387X817 2635 4453 6271

Irene Hüllen

Die Künstlerin

Irene Hüllen, Jahrgang 1944, wuchs in einem konservativen und sehr strengen Elternhaus im Rheinland auf. Ihr Vater, Beamter, hatte kein Verständnis für den Wunsch seiner Tochter, nach dem Abitur Malerei zu studieren. So wurde sie Mitarbeiterin eines Fachverlages. Ihrer Liebe zur Malerei konnte sie sich nur in ihrer Freizeit widmen – und das auch nur unter deutlicher Mißbilligung ihrer Eltern.
Dieses änderte sich aber, als sie heiratete und 1976 mit ihrem Mann in die Schweiz ging. Sie schrieb sich bei der bekannten Malerin und mehrfachen Schweizer Preisträgerin Irène Wydler als Schülerin ein. Die Lehrerin war es, die das Talent der jungen Künstlerin entdeckte und förderte. In vielen freundschaftlichen Gesprächen motivierte sie Irene Hüllen und half ihr, ihren Weg zu finden. 1981 folgten die ersten Ausstellungen,und es zeigte sich, wie recht die Lehrerin hatte, die Ausstellungen wurden ein großer Erfolg. Seit 1982 lebt die Künstlerin in der Nähe von Hamburg.
Ihr besonderes Verhältnis zur Natur zeigt sich immer wieder in den leuchtenden Farben und den harmonischen Formen. Licht und Schatten, das Leben schlechthin ist es, was aus jedem ihrer Werke spricht. Irene Hüllen ist eine Künstlerin, von der man noch einiges erwarten darf.

De kunstenares

Irene Hüllen, jaargang 1944, groeide op in een konservatief en zeer streng ouderlijk huis in het Rijnland.
Haar vader, ambtenaar, had geen begrip voor de wens van zijn dochter, om na het eindexamen schilderkunst te studeren. Zo werd zij medewerkster bij een uitgeverij.
Alleen tijdens haar vrije tijd kon zij zich aan de schilderkunst wijden – en ook dan onder duidelijke afkeuring van haar ouders.
Dit veranderde echter toen zij trouwde en in 1976 met haar man naar Zwitserland ging. Zij liet zich bij de bekende schilderes en meervoudige zwitserse winnares, Irène Wydler, als leerlinge inschrijven. Deze lerares was het, die het talent van de jonge kunstenares ontdekte en ondersteunde. In vele vriendschappelijke gesprekken motiveerde zij Irene Hüllen en hielp haar, haar eigen weg te vinden. In 1981 volgden de eerste exposities en bleek dat de lerares gelijk had, de exposities werden een groot succes. Sinds 1982 leeft de kunstenares in de buurt van Hamburg.

Konstnärinnan

Irene Hüllen, född 1944, växte upp i ett konservativt och mycket strängt föräldrahem i Rheinland. Fadern, tjänsteman, hade ingen förståelse för att hans dotter ville studera konst efter studentexamen. Så blev hon medarbetare i ett fackförlag. Kärleken till måleriet kunde hon endast ägna sig åt under fritiden – och detta endast med föräldrarnas tydliga ogillande. Detta förändrades emellertid, när hon gifte sig och 1976 flyttade till Schweiz med sin man. Där blev hon elev hos den kända och med många pris krönta, schweiziska målarinnan Irène Wydler.
Denna lärarinna var det som upptäckte och främjade den unga konstnärinnans talang. I många vänskapliga samtal motiverade hon Irene Hüllen och hjälpte henne att finna vägen.
1981 kom den första utställningen och det visade sig att lärarinnan hade rätt – utställningen blev en stor framgång. Sedan 1982 lever konstnärinnan i närheten av Hamburg.
Hennes särskilda förhållande till naturen visar sig upprepat i de lysande färgerna och i de harmoniska formerna.
Ljus och skugga, själva livet är det, som talar i hennes verk. Irene Hüllen är en konstnärinna, som man kan vänta sig en del av.

L' artista

Irene Hüllen, anno di nascita 1944, é cresciuta in Rheinland in una famiglia molto severe e conservativa.
Non trovó nessuna comprensione in suo padre, impiegato statale, che non esaudí il suo desiderio di iscriversi in una accademia di pittura.
Si impiegaó, di conseguenza, come collaboratrice in una Casa editrice.
Solo nello ore libere da impegni di lavoro ha potuto dar sfogo al suo amore per la pittura ed anche questo combattendo le difficoltá createle dai famigliari.
Giunse ad una svolta nel 1976, quando si sposó ed andó ad abitare con suo marito nella vicina Svizzera.
Si iscrisse alla Scuola di pittura della famosa e piú volte premiata pittrice Irène Wydler, la quale scoprí il talento della giovane artista e la esortó nel suo lavoro.
Motivandola con innumerevoli fraterni colloqui. Irene Wiedler aiutó l'artista a trovare una sua via.
Seguirono nel 1981 le prime esposizioni ed il grosso successo dimostró quanto ben riposta fosse la fiducia che Irene Wiedler concesse alla giovane artista.
Dal 1982 Irene Hüllen vive nelle vicinanze di Amburgo. Il suo straordinario attaccamento alla natura si rispecchia nella luminositá dei colori e nell' armonia delle forme.
Ogni sua opera, con le sue luci e con le sue ombre, esprime la vite stessa.
Irene Hüllen é una artista da cui molto ci si potrá attendere ancora!

von Rosi u. Rik.
zum 50.igen

I

Der Eisvogel. Wenn wir bei unseren Spaziergängen etwas Glück haben, können wir am Wasser einen Vogel antreffen, der nur etwa so groß wie ein Spatz ist, dessen Federkleid aber in den schönsten Farben glänzt. Wenn er vorüberfliegt, haben wir den Eindruck, es sei ein blaugrüner oder orangefarbener Edelstein. Das ist der Eisvogel, eine der schönsten Zierden unserer Vogelwelt. Beachtenswert ist der große Kopf und der starke Schnabel. Den braucht er auch, um die kleinen Fische zu fangen, die seine Nahrung sind. Er sitzt ganz still über der Wasserfläche und lauert. Erblickt er einen Fisch, stürzt er pfeilgeschwind ins Wasser, und im nächsten Augenblick sehen wir ihn mit der Beute davonfliegen.
Er ist ein Wasservogel, der auf der Erde nistet. In einem Uferhang oder einer Lößwand graben sich die Eisvögel einen bis zu einem Meter langen, waagerechten Gang, in dem sie dann später ihre Jungen ausbrüten.

De ijsvogel. Wanneer wij op onze wandelingen een beetje geluk hebben, dan kunnen wij aan het water een vogel aantreffen, die ongeveer net zo groot is als een mus en wiens veren in de mooiste kleuren glanzen. Wanneer hij overvliegt, heeft men de indruk, dat het een blauwgroene of oranjekleurige edelsteen is.
Dat is de ijsvogel, een van de mooiste sieraden in de vogelwereld.
Opmerkelijk is de grote kop en de sterke snavel. Die heeft hij ook nodig om voedsel – kleine vissen – te vangen. Hij zit heel stil boven het wateroppervlak en loert. Ziet hij een vis, dan stort hij pijlsnel in het water en het volgende ogenblik zien wij hem met zijn buit wegvliegen. Het is een watervogel die zijn nest aan land bouwt. In een oeverhelling of een kleiwand graven de ijsvogels een ca. één meter lange horizontale gang, waarin zij dan later hun eieren uitbroeden.

„Alcione" o piú popolarmente „Martin Pescatore". Durante le nostre passeggiate, con un pó di fortuna, potremmo incontrare sull' acqua un uccello non piú grosso di un passero e con un manto dai colori meravigliosi. Quando ci sorvola si é vinti dall' imperssione che passi sopra di noi „una pietra preziosa" dai colori verdi azzurri ed arancioni. Questo uccello é „Martin pescatore" uno degli esemplari piú belli nel mondo degli uccelli.
Degna di nota la sua grossa testa ed il forte becco che gli serve per catturare i piccoli pesci di ciu si nutre. Siede silenzioso in agguato sulle superfici d' acqua. Scopre un pesce, la vediamo catapultarsi con la velocita di una freccia in acqua e, secondi dopo, volar via con la sua preda. E' un uccello acquatico che nidifica sulla terra.

Kungsfiskare. Med litet tur på våra promenader kan vi vid vattendrag träffa på en fågel, som är ungefär lika stor som en sparv, men vars fjäderdräkt glänser i de vackraste färger. När den flyger förbi, har vi intrycket, att det skulle vara en blågrön eller orangefärgad ädelsten. Det är kungsfiskaren – en av de vackraste i vår fågelvärld.
Beaktansvärd är det stora huvudet och den kraftiga näbben. Den behöver den också för att fånga de småfiskar som utgör dess näring. Den sitter alldeles stilla över vattenytan och lurar. Ser den en fisk, störtar den snabb som en pil ned i vattnet och i nästa ögonblick ser vi den flyga iväg med bytet.
Den är en vattenfågel som bygger sitt bo på marken. I strandsluttningar eller i lössjordväggar gräver kungsfiskaren en upp till 1 meter lång, vågrätt gång, i vilken den sedan ruvar på äggen.